世界の空母機動部隊　カラーグラフ①

写真解説／編集部

1941年12月4日、ハワイを目指して航行する空母「瑞鶴」の防空指揮所から前方を望んだ一葉。
写真奥に見えるのは空母「加賀」

194 … 鶴」飛行甲板上の艦上機群

1944年12月8日、フィリピン方面での作戦の合間にウルシー環礁に碇泊する米第3艦隊第38高速空母任務部隊の空母群。
手前から順に「ワスプ」「ヨークタウン」「ホーネット」「ハンコック」「タイコンデロガ」(写真:U.S.Navy)

こちらも1944年12月に撮影された第38高速空母任務部隊。手前から順に空母「ラングレー」「タイコンデロガ」、
戦艦「ワシントン」「ノースカロライナ」「サウスダコタ」、軽巡「サンタフェ」(写真:U.S.Navy)

空母「フォレスタル」(CV-59)を中心とした空母戦闘群。同艦をネームシップとするフォレスタル級は第二次大戦後にアメリカ海軍が設計に着手した初の新造大型空母で、アングルド・デッキを備えていた(写真:U.S.Navy)

1987年12月、空母「ミッドウェー」(CV-41)を中心に輪形陣を組んだアルファ戦闘群。「ミッドウェー」の前方を航行しているのは戦艦「アイオワ」(BB-61)(写真:U.S.Navy)

〔空母打撃群の編成例(10隻)〕

・原子力空母×1　・イージス駆逐艦×4　・貨物弾薬補給艦×1　・空母航空団(70〜80機)
・イージス巡洋艦×2　・攻撃原潜×1　・給油艦×1　・乗員7000人以上

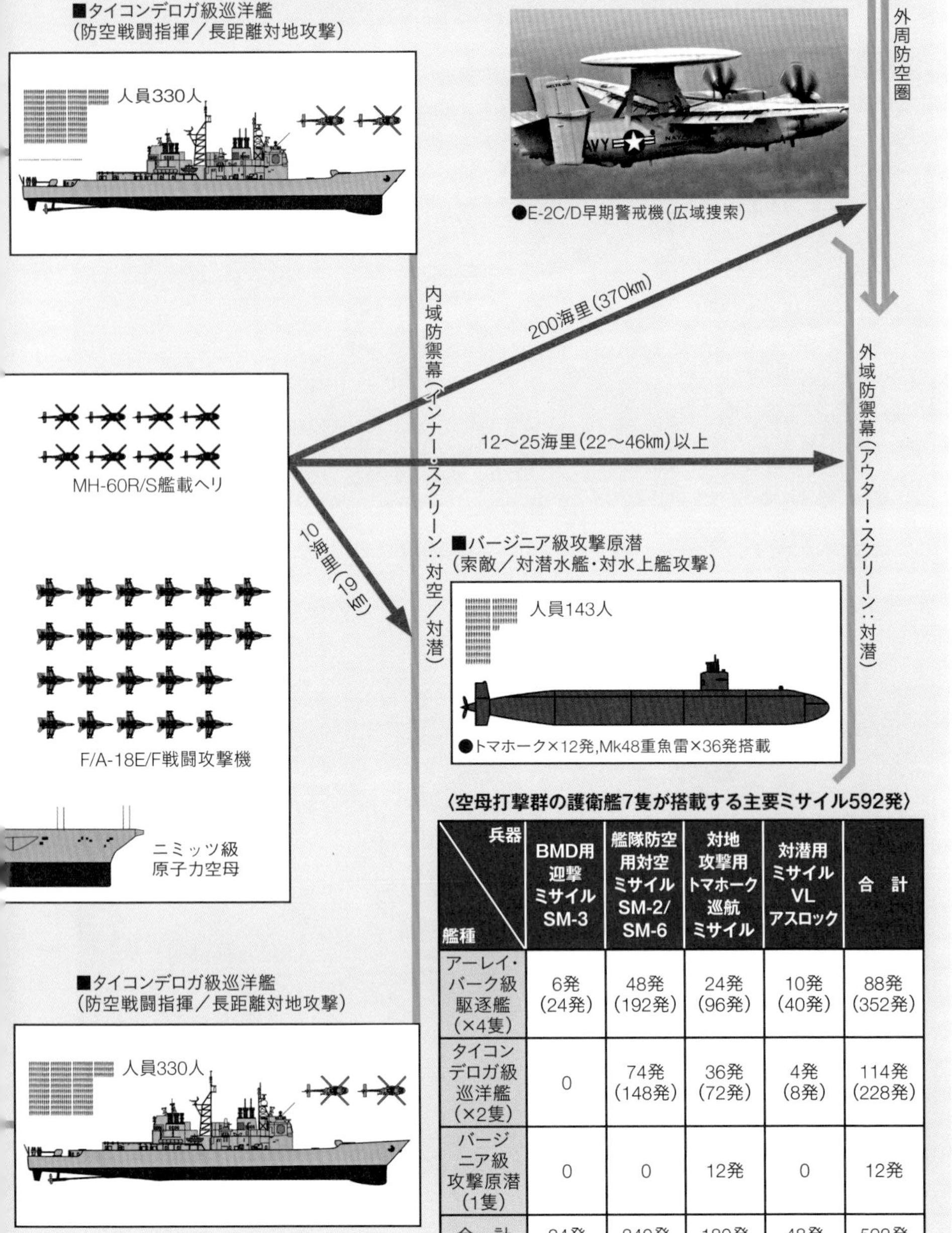

〈空母打撃群の護衛艦7隻が搭載する主要ミサイル592発〉

兵器／艦種	BMD用迎撃ミサイルSM-3	艦隊防空用対空ミサイルSM-2/SM-6	対地攻撃用トマホーク巡航ミサイル	対潜用ミサイルVLアスロック	合　計
アーレイ・バーク級駆逐艦(×4隻)	6発(24発)	48発(192発)	24発(96発)	10発(40発)	88発(352発)
タイコンデロガ級巡洋艦(×2隻)	0	74発(148発)	36発(72発)	4発(8発)	114発(228発)
バージニア級攻撃原潜(1隻)	0	0	12発	0	12発
合　計	24発	340発	180発	48発	592発

空母打撃群（2020年）の輪形陣&攻守両面で支援する護衛艦等の戦力構成

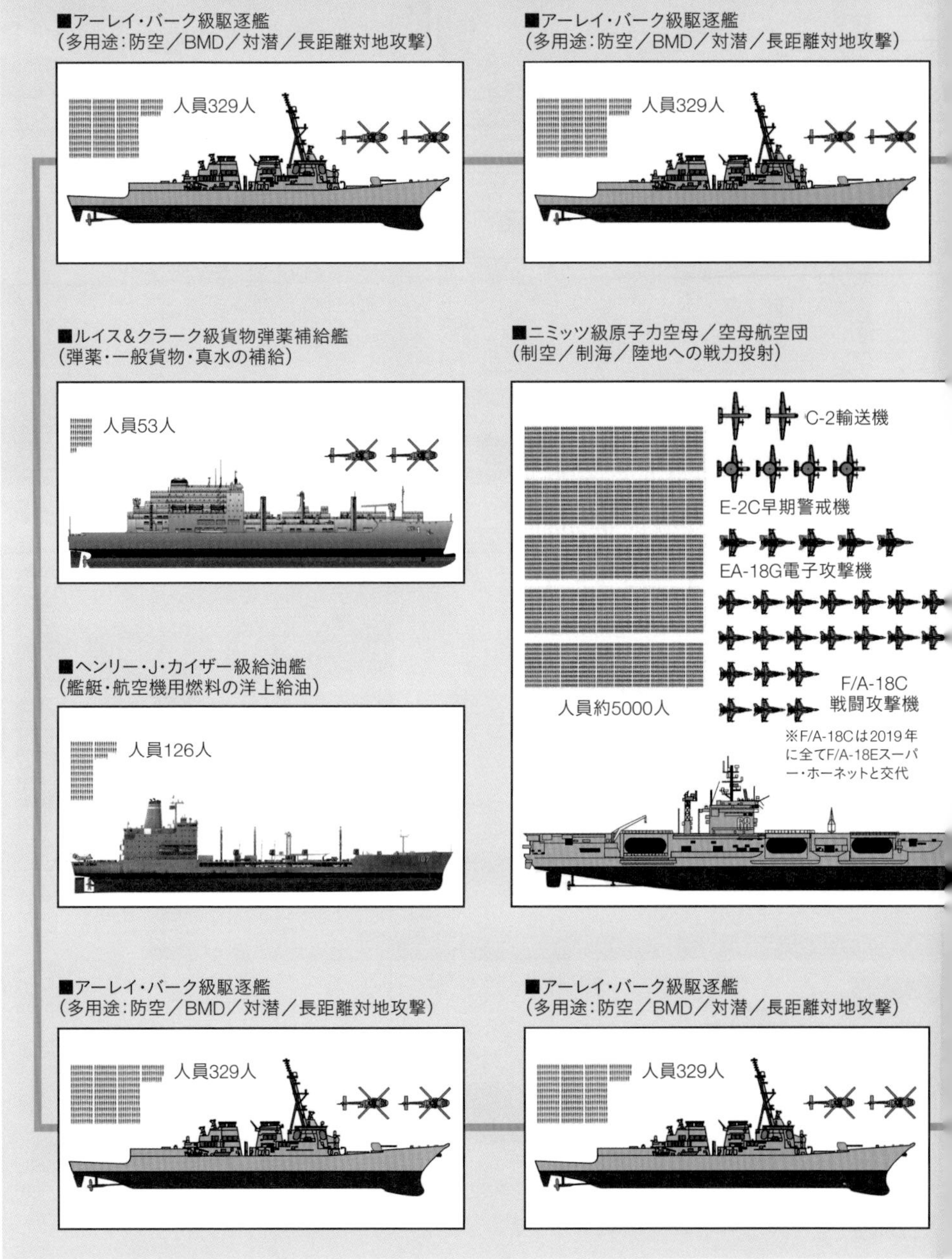

※資料：The U.S.Militarys Forcestrucuture:A Primer,2021 Update,CBO等

●1953年就役の空母セントー（R06）：4隻建造されたセントー級軽空母（満載2.7万トン,全長225m）

●1955年就役の空母アーク・ロイヤル（R09）：二代目アーク・ロイヤルでイーグル級2番艦（満載5.3万トン,全長245m）

●1938年就役の空母アーク・ロイヤル（91）：初代アーク・ロイヤルで1941年に戦没（満載2.77万トン,全長243.8m）

●1985年就役の三代目空母アーク・ロイヤル（R07）：インビンシブル級STOVL軽空母（満載2万トン,全長210m）

●大型F-35Bライトニング空母のクイーン・エリザベス（R08:2017年就役）

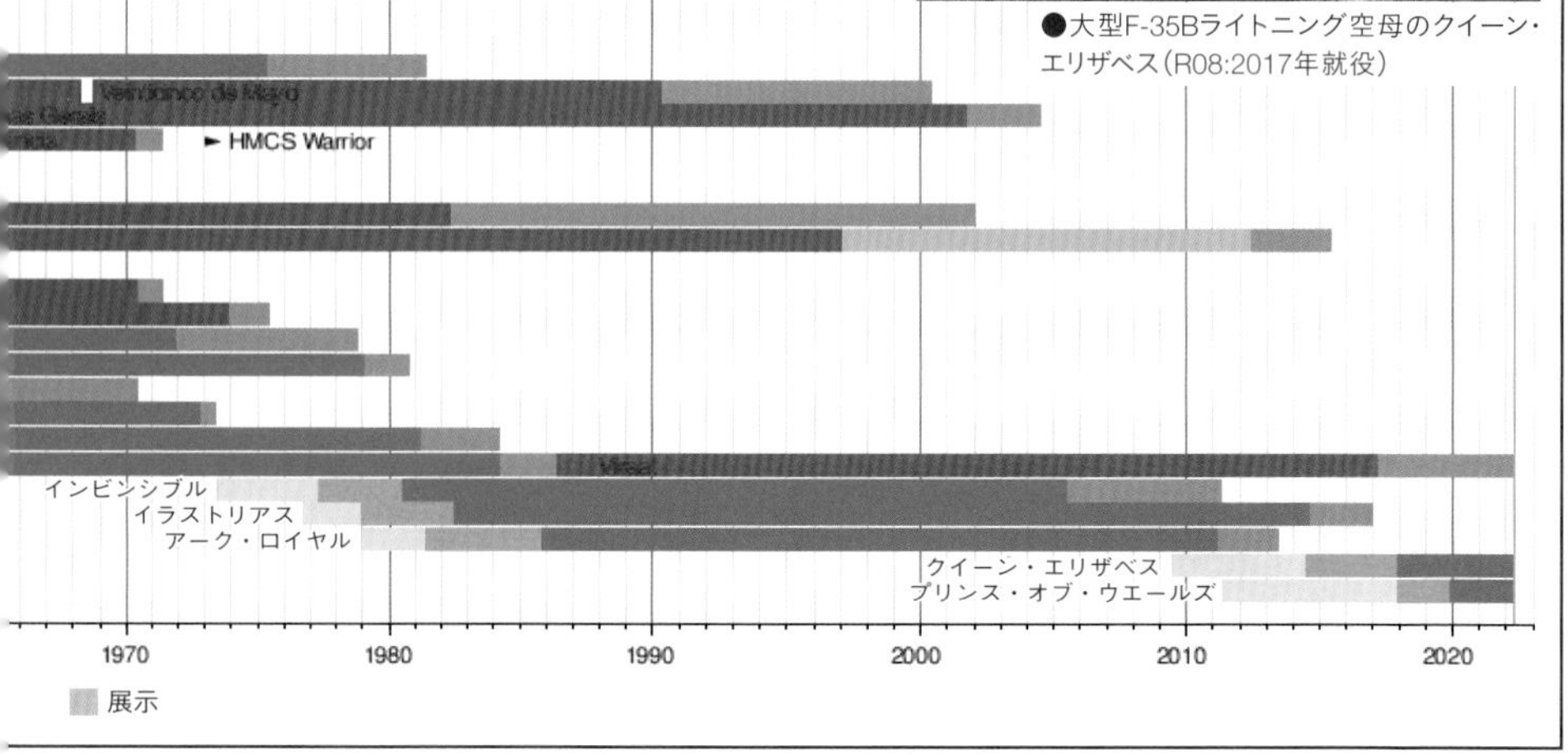

英国海軍空母発達図:アーガスからクイーン・エリザベス(1914年~2022年)

●1918年就役の空母アーガス(I49):世界最初の航空母艦(満載1.58万トン,全長172.5m)

●1945年就役の空母インプラカブル(R86):大戦中に完成した艦隊正規空母(満載3.3万トン,全長234m)

●1930年就役の空母グローリアス(77):巡洋戦艦を改造した空母(満載2.65万トン,全長240m)

●1946年就役の空母シーシュース(R64):10隻建造されたコロッサス級軽空母(排水量1.36万トン,全長212m)

〈英国海軍の艦隊正規空母・軽空母の歴史:アーガス~プリンス・オブ・ウエールズ(wikipedia)〉

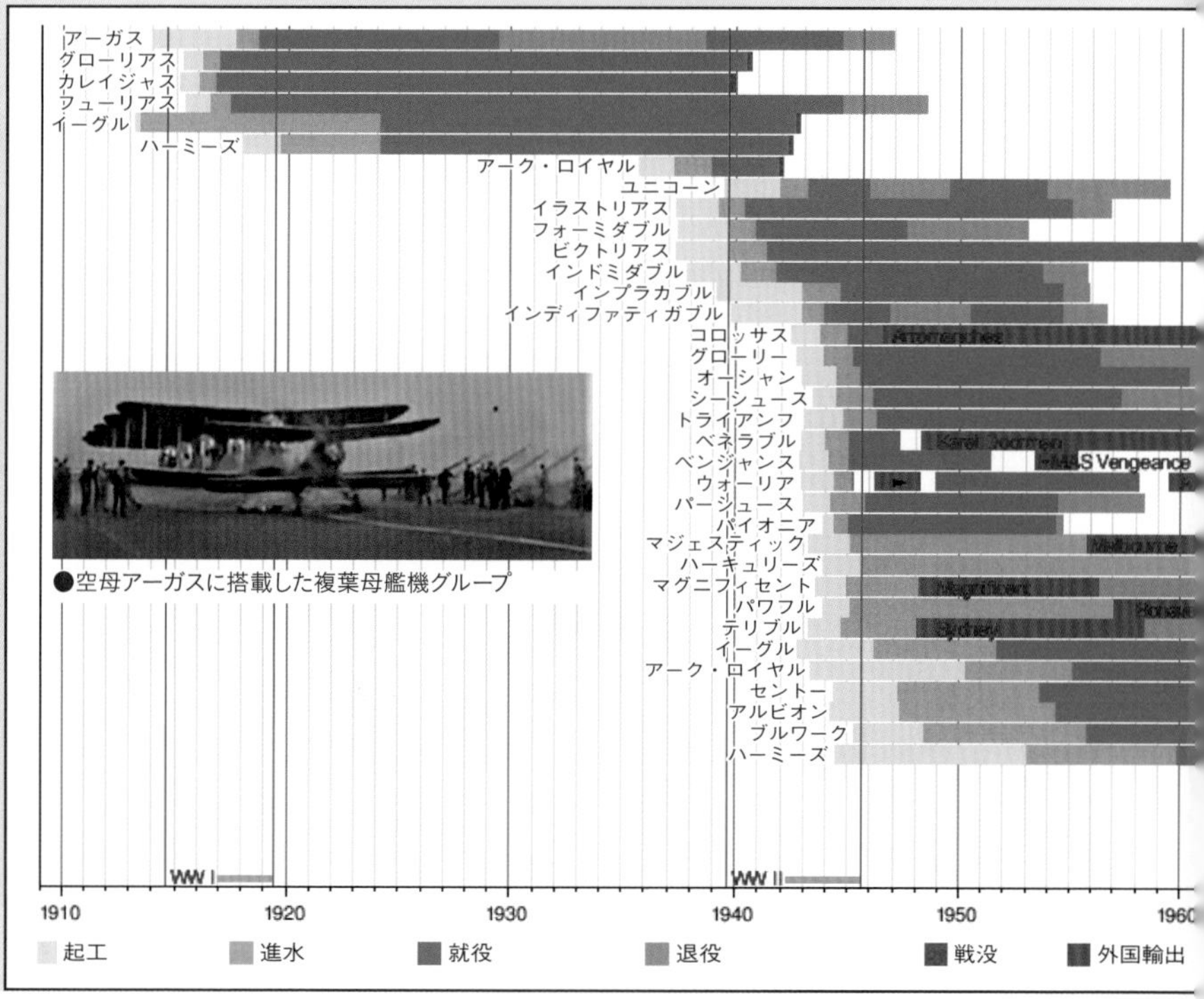

●空母アーガスに搭載した複葉母艦機グループ

2000年代中頃の空母打撃群。手前から順に空母「ロナルド・レーガン」(CVN-76)、「キティホーク」(CV-63)、「エイブラハム・リンカーン」(CVN-72)(写真:U.S.Navy)

空母「ロナルド・レーガン」(CVN-76)を中心とする第5空母打撃群(写真:U.S.Navy)

世界の空母機動部隊

Carrier Strike Group of the World

河津幸英 著

イカロス出版

はじめに

米海軍は、泥沼の地上戦と化したウクライナ戦争に対しても、実用的な戦略戦力である空母打撃群（ＣＳＧ）を東地中海域のアドリア海に派遣し、継続的に米軍の地域プレゼンスを空と洋上から誇示し続けている。

二〇二三年六月二六日時点において、同海域に進出していたのは、新型原子力空母フォード（ＣＶＮ-78）を旗艦とするフォードＣＳＧ（第12空母打撃群）で、同ＣＳＧにとって初の本格的海外展開（first global deployment）であった。ＣＳＧを構成していたのは、空母搭載の第8空母航空団（Ｆ／Ａ-18戦闘攻撃機など七五機を標準搭載）、護衛艦のタイコンデロガ級巡洋艦一隻、アーレイ・バーク級駆逐艦三隻で、強大な防空・制空・偵察能力および長距離対地攻撃能力を備えていた。

ちなみにこの時点で米海軍が実動展開可能な空母打撃群は、フォードＣＳＧの他にニミッツＣＳＧ、アイゼンハワーＣＳＧ、ブッシュＣＳＧ、ワシントンＣＳＧ、レーガンＣＳＧ、合わせて六個ＣＳＧであった。米本国近海に四個ＣＳＧが待機し、併せて二個ＣＳＧが海外に任務展開している。記したようにアドリア海にフォードＣＳＧ。もう一つが日本の横須賀を母港とするレーガンＣＳＧ（第5空母打撃群）で、ベトナムのダナンに寄港していたのである。

言うまでもなく現在一〇万トン級の巨大な原子力空母を保有するのは米海軍のみである。しかも原子力空母一一隻体制を維持していた。一一隻とは、一九七五年に一番艦ニミッツ（ＣＶＮ-68）が就役したニミッツ級原子力空母が一〇隻と、二〇一七年に一番艦が就役したフォード級が一隻である。

ただ、原子力空母であっても運用寿命はあり、それは五〇年ほどとされている。実際、ニミッツは、二〇〇一年に核燃料交換を含む大規模なオーバーホール（ＲＣＯＨ）を施されていたのだが、時は過ぎ、二〇二六年には艦齢五〇年を超え退役する。これまでにRCOH工事を終えたニミッツ級空母は六隻あり、六番艦ワシントン（CVN‐73）が二〇二三年に完了している。ニミッツの後釜には次世代空母と呼ばれた、フォード級の二番艦ケネディ（CVN‐79）が座ることになろう。

しかしながら新型空母フォードの実用化は満載した先端技術に足を引っ張られて難航。初の本格的海外展開は就役から六年後の二〇二三年まで遅延したのである。電磁カタパルト、先進型着艦拘束装置、先進兵器エレベーター、二周波数レーダーなど、目玉の重要技術すべての実用化・熟成化に手間取ったのであった。

ともあれ、有事になると際立つ米海軍の空母打撃群が手本となり、近年、列強海軍でも独自のスタイルを備えた空母を建造し、新たな空母機動部隊の造成が企てられている。たとえば中国海軍は国産の電磁カタパルトを積む大型空母「福建」を建造。トルコ海軍は、国産のジェット無人戦闘機や無人攻撃機バイラクタルTB3を積む、世界初の無人機空母アナドルを建造。またインド海軍は国産空母ビクラント、海上自衛隊は改修工事により、F‐35Bを搭載可能な「いずも」型護衛艦二隻を保有し、同艦を核とする空母機動部隊の運用を実現している。

なにより中国海軍は、二〇二三年、米海軍に対抗し、かつ台湾・日本に圧力を加えるため、新顔の空母艦隊を戦略投入している。同年九月一三日、国産空母「山東」を中心とする六隻の空母戦闘群が沖縄の南の西太平洋を航行し、艦載戦闘機等の発着艦を約六〇回繰り返したのである。台湾国防部によれば、加えて中国大陸から中国軍機が飛来し、西太平洋の上空で空母「山東」と共同演習を実施していたというのだ。まさに世界の空母機動部隊の動向から目を離せない時が到来したと言えよう。

二〇二三年九月一六日　河津幸英

目次

空母および艦艇関連用語

●アングルド・デッキ…船体の進行方向から見ると傾いている着艦用の飛行甲板。

●インチ…砲口径を表す単位として使われる。1インチは約2.54㎝。

●エレベーター…格納庫と飛行甲板を行き来する昇降機。艦上機を載せて飛行甲板に上げたり、格納庫に下げたりする。

●浬(かいり)…海上の距離を表すときに使われる単位で、1浬は1,852m。海里、nm(ノーティカル・マイル)ともいう。

●カタパルト…航空機を打ち出して発進させる装置。射出機。

●滑走制止索…艦上機が着艦に失敗した際、オーバーランして前の艦上機に激突しないよう受け止める飛行甲板上の網状のバリアー。

●缶…燃料を燃焼させ、その熱エネルギーによって高温・高圧の蒸気を発生させる装置。この蒸気を蒸気タービンなどに送って動力を得たり、発電を行う。汽缶またはボイラーとも。

●艦艇…海軍に所属する艦船の中でも、特に戦闘用の艦船のこと。

●乾舷…水面から甲板までの垂直距離。吃水線より上にある乾いた舷側という意味。

●艦上機/艦載機…日本海軍では空母で運用する航空機を艦上機、それ以外の艦艇で運用する航空機を艦載機と呼んだ。現在では厳密に区別しないことが多い。

●機関…動力を発生させてスクリュープロペラを回す装置。エンジン。蒸気タービン推進の艦船では、主に缶と主機を指す。

●基準排水量…弾薬などは搭載するが、水や燃料などを搭載しない場合の排水量表記。

●吃水…水上に浮いている艦船の船底から水面までの垂直距離。

●軍艦…一般的には戦闘用の艦船のことだが、日本海軍では、菊花紋章が付いたある程度の規模以上の艦艇のことを指す。戦艦、空母、巡洋艦、水上機母艦など。

●高角砲…仰角を高くとって航空機を攻撃する砲。

●合成風力…空母に向かって吹いてくる風と自らの速力で発生する風を合成した風力。これが大きいほど航空機の揚力が上昇するため、艦上機の発着艦時は空母が風上に向かって航行する。

●シア…艦首の反り返りのこと。

●軸…機関出力を伝達する推進軸。スクリューシャフト。

●遮風柵…前方からの風を遮って艦上機を保護する柵。

●主機…軸を回す機械。エンジン。

●竣工…艦船の建造・艤装工事が完了すること。

●就役…完成した艦艇が実任務に配備されること。

●進水…船体の建造工事を終えた艦船を水上に浮かべること。命名も同時に行われる。その後は艤装→竣工→就役となる。

●水中防御…魚雷や水中弾から船体下部を守る、水線下の防御のこと。

●タービン…噴き出す蒸気を羽根車に当て、そのエネルギーを回転運動に変換して動力を得る装置。蒸気タービン。

●着艦制動索….・艦上機が着艦フックをひっかけて止まるためのワイヤー。

●デッキ…甲板のこと。飛行甲板はフライトデッキという。

●ノット(kt) …艦船の速度を表すときに使われる単位で、1ノット=1.852㎞/h。

●排水量…艦船の大きさを示す数値。水を満たした仮想の水槽に艦船を浮かべた際、溢れ出る水の重量をトン単位で表したもの。

●バウ…艦首。

●飛行甲板…空母の船体最上部に設置された滑走路。長ければ長いほど大型で重い艦上機を運用できる。

●ビルジキール…船底両側の湾曲部についたヒレ。横揺れを軽減する効果がある。

●復原性…船体が傾いた際に、元の水平姿勢に戻す性能。低いと転覆しやすい。

●ブラスト・ディフレクター…発艦スポットの後ろにある可動式の壁で、高温のジェット排気を上方に逃がす。

●フレア…艦首のオーバーハング状の反り広がり。

●満載排水量…弾薬、燃料、水、乗組員などを満載した場合の排水量。

●凌波性…波にさらされても安定して航行できる性能。

第1章

真珠湾攻撃
『空母機動部隊の創造』

奇襲攻撃により炎上する戦艦ウエスト・バージニア(中央)、メリーランド(左)、転覆したオクラホマ(右)(写真:U.S.Navy)

パールハーバーの無敵艦隊

日本とアメリカの第二次世界大戦への参戦は、言うまでもなく一九四一年一二月八日未明（米国時、七日）、日本海軍の空母機動部隊が成功させたハワイ奇襲空爆作戦、いわゆる真珠湾攻撃（Attack on Pearl Harbor）により開始された。このハワイ作戦は、太平洋戦争の戦端が切られた最も有名、かつ華々しい軍事作戦の一つでもある。ただ今なお多くの日本人は、当時既に世界最強級の軍事大国であった米国に対し、なぜ日本軍はこのような無謀な戦争を仕掛けたのだという素朴な疑問を抱いている。敢えて理由を一つ挙げるならば、それは、米国が潜在的に持つ戦時体制（挙国一致の）移行後における、想像を絶する軍事資産（兵器と兵力）の増産・拡大能力を大いに甘く見ていたことと言えよう。

とは言え、戦時体制の米国の姿を、平時の米軍や米国社会の様子から予見するのは、極めて難しいのも事実に違いない。実際、大きな違いがあったのだ。たとえば、開戦直前（一九四一年一二月時点）における両国海軍の主力艦艇の配備数と、戦争期間中（終戦直後の一九四五年八月時点まで）に増産した艦艇の建造数を比較してみればわかる。

［日本海軍主力艦艇：開戦時保有（戦中新造）］

- ●戦艦×一〇隻（二隻）
- ●重巡洋艦×一八隻（〇隻）
- ●空母×一〇隻（一五隻）

［米海軍主力艦艇：開戦時保有（戦中新造）］

- ●戦艦×一七隻（八隻）
- ●重巡洋艦×一八隻（一三隻）
- ●空母×八隻（一〇一隻）

このように開戦後に戦時体制となった米海軍は、戦中に主力艦艇を一二二隻ほど新造し配備している。開戦時の主力艦艇の保有数が四三隻であったから、実に四年間で新鋭艦を二・八倍も建造したのである。建造が容易な駆逐艦などは一一〇〇隻（六〇〇隻の護衛駆逐艦含む）も新造しているのだ。ちなみに開戦時の駆逐艦数は一七〇隻であったので、新造した駆逐艦の数は六・五倍にもなる。

いっぽう日本海軍は、開戦時の主力艦艇の保有数が三八隻。対して四年間に建造できた新造艦はわずか一七隻に過ぎない。米海軍と違い、何倍に増えたのではなく、真逆の半分以下に激減している。これは数の面からのみ比較したものだが、質の面を加味すれば、その戦力格差は開くばかりになる。一番目に付く主力艦艇の違いは、戦中に新造した空母の戦力格差に違いない。なにしろ日本海軍の一五隻に対して、米海軍は護衛空母を含めて一〇一隻の新造空母なのである。数の面で六・七倍の戦力格差になる。

なにより数だけではなく、艦隊正規空母の戦力面の格差が大きい。艦隊正規空母とは、戦艦に代わり海軍作戦の主役となった艦隊の主力空母であり、概して五〇機以上の母艦機を搭載可能な速力三〇ノット超の高速空母を指す。米海軍は、戦中に新型の艦隊正規空母たるエセックス級を一七隻も就役させたのである。同級空母は満載排水量三・三万トン、一〇〇機の大型母艦機を搭載し、三四ノットの高速力を発揮できる大型空母で、大戦中の最優秀空母との評価を受けている。これに対し日本海軍が新造できた艦隊正規空母は、大鳳、雲龍、天城、葛城のわずか四隻ほど。各艦が一九四四年に完成したころには、肝心の母艦機部隊は壊滅していたというお粗末な有様であった。

ともあれ、日本は、恐るべき米国の戦時体制が造り出した巨大な軍事資産に因り、太平洋戦争で完敗する。しかしながら記した平時（開戦直前）における両国海軍の主力艦艇の一覧をよく見るならば、日本海軍がビビってしまうほど大きな戦力格差があったようにも見えない。

戦艦勢力は、確かに日本海軍が一〇隻で、一七隻の米海軍より七隻少ない。重巡洋艦勢力は一八隻で同じ。しかしながら空母の数については、日本海軍が一〇隻で、米海軍より二隻ほど多い。しかも日本海軍は虎の子である、艦隊正規空母を六隻も保有していた。対して米海軍の艦隊正規空母は七隻なのだが、内二隻は小型空母のレンジャーとワスプなのである。なにより空母に搭載する母艦機は、既に中国戦線において無敵を実証していた零式艦上戦闘機を筆頭に、米海軍の母艦機部隊を凌駕できる優秀な飛行隊を揃えていた。つまり開戦時の日本海軍が唯一、米海軍を超えられる戦力として具備できていたのが空母部隊であったのだ。

この状況を一番理解していた日本海軍の首脳部（特に連合艦隊司令長官の山本五十六）は、開戦直後の平時体制の米海軍が、戦中の戦時体制によってリバイアサン（海に棲む最強の巨大怪物）に化ける前、つまり開戦劈頭に太平洋方面の米海軍主力を一挙に叩き潰そうと画策したのである。当時、米海軍の主力は、日本から六〇〇〇km以上離れたハワイ・オアフ島の真珠湾を最大の根拠地とする、米太平洋艦隊であった。同艦隊は、日本海軍に対抗するため主力艦艇を集結し、世界最強の巨大艦隊を編成していた。太平洋艦隊に配属されていた主要艦艇は、戦艦九隻、空母三隻、重巡洋艦一二隻、軽巡洋艦八隻、駆逐艦五〇隻、潜水艦三三隻、合わせて一一五隻。まさに無敵の巨大艦隊の面子たちが一堂に会していたのだ。しかも三隻の空母は、小型空母ではなく、主力の艦隊正規空母レキシントン（CV‐2）、サラトガ（CV‐3）、エンタープライズ（CV‐6）である。

世紀のゲームチェンジャー「空母機動部隊」

これほどの巨大艦隊をいかにして討ち果たすのか。仮に日本海軍が持つ戦艦一〇隻を全部集めたとしても、ハワイに近づくはるか手前で優勢な敵艦隊や航空部隊に邀撃され袋叩きにされてしまう。そこで日本海軍の首脳部が必勝を期して考え出したのが、日本海軍が米海軍に対して唯一勝る艦隊正規空母六隻を主役として取り立て、真正面に据えることであった。具体的には、新たに主力艦となった艦隊正規空母を六隻すべて集め、これに足の速い護衛艦艇を随伴させ、共に高速航行可能な「空母機動部隊」を新編制したのである。そして、この空母機動部隊が、緻密な作戦立案に基づき、真珠湾への長距離奇襲攻撃作戦を勇躍敢行したというわけである。

結果、米太平洋艦隊の主力戦艦群は、日本海軍の空母機動部隊から出撃した母艦機三五〇機の大編隊による波状航空攻撃により撃沈されてしまう。これはまさに常識を超えた歴史上初めての大胆な軍事作戦であった。と同時に今日的な表現を使うならば、世紀のゲームチェンジャーの誕生と言えたであろう。

真珠湾攻撃以前において、列国海軍の空母の扱いは、いずれも主力艦たる戦艦と重巡洋艦を後方から支える補助艦艇としての裏方的な運用に過ぎなかった。搭載する母艦機の主任務は、敵機の攻撃から主力艦を守り、艦隊決戦前にこれら主力艦の損耗を防ぐこととされていた。母艦機による航空攻撃は、あくまで決戦前に敵の主力艦に手傷を負わせる程度であり、他には地上目標の攻撃掩護や戦場の索敵任務が重視されていたくらいだ。したがって、複数の空母を集めて運用することなどはなく、基本的には航空支援用として空母を一隻ずつバラバラに戦艦部隊等に差し出していたのである。

こうした常識を日本海軍の空母機動部隊は一八〇度転換したのである。主力艦たる戦艦が備えた四〇cm主砲は、強力な徹甲弾を対艦兵器としていたが、有効射程は三〇km級であった。駆逐艦が放つ魚雷の射程も一〇km以下に過ぎない。対して母艦機の艦上爆撃機は、徹甲弾の代わりに徹甲爆弾を翼下に搭載し、艦上雷撃機は航空魚雷を胴体下に抱えて二〇〇海里（三七〇km）遠方の敵主力艦を撃沈できたのである。しかも複数の艦隊正規空母から出撃した母艦機の群れは、百機規模の大編隊を上空で組むことができ、この編隊は眼下に発見した敵艦隊を一挙に壊滅させられる、革新的かつ驚異的な航空破壊力を有していたのである。まさに日本海軍が生み出した空母機動部隊はゲームチェンジャーであった。

この真珠湾攻撃を境にしてパールハーバーに沈められた戦艦群は、海軍の主役の座から陥落する。代わって空母機動部

空母を護衛する速力30ノットの高速戦艦「比叡」と「霧島」

第2次改装により30ノットの高速力を獲得した金剛型戦艦2番艦の「比叡」。写真は1939年12月の高知県宿毛湾での公試航行試験のようだ

◆上は1939年，宿毛湾内に停泊する戦艦「霧島」と空母「赤城」
◆左は対空射撃火力の主役となった八九式12.7cm連装高角砲と九六式25mm連装機銃（写真は重巡洋艦「羽黒」）

◆1938年の第2次改装により30ノットの速力を得て高速戦艦となった金剛型戦艦4番艦の「霧島」。満載排水量3.9万トン，12.7cm連装高角砲4基を搭載。写真は改装前の1930年の呉軍港

隊がその座に就いただけでなく、戦局までも左右する巨大な戦略兵器システムへと成長していくのである。これは別な言い方をするならば、戦艦による大艦巨砲主義の終焉でもあった。以下において真珠湾攻撃を成し遂げるため、日本海軍が生み出した世界初の空母機動部隊の構造や独自性などを見ていきたい。

日華事変に参戦した空母と伊戦艦の撃沈

米海軍同様、日本海軍も長らく戦艦からなる戦隊を主力艦隊に位置付けていた。それが祖国の存亡をかけた一九四一年の真珠湾攻撃に際し、海軍の首脳部は、革新的な空母機動部隊を全面投入する決定を下す。いかなる理由により、日本海軍は、この空母機動部隊であれば、米太平洋艦隊を討ち果たせると評価したのであろうか。おそらく最大の理由は、空母が主役を演じた二つの実戦作戦事案に対する研究成果によるものと推察される。

一つ目は、真珠湾攻撃前の日中戦争において、日本海軍の空母艦隊とその母艦機が、貴重な実戦での航空作戦を繰り返し事前経験した事案である。これは米海軍の空母部隊も未経験のことであった。

二つ目は、第二次世界大戦の緒戦(一九四〇年一一月一一日)において、英海軍の艦隊正規空母イラストリアスが実施した、イタリアのタラント軍港に対する夜間奇襲航空攻撃の成功事案である。同艦の母艦機がなんとイタリア海軍の戦艦を三隻も撃沈破しているのである。世界もアッと驚く予想外の大戦果であった。

先ずは日中戦争での空母部隊の活躍について簡単に見ていく。昭和七年(一九三二)一月、中国の上海で上海事変が勃発する。日本海軍は、第1航空戦隊に所属する四・二五万トン級の艦隊正規空母「加賀」と一万トン級の小型空母「鳳翔」に、軽巡洋艦三隻および駆逐艦四隻を警護に付けた空母艦隊を編成し派遣した。これが日本海軍の空母として初の実戦投入であった。併せてこの第1航空戦隊が、初の空母機動部隊の編成との解釈もある。また「鳳翔」は、当時同盟国であったイギリスの技術協力により開発し、一九二二年一二月に完成した空母で、当初から空母として設計建造された世界初の正規空母でもあった。これは、いかに日本海軍が、早くからこの空母という新兵器に大きな興味と期待を抱いていたのかを示す証左と言えよう。

上海事変では、同年二月五日、「加賀」から一三式艦上攻撃機二機と、「鳳翔」から護衛の三式艦上戦闘機三機が編隊を組み、初の偵察任務を遂行している。以後、複葉機の両母艦機は編隊を組み、同月中に幾度も地上基地から出撃。犠牲を出

日本海軍が誇る主力母艦機「零戦」「九九式艦爆」「九七式艦攻」

■零戦二二型：最大速度533km/h（940馬力），航続距離2222km，武装20mm機銃×2，7.7mm機銃×2

◆簡素な零戦のコクピット

■三菱零式艦上戦闘機二一型（写真は二二型）：零戦は大戦前半まで世界最強の艦戦として米軍を圧倒。特に運動性能と長大な航続性能は比類なきものであった

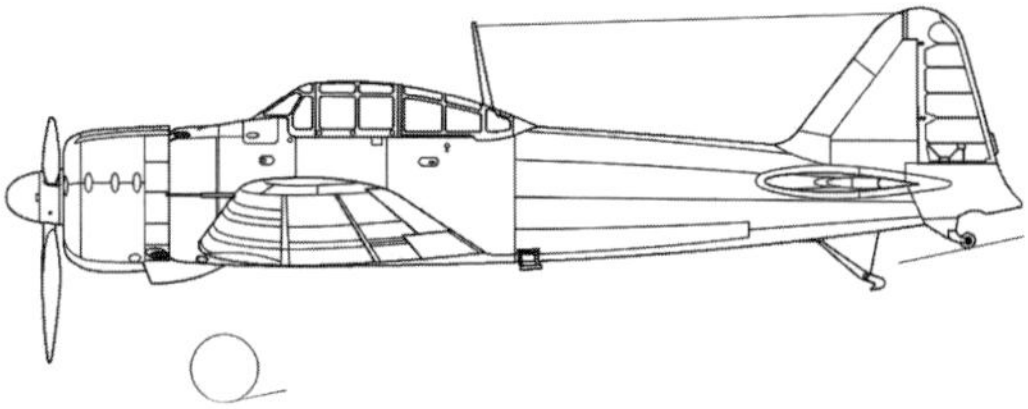

◆九一式航空魚雷：重量848kg，全長5.3m，射程2km

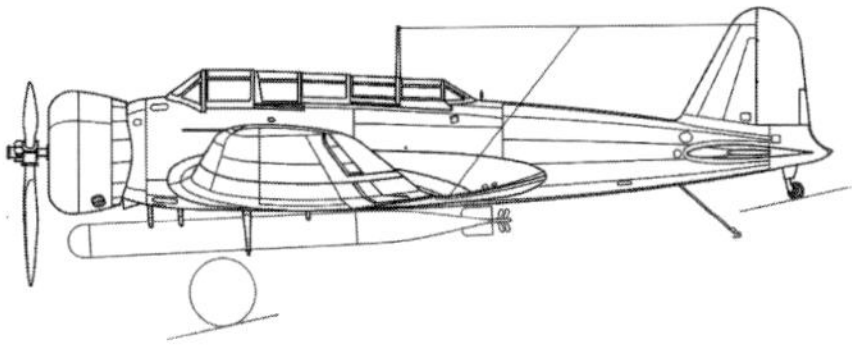

■中島九七式艦上攻撃機：最大速度378km/h，航続距離1021km，武装7.7mm機銃×1，魚雷×1

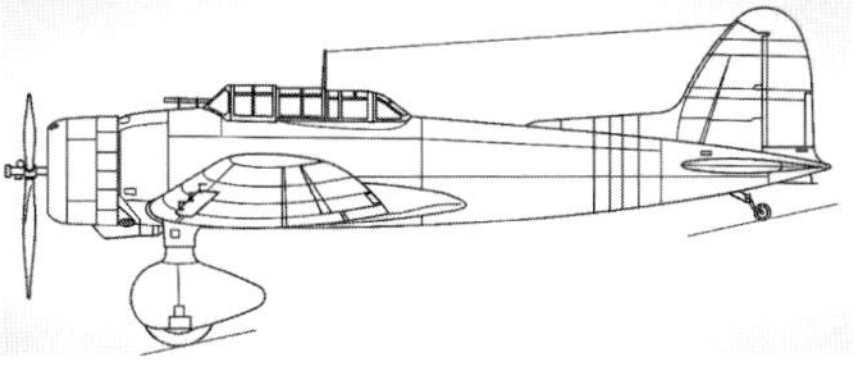

■愛知九九式艦上爆撃機：最大速度382km/h，航続距離1472km，武装7.7mm機銃×3，250kg爆弾×1

◆1941年12月8日, 空母「赤城」における第2次攻撃隊の零戦の発進準備。右写真は1942年4月の「赤城」

■空母「赤城」: 竣工1927年(改装38年), 公試排水量4.13万トン, 全長260.7m×幅31.3m, 速力31.2ノット, 搭載機66機, 乗員1630人

■空母「加賀」: 竣工1928年(改装34年), 公試排水量4.25万トン, 全長240.5m×幅32.5m, 速力29ノット, 搭載機75機, 乗員1708人

■空母「蒼龍」: 竣工1937年, 満載排水量2万トン, 全長227.5m×幅26m, 速力35ノット, 搭載機57機, 乗員1100人

■空母「飛龍」: 竣工1939年, 満載排水量2.2万トン, 全長227.4m×幅27.4m, 速力35ノット, 搭載機57機, 乗員1100人

■空母「瑞鶴」: 竣工1941年, 満載排水量3.2万トン, 全長257.5m×幅29m, 速力34ノット, 搭載機72機, 乗員1660人

■空母「翔鶴」: 竣工1941年, 満載排水量3.2万トン, 全長257.5m×幅29m, 速力34ノット, 搭載機72機, 乗員1660人

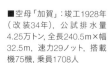

ハワイ作戦に集中参戦した6隻の日本海軍『艦隊正規空母』

◆1941年12月8日，真珠湾攻撃に飛び立つ空母「翔鶴」の母艦機。零戦二一型と九九式艦爆が並ぶ

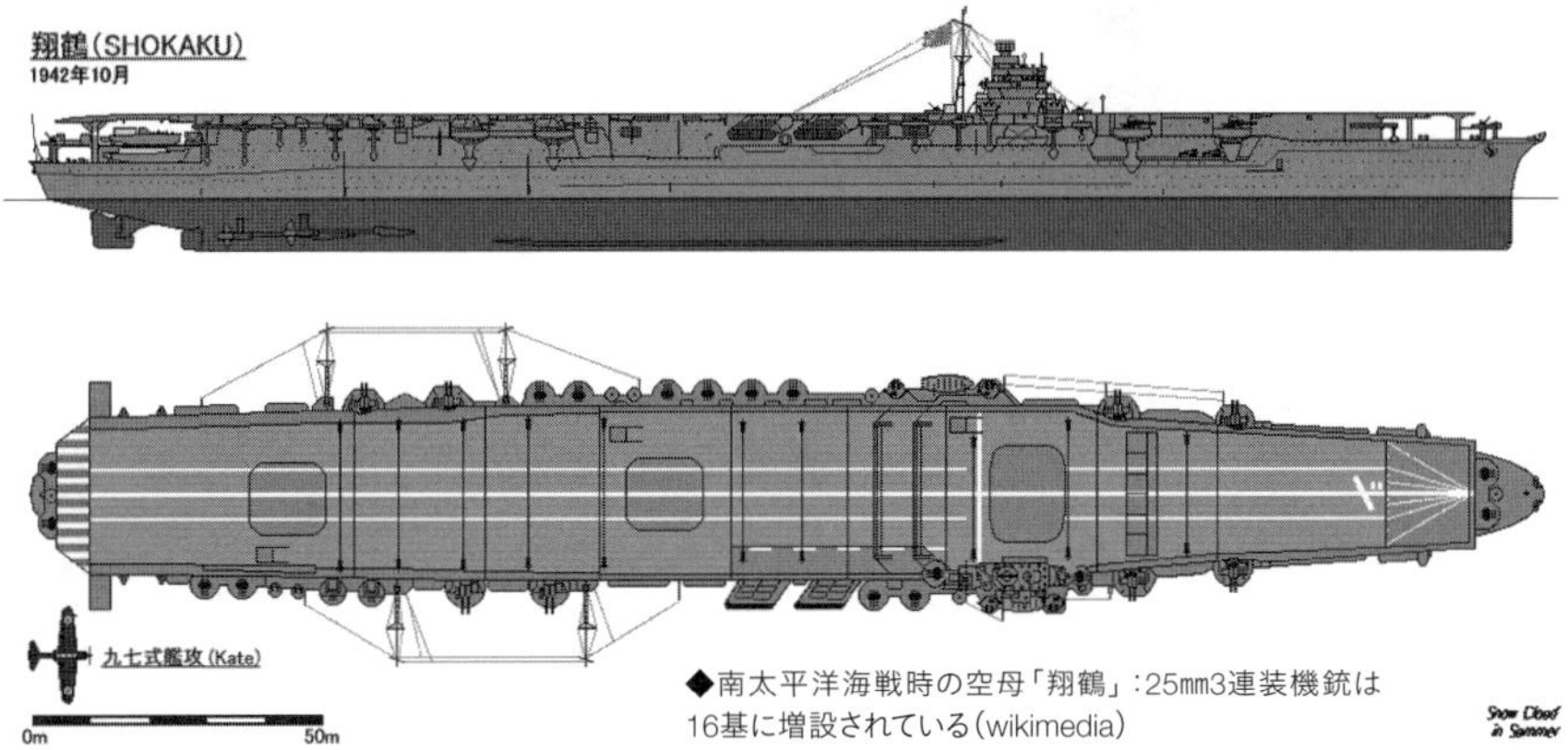

◆南太平洋海戦時の空母「翔鶴」：25mm3連装機銃は16基に増設されている(wikimedia)

〈空母を守る対空射撃火力の主兵器となった八九式40口径12.7cm連装高角砲〉

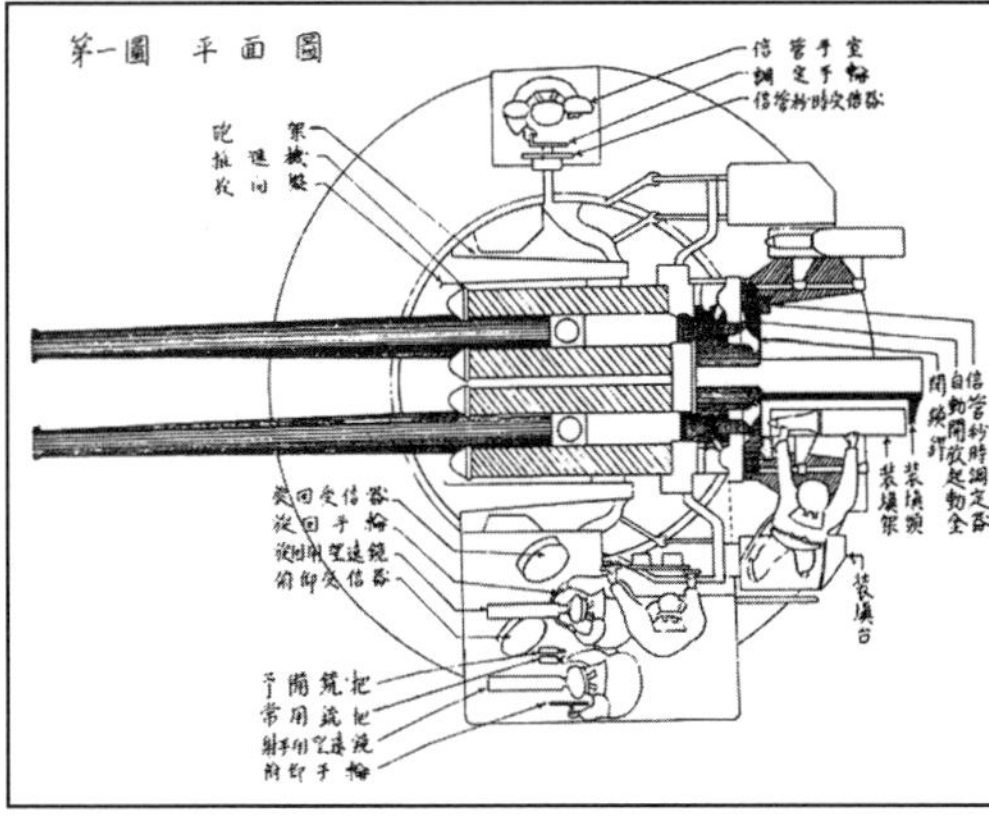

◆空母「瑞鶴」の両舷に各4基設置された12.7cm連装高角砲(1941年11月)：発射速度14発／分，最大射程14.6km

しながらも中国軍の陣地や飛行場を爆撃し、戦闘機との空中戦も発生した。二月二二日には、遂に「加賀」飛行隊の生田乃木次大尉の三式艦上戦闘機が、米国人操縦士の操る中国空軍のボーイング218戦闘機を撃墜している。これが日本軍機による初の撃墜であった。

次に昭和一二年（一九三七）七月に勃発した日華事変に際し、再び「加賀」を中核とする三隻の空母部隊が出撃している。今回の派遣では、空母の航空隊が、地上基地に展開する海軍航空隊と共同し、中国軍の施設・飛行場や艦艇に対し激しい航空攻撃を長期間にわたり敢行したのである。九月の南京爆撃では、「加賀」航空隊の母艦機約二〇機を含む一一五機の大編隊が投入されたという。特筆すべきは、「加賀」航空隊の母艦機が、基地部隊と協力して中国海軍の主力艦艇に波状爆撃を繰り返し無力化したことだ。実際、同年九月には、母艦機数十機からなる航空隊が、揚子江を逃走航行する敵の二五〇〇トン級巡洋艦「平海」と「寧海」を攻撃し、小型爆弾多数の直撃により二隻を炎上、擱座させたのである。航行する主力艦艇が航空攻撃だけで爆沈したのは史上初の事例とも言われている。

「加賀」航空隊が搭載した母艦機は、主に九五式艦上戦闘機、九四式艦上爆撃機、九六式艦上攻撃機の三機種から構成されていた。制空・編隊護衛を任務とする空中戦が得意な一人乗りの艦上戦闘機、急降下爆撃・偵察を任務とする二人乗りの艦上爆撃機、水平爆撃・雷撃・偵察を任務とする三人乗りの艦上攻撃機の組み合わせである。これが最も柔軟に作戦運用可能な編成と見做されたようであった。ただし「加賀」に搭載していた母艦機は発展途上にあり、いずれも固定脚を突き出し飛行する古い複葉機であった。

ともあれ、日華事変における空母部隊の投入が、日本海軍による空母および母艦機の実戦的な作戦能力と運用法を大きく発展させたのは疑いない。

以上のように日本海軍の母艦機は航行する巡洋艦を仕留めたが、英海軍の母艦機は、雷撃により停泊中のイタリア戦艦を沈めている。当時、タラント軍港には伊海軍が誇る戦艦六隻など主力艦艇が停泊していた。当然ながら軍港の防備は固く、陸には対空火器二〇〇門、空には飛行を邪魔する阻塞気球、海には防潜網が設置されていたという。しかしながら英海軍は、空母イラストリアスに護衛艦八隻（重巡洋艦二隻、軽巡洋艦二隻、駆逐艦四隻）が随伴する機動部隊を組み出撃させた。二一時頃、イラストリアス（基準排水量二一・九万トン、速力三〇ノット、搭載機六七機）は、軍港の南東約三〇〇㎞の洋上から攻撃隊二波（二一機）を発進。空母から出撃したのは、旧式複葉雷撃機のソードフィッシュであったが、夜陰に紛れて二三時頃から襲撃を開始し、見事に低空投下用魚雷五発を戦艦三隻に命中させたのである。

結果、三隻の戦艦は沈む。ただ場所が大海原でなく水深一二mの浅い港内であったため、いずれも擱座、着底の状態であった(二隻は浮揚され復帰)。しかし旧式雷撃機が放った魚雷三発の命中で、満載四・六万トンの新鋭戦艦リットリオ（三八cm主砲九門）が沈められたという事実は、当時でも驚くべき一大事件であったのは疑いない。英空母の損害は、伊艦艇の対空射撃で二機が撃墜されたのみ。この一九四〇年一一月に実施された英空母のタラント軍港空襲は、一九四一年一二月の真珠湾攻撃の小見本のような作戦事案であった。

世界初の空母機動部隊の編成と艦艇三〇隻の選定理由

昭和一六年（一九四一）四月、日本海軍はハワイ奇襲作戦を実行する機動部隊を新編した。機動部隊司令官は南雲忠一中将。ただ機動部隊とは通称であり、制式名称は第1航空艦隊であった。歴史的な大遠征に万全を期すため、連合艦隊は、艦隊正規空母六隻を航空艦隊に集中するだけでなく、掩護・支援用の各種艦艇を他の艦隊、たとえば第1艦隊や第2艦隊などから第1航空艦隊に臨時配属し、全三〇隻からなる革新的な艦隊を準備した。これが第1航空艦隊の正式名を持つ、世界初の空母機動部隊であった。

ハワイ作戦のため編成された空母機動部隊は、機能・戦闘力・任務の異なる五つの部隊から構成されていた。空襲部隊、警戒隊、支援部隊、哨戒隊、補給隊の五つである。主力は、空母六隻を擁する空襲部隊で、敵主力艦（戦艦、重巡洋艦）および空母の撃破を最大の任務としていた。空母六隻の所属は、すべて第1航空艦隊である。第1航空戦隊の「赤城」「加賀」、第2航空戦隊の「蒼龍」「飛龍」、第5航空戦隊の「瑞鶴」「翔鶴」。これら選定された六隻の空母は、記したようにほぼ速力三〇ノット級の艦隊正規空母で、ハワイ作戦に不可欠な航続距離と母艦機搭載数を備えていた。

警戒隊は、航路警戒と空襲部隊支援と飛行警戒（補給部隊護衛：主に敵機の警戒）が任務。つまり空母と補給隊の給油艦を直接警備することであった。艦艇は、第1水雷戦隊と第18駆逐隊に所属する軽巡洋艦一隻と駆逐艦が九隻である。軽巡洋艦は警戒隊の旗艦の能力を有する「阿武隈」。駆逐艦は、陽炎型が七隻と朝潮型が二隻で、いずれも機動部隊に随伴できる長い航続距離を有する艦隊駆逐艦が検討により選定されている。

支援部隊は、空母六隻からなる空襲部隊の支援を任務とした。艦艇は、第3戦隊から戦艦二隻と、第8戦隊から重巡洋艦二隻である。戦艦には、金剛型戦艦（四隻保有）の「比叡」と「霧島」の二隻が選定されている。金剛型戦艦の特長は、ス

艦名(級名)	重巡洋艦「利根」 (利根型1番艦)	高速戦艦「比叡」 (金剛型2番艦)	空母「翔鶴」 (翔鶴型1番艦)
満載排水量(基準) 全長×最大幅	公試1.33万トン(1.12万トン) 201.6m×19.4m	3.9万トン(3.22万トン) 222m×31m	3.21万トン(2.57万トン) 257.5m×29m
速力(出力) 航続距離	36ノット(15.2万馬力:タービン) 1.7万km(18ノット)	30ノット(13.6万馬力:タービン) 1.8万km(14ノット)	34ノット(16万馬力:タービン) 2.3万km(18ノット)
舷側装甲	145mm	203mm	46mm
兵　装 (主砲/ 対空火器等)	50口径20.3cm連装砲×4 40口径12.7cm連装高角砲×4 25mm連装機銃×6 13mm連装機銃×2	45口径35.6cm連装砲×4 50口径15.2cm砲×14 40口径12.7cm連装砲×4 25mm連装機銃×10 13mm4連装機銃×2	40口径12.7cm連装高角砲×8 25mm3連装機銃×12
搭載機	水上偵察機×6機	水上偵察機×3機	・零戦×18機 ・九九式艦上爆撃機×27機 ・九七式艦上攻撃機×27機
乗　員	869人	1222人	1660人

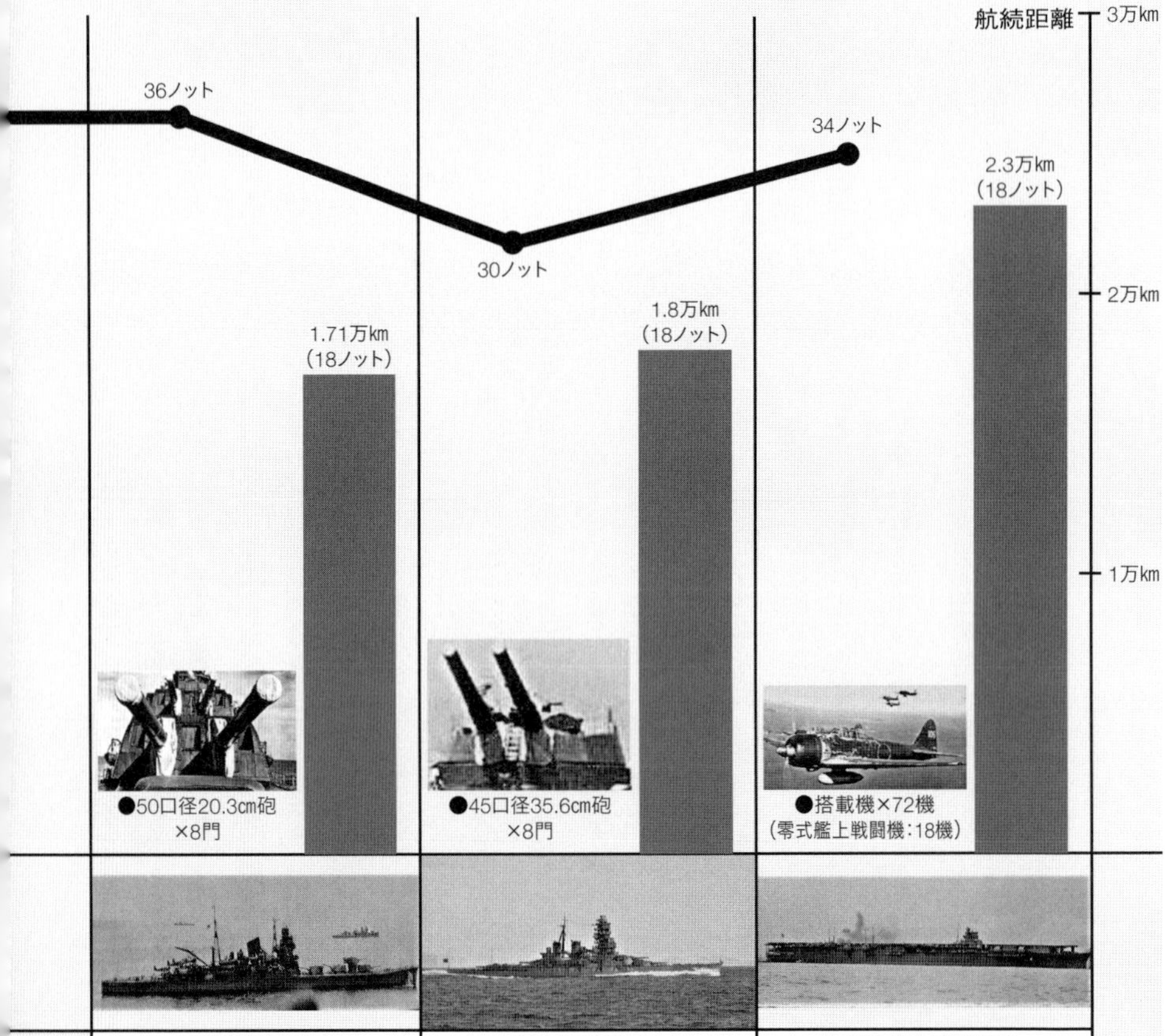

重巡洋艦「利根」 (竣工:1938年11月20日)	高速戦艦「比叡」 (竣工:1914年8月4日/改装1940年)	艦隊航空母艦「翔鶴」 (竣工:1941年8月8日)

空母機動部隊(ハワイ作戦時)の艦種別性能比較:速力と航続力

艦名(級名)	伊号潜水艦「伊十九」(伊十五型3番艦)	駆逐艦「浦風」(陽炎型11番艦)	軽巡洋艦「阿武隈」(長良型6番艦)
満載排水量(基準) 全長×最大幅	水中3564トン(2198トン) 108.7m×9.3m	2752トン(2033トン)118.5m ×10.8m	公試6460トン(5170トン) 162m×14m
速力(出力) 航続距離	24ノット(水上:水中8ノット) 2.6万km(16ノット)	35ノット(5.2万馬力:タービン) 0.93万km(18ノット)	36ノット(9万馬力:タービン) 0.93万km(14ノット)
舷側装甲	なし	なし	63.5mm
兵　装 (主砲/ 対空火器等)	40口径14cm砲×1 25mm連装機銃×1 53cm魚雷発射管×6	50口径12.7cm連装砲×3 25mm連装機銃×2 61cm4連装魚雷発射管×2	50口径14cm砲×7 25mm連装機銃×2 13mm4連装機銃×1 61cm連装魚雷発射管×4
搭載機	零式小型水上偵察機×1機	なし	偵察機×1機
乗　員	94人	239人	438人

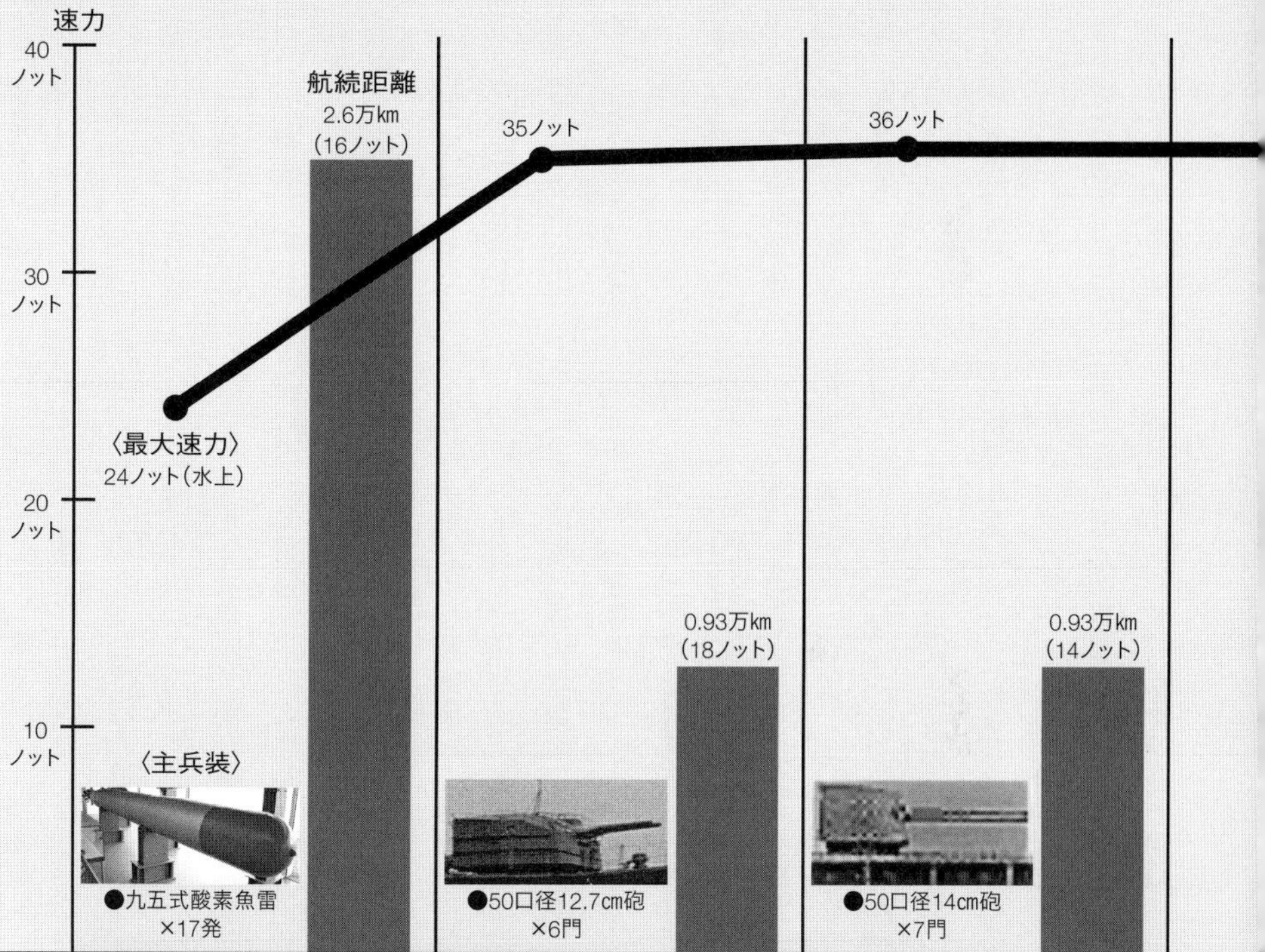

潜水艦「伊十九」
(竣工:1941年4月28日)

駆逐艦「浦風」
(竣工:1940年12月15日)

軽巡洋艦「阿武隈」
(竣工:1925年3月31日/改装1933年)

ピードと航続力で、特に近代化改装により戦艦群の中で唯一、三〇ノットの高速力を発揮できた。

ところで、海軍が二隻の高速戦艦を支援部隊に加えた理由は別に二つあった。一つは、反撃してくる可能性のある米艦隊の主力艦に対抗できる砲力を備えていたこと。もう一つは、仮に船体の大きな艦隊正規空母が損傷・故障した場合には、馬力の大きな戦艦により空母を曳航することができると期待したのである。重巡洋艦には、利根型重巡洋艦（二隻保有）の「利根」と「筑摩」の二隻が選定された。利根型は、海軍の一番新しい最優秀な重巡洋艦で、最大の特長は、戦艦をも超える長大な航続距離および三六ノットの速力、さらに六機（実際には五機運用）も搭載可能な水上偵察機による大きな航空索敵力にあった。

哨戒隊は、機動部隊の前方または後方警戒を任務とした。艦艇は、第1潜水戦隊から伊号潜水艦の伊十九、伊二十一、伊二十三の三隻である。ただ当初計画では機動部隊に潜水艦は配属されていなかった。計画では、必要時に先遣部隊（監視任務の潜水艦）の艦を機動部隊の前路警戒に充てるとされていた。しかし直前の打ち合わせで、この哨戒隊が機動部隊に編入されたという。目的は何か。

それは大遠征となるハワイ作戦では絶対不可欠な洋上給油への不安であった。仮に海が大荒れとなり、洋上給油が実施不可能な場合には、足の短い警戒隊の「阿武隈」や駆逐艦は本隊から分離せざるを得なくなる。この可能性は低くなかった。と言うのも機動部隊の遠征航路は、最も気象条件の悪い北方航路（北緯四〇度と四五度の間）であったからだ。理由は、ハワイ作戦の成否が奇襲攻撃の成功に掛かっているため、敵の飛行哨戒圏や商船の常用航路を避ける必要があり、結果、海の荒れる北方航路を選ばざるを得なかったのである。そこで対応策として、航続距離に心配のない伊号潜水艦を警戒隊の代役を託せる、哨戒隊として機動部隊に加えたのである。

哨戒隊に課した任務は、警戒だけではなかった。状況によっては、空襲部隊の攻撃時に敵方に進出させて、出撃してくる敵反撃部隊を阻止する。あるいは味方不時着機の搭乗員の収容に当たらせようとする算段であった。強力な哨戒隊の潜水艦（乙型三隻）に相応しい役割であり、必要な措置と言えよう。配属された三隻は、伊十五型潜水艦で、二つの大きな特長があった。一つ目は一六ノットで二・六万km航行できるという長大な航続力。ただしこれは水上航行（ディーゼル推進・一・二万馬力）の場合である。二つ目が、司令塔前部に大きな格納筒を設け、ここに零式小型水上偵察機一機を搭載し、前甲板のカタパルトから射出できたこと。この能力により、同潜水艦は潜水空母とも呼ばれている。

補給隊は、重要な機動部隊への洋上燃料補給が任務である。

機動部隊の警備が使命の速力35ノット超の駆逐艦と巡洋艦

■駆逐艦「磯風」：35ノット超の速力と0.9万kmの航続力を備えた陽炎型艦隊駆逐艦の12番艦。機動部隊の警戒隊には同型7隻が配備された

■軽巡洋艦「阿武隈」：機動部隊の第1水雷戦隊の旗艦である

■「阿武隈」は速力36ノットを出す長良型軽巡の6番艦

■零式水上偵察機：3人乗りで最大速度367km/h，航続力は3326kmもある

■1.3万トン級重巡洋艦「利根」：艦前部に20.3cm連装砲4基，後部に零式水上偵察機6機を運用する能力を備えた利根型重巡の1番艦

※資料：戦史叢書『ハワイ作戦』p232兵力部署など（防衛研究所）

機動部隊（指揮官:第1航空艦隊司令長官 南雲忠一中将）				
支援部隊		哨戒隊	補給隊	
第3戦隊司令官		第2潜水隊司令	極東丸特務艦長	
第3戦隊	第8戦隊	第2潜水隊	第1補給隊	第2補給隊
■高速戦艦 「比叡」 「霧島」	■重巡洋艦 「利根」 「筑摩」	■伊号潜水艦 （潜水空母） 「伊十九」 「伊二十一」 「伊二十三」	■給油艦 「極東丸」 「健洋丸」 「国洋丸」 「神国丸」	■給油艦 「東邦丸」 「東栄丸」 「日本丸」
・空襲部隊支援		・前方または後方警戒	・補給	
・戦艦：空母と概ね行動を共にできる速力と航続力を有すること ・重巡洋艦：航続力と索敵力が最大であること		・航続力と潜水空母の索敵・攻撃力	・大型優速の最新鋭タンカーであること	

駆逐艦「谷風」

駆逐艦「不知火」

〈機動部隊のハワイ作戦を燃料補給で支えた1万トン級の川崎型油槽船×7隻〉

■神国丸：竣工1940年，速力20ノット

■国洋丸：竣工1939年

■建洋丸：竣工1939年

■東邦丸：竣工1936年，総トン数1万トン

■東栄丸：竣工1939年，総トン数1万トン

■極東丸：竣工1934年，総トン数1万トン，全長153.1m，出力8963馬力（ディーゼル），速力20ノット，乗員47人

■日本丸：竣工1936年，総トン数1万トン，積載量1.3万トン，全長160m，出力9773馬力（ディーゼル），速力19ノット

日本海軍のハワイ作戦:『空母機動部隊』の全戦力図

区分	機動部隊（真珠湾攻撃参加艦艇全30隻の編成・兵力）				
	空襲部隊			警戒隊	
指揮	第1航空艦隊司令長官			第1水雷戦隊司令官	
艦隊兵力	第1航空艦隊			第1水雷戦隊	第18駆逐隊
	第1航空戦隊	第2航空戦隊	第5航空戦隊	■軽巡洋艦 「阿武隈」 ■駆逐艦 「谷風」 「浦風」 「浜風」 「磯風」	■駆逐艦 「陽炎」 「不知火」 「霞」 「霧」 「秋雲」
	■空母「赤城」 ■空母「加賀」	■空母「蒼龍」 ■空母「飛龍」	■空母「瑞鶴」 ■空母「翔鶴」		
主要任務	・敵主力艦および空母の撃破			・航路警戒 ・空襲部隊支援 ・飛行警戒（補給部隊護衛）	
艦艇の選定	・ハワイ作戦に必要な航続力と母艦機搭載力を保有する艦隊空母であること。全6隻の艦隊空母の集中運用を図った			・軽巡洋艦：水雷戦隊の旗艦としての能力を有すること ・駆逐艦：航続力の大きな陽炎型と朝潮型を選定	

駆逐艦「浜風」

駆逐艦「舞風」

〈空母機動部隊（空母6隻）が保有した母艦機の機種別搭載機数〉

機種／空母	 零式艦上戦闘機	 九九式艦上爆撃機	 九七式艦上攻撃機	合計
赤城	21	18	27	66機
加賀	21	27	27	75機
蒼龍	21	18	18	57機
飛龍	21	18	18	57機
翔鶴	18	27	27	72機
瑞鶴	18	27	27	72機
合計	120機	135機	144機	399機

艦艇は、この任務を果たすため、速力二〇ノットの優速最新鋭タンカーが七隻選定された。第1補給隊には「極東丸」「健洋丸」「国洋丸」「神国丸」、第2補給隊には「東邦丸」「東栄丸」「日本丸」が配属された。これらのタンカーは、海軍が特設運送船として徴用し、艤装工事を施した一万トン級給油艦で、川崎型油槽船とも呼ばれた。それでも機動部隊としては、洋上給油への不安が拭え切れず、空母や重巡洋艦などに予備燃料として二〇〇リットルのドラム缶三五〇〇本と、一八リットル石油缶四万四五〇〇個が積み込まれていた。無論、これは危険であり、違法措置であったが、黙認されたという。

機動部隊の艦隊正規空母と主力艦

六隻の艦隊正規空母の中で、第1航空戦隊の「赤城」と「加賀」は、共に最新戦艦を全面改装して建造した空母であるため、公試排水量四万トン級の大型空母となった。当時としては、世界最大級の空母と言えよう。これは、ワシントン海軍軍縮条約（著名一九二二年）により列国海軍の戦艦保有数が制限され、船体を空母に転用したものだ。「赤城」は天城型巡洋戦艦の改装であるため、速力が三一・二ノット（一三・三万馬力）と速い。航続距離は一六ノットで一・五万kmほど。兵装は自衛用で、元戦艦らしく水上戦闘（対駆逐艦、対巡洋艦）に備えた二〇cm単装砲が六門。対空射撃用の一二cm連装高角砲六基と二五mm連装機銃一四基を搭載する。舷側装甲は一五・二cmと厚い。

いっぽう「加賀」は、加賀型戦艦の改装であるため、速力は二九ノット（一二・五万馬力）と他に比べ若干遅く、三〇ノット台に届かない。ただ航続距離は一六ノットで一・八五万kmほど航行でき、「赤城」よりも優れていた。兵装は、水上戦闘に備えた二〇cm単装砲が一〇門。対空射撃の主力火器である八九式四〇口径一二・七cm連装高角砲が八基と二五mm連装機銃一四基を搭載する。本艦の火力は日本海軍の空母の中で最も強力と言えよう。また舷側装甲は最大厚が二七・九cmもあり、元巡洋戦艦の「赤城」より厚い。搭載する母艦機は、船体の大きな両艦は、ともに最大八〇機以上の搭載が可能で、日本海軍の空母の中では最大級であった。

第2航空戦隊の「蒼龍」と「飛龍」は、当初から空母として設計された二万トン級の中型空母で、速力は三五ノット（一五・二万馬力）と速いが、火器や母艦機の搭載能力は大型空母には劣った。第5航空戦隊の「翔鶴」と「瑞鶴」は、専用設計された本格的な三・二万トン級の高速大型空母である。速力は三四ノット（一六万馬力）。航続距離については一八ノットで二・三万kmあり、最も優れていた。装甲も十分あり、重要な機関室舷側が四・六cm、危険な弾薬庫舷側には特に厚い一六・五cmの装甲防御が施されていた。なお真珠湾攻撃の期日は、一九四一年九月に完成した「瑞鶴」に合わせたとまで言われている。

これら空母に搭載された三種類の母艦機は、日華事変の時の固定脚の複葉機から最新の引き込み脚を備えた優速の全金属製単葉機に一新されていた(九九式艦爆のみ固定脚)。艦上機としては、当時、世界最強の母艦機グループであった。言うまでもなく戦闘機は、傑作機の三菱零式艦上戦闘機二一型であり、世界最高の高速運動性能と長大な航続力、破壊量の大きな二〇mm機関砲二門を搭載していた。攻撃機は、中島九七式艦上攻撃機で、敵戦艦にとって一番脅威な雷撃用の九一式航空魚雷、あるいは甲板装甲を貫通可能な水平爆撃用の九九式80番5号八〇〇kg徹甲爆弾を搭載できた。爆撃機は、愛知九九式艦上爆撃機で、九九式25番二五〇kg通常爆弾を搭載。命中精度の高い急降下爆撃が可能であった。

機動部隊の六隻の艦隊正規空母が搭載した母艦機は、予備機体を除き、合わせて三九九機の一大勢力となった。内訳は零式艦戦が一二〇機、九九式艦爆が一三五機、九七式艦攻が一四四機である。目標を空襲する艦爆・艦攻の構成比率は、全体の七〇%(二七九機)となり、かれらの爆弾搭載量は合わせて一四九トンほど。

一番多くの母艦機を搭載したのは、やはり船体の大きな「加賀」で、零式艦戦が二一機、九九式艦爆が二七機、九七式艦攻が二七機の計七五機を搭載していた。

次に戦艦として選ばれた金剛型戦艦の「比叡」「霧島」は、そもそも満載排水量三・九万トン、三五・六cm連装砲四基を主砲とする、海軍で最も旧式の戦艦であった(比叡の起工は一九一一年)。しかしながら近代化により戦艦随一の機動性能と、対空射撃能力の増強が施され、機動部隊の随伴艦に相応しい能力を具備できたのである。なにより両戦艦は、記したように唯一の速力三〇ノットの高速戦艦なのだ。当時、海軍が保有した他の三種類の戦艦、扶桑型二隻、伊勢型二隻、長門型二隻は、その最大速力がいずれも二五ノット止まりであった。空母機動部隊の随伴艦としては、これら六隻の戦艦では速力が遅過ぎたのである。しかもこの二隻の高速戦艦は、他の戦艦に比べ速力のみならず航続距離も遠大であった。「比叡」の航続距離は、速力一八ノットで一・八万kmを航行できたのに対し、たとえば戦艦「伊勢」は同速力で一・二万km、「長門」は一六ノットで一・三万kmほど。どれも航続力が短いのである。真珠湾攻撃後に完成した世界最大の戦艦「大和」「武蔵」ですら、速力は二七ノット止まり。航続距離も一六ノットで一・三万kmに過ぎなかったのである。

そもそも利根型重巡洋艦の「利根」と「筑摩」は、海軍が、空母機動部隊の母艦機への負担(索敵や偵察任務)を軽減す

ハワイに向け出撃した空母機動部隊の艦隊フォーメーション図

〈空母機動部隊の全参加艦艇30隻の部隊区分と名称〉
■空襲部隊(艦隊空母×6隻):赤城, 加賀, 蒼龍, 飛龍, 瑞鶴, 翔鶴
■警戒隊(軽巡洋艦×1隻):阿武隈
(駆逐艦×9隻):浜風, 磯風, 谷風, 浦風, 陽炎, 不知火, 秋風, 霞, 霰
■支援部隊(高速戦艦×2隻):比叡, 霧島
(重巡洋艦×2隻):利根, 筑摩
■哨戒隊(伊号潜水艦×3隻):伊十九, 伊二十一, 伊二十三
■補給隊(給油艦×7隻):極東丸, 健洋丸, 国洋丸, 神国丸, 東邦丸, 東栄丸, 日本丸

← 10km →

↑ 10km ↓

警戒隊:「磯風」

「浜風」

「神国丸」

「健洋丸」

第8戦隊:「利根」

「筑摩」

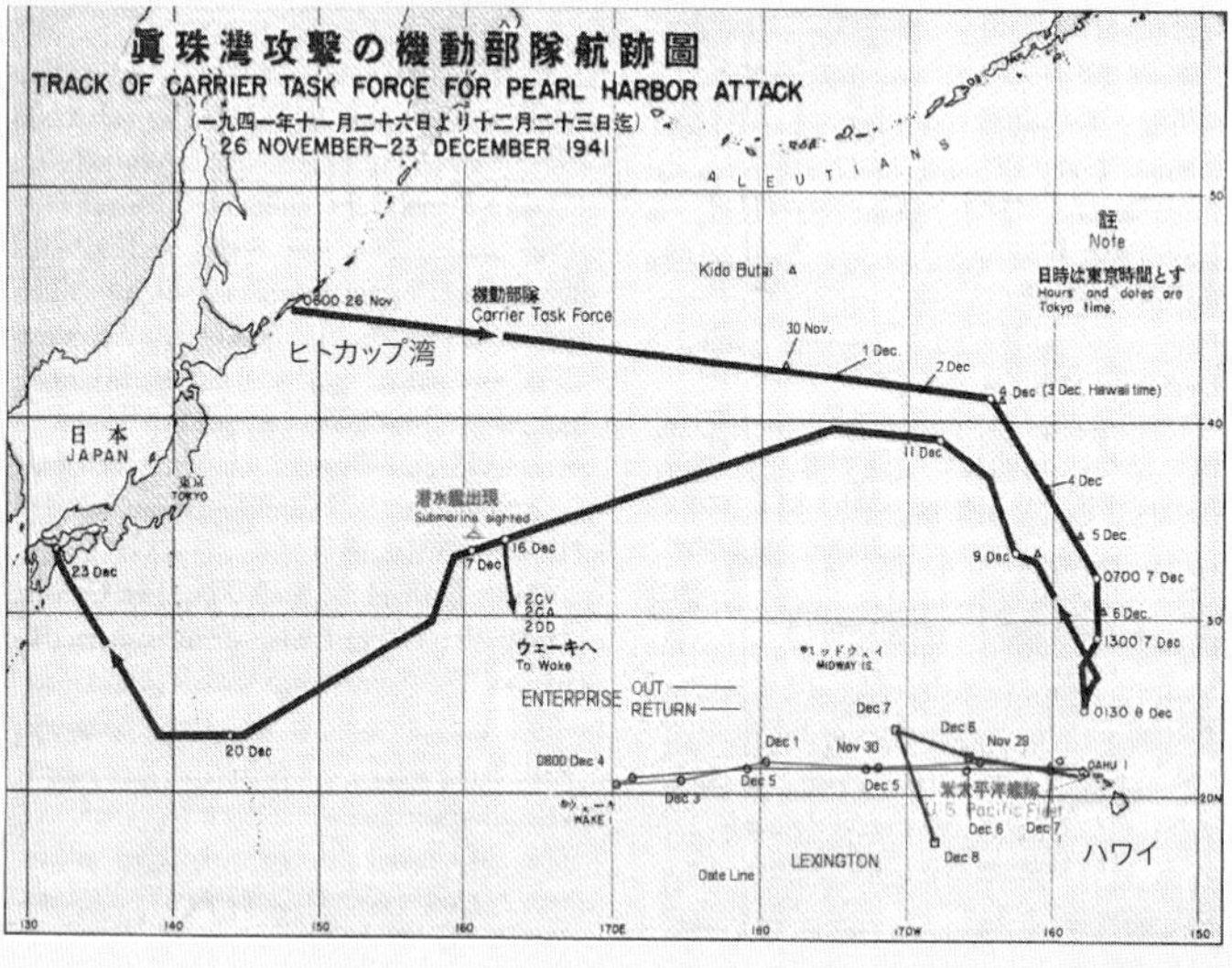

「谷風」

「浦風」

◆左/ハワイに向け航行する給油艦(1941年12月):左から極東丸, 神国丸, 日本丸, 丸国洋丸
◆右/1941年11月ヒトカップ湾に集結した空母機動部隊の主力艦。写真は「赤城」の甲板上

■1941年11月26日（水）：ヒトカップ湾を出撃した日本海軍の空母機動部隊の『第1警戒航行序列』による艦隊配置図。資料：戦史叢書「ハワイ作戦」p266, U.S.Navy.

「日本丸」

「霰」

「霞」

「国洋丸」

第5航空戦隊：「翔鶴」

第2航空戦隊：「飛龍」

「蒼龍」

第3戦隊：「霧島」
＊東邦丸の後方に位置する殿

「比叡」

「東邦丸」

「秋雲」

「阿武隈」

哨戒隊：「伊十九」

「伊二十一」

「伊二十三」

「極東丸」

第5航空戦隊：「瑞鶴」

第1航空戦隊：「加賀」

「赤城」

「東栄丸」

「陽炎」

「不知火」

●伊号で運用された零式小型水上偵察機（速度246km/h, 60kg爆弾搭載可能）

●日本海軍の潜水空母とも呼ばれる伊十五型潜水艦（水中3654トン）。艦内に水上偵察機1機を格納した

るため、特に航空索敵能力を拡張するよう設計建造した重巡であった。二〇・三cm連装砲は四基すべてが前甲板に集められている。これは艦の後部甲板を水上偵察機搭載・射出用に開けるための措置であった。結果、本艦は、航続距離三〇〇〇km級の零式水上偵察機を六機も運用できたのである。しかも艦自体も航行性能が重巡のなかで一番優れていた。速力は三六ノット。航続距離は一八ノットで一・七一万kmである。対して古鷹型重巡（二隻）は、速力三三ノット、航続距離が一四ノットで一・三万km、水上偵察機は二機搭載。妙高型重巡（四隻）は、速力三三ノット、航続距離が一四ノットで一・六万km、水上偵察機は三機搭載。高雄型重巡（四隻）は、速力三四ノット、航続距離一八ノットで〇・九四万km、水上偵察機は四機搭載である。

給油艦を加えた艦隊フォーメーション

ハワイ作戦は、冬の荒れる北太平洋での洋上給油の難しさから、一時、南雲長官も実行不可能と考えたほどであった。しかしながら一九四一年一一月二六日午前六時、択捉島の単冠湾に集結した空母機動部隊は、警戒隊を先頭に、第8戦隊、第3戦隊、空襲部隊の順に逐次出撃した。同日午前九時、機動部隊は、哨戒隊の潜水艦三隻と補給隊の給油艦七隻を加えた全三〇隻により、第1警戒航行序列の艦隊フォーメーションをつくり、三〇〇〇海里ほど遠方のハワイに向け東に進んだ。

この第1序列では、先頭に四隻の駆逐艦が一〇kmの間隔で並ぶ横陣で、六隻の空母は、並陣列（右列が赤城、加賀、瑞鶴。左列が蒼龍、飛龍、翔鶴）を組んでいた。殿が戦艦二隻の単縦列である。航行速力は、航続力延伸の見地から艦隊経済速力の一四ノットとするが、洋上給油時には確実に給油するため九ノットに減速した。

作戦のカギを握る七隻の給油艦は、主に搭載燃料の少ない部隊に割り当てられた。極東丸、国洋丸が第2航空戦隊（飛龍、蒼龍）。健洋丸、神国丸が第8戦隊（利根、筑後）。東邦丸、東栄丸、日本丸が警戒隊（駆逐艦九隻、阿武隈）である。天候は機動部隊に幸い味方し、出撃翌日の一一月二七日から開戦当日の一二月七日の間で給油ができない荒天は二日間のみであった。小さな駆逐艦（陽炎型の燃料タンクは六二二トン）は、九日間にわたり毎回洋上給油している。駆逐艦は、給油艦と距離三〇mで並走し、横曳の蛇管により毎時二〇〇トンの給油速度で補給したという。空母も戦艦も状況が許したため、必要の有無にかかわらず、二度ほど給油している。十分な航続力の第5航空戦隊（翔鶴、瑞鶴の燃料タンクは五〇〇〇トン）も念のため一回給油した。

「トラトラトラ」ハワイ奇襲攻撃隊

一二月八日、機動部隊は、速力を二二ノットに増速してハワイに向け南下。同日午前一時（ハワイ時間：七日午前六時）に重巡「利根」と「筑摩」から零式水上偵察機各一機を射出発進させた。オアフ島の真珠湾を直前偵察するためだ（空襲の一時間前に偵察して報告）。事前情報により、米空母の不在は確認されていた。

午前一時三〇分、六隻の空母から第一陣となる第1次攻撃隊の母艦機一八三機が発艦する。攻撃隊は、第1次と第2次に分けられたが、これは攻撃隊の全母艦機を空母の飛行甲板に整列させ一度に発艦することが不可能であったからと言われている。攻撃隊は三つの集団ごとに集合して進撃隊形を整えつつ、機動部隊上空を大きく一旋回したのち、午前一時四五分、オアフ島を目指した。距離は二〇〇海里（三七〇km）ほど。

ここで第1次攻撃隊の編成を見ておきたい。主力は、最大の攻撃標的である戦艦を目標とする、九七式艦攻八九機からなる第1集団で、水平爆撃隊（四九機：八〇〇kg徹甲爆弾）と雷撃隊（四〇機：九一式航空魚雷）に分かれていた。面白いことに第1集団の九七式艦攻はすべて第1、第2航空戦隊の所属機で、第5航空戦隊（翔鶴、瑞鶴）の機体は含まれていない。これは当時、第1、第2航空戦隊の乗員の練度が世界最高クラスと認められるほど極めて高く、比べて編成間もない第5航空戦隊の練度が見劣りしたためと言われている。

第2集団は、九九式艦爆五一機からなる急降下爆撃隊で、九八式二五〇kg陸用爆弾一発を搭載した。全機が第5航空戦隊の九九式艦爆であった。攻撃目標は、数百機の軍用機が配備されていたフォード、ヒッカム、ホイラーの各航空基地が割り振られていた。主力艦に対する攻撃に比べたならば、易しい目標には違いない。第3集団は、零戦四三機からなる制空隊で、攻撃隊の掩護、制空、地上の敵航空機攻撃を任務としていた。こちらは六隻の空母から集められている。

進撃を開始した第1次攻撃隊は、高度二三〇〇mを飛ぶ第1集団の水平爆撃隊を基準とし、その右後方五〇〇mのところに高度を二〇〇m下げて雷撃隊、水平爆撃隊の左後方五〇〇mに高度を二〇〇m上げて第2集団の急降下爆撃隊が飛行。これらの集団の上空五〇〇mに第3集団の制空隊が占位し、高度三〇〇〇mで雲上を真珠湾に向け南下したという。

一時間後の午前二時四五分、第2次攻撃隊が空母を発艦する。第1集団の九七式艦攻五四機からなる水平爆撃隊（二五〇kg爆弾と六〇kg爆弾を混載し航空基地を攻撃）、第2集団の九九式艦爆七八機からなる急降下爆撃隊（二五〇kg通常爆弾

〈第2次攻撃隊の編成と機種別戦力構成:計167機の母艦機〉

第1集団(水平爆撃隊) 攻撃目標:航空基地	第2集団(急降下爆撃隊) 攻撃目標:戦艦,巡洋艦	第3集団(制空隊) 攻撃目標:攻撃隊掩護,制空,地上敵機攻撃

九七式艦攻×54機	九九式艦爆×78機	零戦×35機
●第5攻撃隊:翔鶴 18機(250kg爆弾×2) 9機(250kg爆弾×1,60kg爆弾×6) ●第6攻撃隊:瑞鶴 9機(250kg爆弾×2) 18機(250kg爆弾×1,60kg爆弾×6)	●第11攻撃隊:赤城 18機(250kg爆弾×1) ●第12攻撃隊:加賀 26機(250kg爆弾×1) ●第13攻撃隊:蒼龍 17機(250kg爆弾×1) ●第14攻撃隊:飛龍 17機(250kg爆弾×1)	●第1制空隊:赤城 ●第2制空隊:加賀 ●第3制空隊:蒼龍 ●第4制空隊:飛龍 ※零戦各9機(飛龍のみ8機)

◆ヒッカム航空基地上空の九七式艦攻

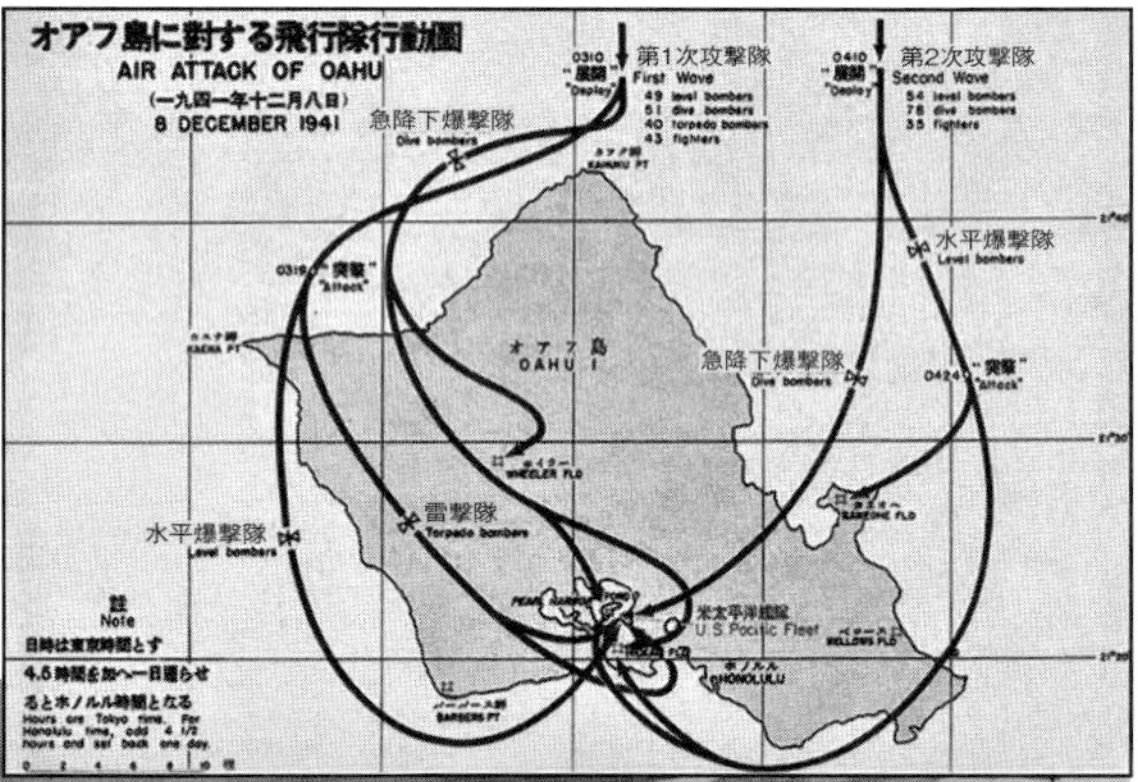

■1941年12月8日,日本海軍空母機動部隊の第1次攻撃隊の奇襲をうけるパール・ハーバーの米海軍戦艦群。Ⓐ:カリフォルニア(BB-44),Ⓑ:メリーランド(BB-46),オクラホマ(BB-37),Ⓒ:テネシー(BB-43),ウエスト・バージニア(BB-48),Ⓓ:アリゾナ(BB-39),Ⓔ:ネバダ(BB-36),Ⓕ:ユタ(BB-31)

日本海軍第1航空艦隊のハワイ奇襲攻撃隊（母艦機350機）の全貌

〈第1次攻撃隊の編成と機種別戦力構成:計183機の母艦機〉

第3集団（制空隊:零戦×43機），攻撃目標:攻撃隊掩護，制空，地上敵機攻撃

●第1制空隊:赤城

零戦×9

●第3制空隊:蒼龍

零戦×8

●第5制空隊:瑞鶴

零戦×6

●第2制空隊:加賀

零戦×9

●第4制空隊:飛龍

零戦×6

●第6制空隊:翔鶴

零戦×5

赤城を発艦する零戦二一型

第2集団（急降下爆撃隊:九九式艦爆×51機），攻撃目標:航空基地

●第15攻撃隊:翔鶴

九九式艦爆（250kg爆弾×1）×26

●第16攻撃隊:瑞鶴

九九式艦爆（250kg爆弾×1）×25

第1集団（水平爆撃隊:九七式艦攻×49機），攻撃目標:戦艦

●第1攻撃隊:赤城

九七式艦攻（800kg爆弾×1）×15

●第3攻撃隊:蒼龍

九七式艦攻（800kg爆弾×1）×10

●第2攻撃隊:加賀

九七式艦攻（800kg爆弾×1）×14

●第4攻撃隊:飛龍

九七式艦攻（800kg爆弾×1）×10

◆真珠湾に向かう蒼龍上の九九式艦上爆撃機

〈第1次攻撃隊のフォーメーション〉

●水平爆撃隊:第1次攻撃隊の基準
●雷撃隊:同隊の右後方500mで高度200m下げた位置
●急降下爆撃隊:同隊の左後方500mで高度200m上げた位置
●制空隊:諸隊の上空500mに占位し高度3000mで飛行

第1集団（雷撃隊：九七式艦攻×40機），攻撃目標：戦艦，巡洋艦

●特第1攻撃隊:赤城

九七式艦攻（九一式魚雷×1）×12

●特第3攻撃隊:蒼龍

九七式艦攻（九一式魚雷×1）×8

●特第2攻撃隊:加賀

九七式艦攻（九一式魚雷×1）×12

●特第4攻撃隊:飛龍

九七式艦攻（九一式魚雷×1）×8

による主力艦攻撃）、第3集団の零戦三五機からなる制空隊である。発艦が終えると、機動部隊は再び速力二〇ノットで南下する。午前三時、直前偵察の水上偵察機から「真珠湾の在泊艦は戦艦一〇、重巡一、軽巡一」の報告がもたらされた。

午前三時二二分（ハワイ時間：七日午前七時五二分）、三分前に奇襲攻撃を開始した第1次攻撃隊指揮官は、「トラトラトラ」つまり「我奇襲ニ成功セリ」を打電する。第2次攻撃隊の空襲は午前四時二五分から始まり、攻撃を終えた第1次攻撃隊の母艦機の帰投は午前四時四五分頃からで、最後の機体の収容は午前九時二二分頃に終わったという。

ハワイ奇襲空爆作戦の戦果は、戦艦四隻、標的艦一隻、敷設艦一隻を撃沈。戦艦一隻、軽巡二隻、駆逐艦三隻を大破。戦艦三隻、軽巡一隻、水上機母艦一隻を中破。航空機二三一機を破壊している。奇襲空爆の精度は高く、爆沈した戦艦アリゾナには徹甲爆弾四発が命中、転覆したオクラホマには航空魚雷が五～九発が命中、沈没・着底したウエスト・バージニアには徹甲爆弾二発と航空魚雷七発が命中、沈没・着底したカリフォルニアには徹甲爆弾一発と二五〇kg爆弾一発および航空魚雷二発以上が命中しているという。

機動部隊の母艦機の損失は、零戦が九機（第2次：六機）、九九式艦爆が一五機（同：一四機）、九七式艦攻が五機（同：〇機）の計二九機であった。損失率は七・三％ほどで、作戦内容から勘案して軽微である。第2次攻撃隊の損失は二〇機で、第1次より二倍も多いのは、奇襲後に米軍の対空射撃が激しくなった証左である。再度の爆撃はなされなかったが、実施していたら米空母を沈められないだけでなく、さらに貴重な母艦機・乗員を数多く失っていたであろう。

ともあれ、日本海軍は真珠湾攻撃の成功により、空母機動部隊の存在価値を世紀のゲームチェンジャーにまで覚醒させた。しかしながら真珠湾攻撃後に新たな空母機動部隊を増勢し発展させたのは米海軍であった。日本海軍は、空母機動部隊の生みの親だが、育ての親になれなかったのだ。

【参考資料】

防衛研修所戦史室「ハワイ作戦」戦史叢書、朝雲新聞社、一九六七年。

第2章

仇討ち成功
『米空母任務部隊の反撃』

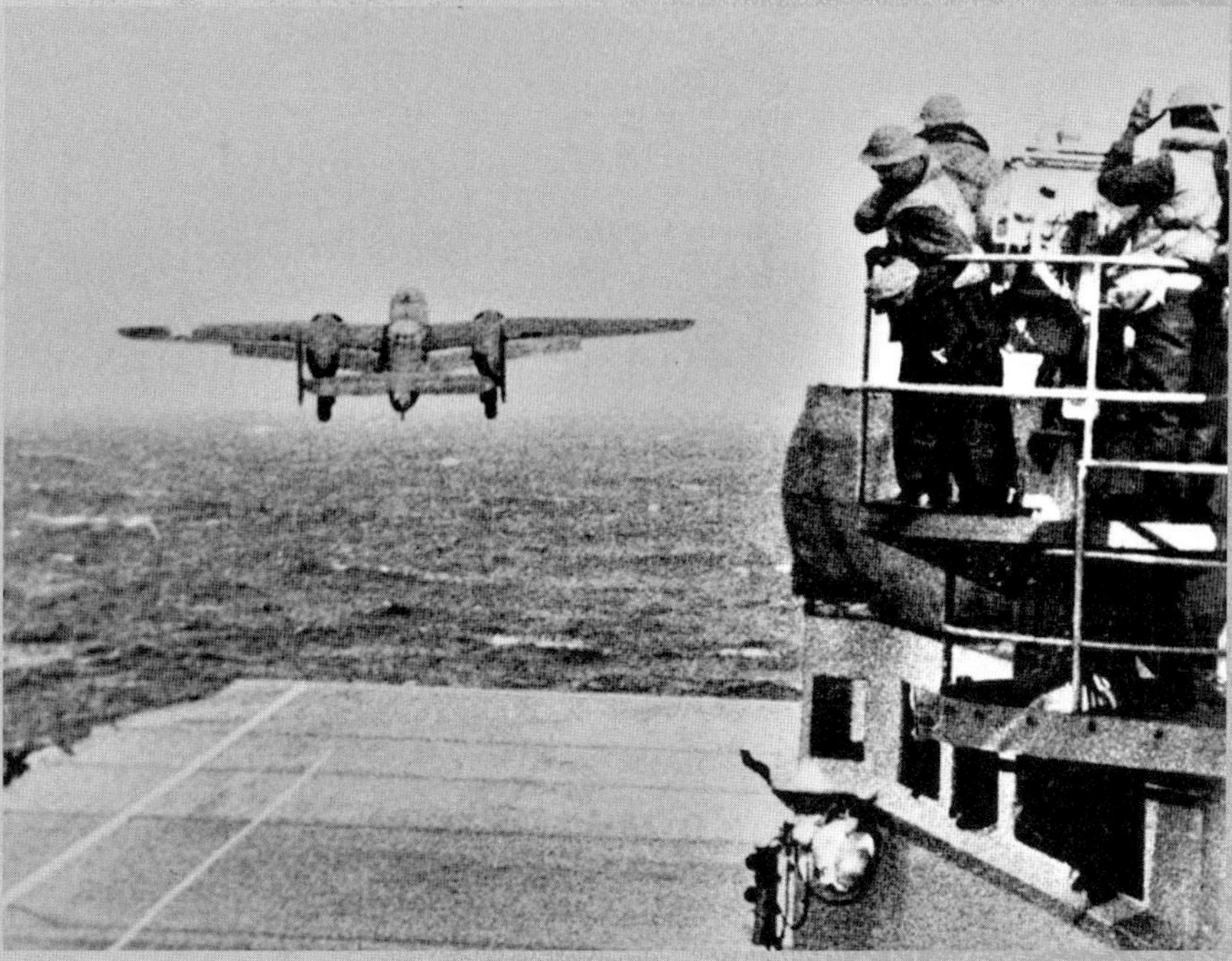

空母ホーネットを発進するB-25(ドーリットル空襲)(写真:U.S.Navy)

生き残った三隻の艦隊正規空母

一か八かの大博打とも言われた日本海軍の真珠湾攻撃は、わずかな損失のみで見事に成功した。一九四一年一二月八日、米太平洋艦隊の主力戦艦群が一度の空襲により壊滅したのである。四隻の戦艦が沈没し、他の戦艦も四隻が大破・損傷させられたのである。この事実は、練度の高い空母機動部隊による航空攻撃は、戦艦の砲撃ではまったく不可能な、異次元の長距離瞬時破壊力を発揮できるものであり、以後の洋上作戦の趨勢を決する戦略兵器システムであることを実証したと言えよう。まさにゲームチェンジャーであった。

しかしながら日本海軍首脳部にとって、この真珠湾攻撃は成功ではあるが、大成功ではなかった。知られているように、日本海軍は、真珠湾攻撃の最大の目標を戦艦と空母の二つとしていたのだが、当時、米海軍の空母は不在で、一隻も沈められなかったのである。また空母を護衛するための主力軍艦である、優速の重巡洋艦も不在で一隻も沈めてはいない。ということは、今後、日本も、米海軍空母部隊による「真珠湾攻撃の再現」あるいは「仇討ち奇襲攻撃」を被る可能性があり、生き残った米空母に対して特に厳重な警戒をしなければならなくなったのである。

では真珠湾攻撃の時、米海軍の空母はどうしていたのか。どこにいて生き残ったのか。開戦時、米海軍は八隻の空母を保有していた。当時、太平洋艦隊には三隻の艦隊正規空母が配属されていた。空母エンタープライズ（CV-6）、レキシントン（CV-2）、サラトガ（CV-3）の三隻である。

真珠湾攻撃時、空母エンタープライズ（母艦機七四機）の艦隊が最も戦場の近くを航行していた。オアフ島の西三四四kmの洋上である。艦隊は、第8任務部隊で、重巡洋艦三隻、駆逐艦九隻、計一三隻の編成。同空母は、ウェーク島に海兵隊用のグラマンF4F戦闘機一二機を運搬する任務を終え、オアフ島の真珠湾内にあるフォード島のF-11埠頭に帰投する途上であった。当初の予定では帰投は一二月七日（ハワイ時間：一二月六日夜）であったが、偶然にも荒天により艦隊の帰港が一二月八日昼頃に遅れたのだという。これが幸いし、同空母は空襲を免れたのである。不運であったのは同艦常用のF-11埠頭に停泊していた標的艦ユタ（満載二一・三万トンの旧フロリダ級戦艦）であった。ユタは、九七式艦攻の投下した酸素魚雷二発を受け、エンタープライズの身代わりとなり転覆したのである。

このように強運の空母エンタープライズは空襲を免れた。そして、早朝には載せていた母艦機の飛行隊がフォード島に向かい、日本海軍空母機動部隊の攻撃隊と交戦して二機の零

大戦前の米海軍主力軍艦は8クラス/17隻の戦艦だった

1 戦艦アーカンソー（BB-33, ワイオミング級）×1隻：・就役1912年・満載2.8万トン・全長171.3m・速力21ノット（2.8万馬力）・30.5cm連装砲×6

5 戦艦ニュー・メキシコ級（BB-40, 1918年就役）×3隻：・満載3.6万トン・全長190m・速力22ノット（4万馬力）・35.6cm3連装砲×4・同級ミシシッピ（BB-41）, アイダホ（BB-42）

2 戦艦ニューヨーク級（BB-34, 1914年就役）×2隻：・満載3.2万トン・全長177.2m・速力21ノット（2.8万馬力）・35.6cm連装砲×5・同級テキサス（BB-35）

6 戦艦テネシー級（BB-43, 1920年就役）×2隻：・満載3.5万トン・全長190m・速力21ノット（3万馬力）・35.6cm3連装砲×4・同級カリフォルニア（BB-44）

3 戦艦ネバダ級（BB-36, 1916年就役）×2隻：・満載3.4万トン・全長178m・速力20.5ノット（2.65万馬力）・35.6cm砲×10・同級オクラホマ（BB-37）

7 戦艦コロラド級（BB-45, 1923年就役）×3隻：・満載3.35万トン・全長190m・速力21ノット（3.1万馬力）・40.6cm連装砲×4・同級メリーランド（BB-46）, ウエスト・バージニア（BB-48）

4 戦艦ペンシルベニア級（BB-38, 1916年就役）×2隻：・満載3.65万トン・全長186m・速力21ノット（3.3万馬力）・35.6cm3連装砲×4・同級アリゾナ（BB-39）

8 戦艦ノース・カロライナ級（BB-55, 1941年就役）×2隻：・満載4.5万トン・全長222m・速力28ノット（12.1万馬力）・40.6cm3連装砲×3・同級ワシントン（BB-56）

戦を初めて撃墜している。その後、同空母は、日本軍空母を求めて捜索機を飛ばし、攻撃隊も出撃させている。ただオアフ島の航空基地に向かった母艦機は、基地守備隊が日本軍機と区別できず、約十機を誤射により撃墜されたという。

次にオアフ島に近かったのは空母レキシントン（六八機）である。艦隊は、第12任務部隊で、重巡洋艦三隻、駆逐艦五隻、計九隻の編成。同空母も奇襲攻撃時には、海兵隊用の機体をミッドウェー島に向け輸送する任務の途上にあった。直ちに任務は打ち切られ、レキシントンは偵察機を発艦させている。日本艦隊を発見するためだが見つからなかった。皮肉にも日本軍側の南雲機動部隊も米海軍の空母を探し求めていたのだが、大海原で両軍空母が遭遇することはなかったのである。もし遭遇していたならば、多勢に無勢で南雲機動部隊が米空母を袋叩きにして沈め、真珠湾攻撃は本当に日本側の大勝利となったのか。あるいは後のミッドウェー海戦のように、対艦攻撃準備で大わらわの日本空母群を米軍急降下爆撃機に奇襲攻撃され想定外の大損害を被ることになったのか。

三隻目の空母サラトガが最もオアフ島から離れていた。と言うのも同空母は、整備のため米本国西海岸のサンディエゴ軍港にあったからだ。こうして三隻の空母は難を逃れたのである。

また当時、米海軍が保有した一八隻の重巡洋艦もまったく沈んでいない。これは、偶然ではなかった。太平洋艦隊に所属する重巡洋艦の多くが、護衛役となり、空母とともに行動していたことに因る。これらの重巡洋艦が空襲の餌食とならなかった事実は、米海軍にとって大きな救いとなった。言うまでもなく重巡洋艦は、米海軍が日本軍空母機動部隊に対抗するための空母艦隊を編成するうえで、攻防両面から不可欠な戦力であったからだ。

残る米海軍の空母は五隻。レンジャー（CV-4）、ヨークタウン（CV-5）、ワスプ（CV-7）、ホーネット（CV-8）、そして護衛空母のロング・アイランド（CVE-1）。これら五隻は、すべて東海岸を拠点とする大西洋艦隊に配属されていた。なおロング・アイランドは、貨物船を改造した多目的（試験、訓練、航空機運搬）な特設空母（排水量一・四万トン、全長一五〇m、最大幅二一m、速力一六・五ノット、搭載機三〇機）で、一九四一年六月に就役している。東海岸にいて無傷であったこれら五隻の空母であるが、いずれも真珠湾攻撃後に太平洋艦隊に回されていく。日本軍空母機動部隊との相次ぐ苛烈な海戦により、太平洋艦隊の空母が次々と撃沈・損傷し消耗していったからである。

米海軍艦隊空母の原型はヨークタウン級

ここで簡単に米海軍の空母について述べておきたい。開戦時に米海軍が保有できた艦隊正規空母（母艦機五〇機以上を搭載し速力三〇ノット級の遠洋作戦可能な空母）は、日本海軍と同様にワシントン海軍軍縮条約の制限内で建造されたものであった。空母の保有量は、基準排水量換算において、米英が一三・五万トン（戦艦は五〇万トン）、日本が八・一万トン（同、三〇万トン）と言うものだ。この条約が著名された一九二二年に、米海軍は、満載一・三万トンの全通甲板を備えた小型空母ラングレー（全長一六五m、最大幅二〇m、速力一五・五ノット、搭載機三四機）を完成させている。この給炭艦から改造した空母ラングレー（CV-1）こそが、米海軍の第一号空母であった。

続いて海軍は第二号と第三号の空母を建造する。これが艦隊正規空母の主力として太平洋戦争の前半を戦うことになる、レキシントン級のレキシントンとサラトガである。就役はともに一九二七年。なによりその特長は、当時、世界最大の艦隊正規空母であったこと。これは、同空母が、先の条約（戦艦の保有制限）に基づき建造が取り止めとなったレキシントン級巡洋戦艦二隻をベースに、大型高速空母として完成させた代物であったからである。日本海軍が戦艦を改造して建造した大型空母「赤城」と「加賀」の事情と同じだ。

結果、同空母の大きさは、満載四・三万トン、全長二七〇・八m、最大幅三二・三mもあった。特にその全長は「赤城」より一〇m、「加賀」より三〇mも大きい。速力は、電動機を使うターボ電気推進（四軸・一八万馬力）のパワーにより、三三ノットの高速航行ができた。「赤城」の速力は三一ノット（一三・三万馬力）だが、これは出力の違いであろう。航続距離は一五ノットの経済速力により一・八万kmほど。「赤城」は一六ノットで一・五万kmほどである。

当初積まれていた兵装は、すべて自衛用なのだが、元戦艦の名残として二〇・三cm連装砲四基を、右舷側にある巨大な煙突とアイランドの前後に搭載している。これは二〇cm砲六門を積んだ「赤城」と同様に、水上戦闘に備えたもの。敵の重巡洋艦と一戦を交えるような大口径の火砲であった。対空射撃用には、二五口径一二・七cm単装高角砲一二門と、一二・七mm機銃を三二門備えていた。火器の主な用途は、砲弾の炸裂威力が大きな高角砲は敵機編隊の攻撃を阻止する弾幕射撃用であり、多数の機銃は近接防御用という位置付けであろうか。

船体の防御力は高く、もともと戦艦であるため、舷側の装甲は最大一七・八cmもあった。また飛行甲板は強度甲板となっていて、最大五・一cmの装甲が施されていたという。二基のエ

艦名（級名）	重巡洋艦ビンセンス （CA-44:ニュー・オリンズ級7番艦）	戦艦インディアナ （BB-58:サウス・ダコタ級2番艦）	空母エンタープライズ （CV-6:ヨークタウン級2番艦）
満載排水量（基準） 全長×最大幅	1.27万トン（9600トン） 179m×18.9m	4.4万トン（3.5万トン） 207.4m×33m	2.55万トン（1.98万トン） 251.4m×33.4m
速力（出力） 航続距離	33ノット（10.7万馬力） 1.85万km（15ノット）	28ノット（13万馬力） 2.8万km（15ノット）	34ノット（12万馬力） 2.3万km（15ノット）
舷側装甲	127mm（甲板57mm）	310mm（甲板152mm）	102mm（甲板38mm）
兵　装 （主砲／ 対空火器等）	55口径20.3cm3連装砲×3 25口径12.7cm砲×8 28mm4連装機銃×4 20mm機銃×12	45口径40.6cm3連装砲×3 38口径12.7cm連装砲×10 40mm4連装砲×6 20mm機銃×16	38口径12.7cm砲×8 28mm4連装機銃×4 20mm機銃×30
搭載機	水上偵察機×4機	水上偵察機×3機	・F4F艦上戦闘機×27機 ・SBD艦上爆撃機×38機 ・TBD艦上雷撃機×14機
乗　員	952人	2364人	2217人

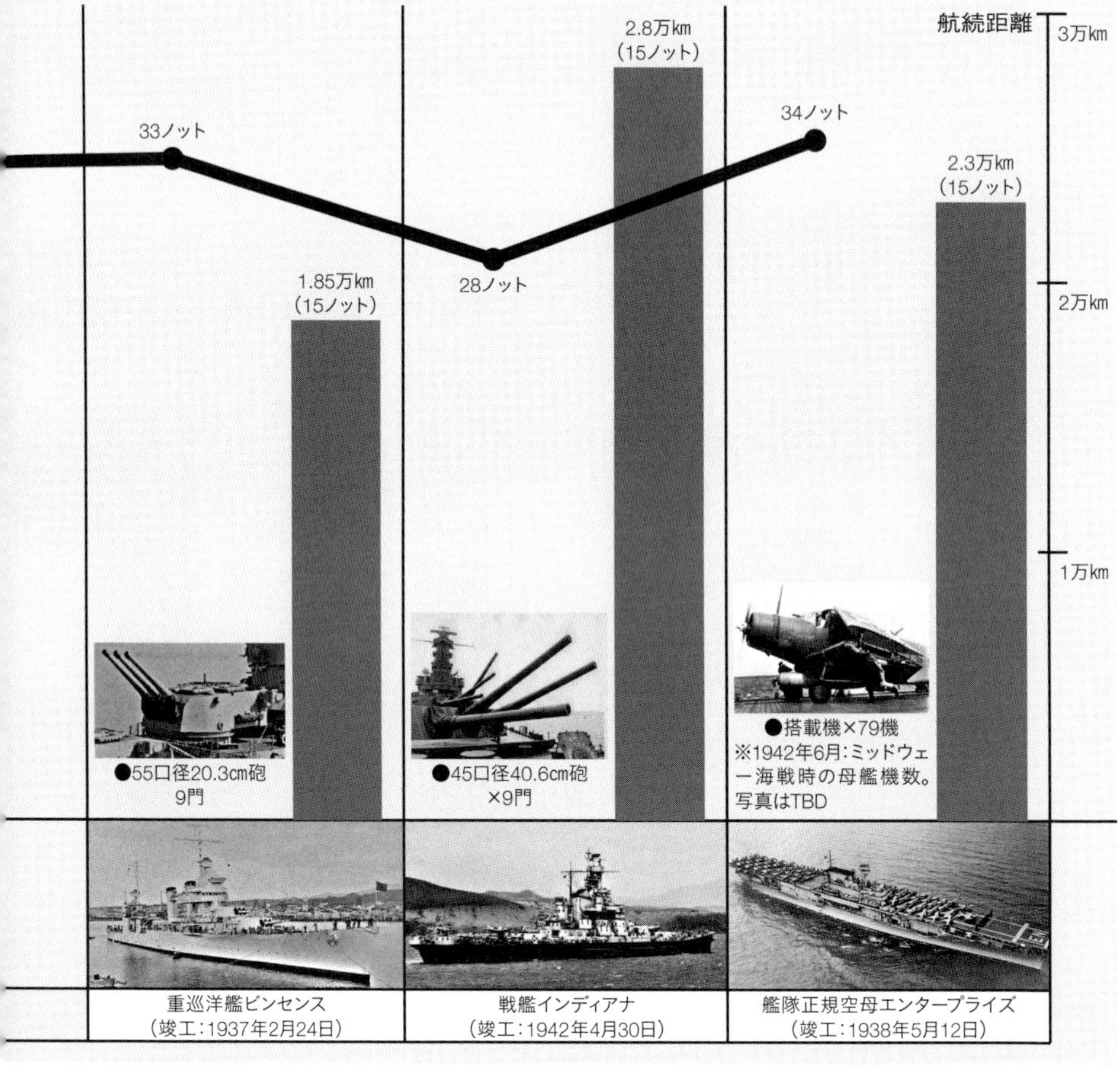

米空母任務部隊（1942年）の艦種別性能比較:速力と航続力

艦名（級名）	艦隊型潜水艦トラウト（SS-202:タンバー級4番艦）	艦隊駆逐艦リバモア（DD-429:リバモア級1番艦）	防空軽巡洋艦アトランタ（CL-51:アトランタ級1番艦）
満載排水量（基準） 全長×最大幅	水中2370トン（1475トン） 93.6m×8.3m	2200トン（1630トン） 106m×11m	8470トン（6826トン） 165m×16m
速力（出力） 航続距離	水上20ノット（水中9ノット） 2.2万km（水上10ノット）	37.5ノット（5万馬力） 1.1万km（15ノット）	32.5ノット（7.5万馬力） 1.6万km（15ノット）
舷側装甲	なし	なし	95mm（甲板32mm）
兵　装 （主砲／ 対空火器等）	7.6cm砲×1 12.7mm機銃×2 7.7mm機銃×2 53cm魚雷発射管×10	38口径12.7cm砲×5 20mm機銃×6 12.7mm機銃×6 53cm5連装魚雷発射管×2	38口径12.7cm連装砲×8 28mm4連装機銃×4 20mm機銃×6 53cm4連装魚雷発射管×2
搭載機	なし	なし	なし
乗　員	59人	276人	673人

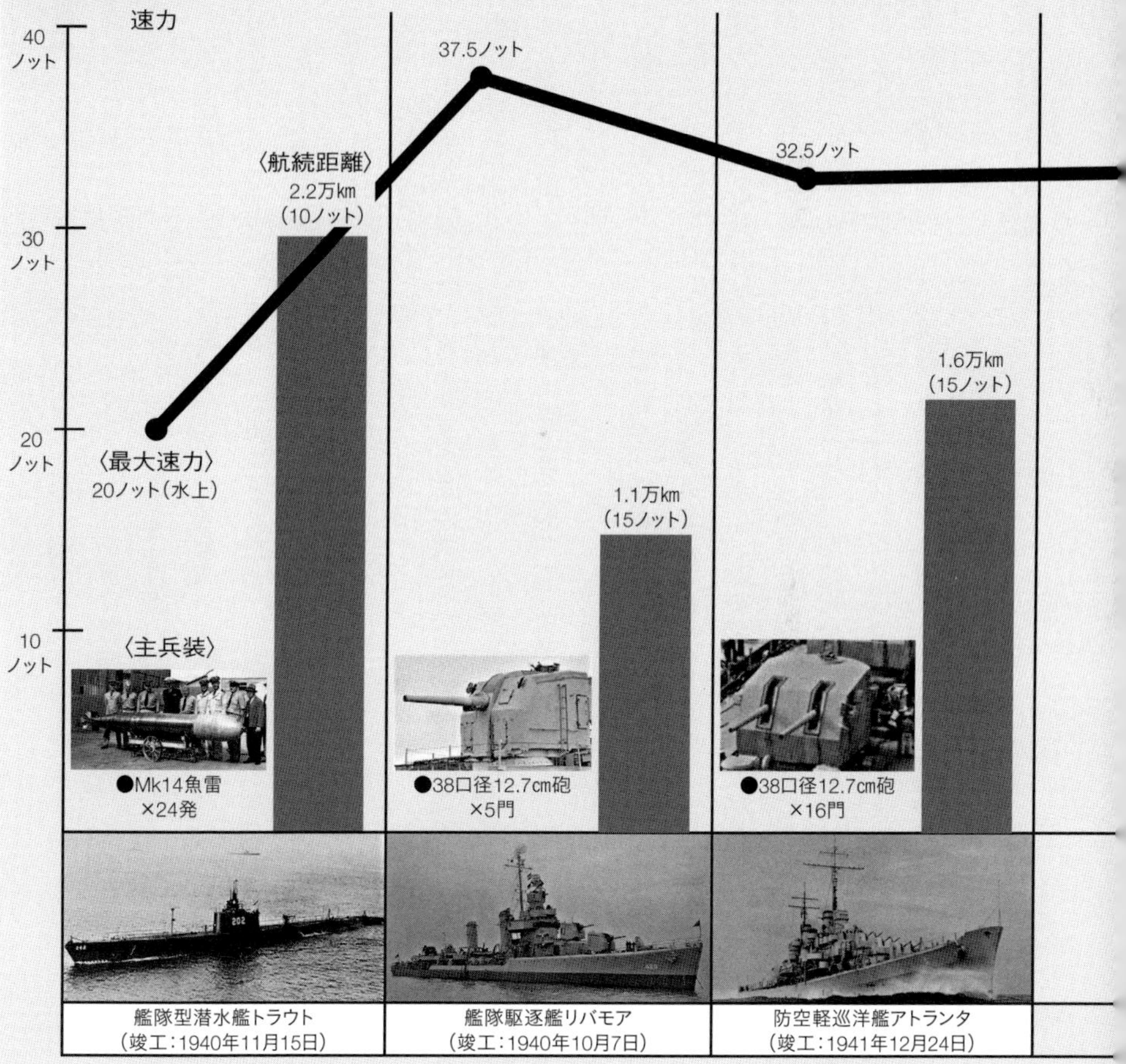

レベーターを前後に配した飛行甲板は、サイズが全長二六四m×幅三二mと広く、一二〇機を超える母艦機を露天係止により搭載できたという。実際には編成していた空母航空群の戦力の都合により、搭載数は八〇機ほどであった。

一九三四年には米海軍が初めて空母として専用設計したレンジャーが就役する。ただ条約の制約から大きさは、レキシントン級に比べ小型（満載一・七六万トン、全長二三四・五m、最大幅三三・四m）となった。しかし海軍の要望により、レキシントン級並みの母艦機八〇機の運用能力の確保を最優先する設計がなされ、船体には大きな飛行甲板（二一六m×二六m）や格納庫が組み込まれた。当然ながら船体の軽量化が不可避となり、レンジャーでは舷側等に施す重い装甲防御力と速力が犠牲となった。同空母の速力は、馬力の強い機関を重く嵩張るため積めず、最大で二九・五ノット（機関は出力五・四万馬力）ほど。三〇ノットを割ってしまう。この結果、同空母は、極めて脆弱な生残性と速力不足を理由に、激烈な航空攻撃に耐えねばならない太平洋艦隊ではなく、激烈度の緩い大西洋艦隊に回されている。後に太平洋艦隊にも配属されたが、それは第一線ではなく、練習空母としてであった。レンジャーは失敗作であった。小型の船体に過多な要望を詰め込み、実戦での運用性を失ったのである。

一九三三年、米海軍は、レンジャーの反省を踏まえ、母艦機の運用能力、装甲防御力、速力、航洋性等のバランスの取れた二万トン級の艦隊正規空母を建造する。これが同級艦三隻からなるヨークタウン級空母である。一番艦のヨークタウンは一九三七年、二番艦のエンタープライズは一九三八年に就役。そして三番艦のホーネットは、条約失効後に追加建造された空母であるため、より改良され船体サイズも大型化している。就役は、開戦直前の一九四一年一〇月で、同年九月に就役した日本海軍の空母「瑞鶴」とはまさにライバルの間柄とも言えようか。

ヨークタウンの大きさは、満載二・五五万トン（ホーネットは二・九一万トン）、全長二五一m、最大幅三三m。エレベーター三基を甲板の前中後部に配した飛行甲板は、全長二四四・六m、幅二六・二mの大きさ。レキシントン級に比べれば狭いが、空母専用設計により効率的区画配置がなされており、母艦機九〇機の運用能力を有していた。また飛行甲板の下には、厚さ三・八cmの装甲を施した強度甲板を持つ開放式格納庫（一六六m×一九m）があり、これはレキシントン級の格納庫より全長が四六mも長いという。防御力も十分に考慮されており、舷側装甲は一〇・二cmもあった。ちなみに空母「翔鶴」の舷側装甲は四・六cm。二・二倍の厚みである。さらにアイランド内の司令塔にも一〇・二cmの装甲が張られていた。

当初積まれていた兵装は、三八口径一二・七cm両用砲が八門、一二・七㎜機銃が二四門であった。対艦砲撃も可能な両用砲は弾幕射撃用、機銃が近接防御用、そして二八㎜機銃がその間を埋める対空火器という位置付けであろう。

ヨークタウン級空母の速力は、一二万馬力のタービン機関により、三四ノットの高速を出すことができた。航続距離は、一五ノットの経済速力で一・二万㎞。二〇ノットの速力では、一・五万㎞ほどになった（翔鶴の航続力は一八ノットで一・三万㎞）。艦隊正規空母として十分に優秀な航続性能と言えよう。同空母が就役すると、米海軍は「実用に耐えうる初の艦隊型空母」と称賛したという。つまりヨークタウン級空母は、将来的に見て、米海軍の主力艦隊正規空母の原型として高く評価されたということである。

残る空母ワスプは、まだ条約のトン数制限の制約を受けていたため、ヨークタウン級の小型版空母として建造され、一九四〇年四月に就役している。大きさは、満載二・一万トン、全長二二六m、最大幅三三m。ほぼ空母「飛龍」と同じサイズであった。ワスプの速力は、機関出力が七・三万馬力と低いため、二九・五ノット止まりで、三〇ノットを切っている。実際、「飛龍」が積む機関の出力は、一五・二万馬力で、ワスプの二倍なのである。ただワスプは、約八〇機からなる空母航空群の母艦機をすべて搭載することができた。

反攻の切り札は三〇ノット級空母任務部隊

米国大統領ルーズベルトは、屈辱的な真珠湾攻撃から二週間後の一九四一年一二月二一日、ホワイトハウスの会議において米国軍指導部に対し、可能な限り早く日本本土空襲を実行せよと命じた。その狙いは、「米軍・米国民の士気を高め、日本側の士気をくじく」ことであったのは言うまでもない。だが本当に実行するとなると、これは極めて危険かつ困難な作戦であった。日本は遠く、なにより世界一強力な空母機動部隊を擁する日本海軍が厳重な領海警戒をしている。米陸軍航空軍のボーイング製Ｂ‐17重爆撃機でも米軍基地からでは航続力がまったく足りない。空母が積む母艦機では、艦隊は日本近海まで接近しなければならない。いずれも片道爆撃の自殺行為となってしまう。

このような状況下、米海軍の作戦参謀フランシス・Ｓ・ロー大佐が「航続力の長い陸軍の爆撃機を空母に搭載し、遠方から発進して日本を爆撃する」豪胆な方策を練り上げ、これが採用される。日本を空襲する爆撃機には、ノース・アメリカンＢ‐25ミッチェル双発爆撃機（最大重量一五トン、全長一六m、翼幅二〇m）が選定され、第17爆撃群の一六機が搭載されることになった。Ｂ‐25の航続距離は二四三七㎞だが、

◆空母ホーネットの甲板上にはクレーンにより16機のB-25爆撃機が搭載された

◆空母エンタープライズ甲板上にはホーネットを守るためのF4FやSBD母艦機が並ぶ。左には艦隊給油艦サビン

◆空母ホーネット上のジミー・ドーリットル中佐（左）とマーク・ミッチャー艦長と500ポンド爆弾

◆1942年4月17日，艦隊給油艦サビンから洋上給油を受ける空母エンタープライズ

◆13番機が撮影した爆撃中の横須賀軍港

◆日本爆撃後にソ連のウラジオストクに逃れたがソ連側に捕獲された8番機のB-25

『ドーリットル空襲（4月18日）』米空母任務部隊の仇討ち

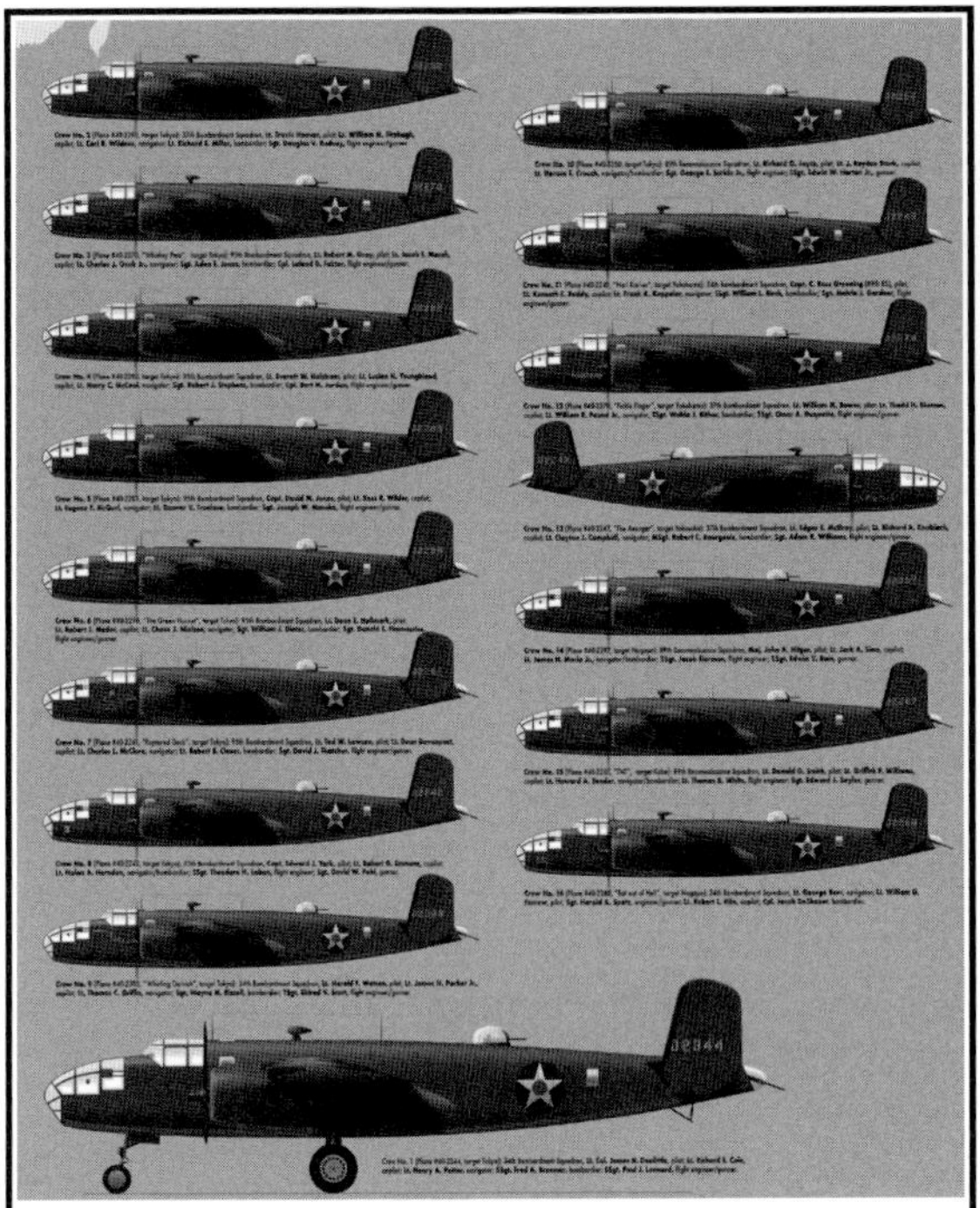

〈米陸軍ドーリットル空襲隊レイダース：B-25爆撃機×16機〉

◆1942年4月18日午前7時30分，空母ホーネットから出撃するB-25双発爆撃機ミッチェル

〈B-25の爆撃目標地域・機数〉
- ●東京地域×13機
- ●名古屋地区×1機
- ●神戸地区×1機
- ●大阪地区×1機

■1942年4月18日，東京まで1100kmの海上からB-25を発艦する空母ホーネット

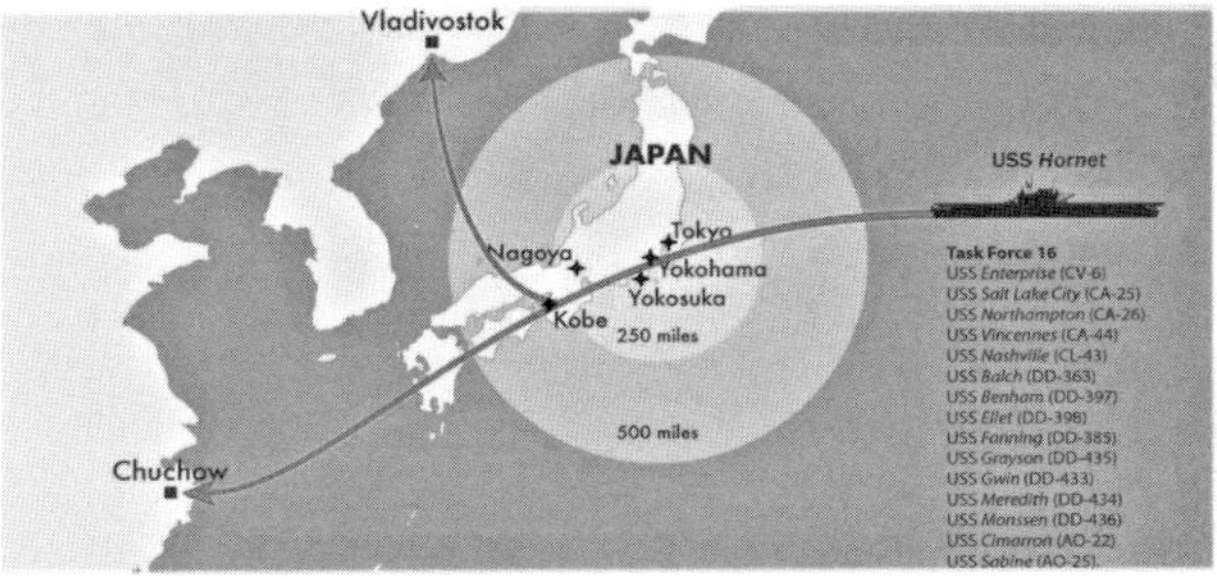

〈ドーリットル空襲隊の片道爆撃飛行ルート：U.S.AirForce〉

◆日本海軍の特設監視艇第23日東丸は米艦隊を発見したが砲爆撃により撃沈された

より距離を伸ばすため機銃等を外し、燃料タンクを増設する改修が施されていた。

一九四二年四月二日、これらのB‐25はサンフランシスコ湾のアラメダ海軍基地で、クレーンにより空母ホーネットの後部飛行甲板に搭載され、護衛艦艇と第18任務部隊（TF18：Task Force18）という作戦艦隊を組み西に向け出撃している。作戦艦隊の構成は、空母ホーネット、重巡洋艦と軽巡洋艦各一隻、駆逐艦四隻、艦隊給油艦シマロンの八隻。四月一三日、TF18は、ハワイの北の海域において、真珠湾からの派遣空母部隊（TF16：エンタープライズ、重巡洋艦二隻、駆逐艦四隻、艦隊給油艦サビン）と会合し、彼らの指揮下に組み込まれ、規模の大きな臨時編成の日本襲撃艦隊が編成される。これが次に示す、ウイリアム・F・ハルゼー中将指揮する作戦艦隊の第16任務部隊（TF16：Task Force16）であった。

［第16任務部隊の編成］

●空母：二隻（ホーネット、エンタープライズ）
●重巡洋艦：三隻
●軽巡洋艦：一隻
●駆逐艦：八隻
●艦隊給油艦：二隻
●艦隊型潜水艦：二隻

以上のように第16任務部隊の艦艇構成は、六艦種、一八隻という多彩な戦力構成である。なによりいずれもが新鋭艦であった。二隻の空母は、記したように最も評価の高い、最新艦隊正規空母のヨークタウン級空母が選定されている。なにより気が付くのは、一四隻の水上戦闘艦が、いずれも速力三三ノット級の高速艦艇で統一されていること。これは、艦隊が危険な日本本土に接近して爆撃機を発進した後、直ちに高速力を利して海域から離脱するために他ならない。

艦の速力が一番に重視されたため、頼もしい用心棒と思われる戦艦は、TF16の編成から外されている。理由は、大半の戦艦が鈍重であったからだ。開戦当時、米海軍は八クラス／一七隻もの戦艦を保有していた。しかしながら一五隻の戦艦は速力二一ノット級の鈍足な旧式艦であった。これでは三三ノットの高速空母艦隊には入れられない。残る二隻は、一九四一年四月以降に就役した最新鋭のノース・カロライナ級戦艦で、二八ノットのスピードを出せた。しかしまだ初期故障も多く、なにより当時の両艦は大西洋艦隊に配属されていたのである。

ともあれ、二隻のヨークタウン級艦隊正規空母を擁する第16任務部隊は、母艦機を最大一八〇機も搭載可能な高速艦隊であった。編成には、長距離航行を要する日本遠征に備えて、一八ノットで航走可能なシマロン級高速艦隊給油艦を二隻加

東京空襲を強行した第16任務部隊（TF-16）全18隻の艦隊編成

◆1942年4月18日のドーリットル空襲作戦中の空母ホーネット。甲板上には16機のB-25双発爆撃機が整列し右舷には護衛の駆逐隊グウィンと後方に軽巡洋艦ナッシュビルが見える

◆1942年4月18日,ホーネットを護衛する空母エンタープライズの甲板上には多数の母艦機群が並ぶ。手前は駆逐艦ファニング

艦種	艦名称（クラス名）		計
艦隊空母（搭載母艦機）	ホーネット（CV-8）:ヨークタウン級	エンタープライズ（CV-6）:ヨークタウン級	2隻
	第17爆撃群（B-25B×16機）,ホーネット航空群（F4F艦戦,SBD艦爆,TBD雷撃機）	エンタープライズ航空群（F4F×27,SBD×32,TBD×14）:計73機	
重巡洋艦	ソルト・レイク・シティ（CA-25:ペンサコラ級）,ノーザンプトン（CA-26:ノーザンプトン級）,ビンセンズ（CA-44:ニュー・オリンズ級）		3隻
軽巡洋艦	ナッシュビル（CL-43:ブルックリン級）		1隻
駆逐艦	バルチ（DD-363）,ファニング（DD-385）,ベンハム（DD-397）,エレット（DD-398）,グウィン（DD-433）,メレディス（DD-434）,グレイソン（DD-435）,モンセン（DD-436）		8隻
艦隊給油艦	シマロン（AO-22:シマロン級）,サビン（AO-25:シマロン級）		2隻
艦隊型潜水艦	スレッシャー（SS-200:タンバー級）,トラウト（SS-202:タンバー級）		2隻

■艦隊給油艦シマロン(1939年3月就役):満載2.5万トン,全長169m,速力18ノット,12.7cm砲×4門

■艦隊型潜水艦スレッシャー(1940年8月就役):タンバー級3番艦,空襲支援のため気象データを収集した

えていた。両艦は、一九三九年から就役を開始した最新鋭の満載二・五万トン級の大型給油艦で、積載する燃料は一・八三万トンほど。

足の短い駆逐艦の燃料搭載量は、重油約五〇〇トンである。シマロン級は洋上給油により、駆逐艦三六隻の燃料タンクを満杯にできることになるわけだ。TF16に加わった軽巡洋艦ナッシュビル（CL-43）の燃料搭載量は、重油二二〇七トンなので、駆逐艦四隻分である。同様にTF16に加わった重巡洋艦ノーザンプトン（CA-26）の燃料搭載量は、三〇六七トンである。ちなみに空母ヨークタウン級の燃料搭載量は、航続距離が長いため重油七三六六トンにもなる。またシマロン級は、敵航空機に狙われることを想定し、強力な自衛用対空火器を搭載していた。三八口径一二・七cm両用砲四門、四〇mm連装砲四基、二〇mm連装機銃四基である。並みの駆逐艦以上の対空火力と言えよう。

またTF16には二隻のタンバー級艦隊型潜水艦が加えられていた。同潜に付与された任務は、航洋性に優れた潜水艦により、艦隊に先んじて日本の海域に隠密潜航し、気象データを予め収集することであった。実際、四月一四日、同潜のスレッシャー（SS-200）が、観測した気象データをTF16に通報したという。

このように第16任務部隊の艦艇構成は、その陣容や役割や艦艇の性能は、ちょうど真珠湾攻撃を敢行した日本海軍の空母機動部隊と瓜二つであることが分かる。異なるのは日本海軍の空母機動部隊には、三〇ノットの速力で航走できる二隻の金剛型高速戦艦が加わっていることくらいだ。米海軍の空母任務部隊は、真珠湾攻撃により自軍の旧式戦艦群が壊滅したことで、空襲から生き残った艦隊正規空母を中核とする速力三〇ノット超級の高速空母機動部隊に改正できたとも言えよう。なにしろ真珠湾攻撃以前の米国太平洋艦隊の主力艦隊は、旧式戦艦群を中核とする第11任務部隊であるが、この艦隊は速力二〇ノット以下の低速艦隊であったので、特にそのスピード格差は際立つ。

仇討ち：ドーリットルの帝都空襲

極めて珍しいことだがTF16の二隻の空母は、搭載する母艦機がまったく別物であった。これは役割が違っていたからに他ならない。言うまでもなく空母ホーネットの任務は、日本本土空襲である。飛行甲板には、実行飛行隊として陸軍のジミー・ドーリットル中佐を指揮官とする、B-25一六機からなる空襲隊ドーリットル・レイダース（Doolittle Raiders）が搭載されていた。いっぽう空母エンタープライズの任務は、ホーネットを護衛することであった。ホーネットは、甲板を

米空母の主力母艦機：「F4F艦戦」「SBD艦爆」「TBD雷撃機」

◆1942年11月，空母レンジャー（CV-4）上のF4F艦戦

◆1941年，空母ヨークタウン（CV-5）所属のF4F艦戦（VF-5）

グラマンF4Fワイルドキャット艦上戦闘機

・機体重量2.4トン・最大重量3.4トン・全長8.8×翼幅11.6m・速度531km/h（出力1200馬力）・航続距離1360km・武装12.7mm機銃×4

◆傑作急降下爆撃機のSBD。日本海軍の艦隊空母4隻沈めた

◆1942年，空母エンタープライズ上のSBDとTBD

ダグラスSBDドーントレス艦上爆撃機

・機体重量2.9トン・最大重量4.9トン・全長11.2×翼幅12.7m・速度410km/h（出力1200馬力）・航続距離1794km・武装12.7mm機銃×2，7.7mm機銃×2，爆弾1020kg

◆1941年10月，Mk13航空魚雷を投下するTBD

◆1942年，フロリダを編隊飛行する3座型の雷撃機TBD

ダグラスTBDデバステーター艦上雷撃機

・機体重量2.54トン・最大重量4.62トン・全長10.7×翼幅15.2m・速度332km/h（出力900馬力）・航続距離700km・武装7.62mm機銃×2，Mk13魚雷×1

◆空母ホーネットに対する日本海軍母艦機による空襲。急降下爆撃する九九式艦爆だが既に被弾しており，そのまま空母のマスト付近に突入爆発したようだ(右上写真)

[第17任務部隊「ホーネット・グループ」の艦隊戦力:全11隻の艦種別構成]

■空母ホーネット(CV-8:ヨークタウン級):速力34ノット，満載2.5万トン，12.7cm砲×8門

■防空軽巡洋艦サン・ディエゴ(CL-53:アトランタ級):速力33ノット，満載8470トン，12.7cm主砲×16門

■駆逐艦バートン(DD-599:ベンソン級):速力36ノット，排水量1620トン，12.7cm主砲×4門

■重巡洋艦ペンサコラ(CA-24:ペンサコラ級):速力33ノット，満載1.15万トン，20.3cm主砲×10門

■重巡洋艦ノーザンプトン(CA-26:ノーザンプトン級):速力33ノット，満載1.2万トン，20.3cm主砲×9門

■防空軽巡洋艦ジュノー(CL-52:アトランタ級)1942年10月26日の南太平洋海戦中のジュノー

■その他の駆逐艦×5隻:ヒューズ(DD-410)，アンダーソン(DD-411)，マスティン(DD-413)，ラッセル(DD-414)，モリス(DD-417)

『南太平洋海戦（1942年10月）米海軍空母任務部隊の艦隊戦力』

〈エンタープライズ航空群〉
・グラマンF4F戦闘機×34機
・ダグラスSBD急降下爆撃機×34機
・グラマンTBF雷撃機×9機
合　計：77機

◆1942年10月26日の南太平洋海戦において日本軍機の激しく正確な航空爆撃を被る空母エンタープライズ。右上写真はエンタープライズを守るため猛烈な対空射撃を実施中の戦艦サウス・ダコタ（左）

[第16任務部隊「エンタープライズ・グループ」の艦隊戦力:全13隻の艦種別構成]

■空母エンタープライズ（CV-6：ヨークタウン級）：速力34ノット, 満載2.5万トン, 12.7cm砲×8門

■戦艦サウス・ダコタ（BB-57：サウス・ダコタ級）：速力28ノット, 満載4.4万トン, 40.6cm主砲×9門

■防空軽巡洋艦サン・ファン（CL-54：アトランタ級）：速力33ノット, 満載8470トン, 12.7cm主砲×16門

■重巡洋艦ポートランド（CA-33：ポートランド級）：速力33ノット, 排水量1万トン, 20.3cm主砲×9門

■駆逐艦マハン（DD-364：マハン級）：速力37ノット, 排水量1500トン, 12.7cm主砲×5門

■駆逐艦モーリー（DD-401：バグレイ級）：速力37ノット, 排水量1500トン, 12.7cm主砲×4門

■その他の駆逐艦×7隻：ポーター（DD-356), ラムソン（DD-367), カニンガム（DD-371), ショウ（DD-373), カッシング（DD-376), スミス（DD-378), プレストン（DD-379）

Ｂ-25で占領され、自前の母艦機を発進させられなかったからだ。ただ格納庫には母艦機を収容しており、Ｂ-25が発進した後には飛ばすことができた。

当時、空母エンタープライズが搭載していたのは、次に示すエンタープライズ航空群の母艦機七三機であった。

［エンタープライズ航空群の内訳］
●第6戦闘飛行隊：グラマンＦ４Ｆワイルドキャット艦上戦闘機×二七機
●第3爆撃飛行隊：ダグラスＳＢＤドーントレス艦上爆撃機×三二機
●第6雷撃飛行隊：ダグラスＴＢＤデバステーター艦上雷撃機×一四機

見てのように米海軍の空母任務部隊では、その主力母艦機は、Ｆ４Ｆ艦戦、ＳＢＤ艦爆、ＴＢＤ雷撃機の三機種に統一されている。これは、日本海軍の空母機動部隊の母艦機構成と瓜二つであることが分かる。日本海軍では、主力母艦機が制空・編隊護衛用の零戦、急降下爆撃用の九九式艦爆、水平爆撃・雷撃用の九七式艦攻の三機種により構成されていたからだ。作戦運用の柔軟性や空母の限られた航空機整備能力の観点から、この三機種の組み合わせが当時の戦争状況では最良であったということであろう。

制空・編隊護衛用のＦ４Ｆ戦闘機は、よく言われるように、グラマン鉄工所と形容されるほど機体構造が頑丈であった。ズングリした機体には十分な防弾装備を搭載し、かつ強力な発動機の採用と空気抵抗を減らす設計を取り入れ（短い胴体や沈頭鋲の採用など）、戦闘機として実用的な飛行性能の実現を図っていた。搭載する一二〇〇馬力の発動機により、最大速度は時速五三一㎞で、航続距離が一三六〇㎞ほど。速度は零戦二一型のほうが若干優速で、航続性能は零戦が圧倒。ただＦ４Ｆの機体は極めて頑丈であった故に、零戦よりも優れた急降下速度を持ち合わせていた。

しかしながら、運動性能は軽量な零戦が数段上回っており、苦手な格闘戦に持ち込まれた場合、ワイルドキャットに勝ち目はなかったという。そこで実戦経験を踏まえたＦ４Ｆ戦闘機部隊は、零戦より優れた長距離火力と、優れた急降下性能を活用した一撃離脱戦法を開発、また僚機が相互に掩護する編隊戦法により、無敵と喧伝された零戦部隊に真正面から対抗し奮闘している。

急降下爆撃用のＳＢＤ艦上爆撃機は、機体重量が先輩艦爆に比べて一トン近く重いのが特長だ。これは手厚い防弾装置の取り付けと重武装（機銃四丁）のためで、本機の生残性は極めて高かった。なにしろ防弾装備の総重量は三〇二kgに達し、これはＦ４Ｆ戦闘機の二・三倍であったという。素晴らしい急降下爆撃機である本機は、良好な運動性能を有するため、真珠湾攻撃時の遭遇戦において、二機の零戦を強力な搭載機銃の射撃により返り討ちにしているほどだ。本機の爆弾搭載量は最大一〇二〇kgと大きい。実戦では一〇〇〇ポンド爆弾、あるいは五〇〇ポンド爆弾各一発を搭載した。一見して目立つ特長のないドーントレスなのだが、その索敵爆撃機としての実戦能力は、傑作機に相応しいものであったと言えよう。間違いなく九九式艦爆をはるかに凌ぐ急降下爆撃機であった。

水平爆撃・雷撃用のTBDデバステーター艦上雷撃機は、開発時には最新の引き込み脚を備えた単葉機であったが、その飛行性能は大戦時には既に旧式化していた。なにしろTBDのスピードは、時速三三二km、航続距離が七〇〇km。これでは他の母艦機との編隊飛行ができなかったという。間違いなく九七式艦攻の性能が優れていた。

さて四月一八日午前七時二〇分、空母ホーネットは、B-25空襲隊レイダースを緊急発進させた。空母の姿が、日本海軍特設監視艇の第23日東丸に発見され、打電されたのである。位置は、日本本土の木更津から一二〇〇km離れた洋上。B-25を空母から発進した位置は、距離一一〇〇kmほどの海域と推測される。艦隊は発進を終えると日本軍機からの攻撃を回避するべく、一斉反転して速力二五ノットのスピードで海域を離脱している。米海軍得意の一撃離脱のヒットエンドラン戦法であった。

一八日の正午過ぎ、空母から放たれた一六機のB-25は、帝都東京を中心に各地を爆撃する。各機体には、五〇〇ポンド爆弾二発と焼夷爆弾二発が搭載されていたという。B-25は、日本を縦断するように飛行して日本初空襲を成功させ、一五機が中国に逃れ、一機は機器不調のためウラジオストクに脱出しソ連側に拘束された。空襲による実被害は大きくなかった。しかしながら、真珠湾攻撃からわずか四か月後に、オアフのような小島でなく、こともあろうに日本本土の中枢である帝都東京が、敵の空母任務（機動）部隊による仇討ち奇襲を被ったという衝撃は甚大であった。いつまた敵の空母任務部隊が、日本近海で跳梁跋扈し、各地をヒットエンドラン戦法で爆撃するのかわからない。日本軍指導部は不安であった。そして、日本海軍首脳は、米海軍の空母任務部隊の撃滅を第一に掲げ、太平洋での行動を矢継ぎ早に開始することになる。

大戦前半期の空母任務部隊の編成

真珠湾攻撃後、米国は戦時体制（挙国一致）に移行し、新型兵器の大量生産をスタートさせる。しかしながら艦隊正規空母や高速戦艦のような複雑かつ大型の兵器生産には時間がかかる。軍艦が完成しても実戦投入までには、軍艦の試運転や調整補修や乗員の訓練に時間が必要となる。実際、新型の

■ノース・カロライナは艦の両舷に8基の38口径12.7cm連装両用砲を搭載：各砲の発射速度は15発／分，最大射程15km(有効7km)，砲弾量450発

■サウス・ダコタに最大19基ほど搭載された40mm4連装砲座と80門架設した20mm単装機銃およびMk51射撃指揮装置

■ボフォース56口径40mm砲を4連装搭載したMk12砲座。最大射程7.2km(有効4km)，発射速度120発／分

■当初は7基搭載した28mm4連装機銃座。各機銃の最大射程5.8km，発射速度150発／分

〈大戦中に大増強されたサウス・ダコタの対空火器〉

対空火器	1942年時	1945年時	増加率
12.7cm砲	16	16	0%
40mm砲	28	76	271%
28mm機銃	28	0	0%
20mm機銃	34	80	235%
合　計	106門	172門	162%

空母に随伴した最強の防空護衛戦艦サウス・ダコタ級

1942年10月26日の南太平洋海戦で激しい対空射撃を実施中の戦艦サウス・ダコタ。右には魚雷を投下後に離脱する日本の九七式艦攻が見える

■Mk37砲射撃指揮装置：艦の前後左右に搭載し12.7cm連装砲を射撃管制した。天井部にはMk4射撃指揮レーダーを備え目標の距離・方位を測定した

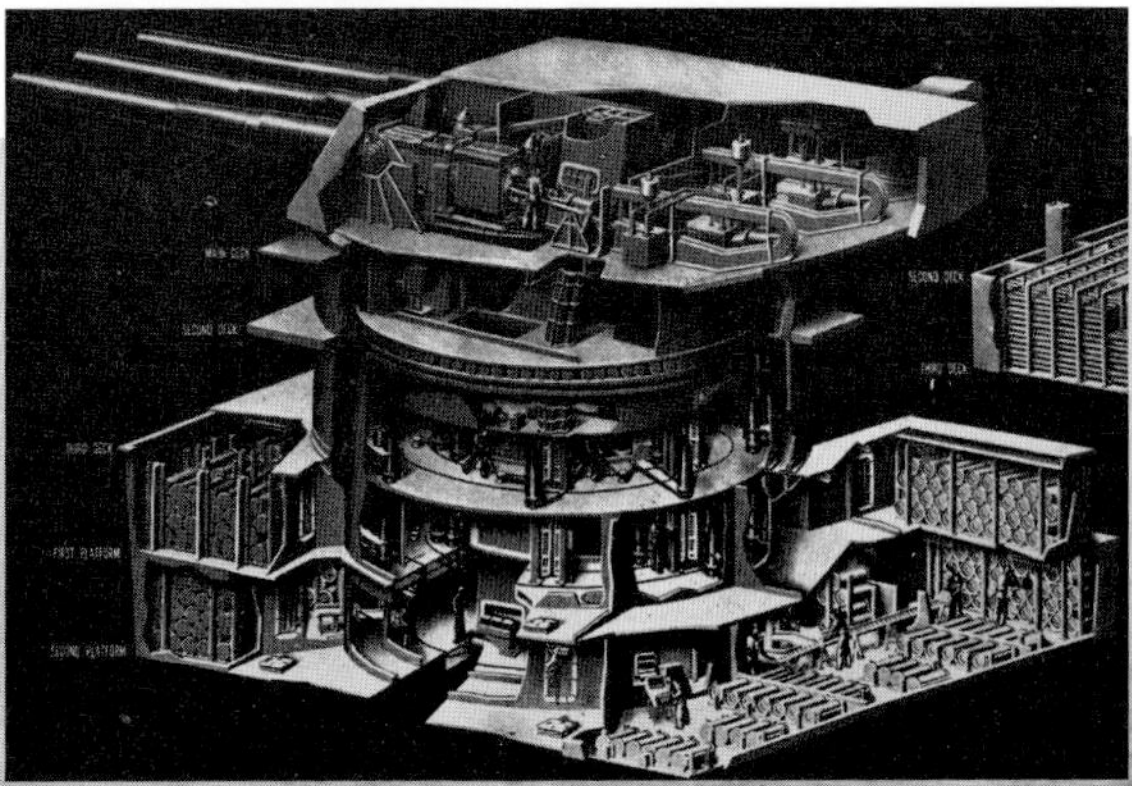

■45口径40.6cm主砲Mk6：最大射程は1.2トンの徹甲弾により33.7km，発射速度は2発／分

1942年3月20日に就役した戦艦サウス・ダコタ（BB-57：写真は1943年）。速力28ノットにより空母に随伴できた

防空軽巡洋艦アトランタ級が積むレーダー／コンピューター照準対空砲

◆サン・ファンに描かれたキルマーク。日本軍機20機の撃墜と艦艇2隻の撃沈を表示

◆10942年6月，ノーフォーク軍港に停泊するアトランタ級防空軽巡洋艦の4番艦サン・ファン（CL-54）

英ダイドー級
アルゴノート

米ウスター級
ロアノーク（CL-145）

〈米英海軍の対空戦闘用に建造された防空軽巡洋艦が搭載する対空火器の比較〉

名称	米アトランタ級（CL-51） 軽巡洋艦	米ウスター級（CL-144） 軽巡洋艦	米CL-154級（CL-154） 軽巡洋艦	英ダイドー級（ダイドー） 軽巡洋艦
概要	満載8470トン，全長165m，就役1941年12月，同級11隻	満載1.8万トン，全長207m，就役1948年6月，同級2隻	満載1.2万トン，全長186m，1945年3月に計画（6隻）中止	満載6900トン，全長156m，就役1940年9月，同級11隻
対空砲	●38口径12.7cm砲×16（連装）	●47口径15.2cm砲×12（連装） ●50口径7.6cm砲×22（連装） ●50口径7.6cm×2（単装）	●54口径12.7cm砲×16（連装） ●70口径7.6cm砲×16（連装）	●50口径13.3cm砲×8（連装） ●45口径10.2cm砲×1（単装）
対空機銃	●28mm機銃×16（4連装） ●20mm機銃×6			●40mm砲×8（4連装）

■マスト上のMk37により探知した目標情報は艦内設置の標定室に送られ，ここで要員が電気機械式コンピューターで射撃諸元を計算し砲撃する

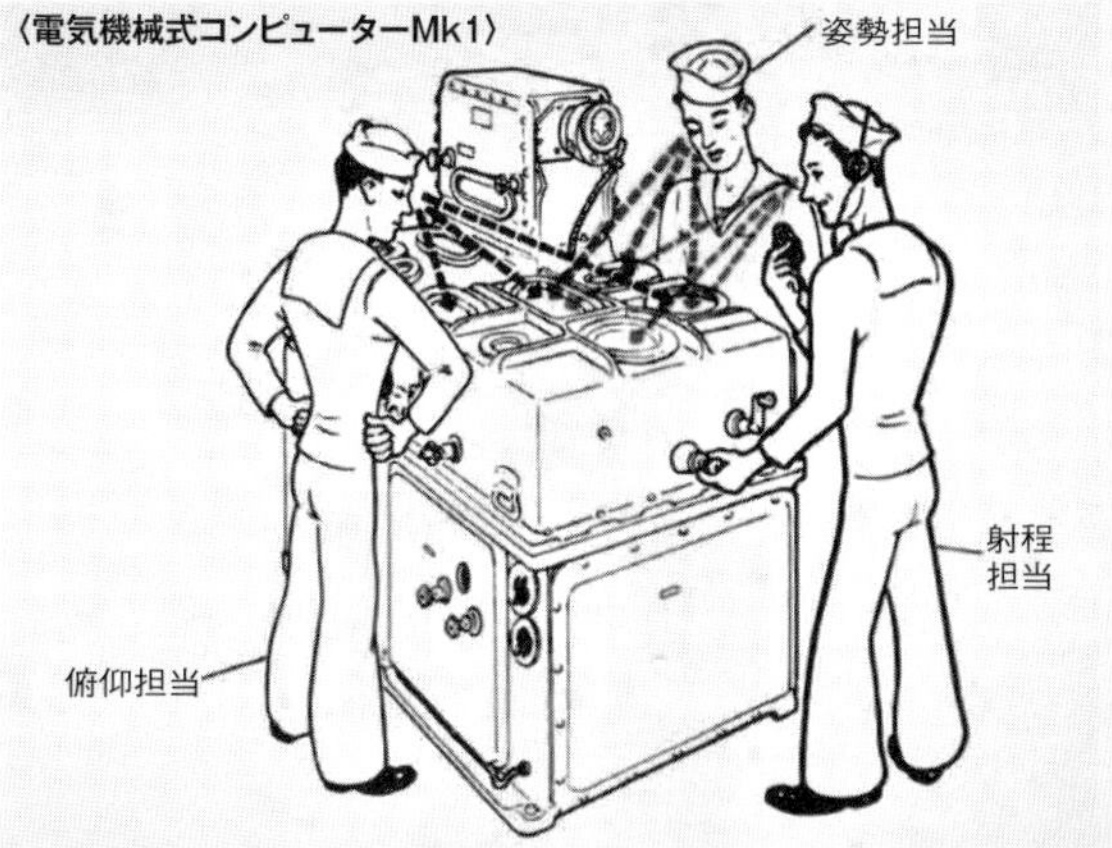

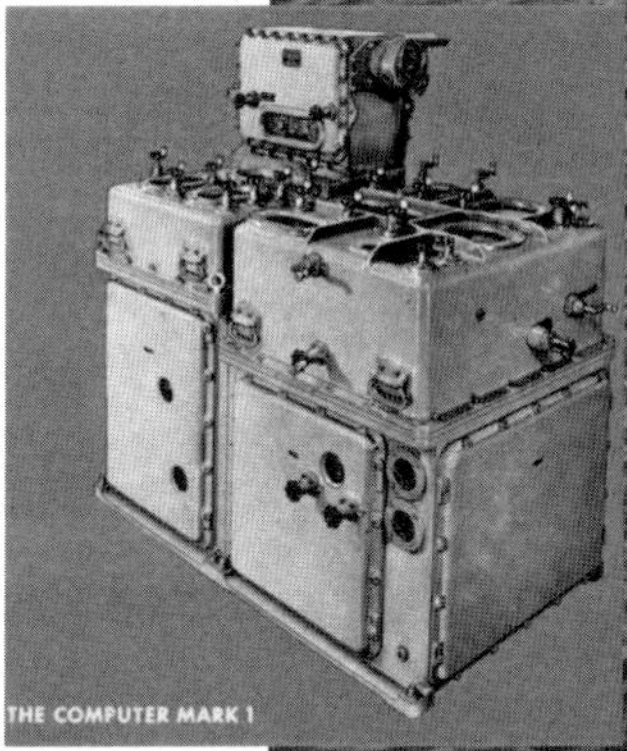

■標定室に置かれた射撃指揮計算用のコンピューターMk1

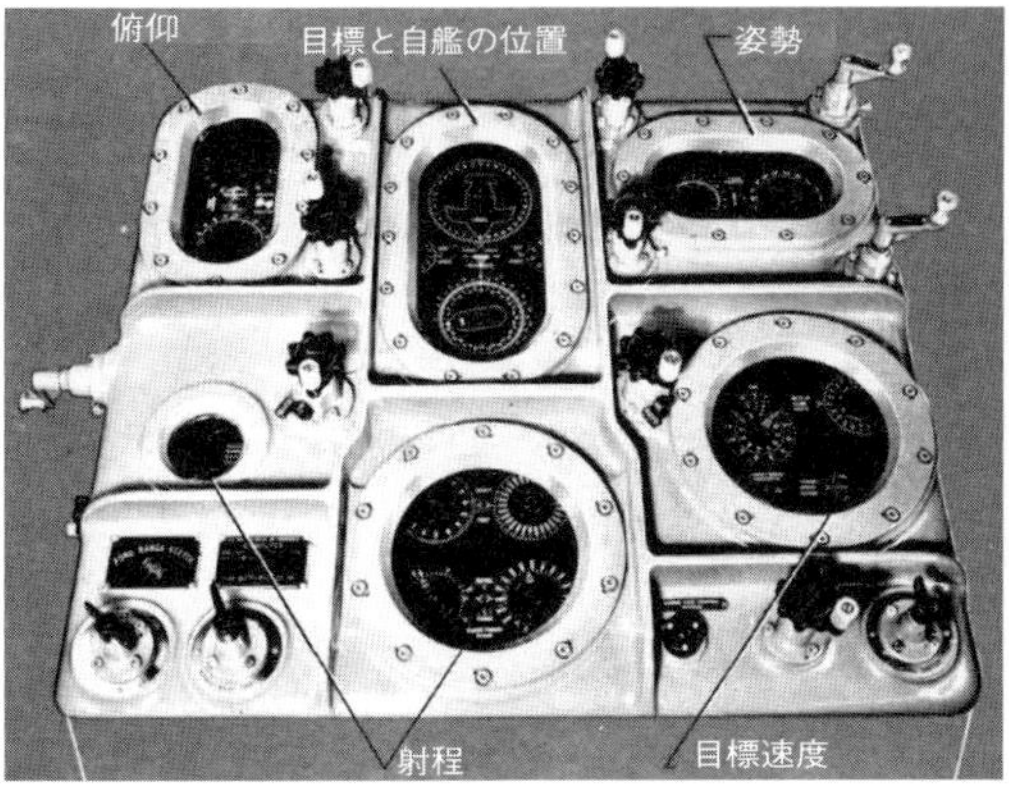

■コンピューターMk1のダイアル式アナログ操作盤面
※資料：Computer Mark1 OP1064, U.S.Navy.

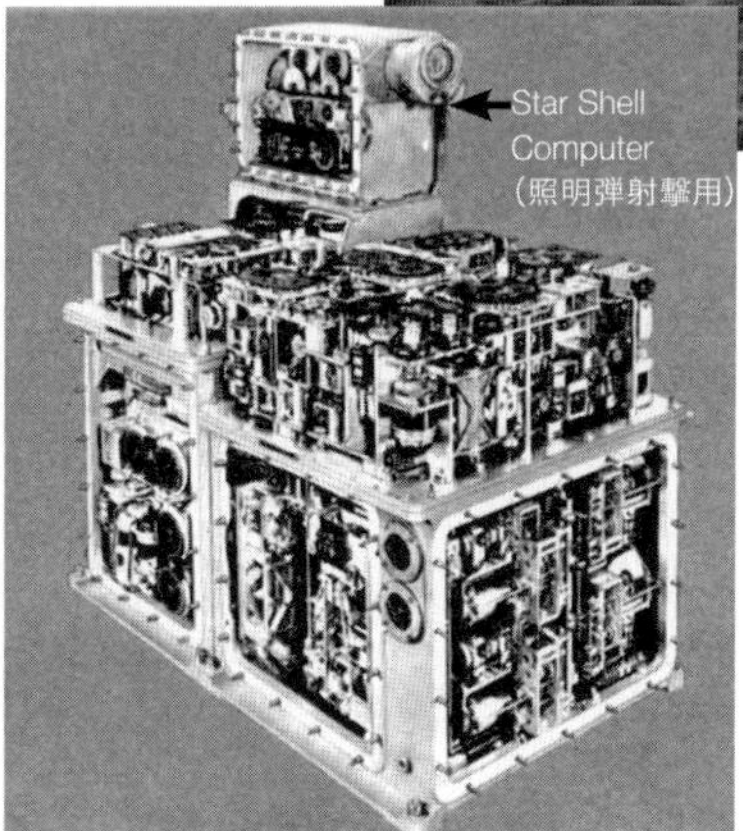

■電気機械式コンピューターMk1の内部

エセックス級空母やアイオワ級高速戦艦が艦隊の実戦力化するのは、一九四三年以降なのである。それまでは米海軍といえども、開戦前に建造した八隻の空母で戦わなければならなかった。

ともあれ、米海軍は、作戦艦隊の空母任務部隊（ＴＦ）をいくつも編成し、日本海軍の空母機動部隊と激しい海戦を展開する。

珊瑚海海戦（一九四二年五月）では、第17任務部隊を編成した。ＴＦ17は、空母レキシントン（母艦機六六機）とヨークタウン（六五機）の空母二隻、重巡洋艦八隻、駆逐艦一三隻、艦隊給油艦二隻、計二五隻／一三一機の戦力であった。この海戦は、日本海軍の空母機動部隊（翔鶴、瑞鶴）との史上初の空母艦隊対決となり、レキシントンが撃沈される（日本は小型空母「祥鳳」が沈没）。

ミッドウェー海戦（一九四二年六月）では、第16任務部隊と第17任務部隊を編成した。ＴＦ16は、空母エンタープライズ（七九機）とホーネット（七九機）の空母二隻、重巡洋艦五隻、軽巡洋艦一隻、駆逐艦一一隻、艦隊給油艦二隻、計二一隻／一五八機の戦力である。ＴＦ17は、空母ヨークタウン（七七機）、重巡洋艦二隻、駆逐艦六隻、計九隻／七七機。二つの空母任務部隊を合わせた陣容は、空母三隻を主力とする三〇隻／二三五機という大きな戦力になった。

これに対して日本海軍の主力空母機動部隊（空母四隻と母艦機二四八機）が激突する。互いの母艦機編隊が敵空母を空襲する乱打戦となるが、米母艦機のＳＢＤドーントレス艦爆編隊が絶妙なタイミングで奇襲的急降下爆撃を成功させ、日本海軍の虎の子の空母四隻（赤城、加賀、蒼龍、飛龍）を撃沈してしまう。日本側もヨークタウンを撃沈するが、この敗北が太平洋戦争の転機となるのである。

南太平洋海戦：レーダー射撃する防空護衛艦の活躍

実際、米軍は、一九四二年八月七日、西太平洋ソロモン諸島のガダルカナル島に海兵隊が敵前上陸し、これを占領。以後、戦争は米軍の反攻作戦一色となる。一〇月二六日、このガダルカナル島の領有をめぐり、南太平洋海戦（Battle of the Santa Cruz Islands）が勃発する。日本海軍は、生き残った南雲提督率いる空母機動部隊（第1航空戦隊の翔鶴、瑞鶴、瑞鳳／母艦機一五四機と、別に隼鷹）を繰り出す。対する米海軍もトーマス・C・キンケード提督率いる精鋭の第16、第17空母任務部隊を派遣する。

第16任務部隊は、空母エンタープライズ（七七機）、最新の戦艦サウス・ダコタ、重巡洋艦一隻、防空軽巡洋艦一隻、駆逐艦九隻、計一三隻の編成。第17任務部隊は、空母ホーネット（八四機）、重巡洋艦二隻、防空軽巡洋艦二隻、駆逐艦六隻、計一一隻の編成。合わせた陣容は、空母二隻と戦艦一隻を主力とする二四隻／一六一機の戦力であった。

　海戦は、早朝から両軍空母を出撃した母艦機の戦爆編隊が、最大の目標である敵方の空母を発見し強襲する乱打戦となった。日本側は、生き残りの優秀な艦爆・艦攻飛行隊がミッドウェー海戦の敵討ちとばかり奮戦し、第一次攻撃で爆弾五発と魚雷二発を空母ホーネットに撃ち込み同艦を撃沈する。第二次攻撃ではエンタープライズにも三発の爆弾を命中（中破）させ、戦場から離脱させている。日本側の損害は、空母二隻（翔鶴、瑞鳳）の損傷で沈没艦はなかった。戦績の上では日本側の勝利であった。しかしながら日本海軍の空母機動部隊は海域に止まることができず引き揚げている。勝利とは程遠い大損害を出していたからだ。母艦機九二機（米軍：八一機）を失っただけでなく、補充不能な多数のベテラン航空機搭乗員が戦死していたのである。あくまで兵器システムとしての空母は、優秀な母艦機飛行隊有っての空母なのである。

　それにしても日本側の母艦機は、エンタープライズに対する三波にわたる航空攻撃で、かつてないほど多くの機体を撃墜と不時着により失っていた。その数は、九九式艦爆が二三機、九七式艦攻が一〇機、零戦が二機、合わせて三五機に上る。直掩のＦ４Ｆ戦闘機による邀撃もあったが、新たに空母任務部隊に配属された防空護衛艦の強力精密な対空射撃能力によるところも大きかった。

　その代表格が大和型戦艦に対抗すべく、一九四二年三月に就役した満載四・四万トン級の戦艦サウス・ダコタ（ＢＢ‐57）である。同艦は、空母任務部隊に随伴可能な速力二八ノットのスピードと、四〇・六cm砲九門を備えた新鋭戦艦だが、なにより旧式戦艦にはなかった最新技術の対空火器を搭載していた。この対空火器が、南太平洋海戦において見事な威力を発揮したのである。実際、ニミッツ提督は著書において「新戦艦サウス・ダコタの対空砲火が正確で猛烈を極めたため、エンタープライズの損害はそれですんだ」と記している。同艦は、日本軍機二六機の撃墜を報告。しかし実際には同艦の撃墜は半数の一三機で、他は別な艦艇による撃墜であった。

　ともあれ、サウス・ダコタは、建造時から艦隊で最強の対空火器を搭載していた。弾幕射撃用の三八口径一二・七cm連装両用砲（射程一五km）が八基、近接防御用の二〇mm機銃（二km）が三四門、両火器の間を埋める射程の二八mm四連装機銃（五・八km）が七基と四〇mm四連装砲（七・二km）が七基、合わせて一〇六門（後に一七二門に増設）の対空火器なのである。

　対して機動部隊を護衛する高速戦艦「霧島」の対空火器は、四〇口径一二・七cm連装高角砲が四基と二五mm連装機銃が一〇基、合わせて二八門ほど。サウス・ダコタは、「霧島」の三・八倍もの数の対空火器を備えていたのである。

無論、対空射撃で肝心なのは数以上に、対空火力の精度・威力であった。日本側の射撃はすべて古い目視照準である。しかしサウス・ダコタには、現代兵器に繋がるレーダー／コンピューター照準機構の対空砲が積まれていた。照準機構とは、戦艦上部構造物の前後左右の高所四か所に設置された、射撃諸元測定用の大きな旋回式Ｍｋ37砲射撃指揮装置（要員七人）のこと。

同装置には、目標の方位と距離を電波探知できるＭｋ４射撃指揮レーダーと、測距儀の光学望遠鏡等が備わっていた。レーダーの探知距離は大型機で一五㎞ほど。レーダーの目標測定データは、艦内の標定室（Plotting Room）に置かれた電気機械式コンピューターＭｋ１にケーブルで電送される。また同装置の要員が望遠鏡等で測定した目標追跡や風速・風向き等のデータは、艦内音声通話により標定室に伝送。データは三人の要員が、Ｍｋ１の操作盤のダイアルで手動入力し、射撃諸元をはじき出す。この諸元は、各一二・七㎝連装砲（有効射程七㎞、発射速度三〇発／分）に同期伝送され、砲が旋回・俯仰して発砲するのである。時速七四〇㎞で飛ぶ航空機まで対処可能であったという。

このＭｋ37と一二・七㎝連装両用砲のペアを搭載し、第16任務部隊に加わり両空母を対空護衛していたのが、三隻の防空軽巡洋艦アトランタ級であった。海戦では、戦艦サウス・ダコタとともに空母に随伴し、身を挺して日本軍母艦機の猛烈かつ正確無比な対艦攻撃から護衛した。しかしながら無傷では済まなかった。激戦を物語るように、戦艦サウス・ダコタと防空軽巡洋艦サン・ファンには二五〇kg爆弾が命中していたのだ。


【参考資料】

1. History.navy.mil-Naval History and Heritage Command.

第3章

日本艦隊全滅
『史上最大の高速空母任務部隊』

米海軍第38高速空母任務部隊の艦隊空母と高速戦艦群（1944年12月）（写真：U.S.Navy）

一九四二年の空母危機：生き残りは三隻

一九四二年は、史上最も激烈な日米海軍の空母機動部隊による海戦が戦われた一年で、米海軍は実に四隻もの艦隊正規空母を撃沈されていた（以後、今日に至るまで敵の攻撃により沈められた米艦隊正規空母は一隻もない）。

［一九四二年に撃沈された米空母］

●レキシントン級×二隻：レキシントン（CV‐2、四二年五月の珊瑚海海戦で撃沈）

●ヨークタウン級×三隻：ヨークタウン（CV‐5、四二年六月のミッドウェー海戦で撃沈）、ホーネット（CV‐8、四二年一〇月の南太平洋海戦で撃沈）

●レンジャー級（CV‐4）×一隻：撃沈なし

●ワスプ級×一隻：ワスプ（CV‐7、四二年九月に伊一九潜水艦の雷撃で撃沈）

しかしながら米海軍には危機感はなかったであろう。翌月の一九四二年一二月末日に、待ちに待った量産型の最新鋭空母の一番艦が太平洋艦隊に就役するからであった。これが一九四〇年七月に、評判の良いヨークタウン級空母の拡大発展型として新規発注された、エセックス級（CV‐9）空母である。同空母は、特に日本海軍の空母機動部隊を優位に打ちのめすため、一〇〇機を超える大型母艦機の搭載能力、艦隊を引っ張れる三三ノットの速力、強力な航空攻撃に対する高い防御力（対空火力の増設と装甲：一層増やした舷側水線部の防御区画等）を完備した、三・三万トン超級の大型艦隊正規空母として完成していた。これだけの大型複雑な空母であるため即席時短での建造はむりであったが、真珠湾攻撃後に策定された戦時計画により、エセックス級は三二隻（当初は三隻の建造予定）もの大量建造が計画されたという。

一九四三年から始まった新型空母・護衛艦の怒涛の大量配備

太平洋戦域に配備された海軍空母任務部隊の新造艦は、記したようにエセックス級空母がそのさきがけとなった。同級空母は、ニューポート・ニューズ造船所の努力もあって一九四三年中に七隻が完成し、艦隊に就役しているのだ。七隻という空母の数は、開戦時に米海軍が保有していた艦隊正規空母の総数とちょうど同じ隻数であった。またこの七隻の空母の名称には、日本空母との対決等で撃沈された四隻の艦名が再び付けられていた。二番艦のヨークタウン（CV‐10）、四番艦のホーネット（CV‐12）、八番艦のレキシントン（CV‐16）、一〇番艦のワスプ（CV‐18）である。ちなみにエセ

大統領の命で誕生した軽巡改装のインディペンデンス級艦隊軽空母

◆50門の対空火器を備えたクリーブランド級軽巡洋艦サンタ・フェ（CL-60）。高速艦の同級（27隻）をベース船体として9隻のインディペンデンス級艦隊軽空母が建造された

◆インディペンデンス級軽空母の4番艦のカウペンス（CVL-25：1943年7月）。小型だが搭載機数は最大50機と多い

◆1944年10月30日，フィリピン沖でカミカゼの突入により炎上するベロー・ウッド（CVL-24）。背後には大炎上する空母フランクリン

◆エセックス級艦隊正規空母を補完する高速の艦隊軽空母として誕生したインディペンデンス級艦隊軽空母。その1番艦インディペンデンス（CVL-22）。速力は32ノットと速く30門以上の対空火器を積んだ

〈空母ホーネット(CV-12)が90門搭載した自衛用対空火器と日本軍機(特攻機除く)撃墜実績〉

●20mm機銃×46門 射程:2km以上(有効1km) 実績:7802発/機, 27機撃墜	●40mm連装砲×32門 射程:7.2km(有効4km) 実績:3672発/機, 23機撃墜	●12.7cm両用砲×12門 射程:15km(有効7km) 実績(通常弾):748発/機, 23機撃墜

実績は米艦隊フィリピン作戦時(1944年10月)の数字(Wikipedia)。1機を撃墜するのに要した弾数と撃墜機数

◆1945年9月, アラメダに停泊する大きさの異なる4クラスの艦隊空母

◆1945年8月6日, 西太平洋上のエセックス級空母10番艦のワスプ(CV-18)

高速空母任務部隊の中核『エセックス級空母』:極めてタフ・母艦機100機

◆1945年3月19日，九州沖において日本軍機の爆弾2発が命中し大炎上するエセックス級5番艦のフランクリン（CV-13）。大破し700人以上が死亡したが沈没しなかった。同艦はTF58の第58.2任務群の旗艦である

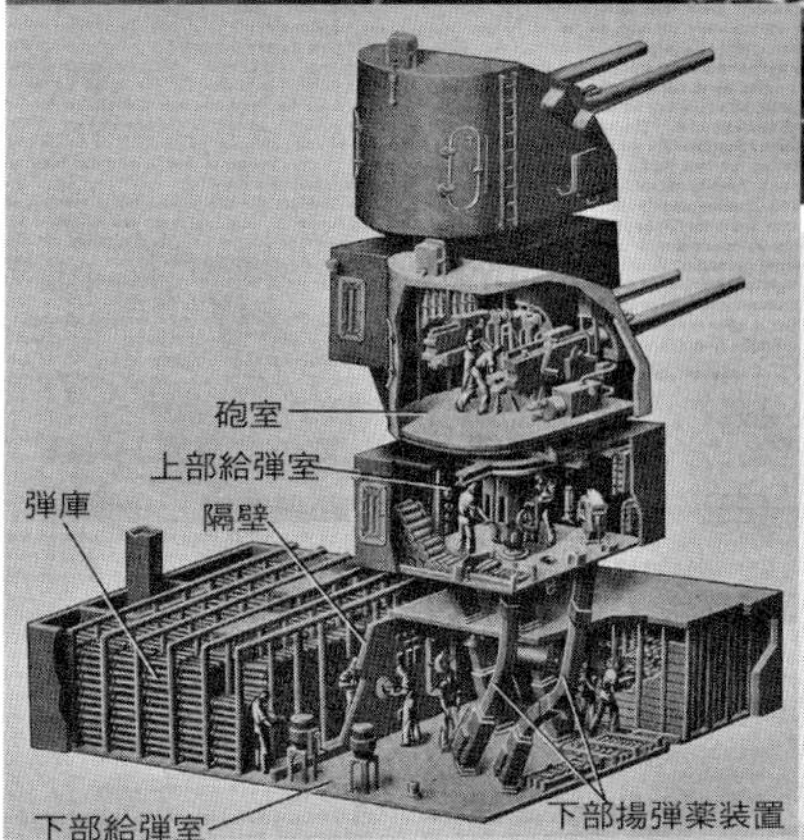

■38口径12.7cm連装両用砲のMk12砲塔図

◆1945年3月27日，沖縄近海のエセックス級4番艦の空母ホーネット（CV-12）。母艦機103機（F6F×73，SB2C×15，TBM×15）以上を搭載する同艦はTF58の第58.1任務群の旗艦である

ックス級の総建造数は二四隻なのだが、大戦中に完成したのは一七隻で、残る七隻は戦後の配備になっている。

海軍は、一刻も早く空母戦力を整備するため、別途、新たに艦隊軽空母のインディペンデンス級（CVL‐22）を九隻建造する。同級軽空母の狙いは、建造に時間を必要とするエセックス級艦隊空母の戦力を補完することに他ならず、時短建造を実現すべく、その船体には建造中のクリーブランド級軽巡洋艦が流用されていた。結果、九隻すべての軽空母が一九四三年中に完成している。特に艦隊軽空母と呼称されている理由は、エセックス級空母に伍して空母任務部隊に加勢できる艦隊能力を具備していたからだ。艦隊能力とは、エセックス級の半分に当たる最大五〇機の搭載母艦機数、あるいは三二ノットの速力や相応の防御力を指す。

インディペンデンス級のような艦隊軽空母ではないが、このほかに船団護衛や対潜作戦に使うため、七五隻もの護衛空母（CVE：建造総数は八五隻）が、大戦中に貨物船等を改装し大量建造されている。一九四三年中の建造数は三四隻ほど。なお排水量が一万トン前後の小さな護衛空母では、搭載する母艦機が二〇数機と少なく、速力も一九ノットと遅く、船体も攻撃に対して脆弱であり、高速空母の作戦グループに随行する能力はなかった。ともあれ、米海軍は、一九四三年までに、護衛空母を含めて五〇隻もの空母を艦隊に配備したことになる。

もちろん艦隊空母の新造だけでは、バランスのとれた空母任務部隊の戦力を構築できない。併せて空母に随伴して多様な任務（防空、対潜、対地攻撃支援等）を果たす、新造の護衛艦も不可欠となるからだ。実際、一九四三年に限っても、数百隻の各種護衛艦が新造されている。

たとえば空母を守る最大の護衛艦は、四〇・六㎝主砲九門を積む高速戦艦であった。そして六隻の新鋭高速戦艦が、一九四二年から四三年の二年間に就役している。一九四二年中には四隻のサウス・ダコタ級戦艦がすべて就役し、四三年中には最新型のアイオワ級戦艦が二隻（残る二隻の就役は四四年）就役しているのだ。なによりアイオワ級は、速力二八ノットのダコタ級に勝る速力三三ノットの韋駄天であり、エセックス級空母と同じ速力で航走することができた。しかも戦艦の巨体には、四基の照準用レーダー付砲射撃指揮装置Mk37や、一四九門（一二・七㎝砲二〇門、四〇㎜連装砲八〇門、二〇㎜機銃四九門）もの様々な対空火器を搭載し、各種電子情報（レーダー、ソナー、通信）を集約して有効迅速な戦闘を指揮する戦闘情報センター（CIC：Combat Information Center）を設置していた。一四九本もの細長い砲身を突き出す対空砲は、まさにハリネズミ状態で、普通の駆逐艦十隻分にも相当したであろう。

大戦中に建造された最新重防護のボルチモア級重巡洋艦・軽空母

◆満載1.7万トンの大型船体の重巡ボルチモア（CA-68：写真1951年）は20.3cm3連装砲3基の他に空母任務部隊を守るため84門の強力な対空火器を搭載した。それは12.7cm両用砲×12門，40mm連装砲×48門，20mm機銃×24門である。同級の建造数は14隻ほどだ

■1934年2月に竣工した重巡洋艦ニュー・オーリンズ（CA-32）の主砲はボルチモア級重巡と同じ（20.3cm砲9門）だが，対空火器は25口径12.7cm砲8門と貧弱であった（後に増強）

■大戦後に2隻建造されたサイパン級軽空母：ボルチモア級重巡をベース船体に軽空母に改装。満載1.9万トン，全長208m，搭載機50機

［30.5cm主砲9門のアラスカ級大型巡洋艦：戦艦と重巡の中間サイズ3.4万トンの主力艦］

■2隻のみ1944年に建造されたアラスカ級大型巡洋艦1番艦であるアラスカ（CB-1）。2隻はTF58に配属され沖縄作戦に参戦

■2番艦のグアム（CB-2）：対空火器は12.7cm砲×12門，40mm連装砲×56門，20mm機銃×34門の計102門と強力

ちなみに米海軍が大戦中に保有した四〇・六cm主砲九門を積む高速戦艦は、三クラスの一〇隻であった。内訳は、速力二八ノット級戦艦が六隻（ノース・カロライナ級二隻、サウス・ダコタ級四隻）と、速力三三ノット級戦艦が四隻（アイオワ級）である。

二〇・三cm主砲を積む重巡洋艦については、最新のボルチモア級重巡洋艦が戦中に完成している。同艦の一番艦を含む四隻が、一九四三年中に就役したのである（以後、一〇隻を建造）。同級は、軍縮条約の制限を受けなかったので、満載一・七万トン（基準一・四万トン）、全長二〇五mの大きな船体で建造できた。それゆえに強力な対地・対空火力と重装甲防御（舷側一五・二cm、甲板六・四cm）、優秀な航行性能（速力三三ノット、航続距離一・八五万km）を兼ね備えた、走攻守バランスの高い重巡洋艦として完成していた。一番大事な火力については、五五口径二〇・三cm三連装砲三基による速射性の高い艦砲射撃力、一二・七cm連装両用砲六基を中心とする対空火器八四門の濃密な対空射撃力が特長であったろう。

一五・二cm主砲を積む軽巡洋艦については、一九四三年中に二種類の新型が建造されている。艦隊防空用に特化したアトランタ級防空軽巡洋艦（全一一隻）と、駆逐艦部隊を嚮導するクリーブランド級軽巡洋艦（全二九隻）である。一九四三年までに就役したのは、アトランタ級防空軽巡が六隻と、クリーブランド級軽巡が九隻、合わせて一五隻であった。

一二・七cm主砲を積む駆逐艦については、大戦中の要望を取り入れた最新のフレッチャー級大型艦隊駆逐艦が、艦隊のワークホースとして一九四二年から四四年にかけて大量建造されている。その総数は一七五隻。史上最多の建造数を誇る三代目の艦隊駆逐艦であった。開戦時から一九四三年中になんと一四三隻が就役している。

フレッチャー級は、軍縮条約の制約を受けないで設計された初めての駆逐艦であるため、強度の増した大きな平甲板型の船体にはゆとりがあり、兵装、速力、航洋性（凌波性）のバランスが極めて優れ、遠洋作戦に適した艦隊駆逐艦となっていたのだ。船体の大きさは、満載二八五〇トン（基準二一〇〇トン）、全長一一五mと大きく、機関部の缶室と機械室を分けられたため戦闘時の生残性が高い。速力は三六・五ノット（六万馬力）と速く、航続力も一五ノットで一万kmを航走できた。また空母の護衛に求められた防空力についても、大きな船体を利用して旋回式三八口径一二・七cm単装砲五門に加え、ボフォース五六口径四〇mm連装砲五基とエリコン七〇口径二〇mm機銃六門、合わせて二一門の対空火器を積み、加えてMk37射撃指揮装置も一基搭載することができた。この極めて実用性の高い艦隊駆逐艦の大量戦力化が、空母任務部隊の巨大化を可能にしたとも言えよう。

大戦中に233隻建造の主力艦隊駆逐艦:フレッチャー級&サムナー級

692

■フレッチャー級の拡大改良型として12.7cm連装砲3基を搭載したアレン・M・サムナー級駆逐艦の1番艦(DD-692)。火力は強力であったが航続力の不足のため58隻の建造となった

710

◆サムナー級の航続力を改善した改良型のギアリング級駆逐艦(写真ギアリング:満載3500トン)で1945年からの就役

◆1945年4月14日, TF58配属のシグスビーは沖縄作戦で特攻機の命中により大破し23人が戦死

●対空火器は12.7cm砲×5門, 40mm連装砲×10門, 20mm機銃×6門の計21門であり, 写真のようにMk37砲射撃指揮装置を艦橋上に搭載した
502

■史上最多の175隻が建造された2000トン級艦隊駆逐艦のフレッチャー級。写真は同級29番艦のシグスビー(DD-502)で満載2850トン, 全長114.8m, 速力36.5ノット(6万馬力), 航続距離1万km(15ノット)

艦名（級名）	高速戦艦ミズーリ（BB-63:アイオワ級3番艦）	艦隊軽空母カボット（CVL-28:インディペンデンス級7番艦）	艦隊正規空母タイコンデロガ（CV-14:エセックス級6番艦）
満載排水量（基準） 全長×最大幅	5.9万トン（4.8万トン） 270.4m×33m	1.5万トン（1.1万トン） 189.9m×33.3m	3.6万トン（2.7万トン） 271m×45m
速力（出力） 航続距離	33ノット（21.2万馬力） 2.76万km（15ノット）	32ノット（10万馬力） 2.4万km（15ノット）	33ノット（15万馬力） 3.7万km（15ノット）
舷側装甲	307mm（甲板38〜152mm）	127mm（甲板51mm）	102mm（甲板38mm）
兵　装 （主砲／ 対空火器等）	50口径40.6cm3連装砲×3 38口径12.7cm連装砲×10 40mm4連装砲×20 20mm機銃×49	40mm4連装砲×2 40mm連装砲×8 20mm機銃×22	38口径12.7cm連装砲×4 38口径12.7cm砲×4 40mm4連装砲×8 20mm機銃×46
搭載機	水上偵察機×3機	・F6F艦上戦闘機×24機 ・TBM艦上雷撃機×9機	・F6F艦上戦闘機×73機 ・SB2C艦上爆撃機×15機 ・TBM艦上雷撃機×15機
乗　員	2700人	1569人	3500人

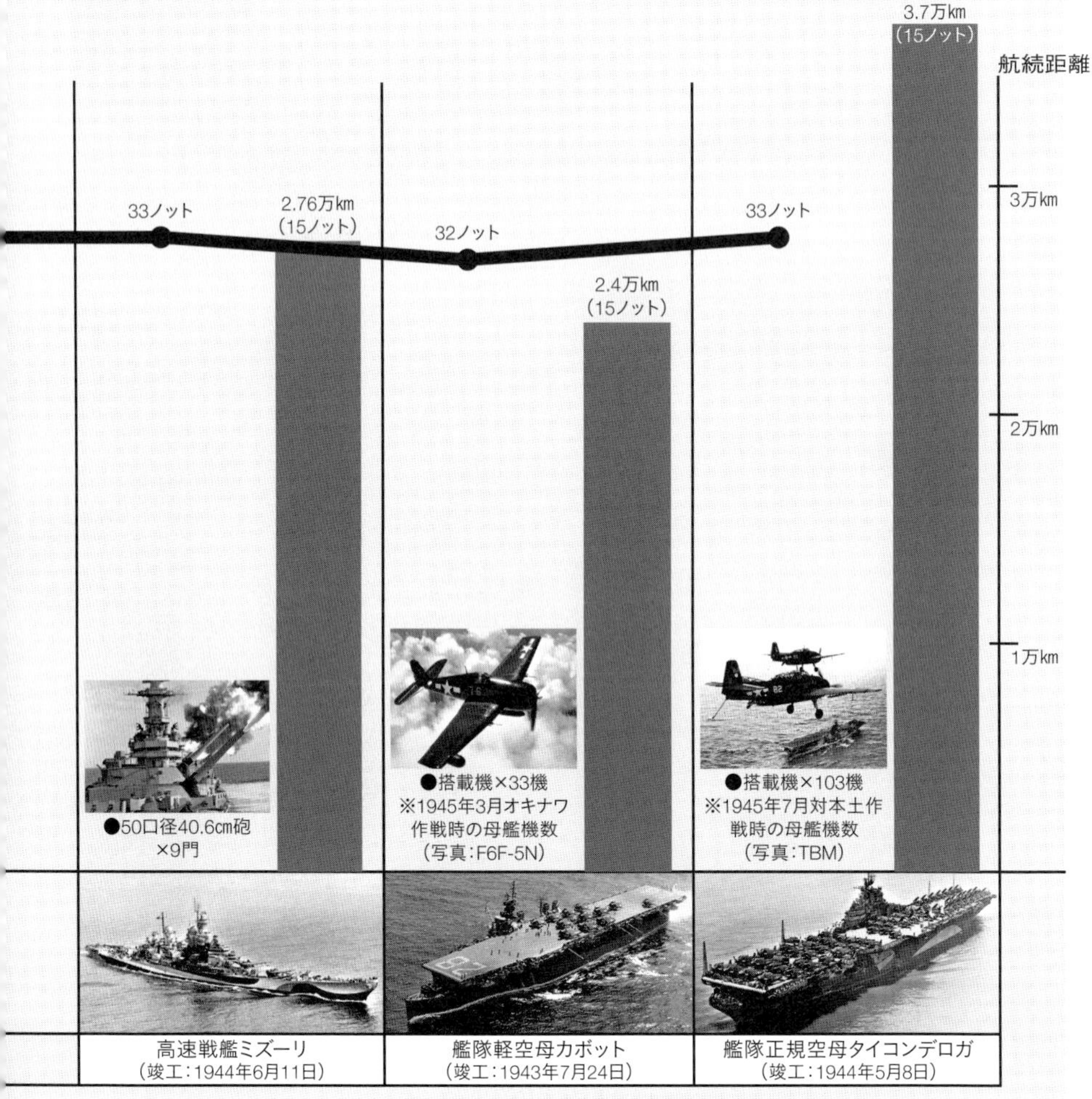

高速空母任務部隊（1945年）の艦種別性能比較:速力と航続力

艦名（級名）	艦隊駆逐艦M.L.エベール（DD-733:サムナー級30番艦）	軽巡洋艦デンバー（CL-58:クリーブランド級4番艦）	重巡洋艦クインシー（CA-71:ボルチモア級4番艦）
満載排水量(基準) 全長×最大幅	3515トン(2200トン) 119m×12.5m	1.4万トン(1.1万トン) 186m×20m	1.7万トン(1.4万トン) 205m×21.6m
速力(出力) 航続距離	34ノット(6万馬力) 1.1万km(15ノット)	33ノット(10万馬力) 1.6万km(15ノット)	33ノット(12万馬力) 1.85万km(15ノット)
舷側装甲	なし	127mm(甲板51mm)	152mm(甲板64mm)
兵　装 (主砲／ 対空火器等)	38口径12.7cm連装砲×3 40mm4連装砲×2 40mm連装砲×2 20mm機銃×11 53cm5連装魚雷発射管×2	47口径15.2cm3連装砲×4 38口径12.7cm連装砲×6 40mm4連装砲×4 40mm連装砲×6 20mm機銃×10	55口径20.3cm3連装砲×3 38口径12.7cm連装砲×6 40mm4連装砲×12 20mm機銃×24
搭載機	なし	水上偵察機×4機	水上偵察機×4
乗　員	336人	1255人	1700人

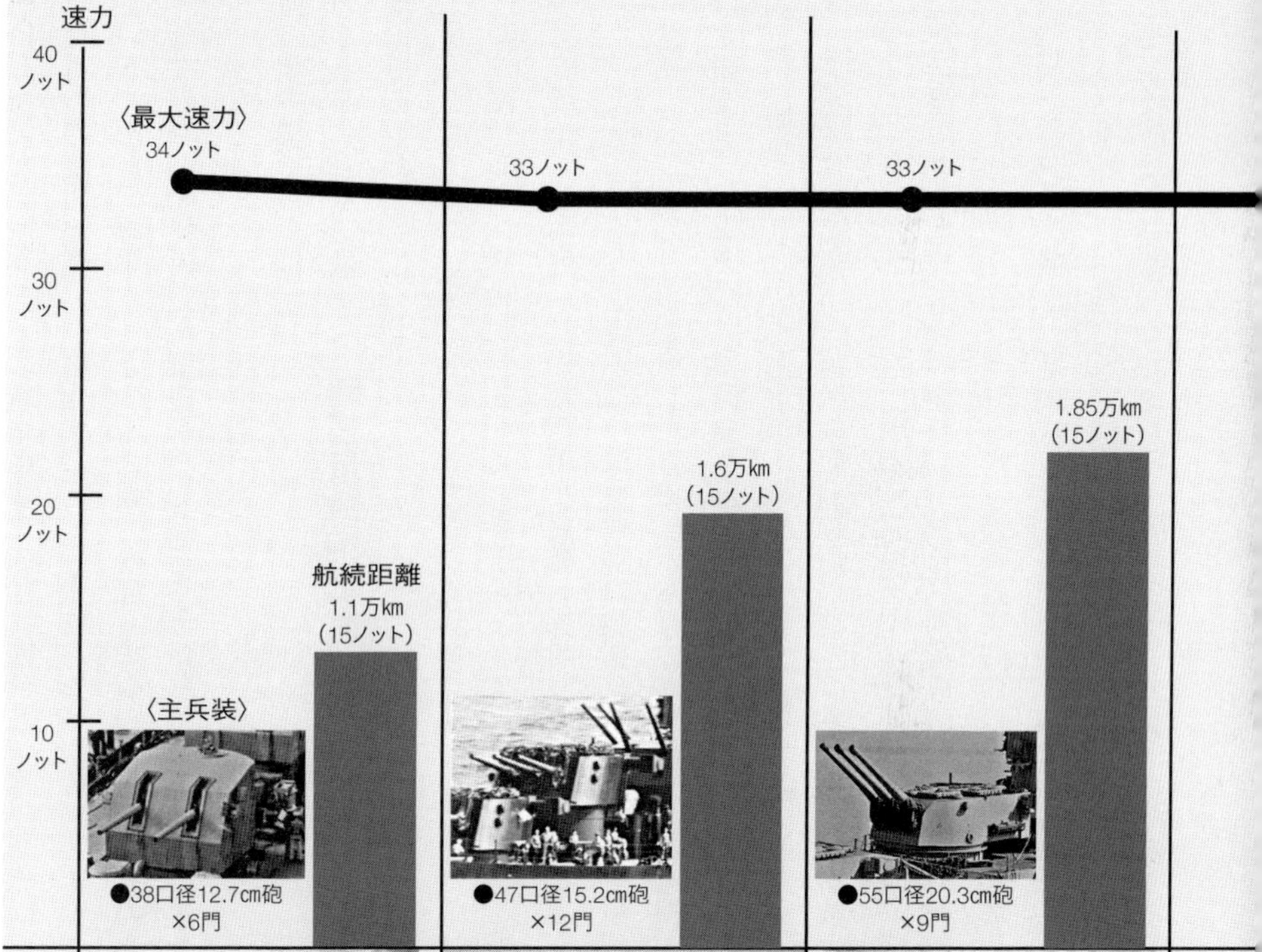

●38口径12.7cm砲×6門

●47口径15.2cm砲×12門

●55口径20.3cm砲×9門

艦隊駆逐艦マナート･L･エベール（竣工：1944年7月4日）

軽巡洋艦デンバー（竣工：1942年10月15日）

重巡洋艦クインシー（竣工：1943年12月15日）

さらに同時期には、フレッチャー級の他にも初代艦隊駆逐艦のベンソン級二四隻（全三二隻）と、二代目の艦隊駆逐艦リバモア級四四隻（全六四隻）が就役している。ただ、両駆逐艦は戦前の一九四〇年から就役が始まったもので、開戦後からの新規建造艦ではない。

このように米海軍は、開戦時から一九四三年中に、以下に示す二八六隻もの新造艦艇を就役させたのである。日本にはとうてい真似できぬ、まさに怒涛の大量配備であった。なにしろ日本海軍は、開戦時に駆逐艦を一一二隻保有していたが、戦中に新規建造できた駆逐艦はわずか六三隻に過ぎないのである。対してフレッチャー級の建造数は一七五隻で、日本海軍の全駆逐艦数と偶然にも同じなのだ。

［一九四三年中の就役艦艇二八六隻］

●空母×五〇隻：エセックス級七隻（艦隊正規空母）、インディペンデンス級九隻（艦隊軽空母）、護衛空母三四隻

●高速戦艦×六隻：サウス・ダコタ級四隻、アイオワ級二隻

●重巡洋艦×四隻：ボルチモア級四隻

●軽巡洋艦×一五隻：アトランタ級六隻（防空型）、クリーブランド級九隻

●艦隊駆逐艦×二一一隻：ベンソン級二四隻、リバモア級四四隻、フレッチャー級一四三隻

ともあれ、米海軍は、一九四三年中に就役させた二八六隻の新造艦艇を艦隊に配備し、四三年末から対日反攻作戦を本格化する。その主役となったのが、エセックス級空母を筆頭とする高速力が売りの新型艦艇をふんだんに配備した、米海軍の新たな高速空母任務部隊（Fast Carrier Task Force）であった。

対日反攻用の高速空母任務部隊の編成

言うまでもなく兵器を新調しただけでは近代戦争に勝利できない。一番肝要なのは、艦隊・艦艇に適応した部隊編成や作戦運用を開発・採用しているのかであった。大戦以前のように空母を個別に戦艦部隊に隷属させ航空偵察手段として運用したのでは、空母の潜在能力（母艦機編隊による長距離の瞬時空中破壊力）が完全に死んでしまう。米海軍は、空母艦隊を最大限生かすため、艦隊編成の抜本的改革を断行する。管理・教育訓練用のタイプ別（艦種）編成と、作戦用のタスク別（任務）編成とに二分したのである。たとえば、それぞれの空母は、タイプ別編成時には太平洋艦隊の空母部隊に配属されるが、作戦投入時にはタスク別編成に移行する。タスク別編成では、各空母は、第3艦隊あるいは第5艦隊に編入され、複数の高速空母を中核とする作戦艦隊のタスク・フォース（TF：任務部隊）を編成したのである。このタスク・フ

ォースの下部組織としてタスク・グループ（TG：任務群）、タスク・ユニット（TU：任務隊）が編成されている。

記したように米海軍は、一九四三年中に艦隊編成の改革を推進し、二つの作戦艦隊を新規に編成した。第3艦隊（南太平洋部隊の改編）と第7艦隊である。ただ第7艦隊はもともと南西太平洋海軍部隊からの改編であったため、その指揮権は同戦域の軍司令官ダグラス・マッカーサー陸軍元帥（四四年一二月時）が握っていたという。不可思議にも第7艦隊は、太平洋艦隊司令長官のチェスター・ニミッツ海軍元帥（同）の指揮下から外れていたのである。当時、ニミッツの指揮下にあった作戦艦隊は、極めて積極果敢なウイリアム・ハルゼー大将指揮する第3艦隊と、極めて厳格で几帳面なレイモンド・スプルーアンス大将指揮する第5艦隊（正式には四四年四月に中部太平洋軍から改編）であった。ただし第3艦隊と第5艦隊はまったく同じ艦隊であった。つまりハルゼーとスプルーアンスの両艦隊司令部が、互いに期限を定め、交替して同じ艦隊（艦艇・母艦機）をそれぞれ指揮していたのである（two-platoon command system）。

最初の高速空母任務部隊は、一九四三年一一月中旬に第1空母任務部隊あるいは第50任務部隊（First Carrier Task Force ／ Task Force,50）という公式名称で編成された。それが一九四四年に入ると、スプルーアンス率いる第5艦隊隷下の第58任務部隊（TF58）に改称されている。次に艦隊の指揮権がハルゼー率いる第3艦隊に移譲されると、空母任務部隊の名称も、第2空母任務部隊あるいは第38任務部隊（Second Carrier Task Force ／ Task Force,38）に改称されたのである。

この高速空母任務部隊造成の中心となったのは、ドーリットル空襲時に空母ホーネットの艦長を務めたマーク・A・ミッチャー中将であった。彼によれば、高速空母任務部隊（複数の空母任務群から構成）の理想的な艦艇の構成は、空母が四隻、支援艦艇が六～八隻、駆逐艦が一八隻以上、できるならば二四隻ほどだという。各空母任務群（任務部隊内の）に配属する空母数は四隻がベスト。これを超えるならば、母艦機の運用に必要とする空域が過密となり、有効に使えなくなる。また四隻未満の空母数では、支援艦艇や護衛艦の無駄遣いとなってしまう。

各空母任務群の艦艇は、母艦機を積む空母を中心に置き、護衛の巡洋艦や駆逐艦を輪形（Circle）に配置する輪形陣（Circular Cruising Formation）を組む。護衛艦艇は適度に密接して航行し、対空火器により航空攻撃から空母を守る。ただし敵雷撃機の攻撃に際しては、空母任務群の輪形陣は、雷撃機の攻撃角度を限定させるため、敵機に対向する方向に一斉回頭（Simultaneous Turn）する。このような空母の方向転

◆1945年8月17日、日本近海で洋上機動中の第38任務部隊。右下が艦隊正規空母ワスプ（CV-18）、左端に護衛空母（CVE-81）、その右上に空母シャングリラ（CV-38）、その他にアイオワ級高速戦艦や巡洋艦や駆逐艦が見える

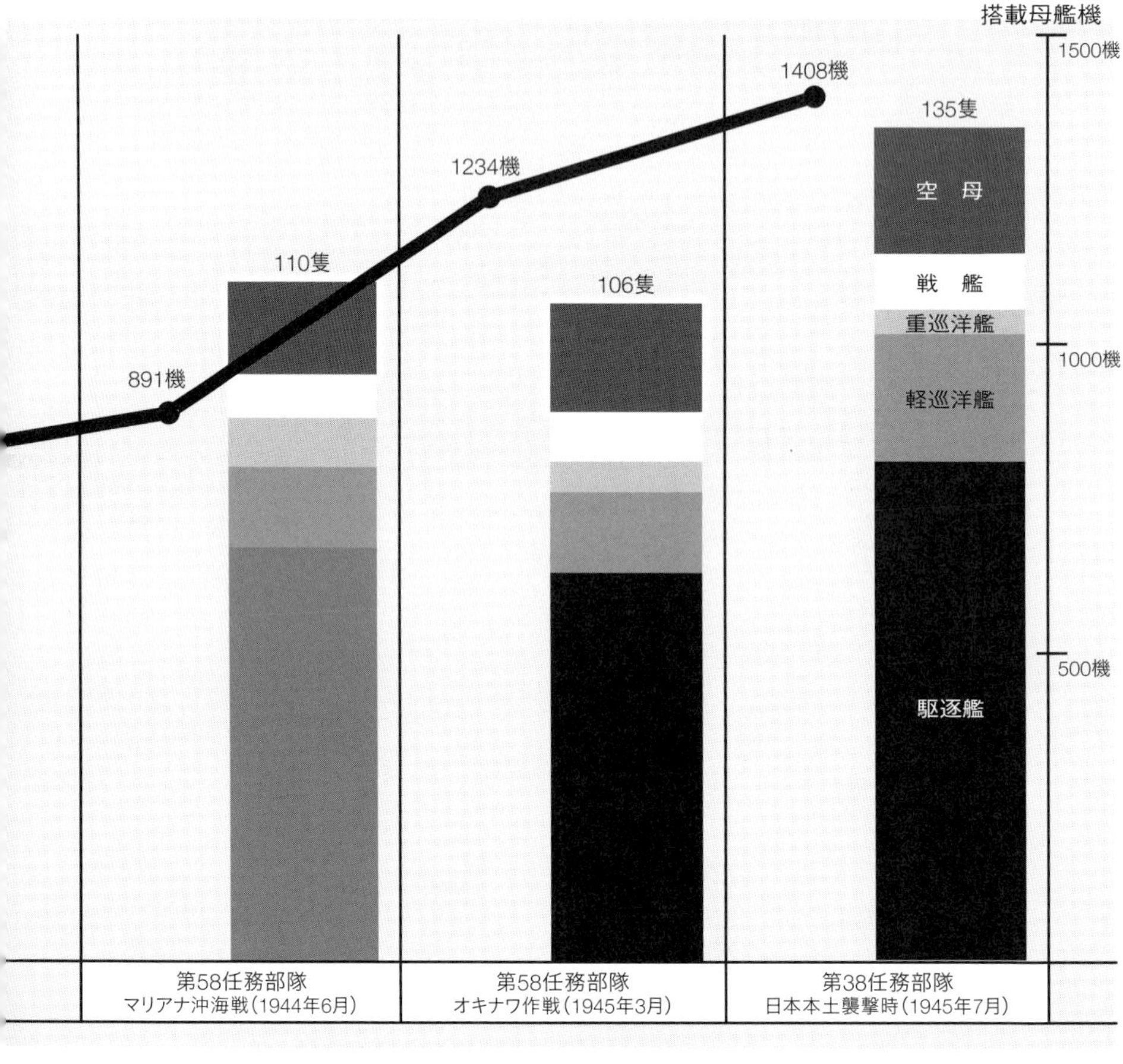

1944年に大膨張した米高速空母任務部隊の艦艇・母艦機戦力図

作戦期日	任務部隊（TF）	指揮官	搭載母艦機数	空母（軽空母）	高速戦艦	重巡洋艦（大型巡）	軽巡洋艦（防空巡）	駆逐艦	計
真珠湾攻撃時（1941年12月）	TF8	ハルゼー中将	74機	1	0	3	0	9	13隻
				全体の8%		23%		69%	
南太平洋海戦（1942年10月）	TF16	キンケード少将	77機	1	1	1	1(1)	9	13隻
				全体の約8%	約8%	約8%	約8%	69%	
ギルバート諸島戦（1943年11月）	TF50	パウナル少将	721機	11(5)	6	3	3(3)	21	44隻
				全体の25%	13%	7%	7%	48%	
マリアナ沖海戦（1944年6月）	TF58	ミッチャー中将	891機	15(8)	7	8	13(4)	67	110隻
				全体の14%	6%	7%	12%	61%	
オキナワ作戦（1945年3月）	TF58	ミッチャー中将	1234機	17(6)	8	5(2)	13(4)	63	106隻
				全体の16%	8%	5%	12%	59%	
日本本土襲撃（1945年7月）	TF38	マッケイン中将	1408機	20(6)	9	4	21(5)	81	135隻
				全体の15%	6%	3%	16%	60%	

※TF38には英艦隊TG37.2（空母4隻，戦艦1隻など艦艇28隻，母艦機248機）が含まれている

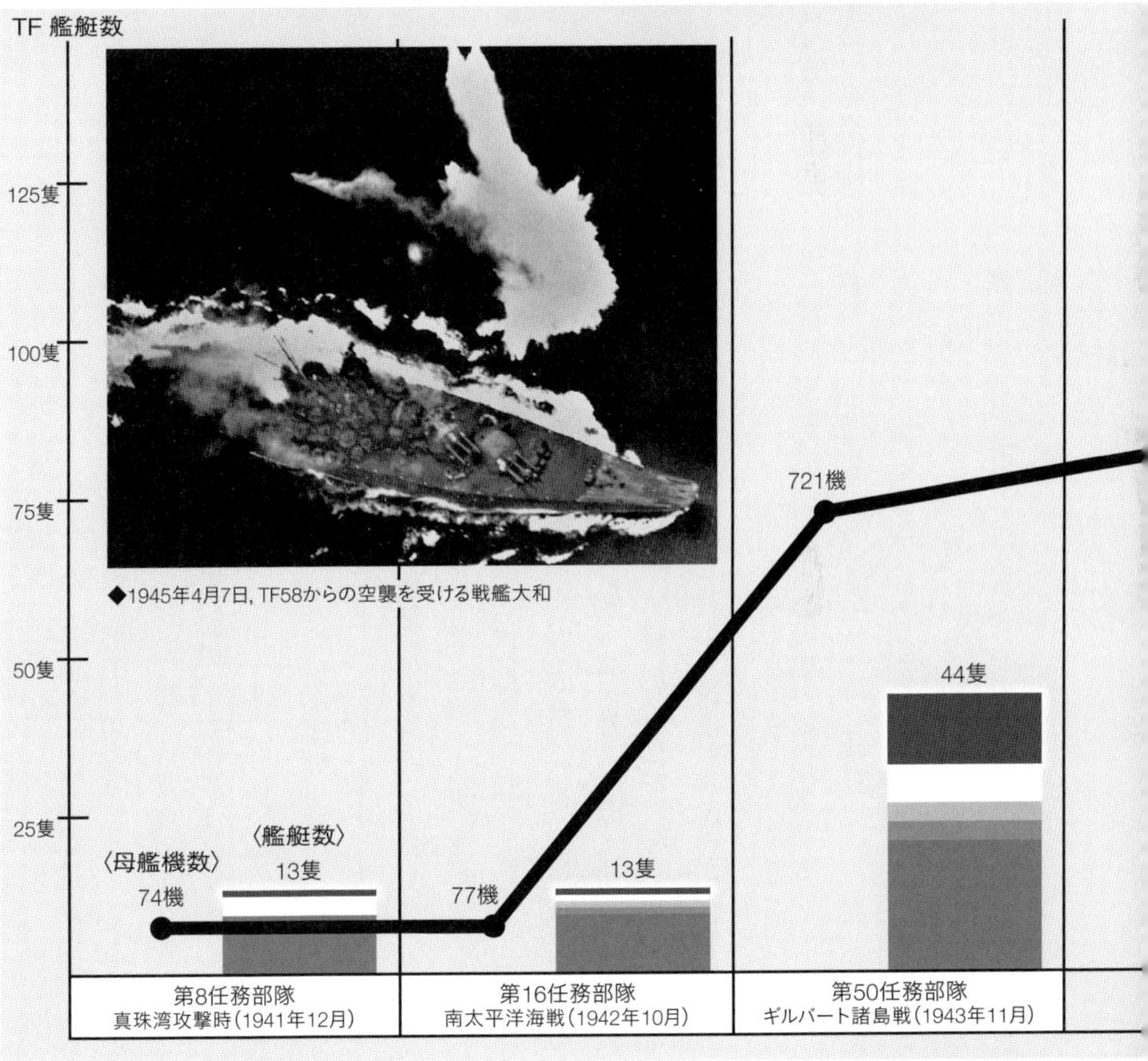

◆1945年4月7日，TF58からの空襲を受ける戦艦大和

換は雷撃機の攻撃を例外として、他の攻撃時には行わない。いずれにせよミッチャーは、敵の航空攻撃から艦隊を守る最良の防御法は、空母自身が搭載する航空群（戦闘機）の防空力だと指摘している。

ところで輪形陣の利点は三つほどあった。一つ目は、密集隊形により、各艦艇は中心に配した空母に対して濃密な対空火力で護衛できること。二つ目は、攻撃を回避するための方向転換は単純な一斉回頭ですみ、各艦艇の相対的な位置が変わらないこと。三つ目は、空母が輪形陣の中心であるため、対潜防御に適していること。不利な点は、砲撃戦では砲撃火力が大きく限定されること（たとえば後方の戦艦は前方の敵艦を射撃できない）。

ギルバート諸島戦に初登場した第50任務部隊

最初に高速空母任務部隊を投入した反攻作戦は、スプルーアンス率いる第5艦隊（中部太平洋軍）隷下の第50任務部隊（TF50）が参戦した、一九四三年一一月のギルバート諸島戦である。作戦は、日本軍守備隊が守る中部太平洋のマキン、タラワ島に対する強襲上陸作戦であり、両島は、圧倒的な米海兵隊の前に善戦及ばず玉砕する。本作戦では、チャールズ・A・パウナル少将指揮するTF50の任務は、揚陸艦隊の上陸占領戦を掩護する航空支援で、最大の役割は日本艦隊の反撃を迎え撃つことにあった。そして、本作戦に際し太平洋艦隊司令長官ニミッツが準備したTF50の陣容は、一年前に両軍が激しく戦った南太平洋海戦時の米海軍第16任務部隊（TF16）とはまったくの別物に一変していた。

艦隊の艦艇数で比べるならば、TF16の一三隻に対し、TF50は四四隻で三・四倍まで拡大している。艦種別の比較では、空母については、TF16の持つ艦隊空母一隻に対し、TF50は艦隊空母六隻と軽空母五隻で、こちらは一一倍。高速戦艦は、TF16の一隻に対し六倍の六隻。重巡洋艦もTF16の一隻に対し三倍の三隻。防空軽巡洋艦もTF16の一隻に対し三倍の三隻。駆逐艦はTF16の九隻に対し二・三倍の二一隻なのである。確かにTF50の艦艇数も大きく増えているのだが、配備艦艇自体の新陳代謝も加速していた。次に示すようにTF50には、旧式艦に代わり新造艦がふんだんに配備されていたのである。

[第50任務部隊（TF50）の編成・戦力]

●第50・1任務群（TG50.1：空母迎撃群）：エセックス級艦隊空母×二隻、インディペンデンス級軽空母×一隻、二八ノット級高速戦艦×三隻、フレッチャー級駆逐艦×六隻

●第50・2任務群（TG50.2：北方空母群）：ヨークタウン級艦隊空母×一隻、インディペンデンス級軽空母×二隻、二八

エセックス級空母の主力母艦機：「F6F艦戦」「SB2C艦爆」「TBF雷撃機」

■グラマンF6Fヘルキャット艦上戦闘機：機体重量4.2トン，最大重量7トン，全長10.2m×翼幅13.1m，速度629km/h（2000馬力），航続距離1754km，武装12.7mm機銃×6。写真は空母ホーネットから出撃するF6F編隊（1944年）

■グラマンTBFアベンジャー艦上雷撃機：最大重量7.7トン，全長12.5m，速度438km/h，航続距離2430km，Mk13魚雷×1搭載。写真は空母ホーネット

■カーチスSB2C艦上爆撃機：最大重量7.6トン，全長11.2m，速度480km/h，航続距離1827km，爆弾907kg搭載。写真は空母ホーネット

■グラマンTBM-3W早期警戒機：カミカゼ探知用のレーダー装備

■ボートF4Uコルセア艦上戦闘機：戦闘爆撃機として活躍

◆1945年7月14日，岩手県釜石を40㎝主砲で艦砲射撃する戦艦インディアナ（BB-58）。同艦は第38任務部隊の所属で製鉄所を目標としたが市民424人が殺された

◆第38／58任務部隊は1000機の母艦機群だけでなく多数の高速戦艦群により瀕死の日本の本土を波状攻撃した

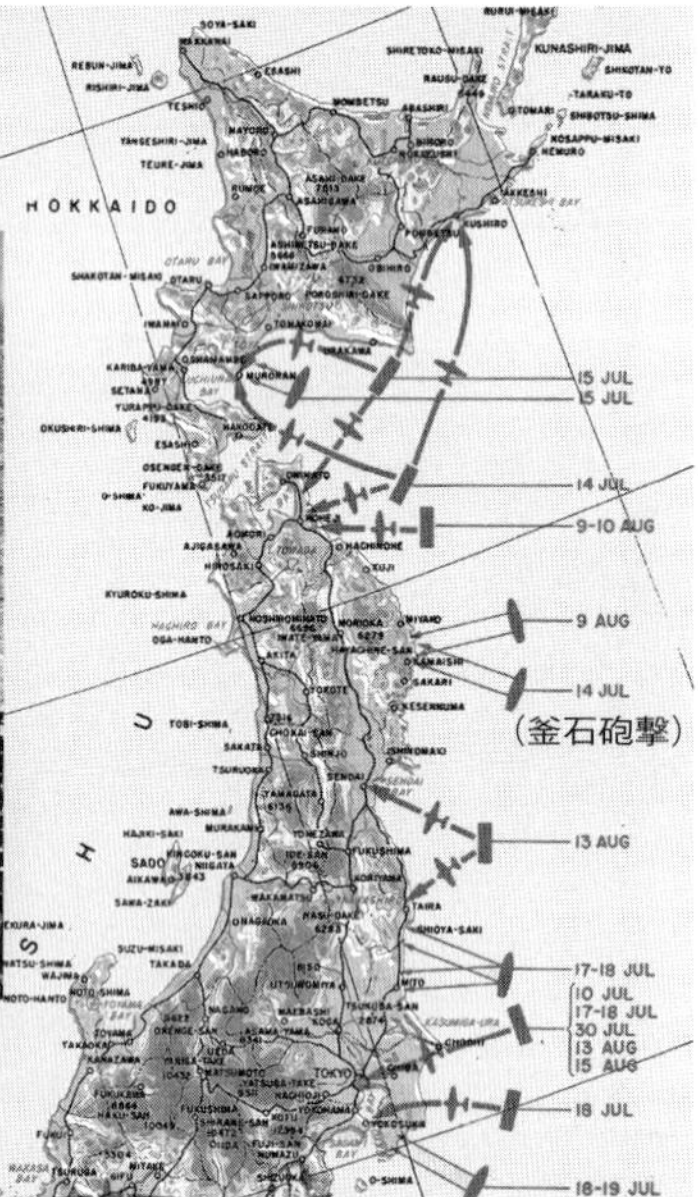

米海軍第38任務部隊の日本本土襲撃作戦図
（1945年7月～8月）

不死身の高速戦艦アイオワ級:速力33ノット&対空火器149門

◆対空火器の主役はVT近接信管付砲弾を発射できた38口径12.7cm連装両用砲Mk12が10基である(ミズーリ)

◆対空火器の一斉射撃をする戦艦ミズーリ。エリコン20mm機銃とボフォース40mm連装砲が見える

◆艦首上にまで設置された戦艦アイオワのエリコン製20mm対空機銃。搭載数は49門ほど

◆満載6万トンの最新鋭高速戦艦アイオワ級1番艦のアイオワ(BB-61)。50口径40.6cm主砲9門だけでなく各種対空火器149門(最多は40mm4連装砲×20基)を搭載

ノット級高速戦艦×三隻、フレッチャー級駆逐艦×六隻

●第50・3任務群（TG50.3：南方空母群）：エセックス級艦隊空母×二隻、インディペンデンス級軽空母×一隻、旧式重巡洋艦×三隻、アトランタ級防空軽巡洋艦×一隻、フレッチャー級駆逐艦×五隻

●第50・4任務群（TG50.4：救援空母群）：レキシントン級艦隊空母×一隻、インディペンデンス級軽空母×一隻、アトランタ級防空軽巡洋艦×二隻、戦前型駆逐艦×四隻

見てのように艦隊空母六隻の中の四隻は新造のエセックス級であり、五隻の軽空母もすべて新造のインディペンデンス級になっている。三三隻の護衛艦についても、三隻の旧式重巡洋艦と四隻の戦前型駆逐艦を除きすべて新造艦なのである。それも高性能な艦隊駆逐艦のフレッチャー級一七隻に更新されていたのは重要だ。

また第50任務部隊（ＴＦ50）は、高速空母任務部隊として、四つの空母任務群から構成されているのが分かる。各空母任務群に配備できた空母数は二〜三隻である。記したように空母任務群に最適な空母数は四隻としたミッチャー説に比べて少ない。これはこの時期の高速空母任務部隊は、まだ新造艦の配備が間に合わず発展途上にあったということだ。

ニミッツ提督は、著書（the Great Sea War）において「遠距離攻撃を目的に編成された高速空母任務部隊は、通常、四つの空母任務群（海上に浮かぶ航空基地）により作戦した。各空母任務群は、艦隊空母二隻、軽空母二隻、その護衛艦として一隻ないし二隻の高速戦艦、三隻ないし四隻の巡洋艦、一二隻ないし一五隻の駆逐艦からなる約二五隻の艦隊が最適な規模である。極めて柔軟性のある空母任務群は、他の部隊と共同し、または単独で作戦できた」と記している。この艦隊の場合、艦種別の割合は、空母一六％、大型護衛艦二四％、駆逐艦六〇％になる。そして、一九四四年以後、さらに高速空母任務部隊は拡張され、ニミッツが語る戦力規模に達するまで増強されていくことになる。

史上最大の高速空母任務部隊：七割が新造艦

ミッドウェー海戦から二年後の一九四四年六月、中部太平洋を島伝いに北上してきた米遠征軍は、日本が絶対国防圏と定めていたサイパン島を含むマリアナ諸島に侵攻する。ここに両軍にとって最大規模、かつ以後今に至るも発生していない、最後の空母機動部隊同士の海戦が起こる。マリアナ沖海戦（フィリピン海海戦）である。日本海軍は、切り札とも言える、第1機動艦隊の空母九隻（艦隊空母の大鳳、翔鶴、瑞鶴と改造空母六隻：母艦機四五〇機）を投入した。

対して米海軍は第5艦隊の高速空母任務部隊、つまりミッ

チャー提督率いる第58任務部隊（ＴＦ58）が激突したのである。艦艇戦力は、空母が艦隊空母七隻（エセックス級六隻、ヨークタウン級一隻）とインディペンデンス級軽空母八隻の一五隻。高速戦艦が最新のアイオワ級二隻を含む八隻、重巡洋艦が最新のボルチモア級三隻を含む八隻、軽巡洋艦が最新のクリーブランド級九隻とアトランタ級防空軽巡四隻の一三隻、駆逐艦が四六隻のフレッチャー級を主力艦とする六七隻、合わせて戦力は一一〇隻であった。確実に新造艦がＴＦ58の主力艦となっている。開戦後に就役した新造艦は八二隻に上り、全艦艇に占める新造艦の割合は七五％に達していたのだ。

なにより一五隻の空母は、不死身のエンタープライズを除く、一四隻が新造艦なのである。主力艦のエセックス級空母は、満載三・三万トン（基準二・七万トン）、全長二六七ｍの大型空母で、ヨークタウン級より七千トン以上も重い（なおエセックス級の長船体型は満載三・六万トン、全長二七一ｍ）。スピードは高速空母らしく速力三三ノット（一五万馬力）と速い。航続距離も一五ノットで三・七万㎞と非常に長大であった。搭載する母艦機は、たとえばＴＦ58に配備された空母ホーネットでは、第2航空群の母艦機九一機（Ｆ６Ｆ艦戦四〇機、ＳＢ２Ｃ艦爆三三機、アベンジャー雷撃機一八機）が積まれていたが、広い飛行甲板は母艦機一〇〇機以上（露天係止）の運用能力を備えていた。また自衛用の対空火器も極めて強力であった。一二・七㎝両用砲が一二門、四〇㎜連装砲が三二門、二〇㎜機銃が四六門、合わせて九〇門である。これは八四門の対空火器を搭載していた、最新のボルチモア級重巡洋艦よりも多い。

当初、海軍当局が想定していたより有用であったのが、艦隊軽空母と呼ばれたインディペンデンス級であろう。面白いことに同級の建造は、ルーズベルト大統領が直々に開発を指示した軽空母であった。一九四一年、海軍次官を経験していたルーズベルトは、計画中のエセックス級艦隊空母の建造がまだまだ先であることを懸念し、既に建造がスタートしていたクリーブランド級軽巡洋艦の船体を流用した艦隊軽空母を提示したのであった。そして、開戦後に海軍は、建造に時間のかかるエセックス級を補完するため、慌てて同級軽空母九隻の建造に着手している。

同級は、幸い輸送船ではなく、軽巡洋艦がベースであったため、最低限の船体サイズ（満載一・五万トン、全長一九〇ｍ）と、船体の装甲防護（舷側一二・七㎝、甲板五・一㎝）、対空火器四六門の装備、艦隊空母に必要な航行能力を備えていた。三二ノットの速力と二・四万㎞の航続力である。ＴＦ58に配備された軽空母バターン（ＣＶＬ‐29）では、第50航空群の母艦機三三機（Ｆ６Ｆ艦戦24機、ＴＢＭ雷撃機九機）が搭載されていたが、母艦機は最大五〇機ほど載せられた。イン

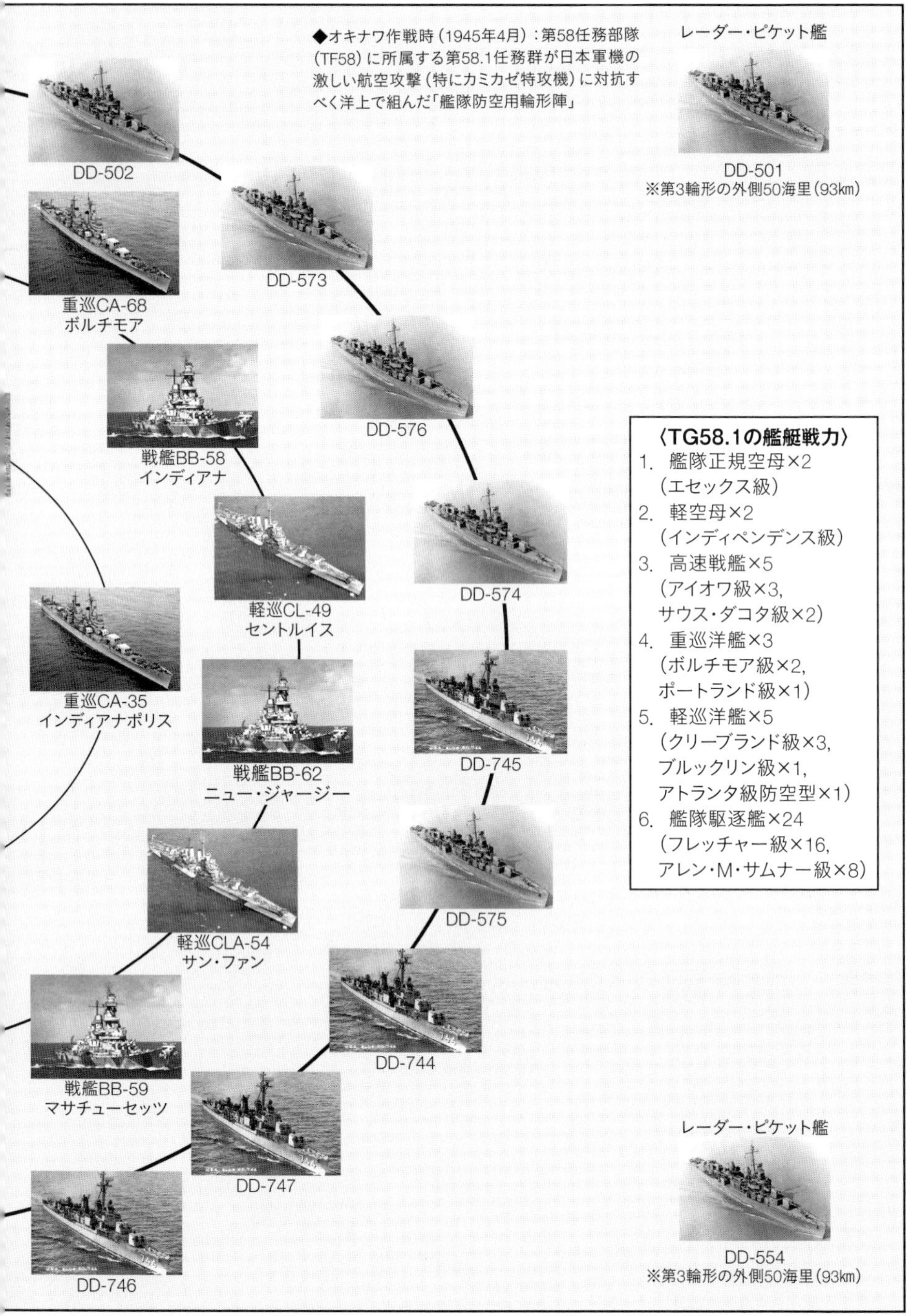

◆オキナワ作戦時（1945年4月）：第58任務部隊（TF58）に所属する第58.1任務群が日本軍機の激しい航空攻撃（特にカミカゼ特攻機）に対抗すべく洋上で組んだ「艦隊防空用輪形陣」

対カミカゼ防空の極み『高速空母任務部隊（TG58.1）41隻の輪形陣』

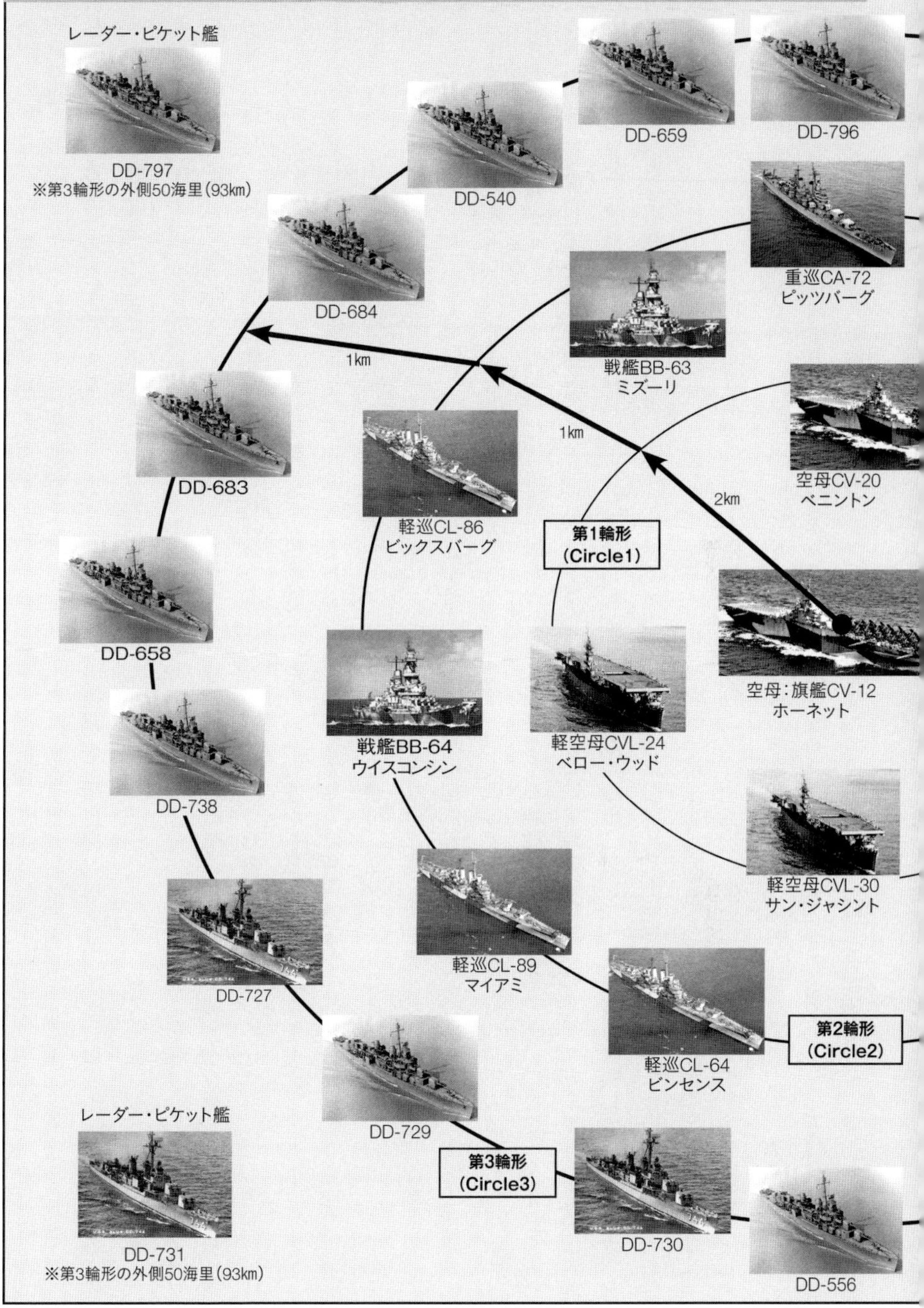

ディペンデンス級は、配備後に実用性が高く評価されたため、同類の軽空母としてボルチモア級重巡洋艦を改装したサイパン級軽空母二隻（戦後完成）が造られている。

TF58に配属された空母一五隻に搭載された母艦機は、艦上戦闘機四七〇機（F6F）、艦上爆撃機二三二機（SB2C／SBD）、艦上雷撃機（アベンジャー）一八八機、合わせて八九一機であった。この母艦機の大群の五三％が戦闘機で占められているのが特長であろう。しかも三種類の主力母艦機は、F4FやTBD等の旧式機を更新した新鋭機で、TF58の艦艇と同様に、すべてが開戦後に完成した最大重量七トン級の大型艦載機であった。艦戦のグラマンF6Fヘルキャットは、二〇〇〇馬力のエンジン・パワーが生み出す大きな飛行能力が武器で、日本海軍の古い零式艦上戦闘機を圧倒した。カーチスSB2Cヘルダイバー艦上爆撃機は、急降下爆撃と雷撃の両用能力を兼備していた（胴体内に二〇〇〇ポンド爆弾と魚雷を格納可能）。またグラマンTBF／TBMアベンジャー雷撃機は、大きな搭載量と極めて頑丈な機体が特長であった。

さてマリアナ沖に進出したTF58の編成は、空母任務群が四つと、主力水上戦闘艦を集めたウィリス・A・リー中将率いる戦艦任務群の計五つから構成されていた。四つある空母任務群のうち三つは、エセックス級艦隊空母二隻とインディペンデンス級艦隊軽空母二隻からなる空母四隻体制の編成であった（四つ目の任務群は空母三隻）。たとえば任務群のひとつ第58・1任務群の編成は、艦隊空母と艦隊軽空母が各二隻、ボルチモア級重巡洋艦三隻、防空軽巡洋艦二隻、駆逐艦一四隻の計二三隻となっていた。この艦隊空母四隻を中核とする空母任務群の艦艇は、ニミッツ提督が提唱した理想的な任務群の構成であったのだ。ただ四つの任務群には、護衛艦の核たる高速戦艦が一隻も入っていなかった。

これはすべての高速戦艦や一部の重巡洋艦等を他の任務群から戦艦任務群（第58・7任務群）に集めたため。その戦力は、アイオワ級二隻を含む高速戦艦七隻、重巡洋艦四隻、駆逐艦一四隻と強力。ニミッツ提督によれば、戦艦任務群の任務は、巨大戦艦の大和や武蔵を持つ日本海軍戦艦部隊とのイレギュラーな戦闘に備えるためであったという。これら五つの任務群は、すべて輪形陣をつくり、安全操艦のために各群間の距離間隔を二二～二八㎞に開け展開していたという。

ともあれ、マリアナ沖海戦は、攻勢を仕掛けた日本側の母艦機編隊が、TF58の巨大で近代的な防空迎撃態勢により、一方的に撃墜・消耗し敗北してしまう。まず、TF58のレーダーが日本軍編隊を距離二八〇㎞で探知した。直ちに一五隻の空母から四〇〇機とも言われるF6Fの大編隊が飛び立ち、各空母の前方七〇㎞の空に迎撃網を張り、敵より優位な高い高度で待ち伏せて一気に敵編隊を各個に潰してしまったのである。世に言う『マリアナの七面鳥撃ち』だ。日本側は完敗し、空母三隻（大鳳、翔鶴は潜水艦の雷撃）を失う。空母は全滅しなかったが、母艦機等約四〇〇機が撃滅し、もはや空母機動部隊としての能力は喪失していた。一説（Wikipedia）では、日本軍母艦機の大群は、米艦隊上空に到達する前にヘルキャット戦闘機隊によって三五九機が撃墜され、任務群の艦艇の対空火器により撃ち落とされたのは一九機と少なかったともいう。

カミカゼ対策の輪形陣

一九四五年三月から高速空母任務部隊（ＴＦ58）は、オキナワ攻略作戦に投入される。ＴＦ58は、一七隻の空母（母艦機一二三四機）と八隻の高速戦艦を中核とする一〇六隻の大艦隊で、それぞれ三～五隻の空母と強力な護衛艦を持つ空母任務群四つから編制されていた。たとえば第58・4空母任務群（TG58.4）は、エセックス級二隻とインディペンデンス級二隻、アイオワ級高速戦艦三隻、三〇・五cm主砲のアラスカ級大型巡洋艦（満載三・四万トン、対空火器一〇二門）二隻、軽巡洋艦四隻、駆逐艦一七隻、合わせて三〇隻の艦隊であった。まさにニミッツ提督が提唱した理想的な任務群の艦艇構成と言えよう。母艦機については、対地攻撃支援を勘案して、艦上戦闘爆撃機のボートＦ４Ｕコルセアが多数搭載されていた。たとえば第58・3空母任務群のエセックスは、第83航空群の一〇六機を搭載していたが、Ｆ６Ｆ四〇機とともに三六機ものコルセアを搭載していたのである（他にＳＢ２Ｃ一五機、アベンジャー一五機）。

万策尽きた日本軍は、大規模なカミカゼ特攻機による航空反撃をＴＦ58の艦艇に集中する。これに対してＴＦ58は、レーダー誘導する護衛戦闘機隊と、各空母任務群の輪形陣が撃ちだす猛烈な対空火器の弾幕で対抗した。たとえば一九四五年四月に第58・1空母任務群は、四隻の空母をカミカゼから守るため、艦艇四一隻を三つの輪形（Circle）に配置する堅固な輪形陣を組んでいた。中心をなす半径約二kmの第１輪形には、艦隊空母二隻と軽空母二隻および直衛の重巡一隻、計五隻を置く。

さらに一km外側の第2輪形の円周には、高速戦艦五隻と重巡二隻と軽巡五隻、計一二隻をほぼ均等に並べていた。この第2輪形が空母を守るため、最も濃密・苛烈な対空火力が集中されている輪形で、特に最多の対空火器を積むアイオワ級戦艦三隻が前後を固めていた。第2輪形の艦艇が積む対空火器は、なんと合わせて一〇二〇門であった。その内訳は、一二・七cm砲が一八四門（全体の一八％）、四〇mm連装砲が五一〇門（同、五〇％）、二〇㎜機銃が三二六門（同、三二％）で、数の面からも四〇㎜連装砲が主力対空砲と言えた。また三隻のアイオワ級戦艦が全体の四四％の対空火器を搭載していたことが分かる。

さらに一㎞外側の第3輪形の円周には、二〇隻の駆逐艦が警戒幕（Screen）を巡らせていた。そして、輪形陣に迫るカミカゼ特攻機をいち早くレーダー探知するため、輪形陣から九三㎞離れた四隅にもレーダー・ピケット艦の駆逐艦を配置した。任務群配属の駆逐艦は、一六隻のフレッチャー級を主力とする計二四隻で、残る八隻は一二・七㎝連装砲に換装した同級改良型のサムナー級であった。この輪形陣外側に配された駆逐艦が最も大きな損害を被っている。実際、カミカゼ特攻機により撃沈した大型艦は皆無であったが、駆逐艦は一五隻の撃沈を含む九一隻が損傷したという。

ともあれ、日本艦隊は一九四五年四月七日、戦艦大和が高速空母任務部隊ＴＦ58の空襲により撃沈されて壊滅。同年七月からはハルゼー大将率いるＴＦ38の空母と高速戦艦群が、傍若無人に日本本土を襲撃して回った。母艦機と戦艦が無慈悲な機銃掃射と艦砲射撃を中小都市にまで加えたのである。この無差別攻撃は、戦略爆撃で活躍する米陸軍のＢ‐29に手柄を奪われたくない米海軍が、不要にもかかわらず実行したものであった。

【参考資料】

1.Brian Lane Herder,World War II US Fast Carrier Task Force Tactics 1943-45
（Osprey Publishing, 2020）

第4章

戦後誕生の『ミサイル艦&超大型空母』

タロスとターターを搭載した改造型ミサイル巡洋艦シカゴ(写真:U.S.Navy)

空母誕生一〇〇周年

現在、米海軍が保有する一一隻の原子力空母（CVN）を核とする空母機動部隊（現呼称、CSG：空母打撃群）は、海軍のみでなく米国連邦軍にとって、平時・有事を問わず極めて迅速かつ有効な役割を果たすことができる戦略兵器システムである。それは、第二次世界大戦以降の八〇年を超える歴史が十二分に証明している。昨今、既存の対空ミサイルでは迎撃が困難とされる、中国製の対艦弾道ミサイルあるいは極超音速兵器による脅威が、空母の存在価値を脅かしていると も噂されている。しかしながら百戦錬磨の空母機動部隊に比べ、同新型対艦ミサイル類には、歴史的に実戦上の実証が何らもないのが現実だ。

そもそも米海軍の空母第一号は、日本や英国海軍の空母に対抗すべく、石炭艦ジュピターを改造し、全通飛行甲板を載せて建造した空母ラングレー（CV‐1：満載一・三万トン、全長一六五m、速力一五・五ノット）で、一九二二年三月二〇日に就役している。そして空母ラングレーに搭載した母艦機は、複葉艦上戦闘機のボートVE‐7SFで、一八〇馬力エンジンを積み、速度は時速一八八㎞という低速であった。記したいのは、同空母の就役時期である。つまり二〇二二年は米海軍の初代空母ラングレーが誕生してから一〇〇周年目に当たるのだ。

ただ二隻目の空母レキシントン（CV‐2）が就役したのは、五年後の一九二七年と遅い。しかも同空母は軍縮条約に基づく、戦艦からの改造空母であった。空母が米海軍において戦艦から主力艦の座を奪うのは、言うまでもなく真珠湾攻撃後であり、大戦中には大成功した三・三万トン超のエセックス級艦隊正規空母と、一・五万トンのインディペンデンス級艦隊軽空母、約一万トンの護衛空母の三艦種が大量に艦隊に配備され、勝利に大いに貢献した。一九四五年の米海軍空母戦力は、なんと九八隻に達していたのだ。内訳は、正規空母が二〇隻、軽空母が八隻、護衛空母が七〇隻である。しかし同年に大戦が終結すると、翌年から不要な空母の大削減（退役保管や解体）が次に示すように断行されている。

［大戦後の空母戦力の推移］

- ●一九四五年：正規空母二〇隻、軽空母八隻、護衛空母七〇隻、計九八隻
- ●一九四六年：正規空母一四隻、軽空母一隻、護衛空母一〇隻、計二五隻
- ●一九五〇年：正規空母七隻、軽空母四隻、護衛空母四隻、計一五隻
- ●一九五一年：正規空母一四隻、軽空母四隻、護衛空母一〇

隻、計二八隻

●一九五二年：正規空母一六隻、軽空母五隻、護衛空母一二隻、計三三隻

●一九五三年：正規空母一七隻、軽空母五隻、護衛空母一二隻、計三四隻

見てのように大戦後五年で、空母戦力は九八隻から一五隻まで八五％ほど減らされている。また主戦級の正規空母ですらも、二〇隻から七隻に激減。六五％のカットがなされている。軽空母は半減の四隻。護衛空母に至っては七〇隻から一〇隻となる八六％の大削減であった。一九五〇年の正規空母七隻には、大戦時に建造されたエセックス級四隻に加え、戦訓を取り入れ大戦後に完成した三隻の新しいミッドウェー級大型空母が含まれていた。また軽空母四隻の中の二隻も大戦後に完成したサイパン級軽空母（ＣＶＬ‐48）であった。同級は、ボルチモア級重巡洋艦の船体を改造した満載一・九万トンの軽空母で、インディペンデンス級軽空母（クリーブランド級軽巡の改造）の成功を受け建造した代物だ。

一九五〇年代の大変革：ミサイル・ジェット母艦機・超大型空母

大戦後の軍備縮小により、その空母戦力は一九五〇年時に一五隻まで削減されたが、翌五一年には一転して正規空母一四隻を含む二八隻に倍増する。五三年には正規空母一七隻を含む三四隻である。これは朝鮮半島で突如として朝鮮戦争が勃発し、米軍が国連軍主力として参戦したからだ。増加した空母は、当然ながら新造ではない。予備役としてモスボール保管状態であったエセックス級空母等を、大至急に現役復帰させた代物であった。

米海軍は、戦争の初動からまるで大戦中のように、持てる空母任務部隊を半島近海に急遽展開する。洋上から出撃した空母航空群の母艦機は、北朝鮮軍の南侵を迅速な航空攻撃により阻止してしまう。その後も半島を挟み黄海と日本海に設けた空母ステーションから大規模な航空作戦を継続遂行し、北朝鮮軍の半島占領を防ぎ切るのに大きな貢献を見せつけている。海軍が半島に展開した空母は、エセックス級空母一一隻と小型空母六隻の計一七隻であった。なにしろ空母任務部隊が固有する有事即応能力は比類なく秀逸であった。北朝鮮軍の侵攻開始が一九五〇年六月二五日、これに対して招集された米海軍空母任務部隊は、早くも七月三日には敵国の首都ピョンヤンを母艦機編隊により爆撃しているのである。思えば一九四〇年代末、米海軍の空母は、新生米空軍の核爆弾を搭載するコンベアＢ‐36戦略爆撃機等の台頭もあり、もはや莫大な建造・維持費のかかる不要な長物とも見られていた

（一九四九年の超大型空母ユナイテッド・ステーツの建造中止）。しかしながら、この朝鮮戦争での活躍により復権し完全復活を果たす。

結果、一九五一年七月、海軍は、超大型空母（スーパーキャリアー：Supercarrier）と呼ばれた、満載八万トンに達するフォレスタル級一番艦の建造をニューポート・ニューズ造船所に発注する。大戦後に設計に着手した初の新造空母であった。これほど一気に空母の船体サイズが超大型化した最大の理由は、大戦後に実用化されたジェット艦上機を大量に搭載するために他ならない。レシプロ機に比べジェット機は、そもそも機体が大きくて重く、離着艦のための長くて強固な構造の飛行甲板の設置だけでなく、機体整備用の広い格納庫、大量のジェット燃料や予備部品や兵装を貯蔵する専用倉庫を必要とした。

この一九五〇年代は、歴史的に俯瞰した場合、大戦後に実用化できた革新的軍事技術が兵器システムとして一気に結実・開花した時代であった。とりわけ米海軍の主力艦艇・搭載兵装の幅広い技術面での飛躍が顕著と言えたであろう。

［一九五〇年代の海軍兵器大変革］

●ジェット母艦機搭載用の超大型空母
●エンタープライズ級原子力空母
●超音速ジェット艦上戦闘機
●戦闘機用の空対空ミサイル
●艦対空ミサイル搭載の防空護衛艦
●原子力潜水艦（ポラリス型・攻撃型）
●海軍戦術情報システム（ＮＴＤＳ）

原子力推進水上・水中主力艦、超音速ジェット戦闘機、空／艦対空ミサイル、潜水艦発射弾道ミサイル、デジタル・コンピューターを核とする戦闘指揮情報ネットワークなど、大戦期の同系兵器と比べたならば、すべてゲームチェンジャーと呼びうる革命的な次世代兵器ばかりが実用化しているのだ。しかも二〇二〇年代の今も主戦兵器の地位を占めたままである。確かに一九五〇年代は新兵器が百花繚乱する目まぐるしい時代であったが、米海軍において最も重要な兵器システムは、変わらず、超大型空母を中核とする空母任務部隊であった。なぜならば、記した七種類のゲームチェンジャー兵器のすべてを空母任務部隊が主要な構成要素として運用していたからである。

こうして一九五〇年代に誕生した超大型空母を中心とする米海軍の空母は、米ソ冷戦体制の渦中で一九六〇年代に陣容を整えていく。一九六五年のベトナム戦争開始時には、次に示す現役の空母を艦隊に配備していた。

［一九六五年の米海軍空母戦力］

1952年、朝鮮戦争に派遣されたエセックス級空母アンティータムと戦艦ウイスコンシン

●エセックス級（CVS）×一〇隻
●エセックス級×四隻
●ミッドウェー級×三隻
●フォレスタル級×四隻
●エンタープライズ級原子力空母×一隻
●キティ・ホーク級×三隻

見てのように空母勢力は、改装されたいエセックス級対潜空母（CVS）一〇隻を含む六艦種の二五隻である。この約二五隻という空母勢力は、一九六七年まで維持される。その後、老朽化によりエセックス級空母が一気に退役し、一九七五年には一五隻の空母勢力にまで減ってしまう。これは朝鮮戦争直前の一九五〇年時と同じ空母戦力であった。ただミッドウェー級は、後述する既存艦への近代化改装により、ジェット母艦機の空母航空団を運用する能力が付与されており、一九六五年の時点で、空母航空団を搭載可能な大型空母は一一隻の勢力を造成できていた。なおキティ・ホーク級（一九六一年から六八年に四隻が就役）は、フォレスタル級空母の改良・拡大型。エンタープライズ（CVAN-65：一九六一年就役）は、言うまでもなく世界初の原子力空母であり、艦種記号のNは原子力（Nuclear）を表している。米海軍は、この時点で八隻の超大型空母を保有していたのである。

艦名(級名)	ミサイル巡洋艦イングランド (DLG／CG-22:リーヒ級)	ミサイル巡洋艦ウエインライト (DLG／CG-28:ベルナップ級)	超大型空母レンジャー (CVA／CV-61:フォレスタル級)
満載排水量(基準) 全長×最大幅	8200トン(6070トン) 162m×16m	8200トン(6570トン) 167m×17m	8.2万トン(5.7万トン) 319m×76m
速力(出力) 航続距離	34ノット(8.5万馬力) 1.5万km(20ノット)	33ノット(8.5馬力) 1.5万km(14ノット)	34ノット(28万馬力) 1.5万km(20ノット)
兵　装 (主砲／ 対空火器等)	50口径7.6cm連装砲×2 Mk10ミサイル連装発射機×2 (テリアSAM) アスロックSUM8連装発射機×1	54口径12.7cm砲×1 50口径7.6cm砲×2 Mk10ミサイル連装発射機×1 (テリアSAM) 53cm魚雷発射管×2	12.7cm砲×8(当初) シー・スパロー短SAM発射機×3 (後) ファランクスCIWS×3(後)
搭載機	なし	ヘリ×1機(後)	70〜90機
乗　員	400人	492人	3826〜4280人
クラス総建造数	9隻	9隻	4隻

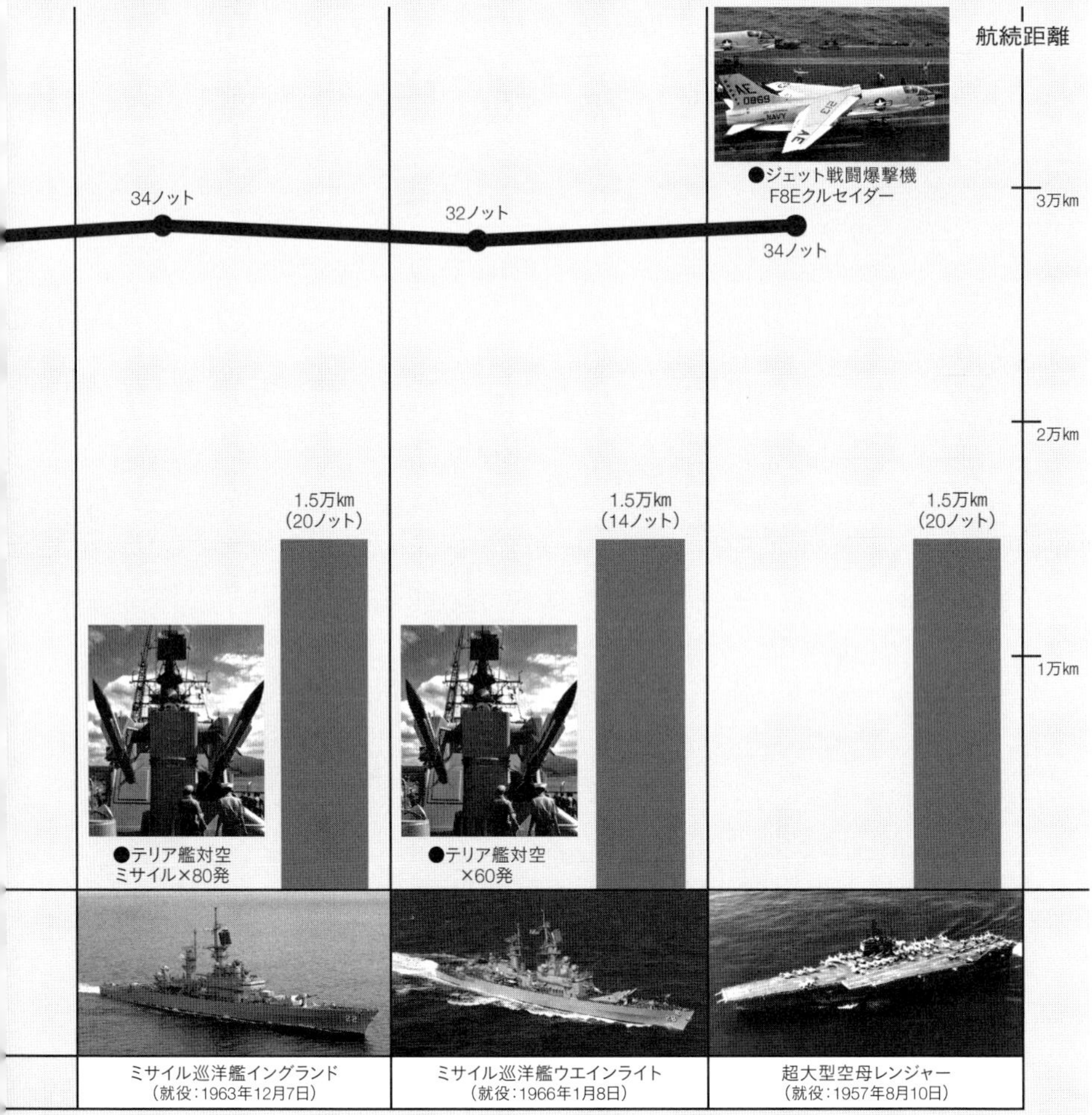

1960年代の任務部隊新型主力艦の艦種別性能比較:機動力と兵装

艦名(級名)	原子力潜水艦パーミット (SSN-594:パーミット級)	ミサイル駆逐艦ローレンス (DD-954/DDG-4:C.F.アダムス級)	ミサイル駆逐艦ルース (DLG-7/DDG-38:ファラガット級)
満載排水量(基準) 全長×最大幅	水中4300トン(水上3800トン) 84.9m×9.7m	4500トン(3277トン) 133.2m×14.3m	5800トン(4700トン) 156.2m×15.9m
速力(出力) 航続距離	水中28ノット(1.5万馬力) 潜航深度400m	33ノット(7万馬力) 8300km(20ノット)	32ノット(8.5万馬力) 9260km(20ノット)
兵　装 (主砲/ 対空火器等)	53cm魚雷発射管×4 (魚雷×23発) ハープーン 対艦ミサイル(後)	54口径12.7cm砲×2 Mk11ミサイル連装発射機×1 (ターターSAM) アスロックSUM8連装発射機×1	54口径12.7cm砲×1 50口径7.6cm連装砲×2 Mk10ミサイル連装発射機×1 (テリアSAM) アスロックSUM8連装発射機×1
搭載機	なし	なし	なし
乗　員	105人	354人	375人
クラス総建造数	14隻	23隻	10隻

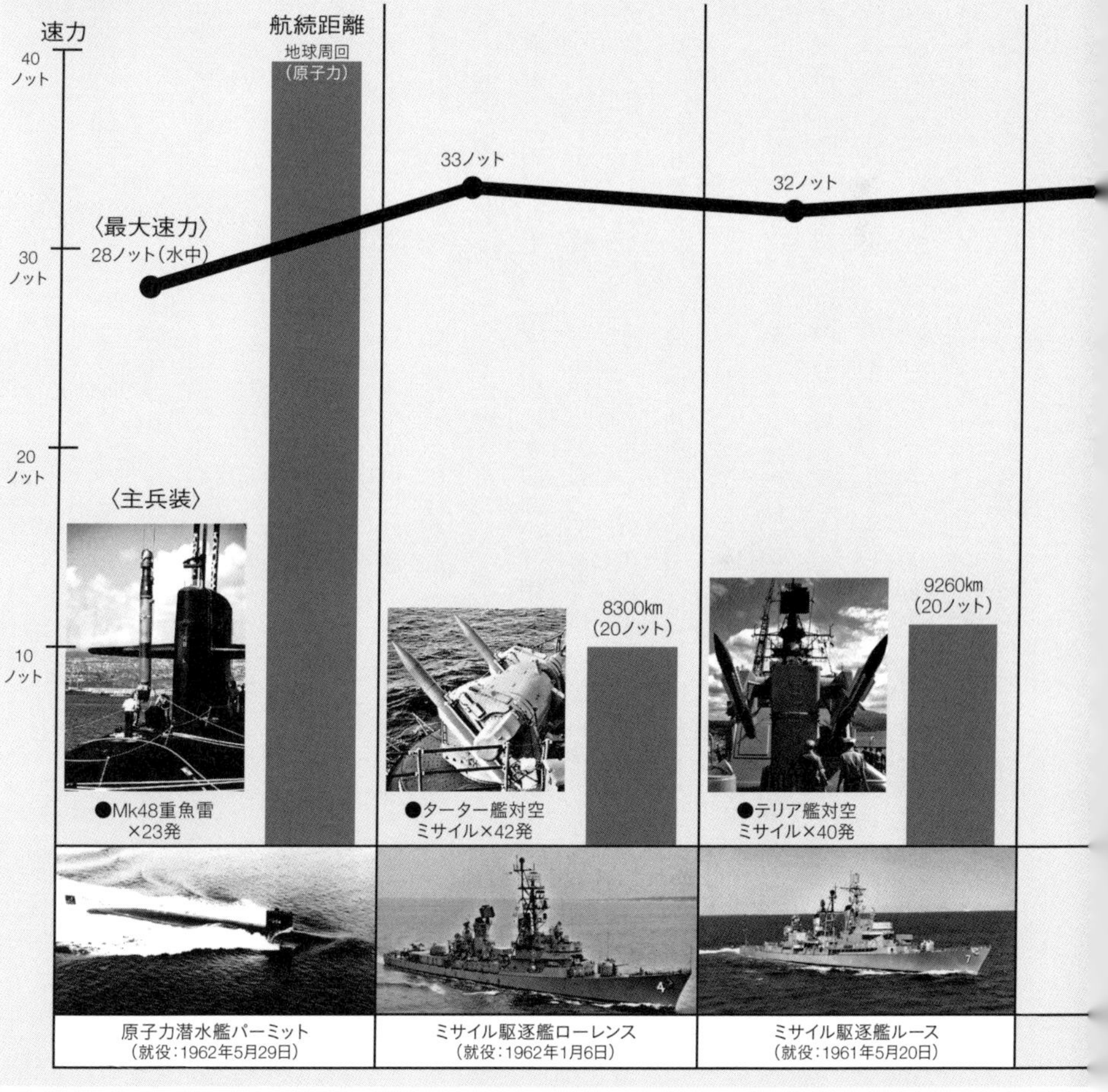

戦中派のミッドウェー級と戦後生まれのフォレスタル級超大型空母

ともあれ、一九五〇年代ゲームチェンジャーの嚆矢となった世界最大の超大型空母フォレスタル（CVA‐59）は、一九五二年七月に起工、二年後の五四年一二月に進水、五五年一〇月に就役する。その完成された船体デザインは、二一世紀の最新鋭原子力空母のフォード級（CVN‐78）と基本、変わらない。ただ海軍にとって戦後初の大型正規空母の建造であったため、英国海軍が予ねて開発していた様々な先進技術を大胆に導入している。その代表的な技術が、斜め飛行甲板（アングルド・デッキ）、蒸気カタパルト、ミラー式光学着艦支援装置の三つ。いずれも空母の狭い飛行甲板でも、大型・高速のジェット艦上機を安全確実に運用するのに不可欠なシステムであった。

大戦期に造られた一部のエセックス級空母（一五隻）やミッドウェー級空母は、飛行甲板が小振りで最新のジェット母艦機の運用が困難であったため、五〇年代以降、これら先進技術に基づく段階的な近代化工事を適宜施している。特に船体の大きなミッドウェー級大型空母は、排水量がエセックス級の一・七倍以上となる大型の空母として計画された。しかし完成は終戦直後にずれ込み、建造数も六隻から三隻に半減している。ミッドウェー（CV‐41）の就役は一九四五年九月、フランクリン・D・ルーズベルト（CV‐42）は同年一〇月、コーラル・シー（CV‐43）は四七年一〇月である。

同級空母の基本デザインは、エセックス級の拡大型で、その特長はカミカゼ対策の教訓から防御力が大いに強化されていた。とりわけ英空母イラストリアス級の高い抗堪性を取り入れ、エセックス級になかった装甲防御が全体に施されていた。水中防御は戦艦並み、船底は二重底、舷側部には二〇cm砲にも耐えられる最大厚一九・三cmの装甲板。なにより爆弾の直撃に耐えるため、飛行甲板には厚さ八・九cmの装甲板、格納庫甲板にも四cmの装甲板が施されていたのだ。

建造時の艦の大きさは、基準排水量四・五万トン、満載六万トン、全長二九五m、最大幅四一・五mという大型空母であった。当初の対空火力は大戦時の運用を想定していたため、一二・七cm砲が一八門、四〇mm連装砲が八四門（四連装二一基）、二〇mm機銃が六八門と強力だ。搭載機数は、小型のレシプロ母艦機であれば最大一四五機ほどで、エセックス級よりも四〇機以上も多い。飛行甲板の大きさは、全長二八三m×幅四〇m。エセックス級の飛行甲板に比べて、全長で一六m、幅で七mほど大きい。

しかし大型のジェット母艦機を運用するため実施された、

一九六六年時の最終改装（SCB-101／66）により、斜め飛行甲板を備えたミッドウェーは、満載六・五万トン、全長二九八m、最大幅七八・八m、航空機用の舷側エレベーター三基（右舷二基、左舷一基）と蒸気カタパルト二基を備えた堂々たる巨艦に変身している。素人目にはフォレスタル級超大型空母と区別できない威容であった。

1962年、地中海を航行する超大型空母フォレスタルとジェット母艦機

さて超大型空母のフォレスタル級は、四隻造られ、一九五五年から五九年にすべて就役した。二番艦サラトガ（CVA-60）の就役は五六年、レンジャー（CVA-61）が五七年、インディペンデンス（CVA-62）が五九年である。なお艦種記号のCVAは、攻撃空母を示す。CVが空母を表し、Aが攻撃（Attack）を表すのだが、この攻撃とは、特に核爆弾を搭載する大型艦上攻撃機の運用能力を保有する空母という意味合いであった。また対潜空母（CVS）のSは対潜水艦戦（Anti-Submarine Warfare）を表し、護衛空母（CVE）のEは護衛（Escort）、軽空母（CVL）のLは軽（Light）を表す。しかし一九七〇年代にすべてのエセックス級対潜空母が退役すると、対潜機飛行隊を攻撃空母が搭載することとなり、攻撃空母（CVA）は、新たに攻撃・対潜任務を兼務するAを外した汎用空母（CV）の艦種記号に変更されている。

フォレスタル級空母の大きさは、三番艦のレンジャーの場合、基準排水量五・七万トン、満載八・二万トン、全長三一九m、幅七六m。主機は蒸気タービンにより、四軸の推進スクリューを回す方式で、出力二八万馬力を発生。速力は三四ノット。航続距離は二〇ノットで一・五万㎞ほど。

自衛用の対空火器は、Mk42五四口径一二・七㎝単装砲を両舷張り出し部に各四門ずつ設け、照準射撃を支援する電測としてSPS-8高角測定用レーダーも備えていた。大戦時空母のようにボフォース四〇㎜連装砲をハリネズミのように積むことはない。理由は、対艦ミサイルを積む高速ジェット機の航空攻撃に対し、機銃や機関砲では有効射程と砲弾威力の両面で対処できないためであった。ただこのあたりの事情は

〈1965年（ベトナム戦争開始時）の米海軍空母戦力：25隻の攻撃／対潜空母〉

●エセックス級対潜空母（CVS）×10隻

●エセックス級攻撃空母（CVA）×4隻

●ミッドウェー級攻撃空母（CVA）×3隻

●フォレスタル級攻撃空母（CVA）×4隻

●エンタープライズ級原子力攻撃空母（CVAN）×1隻

●キティ・ホーク級攻撃空母（CVA）×3隻

◆上空には対潜哨戒機のロッキードP2Vネプチューン，4機編隊が2組のグラマンS2F-1/2トラッカー，母艦機のシコルスキーHSS-1シーバット哨戒ヘリ3機が飛行

■1959年、対潜空母バリー・フォージ（CVS-45）を中心とするソ連潜を狩る対潜水艦部隊のアルファ任務群。潜水艦2隻と護衛駆逐艦（DDE）7隻と航空機部隊から構成されている

1960年代の米海軍空母(攻撃／対潜)戦力と艦隊フォーメーション

◆1966年，二度目のベトナム派遣となったフォレスタル級大型空母3番艦のレンジャー（CVA - 61）。対空射撃用の12.7㎝両用砲がまだ搭載されている。甲板上には第14空母航空団所属のF-4B, A-4, A-1, A-3B, RA-5C, E-2Aが見える

■1966年1月21日, 南シナ海において艦隊陣形を組み航行する第77任務部隊。空母は左からキティ・ホーク（CVA-63），ハンコック（CVA-19），レンジャー（CVA-61），ホーネット（CVS-12）。中央に護衛のオクラホマ・シティ（CLG-5）等のミサイル巡洋艦や駆逐艦が並ぶ

■1970年頃，空母ルーズベルト（CVA-42）を中心とする戦闘群（battle group）。母艦機（CVW-6）はF-4B戦闘機とA-7B軽攻撃機。護衛艦は右舷側前からファラガット級DDG，アダムス級DDG，ノックス級フリゲート。左舷側がディケイター級DDG，アダムス級DDG, シャーマン級DD

発射速度の遅い一二・七㎝砲でも大同小異。そこで一九六〇年末には八門の砲はすべて撤去されている。代わりに導入されたのが、スパロー空対空ミサイルを艦載型に改修転用した、個艦防空用艦対空ミサイルのＲＩＭ－７シー・スパローであった。同ミサイルは、セミアクティブ・レーダー誘導式で、有効射程約一〇㎞、八連装旋回発射機に搭載されていた。後に二〇㎜ファランクスＣＩＷＳ（近接防御火器）も装備される。用途は、対艦ミサイルを最終段階で阻止する手段だ。シー・スパロー発射機とファランクスは各三基搭載されている。

空母にとって最も重要な飛行甲板は、装甲が施された強度甲板で、そのサイズは全長三一〇ｍ×幅七二・二ｍもあった。これは、エセックス級空母の甲板と比べ、全長で四七ｍ、幅で三九・二ｍも大きい。エレベーターは舷側型が四基で、アイランドのある右舷に三基、左舷の斜め飛行甲板の前方に一基設けられていた。着艦制動装置は、Ｍｋ７制動索が六本（後、四本）で艦尾甲板に張られていた。カタパルトは、強力な蒸気カタパルトＣ－７／11を採用。斜め飛行甲板に設けた二基を含めて計四基。このカタパルトによるジェット母艦機の発艦能力は、一分間に連続して八機ほど。一度の航空作戦で発艦できる最大の母艦機戦力は、四基のカタパルトを目いっぱい稼働して四分間に三二機であったという。フォレスタル級が運用する母艦機の事故率は低く、エセックス級やミッドウェー級に比べ半分以下であった。これは広い飛行甲板と設備の合理的な配置による効果が発揮されたためである。

甲板下にある格納庫は、エセックス級のような波をかぶる開放式ではなく、強度甲板の閉囲式を採用。甲板の広さは全長二二五・六ｍ、幅三〇・八ｍ。エセックス級より全長で二七ｍ、幅でも九・八ｍほど長い。フォレスタル級空母の飛行甲板と格納庫は、大型化が進むジェット機を運用するため、大戦時の空母に比べ格段に大型化されていることが分かる。まさに超大型空母である。併せて機体の大きなジェット機が大量に消費するジェット燃料や弾薬類を保管するため、船体内の倉庫スペースも拡張されている。航空燃料搭載量は五八八〇トン、弾薬は一六五〇トンだという。

一九六〇年代に完成したジェット母艦機航空団

一九六〇年代末にフォレスタル級などの超大型空母に搭載した空母航空団は、世界最強の主力ジェット母艦機を揃えていた。典型的な編成では、各一二機のマクドネルＦ－４ＪファントムⅡ戦闘機を持つ戦闘飛行隊が二個、各一四機のボートＡ－７ＥコルセアⅡ軽攻撃機を持つ攻撃飛行隊が二個、一二機のグラマンＡ－６イントルーダー中型攻撃機を持つ攻撃飛行隊、四機のグラマンＥ－２Ａホークアイ早期警戒機を持つ

1960年代にジェット化された空母航空団の主力母艦機（戦闘・攻撃機）

1960年代末の空母航空団主力母艦機

■世界最強の全天候艦上戦闘機であったマクドネルF-4ファントムII（初飛行1958年），最大速度2549km/h（マッハ2.4）

■A-4の後継となる全天候亜音速軽攻撃機ボートA-7コルセアII（初飛行1965年），爆弾搭載量6.8トン

■初の低空侵攻能力を持つ全天候中型艦上攻撃機グラマンA-6イントルーダー（初飛行1960年），爆弾搭載量8.2トン

■艦隊の電子の目となる捜索レーダー搭載の艦上早期警戒機グラマンE-2Aホークアイ（初飛行1960年），最大探知距離370km

■航空作戦を支える大型空中給油機ダグラスKA-3Bスカイウォリアー（初飛行1952年），最大速度1030km/h

マッハ2級にまで発展した主要なジェット母艦機

■世界初の実用ジェット艦上戦闘機のマクドネルFH-1ファントム（初飛行1945年），最大速度771km/h

■米海軍初の成功した量産型ジェット艦上戦闘機グラマンF9Fパンサー（初飛行1947年），最大速度932km/h

■世界初の実用超音速艦上戦闘機ボートF8Uクルセイダー（初飛行1955年），最大速度1974km/h（マッハ1.85）

■小型単発だが重爆並み（4.5トン）の兵装を積む傑作艦上攻撃機ダグラスA-4（A4D）スカイホーク（初飛行1954年），最大速度1083km/h

■マッハ2を誇る超音速大型艦上核攻撃機ノース・アメリカンA-5ビジランテ（初飛行1958年），最大速度2128km/h

早期警戒飛行隊、五機のダグラスKA‐3Bスカイウォリアー空中給油機を持つ偵察重攻撃飛行隊、そして三機のUH‐2C艦載ヘリである。母艦機の総数は七六機ほど。

この空母航空団の顔ぶれの中では、とりわけ当時世界最強の全天候戦闘機と呼ばれた、双発複座のF‐4ファントムⅡ（初飛行一九五八年）の存在が大きい。本機の特長は、大推力の八トン級ターボジェットJ79により、マッハ二・四の超音速スピードを出せるだけでなく、七・二六トンもの爆弾搭載能力を兼備していたこと。これは大戦中の重爆撃機二機分に相当する。最大で五〇〇ポンド爆弾を二四発も搭載できた。空対空戦闘用には電波／赤外線誘導式の空対空ミサイル（スパロー／サイドワインダーのみで固定機関砲はない）八発を搭載可能で、遠方目標を高性能なAPG‐59パルス・ドップラー多機能レーダーで探知・追尾し攻撃できた。しかも空母に搭載するための折り畳み主翼を持つ大重量の戦闘爆撃機であるにもかかわらず、格闘戦能力もそれなりに優れていた。これは発動機のパワーと、優れた機体の空力特性の効用であった。

実際、ベトナム戦争では、海軍のF‐4ファントムⅡは、戦闘爆撃機として大活躍しただけでなく、友軍攻撃編隊をエスコートするとともに、敵のミグ戦闘機三八機（MiG‐21一三機）をミサイルで撃墜している。F‐4は、まさに万能戦闘機であり、米空軍等にも採用され五一九五機が製造、大戦後最大のベストセラー米軍戦闘機となっている。

航空団の打撃力を担うのは、二種類の亜音速・全天候（火器管制レーダー装備）攻撃機である。A‐7は機動性に優れた単発の軽攻撃機だが、軽量を利して六・八トンの爆弾搭載量があった。A‐6は多機能レーダーにより、敵の防空網を突破可能な低空侵攻能力を備えるだけでなく、双発中型攻撃機として八・二トンもの爆弾搭載量を誇っていた。F‐4戦闘機も爆装すれば、爆弾七・二六トンを積む戦闘爆撃機に衣替えできるので、この超大型空母が搭載する空母航空団の作戦機合わせて六四機は、机上の計算だが、最大一度の出撃で爆弾四六三トンを投下できる打撃力を有することになる。ただ、この爆弾量は多いのか少ないのか。ちなみに、一九四四年のマリアナ沖海戦に出撃した第58高速空母任務部隊は、一五隻の艦隊空母に八九一機の母艦機を搭載していたが、仮に全機が一千ポンド爆弾を搭載したとしても爆弾搭載量は四〇〇トンほどである。

言うまでもなく、このような母艦機攻撃力の飛躍の理由は、軽いレシプロ母艦機から重量級のジェット母艦機への発展にある。F6Fヘルキャットのような大戦中の母艦機は、最大重量が七トン級であった。しかしながらF‐4の重量は二六・八トン、A‐6は二七・四トン、A‐3Bに至っては三七・二トンに達する。F6Fの五倍を超えている。これら重量級のジェット母艦機を搭載して狭い甲板から発艦させるため、超大型空母が求められ、同級空母には射出用の特製蒸気カタパルトの導入が不可欠となったのである。

変遷する大戦後の空母任務部隊

記したように大戦後に空母が主力艦として再評価されたのは、朝鮮戦争での活躍に因る。米海軍は、大戦中のように第77任務部隊（TF77）を編成し、半島の沖合に設定した空母ステーションから母艦機編隊を出撃させたのである。ではこの時、どのような艦艇構成の空母任務部隊が編成されていたのであろうか。

一九五二年三月に展開していたTF77は、艦隊空母三隻、重巡洋艦二隻、駆逐艦七隻、計一二隻の構成であった。当時の主力母艦機は、海軍初の量産型ジェット艦上戦闘機グラマンF9Fパンサーと、最後のレシプロ艦上攻撃機ダグラスAD（A-1）スカイレイダーであろう。与えられた航空作戦の任務は、友軍地上軍への近接航空支援、敵の補給線の寸断。味方の補給艦艇に対する上空警護の提供。敵の攻撃（空中・水上・水中）の阻止任務である。

空母はエセックス級のエセックス、アンティータム、バリー・フォージの三隻、重巡洋艦はボルチモア級と同級改良型のオレゴン・シティ級。駆逐艦は、サムナー級三隻と同級改良型のギアリング級四隻。当然ながらすべて大戦中世代の艦艇で占められている。ミサイルを搭載する戦後生まれの艦艇の姿はまだない。

次に米海軍は一九六二年一〇月のキューバ・ミサイル危機（Cuban Missile Crisis）に際し、第135任務部隊（TF135）を派遣する。与えられた任務は、キューバ内の重要目標（地対空ミサイル基地等）に対する航空攻撃、およびグアンタナモ海軍基地の防衛であった。TF135の構成は、空母二隻、護衛の駆逐艦七隻、給油艦（AO）と補給艦（AE）各一隻の計一一隻である。空母は、フォレスタル級のインディペンデンス（CV-62）と、原子力空母エンタープライズ。当時の主力母艦機は、世界初の実用超音速艦上戦闘機のボートF8Uクルセイダーと、傑作のジェット小型艦上攻撃機ダグラスA4D（A-4）スカイホークである。護衛役の駆逐艦は、変わらず大戦期のサムナー級が二隻と、ギアリング級が五隻使われていた。なにしろ両駆逐艦は、合わせて一五四隻も大量生産された艦隊駆逐艦であり、ベトナム戦争にも主力艦として参戦している。

ベトナム戦争の緒戦、一九六五年三月時、米海軍は南シナ海のヤンキー・ステーションに第77任務部隊を展開し、北ベ

〈5隻のミサイル護衛艦が装備した中／長距離防空ミサイル戦力:タータ一とタロス計352発〉

艦対空ミサイル／艦種		アダムス級 DDG	ミッチャー級 DDG	オールバニ級 CG	合　計
	RIM-24Bターター ・射程：30km ・速度：マッハ1.8 ・重量：594kg	124発 （3隻）	40発 （1隻）	84発 （1隻）	248発 （5隻）
	RIM-8Gタロス ・射程：185km ・速度：マッハ2.5 ・重量：3.5トン			104発 （1隻）	104発 （1隻）
合　　計		124発	40発	188発	352発

■S.B.ロバーツ
（DD-823）

■ストロング：サムナー級
（DD-758）

■ハーウッド
（DD-861）

■ルーズベルト搭載の第6空母航空団（CVW-6）：主力母艦機F-4J, A-7B, A-6A等約75機

■ミサイル駆逐艦
ミッチャー（DDG-35）
〈搭載防空ミサイル〉
・ターター中距離SAM×40発

■F.T.ベリー
（DD-858）

■バジロン
（DD-824）

■ラフェイ：サムナー級
（DD-724）

1970年:第6艦隊第60任務部隊(TF60:地中海)が組む空母任務群の艦隊陣形図

〈第60.2空母任務群(TG60.2)の艦艇戦力〉

●攻撃空母×1隻●ミサイル巡洋艦×1隻●ミサイル駆逐艦×4●駆逐艦×12:計18隻

※艦隊防空戦力:ミサイル駆逐艦(DDG)/ミサイル巡洋艦(CG)が計5隻。対潜戦力:駆逐艦(DD)が12隻。なお駆逐艦はギアリング級9隻,サムナー級2隻,シャーマン級1隻の構成であった。

資料:軍事研究1992年7月号別冊『海軍機動部隊』P146の図1「1970年のTG60.2陣形推定」

スエズ運河を通るミサイル駆逐艦タットノール(DDG-19)

■J.P.ケネディⅡ(DD-850)

■ワーリントン(DD-843)

■マリニクス:シャーマン級(DD-944)

■ミサイル駆逐艦
ローレンス(DDG-4)
・ターター中距離SAM×42発

■ミサイル巡洋艦
オールバニ(CG-10)
〈搭載防空ミサイル〉
・ターター中距離SAM×84発
・タロス長距離SAM×104発

■ミサイル駆逐艦
C.F.アダムス(DDG-2)
〈搭載防空ミサイル〉
・ターター中距離SAM×42発

■攻撃空母
F.D.ルーズベルト
(CVA-42)

■ミサイル駆逐艦
R.E.バード(DDG-23)
・ターター中距離SAM×40発

■R.A.オーエンズ(DD-827)

■リアリイ(DD-879)

■W.M.ウッド(DDG-715)

〈改造型のミサイル駆逐艦&ミサイル巡洋艦が搭載する3T艦対空ミサイルの戦力〉

艦級名（改造後）	ディケイター級ミサイル駆逐艦	ミッチャー級ミサイル駆逐艦	ガルベストン級ミサイル巡洋艦	プロビデンス級ミサイル巡洋艦	ボストン級ミサイル巡洋艦	オールバニ級ミサイル巡洋艦
艦級名（建造時）	F・シャーマン級駆逐艦	ミッチャー級駆逐艦	クリーブランド級軽巡洋艦	クリーブランド級軽巡洋艦	ボルチモア級重巡洋艦	ボルチモア級(改)重巡洋艦
改造数:艦番号	4隻:DDG-31〜34	2隻:DDG-35〜36	3隻:CLG-3〜5	3隻:CLG-6〜8	2隻:CAG-1〜2	3隻:CG-10〜12
対空ミサイル名（射程）	RIM-24 ターター（24A:16km）	RIM-24 ターター（24C:32km）	RIM-8タロス（8G:185km）	RIM-2テリア（2B:19km）	RIM-2テリア（2F:75km）	ターター タロス
ミサイル発射機（×数）	Mk13単装型（×1）	Mk13単装型（×1）	Mk7連装型（×1）	Mk9連装型（×1）	Mk4連装型（×2）	Mk11連装型×2（ターター） Mk12連装型×2（タロス）
ミサイル搭載数	40発	40発	46発	120発	72発	84発（ターター） 104発（タロス）

■ボストン級ミサイル巡洋艦キャンベラ（CAG-2）：改造後の1956年に再就役。1957年2月のテリア発射

■ボストン級1番艦のボストン（CAG-1）：後部甲板にテリアのMk4連装発射機を2基搭載する

■プロビデンス級ミサイル巡洋艦のプロビデンス（CLG-6）：1959年に再就役。テリアのMk9連装発射機を搭載

■ガルベストン級ミサイル巡洋艦の2番艦リトル・ロック（CLG-4）：1960年に再就役。Mk7からのタロス発射

■ディケイター級ミサイル駆逐艦のディケイター（DDG-31）：1967年に再就役（DD-936から）。ターターもMk13発射機を搭載

■ミッチャー級ミサイル駆逐艦のジョン・S・マケイン（DD-928/DL-3）：1965年に艦種変更（DDG-36）

大戦型駆逐艦・巡洋艦に対空ミサイルを搭載『1960年代の改造ミサイル防空艦』

1963年，タロスとターターを発射する
オールバニ（CG-10）

■中／長射程の艦隊防空ミサイルを188発も搭載したオールバニ級ミサイル巡洋艦の2番艦シカゴ（CG-11）。ボルチモア級重巡の改造艦である。艦の前後にタロス，艦橋の左右にターター発射機を搭載

改造前の重巡洋艦シカゴ（CA-136:1945年）

改造後のミサイル巡洋艦シカゴ（CG-11:1976年）

トナムを洋上から爆撃した。この時のＴＦ77の構成は、空母四隻、ミサイル巡洋艦二隻、ミサイル駆逐艦一隻、駆逐艦一〇隻、計一七隻の勢力であった。空母は、エセックス級二隻、ミッドウェー級のコーラル・シーとフォレスタル級のレンジャー。当時の主力母艦機は、Ｆ‐４ＢファントムⅡとＡ‐４スカイホークである。

ミサイル巡洋艦は、ボストン級のキャンベラ（ＣＡＧ‐２）と、リーヒ級のイングランド（当時の艦種はフリゲートを示すＤＬＧ‐22、後にＣＧ‐22に変更）。両艦には艦隊全体の防空任務を果たすため一九五〇年代に開発された、射程数十㎞級の新兵器ＲＩＭ‐２テリア艦対空ミサイルが搭載されていた。ミサイル駆逐艦は、ジョセフ・ストラウス（ＤＤＧ‐16）。同艦は、米海軍が初めて艦対空ミサイル搭載艦として設計した、チャールズ・Ｆ・アダムス級の一五番艦で、射程のやや短いＲＩＭ‐24ターター艦対空ミサイルを搭載していた。一〇隻の駆逐艦は、大戦期のフレッチャー級など様々な艦の寄せ集めであった。

一九七〇年、地中海に配備する第６艦隊の第60任務部隊は、強力なミサイル護衛艦に守られた空母任務群（ＴＧ60・２）を編成していた。構成は、空母Ｆ・Ｄ・ルーズベルト、ミサイル巡洋艦オールバニ（ＣＧ‐10）、ミサイル駆逐艦四隻（アダムス級三隻、ミッチャー級一隻）、ギアリング級九隻を主力とする駆逐艦一二隻、計一八隻の勢力。ルーズベルトが搭載した第６空母航空団の主力機は、Ｆ‐４Ｊ戦闘機、Ａ‐７とＡ‐６攻撃機であった。

この第60・２任務群の艦隊陣形推定図によれば、陣形の最大の目的は、空母を航空攻撃から守護すること。この目的を実現するため五隻のミサイル護衛艦は、空母を挟み囲むように配置されている。空母の前方には、ＲＩＭ‐８タロス長射程艦対空ミサイルを一〇四発も積むオールバニ。さらに空母の四周には、ターター装備のミサイル駆逐艦四隻を配置している。厳重な警備だ。五隻が積む艦対空ミサイルの総数は三五二発（ターター二四八発）に達しており、空からの同時攻撃にも対処できるミサイル護衛艦の配備と言えようか。空母とミサイル護衛艦からなる防空主体の陣形の両翼には、各五隻の駆逐艦が縦隊で進む。敵潜水艦の接近を阻止する対潜任務が主な仕事である。終わりに空母を守るミサイル護衛艦について記しておきたい。

ミグを撃墜：３Ｔミサイル護衛艦

米海軍が艦対空ミサイルを開発する契機となったのは、爆弾を抱えて襲い来るカミカゼ対策のためであった。カミカゼは被弾してもそのまま突入するだけでなく、一度に多数が様々な方向から来襲してくるので極めて阻止が困難であったのだ。こうして一九五〇年代末には3Tファミリーと呼ばれる艦対空ミサイルが完成する。テリア（Terrier）、ターター（Tartar）、タロス（Talos）である。

まずテリアは、射程を伸ばす固体燃料ブースターを持つ重量一・四トン、全長八・二mの大型ミサイルで、誘導レーダーの強力な電波ビームの照射波に乗り目標に命中するビームライディング誘導式（Beam-riding homing）を採用していた。射程は当初一九km（速度マッハ一・八）であったが、改良型（RIM-2D）では三七km（マッハ三）に延伸する。ターターは、テリアからブースターを外した小型サイズ（全長四・六m）で、誘導レーダーが照射した目標からの反射波を追尾するセミアクティブ・レーダー誘導式（Semi-active radar homing）である。射程は改良型（RIM-24B）で三〇km（マッハ一・八）ほど。タロスは、ブースターとラムジェットを併用する最も巨大（重量三・五トン、全長九・八m）なタイプで、誘導はビームライディング式。射程は一八五km（マッハ二・五）と長大だ。

初めに実用化した艦対空ミサイルが大型のテリアであったため、搭載艦には船体の大きな既存の重巡洋艦が選ばれ、改造された。続いて新造のミサイル巡洋艦などに搭載されている。最初の改造型のミサイル巡洋艦は、ボルチモア級重巡の後部砲塔を撤去し、テリア用のMk4連装発射機（搭載ミサイル三六発）を二基搭載したボストン級二隻で、一九五一年に着工し五六年には完成している。

最大の改造艦となったのがオールバニ級ミサイル巡洋艦三隻（ボルチモア級、同級改良型の改造）である。同艦は、砲塔をすべて撤去し、船体の前後甲板にそれぞれ一基の長射程タロス用のMk12連装発射機（五二発）と、発射した二発のタロスを同時に管制するための強力なSPG-49誘導レーダー二基を搭載していた。さらに巨大な艦橋構造の左右に、小型のターター用Mk11連装発射機（四二発）とSPG-51誘導レーダーを各一基設置している。なんとオールバニは、長短二種類の艦対空ミサイル一八八発を搭載していたのだ。またクリーブランド級軽巡洋艦も六隻が改造。三隻がテリアを積むプロビデンス級ミサイル巡洋艦となり、タロスを積む三隻がガルベストン級ミサイル巡洋艦として就役した。

次に一九五九年から米海軍初の対空ミサイルを搭載した新造ミサイル艦、リーヒ級ミサイル巡洋艦が九隻建造され、六二年から就役する。任務は空母任務部隊の防空護衛とされ、主砲を外して艦の前後甲板に各一基のテリア用Mk10連装発射機（四〇発）を主兵装として搭載した。これをダブル・エンダー配置と呼ぶ。さらに一九六七年以降の段階的な近代化改修により、テリアはより高性能なスタンダードSM-1／2MR

■1960年代に9隻就役したベルナップ級ミサイル巡洋艦。リーヒ級と違いMk10発射機は前部に1基のシングル・エンダー配置。テリアの搭載数は60発。写真はベルナップ（CG-26）

■ベルナップ級9番艦のビドル（CG-34）

■ベルナップ級6番艦のスタレット（CG-31）

〈テリア艦対空ミサイルのビームライディング誘導図〉

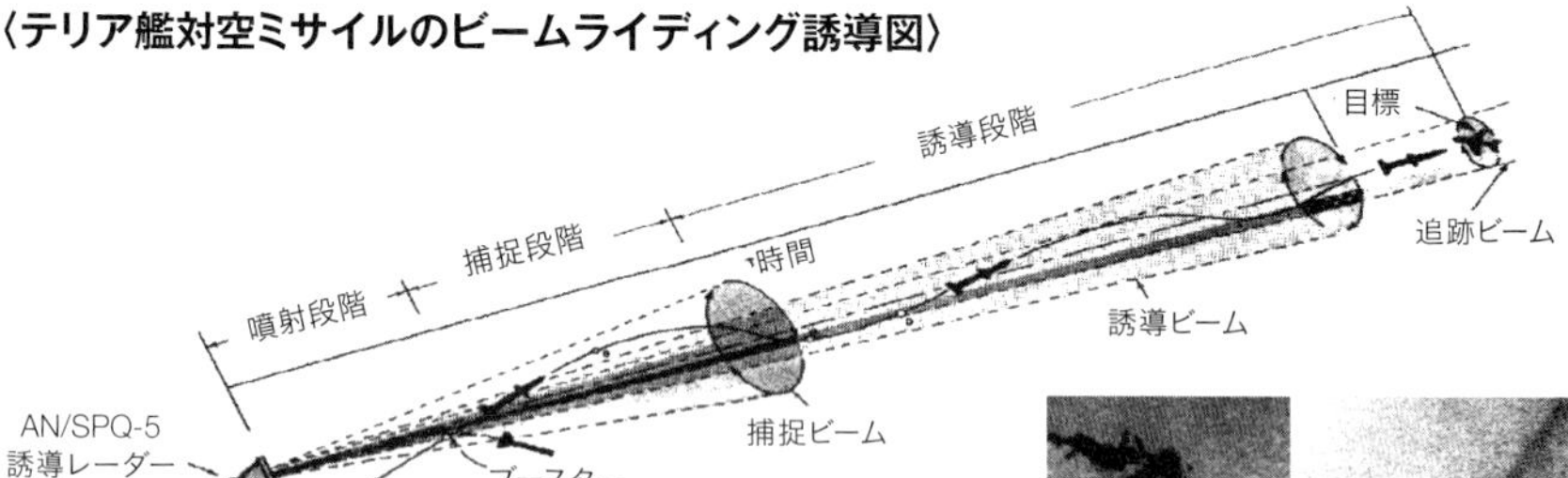

◆ミサイル巡洋艦イングランド（CG-22）のテリア発射

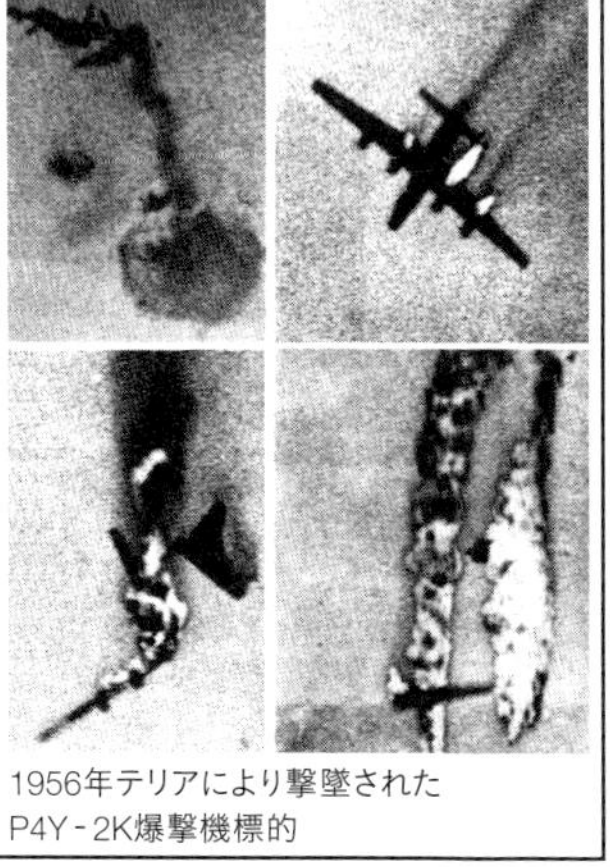

1956年テリアにより撃墜されたP4Y-2K爆撃機標的

米海軍初の新造ミサイル巡洋艦リーヒ級は高速任務部隊護衛艦

◆アスロック対潜ミサイルを発射するリーヒ(1962年)

■1960年代に9隻就役したリーヒ級ミサイル巡洋艦は空母任務部隊の防空任務を果たすため主砲を外し船体の前後甲板にミサイル発射機を搭載するダブル・エンダー配置。写真はリーヒ(CG-16)

●初期型のRIM-2テリア艦対空ミサイル:ビームライディング誘導方式で重量約1トン, 速度マッハ1.8, 射程19km

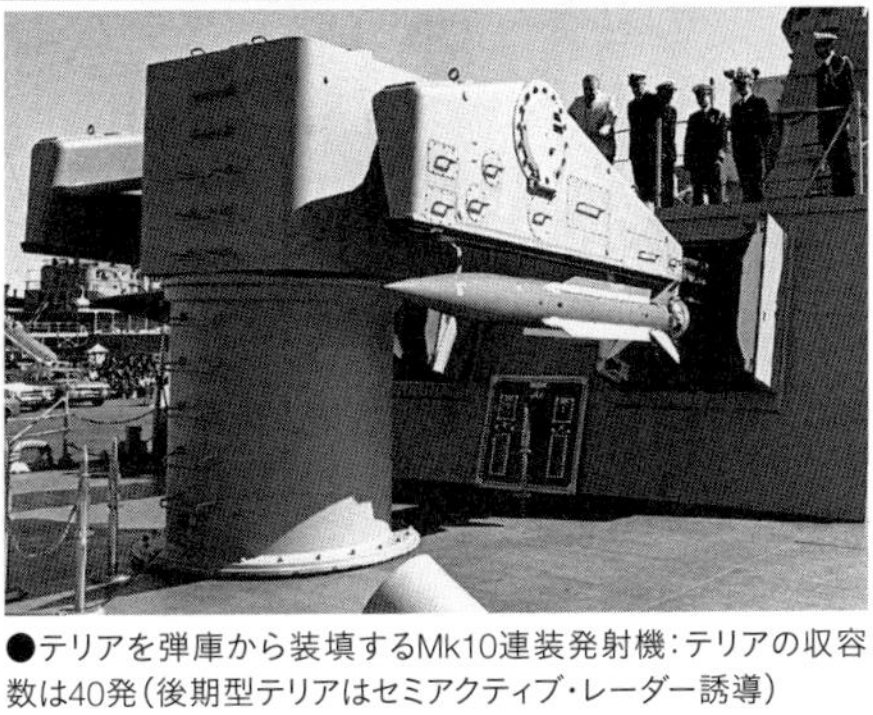

●テリアを弾庫から装填するMk10連装発射機:テリアの収容数は40発(後期型テリアはセミアクティブ・レーダー誘導)

■後部にMk10ミサイル連装発射機（テリア×40発搭載）1基を設置したファラガット級ミサイル駆逐艦のネームシップのファラガット（DDG-37）。同級は1960年代に10隻が就役した

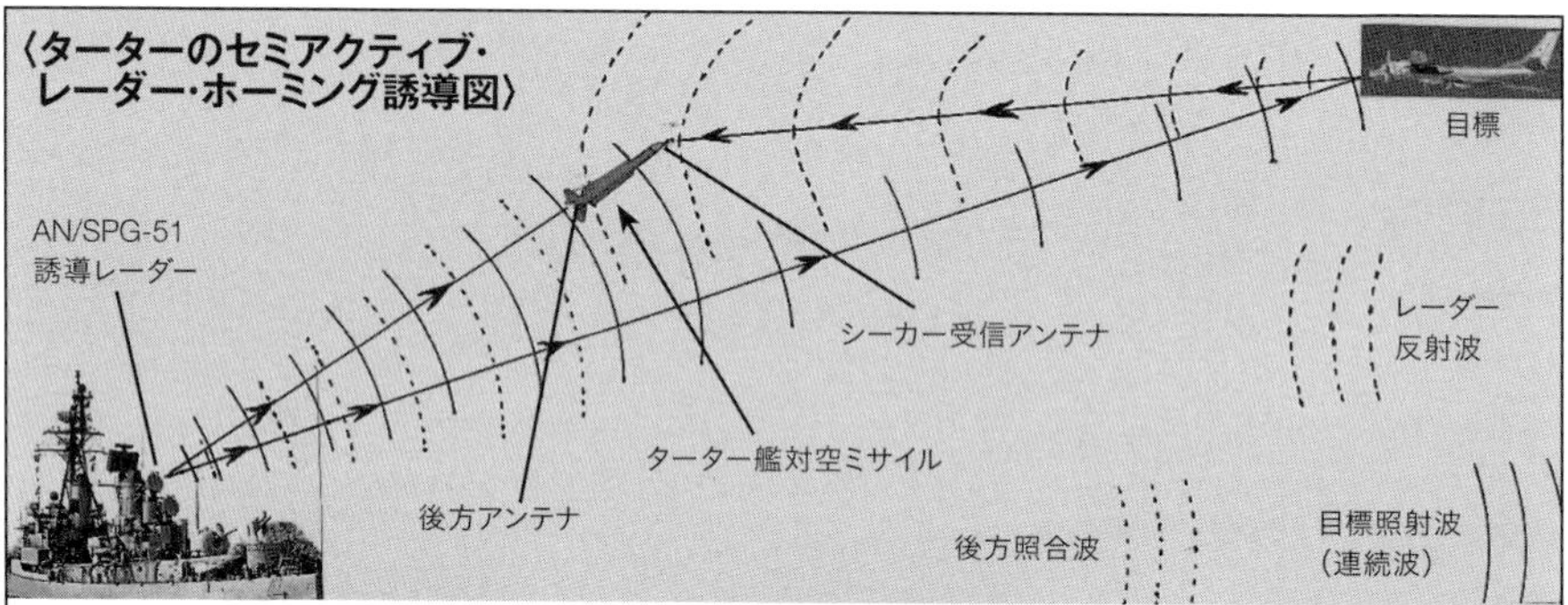

●Mk11ミサイル連装発射機：写真の艦対空ミサイルはターター後継のRIM-66スタンダード・ミサイル（SM-1MR）

●Mk13ミサイル単装発射機：写真はRIM-24ターター艦対空ミサイル

■艦対空ミサイルは米海軍がカミカゼ対策として開発に着手（写真はSAM-N-2ラーク）

■最初のミサイル駆逐艦DDG-1はテリアを試験搭載したギアリング級駆逐艦ジャイアット（DD-712）

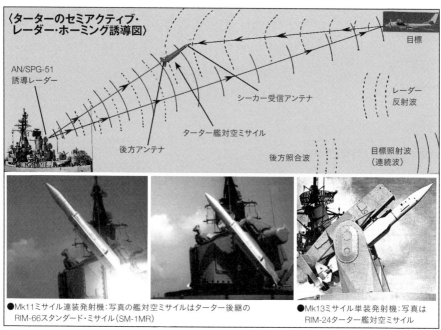

米海軍初の空母直衛防空ミサイル駆逐艦C・F・アダムス級&ターター

■艦隊防空ミサイル・システムのターターを搭載するため設計されたミサイル駆逐艦がチャールズ・F・アダムス級で1960年代に23隻建造された。写真は1968年の15番艦のジョセフ・ストラウス(DDG-16)

●アダムス級(DDG-16)の戦闘情報センター(CIC)

●アダムス級(DDG-23)のCIC内にあるターターSAM誘導管制装置

艦対空ミサイルに換装され、ハープーン艦対艦ミサイルや海軍戦術情報システム等が追加装備されている。なおリーヒ級は、当初、艦種名がミサイル・フリゲート（ミサイル護衛艦：ＤＬＧ）とされていた。フリゲートは大型駆逐艦のことで、実際、船体のサイズは満載八二〇〇トン、全長一六二ｍと大きい。そして、一九七〇年六月に、海軍はリーヒ級以降のミサイル・フリゲートをミサイル巡洋艦（ＣＧ）と呼ぶよう類別変更したのである。

また一九六〇年代にはリーヒ級と同系のベルナップ級ミサイル巡洋艦が九隻建造されている。こちらはシングル・エンダー配置で、前甲板にのみテリアのＭｋ10連装発射機（六〇発）を搭載。後甲板にはＭｋ42一二・七㎝砲が据えられている。

一九六〇年には、チャールズ・Ｆ・アダムス級ミサイル駆逐艦が就役する。同級は、当初から対空ミサイルを搭載するために船体設計された米海軍初の駆逐艦で、六〇年代に二三隻が連続して建造されている。艦後部にターターのＭｋ11連装発射機（四二発）を搭載するだけでなく、Ｍｋ42一二・七㎝砲二門、アスロック発射機（対潜ロケット魚雷）を装備しており、汎用の艦隊駆逐艦としての能力も有した。さらにファラガット級ミサイル駆逐艦が、一九六〇年代に一〇隻建造されている。こちらはアダムス級より大型で、テリアのＭｋ10連装発射機（四〇発）を後部に搭載していた。この他、既存艦を改造したミサイル駆逐艦が六隻ほど造られている。ディケイター級とミッチャー級ミサイル駆逐艦である。両艦には小型のターター用Ｍｋ13単装発射機（四〇発）が搭載されたのである。

このように米海軍は、一九五〇年代から六〇年代にかけてミサイル巡洋艦二九隻と、ミサイル駆逐艦三九隻、合わせて六八隻を艦隊に配備し空母任務部隊の主力防空護衛艦に据えたのである(別に原子力ミサイル巡洋艦三隻が就役)。そして、ベトナム戦争に際し、ベルナップ級ミサイル巡洋艦スタレット（ＣＧ‐31）が長射程のテリアでＭｉＧ‐17ジェット戦闘機を撃墜。巨大なタロスも三機のミグを撃墜、ミサイル護衛艦の真価を実証した。

【参考資料】

1. Major John M.Young,When the Russians Blinked:The U.S.Maritime Response to the Cuban Missile Crisis, U.S.Marine Corps, 1990

第5章

空母戦闘群
『湾岸戦争&トマホーク』

1989年, 空母フォレスタル(CV-59)を中心にイージス巡洋艦等が輪形陣を組んだフォレスタル空母戦闘群(写真:U.S.Navy)

ウクライナと北朝鮮、二正面に展開する原子力空母艦隊

プーチンのロシア軍が、二〇二二年二月二四日、突如、東欧の隣国ウクライナに対して、大量のミサイル攻撃と機甲兵団の地上攻勢により侵攻。『ウクライナ戦争（War in Ukraine）』が勃発した。ウクライナでは、青天の霹靂のように平和な日常が失われた。そして、この絶対的独裁者の蛮行により、同国の主要な都市が大戦末期のドイツや日本の都市を彷彿させるような瓦礫の惨状と化し、幼児を含む多くの非戦闘員が銃撃・砲撃・爆撃により殺された。いっぽう極東では、この大戦以来の大規模侵略という歴史的な悪夢を隠れ蓑にして、独裁国家の北朝鮮が、米国全土を射程圏内とする新型の火星ＩＣＢＭ（大陸間弾道ミサイル）の発射実験を繰り返している。

このような、「ならず者国家」による一連の軍事行動は、改めて、唯一の超軍事大国と呼ばれたアメリカ合衆国の威信の低落を物語っていると思わせた。

とは言え、米国軍は、事態の深刻化と事態の拡大を抑止すべく、同軍の誇る巨大な軍事メカニズムを稼働させている。それは、なにより歴代の米国大統領が有事に一番頼りにした、『実用戦略兵器（Practical Strategic Arms）』。つまり米海軍の原子力空母艦隊であった。実際、戦争勃発間もない三月には、原子力空母艦隊をそれぞれの戦域に展開させていたのだ。

地図を見ればわかるように、ウクライナは、内陸国であるが、同国の南部は黒海に面しており、重要な港湾都市のオデッサがある。大型艦船は、ここからボスポラス海峡を通り、エーゲ海を経て、地中海の中央にあるイオニア海（ギリシャの西側）まで抜けられる。米海軍は、このイオニア海に、同海域を担任する第6艦隊の原子力空母艦隊一個を実動展開していた。これが、ニミッツ級原子力空母のハリー・S・トルーマン（CVN‐75）を中核とする、原子力空母艦隊の第8空母打撃群（CSG‐8）であった。同打撃群は、空母トルーマンを主に敵の厳しい航空攻撃から防護するため、タイコンデロガ級イージス巡洋艦一隻と、アーレイ・バーク級イージス駆逐艦五隻、計六隻の護衛艦からなる鉄壁の艦隊陣形により守られていた。ちなみにトルーマンは、東海岸のノーフォーク軍港から出撃している。

ほかに共同任務のため、ノルウェー海軍フリゲートのフリチョフ・ナンセン（F310）が帯同した。ナンセンは、米製イージス兵器システムを装備したミニ・イージス艦である。また長期行動に備えて艦隊への補給支援を任務とする、ルイス・アンド・クラーク級貨物弾薬補給艦のR・E・ピーリイ

将来発展余裕を盛り込んだ大型船体の駆逐艦『スプルーアンス級』

■1983年，VLSを装備する改修前のファイフで前部にはアスロック発射機が搭載されている

■2002年6月，東太平洋上のスプルーアンス級29番艦のファイフ（DD-991）：1987年の近代化改修により船体前部にMk41VLS（垂直発射機：61セル）を搭載しアスロック発射機を撤去。写真左下は湾岸戦争でのVLSからのトマホーク発射

◆1983年，スプルーアンス（DD-963）の船体をベースとするイージス巡洋艦タイコンデロガ（CG-47）

◆1990年，スプルーアンス級の船体をベースとするキッド級ミサイル駆逐艦の1番艦のキッド（DDG-993）

艦名（級名）	原子力ミサイル巡洋艦バージニア （CGN-38:バージニア級）	イージス巡洋艦バンカー・ヒル （CG-52:タイコンデロガ級）	原子力空母エンタープライズ （CVN-65:エンタープライズ級）
満載排水量（基準） 全長×最大幅	1.17万トン（軽荷8623トン） 179m×19.2m	9763トン（7242トン） 172.5m×16.8m	8.96万トン（7.57万トン） 342m×77.7m
速力（出力） 航続距離	30ノット（6万馬力） 無制限	30ノット＋（8万馬力） 1.1万km（20ノット）	33.6ノット（28万馬力） 無制限
兵　装 （主砲／ 対空火器等）	54口径12.7cm単装砲×2 20mmCIWS×2 Mk26ミサイル連装発射機×2 （SM-2MR SAM, アスロック） ハープーン4連装発射機×2 トマホーク4連装発射機×2	54口径12.7cm単装砲×2 25mm砲×2 20mmCIWS×2 Mk41VLS垂直発射機（61セル）×2 ハープーン4連装発射機×2 SH-60B対潜対潜ヘリ×2	シー・スパロー短SAM発射機×3 ファランクスCIWS×3 搭載機：80〜95機 （F-14, F/A-18C, A-6E, A-7E, E-2C, EA-6B）
乗　員	579人	358人	4900人
クラス総建造数	4隻	27隻	1隻

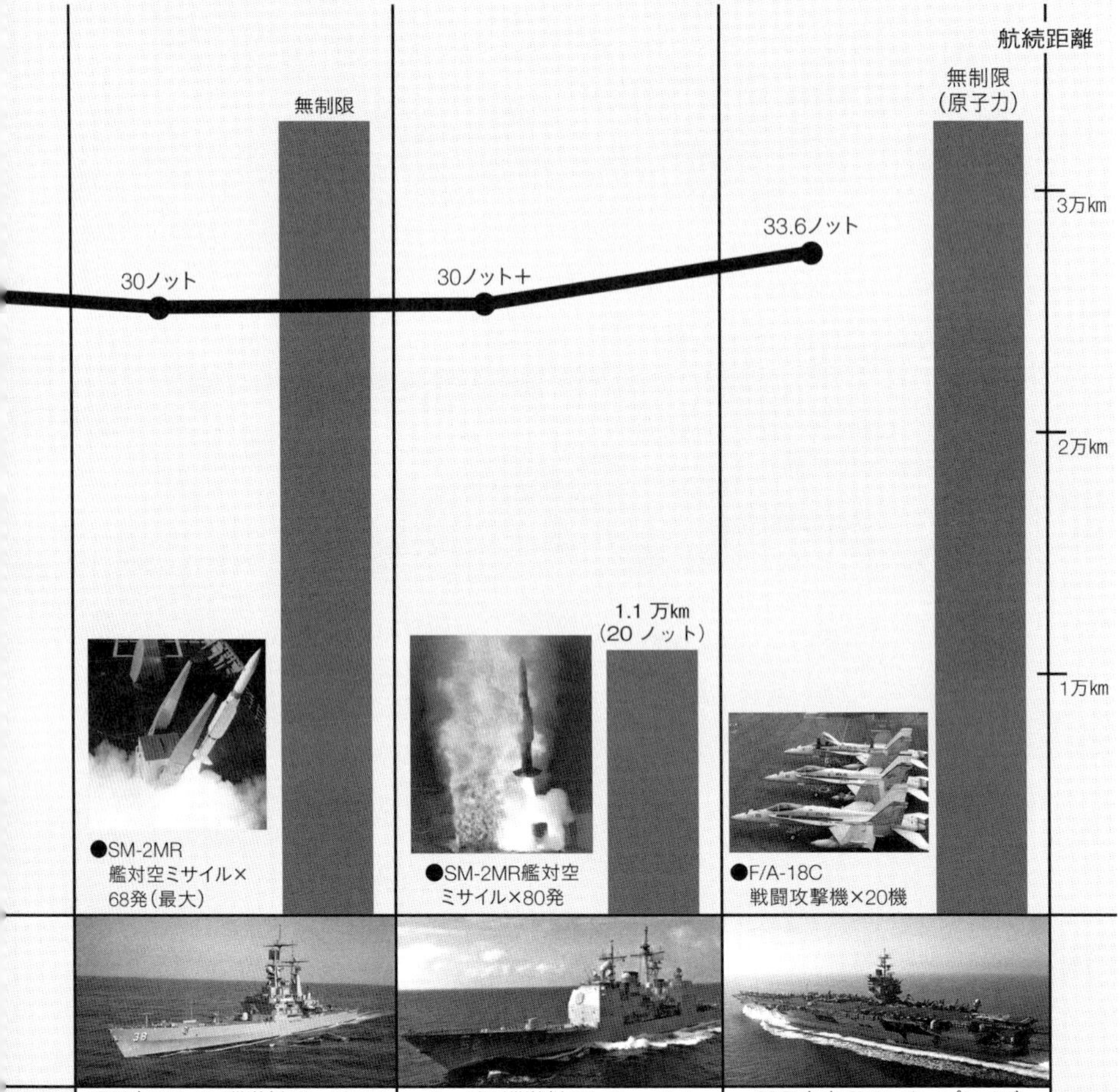

原子力ミサイル巡洋艦バージニア（就役：1976年9月11日）

イージス巡洋艦バンカー・ヒル（就役：1986年9月20日）

原子力空母エンタープライズ（就役：1961年11月25日）

1991年時の空母戦闘群主力艦の艦種別性能比較:機動力と兵装

艦名(級名)	攻撃原潜ルイビル (SSN-724:ロサンゼルス級)	ミサイル・フリゲート:R.M.デイビス (FFG-60:O.H.ペリー級)	駆逐艦ピーターソン (DD-969 :スプルーアンス級)
満載排水量(基準) 全長×最大幅	水中7102トン(水上6255トン) 109.7m×10.1m	4100トン(3225トン) 138m×14.4m	9100トン(軽荷6150トン) 172m×16.8m
速力(出力) 航続距離	水中31ノット(3万馬力) 潜航深度457m	29ノット(4.1万馬力) 8300km(20ノット)	32.5ノット(8万馬力) 1.1万km(20ノット)
兵　装 (主砲/ 対空火器等)	53cm魚雷発射管×4 兵器搭載数×26発 (Mk48魚雷,ハープーン,トマホーク)	7.6cm単装砲×1 25mm機銃×2 20mmCIWS×1 Mk13ミサイル単装発射機×1 (SM-1MR SAM,ハープーン) SH-60B対潜ヘリ×2機	12.7cm単装砲×2 20mmCIWS×2 Mk41VLS垂直発射機(61セル)×1 シー・スパロー短SAM発射機×1 ハープーン4連装発射機×2 SH-60B対潜ヘリ×2
乗　員	133人	215人	334人
クラス総建造数	62隻	51隻	31隻

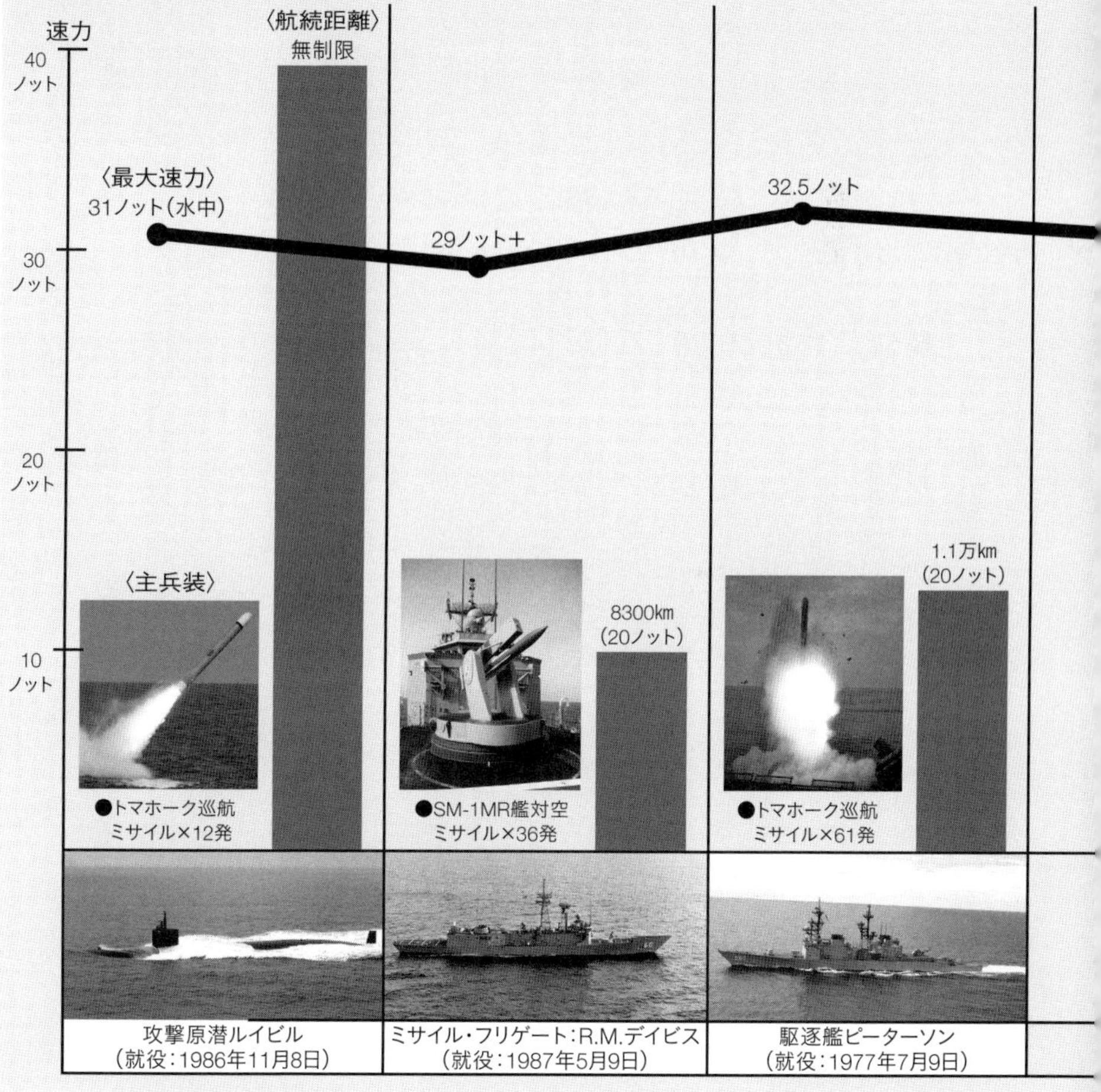

（Ｔ‐ＡＫＥ‐５）、および主に艦艇や母艦機の燃料を補給するサプライ級高速戦闘支援艦のサプライ（Ｔ‐ＡＯＥ‐６）の二隻が随伴していた。空母打撃群の標準編成としては、さらに攻撃原潜二隻が加わり、水中護衛等を隠密に担任していたと推測されるが、当然ながら潜水艦の有無は公表されていない。

おそらくトルーマン空母打撃群は、イオニア海近辺を遊弋しつつ艦載機を飛ばし、ロシア海軍の艦艇や航空部隊の動向を監視していたと思われる。実際、米国防総省によれば、黒海に展開するロシア海軍の艦隊は、オデッサ付近に向けて、侵攻作戦の前触れを思わす艦砲射撃を行っているという。対して空母トルーマンは、地中海において、仏海軍の原子力空母シャルルドゴール（Ｒ91）と艦載機による演習を実施しており、これは明らかにロシア軍に対する圧力作戦と言えよう。

いっぽう朝鮮半島のある極東戦域には、インド太平洋を担任する第7艦隊の原子力空母艦隊一個を実動展開している。派遣されたのは、西海岸サンディエゴを母港とする、ニミッツ級の空母エーブラハム・リンカーン（ＣＶＮ‐72）で、護衛艦五隻と共に第3空母打撃群（ＣＳＧ‐３）を編成していた。護衛艦は、イージス巡洋艦一隻とイージス駆逐艦四隻である。リンカーン空母打撃群は、当初、フィリピン海に展開していたが、北朝鮮の弾道ミサイル連射事案に対処すべく半島西側の黄海まで北上、この海域において搭載する第9空母航空団母艦機による激しい戦術演習を行ない、北朝鮮のＩＣＢＭ発射をけん制する米国の決意を示したのである。本演習では、新たに同航空団に加わった海兵戦闘攻撃飛行隊（ＶＭＦＡ‐３１４）のＦ‐35Ｃステルス艦上戦闘機が、海軍のスーパー・ホーネットと共に空母から出撃するパフォーマンスを示したという。作戦を主導する第7艦隊は、「ＩＣＢＭ発射は国連安保理決議の明らかな違反で、地域と国際社会に脅威を及ぼす」との声明を発出している。

二〇二二年において米海軍が保有する空母は、新型のフォード級が一隻と、ニミッツ級が一〇隻の計二クラス／一一隻である。周知のようにすべて原子力空母である。ただし一一隻すべての空母が出撃できるわけではない。言うまでもなく、各空母には、定期的な整備・修理や乗員たちの休養・訓練が常に必要となるからだ。実際、二〇二二年三月一四日時点において、作戦運用可能な空母は、次に示すように五隻ほどであり、二隻が作戦中、三隻が待機状態にあった。保有数の半分以下という有り様なのである。

［作戦可能な空母の配置］

●空母ロナルド・レーガン（ＣＶＮ‐76）と、その護衛艦が第5空母打撃群（ＣＳＧ‐５）を編成し、日本の横須賀に前方展開

●空母リンカーンの第3空母打撃群が極東アジアの黄海に任務展開
●空母トルーマンの第8空母打撃群が地中海のイオニア海に任務展開
●空母ジョージ・H・W・ブッシュ（CVN‐77）が東海岸ノーフォークに停泊
●空母ニミッツ（CVN‐68）が西海岸サンディエゴに停泊

派遣社員の空母任務部隊から正社員の空母戦闘群に

以上のように米国は、今も、米海軍が九個ほど現用する空母打撃群を、一番柔軟かつ即用可能な『実用戦略兵器』として、地球規模で作戦運用し続けていると言えよう。

ともあれ、この空母打撃群（CSG：Carrier Strike Group）は、空母一隻とその護衛艦少なくとも五隻以上から構成される空母機動部隊である。ただ、米海軍が空母打撃群という呼称を使い始めたのは、二〇〇四年一〇月からで、それ以前は空母戦闘群（CVBG：Carrier Battle Group）と呼称していた。さらに以前は、周知のように大戦中に創設した空母艦隊を空母任務部隊（CTF：Carrier Task Force）と呼んだのであった。空母任務部隊は、そもそも基本的に事態対処ごとに空母や護衛艦を招集し、臨時編成するという形態を長らくとっていた。代表例が朝鮮戦争やベトナム戦争において海軍が派遣した第77任務部隊（TF77）である。いずれも複数の空母を護衛艦と共に応急派遣し、空母任務部隊を作戦海域で臨時編成していた。編成は恒久的なものでなかった。

しかしながら冷戦末期の一九八〇年代に入ると世界的な紛争（八〇年のイラン・イラク戦争、八二年のフォークランド紛争およびレバノン戦争の勃発）が頻発する。この事態に迅速かつ効果的に対処するため、米海軍は、臨時編成式の空母任務部隊を改編し、空母と随伴する護衛艦の組み合わせを常設化した空母戦闘群を新たに編成した。言わば派遣社員扱いの空母任務部隊から、正社員待遇の空母戦闘群に一新されたと言うことだ。空母戦闘群は、最小の基本作戦単位となり、ほぼ現役空母の数だけ編成されている。

そして、空母戦闘群の最大の役割として、「制海（Control of the Sea）」と「陸地への戦力投射（Power Projection：Land-Attack）」を改めて設定している。とりわけ後者の「陸地への戦力投射」は、事実上、空母戦闘群の最大かつ唯一の作戦運用であった。洋上には大戦中の日本海軍空母機動部隊のような脅威を感ずる敵艦隊がほぼ存在せず、機動的な海戦発生の可能性が極めて低かったからだ。

■湾岸戦争時（1991年2月）のバトルフォース・ヤンキー（TF155）：左には空母サラトガ（CV-60），上下にゲーツとサン・ジャシント。中央には空母ケネディ，その上にミシシッピと空母アメリカ。右には下からプラット，ノルマンディー，フィリピン・シー，プレブルが見える

◆1991年，紅海を航行するTF155の空母J・F・ケネディ（CV-67）と空母サラトガ（CV-60）。空母アメリカは1991年2月7日に紅海からペルシア湾に移動し始める

[紅海展開のバトルフォース・ヤンキー（TF155）の艦隊編成・実績]

ケネディ空母戦闘群（8隻）	サラトガ空母戦闘群（7隻）	アメリカ空母戦闘群（8隻）
■キティ・ホーク級空母×1 J・F・ケネディ（CV-67） ■原子力ミサイル巡洋艦×1 ミシシッピ（CGN-40） ■イージス巡洋艦×2 トーマス・S・ゲーツ（CG-51） サン・ジャシント（CG-56） ■スプルーアンス級駆逐艦×1 ムースブラッガー（DD-980） ■ペリー級ミサイル・フリゲート×1 サミュエル・B・ロバーツ（FFG-58） ■サクラメント級高速戦闘支援艦×1 シアトル（AOE-3） ■マーズ級戦闘補給艦×1 シルバニア（AFS-2）	■フォレスタル級空母×1 サラトガ（CV-60） ■ベルナップ級ミサイル巡洋艦×1 ビドル（CG-34） ■イージス巡洋艦×1 フィリピン・シー（CG-58） ■アダムス級ミサイル駆逐艦×1 サンプソン（DDG-10） ■スプルーアンス級駆逐艦×1 スプルーアンス（DD-963） ■ノックス級フリゲート×2 エルマー・モントゴメリー（FF-1082） トーマス・C・ハート（FF-1092）	■キティ・ホーク級空母×1 アメリカ（CV-66） ■原子力ミサイル巡洋艦×1 バージニア（CGN-38） ■イージス巡洋艦×1 ノルマンディー（CG-60） ■ファラガット級ミサイル駆逐艦×2 ウイリアム・V・プラット（DDG-44） プレブル（DDG-46） ■ペリー級ミサイル・フリゲート×1 ハリバートン（FFG-40） ■ウイチタ級補給給油艦×1 カラマズー（AOR-6） ■キラウエア級補給艦×1 サンタ・バーバラ（AE-28）
〈湾岸戦争の実績〉 ・第3空母航空団（CVW-3） ・母艦機：83機 ・出撃回数：約2900回 ・爆弾類投下量：1590トン	〈湾岸戦争の実績〉 ・第17空母航空団（CVW-17） ・母艦機：78機 ・出撃回数：約2600回 ・爆弾類投下量：1950トン	〈湾岸戦争の実績〉 ・第1空母航空団（CVW-1） ・母艦機：79機 ・出撃回数：約3000回 ・爆弾類投下量：1810トン

空母戦闘群6個が集結した湾岸戦争の米海軍バトルフォース（47隻）

■湾岸戦争時（1991年2月）のペルシア湾展開のバトルフォース・ズールー（TF154）：左には空母ミッドウェー（CV-41）とレンジャー（CV-61）。右には空母ルーズベルト（CVN-71）とアメリカ（CV-66）が並ぶ。護衛艦はイージス巡洋艦。右下はルーズベルト所属のF/A-18AとA-6E

［ペルシア湾展開のバトルフォース・ズールー（TF154）の艦隊編成・実績］

ルーズベルト空母戦闘群（9隻）	ミッドウェー空母戦闘群（7隻）	レンジャー空母戦闘群（8隻）
■ニミッツ級原子力空母×1 セオドア・ルーズベルト（CVN-71） ■イージス巡洋艦×1 レイテ・ガルフ（CG-55） ■リーヒ級ミサイル巡洋艦×1 リッチモンド・K・ターナー（CG-20） ■スプルーアンス級駆逐艦×1 カロン（DD-970） ■ペリー級ミサイル・フリゲート×1 ハウズ（FFG-53） ■ノックス級フリゲート×1 ブリーランド（FF-1068） ■マーズ級戦闘補給艦×1 サン・ディエゴ（AFS-6） ■シマロン級給油艦×1 プラット（AO-186） ■スリバチ級補給艦 ニトロ（AE-23）	■ミッドウェー級空母×1 ミッドウェー（CV-41） ■イージス巡洋艦×2 バンカー・ヒル（CG-52） モービル・ベイ（CG-53） ■スプルーアンス級駆逐艦×2 ヒューイット（DD-966） オルデンドルフ（DD-972） ■ペリー級ミサイル・フリゲート×2 カーツ（FFG-38） ロドニイ・M・デイビス（FFG-60）	■フォレスタル級空母×1 レンジャー（CV-61） ■イージス巡洋艦×2 バリー・フォージ（CG-50） プリンストン（CG-59） ■スプルーアンス級駆逐艦×2 ポール・F・フォスター（DD-964） ハリー・W・ヒル（DD-986） ■ノックス級フリゲート×1 フランシス・ハモンド（FF-1067） ■ウイチタ級補給給油艦×1 カンザス・シティ（AOR-3） ■キラウエア級補給艦×1 シャスタ（AE-33）
〈湾岸戦争の実績〉 ・第8空母航空団（CVW-8） ・母艦機：83機 ・出撃回数：約4000回 ・爆弾類投下量：2040トン	〈湾岸戦争の実績〉 ・第5空母航空団（CVW-5） ・母艦機：62機 ・出撃回数：約4000回 ・爆弾類投下量：1360トン	〈湾岸戦争の実績〉 ・第2空母航空団（CVW-2） ・母艦機：68機 ・出撃回数：約4000回 ・爆弾類投下量：1920トン

「陸地への戦力投射」は、至極わかりやすい仕事であった。具体的には、ベトナム戦争において空母任務部隊が沖合のヤンキー・ステーションから北ベトナムの敵地上部隊を優勢な母艦機編隊により爆撃した航空作戦や、アイオワ級戦艦が沿岸に近づき一六インチ主砲により艦砲射撃した火力支援任務行動のことである。ただベトナム戦争時と決定的に異なる点が一つあった。それは、技術革新により新たな「陸地への戦力投射」手段として、一九八六年から実戦配備された、陸地攻撃用のBGM‐109トマホーク巡航ミサイル（ブロックⅡ）が加わったことが挙げられよう。なにしろこのトマホーク巡航ミサイルは、攻撃原潜を含む護衛艦に多数発搭載され、任意の戦略目標を一二五〇km以上遠方からピンポイント攻撃し破壊できたからである。攻撃可能な範囲は、有人の母艦機編隊より二倍近く大きく、なによりも搭乗員を失うリスクが皆無であった。

六個の空母戦闘群が集結した湾岸戦争

空母戦闘群の備える「陸地への戦力投射」能力が遺憾なく発揮されたのが、一九九一年一月一七日に開始された湾岸戦争の『砂漠の嵐作戦』であった。このハイテク戦争とも形容された軍事作戦は、クウェートに侵攻したイラク軍を駆逐するため、米軍を主体とする多国籍軍が実行した武力行使である。ちなみに同年に米海軍が保有した空母は、次に示す五クラス／一五隻であった。

［一九九一年時の空母戦力：一五隻］

- ●エンタープライズ級原子力空母×一隻
- ●ニミッツ級原子力空母　×五隻
- ●フォレスタル級空母　×四隻
- ●キティ・ホーク級空母　×四隻
- ●ミッドウェー級空母　×一隻

記したように空母戦力は一五隻なのだが、キティ・ホーク級のコンステレーション（CV‐64）は、長期間の延命工事（SLEP）中で稼動不能状態にあり、他にも二隻の空母が改修工事中であったという。つまり当時、作戦可能な空母戦力は、一五隻ではなく一二隻ということになる。また搭載する空母航空団は教育担任を含めて一三個編成されていたので、即応は無理でも、時間をかければ最大で一二個の空母戦闘群の編成が可能な陣容と言えようか。実際、開戦時に湾岸戦域に展開した空母戦闘群は、現用空母の半数に当たる六個であった。

指揮を執る中央軍海軍部隊（TF150）は、この大艦隊（空母六隻を含む四七隻）を戦域の東西に位置するペルシア湾側と紅海側に二分する。ペルシア湾側には、第154任務部

空母の防空任務が可能な万能型ミサイル･フリゲート『O.H.ペリー級』

◆1987年5月17日, イラク軍機から発射されたエグゾセ対艦ミサイル2発が命中し大破した同級のスターク（FFG-31）

●ペリー級のCIC戦闘情報センター（FFG-57）

■1984年に就役したペリー級41番艦のゲアリイ（FFG-51）：全長138mの船体に対空用のスタンダードSAM発射機, 対空･対地両用の76㎜砲, 対艦攻撃用のハープーンSSM, 対潜攻撃用のSH-60B対潜ヘリ×2機を搭載している

●Mk13ミサイル単装発射機：SM-1MR対空ミサイル（射程46㎞）×36発とハープーン対艦ミサイル（140㎞）×4発搭載

●イタリアＯＭ製62口径76㎜砲Mk75：発射速度65発／分, 最大射程18㎞

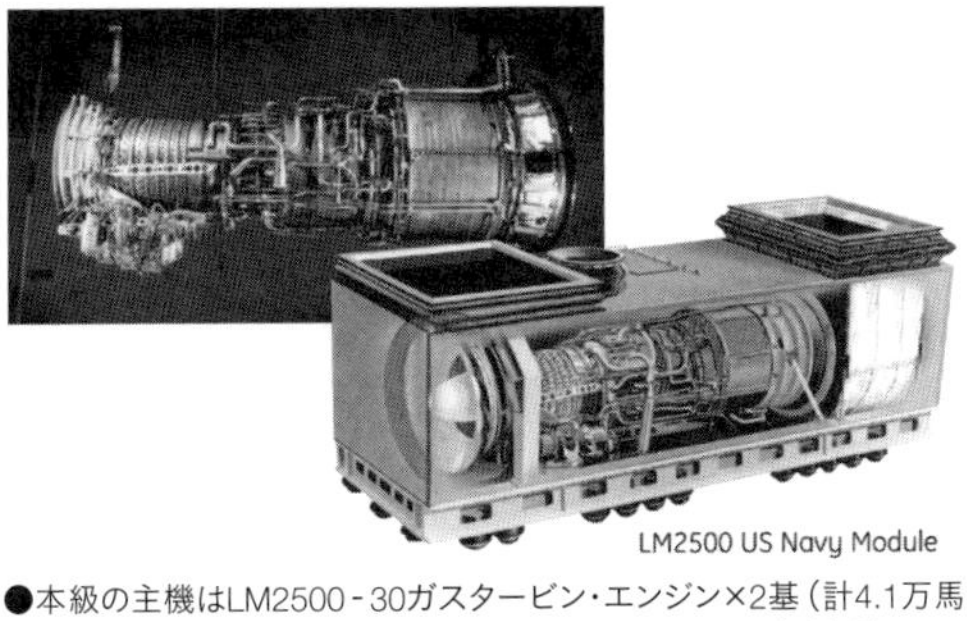

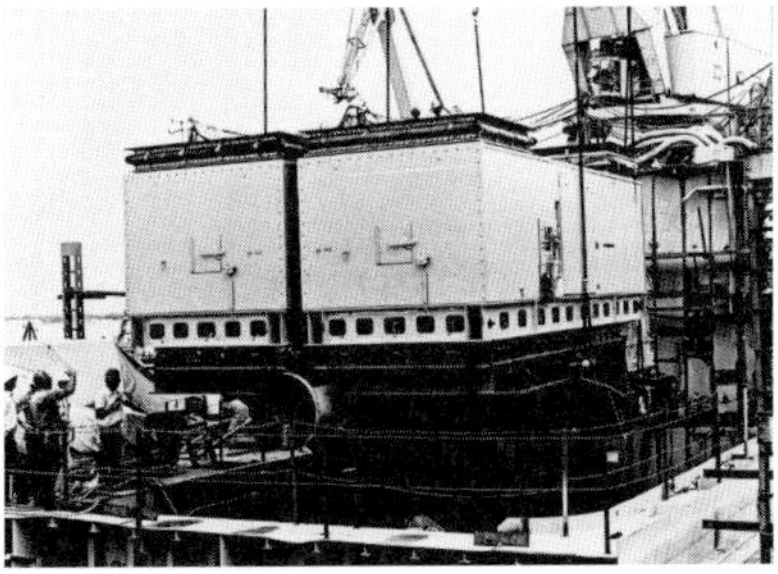

●本級の主機はLM2500-30ガスタービン･エンジン×2基（計4.1万馬力）：緊急時には30ノットのスピードを発揮。写真右はイージス巡洋艦（CG-52）に搭載されたLM2500モジュール（2基分）

[輪形陣を組む空母戦闘群の対空ミサイルによる広域防空圏:空母から半径270㎞]

▲空母戦闘群の外周防空圏を広域レーダー探知能力で支えたE-2Cホークアイ早期警戒機(AEW)

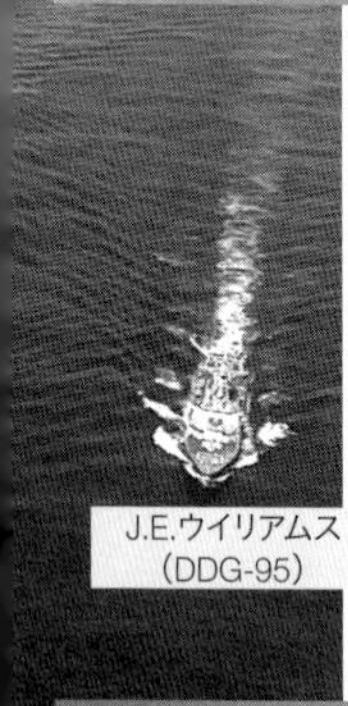

▼AEWの支援により艦隊防空任務(戦闘空中哨戒:CAP)を遂行したF-14トムキャット編隊

1991年, CAPを実施する空母ケネディのF-14(VF-32)

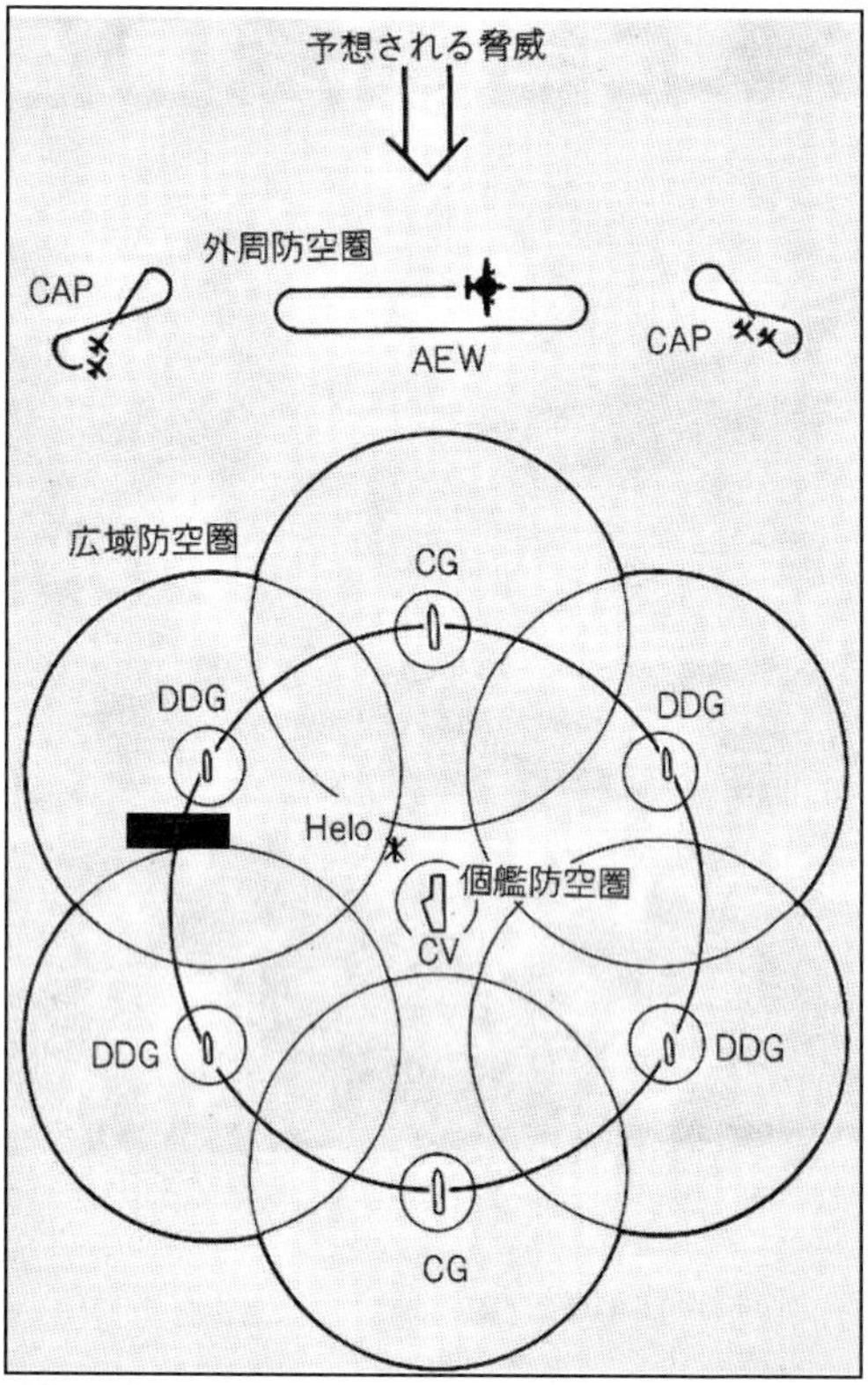

※資料:軍事研究1993年6月号別冊「イージス艦こんごう」

〈空母戦闘群のデータリンク:
海軍戦術データシステム(NTDS)〉

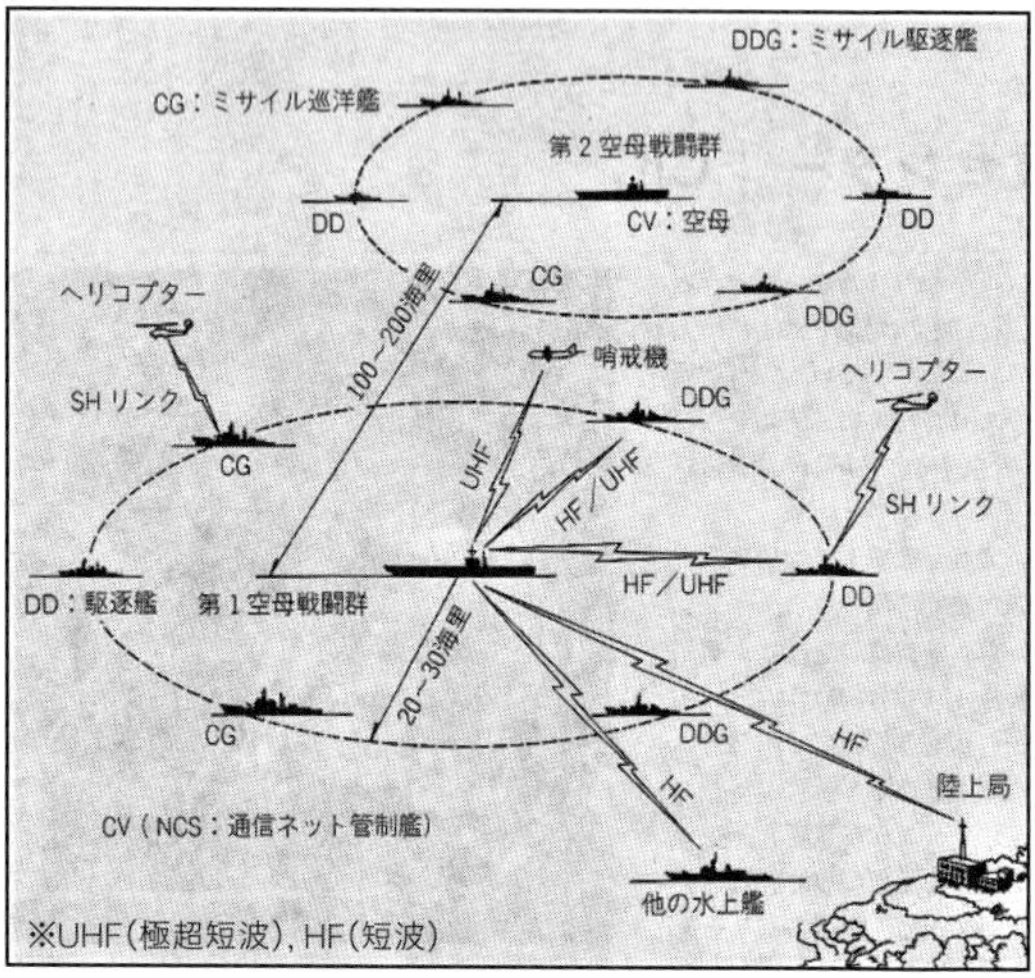

※UHF(極超短波), HF(短波)

空母戦闘群（CVBG）の輪形陣：広域防空圏&データリンク図

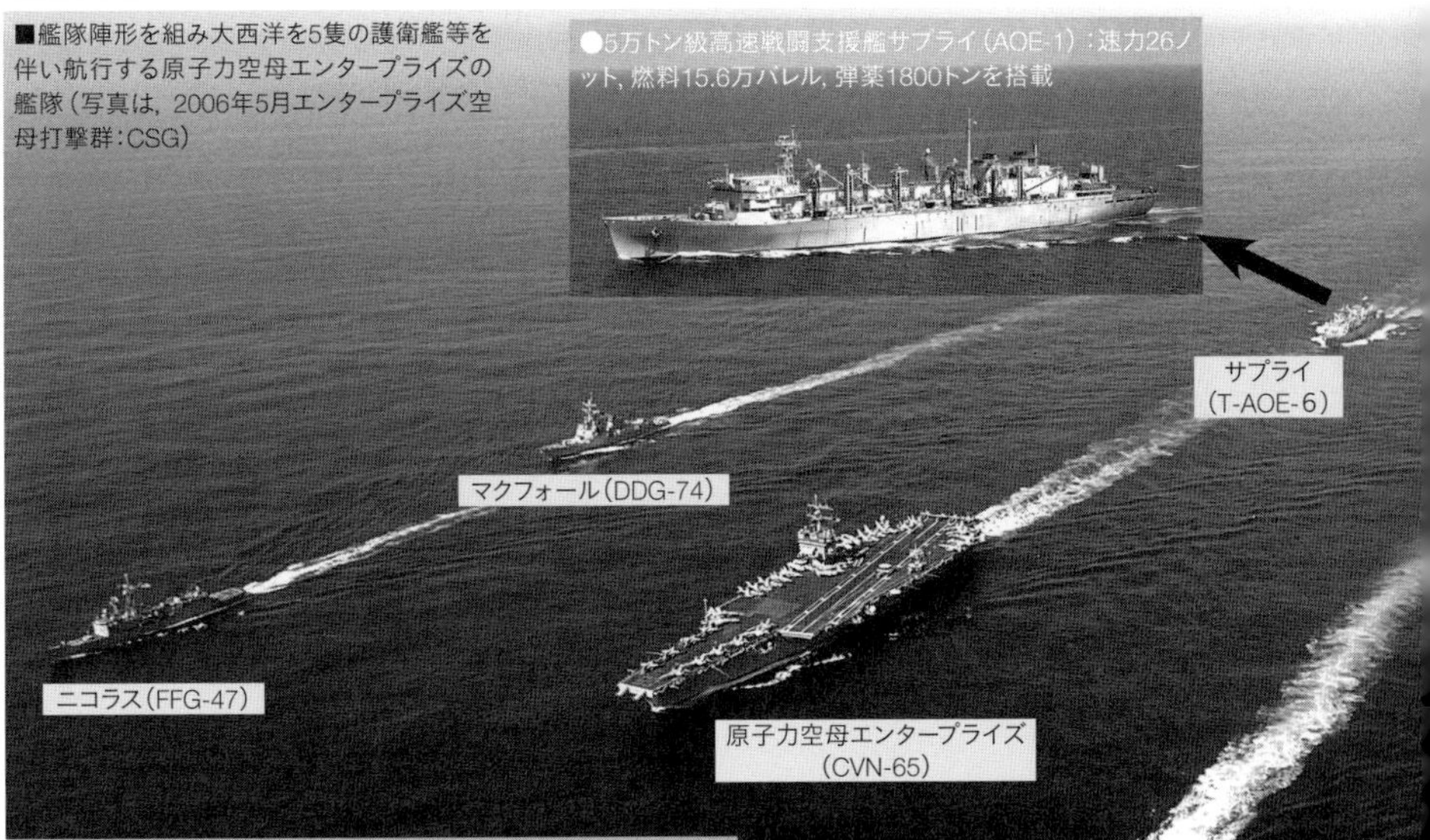

■艦隊陣形を組み大西洋を5隻の護衛艦等を伴い航行する原子力空母エンタープライズの艦隊（写真は，2006年5月エンタープライズ空母打撃群：CSG）

●5万トン級高速戦闘支援艦サプライ（AOE-1）：速力26ノット，燃料15.6万バレル，弾薬1800トンを搭載

●1990年代の空母航空団の主力戦闘機はF/A-18ホーネット戦闘攻撃機とF-14トムキャット戦闘機（写真：2003年エンタープライズ）

■1987年12月，インド洋を航行する空母ミッドウェーを中心に報道用展示のための輪形陣を組んだアルファ戦闘群（Battle Group Alpha）

隊（ＴＦ１５４）、別称バトルフォース・ズールー（Battle Force Zulu）を配置した。バトルフォース・ズールー、意訳して「ズールー戦闘軍」と呼称した理由は、三個もの空母戦闘群を集結させた大規模空母艦隊であったからだ。ルーズベルト（九隻の艦隊）、ミッドウェー（七隻）、レンジャー（八隻）の各空母を中核とする空母戦闘群である。また紅海側には、第１５５任務部隊（ＴＦ１５５）、バトルフォース・ヤンキー（Battle Force Yankee）を配置している。こちらもケネディ（八隻の艦隊）、サラトガ（七隻）、アメリカ（八隻）という三隻の空母からなる三個空母戦闘群の戦力であった。

このように派遣された六隻の空母の顔ぶれを眺めるならば、五隻が通常動力空母が占め、原子力空母はニミッツ級のルーズベルト一隻と少なかった。当時、海軍は、六隻の原子力空母を保有していたのだが、運悪く運用ローテーションの都合からこの顔ぶれとなったのである。もちろん大型の通常動力空母と原子力空母には、同一規模の空母航空団をそれぞれ搭載しており、その戦力にほぼ違いはなかった。ルーズベルトとケネディが積む航空団の母艦機数は、共に八三機である（やや小型の空母ミッドウェーの母艦機は六二機）。

ここで六個集結した空母戦闘群の艦艇構成を眺めてみたい。護衛艦の防空中枢艦となるミサイル巡洋艦は、各空母戦闘群に二隻から三隻が配備されている。注目されるのは、最強の最新防空艦のイージス巡洋艦が、少なくとも一隻以上配備されていたこと。三個戦闘群には二隻の配備であった。同艦についても後述するが、装備するイージスのＳＰＹ‐１多機能レーダーは、一度に二〇〇目標の探知が可能で、この中の脅威度の高い二〇目標を同時に照準し、八〇発搭載するＳＭ‐２ＭＲ艦対空ミサイル（射程一六七㎞）により迎撃できたという。同艦は巡洋艦の主力として計九隻が配備されていた。他には、バージニア級原子力ミサイル巡洋艦が二隻と、ベルナップ級とリーヒ級のミサイル巡洋艦が各一隻である。

駆逐艦の配備数は、各空母戦闘群に一隻から二隻ほど。主力は七隻配備された大型駆逐艦のスプルーアンス級であった。同艦の特長は、何と言ってもトマホーク巡航ミサイルを艦首のＭｋ41垂直発射システム（ＶＬＳ：Vertical Launching System）に六一発も搭載していること。洋上からの長距離精密対地攻撃が、同艦の最大任務と言えたであろう。他にミサイル駆逐艦（アダムス級とファラガット級）が三隻。こちらはトマホークを積んでいない。

フリゲートの配備数は、各空母戦闘群に一隻から二隻ほど。主力は五隻配備されたＯ・Ｈ・ペリー級ミサイル・フリゲートであった。他にやや小型のノックス級フリゲートが四隻配備されている。ペリー級は、ＳＭ‐１ＭＲ対空ミサイルも備える多用途な万能フリゲートであったが、艦隊内の主な役割は、二機搭載するＳＨ‐60Ｂ対潜ヘリによる対潜水艦警戒任務と言えた。

この他に空母戦闘群には、作戦継続に不可欠な燃料・弾薬・補給品等を洋上補給するため、計九隻の洋上補給艦が配備されていた。少なくとも四個の空母戦闘群に二隻以上の補給艦が随伴。たとえばレンジャーとアメリカには、それぞれ速力二〇ノットで航行できるウイチタ級補給給油艦（満載四万トン）と、キラウエア級補給艦（二万トン、弾薬六五〇〇トン）が各一隻ずつ配備されていた。また通常、空母戦闘群には、敵潜水艦に警戒対処するため、一隻から二隻の攻撃原潜が配備されている。ただイラク軍には潜水艦がないこともあり、空母戦闘群配備の艦の有無は不明だが、少なくともトマホークを搭載するロサンゼルス級攻撃原潜三隻の参戦は確認されている。

記したように空母戦闘群といっても、六個の艦隊が組む艦艇の構成は同一ではない。一度に最新護衛艦を希望する数だけ建造できないからだ。一九九一年時の平均的な空母戦闘群の構成を勘案するならば、それはミッドウェー空母戦闘群に洋上補給艦を加えた構成になろう。航空団を積む空母一隻、防空中枢用のイージス巡洋艦二隻、対地攻撃用のスプルーアンス級駆逐艦二隻、対潜水艦用のペリー級ミサイル・フリゲート二隻、そしてウイチタ級補給給油艦とキラウエア級補給艦各一隻の組み合わせである。

この時の護衛艦は新旧三種であるが、海軍の構想では、古い駆逐艦とフリゲートは既に量産中であったアーレイ・バーク級イージス駆逐艦により更新する算段になっていた。実際、一番艦のアーレイ・バーク（ＤＤＧ‐51）は、一九九一年七月に就役している。想定の一つでは、イージス護衛艦六隻（イージス巡洋艦二隻とイージス駆逐艦四隻）で輪形陣を組んだ空母戦闘群は、各イージス艦が半径一〇〇㎞の防空圏を持ち、その広域防空圏は、中心に位置する空母から最大二七〇㎞まで拡大するという。そして、艦隊の前方には、母艦機のＥ‐２Ｃ早期警戒機（ＡＥＷ）が捜索距離四六〇㎞を超えるレーダーで広域索敵を実施。併せて相棒の艦上戦闘機（Ｆ‐14トムキャット戦闘機やＦ／Ａ‐18ホーネット戦闘攻撃機）の二機編隊が、複数でＣＡＰ（戦闘空中哨戒）を行ない、Ｅ‐２Ｃからの情報を得て敵機等の経空脅威を警戒・邀撃する。これが、艦隊護衛艦の広域防空圏（Area Defense Zone）のさらに前方正面に張り巡らす、外周防空圏（Outer Defense Zone）となる。また各艦艇は、それぞれ自衛用の近接対空火器（ファランクスＣＩＷＳやシー・スパロー短ＳＡＭ）を備えており、これが最終段階の個艦防空圏（Point Defense Zone）となる。

このように三段階に重層化された防空態勢が、空母戦闘群

〈BGM-109トマホーク巡航ミサイル（ブロックⅢ）の精密誘導航法システム機能解説図〉

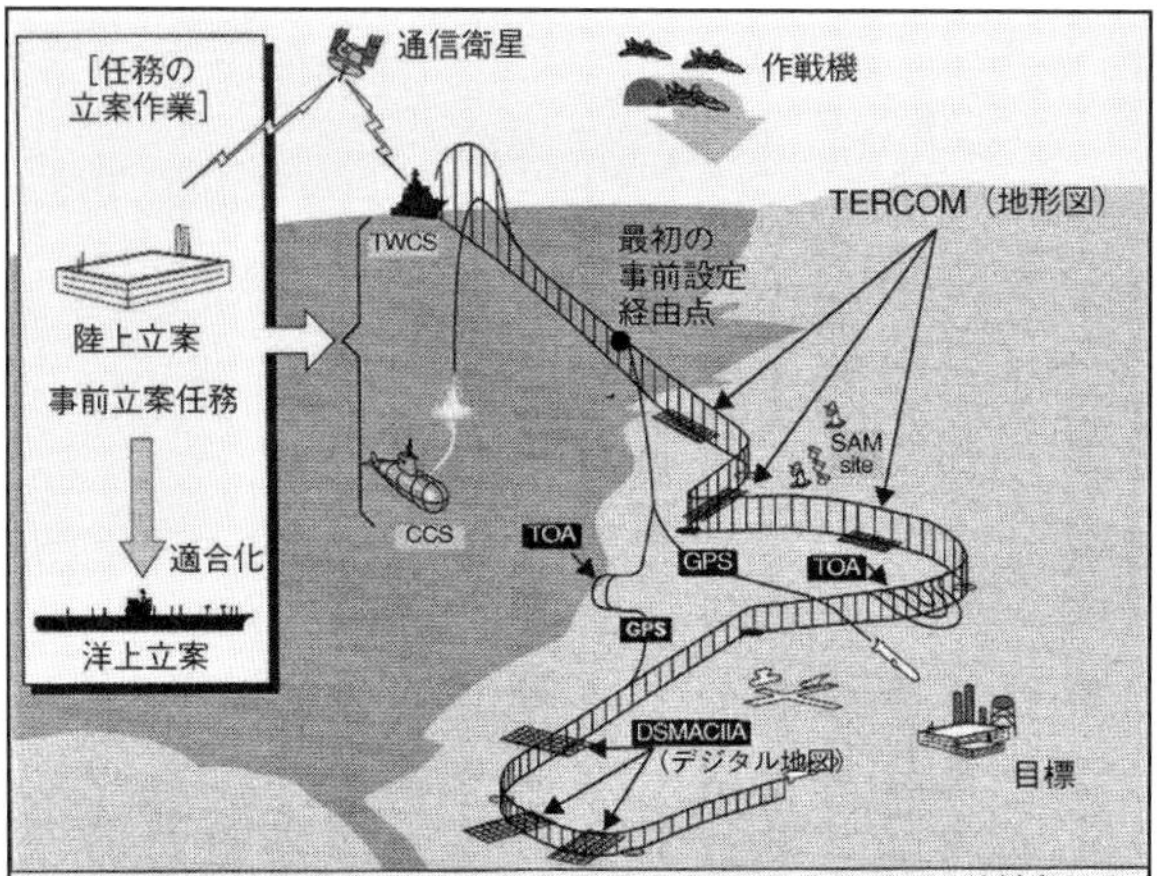

※CCS：戦闘管制システム，GPS：汎地球測位システム，SAM：地対空ミサイル基地，TOA：到達時間，TWCS：トマホーク兵器管制システム

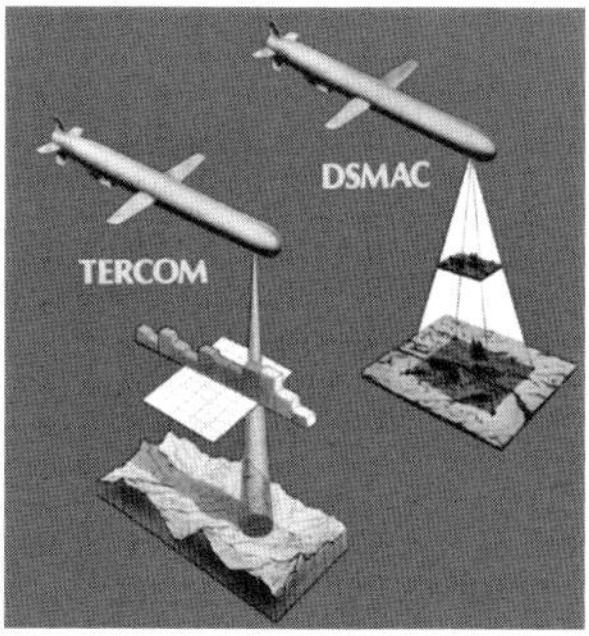

■トマホーク巡航ミサイルの主要な精密誘導システム：1つはTERCOM（地形等高線照準）誘導。1つはDSMAC（デジタル情景照合）誘導方式を採用した

●水中からUGM-109トマホーク巡航ミサイルを発射するピッツバーグ

●8発のトマホークを発射した攻撃原潜ルイビル（SSN-724）

●4発のトマホークを発射した攻撃原潜ピッツバーグ（SSN-720）

〈湾岸戦争におけるトマホーク巡航ミサイルの発射データ:288発を発射し78%が命中〉

トマホーク発射艦（艦種名）	発射艦数	トマホーク発射数（割合）	平均発射数	各艦トマホーク搭載数
スプルーアンス級駆逐艦	5隻	112発（39%）	22.4発／艦	61発／艦
タイコンデロガ級イージス巡洋艦	7隻	106発（37%）	15.1発／艦	26発／艦
アイオワ級戦艦	2隻	52発（18%）	26発／艦	32発／艦
ロサンゼルス級攻撃原潜	2隻	12発（4%）	6発／艦	12発／艦
バージニア級原子力ミサイル巡洋艦	2隻	6発（2%）	3発／艦	8発／艦
合　計	18隻	288発（100%）	16発／艦	平均27.8発／艦

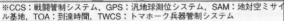

『トマホーク巡航ミサイル』洋上からバグダッドの戦略目標をピンポイント攻撃

◆1991年1月17日,『砂漠の嵐作戦』初日にペルシア湾からBGM-109トマホーク巡航ミサイルをバグダッドに向け28発も発射した戦艦ミズーリ

◆BGM-109トマホークを発射するMk143装甲箱型発射機

◆1991年, 湾岸戦争時の戦艦ウイスコンシン(BB-64)とミズーリ, 高速戦闘支援艦サクラメント(AOE-1)

◆1988年7月, リムパック88演習で50口径16インチ3連装主砲Mk7を斉射するアイオワ級戦艦ミズーリ(BB-63)。上構中央と後部にはトマホーク4発収納のMk143装甲箱型発射機8基を搭載している

の高い生残能力を形成しているのである。また、各艦および母艦機等は、指揮統制通信能力に優れた旗艦の空母を中核として、海軍戦術情報システム（ＮＴＤＳ）のデータリンク網で情報連接され、情報面でも鉄壁の防空態勢を実現していた。

以上からわかるように空母戦闘群は、海軍が保有する全主力兵器（空母、空母航空団、護衛艦、洋上補給艦、攻撃原潜）を、単一の艦隊として統合運用する『実用戦略兵器』なのである。このような艦艇構成を持つ空母戦闘群は、極めて高度な対空・対地・対水上・対潜用戦闘能力を獲得できたのである。結果、空母戦闘群という艦隊は、絶大な防衛・攻撃力の他に、非常に優秀な即応性、地球規模の高速機動性と継戦能力も具備できたのだ。

護衛艦が積む戦略目標攻撃兵器トマホーク

湾岸戦争ではイラク軍機が空母に向かうことはなく、記した空母戦闘群の持つ高度な防空態勢が試される機会はなかった。朝鮮戦争やベトナム戦争と同様に六個の空母戦闘群は、洋上から地上のイラク軍目標を爆撃することに終始している。六個の空母航空団は、四三日間の作戦中に合わせて二万〇九〇〇回出撃し、爆弾類を計一万〇六七〇トン投下したのである。ただ制海任務にも空母航空団は投入されたため、ペルシア湾内のイラク軍艦艇一四三隻を破壊する戦果も挙げている。母艦機の損害は六機ほどで、四機が対空火器、Ｆ／Ａ－18ホーネット一機がＭｉＧ－25により撃墜されている。

しかしながら、湾岸戦争が他の戦争と異なるのは、それまでのような空母戦闘群の母艦機編隊だけでなく、空母の護衛艦たちも主役の一員として、「陸地への戦力投射」任務に加勢し、大いに活躍したことだ。要は、洋上からイラクの戦略目標をトマホークで攻撃したのである。

ゲームチェンジャーとも評されるトマホーク巡航ミサイルが、世界で最初に使われたのは開戦初日であった。一月一七日午前一時三〇分頃、紅海側に展開したイージス巡洋艦サン・ジャシントが、トマホーク二発をＶＬＳから発射したのだ。続いてペルシア湾側からバンカー・ヒルが撃つ。トマホーク攻撃を統制したのは、強力な指揮統制・通信設備を備えたアイオワ級戦艦ウイスコンシン（ＢＢ－64）で、同艦も一九八七年の近代化改修により、トマホーク四発格納のＭｋ１４３装甲箱型発射機を上部構造物に八基搭載していた。同艦も八発を撃ち込んでいる。最初に攻撃したのは首都バグダッドで、午前三時過ぎに五二発のトマホークが着弾したという。

標的となったのは、たとえば電力施設（一二発）、政権バース党本部ビル（六発）、大統領官邸（八発）、化学兵器関連施設（二〇発）であったという。動かない戦略施設のみ狙い撃ちしている。初日に発射されたトマホークは計一一二発で、実に一一六発がバグダッド攻撃に使われた。全弾の九五%である。戦争中に発射されたトマホークは計二八八発で、その七八%（約二二五発）が目標に命中したという。優秀な成績である。またトマホークの攻撃の八〇%は昼間に実施された。これは有人の戦闘爆撃機では非常に危険な首都の戦略目標に対する昼間攻撃を、無人兵器のトマホークに任せたということ。

護衛艦等に搭載されていたトマホークの総数は四七七発ほどで、次に示す五クラス／一八隻の艦艇が二八八発を発射している。全弾の六〇%を撃ち込んだことになる。一番は、スプルーアンス級駆逐艦で、五隻が全体の三九%に当たる一一二発のトマホークを発射している。二番がイージス巡洋艦で、七隻が一〇六発（三七%）を発射。三番がアイオワ級戦艦で、二隻が五二発（一八%）を発射。ちなみに戦艦は一隻平均では二六発を発射しており、これは一番多い。四番がロサンゼルス級攻撃原潜で、二隻が一二発（四%）を発射。五番がバージニア級巡洋艦で、二隻が六発（二%）を発射している。

また一番多くのトマホークを発射したのは、スプルーアンス級のファイフ（DD‐991）で、六一発を撃ち込んでいる。つまり六一セルのVLSに満載したトマホークの全弾を発射したのである。このように空母の護衛艦たちが数百発ほど搭載するトマホークは、まさに母艦機編隊と並ぶ空母戦闘群の主兵装の地位をこの湾岸戦争で獲得したのである。

ともあれ、標準完成形のGBU‐109トマホーク巡航ミサイル（ブロックⅡ）が、実戦配備されたのは一九八六年である。このタイプは、一〇〇〇ポンド級通常弾頭を積む地上攻撃型トマホークにとって骨幹となる、三種類の基本航法システムが組み込まれていた。INS（慣性航法装置）と、革新的なTERCOM（地形等高線照合）誘導およびDSMAC（デジタル情景照合）誘導装置の三種類である。これによりトマホークは、高精度の命中性能を獲得できたのである。射程は一二五〇㎞ほど。さらに一九九三年に実戦配備されたブロックⅢでは、GPSの採用により、中間飛翔段階での航法精度や目標への着弾精度が向上し、射程も一六七〇㎞に延伸している。

原子力空母を直衛する原子力ミサイル巡洋艦

記したように湾岸戦争に参戦した護衛艦の中には、バージニア級原子力ミサイル巡洋艦が二隻含まれていた。同級は、もともと行動距離無制限の原子力空母（エンタープライズ級、ニミッツ級）に随伴し、直衛する目的で四隻（CGN‐38～41）建造された専用護衛艦であった。知られているように、世界

■1970年代後半に構想された原子力ミサイル巡洋艦にイージス兵器システム(AWS)を搭載する案:左がロング・ビーチ型、右がバージニア型(CGN-42)

■1981年2月, 航行する6隻の原子力ミサイル巡洋艦:左上の2隻がカリフォルニア級のカリフォルニア(CGN-36), サウス・カロライナ(CGN-37)。他4隻はバージニア級でバージニア(CGN-38), テキサス(CGN-39), ミシシッピ(CGN-40), アーカンソー(CGN-41)

●原子力空母艦隊(1964年6月):空母+巡洋艦

●ベインブリッジ(CGN-25):1962年10月就役, 建造×1隻

●トラクスタン(CGN-35):1967年5月就役, 建造×1隻

●カリフォルニア級:就役1974～75年, 建造×2隻

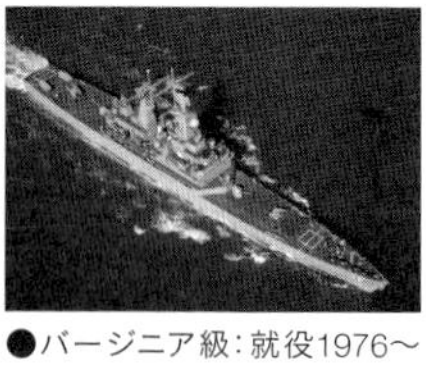

●バージニア級:就役1976～80年, 建造×4隻

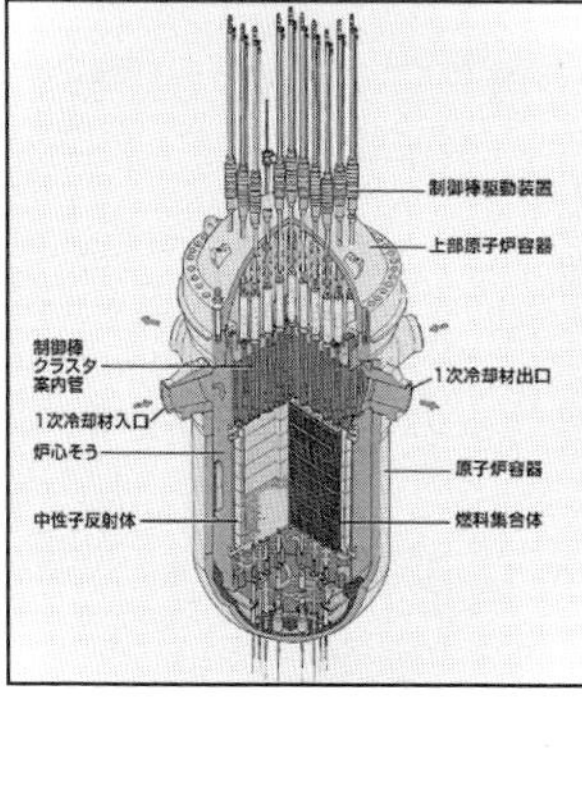

◀艦船用の原子炉に適した加圧水型原子炉の構造図(Internet)

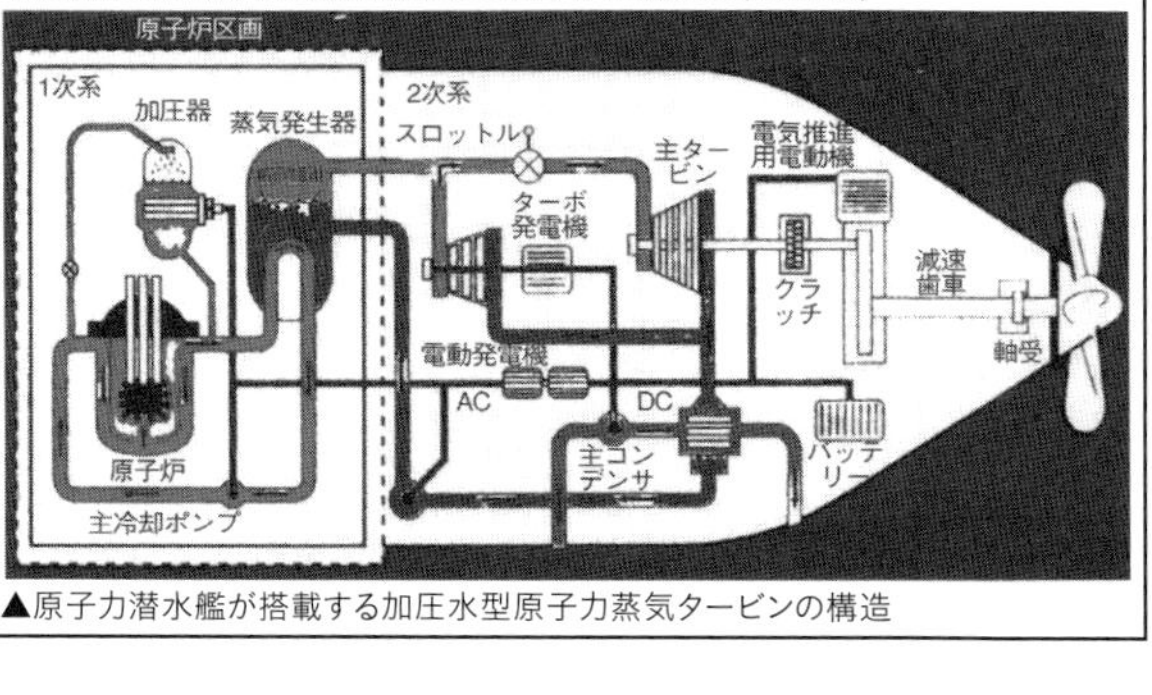

▲原子力潜水艦が搭載する加圧水型原子力蒸気タービンの構造

原子力空母を護衛する原子力ミサイル巡洋艦の建造:5クラス／9隻

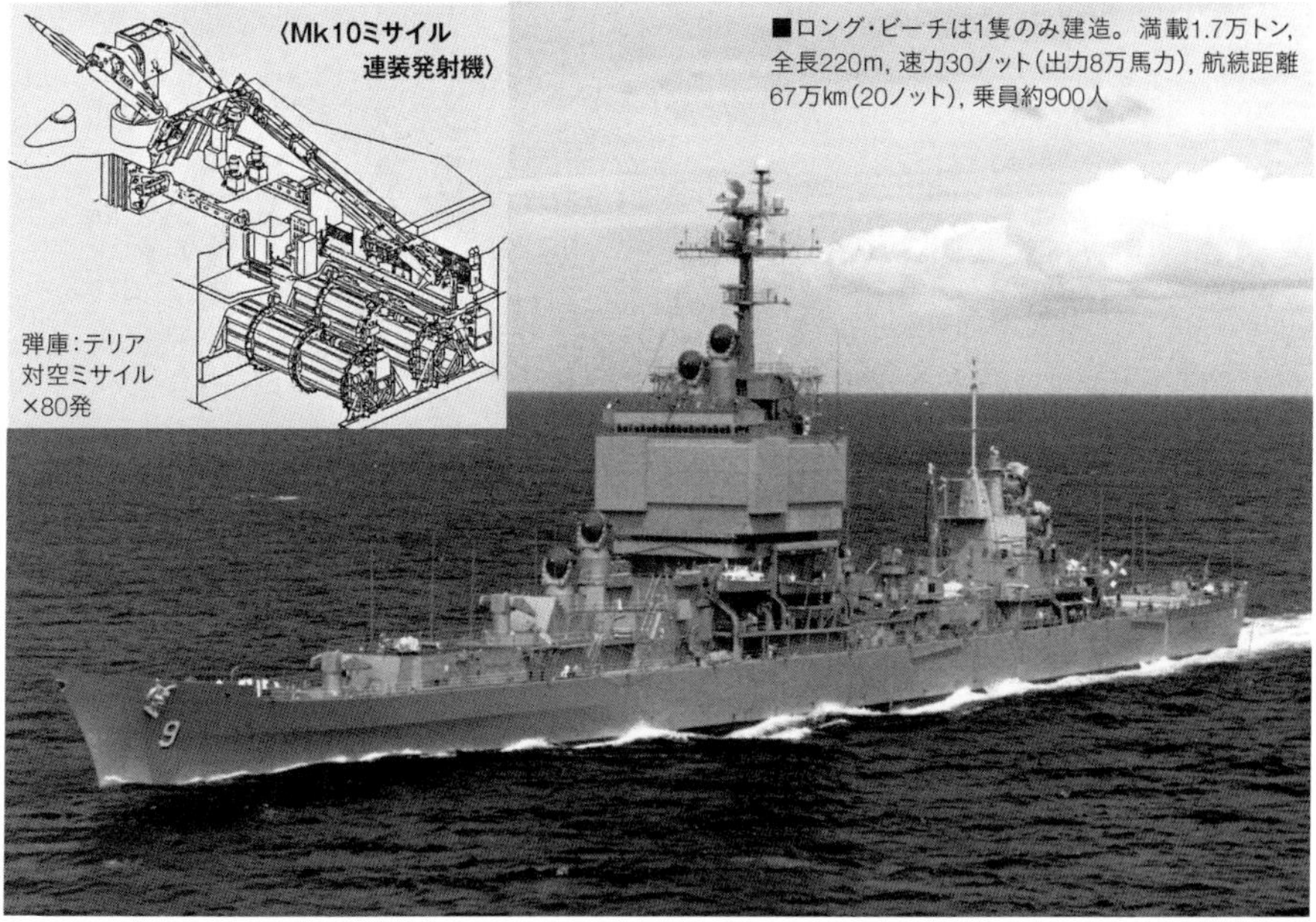

■ロング・ビーチは1隻のみ建造。満載1.7万トン，全長220m，速力30ノット（出力8万馬力），航続距離67万km（20ノット），乗員約900人

■1973年5月，ハワイ沖の原子力ミサイル巡洋艦ロング・ビーチ（CGN-9）：世界初の原子力水上戦闘艦で就役は1961年9月。主兵装は広域防空用の艦対空ミサイルのテリア（120発）とタロス（52発），後にトマホーク搭載

●1980年代の近代化により後部のタロス発射機が撤去されハープーン対艦ミサイルとトマホーク巡航ミサイルを搭載

●1960年代のロング・ビーチ。最大の特長は前部にあるテリア発射機Mk10×2基と巨大な上部構造の固定式AN/SPS-32レーダー

初の原子力潜水艦と、世界初の原子力水上戦闘艦を建造したのは米海軍である。前者は、一九五四年に完成した原子力潜水艦ノーチラス（SSN-571）。後者は、一九六一年九月に就役した満載一・七万トン、全長二二〇mの大きな船体を持つ、原子力ミサイル巡洋艦ロング・ビーチ（CGN-9）で、共に艦船用の原子力推進に適した加圧水型原子力蒸気タービンを搭載していた。

ロング・ビーチの最大の任務は、原子力空母の対空防御であるため、当時最新の艦対空ミサイルの中射程用テリア（射程三七km、一二〇発）と、長射程用タロス（一八五km、五二発）という重武装が施されていた。これらミサイルの長い射程を活かすため同艦の艦橋構造には、巨大な平面アンテナを持つフェーズド・アレイ式三次元対空捜索レーダーSPS-32が装備され、遠方目標の早期探知に使われた。

ちなみにロング・ビーチが搭載した主機は、C1W加圧水型原子炉二基と蒸気タービン二基で、八万馬力の出力により二軸スクリューを回す。最大速度は三〇ノット＋程度だが、その航続距離は、三〇ノットの高速航行であっても九万海里（一六・七万km）ほどあった。地球一周は約四万kmなので、地球四周分を最大速度のまま航海できたのである。また二〇ノットの巡航速度であれば、航続距離はさらに四倍の三六万海里（六六・七万km）まで延びるという。月までの距離は三八万kmであるから、なんとその一・七五倍に相当する航続性能があるということで、通常動力艦に比べ、感覚的にはまさに無制限の航行能力と言えた。

しかしながら原子力巡洋艦の最大の問題は莫大な建造費であった。ロング・ビーチの建造費は、三・二億ドルと言われ、同規模のミサイル巡洋艦のなんと三倍の予算を必要としたのである。さすがに米海軍内部でも、原子力艦艇の有用性は認められるものの、あまりに莫大な予算を食うことから、一九八〇年に就役したバージニア級四番艦のアーカンソー（CGN-41）を最後に今もって建造されていない。結局、艦隊配備された原子力ミサイル巡洋艦は、五クラス／九隻で終了している。ロング・ビーチ、ベインブリッジ（CGN-25）、トラクスタン（CGN-35）、カリフォルニア級二隻、バージニア級四隻である。

ロング・ビーチは、航続性能に優れた大型艦であったため、一九七〇年代後半には、当時開発中であった最先端の艦隊防空システムのイージスを搭載し、近代化することが検討された。原子力打撃巡洋艦（Strike Cruiser）構想である。なおイージスとは、有名なイージス兵器システム（AWS：Aegis Weapon System）のこと。そもそもイージスの意味は、ギリシャ神話に出てくる盾であり、すべての邪悪から守る力があるとされていたが、このイージスの盾は、降り注ぐような敵対艦ミサイルの飽和攻撃から空母を守る絶対的な防空盾であった。さらに海軍はバージニア級にイージスを搭載する、バージニア級改良型の原子力イージス巡洋艦（CGN‐42）を提案している。しかしながら議会は、いずれも、原子力巡洋艦では、性能・効果に比べて建造費が莫大過ぎるとの理由により計画を中止してしまった。

空母戦闘群の専用防空護衛艦：イージス巡洋艦

改めて海軍当局はイージス搭載艦計画を検討し、導き出したのがタイコンデロガ級イージス巡洋艦であった。まず価格を抑えるため、一九七五年に一番艦が就役したばかりの最新大型駆逐艦スプルーアンス級の船体をベースに採用し、上部構造物を大きく改装してイージスを搭載することとしたのである。確かにスプルーアンス級の大きさは、満載九一〇〇トン、全長一七二mもあり、巡洋艦並みのサイズがあった。一九八三年一月、タイコンデロガ級の一番艦は就役する。同艦の大きさは、スプルーアンス級とほぼ同一であったが、建造費はなんと三倍を超える九・四億ドルだという。大半がイージス兵器システムの調達費用であった。機材の搭載重量もかさみ、速度が三ノットほど遅くなっている。

イージス兵器システムの象徴である八角形の平面アンテナは、三六〇度全周を探知するため、前後の上部構造物の壁面に、方向違いで四面ほど固定設置されていた。フェーズド・アレイ式のSPY‐1A／B三次元多機能レーダーである。探知距離は最大約五〇〇kmで、記したように最大二〇〇個の目標を探知し、同時に二〇個の目標に対しミサイルを終末誘導できた。終末誘導とは、四基搭載するSPG‐62誘導レーダーにより、セミアクティブ・レーダー誘導式のSM‐2MR対空ミサイルを標的まで輻射波により次々と導く機能である。なお、同システムの最大の仕事は、対空戦闘の指揮統制なのだが、逐次の能力向上により艦の様々な仕事の統制管理が可能となっている。たとえば自衛システム（電子妨害、ミサイル対策、魚雷対策）、対艦兵器（ハープーン）、対地兵器（二門の一二・七cm単装砲、トマホーク）、対潜兵器（アスロック、対潜ヘリ）などである。

同級の兵装の大きな特長として挙げられるのが、船体の前後甲板に埋め込んだ二基の六一セル型垂直発射機、Mk41VLSであろう（初期型五隻のみMk26連装発射機二基）。各種ミサイルを組み合わせて一二二発ほど装填可能で、同級の幅広い任務遂行能力を実現している。標準的なミサイルの搭載例は、広域防空用のSM‐2MR対空ミサイル（射程一六七km）が八〇発、陸地への戦力投射用のトマホーク巡航ミサイル（一六〇〇km＋）が二六発、対潜水艦攻撃用のVLアスロ

[イージス巡洋艦がMk41VLS(垂直発射機)に122発搭載する3種類のミサイル]

	〈防空〉	〈対地攻撃〉	〈対潜〉
VLSに一二二発搭載のミサイル			
データ	艦対空ミサイルSM-2MR (RIM-66MブロックⅢ)	陸地攻撃巡航ミサイル BGM-109トマホーク	対潜水艦用ロケット投射魚雷 RUM-139VLアスロック
	80発搭載(射程167km)	26発搭載(射程1600km+)	16発搭載(射程22km)

左:Lockheed Martin製のMk41垂直発射機。上は艦尾のMk41(61セル)で後方にはハープーン発射機と12.7cm砲が見える(CG-70)

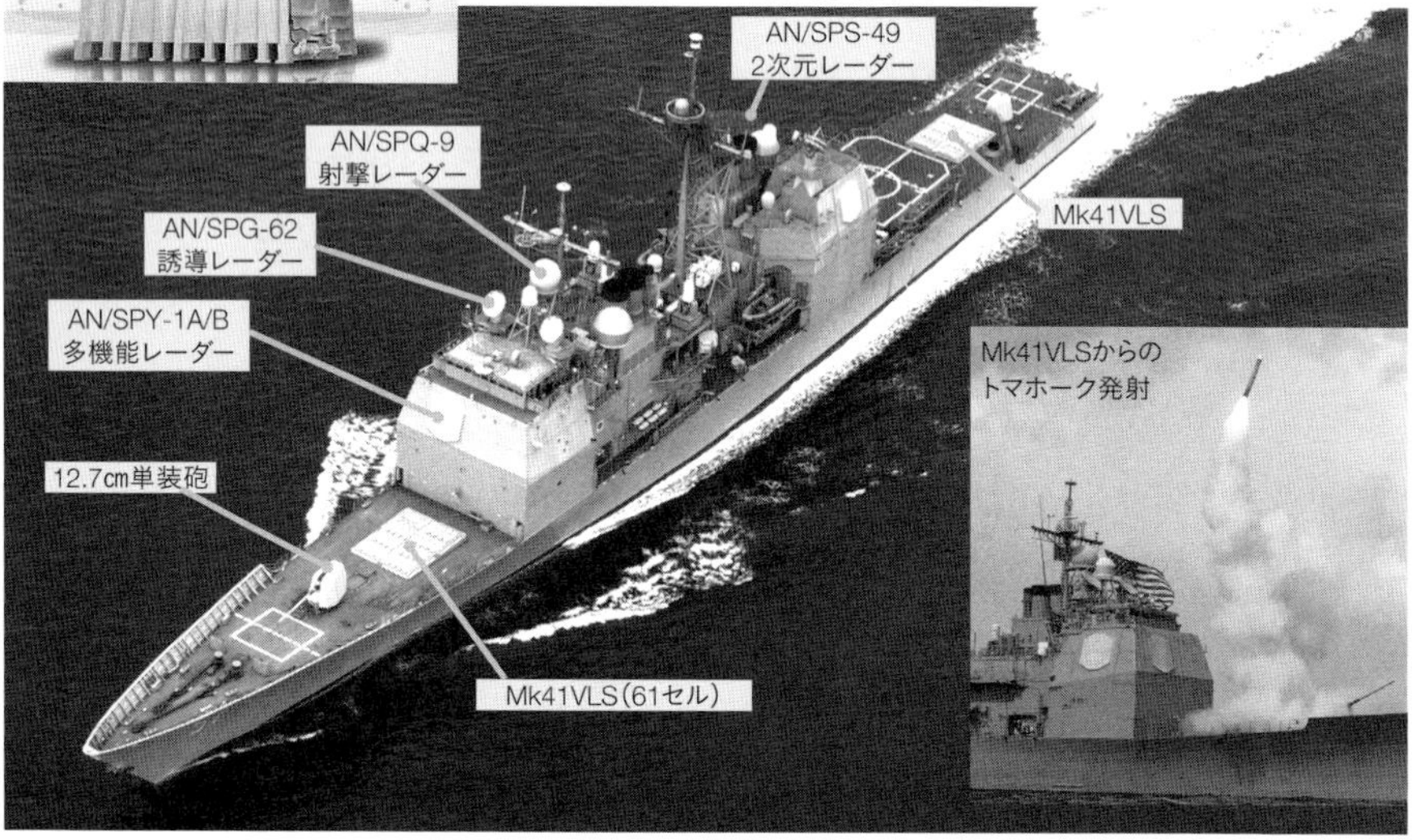

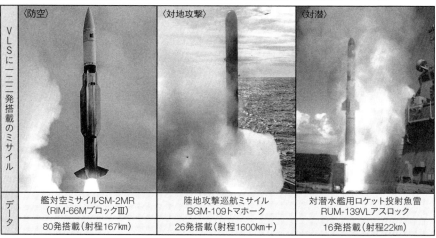

『イージス巡洋艦タイコンデロガ級』空母戦闘群の艦隊防空中枢

◆1990年9月，スエズ運河を通過するイージス巡洋艦のタイコンデロガ（CG-47）。本級はVLSでなくMk26旋回発射機×2基搭載。画期的な広域艦隊防空システムのSPY-1レーダーを核とするイージス兵器システムを装備した

●タイコンデロガが艦尾に2基搭載する4連装発射機からのハープーン対艦ミサイル（RGM-84D：射程140km）の発射

●タイコンデロガ（CG-47）からのSM-2艦対空ミサイルの発射（1983年）

●タイコンデロガのMk26ミサイル連装発射機（SM-2MR）

●タイコンデロガ級のCIC（戦闘情報センター）内に設置されたイージス・ディスプレー・システム（ADS）の4基ある42インチの大型液晶ディスプレー（1989年）

建造時のミサイル管制装置

ック・ロケット投射魚雷（二二㎞）が一六発である。なおMk41VLSは、これまでに四三〇〇発のミサイル発射に成功した実績があるという。

また同級は、巡洋艦らしく船体が駆逐艦より大型のため、指揮管制・通信機能が充実していた。船体内に設置された作戦指揮・情報集約・命令発令を行なう戦闘情報センター（CIC）には、イージス表示装置（ADS：Aegis Display System）と呼ぶ四二インチのカラー大型液晶ディスプレーを四基も設置。これがスペースの狭いイージス駆逐艦では二基と少なかったのだ。

ともあれ、湾岸戦争前に一六隻就役していたタイコンデロガ級は、戦争後に適宜能力向上が図られ、空母戦闘群の中枢イージス巡洋艦として、一九九四年までに二七隻が就役している。同級を主力護衛艦とする空母戦闘群は、湾岸戦争においても圧倒的、かつ先進的なパフォーマンスを披露した。言うまでもなく圧倒的パフォーマンスとは、従前からの大規模母艦機編隊による陸地への航空作戦（精密航空爆撃や敵防空網制圧等）である。また先進的パフォーマンスとは、今次、初めて大規模に実行された新兵器トマホーク巡航ミサイルによる、陸地への戦力投射および精密な破壊力の大きさであったろう。なにより従前まで空母の守り役であった護衛艦たちが攻勢作戦の主役として大活躍し、空母戦闘群の主役の一翼を担ったことだ。

以上からわかるように現代の空母戦闘群は、海軍が保有する全主力兵器（空母、空母航空団、護衛艦、洋上補給艦、攻撃原潜）を、単一の艦隊として統合運用する『実用戦略兵器』なのである。

【参考資料】
軍事研究一九九三年六月号別冊『イージス艦こんごう』。

第**6**章

対テロ戦争の『空母打撃群とミサイル防衛』

2022年4月12日，日本海で日米共同訓練中の米空母リンカーンと海自「こんごう」、米艦スプルーアンス（写真：防衛省）

北朝鮮けん制：日本海の日米共同訓練

二〇二二年四月一三日、米海軍第7艦隊は、ニミッツ級原子力空母「エイブラハム・リンカーン」を中心とする空母打撃群が、朝鮮半島の東側にあたる日本海において海上自衛隊と共同訓練を実施していると明らかにした。ちなみに第7艦隊は、唯一、海外に恒久的な前方展開（permanently forward-deployed）をしている、世界最強の米国艦隊であるだけでなく、その司令部は、日本の横須賀に停泊する揚陸指揮艦ブルー・リッジ（LCC‐19）艦上に置かれていた。同軍によれば、本訓練の目的は、「自由で開かれたインド太平洋の維持に向けた米国のコミットメントを再確認するとともに、二国間のパートナー関係の強さを示すことで、抑止力への信頼性を高めるものだ」という。

では展開した空母打撃群が果たすべき抑止力の対象とは、何なのか。言うまでもなく核・弾道ミサイルの実戦配備に驀進する、北朝鮮に対する強く明白なけん制であった。同打撃群が、この時期に日本海まで進出したのには大きな理由があった。ちょうど同年四月中に故金日成主席の生誕一一〇年の誕生日（太陽節）と、朝鮮人民革命軍創設九〇年の記念日とが連続することから、北朝鮮軍が、火星ICBMの発射や核実験などの挑発行動を行なう可能性が高いと考えられたのである。そこで今回、米海軍は、同打撃群を半島の黄海側ではなく、より接近した朝鮮半島の東側にあたる日本海（東海）にまで肉薄させ、圧力を高めていた。米海軍の空母打撃群が日本海側に進出するのは、二〇一七年一一月以来、四年五か月ぶりだという。

また四月一三日、自衛隊側も前日一二日に実施した共同訓練の模様を動画等で配信している。海上自衛隊からはイージス護衛艦「こんごう（DDG‐173）」と汎用護衛艦「いなずま（DD‐105）」が参加していた。両艦は、空母リンカーンを守るイージス巡洋艦モービル・ベイ（CG‐53）やイージス駆逐艦「スプルーアンス（DDG‐111）」とともに洋上の艦隊機動を披露している。航空自衛隊からも対地・対艦攻撃力に優れたF‐2戦闘機が参加。彼らは、リンカーン搭載の第9空母航空団に所属するF‐35Cステルス艦上戦闘機やスーパー・ホーネット戦闘攻撃機、E‐2Dアドバンスド・ホークアイ早期警戒機と臨時編隊を組み、洋上編隊飛行を派手に披露。日米共同の航空機による航空攻撃能力の高さを強く演出している。

ともあれ、米国は、通称エイブラハム・リンカーン空母打撃群、正式には第3空母打撃群（CSG‐3）と呼ぶ空母機動部隊を朝鮮半島の軍事危機への抑止力として投入したので

空母打撃群の兵站を支える貨物弾薬補給艦（AKE）&給油艦（AO）

◆2015年8月，原子力空母セオドア・ルーズベルト（CVN-71）に航空燃料を補給する給油艦パタクセント（T-AO-201）と貨物弾薬補給艦マシュー・ペリー（T-AKE-9）

◆2009年，イージス駆逐艦ホッパー（DDG-70）に補給するルイス・アンド・クラーク級貨物弾薬補給艦アメリア・イアハート（T-AKE-6）

◆イージス巡洋艦カウペンス（CG-63）に洋上給油するヘンリー・J・カイザー級給油艦エリクソン（T-AO-194）

ある。同空母打撃群は、三月中にも黄海に展開しており、今回は二度目の対北朝鮮けん制行動であった。そして、これこそが、空母打撃群の最大の価値と言えた。地球規模で勃発する様々な軍事作戦に即応できる『実用戦略兵器』ということだ。しかも空母打撃群の派遣は極東戦域だけではない。東欧で勃発したウクライナ戦争に対応すべく、空母トルーマンの第8空母打撃群も派遣している。

そもそも米海軍の空母打撃群は、一九三一年に誕生した空母艦隊（レキシントン級艦隊正規空母を中心に巡洋艦および駆逐艦等の護衛艦から編成）を祖先とし、大戦中には海軍の主力艦隊となる巨大な空母任務部隊（CTF）にまで発展。その後CTFは、戦後の冷戦期に空母戦闘群（CVBG）として空母艦隊の体制を完成させ、二〇〇〇年代には空母打撃群（CSG）にまで進化したのである。以下において、このような変遷を経て米海軍が米海軍流に完成させた空母機動部隊である、空母打撃群の独自の艦艇戦力と構造を概観したい。

一一隻の原子力空母が編成する九個の空母打撃群

現在、米海軍が保有する空母は、二クラスの一一隻があり、すべて原子力空母で占められている。基幹空母は、記した二ミッツ級原子力空母で、一九六八年から二〇〇九年にかけて一〇隻が粛々と建造され、一九七五年から二〇〇九年にかけて全一〇隻が就役。空母戦闘群あるいは空母打撃群の旗艦として配備されている。残る一隻は、ニミッツ級の後継として新規開発された、次世代原子力空母のフォード級で、その一番艦ジェラルド・R・フォードの就役は二〇一七年七月であった。

空母打撃群の基本構成は、これらの原子力空母と、各種母艦機約八〇機からなる空母航空団、艦隊の護衛艦戦力を形成するタイコンデロガ級イージス巡洋艦と駆逐隊（Destroyer Squadron）配属のアーレイ・バーク級イージス駆逐艦から編成されていた。そして任務遂行に際し、作戦を掩護する攻撃原潜や補給艦が随時配属され同行する。

記したように空母の保有数は一一隻なのだが、この一一隻が一堂に会して大艦隊を組むことはあり得ない。原子力空母には、特有の核燃料交換を兼ねた包括修理（RCOH：期間は四四か月）があり、他にもドック内での定期改修整備（DPIA：同一六か月）などを各空母がローテーションで計画的に繰り返す必要があるからだ。現在、RCOH長期修理を実施中なのは、ニミッツ級六番艦の空母ジョージ・ワシントン（CVN-73）で、二〇二三年五月に完了する。その後には、同級七番艦の空母ジョン・C・ステニス（CVN-74）のRCOHが予定されており、既に事前準備が進められてい

中露潜水艦を完全鎮圧『バージニア級攻撃原潜』:トマホークと魚雷

◆空母打撃群の遠隔センサー,対潜攻撃力でもあるバージニア級攻撃原潜。写真は同級7番艦のミズーリ(SSN-780)

●攻撃原潜によるトマホークの水中発射

VPT(バージニア発射筒):各6発のトマホークを装填

■エレクトリック・ボート造船所で建造中のバージニア級ブロックⅢ改良型。艦首にVPT2基(トマホーク計12発)を組込む

Mk48重魚雷
(速力60ノット,射程50km)

■バージニア級攻撃原潜の対艦兵器の主役は最大38発搭載するMk48重魚雷(重量1.7トン,全長5.8m)。右写真は駆逐艦を轟沈するMk48の破壊力を示す

艦名（級名）	イージス駆逐艦ミッチャー（DDG-57:アーレイ・バーク級）	イージス駆逐艦ジョン・フィン（DDG-113:アーレイ・バーク級）	原子力空母G・H・W・ブッシュ（CVN-77:ニミッツ級）
満載排水量（基準） 全長×最大幅	8300トン:フライトI 154m×20m	9500トン:フライトIIA 155.3m×20m	10.2万トン（7.7万トン＋） 333m×76.8m
速力（出力） 航続距離	30ノット＋（10万馬力） 8150km（20ノット）	30ノット＋（10万馬力） 8150km（20ノット）	30ノット＋（26万馬力） 無制限
兵　装 （対空火器／搭載機）	54口径12.7cm単装砲×1 25mm砲×2 20mmCIWS×2 Mk41VLS （計90セル:各種ミサイル） ハープーン4連装発射機×2	62口径12.7cm単装砲×1 25mm砲×2 20mmCIWS×1 Mk41VLS （計96セル:各種ミサイル） MH-60R対潜ヘリ×2機	ESSM短SAM発射機×2 RAM（近SAM）×2 20mmCIWS×3 搭載機:70〜80機 （F/A-18E/F,EA-18G,E-2C,C-2）
乗　員	329人	380人	5700人
クラス総建造数	全89隻予定（就役69隻）	47隻予定	10隻

※アーレイ・バーク級DDGの就役数は2020年9月就役のデルバート・D・ブラック（DDG-119）までの69隻

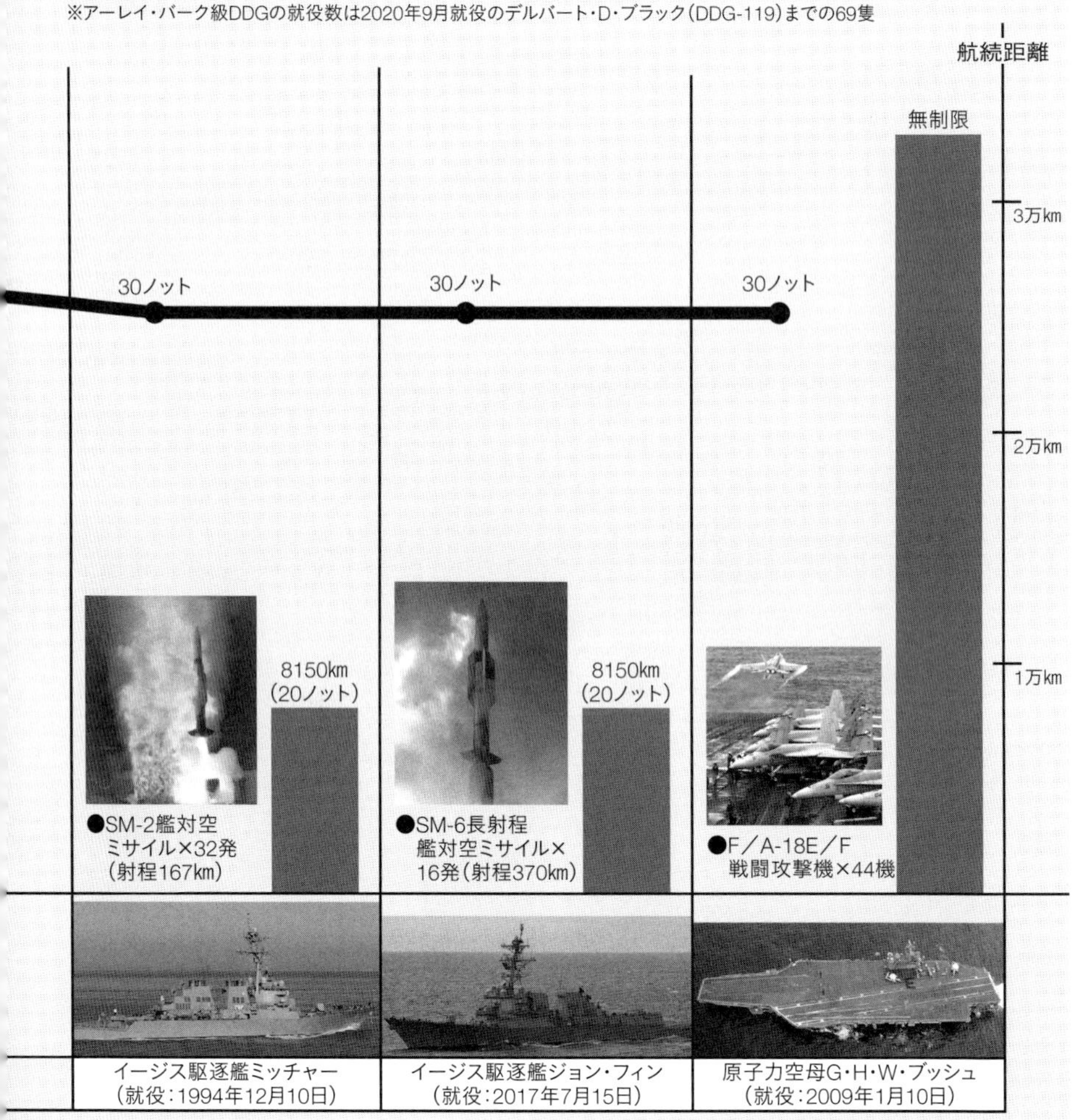

2020年時の空母打撃群主力艦の艦種別性能比較:機動力と兵装

艦名(級名)	給油艦H・J・カイザー (T-AO-187:カイザー級)	貨物弾薬補給艦ルイス&クラーク (T-AKE-1:ルイス&クラーク級)	攻撃原潜ノース・カロライナ (SSN-777:バージニア級)
満載排水量(基準) 全長×最大幅	4.1万トン(9500トン) 206.5m×29.7m	4.2万トン(2.6万トン) 210m×32.2m	7925トン(水中) 114.8m×10.4m
速力(出力) 航続距離	20ノット(3.4万馬力) 1.9万km(17ノット)	20ノット(3万馬力) 2.6万km(20ノット)	水中34ノット(4万馬力) 無制限
兵　装 (対空火器/ 搭載機)	燃料:18万バレル 一般貨物:690㎥ 冷蔵・冷凍コンテナ×8基	一般貨物:6675トン 冷蔵・冷凍食品:1716トン 燃料:2.35万バレル 真水:200トン MH-60S多用途ヘリ×2機	VLS(トマホーク×12発) 53cm魚雷発射管×4 (魚雷×38発またはハープーン対艦ミサイル)
乗　員	126人	53人	135人
クラス総建造数	16隻	14隻	19隻以上

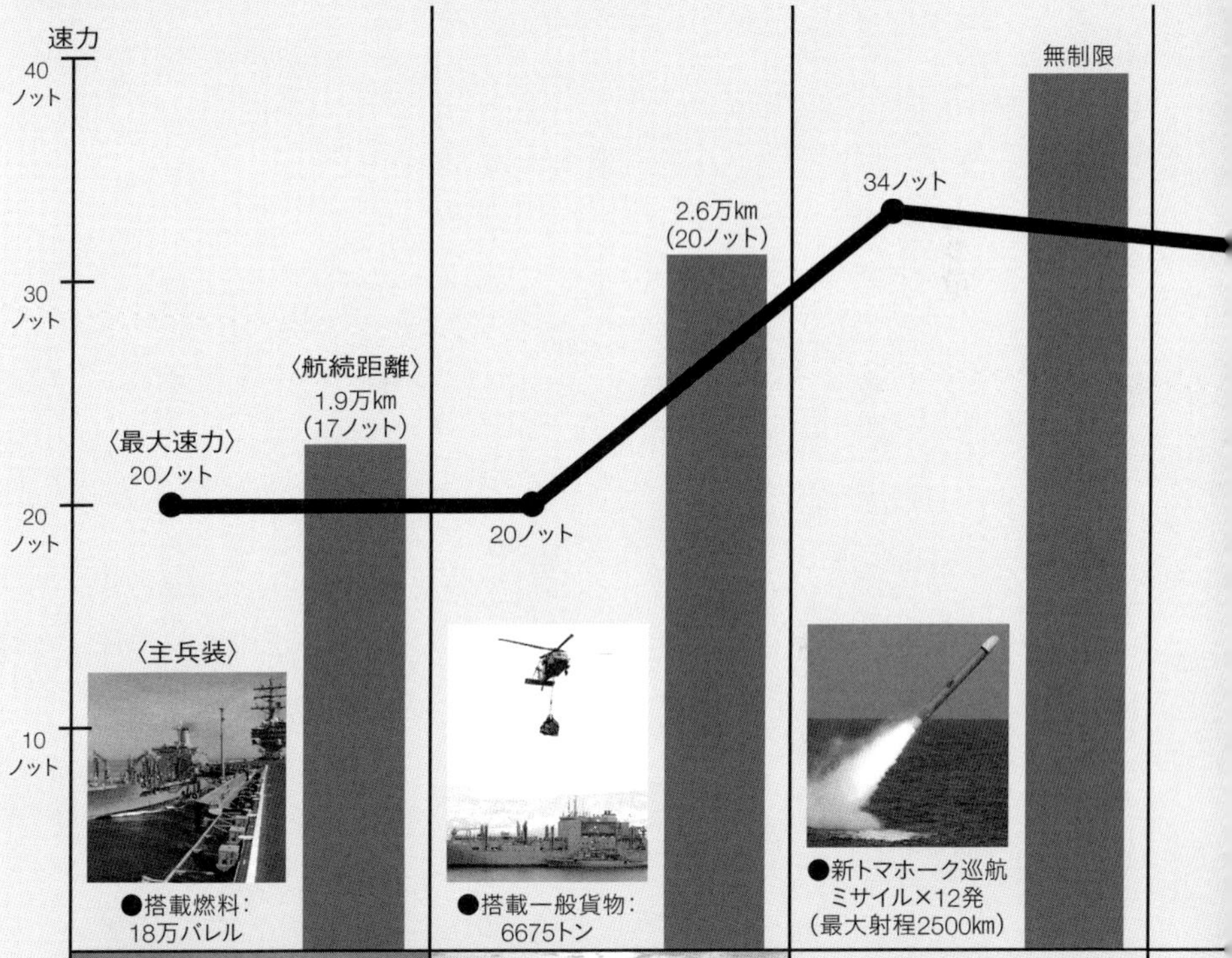

給油艦H・J・カイザー
(就役:1986年12月19日)

貨物弾薬補給艦ルイス&クラーク
(就役:2006年6月20日)

攻撃原潜ノース・カロライナ
(就役:2008年5月30日)

るという。

当然ながら海軍としては、ドック内の空母の分まで空母打撃群を常設化する無駄はできない。空母打撃群は、実動展開可能な空母の数に限られ、現状（二〇二二年一月時点）では次に示す九個の空母打撃群が編成されている。

［二〇二二年の空母打撃群編成］

●第1空母打撃群（カリフォルニア州サンディエゴ）：カール・ビンソン（CVN-70）、第2空母航空団、イージス巡洋艦レイク・シャンプレーン（CG-57）、第1駆逐隊（イージス駆逐艦×五隻：DDG-77、89、90、106、112）

●第2空母打撃群（バージニア州ノーフォーク）：ドワイト・D・アイゼンハワー（CVN-69）、第3空母航空団、イージス巡洋艦モントレイ（CG-61）、ベラ・ガルフ（CG-72）、第22駆逐隊（イージス駆逐艦×五隻：DDG-57、58、61、72、116）

●第3空母打撃群（カリフォルニア州サンディエゴ）：エイブラハム・リンカーン（CVN-72）、第9空母航空団、イージス巡洋艦モービル・ベイ（CG-53）、第21駆逐隊（イージス駆逐艦×五隻：DDG-62、92、101、102、111）

●第5空母打撃群（日本・横須賀）：ロナルド・レーガン（CVN-76）、第5空母航空団、イージス巡洋艦アンティータム（CG-54）、チャンセラーズビル（CG-62）、シャイロー（CG-67）、第15駆逐隊（イージス駆逐艦×八隻：DDG-52、65、69、76、83、105、114、115）

●第8空母打撃群（バージニア州ノーフォーク）：ハリー・S・トルーマン（CVN-75）、第1空母航空団、イージス巡洋艦サン・ジャシント（CG-56）、第28駆逐隊（イージス駆逐艦×五隻：DDG-66、67、96、107、109）

●第9空母打撃群（カリフォルニア州サンディエゴ）：セオドア・ルーズベルト（CVN-71）、第11空母航空団、イージス巡洋艦バンカー・ヒル（CG-52）、第23駆逐隊（イージス駆逐艦×七隻：DDG-56、59、60、88、91、97、100）

●第10空母打撃群（バージニア州ノーフォーク）：ジョージ・H・W・ブッシュ（CVN-70）、第7空母航空団、イージス巡洋艦レイテ・ガルフ（CG-55）、第26駆逐隊（イージス駆逐艦×六隻：DDG-55、74、79、94、95、103）

●第11空母打撃群（ワシントン州ブレマートン）：ニミッツ（CVN-68）、第17空母航空団、イージス巡洋艦プリンストン（CG-59）、レイク・エリー（CG-70）、第9駆逐隊（イージス駆逐艦×一〇隻：DDG-53、54、63、73、83、85、86、97、102、108）

●第12空母打撃群（バージニア州ノーフォーク）：ジェラル

ド・R・フォード（CVN-78）、第8空母航空団、イージス巡洋艦ノルマンディー（CG-60）、ゲティスバーグ（CG-64）、第2駆逐隊（イージス駆逐艦×五隻：DDG-51、81、84、87、94）

以上のように米海軍は、実動展開可能な空母打撃群を九個ほど編成している。これらの空母打撃群を構成する艦艇の総勢力は、ニミッツ級原子力空母が八隻とフォード級が一隻の空母計九隻。支援する任に当たる護衛艦は、イージス巡洋艦が一四隻と、イージス駆逐艦が五六隻の計七九隻であった。空母打撃群の配置は、米本土を挟んで太平洋側（太平洋艦隊）に五個（第1、第3、第5、第9、第11）。第5空母打撃群の一つだけは、横須賀配備の前方展開海軍部隊（FDNF）となっている。また大西洋側（艦隊総軍）への空母打撃群の配置は、四個（第2、第8、第10、第12）であった。そして、記したように太平洋側の第7艦隊に所属する空母リンカーンの第3空母打撃群が、日本海に展開して北朝鮮の核・弾道ミサイル実験をけん制。いっぽう大西洋側の第6艦隊に所属する空母トルーマンの第8空母打撃群が、ウクライナ戦争への監視行動を継続しているのだ。

二〇二二年時点の空母打撃群の数は九個だが、これは七年前の二〇一五年と変わらない。しかしながら各空母打撃群に配備されている空母は、次に示すように大きく異なっていた。

第1空母打撃群にはビンソン（二〇二二年もビンソンで同じ）、第2空母打撃群にはブッシュ（アイゼンハワー）、第3空母打撃群にはステニス（リンカーン）、第5空母打撃群にはワシントン（レーガン）、第8空母打撃群にはアイゼンハワー（トルーマン）、第9空母打撃群にはレーガン（ルーズベルト）、第10空母打撃群にはトルーマン（ブッシュ）、第12空母打撃群にはルーズベルト（フォード）という顔ぶれであった。第1空母打撃群を除く八個の空母打撃群の空母が交代している。これは、各空母が定期整備や実動展開後の休養や再訓練のため、一定期間、当該空母打撃群から離れ、再配備時に別な空母打撃群に配置されことに因るもの。

特に目立つのは、唯一、横須賀に前方展開している第5空母打撃群であろう。配備されているイージス護衛艦の質と量が、九個空母打撃群の中で最強なのである。三隻のタイコンデロガ級巡洋艦と八隻のアーレイ・バーク級駆逐艦の計一一隻。しかも巡洋艦二隻と駆逐艦七隻の計九隻には、高度な防空能力に加え、SM-3迎撃ミサイルを使った弾道ミサイル防衛（BMD）能力が備わっていたことだ。核・弾道ミサイル脅威が増大する北朝鮮に対処する戦力配置であったのは、明らか。

■左は2003年OIF作戦中のコンステレーション（CV-64）。右はキティ・ホーク（CV-63）の格納庫甲板：大量のGPS誘導爆弾JDAMやレーザー誘導爆弾が用意されている

■2003年4月,OIF作戦中の空母キティ・ホークとコンステレーション。展開しているのはアラビア海

［イラクの自由作戦（OIF:2003年3月20日）：アラビア海に展開した3個空母戦闘群の戦力］

キティ・ホーク空母戦闘群（9隻）	コンステレーション空母戦闘群（8隻）	リンカーン空母戦闘群（8隻）
■キティ・ホーク級空母×1 キティ・ホーク（CV-63） ■イージス巡洋艦×2 チャンセラーズビル（CG-62） カウペンス（CG-63） ■イージス駆逐艦×1 ジョン・S・マッケイン（DDG-56） ■スプルーアンス級駆逐艦×2 オブライエン（DD-975） カッシング（DD-985） ■ペリー級ミサイル・フリゲート×2 バンデグリフト（FFG-48） ゲイリー（FFG-51） ■ロサンゼルス級攻撃原潜×1 ブレマートン（SSN-698）	■キティ・ホーク級空母×1 コンステレーション（CV-64） ■イージス巡洋艦×2 バリ・フォージ（CG-50） バンカー・ヒル（CG-52） ■イージス駆逐艦×2 ミリアス（DDG-69） ヒギンズ（DDG-76） ■スプルーアンス級駆逐艦×1 サッチ（FFG-43） ■ロサンゼルス級攻撃原潜×1 コロンビア（SSN-771） ■サプライ級高速戦闘支援艦×1 レイニア（T-AOE-7）	■ニミッツ級原子力空母×1 リンカーン（CVN-72） ■イージス巡洋艦×2 モービル・ベイ（CG-53） シャイロー（CG-67） ■イージス駆逐艦×1 ポール・ハミルトン（DDG-60） ■スプルーアンス級駆逐艦×1 フレッチャー（DD-992） ■ペリー級ミサイル・フリゲート×1 ルーベン・ジェームズ（FFG-57） ■ロサンゼルス級攻撃原潜×1 ホノルル（SSN-718） ■サクラメント級高速戦闘支援艦×1 カムデン（T-AOE-2）
〈イラク戦争の実績〉 ・第5空母航空団（CVW-5） ・母艦機：68機 ・出撃回数：1200回 ・爆弾類投下量：390トン	〈イラク戦争の実績〉 ・第2空母航空団（CVW-2） ・母艦機：68機 ・出撃回数：1500回 ・爆弾類投下量：770トン	〈イラク戦争の実績〉 ・第14空母航空団（CVW-14） ・母艦機：68機 ・出撃回数：1600回 ・爆弾類投下量：730トン

イラク戦争（2003年）：湾岸に集結した5個空母戦闘群（45隻）の全戦力

2012年,空母ニミッツ（CVN-68）を旗艦とする
第11空母打撃群（CSG-11）

◆イージス巡洋艦プリンストン（CG-59）に洋上給油する給油艦H・J・カイザー（T-AO-187）

■2003年1月,第3空母航空団のF／A-18Cを満載した原子力空母トルーマン（CVN-75）。右は同艦の戦闘指揮所（CDC）

[Operation Iraqi Freedom（OIF:2003,20 March）:東地中海に展開した2個空母戦闘群の戦力]

ルーズベルト空母戦闘群（8隻）	トルーマン空母戦闘群（12隻）
■ニミッツ級原子力空母×1 ルーズベルト（CVN-71） ■イージス巡洋艦×2 アンツィオ（CG-68） ケープ・セント・ジョージ（CG-71） ■イージス駆逐艦×3 アーレイ・バーク（DDG-51） ポーター（DDG-78） ウインストン・チャーチル（DDG-81） ■ペリー級ミサイル・フリゲート×1 カー（FFG-52） ■サプライ級高速戦闘支援艦×1 アークテック（T-AOE-8）	■ニミッツ級原子力空母×1 トルーマン（CVN-75） ■イージス巡洋艦×1 サン・ジャシント（CG-56） ■イージス駆逐艦×3 ミッチャー（DDG-57） ドナルド・クック（DDG-75） オスカー・オースチン（DDG-79） ■スプルーアンス級駆逐艦×2 ブリスコー（DD-977） デヨ（DD-989） ■ペリー級ミサイル・フリゲート×1 ハウズ（FFG-53） ■ロサンゼルス級攻撃原潜×2 ピッツバーグ（SSN-720） モントピリア（SSN-765） ■キラウエア級補給艦×1 マウント・ベーカー（T-AE-34） ■ヘンリー・J・カイザー級給油艦×1 カナワ（T-AO-196）
〈イラク戦争の実績〉 ・第8空母航空団（CVW-8） ・母艦機：68機 ・出撃回数：1000回 ・爆弾類投下量：450トン	〈イラク戦争の実績〉 ・第3空母航空団（CVW-3） ・母艦機：68機 ・出撃回数：1280回 ・爆弾類投下量：700トン

対テロ戦争への対応：二〇〇四年に空母打撃群が誕生

二〇〇四年一〇月一日、米海軍は、それまで空母機動部隊を空母戦闘群（CVBG）と呼称していたが、以後、正式に空母打撃群（CSG）と改称した。違いは、B（Battle：戦闘）からS（Strike：打撃）への変更であった。これは、空母機動部隊の戦い方の変化が最大の要因と言えよう。要は、洋上での敵艦隊との「戦闘（Battle）」がほぼなくなり、圧倒的に洋上からの打撃（Strike）、つまり母艦機編隊やトマホーク巡航ミサイルによる『陸地への戦力投射』が圧倒的に求められるようになったのである。言い換えるならば、二〇〇〇年代初頭から頻発した『陸地での対テロ戦争』への対処を主眼とする、新たな空母機動部隊としてアピールするため、空母打撃群に改称したのである。その契機となったのが、改称の前年、二〇〇三年三月二〇日（米国時間一九日）に勃発したイラク戦争であったのは疑いないところ。少し説明しておきたい。

本戦争は、ジョージ・W・ブッシュ米大統領が、イラクの大量破壊兵器保持（未確認）を理由に同国に侵攻したもので、「イラクの自由作戦（OIF）」と称した。米海軍は、五個の空母戦闘群を湾岸戦争時のように二分し、南北の展開海域に派遣する。

北側は東地中海の海域で、ルーズベルト空母戦闘群（八隻）とトルーマン空母戦闘群（一二隻）の二個艦隊を展開。もう一つの南側は、アラビア海の海域で、キティ・ホーク空母戦闘群（九隻）、コンステレーション空母戦闘群（八隻）、リンカーン空母戦闘群（八隻）の三個艦隊を展開したのである。両方面の五個空母戦闘群は、陸路バグダッドに進軍する地上軍を空から掩護すべく、三一日間の大規模攻撃作戦（米国時間三月一九日から四月一八日の）を実施している。

この間に母艦機編隊は、延べ四一八〇回の戦闘出撃を行ない、計三〇四〇トンの爆弾類をイラク内の目標に投下している。ちなみに五隻の空母が搭載していた各種母艦機の総数は、三四〇機ほど。母艦機が、一度の戦闘出撃において投下した爆弾類の量は、平均〇・七三トンほどになる。対して一九九一年の湾岸戦争では、六個の空母が搭載した母艦機の総数は四五三機。四三日間の航空作戦中に母艦機編隊は二万〇九〇〇回の航空出撃を行ない、爆弾類一万〇六七〇トンを投下している。母艦機当たりの爆弾類の投下量は、平均〇・五一トンほどになる。

二つの数字を直截に比較するならば、イラク戦争時の航空団の爆撃能力が向上した証左になる。しかしながら、湾岸戦争時の航空出撃には、空中給油のような支援機の出撃も含まれていると思われるので、実際上は大差ないものと推察される。しかしながらイラク戦争時の航空攻撃は、GPS衛星誘導爆弾JDAMやGBUレーザー誘導爆弾による精密誘導爆撃が航空攻撃の大半を占めていたのである。破壊効果は、圧倒的に湾岸戦争時の爆撃を凌駕していたのは疑いない。

　次に気になるのは、両空母戦闘群を構成する艦艇の大きな変化であろう。それは二点見つけられる。一点目は、ニミッツ級原子力空母が、数の上でも空母戦闘群の主力空母の座を獲得したこと。派遣された空母五隻の中の三隻がニミッツ級原子力空母で占められ、過半数を超えたのである。対して湾岸戦争の時点では、ニミッツ級は、空母六隻の中のルーズベルト一隻に過ぎなかったのだ。

イージス艦が護衛艦勢力の主力に

　二点目は、数の上でもイージス艦が護衛艦勢力の主力となったこと。しかもイージス艦の種類が、湾岸戦争時にはタイコンデロガ級イージス巡洋艦のみであったが、イラク戦争時には、新たにアーレイ・バーク級イージス駆逐艦が加わっていたのである。ちなみに湾岸戦争時の空母戦闘群が保有したイージス艦勢力は、タイコンデロガ級イージス巡洋艦が九隻に過ぎない。攻撃原潜を除く護衛艦（巡洋艦、駆逐艦、フリゲート）の総数は、三二隻であったから、イージス巡洋艦が護衛艦勢力に占める割合はわずかに二八％ほど。

　では一二年後のイラク戦争時はどうなのか。五個の空母戦闘群に配属されていたイージス艦は、イージス巡洋艦が九隻と、イージス駆逐艦が一〇隻の計一九隻に増加していたのである。他の旧式な非イージス型護衛艦は、スプルーアンス級駆逐艦が六隻と、ペリー級ミサイル・フリゲートが五隻の計一一隻ほど。護衛艦の総数は三〇隻になるので、イージス艦が護衛艦勢力に占める割合は、実に六三％にまで拡大したのである。二・三倍もの躍進であった。これはまさにイージス艦が、空母戦闘群を支える護衛艦勢力の主力の座に就いた証左と言えよう。

　また主力艦となった二クラス／一九隻のイージス艦は、次に示すように各空母戦闘群に配備されていた。

[各空母戦闘群のイージス艦配備]

●ルーズベルトCSG（五隻）：タイコンデロガ級×二隻、アーレイ・バーク級×三隻

●トルーマンCSG（四隻）：タイコンデロガ級×一隻、アーレイ・バーク級×三隻

●キティ・ホークCSG（三隻）：タイコンデロガ級×二隻、アーレイ・バーク級×一隻

2013年5月,空母ブッシュが初めて艦上無人機X-47Bの搭載飛行試験を実施した

2021年12月,空母ブッシュが初めてMQ-25A無人空中給油機の搭載運用試験を実施した

◆2010年10月,フィリピン海を航行するジョージ・H・W・ブッシュ空母打撃群。護衛はイージス巡洋艦のフィリピン・シー(CG-58)とゲティスバーグ(CG-64)

〔ニミッツ級原子力空母の構造図〕

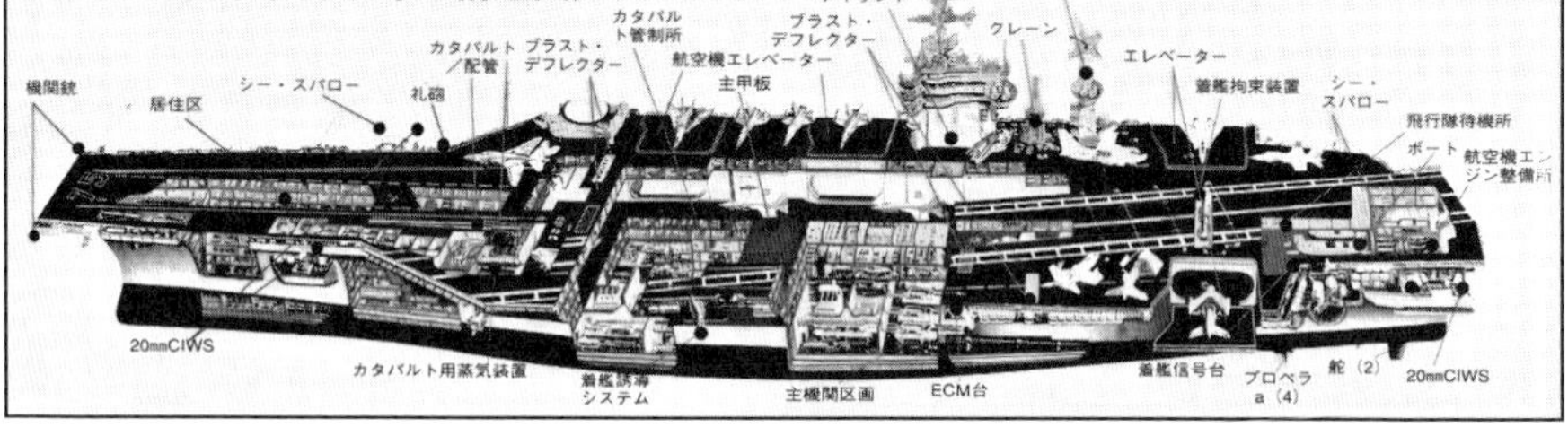

◆2022年2月,ブッシュ空母打撃群の護衛艦であるイージス駆逐艦トラクスタン(DDG-103)

◆2022年3月,空母ブッシュに航空燃料を補給する給油艦ジョン・レンザール(T-AO-189)

ニミッツ級原子力空母の最終艦「ブッシュ」は艦上無人機の試験艦

■2017年,第8空母航空団を搭載した空母ブッシュ(CVN-77)が装備する自衛用艦対空ミサイル発射機

Ⓑ:2基搭載するRAM近接防禦対空ミサイル発射機:21連装,射程15km

Ⓐ:2基搭載するMk29ESSM(発展型シー・スパロー・ミサイル)発射機:8連装,射程50km

◆F/A-18スーパー・ホーネットで満たされたブッシュの格納庫甲板

◆2022年3月,4隻のイージス駆逐艦に護衛されたブッシュ空母打撃群

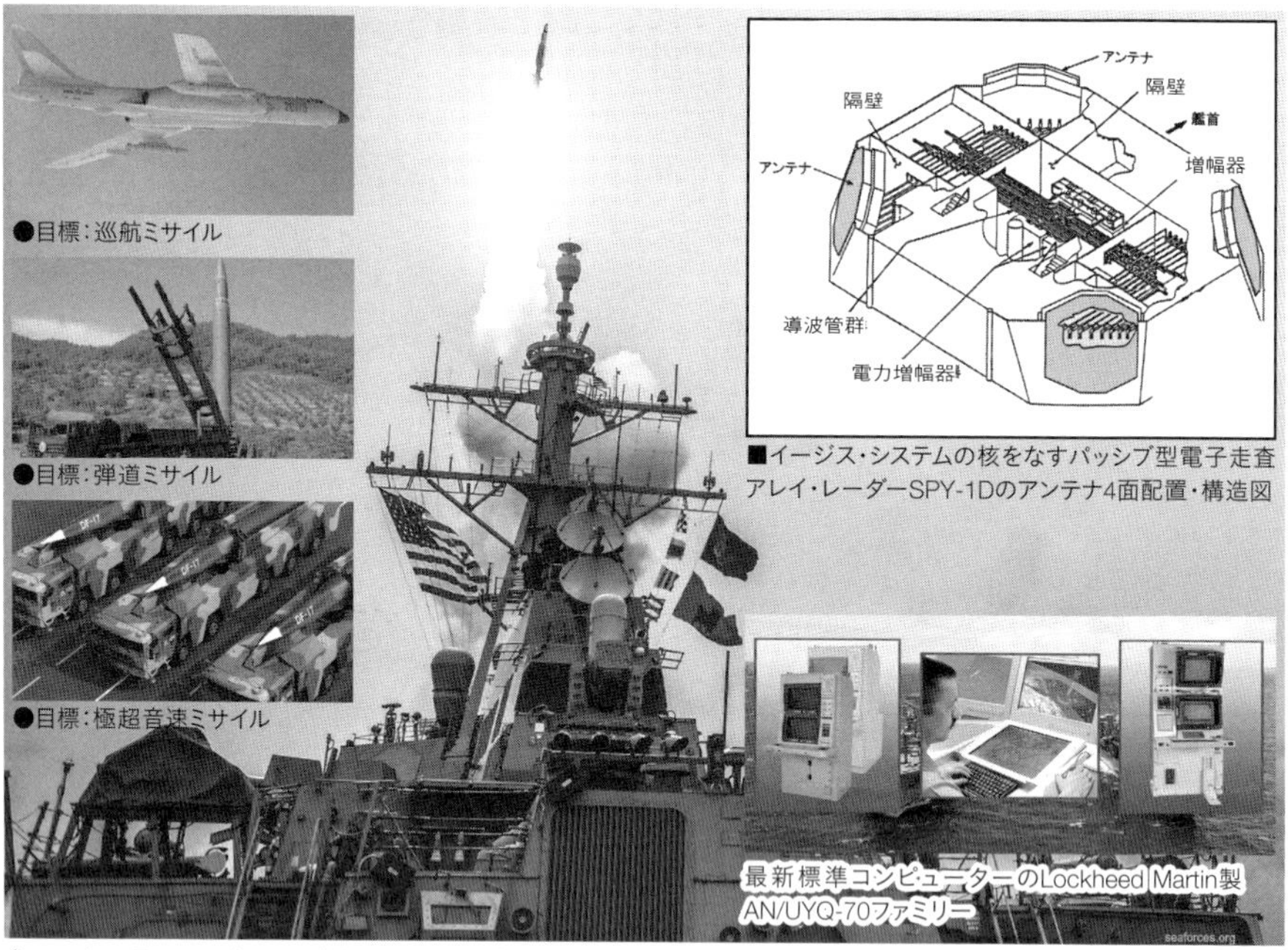

■イージス・システムの核をなすパッシブ型電子走査アレイ・レーダーSPY-1Dのアンテナ4面配置・構造図
最新標準コンピューターのLockheed Martin製
AN/UYQ-70ファミリー

◆2017年10月,SM-3ブロックI弾道ミサイル防衛（BMD）用迎撃ミサイルを発射するドナルド・クック（DDG-75）

[アーレイ・バーク級（ベースライン7）搭載の民生品コンピューター・システム（UYQ-70）配置図]

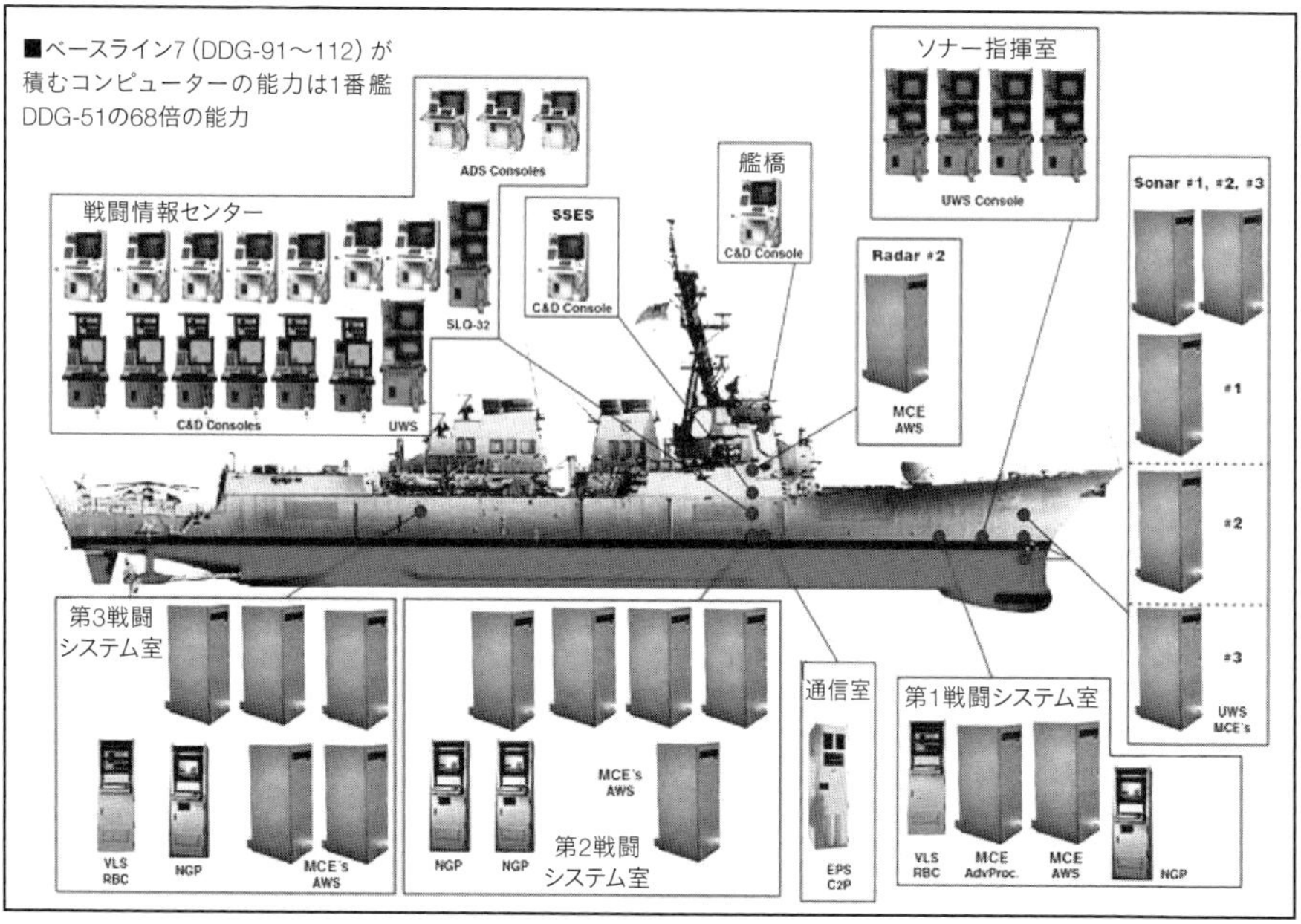

■ベースライン7（DDG-91〜112）が積むコンピューターの能力は1番艦DDG-51の68倍の能力

アーレイ・バーク級駆逐艦はミサイル120発を積む万能艦隊護衛艦だ

●12.7cm主砲用の射撃指揮装置

■2021年12月8日に就役したアーレイ・バーク級駆逐艦ダニエル・イノウエ（DDG-118）：イージス・システムのベースライン9Dを搭載しIAMD（統合型防空ミサイル防衛）能力を有した

[120発のBMD・艦隊防空・対地攻撃・対潜用ミサイルを搭載：アーレイ・バーク級主力艦（IAMD）]

◆上は96セルのVLSを搭載したオースカー・オースチン（DDG-79）

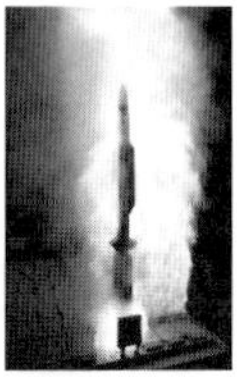

●BMD用迎撃ミサイルSM-3（ブロックI）×6発：射程1200km

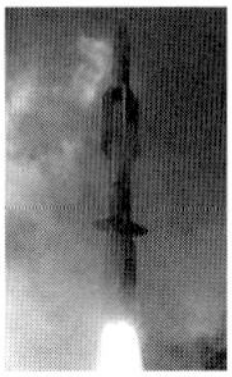

●艦隊防空用SM-6×16発：射程370km

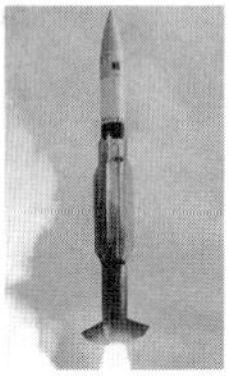

●艦隊防空用SM-2×32発：射程167km

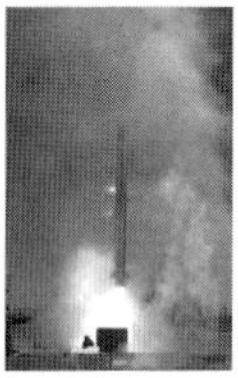

●防空用ESSM×32発：射程50km

●対地攻撃用トマホーク×24発：射程1600km＋

●対潜攻撃用VLアスロック×10発：射程22km

◆ミサイルを斉射するイージス護衛艦：CG-69,DDG-80,DDG-64,DDG-68

●コンステレーションCSG（四隻）：タイコンデロガ級×二隻、アーレイ・バーク級×二隻
●リンカーンCSG（三隻）：タイコンデロガ級×二隻、アーレイ・バーク級×一隻

このようにイージス艦は、各空母戦闘群（CSG）にそれぞれ三隻から五隻が配備されている。イージス艦の数だけでなく、配備に当たり、必ず運用能力の異なるイージス巡洋艦とイージス駆逐艦の両艦種が、組み合わされているのも特徴と言えよう。どちらか一艦種のみが配備されることはない。これは、各空母戦闘群の作戦能力をほぼ均等化するための方策であった。

ともあれ、イラク戦争に参戦した空母戦闘群は、自慢の空母航空団による航空攻撃により、イラク軍地上目標の制圧に活躍した。ただ別途、それ以上に空母戦闘群の護衛艦たちが、湾岸戦争をはるかに上回る対地攻撃を実施していた。湾岸戦争で初見参したトマホーク巡航ミサイルによる、敵の戦略目標へのピンポイント攻撃である。トマホークは、湾岸戦争では二八八発が主にバグダッドに対して撃ち込まれたが、イラク戦争時では、なんと史上最大規模の八〇二発が発射されたのである。実に二・八倍である。

トマホークを発射したのは次に示す三一隻の艦艇であった。アーレイ・バーク級が九隻（DDG-51、56、60、69、75、76、77、78、79）、タイコンデロガ級が五隻（CG-52、56、63、67、68）、スプルーアンス級が三隻（DD-977、989、992）、そしてロサンゼルス級攻撃原潜が一二隻および英海軍攻撃原潜が二隻である。イラク戦争におけるトマホーク攻撃では、発射艦の数が多い攻撃原潜も活躍したであろうが、やはりトマホークの搭載数がもともと多い一四隻のイージス艦が攻撃の主役となった。

以上からわかるようにイラク戦争に参戦した五個の空母戦闘群は、もはや洋上に歯向かうイラクの海軍戦力が皆無なこともあり、持てるすべての攻撃力（母艦機編隊やトマホーク巡航ミサイル）を海上ではなく、『陸地への戦力投射』に投入したのである。結果としてイラク戦争後、米海軍は、冷戦期からの主力艦隊であった空母戦闘群のあり方を見直し、『陸地での対テロ戦争（対アフガン戦争、イラク戦争、対武装勢力制圧戦など）』にも有効に機能できる空母打撃群に名称変更したのである。

いま一度、二〇〇三年時の空母戦闘群の艦艇構成を見直すならば、その姿は、現用の空母打撃群の姿から勘案して、ちょうど新旧艦艇が混成する過渡期の空母打撃群の姿であったと言えようか。湾岸戦争時は、旧式護衛艦と通常動力空母が大勢を占める従来型の空母戦闘群であったが、イラク戦争時には、新型のイージス艦と、新型の原子力空母が共に過半数

を占める空母戦闘群（過渡期の空母打撃群）に発展していたと考えられる。つまり、空母打撃群の基本的な完成形は、原子力空母とイージス護衛艦から構成された現用の空母打撃群なのである。

空母打撃群が持つ攻守両面のミサイル・パワー

先に示したように九個編成されている空母打撃群は、それぞれ空母が一隻であることを除いて、その艦艇構成は統一されていない。イージス護衛艦の種類と数がバラバラなのである。一番多い組み合わせは、イージス巡洋艦一隻とイージス駆逐艦五隻からなる護衛艦六隻の部隊で、第1、第3、第8空母打撃群の三個がその艦艇構成となっている。二番目が護衛艦七隻（巡洋艦二隻と駆逐艦五隻）の部隊で、第2、第12空母打撃群の二個である。また護衛艦部隊の規模が大きいのは、一二隻（巡洋艦二隻、駆逐艦一〇隻）を擁する第11空母打撃群。最も弾道ミサイル防衛（ＢＭＤ）能力が高いのが、一一隻（巡洋艦三隻、駆逐艦八隻）の護衛艦を海外基地に前方展開している第5空母打撃群であった。

このように空母打撃群の艦艇構成は標準化されていない。概して兵器システムの規格化・標準化を好む米国にしては極めて珍しいことだ。ただし理由は明確であろう。実戦に即した編成を随時、柔軟に可能とするためである。作戦時の脅威、役割や任務遂行の難易度に基づき、各空母打撃群が必要な護衛艦部隊を編成できる方策ということ。艦艇構成は、その都度決定することとされているため、各空母打撃群の艦艇構成は、展開毎に多かったり少なかったり、顔ぶれが変えられてもいる。

しかしながら、空母打撃群の標準的な艦艇構成は米海軍もホームページ（Navy Fact File）などで示している。ここでは、実際に作戦展開した空母打撃群の構成も参考にしながら、標準的な空母打撃群の戦力構成例を概観したい。ここで言う標準的な艦艇構成とは、空母航空団を搭載する原子力空母が一隻、イージス巡洋艦が二隻、イージス駆逐艦が四隻、攻撃原潜が一隻、貨物弾薬補給艦が一隻、給油艦が一隻の計一〇隻である。護衛艦は攻撃原潜を含めて七隻になる。

原子力空母は、米国政府に対して、示威行動（Show the Flag）によるプレゼンス（存在感）の維持から、空中・洋上・陸上目標に対する攻撃まで幅広い選択肢を与える兵器システムである。空母は、なにより公海上を航行しながら、その母艦機は他国の支援を受けることなく作戦遂行が可能。しかも空母打撃群は、支援艦により戦闘作戦を継続できる。また中心艦の空母は、少将の空母打撃群司令官が乗艦する旗艦でもあった。

〔空母打撃群の編成例（10隻）〕

・原子力空母×1　・イージス駆逐艦×4　・貨物弾薬補給艦×1　・空母航空団（70〜80機）
・イージス巡洋艦×2　・攻撃原潜×1　・給油艦×1　・乗員7000人以上

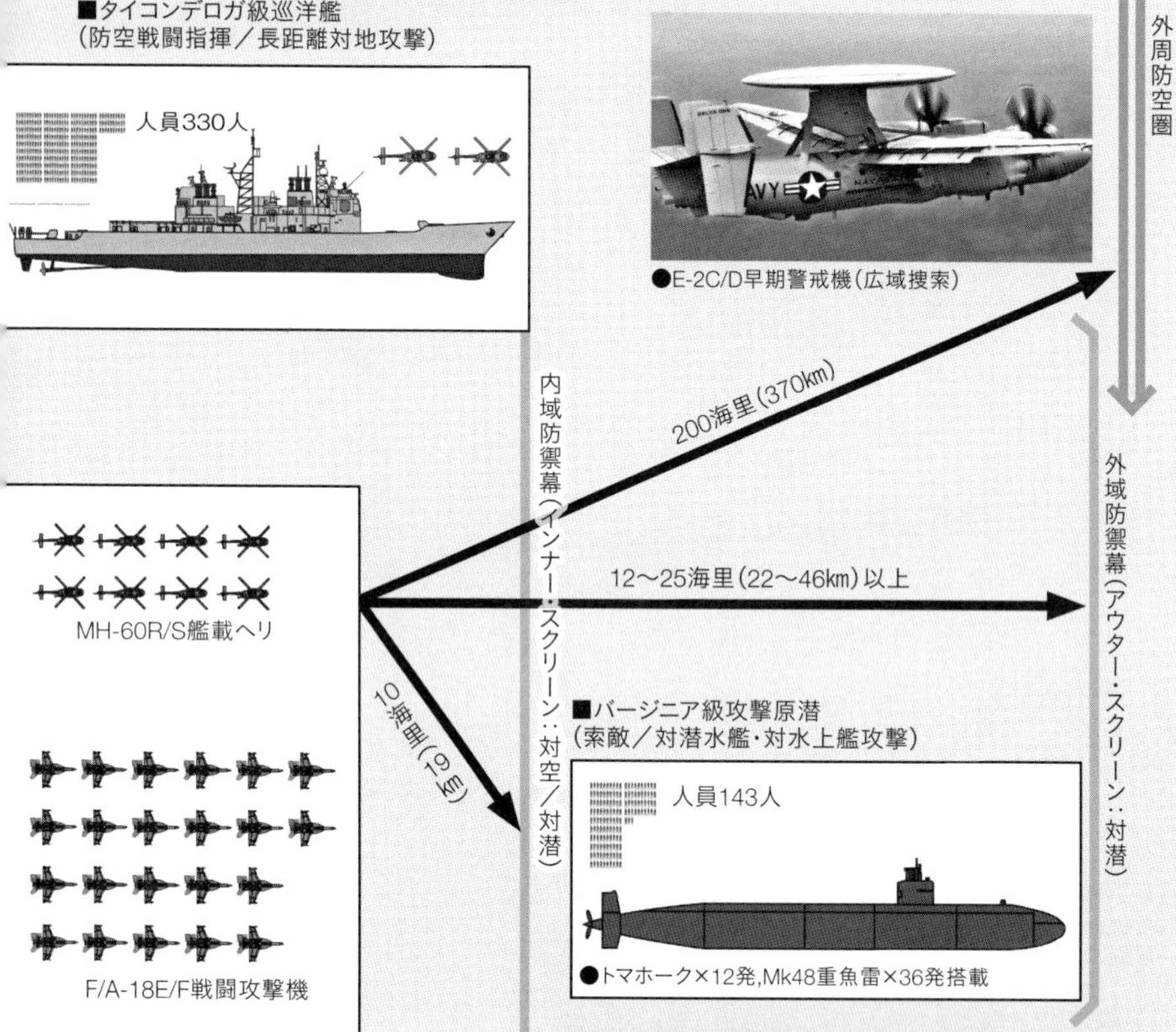

■タイコンデロガ級巡洋艦
（防空戦闘指揮／長距離対地攻撃）

〈空母打撃群の護衛艦7隻が搭載する主要ミサイル592発〉

兵器／艦種	BMD用迎撃ミサイルSM-3	艦隊防空用対空ミサイルSM-2/SM-6	対地攻撃用トマホーク巡航ミサイル	対潜用ミサイルVLアスロック	合計
アーレイ・バーク級駆逐艦（×4隻）	6発（24発）	48発（192発）	24発（96発）	10発（40発）	88発（352発）
タイコンデロガ級巡洋艦（×2隻）	0	74発（148発）	36発（72発）	4発（8発）	114発（228発）
バージニア級攻撃原潜（1隻）	0	0	12発	0	12発
合計	24発	340発	180発	48発	592発

※この見開きのカラー版を本書4〜5ページに掲載。

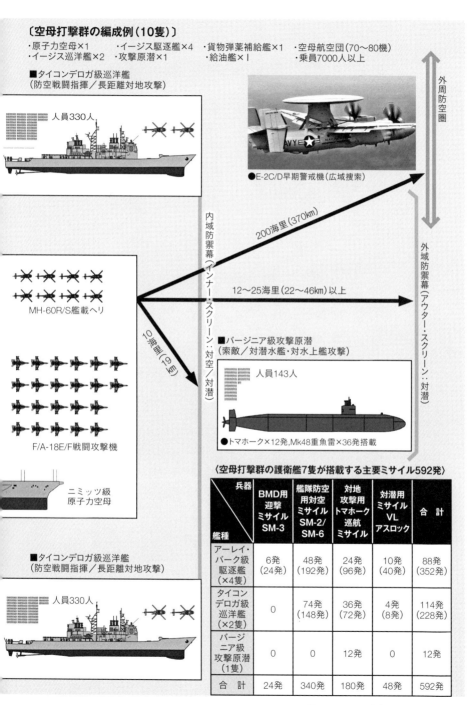

※資料:The U.S.Militarys Forcestrucuture:A Primer,2021 Update,CBO等

タイコンデロガ級イージス巡洋艦は、基本的に多用途（対空戦・対潜戦・対水上戦）な戦闘艦で、司令部機能が充実しており、防空戦闘指揮を担う。またトマホーク巡航ミサイルによる長距離対地攻撃能力も有する。船体の前後に埋め込んだＶＬＳ発射機には、様々な用途の高性能ミサイル一二二発を装填でき、九〇発／九六発装填ＶＬＳを備えたアーレイ・バーク級イージス駆逐艦より多い。同イージス駆逐艦は、巡洋艦同様の多用途戦闘艦で、主に対空戦（ＡＡＷ）を遂行する。また多くの艦には、ＳＭ‐３迎撃ミサイルを射撃可能なイージスＢＭＤ（Ballistic Missile Defense）能力が付与されている。

このほか空母打撃群の運用時には随時、攻撃原潜と補給艦が配属される。攻撃原潜は、旧式のロサンゼルス級あるいは新型のバージニア級の攻撃原潜が配備され、広域索敵や対潜戦や対水上戦により空母を防護する。もちろんイラク戦争時のようにトマホーク攻撃の主役の役割も果たしうる。補給艦は、空母打撃群にとって不可欠な兵站支援システムであることは言うまでもない。空母打撃群は、洋上補給（艦艇・航空燃料、真水、弾薬、一般貨物、冷蔵・冷凍貨物等）により、戦域に進出後の作戦遂行や前方プレゼンス、あるいは即応待機を継続することができた。ちなみに現用の主力補給艦は、満載四万トンのルイス＆クラーク級貨物弾薬補給艦（一般貨物六六七五トン搭載）一四隻と、満載四万トンのカイザー級給油艦一六隻である。

さて標準的な空母打撃群には、記したように攻撃原潜を含めて七隻の護衛艦が配備されている。その打撃力は、空母航空団と護衛艦のミサイル戦力である。現用の標準的な空母航空団は、七〇～八〇機の母艦機を搭載する。攻防両面の主力機は、様々な兵器八・二トンを搭載できる、Ｆ／Ａ‐18Ｅ／Ｆスーパー・ホーネット戦闘攻撃機で、四四機ほど搭載していた。同機は、まさに世界最強の艦上戦闘攻撃機で、最新のＡＧＭ‐１５８Ｃ長射程対艦ミサイル（ＬＲＡＳＭ：射程九二六㎞）を二発と、自衛ミサイル等を搭載し、一一〇〇㎞以上遠方への精密攻撃を遂行して帰還することが可能であった。支援するのが、ＥＡ‐18Ｇグラウラー電子攻撃機八機と、広域レーダー捜索および情報ネットワーク中枢のＥ‐２Ｃ／Ｄ早期警戒機五機である。

七隻の護衛艦が搭載するミサイル戦力は、次に示すように主要な四種類のミサイルだけで五九二発に上る。このほかに各イージス艦は、自衛用対空ミサイルとしてＥＳＳＭ（発達型シー・スパロー・ミサイル：射程五〇㎞）三二発（八セル分）をＶＬＳに装填している。なお七隻の護衛艦とは、イージス巡洋艦二隻、イージス駆逐艦四隻、攻撃原潜一隻のこと。

［護衛艦七隻搭載の主要ミサイル］

●ＢＭＤ用迎撃ミサイルＳＭ‐３（射程：ブロックⅠが一二〇〇㎞、ブロックⅡＡの射程が二五〇〇㎞で射高一五〇〇㎞）：駆逐艦が各六発を搭載。計二四発

●艦隊防空用対空ミサイルＳＭ‐２（射程一六七㎞）／ＳＭ‐6（射程三七〇㎞）：巡洋艦が各七四発、駆逐艦が各四八発を搭載。計三四〇発

●対地攻撃用トマホーク巡航ミサイル（射程一六〇〇㎞＋）：駆逐艦が各二四発、巡洋艦が各三六発、攻撃原潜が各一二発を搭載。計一八〇発

●対潜用ミサイルＶＬアスロック（射程二二㎞）：駆逐艦が各一〇発、巡洋艦が各四発を搭載。計四八発

このように空母打撃群は、一隻の原子力空母を主要なミサイル五九二発を積む護衛艦七隻が守護し、二隻の補給艦が支援している。作戦航海時には、防空のため護衛艦等が空母を中心とする輪形陣を組む。その守りは、最も外側の空域をＥ‐２Ｃ／Ｄ早期警戒機がレーダーにより警戒カバーする。これが外周防空圏である。Ｅ‐２が滞空する位置は、空母から三七〇㎞ほど遠方。最新のＥ‐２Ｄであれば、背中に積むＡＮ／ＡＰＹ‐９レーダーにより最大六四八㎞の空域を捜索できるという。九隻からなる輪形陣の前方（空母から二二㎞～四六㎞先）には、攻撃原潜が潜航し、外域防御幕（Outer Screen）を張り、敵の水上艦や敵潜の出現を警戒する。そして、輪形陣では、空母から距離一九㎞の範囲で護衛艦による内域防御幕（Inner Screen）が巡らされている。この内域防御幕に配備されているのが、六隻の護衛艦が搭載する約四〇〇発の防空・対潜用ミサイルなのである。

北朝鮮を警戒するイージスＢＭＤ艦

新たに空母打撃群に課せられた任務が、北朝鮮の核・弾道ミサイル開発に対処する必要から生まれたＢＭＤである。二〇二二年三月時点で、ＳＭ‐３によるＢＭＤ能力を備えたイージス艦は四一隻ほど。巡洋艦が五隻（ＣＧ‐61、67、70、72、73）と、駆逐艦が三六隻である。

特に最新建造のイージス駆逐艦、具体的にはベースライン９Ｄシステム（ＡＷＳ）を搭載したフライトⅡＡ建造再開艦（Restart）の八隻（ＤＤＧ‐１１３以降）は、射程一万㎞を超えるＩＣＢＭの破壊が可能な、日米で共同開発された大型のＳＭ‐３ブロックⅡＡ迎撃ミサイルを基本六発ほど搭載している。対して従来艦が積んでいる中型のＳＭ‐３ブロックⅠＡ／Ｂ迎撃ミサイルでは、ＩＣＢＭの迎撃は無理で、射程三〇〇〇㎞程度の準中距離ＭＲＢＭまでが迎撃対象であった。

これまでイージスＢＭＤ艦は、二〇〇二年から二〇二一年の間にＳＭ‐３による弾道ミサイル迎撃試験を四四回実施し、

◆2021年,NIFC-CA（海軍統合型射撃指揮・対空）によるSM-6ミサイル防空能力と弾道ミサイル防衛（BMD）能力を兼備したSM-3ブロックIIA迎撃ミサイルを搭載する最新イージス駆逐艦ジョン・フィン

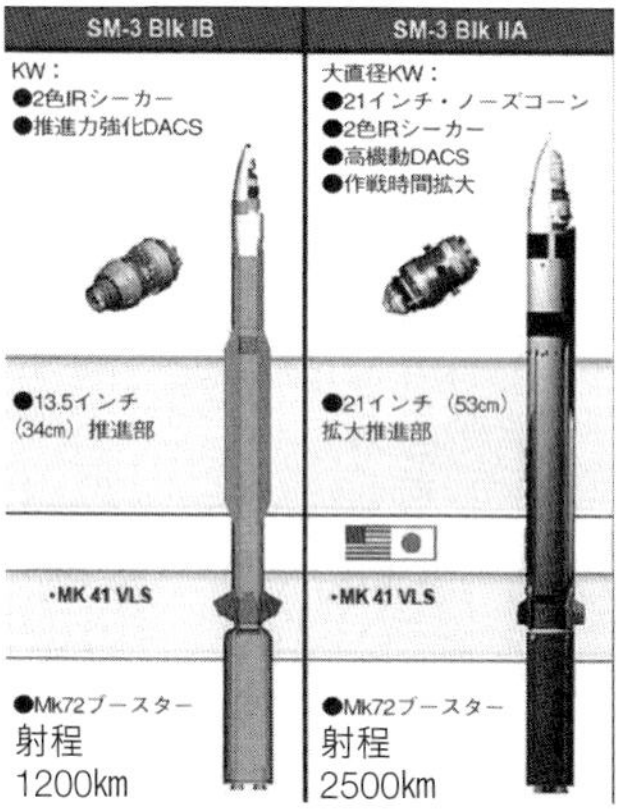

●BMD迎撃ミサイルSM-3ブロックIBとブロックIIA比較

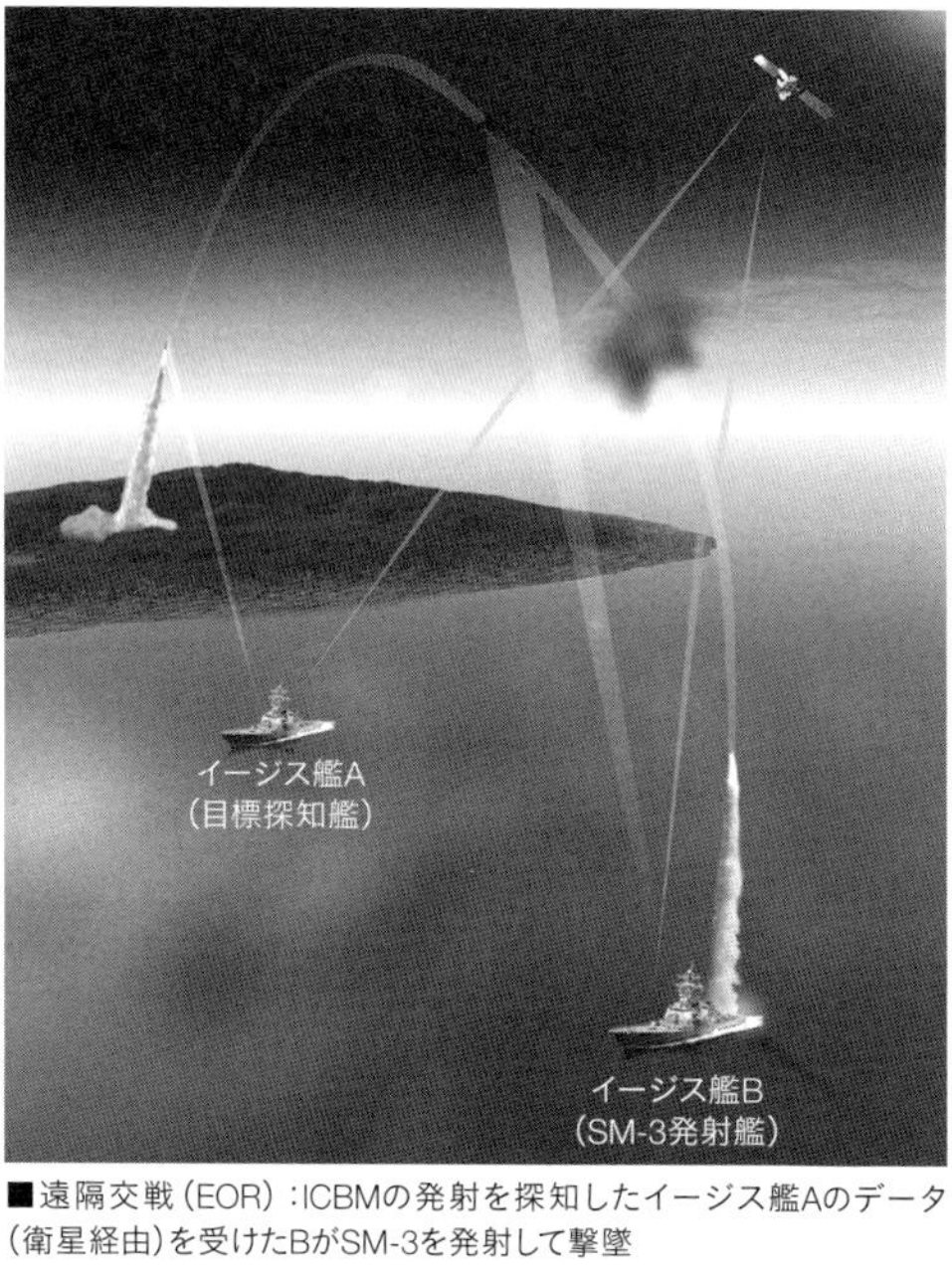

■遠隔交戦（EOR）：ICBMの発射を探知したイージス艦Aのデータ（衛星経由）を受けたBがSM-3を発射して撃墜

◆SM-3ブロックIBを発射する
巡洋艦レイク・エリー（CG-70）

アーレイ・バーク級駆逐艦が最新SM-3迎撃ミサイルでICBMを撃墜

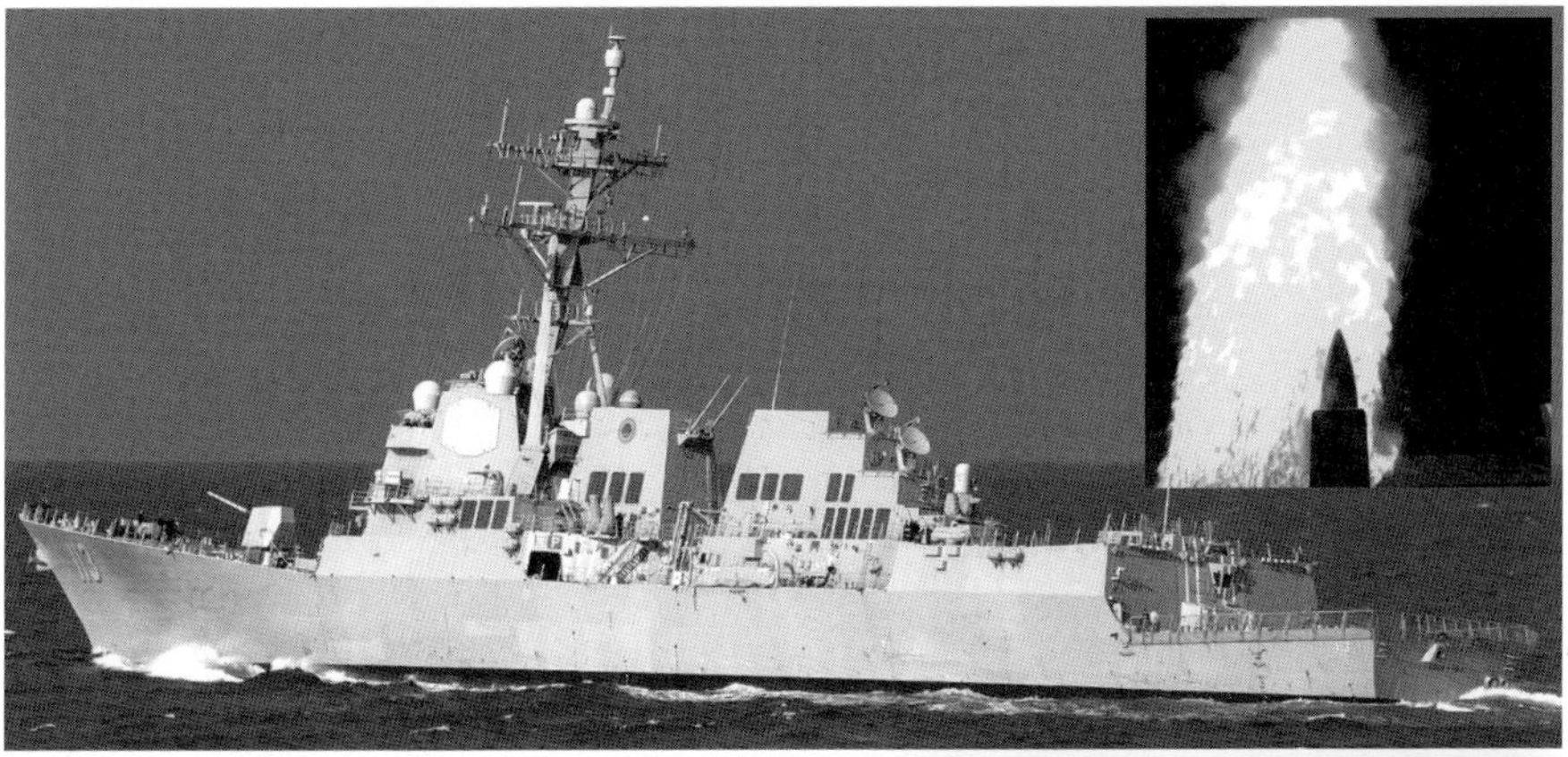

■SM-3ブロックⅡA迎撃ミサイルを発射しICBMを撃墜したイージス駆逐艦63番艦ジョン・フィン（DDG-113）

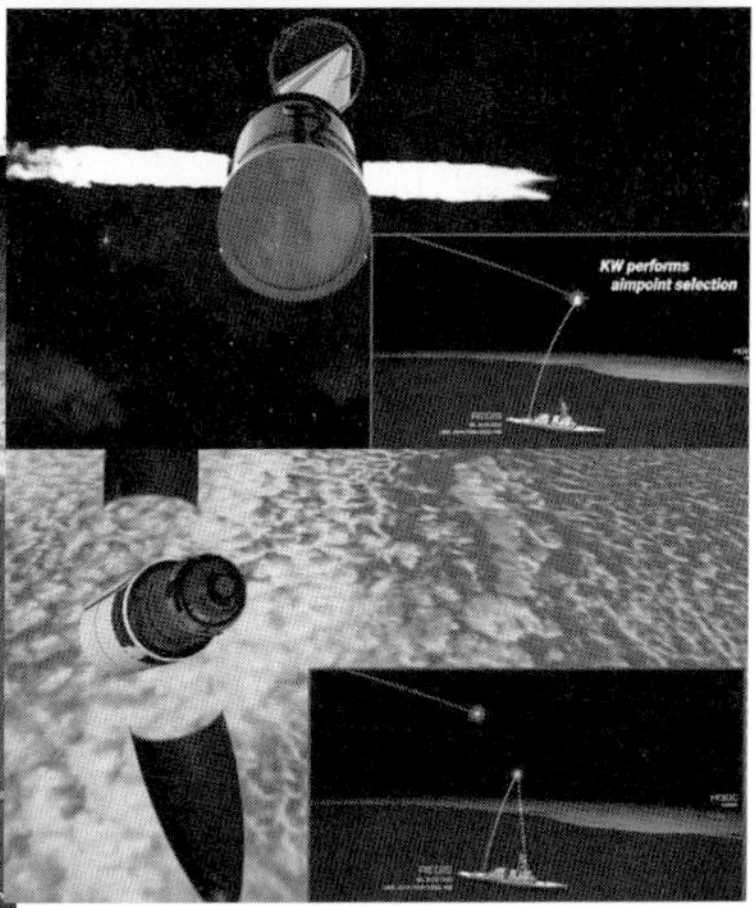

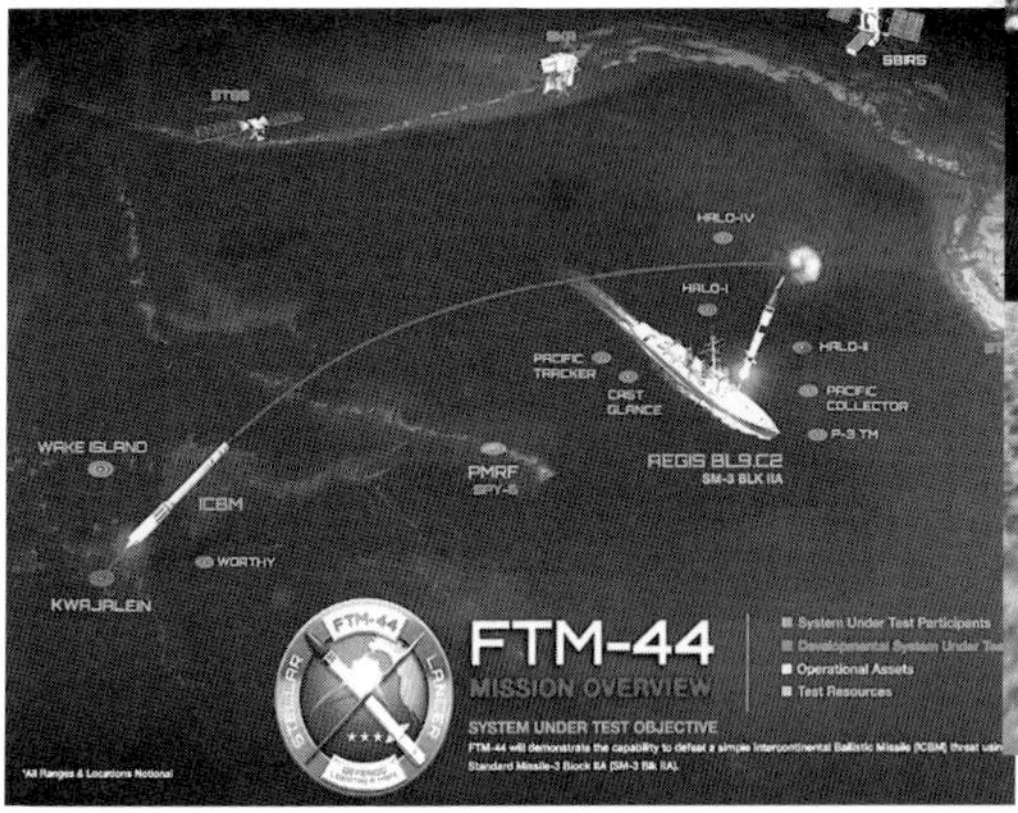

■2020年11月16日,クェゼリン環礁から発射したICBM標的をハワイ沖のイージス駆逐艦（DDG-113）がSM-3ブロックⅡAミサイルで撃墜成功（FTM-44実験）。早期警戒衛星の探知データによる遠隔交戦（EOR）でSM-3を発射しキネティック弾頭がICBM弾頭に直撃

■2022年3月に北朝鮮が発射した火星17ICBM（労働新聞）

■日米共同開発のSM-3ブロックⅡA：射程2500㎞,速度4.5㎞/S

三五回成功していた。成功率は八〇％と高い。最強最新のＳＭ‐３ブロックⅡＡのＦＴＭ‐44迎撃試験は、二〇二〇年一一月一六日に初めて実施され成功している。南太平洋上のクェゼリン環礁から多段式ＩＣＢＭ標的を発射し、ハワイ沖に佇むイージス駆逐艦ジョン・フィン（ＤＤＧ‐１１３）がＳＭ‐３を発射してＩＣＢＭの模擬弾頭を破壊したのである。

同艦は、迎撃に際し、標的データを早期警戒衛星からデータリンク経由で受け取り、ＳＭ‐３を発射する。その後、同艦は自艦のＳＰＹ‐１Ｄレーダーで標的の模擬弾頭を捕捉して誘導。終末段階ではＳＭ‐３から分離したキネティック弾頭が、内蔵の二色ＩＲシーカーで模擬弾頭をピンポイントで捕捉し、見事に直撃破壊したのである。以上のような自艦外からの探知データを用いた迎撃機能を遠隔交戦（ＥＯＲ：Engage Of Remote）と呼び、この機能を備えたイージス駆逐艦は、自艦のレーダーでは捜索できない超遠方から発射された弾道ミサイルでも迎撃可能となったのである。

同艦は、この他、搭載する長射程対空ミサイルＳＭ‐６とＮＩＦＣ‐ＣＡ（海軍統合型射撃指揮・対空：Ｅ‐２Ｄからのレーダー情報の利用能力）機能により、超低空飛翔する巡航ミサイルに対する探知・迎撃能力、あるいは水平線以遠に及ぶ広域迎撃能力を獲得できたのである。

海軍は、この高度な艦隊防空能力と、イージスＢＭＤ能力を兼備する艦を統合型防空ミサイル防衛（ＩＡＭＤ：Integrated Air and Missile Defense）艦と表現し喧伝している。ＳＭ‐３ブロックⅡＡ迎撃ミサイルを積むＩＡＭＤイージス駆逐艦は、既に横須賀配備の第5空母打撃群に二隻（ＤＤＧ‐１１４、１１５）配備され、北朝鮮のＩＣＢＭ発射に対して睨みを利かせているのだ。

第7章

二〇三〇年『空母打撃群の次世代主力艦』

空母フォードに対する耐衝撃試験（2021年8月）（写真：U.S.Navy）

五年遅れとなった次世代空母フォードの初展開

アメリカ海軍艦隊は、米国が世界の警察官足る役目を引退した今でも、地球上の主要な海域を常にパトロールしている。代表例が、第7艦隊の原子力空母やイージス艦による『航行の自由作戦』である。これは、中国による一方的な東シナ海支配を阻止するため、中国の警告に抗い、米艦隊が定期的に続行している実弾を撃たないプレゼンス（存在感）の表明作戦と言えよう。結果、米艦隊には、常に世界で最も実戦に即した高い作戦技量が求められている。

このようなきな臭い事情もあり、空母のような大型艦艇の場合、就役してから一年数か月から二年の間は、艦隊任務（fleet tasking）のための準備期間に充て、すぐには初配備とはならない。乗員に対する実務試験を入念に繰り返すとともに、新造艦艇にも改修・整備を施すのである。

たとえば第二世代原子力空母であるニミッツ級の一番艦ニミッツ（CVN‐68）は、起工（一九六八年六月）から七年後の一九七五年五月に就役。そして、初の任務展開は、一年二か月後の一九七六年七月であった。地中海への派遣で、これが米原子力艦による初の地中海配備だと言われている。一九七七年一〇月に就役した二番艦のドワイト・D・アイゼンハワー（CVN‐69）は、やはり一年二か月後の一九七九年一月に地中海への初配備がなされている。三番艦のカール・ビンソン（CVN‐70）は、一九八二年三月に就役し、一年後の一九八三年三月に地中海に初配備となっている。

ではニミッツ級の後継となる次世代原子力空母のフォード級はいかがなのか。第三世代の原子力空母となる同級一番艦のフォード（CVN‐78）は、起工（二〇〇九年一一月）から八年後の二〇一七年七月に就役。初代原子力空母のエンタープライズ（CVN‐65：二〇一二年退役）と交代する。次に艦隊任務の準備を経て、二〇一八年の初配備を予定していた。しかしながら第三世代のフォード級には、後述する電磁カタパルト等の未完成状態の先進技術が二三個ほど採用されており、これが同級の実用化を大幅に邪魔することとなった。海軍作戦総長のマイケル・M・ギルデイ大将は、「二三もの新しい技術を詰め込んだのは二度となしてはならない過ちだった。新たに導入する新技術は二つまでにして、事前の陸上試験を徹底することが望ましい」と反省の弁を述べている。

ともあれ、その後、対策が粛々となされ、初配備は、どうにか二〇二二年一〇月四日となった。実に就役から五年後、ニミッツ級の五倍である。就役した後のフォードは、噴出する機材の不具合への対処作業が続いたが、ようやく二〇一九年末になると一八か月間の就役後試験運用（PDT&T）の段

退役始めた沿海戦闘艦LCS:フリーダム級&インディペンデンス級

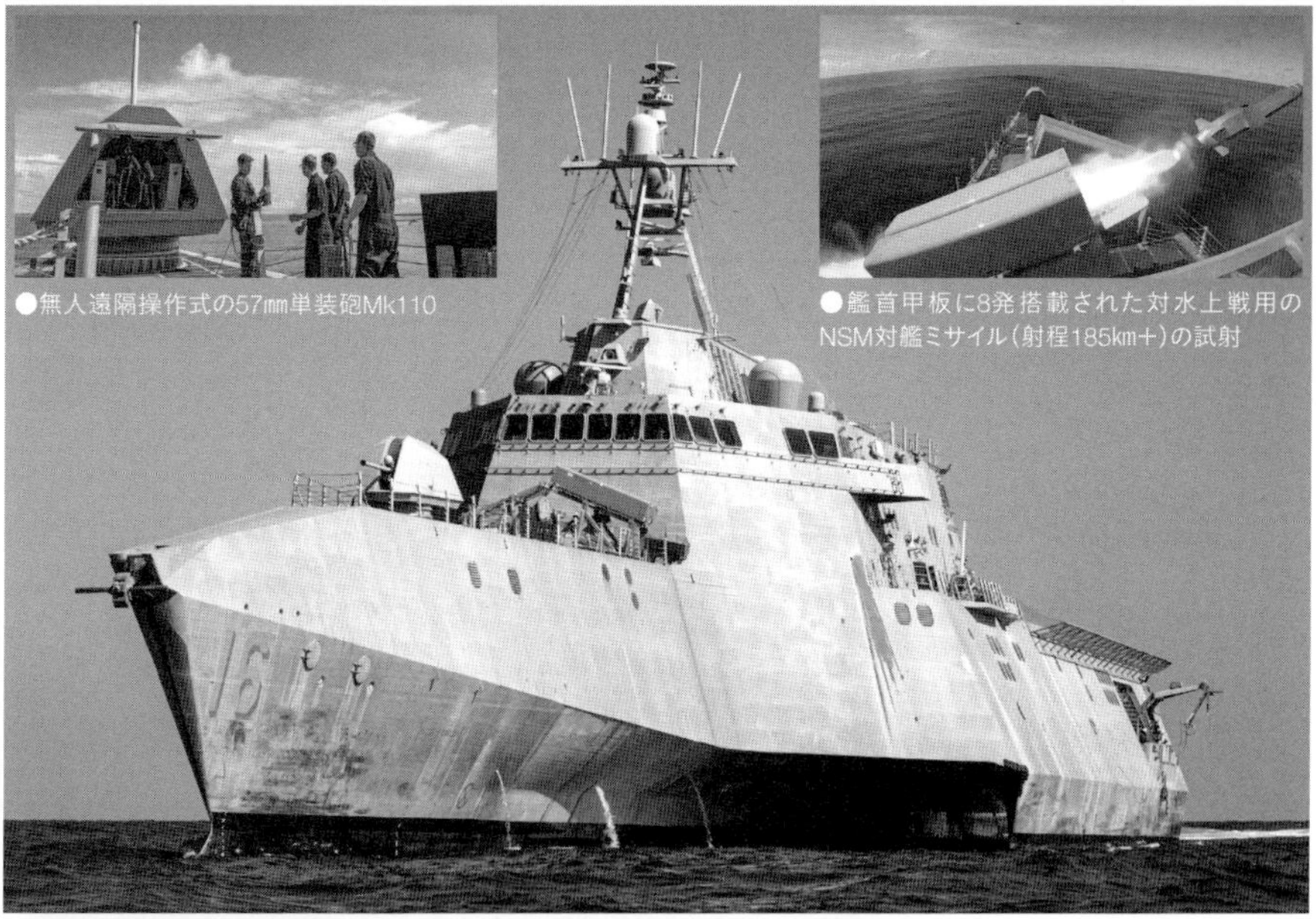

●無人遠隔操作式の57㎜単装砲Mk110

●艦首甲板に8発搭載された対水上戦用のNSM対艦ミサイル(射程185km+)の試射

インディペンデンス級の建造予定数は19隻だが既に耐久性不足等から2隻が退役している

■艦首が尖った三胴船体のインディペンデンス級LCSの8番艦タルサ(LCS-16)。57㎜単装砲，VLS(AGM-114ヘルファイア×24発)，NSM4連装発射機×2基，30㎜砲×2門を搭載している。これは水上戦(SuW)モジュールの搭載である

●ジャクソン(LCS-6)に着艦したMQ-8C無人機

●MH-60ヘリ，MQ-8無人機，水上水中艇等を収容するフリーダム級の広い大型ミッション区画

■単胴船体のフリーダム級LCSの1番艦フリーダム(LCS-1)。2008年に就役したが機関等の不具合のため2021年に退役。同級の建造予定数は16隻ほど

艦名(級名)	イージス駆逐艦J・H・ルーカス(DDG-125:アーレイ・バーク級)	大型駆逐艦ズムウォルト(DDG-1000:ズムウォルト級)	原子力空母G・R・フォード(CVN-78:フォード級)
満載排水量(基準) 全長×最大幅	9711トン:フライトⅢ 160m×20m	1.6万トン(約1.4万トン) 186m×24.6m	10.2万トン(8.8万トン) 333m×78m
速力(出力) 航続距離	30ノット+(10万馬力)8150km(20ノット)	30ノット+(10.5万馬力) 推定1万km以上(20ノット)	30ノット+(28万馬力) 無制限
兵　装 (対空火器/搭載機)	62口径12.7cm単装砲×1 25mm砲×2 20mmCIWS×2 Mk41VLS(計96セル:各種ミサイル) MH-60R対潜ヘリ×2機	62口径155mm砲×2 30mm砲×2 Mk57VLS(計80セル:ESSM, SM-2, トマホーク) MH-60R対潜ヘリ×1機, MQ-8C×1機	ESSM短SAM発射機×2 RAM(近SAM)×2 20mmCIWS×3 搭載機:70〜80機(F-35C, F/A-18E/F, EA-18G, E-2D, CMV-22B)
乗　員	380人	178人	4539人
クラス総建造数	14隻予定	3隻	5隻以上

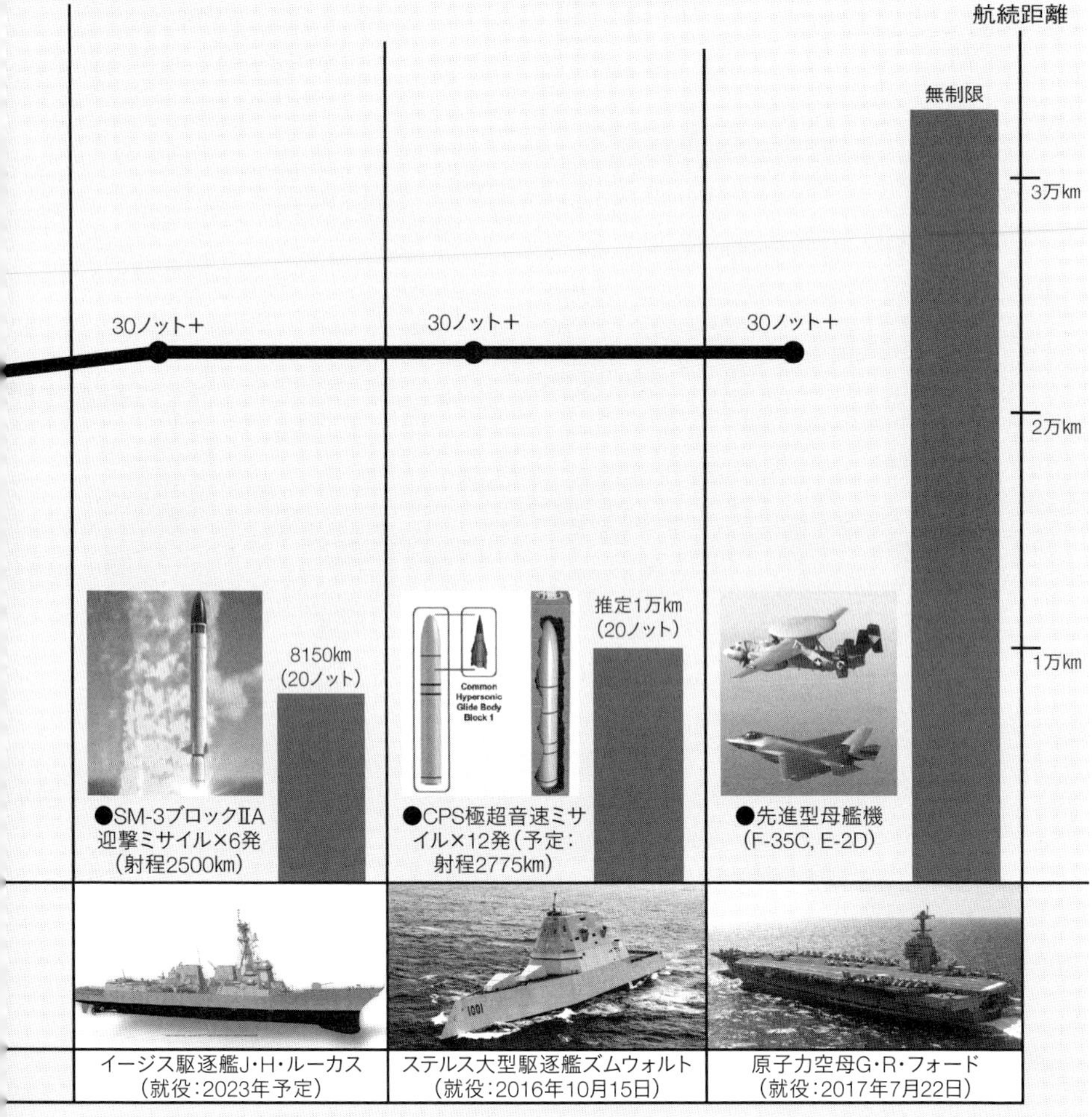

2030年時の空母打撃群主力艦の艦種別性能比較:機動力と兵装

艦名(級名)	沿海戦闘艦リトル・ロック(LCS-9:フリーダム級)	沿海戦闘艦タルサ(LCS-16:インディペンデンス級)	ミサイル・フリゲート:コンステレーション(FFG-62:コンステレーション級)
満載排水量(基準) 全長×最大幅	3450トン(2700トン) 118m×17.6m	3200トン(2300トン) 128.5m×31.6m	7291トン(6016トン) 151.1m×19.8m
速力(出力) 航続距離	45ノット(11.5万馬力) 6500km(18ノット)	44ノット(9.7万馬力) 7964km(18ノット)	26ノット(4万馬力) 1.1万km(16ノット)
兵　装 (対空火器/ 搭載機)	57mm単装砲×1 RAM(近SAM)×1 ※ミッション・モジュール MH-60R/Sヘリ×2あるいはMQ-8無人機	57mm単装砲×1 シーRAM(近SAM)×1 ※ミッション・モジュール MH-60R/Sヘリ×1, MQ-8C無人機×1	57mm単装砲×1 RAM(近SAM)×1 Mk41VLS(32セル:各種ミサイル) NSM対艦ミサイル×16発 MH-60/MQ-8×各1機
乗　員	50人	40人	200人
クラス総建造数	16隻予定	19隻予定	20隻予定

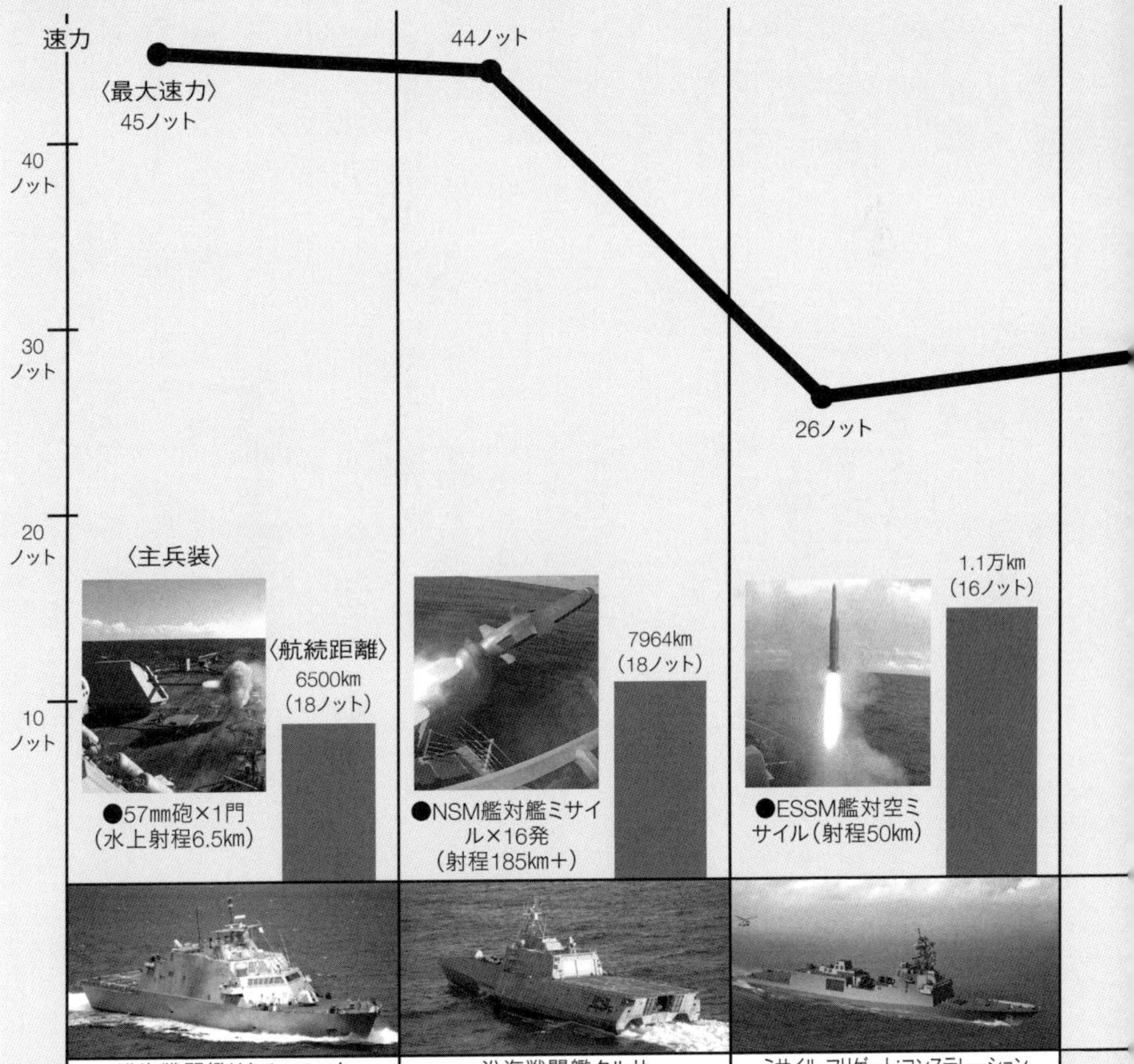

沿海戦闘艦リトル・ロック
(就役:2017年12月16日)

沿海戦闘艦タルサ
(就役:2019年2月16日)

ミサイル・フリゲート:コンステレーション
(就役:2026年予定)

階に入ることができた。これは、異例にも空母乗員だけでなく、第12空母打撃群（通称、フォード空母打撃群）のグレゴリー・ハフマン司令官までが空母に乗り組んでのものであった。狙いは、艦内生活を共にしながら試験運用することで、配備の遅れを取り戻すため。特に指揮命令系統の円滑化が狙いとされている。

二〇二一年になると性能試験に移り、六月から八月に久しぶりの耐衝撃試験（FSST：Full Ship Shock Trials）がフロリダの沖合で実施された。これは、大量の爆薬（一八トン）を船体の近くで炸裂させ、船体構造が戦闘に耐えるものなのかを検査するもの。久しぶりと記したが、前回のFSSTは、一九八七年にニミッツ級空母の耐衝撃性を検証したもので、四番艦のセオドア・ルーズベルト（CVN-71）が実施している。今回は三四年ぶりの試験であった。その後、ニューポート・ニューズ造船所で六か月間の整備作業（PIA：Planned Incremental Availability）を二〇二二年二月に完了。以後、第8空母航空団を空母フォードに搭載し、当局による初配備前に不可欠な最後の運用試験の評価を繰り返しながら乗員の習熟練度を認定していくのだ。

空母フォードに乗り組んだ艦長のポール・ランジロッタ大佐は、二六〇〇時間の飛行経験を持つE-2Cのパイロットでもあるが、初配備に向けて、次のように自信を述べている。

「航空管制や飛行甲板の要員からカタパルトや着艦拘束装置チームまで、わが母艦の乗員は、第8空母航空団との統合化を成功させるプロ集団のレベルにあることを見せつけている」

米海軍空母誕生から百年の進化発達

記したように二〇二二年には、ようやく米海軍待望の次世代原子力空母フォード級の一番艦が、大西洋に初配備された。奇しくも同年は、同軍初の空母ラングレー（CV-1）が一九二二年に就役してから百周年目に当たった。ここでこの一〇〇年間に米空母がどれほど進化発展したのかを、区切りとなる空母を取り上げ、ごく簡単に振り返っておきたい。

初代空母のラングレーは、石炭艦ジュピターの船体に真っ平らな全通飛行甲板を載せる大改造を施した代物で、満載一・三万トン、全長一六五m、幅二〇mの大きさがあった。甲板上には、母艦機の離着艦を優先したため、後の空母の特長とも言えるアイランド艦橋は造られていなかった。その母艦機の搭載能力は、これも初の複葉式艦上戦闘機として専用設計されたカーチスTS-1を三六機ほど積むことができたが、あくまでラングレーは、空母製造の実験艦的な存在と言えたであろう。

ラングレーから一二年後の一九三四年には、当局が当初から純粋の空母として専用設計した、初の艦隊正規空母のレンジャー（CV-4）が就役している。甲板上にはアイランド艦橋と三基の航空機用エレベーターが設置され、後に続いて次々建造される米艦隊正規空母のデザインの原型とされている。大きさは満載一・七六万トン、全長二三五m、幅三三mほど。軍縮条約による制限を受け、正規空母としてはやや小型であったが、大き目の開放式格納庫を船体に設けることで、単葉式の最新全金属製戦闘機グラマンF4Fワイルドキャットなど七六機もの母艦機を搭載することができた。

大戦中の一九四二年には、戦訓を取り入れた初の大型艦隊正規空母のエセックス（CV-9）が建造される。大きさは満載三・三万トン、全長二六七m、幅四五mの大型空母で、十分な対空火力と装甲防御力が施され、一五万馬力の蒸気タービンの搭載により三三ノットの高速航行が可能であった。母艦機の搭載能力は、大型レシプロ単発機のグラマンF6Fヘルキャット戦闘機を主力として約一〇〇機も搭載でき、絶大な洋上航空攻撃力を保有していた。エセックス級空母は一七隻が大戦中に完成。周知のようにエセックス級を中核とする高速空母任務部隊が、強力な日本海軍の空母機動部隊を艦隊決戦により撃滅し、太平洋戦争の勝利に大いに貢献したのである。

米海軍が戦後初めて開発したのが一九五五年に就役した、超大型空母フォレスタル（CV-59）である。フォレスタル級は、マクドネルF-4JファントムⅡのようなマッハ二級の大きくて重い超音速ジェット戦闘機を多数運用するため、次に示す数々の新機軸を採用していた。これは最新現代空母のフォード級にも継承されている。

[フォレスタル級の新機軸]

●三〇〇m級の超大型空母船体
●斜め飛行甲板
●蒸機カタパルト
●ミラー式光学着艦装置

フォレスタルの大きさは、満載七・七万トン、全長三一〇m、幅七二mほど。同級はエセックス級に比べ超大型空母である。すべてジェット母艦機の運用のための新機軸と言えよう。同級の母艦機搭載能力は、一個空母航空団（F-4やA-6ジェット母艦機など七〇機以上）であった。

続いて世界初の原子力空母であるエンタープライズが一九六一年に就役する。ただあまりにも建造費が高価なため、追加建造が断念され、代えてフォレスタル級の改良型キティ・ホーク級が追加建造されている。そして同級の次に価格面でも洗練された、第二世代の原子力空母ニミッツが一九七五年に就役する。ニミッツ級は、性能面でも安定成熟した運用能

〈100年間に空母の満載排水量は8倍,全長は2倍に拡大〉

空母名	就役年	満載量	全長/幅	速力/出力
ラングレー（CV-1）	1922年	1.3万トン	165m 20m	15.5ノット 6500馬力
レンジャー（CV-4）	1934年	1.76万トン	235m 33m	29.5ノット 5.4万馬力
エセックス（CV-9）	1942年	3.3万トン	267m 45m	33ノット 15万馬力
フォレスタル（CV-59）	1955年	7.7万トン	310m 72m	34ノット 26万馬力
ニミッツ（CVN-68）	1975年	10万トン	333m 76.8m	30ノット＋ 26万馬力
フォード（CVN-78）	2017年	10.2万トン	333m 78m	30ノット＋ 28万馬力

●2017年就役の原子力空母フォード（CVN-78）：
次世代ステルス戦闘機ロッキード・マーチンF-35CライトニングⅡ
〈ニミッツ級後継の次世代原子力空母〉

●1975年就役の原子力空母ニミッツ（CVN-68）：
主力戦闘攻撃機マクドネル・ダグラスF/A-18C/Dホーネット
〈10隻建造された原子力艦隊正規空母〉

●1955年就役の空母フォレスタル（CV-59）：
主力ジェット戦闘機マクドネルF-4ファントム
〈戦後初建造された超大型空母〉

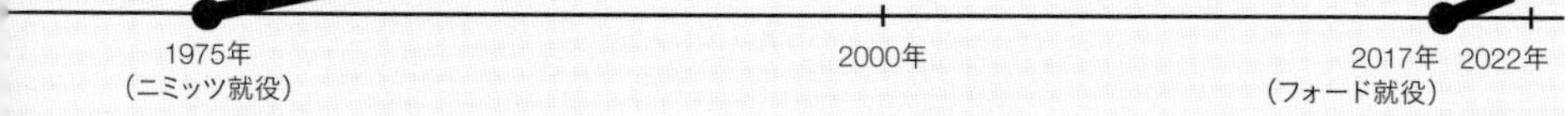

米海軍空母誕生100年（1922～2022年）：空母と艦上戦闘機の発達図

〈100年間に戦闘機重量は33倍，速度は10倍以上に大型化〉

戦闘機名	初飛行	最大重量	武装（爆弾）	最大速度
カーチス TS-1	1922年	0.97トン	7.62mm×1	211km/h （200馬力）
グラマン F4F	1937年	3.4トン	12.7mm×4 （45kg×2）	531km/h （1200馬力）
グラマン F6F	1942年	7トン	12.7mm×6 （1800kg）	629km/h （2000馬力）
マクドネル F-4J	1958年	26.8トン	AAM×8 （7.26トン）	2549km/h （8.1トン×2）
ボーイング F/A-18C/D	1987年	25.4トン	20mm×1 AAM×12 （7.7トン）	1915km/h （8トン×2）
ロッキード M.F-35C	2010年	31.8トン	AAM×6:機内 （8.2トン）	1915km/h （18.1トン×1）

※最大速度下のデータはエンジン出力値

●1942年就役の空母エセックス（CV-9）：
主力戦闘機グラマンF6Fヘルキャット
〈24隻建造された高速艦隊正規空母〉

◆空母100周年：
ラングレー，レンジャー，フォード。
戦闘機TS-1, F4F, F-35C

●1934年就役の空母レンジャー（CV-4）：
主力戦闘機グラマンF4Fワイルドキャット
〈米海軍初の艦隊正規空母〉

●1922年就役の空母ラングレー（CV-1）：
主力戦闘機カーチスTS-1
〈米海軍初の航空母艦〉

1922年（ラングレー就役）　1934年（レンジャー就役）　1942年（エセックス就役）　1950年　1955年（フォレスタル就役）

力を示し、初の原子力艦隊正規空母として一〇隻が建造されたのである。大きさは満載一〇万トン、全長三三三m、幅七六・八mとさらに大型化している。母艦機搭載能力は、一個空母航空団で、フォレスタル級と同じ。もちろんニミッツ級のほうがフォレスタル級より搭載スペース上の母艦機搭載能力は大きい。問題は空母航空団の編成にあり、必要に応じて機体の増加は可能と思われる。

最後は、二〇一七年就役の第三世代の原子力空母フォード級である。ただ船体の大きさや母艦機搭載能力は、ニミッツ級とほぼ大差ない。おそらく空母のサイズは、費用を含めた実用上の限界に達したのであろう。なにしろ次世代空母フォードの建造費は、一三〇憶ドル（約一・七兆円）なのである。

ここで初代空母のラングレーと一〇〇年後に登場したフォードを比べてみたい。満載排水量は前者の一・三万トンから後者の一〇・二万トンに拡大している。七・八倍である。全長は一六五mから三三三mに延伸。二倍である。幅は二〇mから七八mに。三・九倍である。主機の馬力は、前者の六五〇〇馬力から、原子力推進の二八万馬力に大きく増大している（フォード級は新型の寿命五〇年で核燃料の交換が不要なA１B加圧水型原子炉を二基搭載）。実に四三倍のパワーアップである。ただ速力は一五・五ノットに対して三〇ノット。わずかに一・九倍の伸びに過ぎない。現代の大型艦の速度は、むしろ大戦中の艦艇より落ちている。三〇ノットが現代艦隊としての経済的な実用スピードと言えようか。航続距離は、通常型空母のラングレーが一〇ノットで六五〇〇㎞ほど。対してそもそも原子力空母のフォードの航続力は無制限なので比較にならない。

次に言うまでもなく空母自体に攻撃力はないので、独自の航空攻撃力は搭載する航空団に依拠しており、こちらも当然ながら一〇〇年間に飛躍的な発展を遂げている。まずラングレーに搭載された艦戦のTS-1は、最大重量が約一トン、速度が時速二一一㎞ほどの低速の布張り複葉レシプロ単発機で、武装として七・六二㎜機関銃一丁を装備していた。これが現代最新のジェット単発ステルス艦上戦闘機である、ロッキード・マーチンF-35Cでは、最大重量が三一・八トン、速度が時速一九一五㎞（マッハ一・六）に大きく飛躍している。重量が三二倍、速度も九倍に達している。なにより、一〇〇年後の先進戦闘機としてF-35Cは、極めて高度なレーダーに対する超低観測性能（ステルス）を備えていた。

未完の次世代技術を満載したフォード級

大きさは変わらないが、ニミッツ級から四二年後に造られたフォード級空母には、記したように二三個の新技術が採用されているという。両艦の見た目の区別は容易に違いない。なにより真っ平らな甲板上に造られたアイランド艦橋が一新されている。ニミッツ級は、従来型の四角い箱型アイランド艦橋だが、フォード級はコンパクトな角面構成の塔型アイランド艦橋に成形されていた。この形状はステルス対策であるとともに、飛行甲板の有効スペースを確保するためでもあった。アイランド艦橋の天井に載せている角柱型の複合マストもステルス対策の一つだ。

この塔型アイランド艦橋の壁面には、本級の特長の一つである新型の二周波数レーダー（DBR：Dual Band Radar）の平面アンテナを各三基ずつ張り付け固定していた。アイランド艦橋の正面に一基、背面の左右側に各一基で、このアンテナの三方固定配置により、三六〇度全周のレーダー捜索が可能となっているのだ。なお二周波数レーダーとは、Sバンド波を使う大きなアンテナのロッキード・マーチン製のAN／SPY‐4広域捜索レーダーと、Xバンド波を使う小振りなアンテナのレイセオン製のAN／SPY‐3多機能レーダーのこと。SPY‐4の平面アンテナ（四・一m×三・九m）は、各一二〇度の探知履域があり、探知距離は六二五km以上。主用途は長距離対空捜索で、特性として高い電波妨害能力を有し、イージス艦が積むSPY‐1レーダーの弱点となっていた、低空域でのシー・クラッター（海面反射）に埋もれた目標の探知能力も高いという。目標の追尾可能数もイージス艦の一〇倍の二〇〇〇個に達するともいう。ただ本レーダーには出力不足が主な原因で、性能発揮が不安定という難問があり、これがフォードの完成を遅らせる技術トラブルの一つとなっていた。

いっぽう、小振りな平面アンテナ（二・七m×二・一m）のSPY‐3多機能レーダーは探知距離三二〇kmほど。用途は、多彩で、目標の精密追尾や自衛用ESSM対空ミサイルの射撃管制、海面に突き出た敵潜水艦の潜望鏡の捕捉まで行う能力があった。こちらは完成度が高く、ズムウォルト級にも改修型のSPY‐3レーダーが装備されている。

以上のように二周波数レーダーは、非常に高級・高性能な複合レーダーであったが、SPY‐4の完成度が低くい上に、極めて高額なシステムとなってしまった。結果、フォード級の二番艦ジョン・F・ケネディ（CVN‐79）以降の空母には、SPY‐4レーダーを搭載せず、代わりにより費用対効果に優れた、三面固定アンテナの同じSバンド波を使うレイセオン製SPY‐6（V）3レーダーが搭載されている。

とりわけフォード級の先進技術として有名なのが、古いC‐13蒸気カタパルトに変えて初めて搭載された電磁カタパルト（EMALS：Electromagnetic Aircraft Launch System）であろう。蒸気カタパルトは、高圧蒸気駆動のピスト

■開発に手間取った先進兵器エレベーター

〈画期的な電磁カタパルト(EMALS)の搭載図(GA)〉

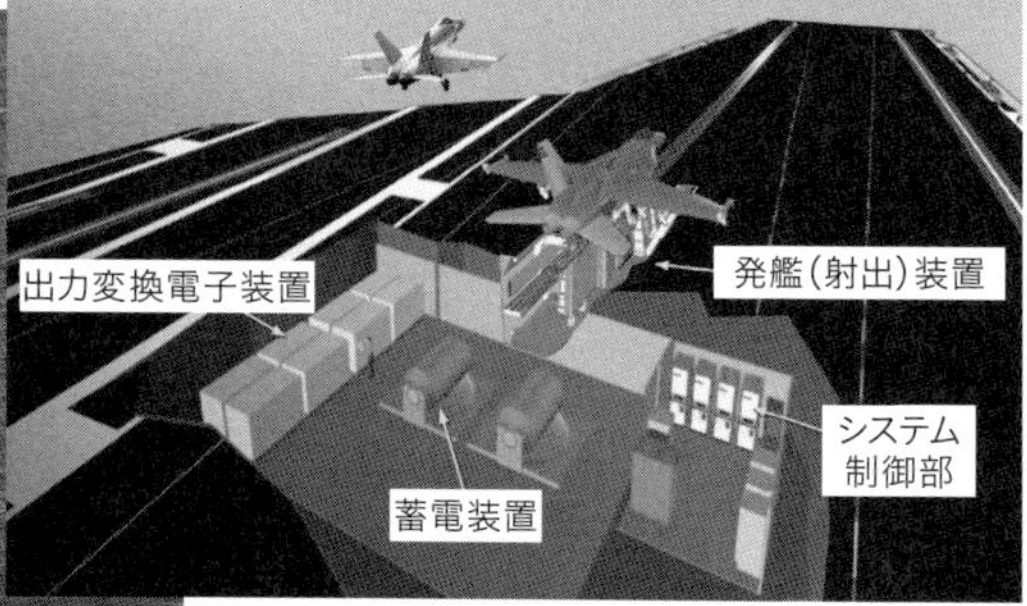

■フォードの飛行甲板に艤装された電磁カタパルトの発艦射出装置

■フォード級の後甲板に埋め込まれたAAG(先進型着艦拘束装置)

■ニミッツ級の蒸気カタパルトC-13
(全長94m)

次世代電波／電磁システムを初導入したフォード級原子力空母

SPY-3多機能レーダー
（探知距離320km）
SPY-4広域捜索レーダー
（探知距離625km）
フォード艦内に設置されたCDC
（戦闘指揮所）

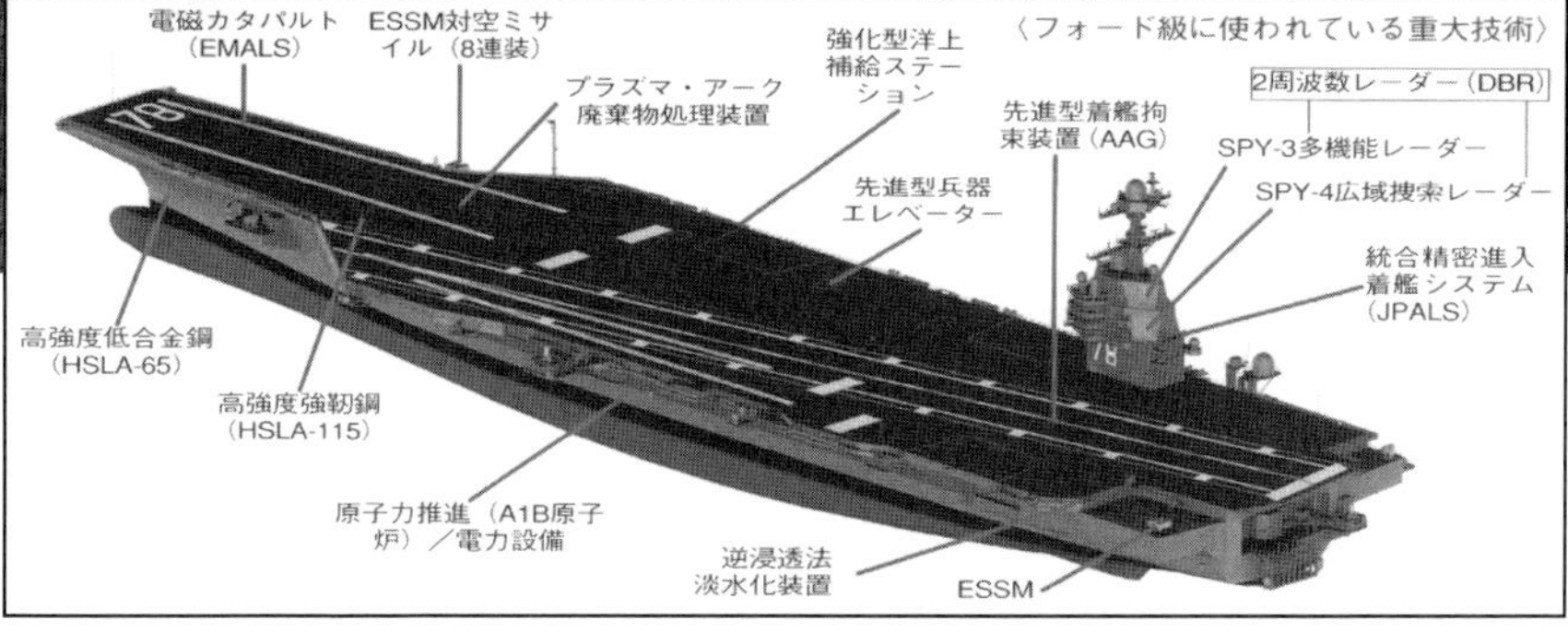
〈フォード級に使われている重大技術〉
電磁カタパルト
（EMALS）
ESSM対空ミサイル（8連装）
プラズマ・アーク
廃棄物処理装置
強化型洋上
補給ステーション
先進型着艦拘
束装置（AAG）
2周波数レーダー（DBR）
SPY-3多機能レーダー
SPY-4広域捜索レーダー
先進型兵器
エレベーター
統合精密進入
着艦システム
（JPALS）
高強度低合金鋼
（HSLA-65）
高強度強靭鋼
（HSLA-115）
原子力推進（A1B原子炉）／電力設備
逆浸透法
淡水化装置
ESSM

ンにより航空機を射出する方式だが、こちらは電気によって発生した移動磁界により航空機を射出する画期的なもの。利点は、エネルギー効率が一〇倍で、機体への射出時負担を軽減でき、システムのサイズを半減でき、人員の三〇％削減、高い航空機出撃率など作戦能力の増強に大きく貢献できると高い評価がなされていた。具体的には、一〇万馬力のリニア誘導電動機が母艦機を引っ張り、長さ一〇六ｍの電磁カタパルトのレール上を走るのだが、この際、機体の強度や重量に合わせて発艦速度を時速一〇一㎞から時速三七〇㎞の範囲で柔軟に調整することができた。華奢な無人機には最適であろう。また最大四五・三トンの機体でも射出可能で、これは蒸気カタパルトを一〇トンも上まわる怪力であった。

着艦拘束装置もフォード級では、古い油圧制動式のＭｋ7から、電磁システムを用いた先進型着艦拘束装置（ＡＡＧ）に更新されている。これで軽量小型化と四五％近い人員削減が実現したという。ただＡＡＧも新機軸であるため、完成度が低く、信頼性の向上に手間取り、フォード配備の遅延に加担していた。着艦技術について、もう一つ先進装置が採用された。これが、任務を終えて遠方から帰投する母艦機を誘導する、統合精密進入着艦システム（ＪＰＡＬＳ）である。要は、航法補強衛星（ＳＢＡＳ）と三機のＧＰＳ衛星、そして母艦機と空母を結ぶ昼夜全天候型の双方向型精密位置送受信システムで、母艦機は三七〇㎞遠方からでも空母の位置を捕捉できた。当然ながら接近するにつれて精度は上がり、一〇海里（一八・五㎞）以内からは空母への精密な着艦誘導が可能になる優れモノで、一度に誘導できる母艦機は五〇機を超えるという。

ともあれ、数ある未完の先進技術がフォードの配備を遅らせた。それでも二〇二一年末には、フォードに搭載した第8空母航空団のＦ／Ａ‐18スーパー・ホーネットやＥ‐2Ｄ早期警戒機等は、先進のＥＭＡＬＳ電磁カタパルトとＡＡＧ着艦拘束装置を使って都合八一〇〇回以上の離着艦テストを実施し、その完成度を実証したのである。また二〇二二年に入ると、母艦機の運用認証を受けるため四〇〇〇回以上の昼夜の離着艦を繰り返し、システム機器の機能・動作や要員の習熟度が試され、合格の認定がなされたという。なお先進システムの導入により、フォードの乗員数は、ニミッツ級より六〇〇人から一〇〇〇人も少なくでき、省人化の目標が実現できていた。

フォード級の航空攻撃力はニミッツ級の一・八三倍

広大で真っ平らな甲板を備えたフォード級空母は、鋼鉄の塊である戦艦と対照的に、ミサイル攻撃に対して酷く脆弱に

新型フリゲート「コンステレーション級」は空母打撃群の護衛艦も可能だ

■低性能なLCSの後継として20隻以上の建造が計画されている新ミサイル・フリゲートのコンステレーション級（FFG-62）。ベース船体は伊ベルガミーニ級で搭載する32セルのMk41VLSにはESSM, SM-2, SM-6対空ミサイルの装備を予定。レーダーは最先端のSPY-6（V）3

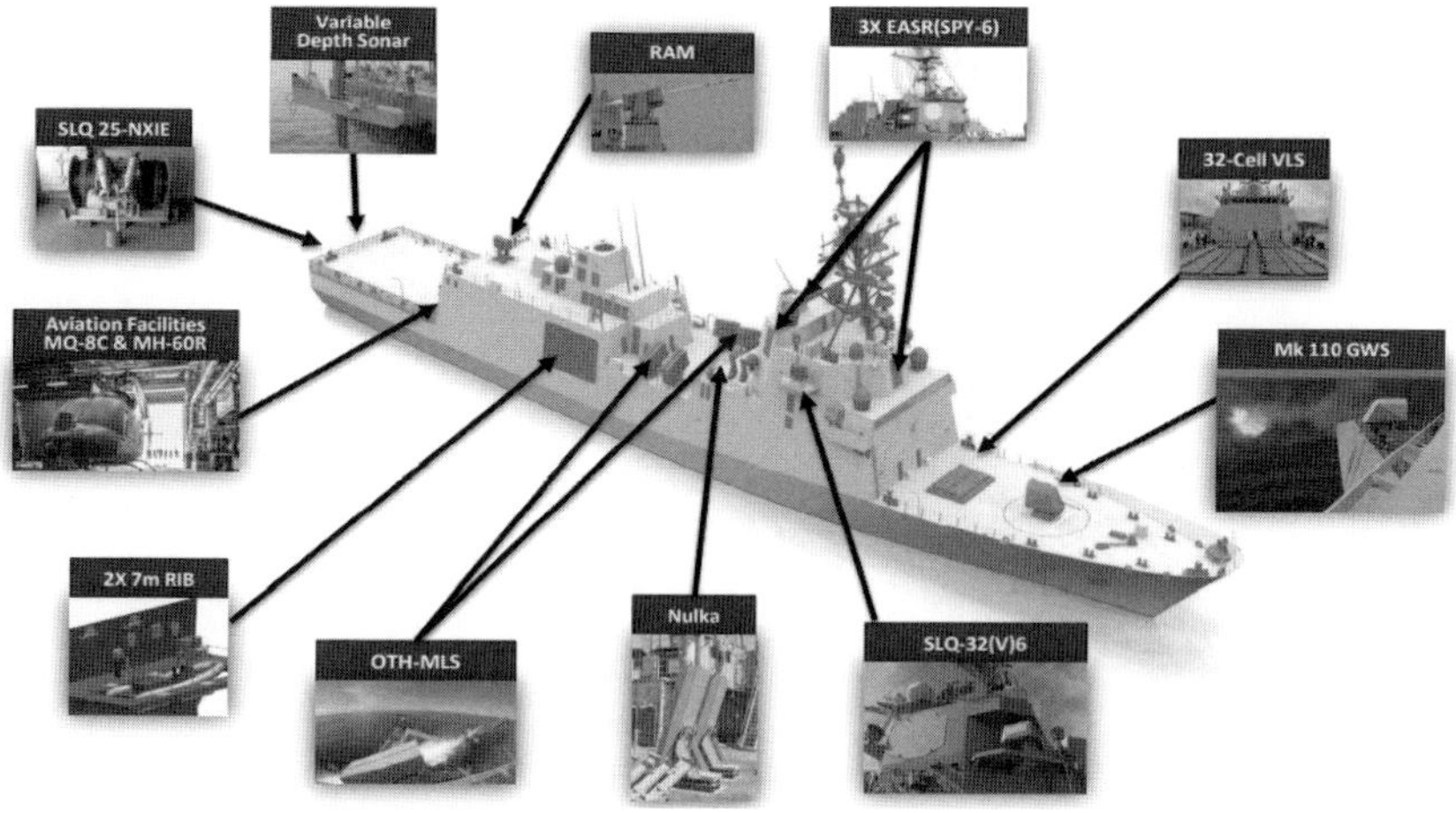

■コンステレーション級の主要装備：57㎜単装砲, 3面アンテナのSPY-6（V）3レーダー, 可変深度ソナー, 自衛用対ミサイル装備（電子妨害, デコイ, チャフ・フレア）, NSM対艦ミサイル（16発）, MQ-8C・MH-60ヘリ, Mk41VLS（32セル）

◆並走する護衛艦「ゆうだち」と全長128.5mのジャクソン（LCS-6）

◆全長118m, 満載3450トンのフリーダム（LCS-1）と全長333m, 満載10万トンの空母カール・ビンソン

フォード級空母の母艦機航空攻撃力はニミッツ級の1.83倍に拡大

●飛行甲板面積11％拡大
ニミッツ級：1.8万㎡
フォード級：2万㎡
●戦闘機の最大搭載能力11％増大
ニミッツ級：130機
フォード級：144機（推定）
●飛行甲板への兵器移送力2倍以上
ニミッツ級：油圧兵器エレベーター×3基
フォード級：先進型兵器エレベーター×4基
●航空機の出撃実施率1.83倍
ニミッツ級：延べ120機／日
フォード級：延べ220機／日

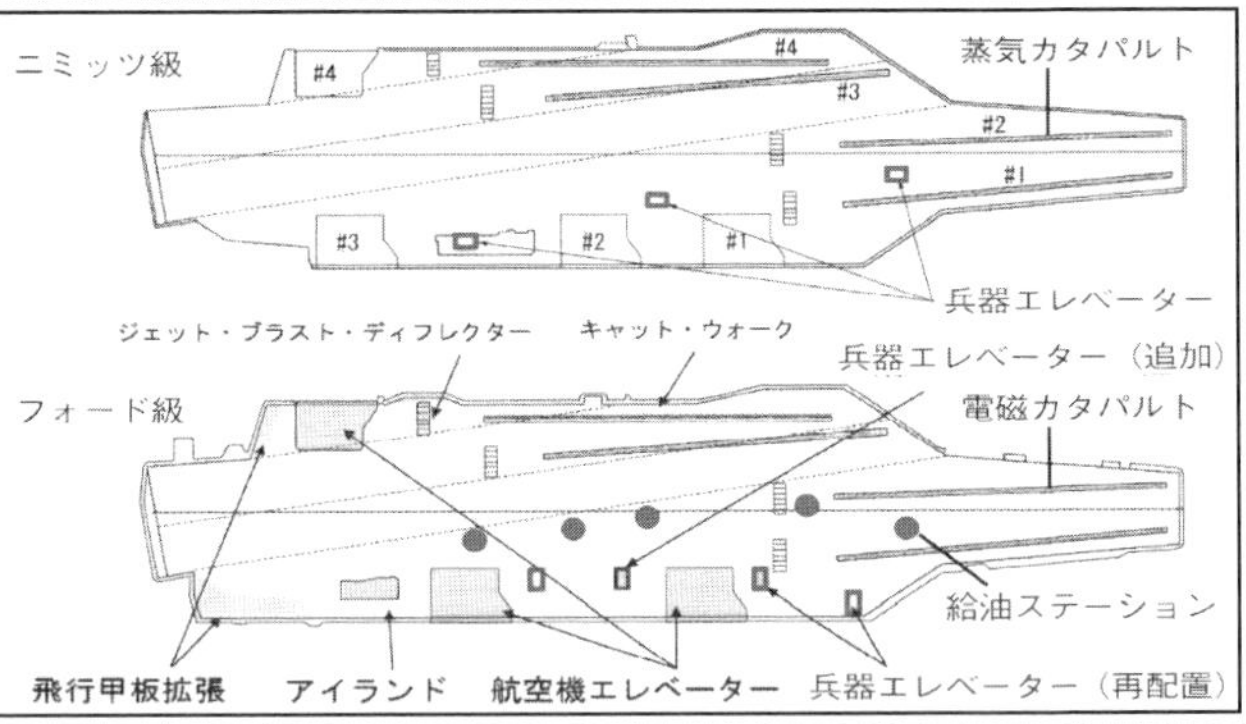

作図：多田

〈F-35C艦上戦闘機の攻撃距離は新型ミサイルとMQ-25Aで3000㎞以上拡大する〉

●翼下に4発のLRASM長射程対艦ミサイル（926㎞）を搭載

●ステルス性を有するMQ-25AタンカーとF-35Cステルス戦闘機の組合せは攻撃距離を倍増する

●開発中の極超音速ミサイルは大型のため機外への搭載となる（Lockheed Martin）

●F-35C戦闘機はステルス形態での無給油の戦闘行動半径が1422㎞もある

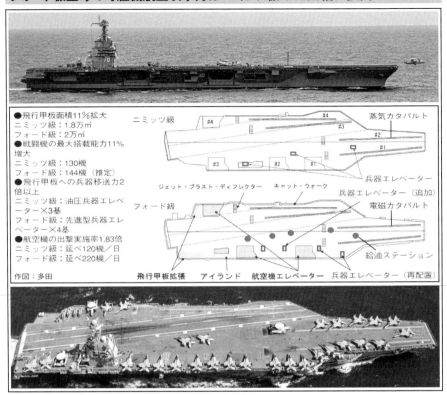

◆2022年3月に大西洋を航行するフォード（CVN-78）の甲板上には第８空母航空団のスーパー・ホーネットとMH-60R/SヘリとC-2。左上は航空艦橋のエアボス（飛行長）で航空作戦を指揮する

［2030年時の空母航空団:F-35Cステルス戦闘攻撃機&MQ-25A無人給油機の戦力化］

2022年時の空母航空団に標準配備する戦闘攻撃機戦力：F/A-18E/F×44機		

●F/A-18E（単座）スーパー・ホーネット×32機：3個飛行隊	●F/A-18F（複座）スーパー・ホーネット×12機：1個飛行隊	※現在専用タンカーがないためスーパー・ホーネットの20～30％を給油任務に使用中
2030年時の空母航空団に配備予定の戦闘攻撃機戦力：F/A-18E/F+F-35C×44機		

●F/A-18E/F（ブロックⅢ）スーパー・ホーネット×28機：3個飛行隊	●F-35CライトニングⅡ×16機：1個飛行隊（ステルス）	※新型MQ-25A無人空中給油機：2025年からVUQ多用途飛行隊（8機）を配備予定

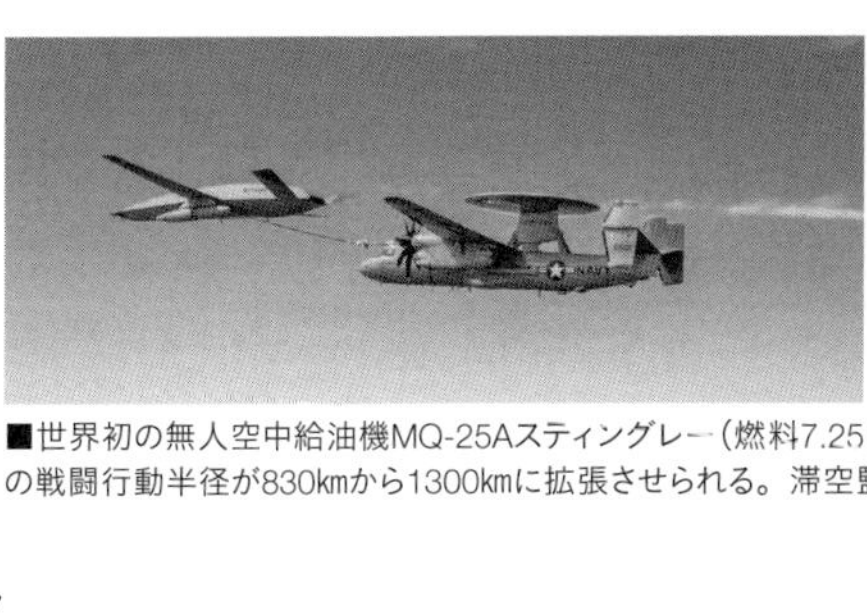

■世界初の無人空中給油機MQ-25Aスティングレー（燃料7.25トン）は一度の空中給油でF/A-18Fスーパー・ホーネット（写真右）の戦闘行動半径が830㎞から1300㎞に拡張させられる。滞空監視のE-2D（左）には不可欠な機体だ

見える。しかし満載一〇万トンの船体は、実に五万トンを超える強靭な鋼板（steel plate）で造り上げられていた。とりわけ最大の面積を持つ飛行甲板は、新規開発の特殊な鋼板製であった。これは、従来鋼材より耐弾性に優れた強靭かつ軽量な高強度強靭鋼ＨＳＬＡ-１１５で、約二〇〇〇トンが使われているという。鋼板の厚さは、ニミッツ級が用いたＨＳＬＡ-１００鋼と同じ、一〇㎝と推定される。ただ１１５鋼の耐弾性は１００鋼より一三％ほど高い。

この頑丈なフォード級の装甲飛行甲板は、母艦機の運用効率を高めるため、デザインが見直され、面積がニミッツ級に比べ拡張されている。飛行甲板の面積は、ニミッツ級の一・八万㎡に対し、フォード級は二万㎡あり、一一％も拡張している。しかも航空機が駐機あるいは弾薬搭載・燃料補給に利用する運用甲板部のスペースを、今一度意識して拡張するデザインがなされたのである。右舷甲板端にある航空機エレベーターは、ニミッツ級の三基から二基に減らし、塔型アイランド艦橋も小型に切り詰めたうえで舷側に一ｍずらし、艦尾側に四二・六ｍも下げ、アイランド前方の右舷甲板側に広い航空機取り扱い用のスペースを確保。艦尾両端の甲板も航空機取り扱い用として拡張したのである。

結果、航空機のための取り扱いスペースは、七四三㎡増加することができたのである。この面積は、スーパー・ホーネット戦闘攻撃機を八機も駐機できる広さだという。ニミッツ級は、最大限で一三〇機の戦闘機を搭載する能力があることから、フォード級の最大搭載機数は少なくとも一三八機、甲板面積の比率から推定するならば一四四機ほど搭載できることになる。

航空機弾薬を飛行甲板に運搬する兵器エレベーターは、これも新しい先進型兵器エレベーター（ＡＷＥ）で、ニミッツ級より一基多い四基が設置されている。大切な給油ステーションは、五か所ほどあり、母艦機補給用のピット・ストップは一八機分になるという。特に先進型兵器エレベーターは、古い油圧駆動のワイヤ・ロープ巻き上げ式ではなく、ＧＳＭ３０永久磁石リニア同期電動機（Exlar Co.製）を動力源として架台を昇降させる先進タイプであった。昇降の速度は毎分四五・七ｍと速く、積載量は一〇・九トンで、これは旧型の二倍を超える。電動式なので機械式に比べ整備経費も少なく、二〇人以上の人員削減ができたという。

なおＡＷＥエレベーターは艦内移送用を含めて一一基が使われていたが、このＡＷＥが最後まで完成度が低く、全ＡＷＥの設置・調整が完了したのは二〇二一年一二月であった。ＡＷＥの信頼性を確保するまで様々な条件での運用が、一・七万回以上も繰り返されたという。

このような先進技術によりフォード級の航空機運用能力は

大きく飛躍している。ニミッツ級は、通常の持続出撃（Sustained：一日当たり一二時間の飛行運用）では、延べ一二〇機の出撃が可能とされている。対してフォード級は、配備時の初期段階（Threshold）において、延べ一六〇機の出撃が可能だという。一・三三倍のSGR（出撃実施率）の向上である。さらに、配備後の慣熟時点では、持続出撃が一日当たり延べ二二〇機まで増大するとしている。これはニミッツ級に比べて一・八三倍のSGRである。また大規模作戦時に実施する一斉出撃（Surge：一日当たり二四時間の飛行運用）では、延べ二七〇機の出撃数まで増加できるという。

対艦弾道ミサイルの脅威に対抗する二〇三〇年代航空団

最近になり「空母キラー」と呼ばれる中国製の対艦弾道ミサイル（ASBM：射程二〇〇〇km前後のDF-21DやDF-26）、あるいは極超音速兵器の出現により、無敵艦隊と称される米海軍の空母打撃群も、その安泰であった地位が脅威に晒されているとも言われるようになった。とりわけマッハ五超のスピードで不規則機動する極超音速兵器の迎撃は困難とされている。対して空母打撃群側は、イージス護衛艦が積む新しい迎撃ミサイル（SM-3／SM-6）、あるいは戦闘機の高性能空対空ミサイルによる迎撃により、阻止可能としている。その真偽は不明だ。しかしながら、ゲームチェンジャーとも評されるこれら空母キラー兵器の出現により、原子力空母は、これまでのように敵の沿岸地域においそれと接近することは難しい。当然ながら空母は、空母キラーによる狙撃ちを避けるため、目標から可能な限り遠方から母艦機を送り出さざるを得なくなろう。

現状、空母航空団の主力打撃力は、四四機（四個飛行隊）搭載するスーパー・ホーネット戦闘攻撃機である。同機の爆装時の戦闘行動半径は一一〇〇kmほど。これではとてもDF-21Dの射程圏外から航空攻撃することはできない。距離を伸ばすには空中給油が必要となるが、現状、専用の艦上タンカーはない。このような状況から二〇三〇年時の空母航空団では、航続距離の長い新戦闘機と、専用の無人空中給油機MQ-25Aスティングレーが新たに配備されるという。

まず足の長い新戦闘機とは、ブロックⅢ改良されたスーパー・ホーネットが二八機（三個飛行隊）と、初のステルス艦上戦闘機F-35Cが一六機（一個飛行隊）、計四四機である。スーパー・ホーネットは、CFT（コンフォーマル燃料タンク）を装着した改良型で、爆装形態でも一三二二kmの行動半径があった。対してF-35Cの行動半径は、ステルス形態で一四二二kmほど。さらに八機搭載されるMQ-25A（燃料七・

■ミサイル(トマホーク, SM-2, VLアスロック)80発を装填可能なMk57PVLS(舷側垂直発射機)を船体の前後甲板の舷側に設置。写真は2022年4月のSM-2ブロックⅢAZの試射

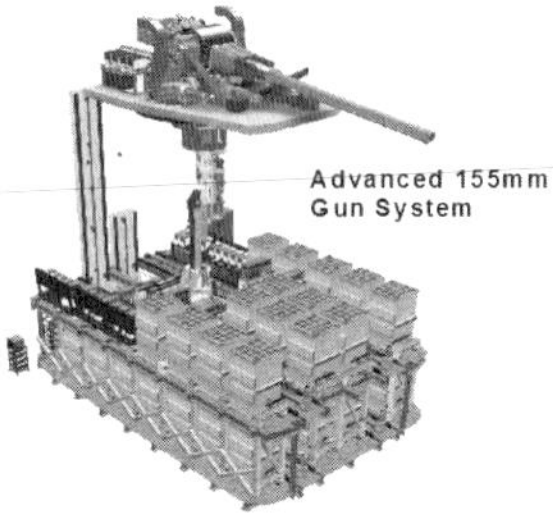

■ズムウォルト級が2基搭載する62口径155mm先進砲(AGS)だが専用の砲弾の開発は中止された

〈2025年に155mm主砲2基を外し12発のCPS極超音速ミサイルを長距離打撃兵器として搭載〉

■ブースターから分離後に大気圏内を極超音速で滑空飛翔する弾頭

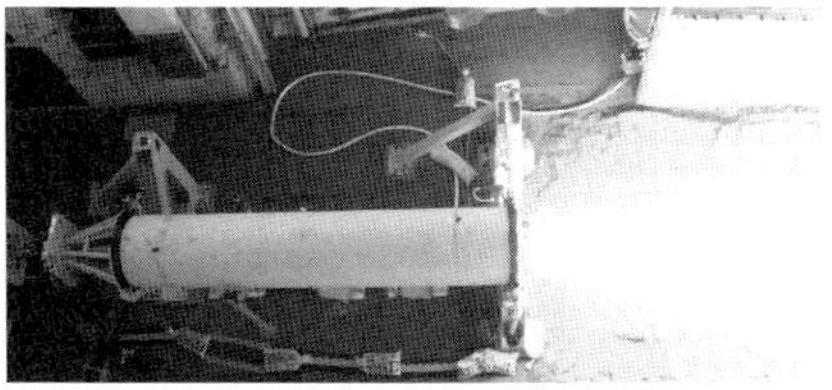

■開発中のブースター用の固体燃料ロケット・モーター

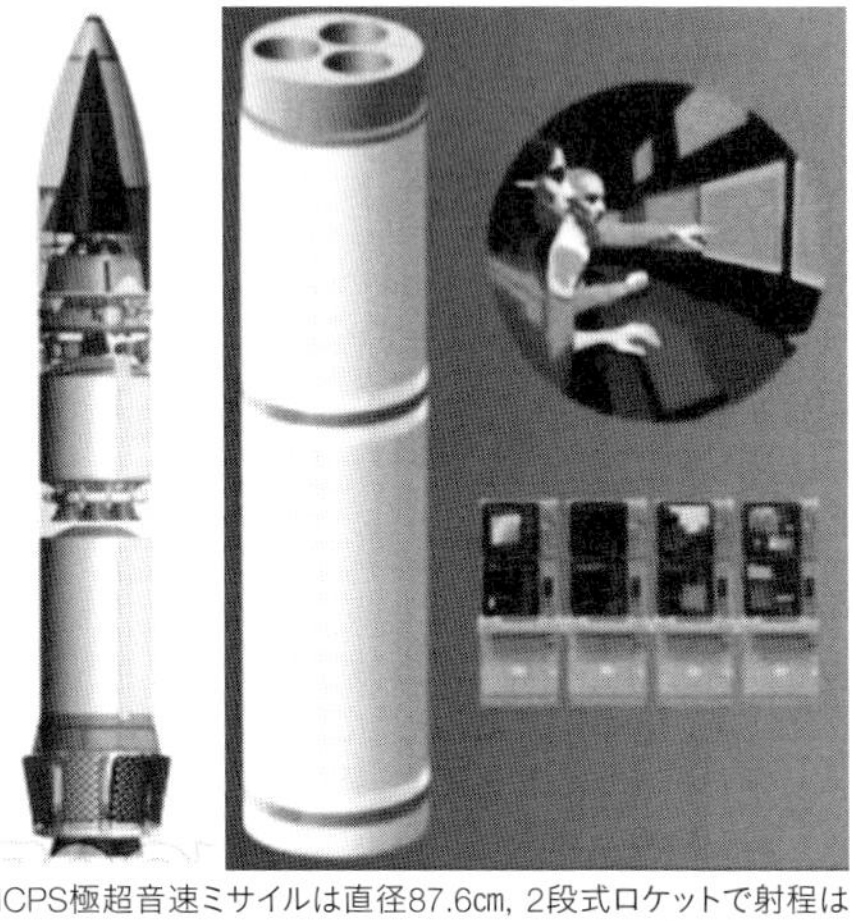

■CPS極超音速ミサイルは直径87.6cm, 2段式ロケットで射程は2775km。CPS3発収納可能なAPMモジュールを4基搭載

ステルス大型駆逐艦ズムウォルト:射程2775㎞のCPS極超音速兵器搭載へ

◆大型ディスプレーを多数設置したズムウォルトの艦橋

●SPY-3多機能レーダーMFR

◆2021年4月, アーレイ・バーク級駆逐艦と行動するズムウォルト級2番艦マイケル・モンスール(DDG-1001)

◆ズムウォルト級3番艦リンドン・B・ジョンソン(DDG-1002)は2018年に進水し2024年に配備予定

〈アーレイ・バーク級:満載9500トン, 全長155.3m〉

〈ズムウォルト級:満載1.6万トン, 全長186m〉

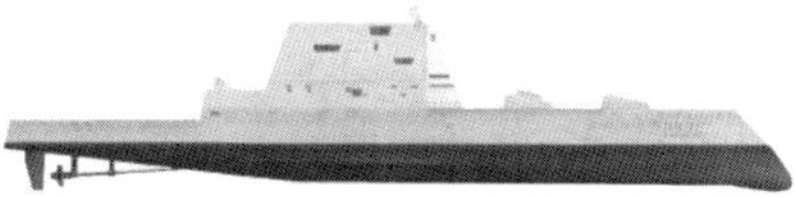

■ズムウォルト級はアーレイ・バーク級より大型の駆逐艦で斬新な波浪貫通タンブル・ホーム船型を採用

二六トン）による空中給油により、両機体の行動半径は倍増させられるという。少なくとも二六〇〇㎞の攻撃距離が確保できる。

この攻撃距離は、戦闘機が搭載できる長射程巡航ミサイルにより、さらに延伸される。現用の対艦用ＬＲＡＳＭや対地用ＪＡＳＳＭであれば、射程は九二六㎞以上ある。鋭意開発中の戦闘機用の極超音速ミサイルもある。仮にこの種の先進スタンドオフ兵器を用いるならば、フォード級空母は、目標（たとえば南沙諸島のミサイル基地）から三〇〇〇㎞以上離れた洋上から翼下にミサイルを吊下げたＦ‐35Ｃを出撃させられる。同機は、二〇〇〇㎞先まで前進した空域から安全に極超音速ミサイルを放ち、敵の対艦弾道ミサイル基地を破壊できるに違いない。

二〇三〇年時の空母打撃群主力護衛艦

現状、ニミッツ級空母を核とする米海軍の空母打撃群は、一隻から二隻のイージス巡洋艦と四隻から五隻のイージス駆逐艦から構成されている。しかしながらイージス巡洋艦のタイコンデロガ級は、二〇〇五年から二二隻（二七隻建造）の戦力を空母打撃群維持のため保有していたが、旧式化が進み、既に五隻の退役が決まっている。二〇三〇年時の空母打撃群では、空母の顔ぶれに次世代型のフォード級三隻が新たに加わるが、タイコンデロガ級の退役が加速するため、護衛艦の大半はアーレイ・バーク級イージス駆逐艦で賄わざるを得なくなる模様だ。

もちろん、古参のアーレイ・バーク級は、さらに最終改良型のフライトⅢイージス駆逐艦が継続して建造される。この他に最新現用艦であるが不良債権化しつつあった、ズムウォルト級ステルス大型駆逐艦三隻も次世代兵器の装備により戦力化される。また二種類の三千トン級ＬＣＳ（沿海戦闘艦）は、低い実運用性から三五隻で建造打ち切りとなったが、その後継として、新たにミサイル・フリゲートのコンステレーション級（満載七二九一トン）が二〇隻新造される予定となっている。おそらく二〇三〇年時の空母打撃群では、任務に応じて柔軟にこれらの艦艇も編成に組み込まれるに違いない。実状、そうせざるを得ないであろう。内陸地に対する長距離打撃作戦に際しては、ズムウォルト級大型駆逐艦を打撃群に加える、あるいは島嶼防衛警戒任務ではコンステレーション級フリゲートを打撃群に組み込むという形態である。最後に二〇三〇年時の空母打撃群に加わるであろう、新たな主力艦を大きさ順に簡単に見てゆきたい。

言うまでもなく最大サイズの戦闘艦は、満載一・六万トン、全長一八六ｍのズムウォルト級ステルス大型駆逐艦である。

二〇一六年に一番艦（ＤＤＧ‐１０００）が就役したズムウォルト級は、ＩＰＳ（統合電気システム）など、フォード級並みに革新的な先進技術を盛り込み過ぎて沈没しそうな感もある大型艦であった。それは見た目からも分かる。船体は、大昔に流行った波浪貫通タンブル・ホーム船型を採用し、二門の成型砲塔を含めて船体全体がステルス性能を徹底発揮できる平面パネル構成がなされていた。同艦のレーダー反射断面積は漁船サイズと言われている。

主兵装のミサイルは、専用のＭｋ57舷側垂直発射機（八〇セル）に装填される。Ｍｋ57は、イージス駆逐艦のＭｋ41発射機よりサイズの大きなミサイルを装填できるが、専用の大型ミサイルは存在しない。したがって、現状、Ｍｋ57に搭載可能な主力ミサイルは、トマホークとＳＭ‐２ブロックⅡＡZ対空ミサイルの二種類ほど。ただ搭載数はアーレイ・バーク級より一六発も少ない。

また二門の一五五㎜主砲は、特製のＬＲＬＡＰ誘導砲弾（一一七㎞）が一億円と高額なため開発中止となり、撃てる長射程砲弾がなかった。これでは同艦が不良債権状態と言われても仕方ない。そこで同艦を活かすため、主砲二門を外し、ここに新規開発中のＣＰＳ（Conventional Prompt Strike）極超音速ミサイル一二発を搭載する方針に決したのである。速度マッハ一七で射程が二七七五㎞ほど。まさに敵基地への先制長距離攻撃に相応しい兵器であった。二〇二五年にはズムウォルトに搭載される予定だという。

ともあれ、二〇三〇年時にあっても護衛艦の主力艦は、アーレイ・バーク級イージス駆逐艦である。同級は、これまでにＳＰＹ‐１Ｄレーダー装備の九〇セル型二八隻（フライトⅠ／Ⅱ）、九六セル型四七隻（現状四一隻の就役：フライトⅡＡ）の計七五隻を建造。さらに最終発展型のフライトⅢが一四隻ほど建造される。最大の能力向上は、古いパッシブ型ＳＰＹ‐１レーダーに換えて、先進なアクティブ電子走査アレイ（ＡＥＳＡ）方式を用いたＡＮ／ＳＰＹ‐６（Ｖ）１を搭載したこと。

これは、小型レーダーのＲＭＡ（レーダー・モジュラー体）を直径四・二七ｍの平面アンテナに三七個配列したもので、上部構造物の四面に設置している。航空機、巡航ミサイル、弾道ミサイルに対する高度な探知性能を実現しており、防空ミサイル防衛レーダー（ＡＭＤＲ）とも呼ぶ。探知距離は、現用のＳＰＹ‐１の二倍、一〇〇〇㎞ほど。同時に探知できる目標数はＳＰＹ‐１の三〇倍とも言われている。ちなみにコンステレーション級フリゲートもＳＰＹ‐６（Ｖ）３レーダーを採用。こちらは、九個のＲＭＡを持つ平面アンテナ三面式で、探知距離はＳＰＹ‐１と同じだという。

フライトⅢ艦は、Ｍｋ41発射機に様々な艦対空ミサイルを

◆2021年5月に進水したアーレイ・バーク級フライトⅢの1番艦ジャック・H・ルーカス（DDG-125）は初めてSPY-6（V）1AMDR（防空ミサイル防衛レーダー）を装備する最新イージス艦で14隻の建造を予定

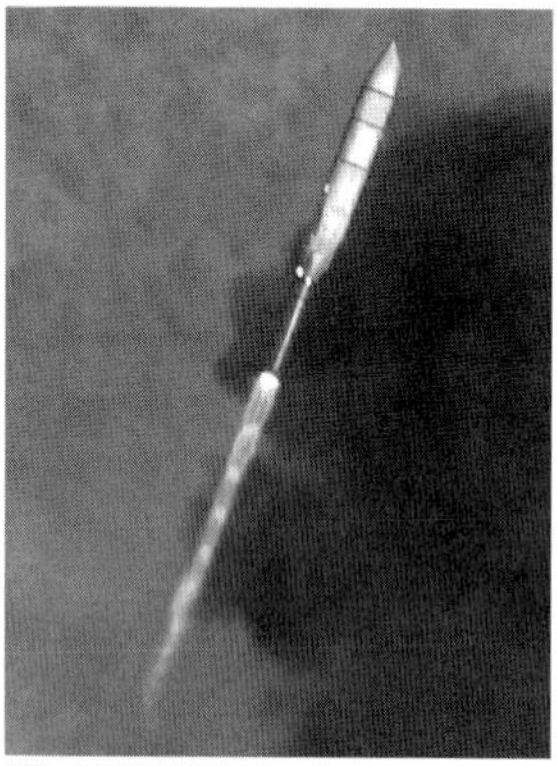

●Mk41VLSから発射したLRASM長射程対艦ミサイル（射程926km）

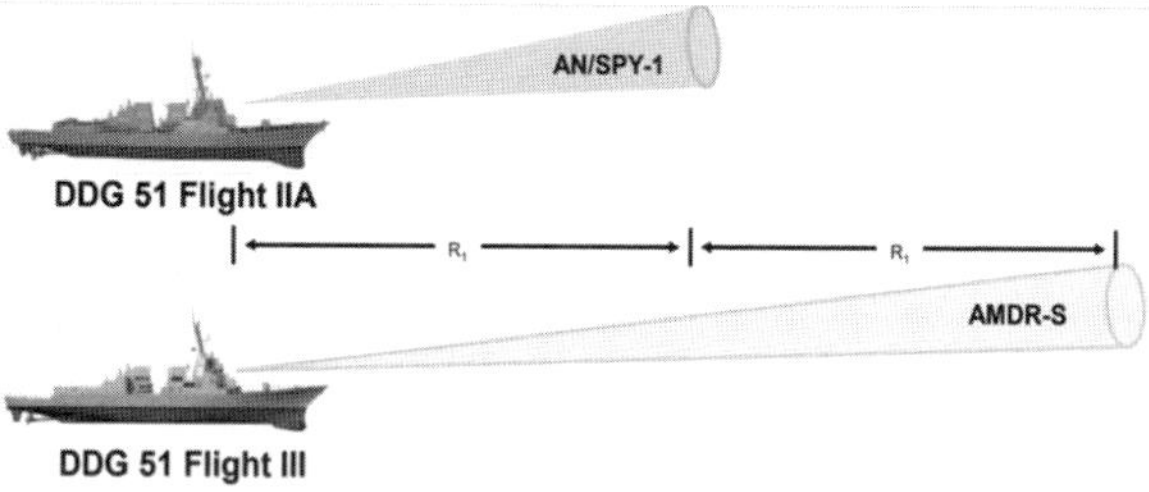

■フライトⅢのSバンド・レーダーSPY-6AMDR-SはフライトⅡAの積むSPY-1レーダーの2倍の探知距離1000km以上を有する

〈Mk41垂直発射機から発射可能な対地・対空・対潜・BMDミサイル〉

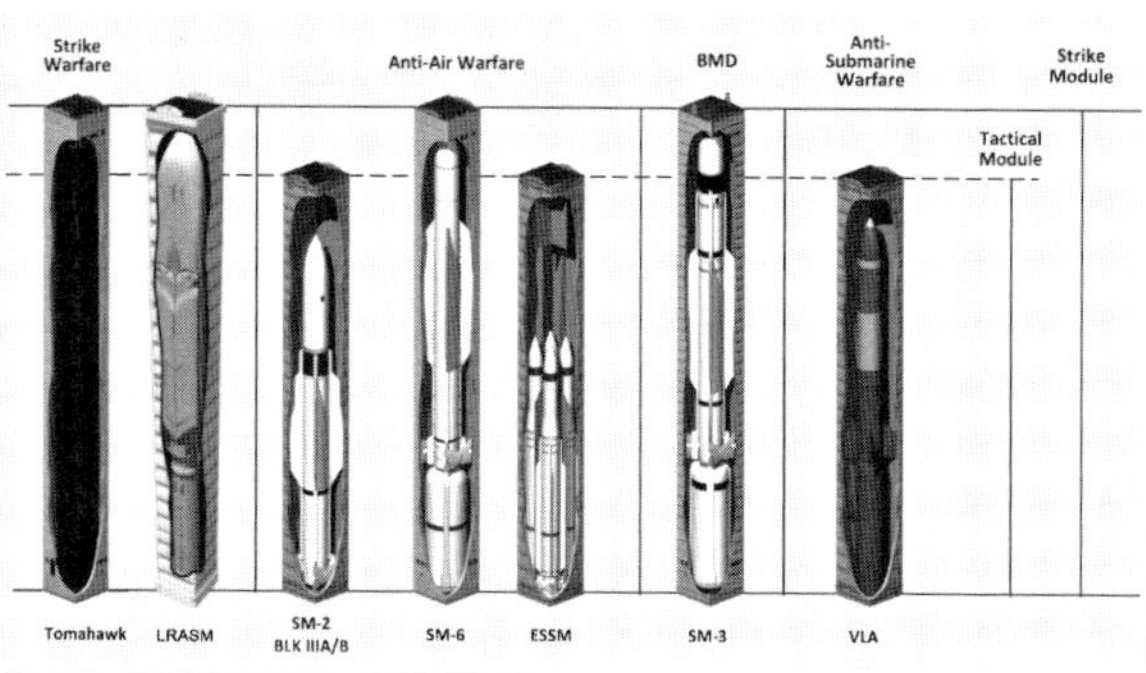

アーレイ・バーク級フライトⅢは探知距離1000km級の発展型イージス艦

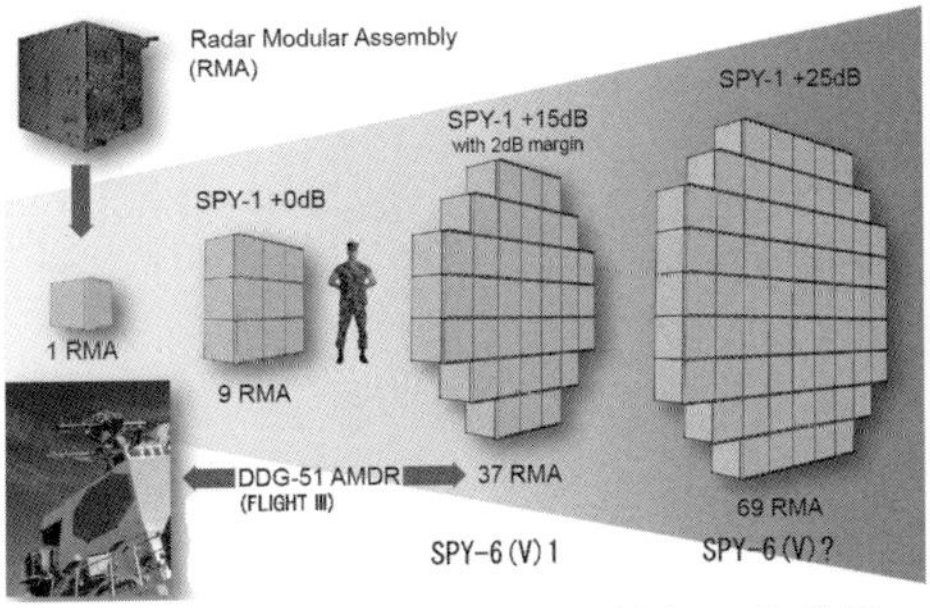

■フライトⅢが装備するSPY-6(V)1 AMDR(防空ミサイル防衛レーダー)の構造:37個のRMA(レーダー・モジュラー体)を配置したアクティブ電子走査アレイ・レーダー

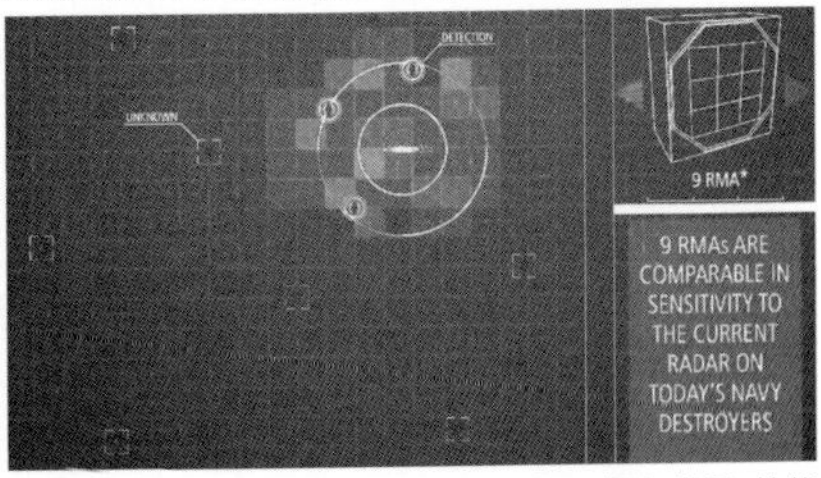

●9個のRMAを使うSPY-6(V)3レーダーの探知範囲:性能はアーレイ・バーク級のSPY-1Dパッシブ型レーダーと同等で探知距離は約500km。コンステレーション級新型フリゲートに搭載

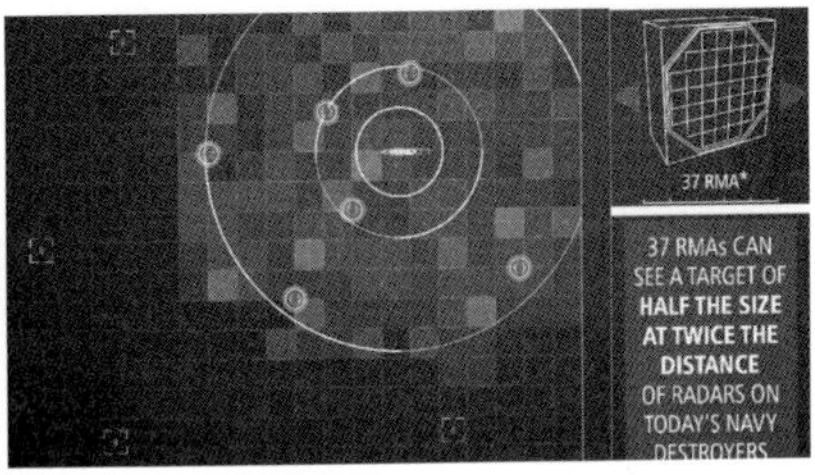

●37個のRMAを使うSPY-6(V)1レーダーの探知範囲:探知距離は1000km以上で数千個の同時目標探知が可能。フライトⅢに搭載

Raytheon工場でのAN/SPY-6(V)1
レーダーの製造

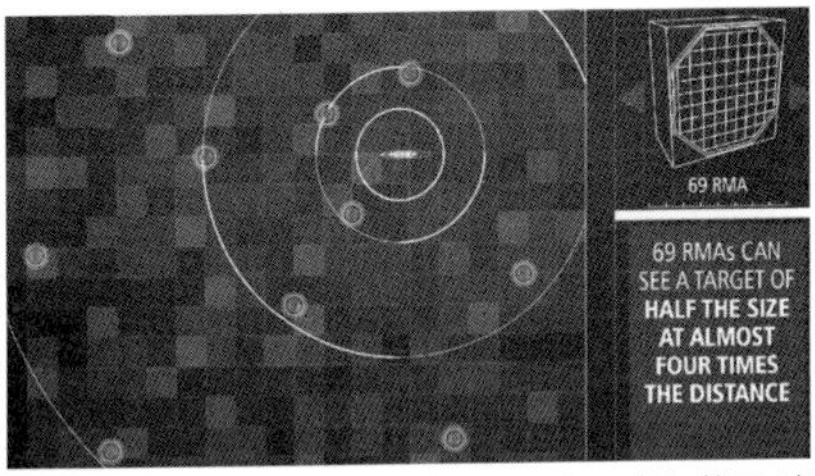

●69個のRMAを使うSPY-6(V)?レーダーの探知範囲:直径5.49mの大型アンテナにより探知距離は2000km以上。ミサイル防衛用として次世代駆逐艦DDG(X)に搭載

〈次世代駆逐艦DDG(X)のプログラム案〉

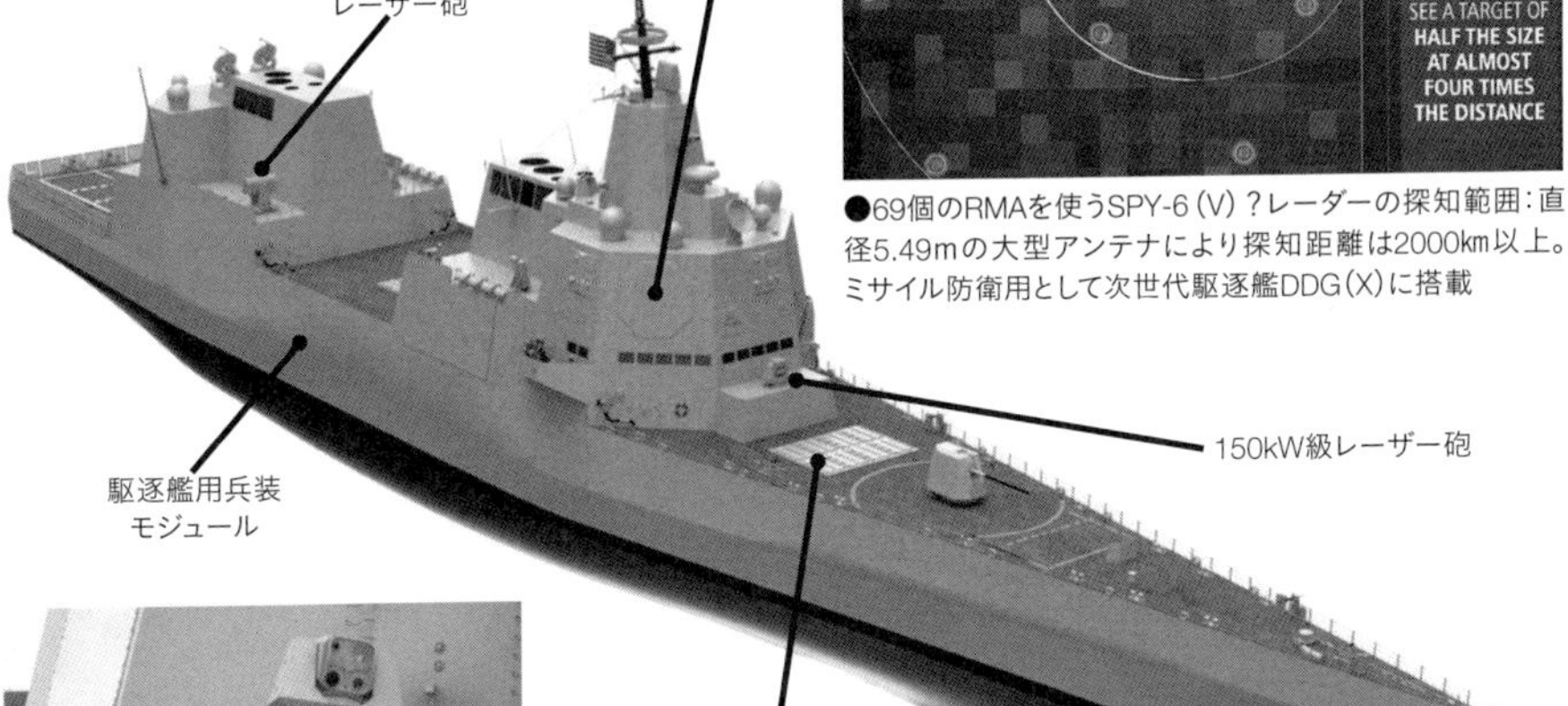

●対無人機・ミサイル無力化用の30kW級SEQ-4ODINレーザー砲(DDG-106搭載)

搭載するが、弾道ミサイルを迎撃可能なものはＳＭ‐３ブロックⅡＡとＳＭ‐６ブロックⅠＡ（終末段階）の二つ。そしてＳＭ‐6ブロックⅠＢ（マッハ五超、射程三七〇㎞）は、極超音速ミサイルの迎撃も可能と言われている。最新ブロックⅢイージス駆逐艦の一番艦ジャック・Ｈ・ルーカス（ＤＤＧ‐１２５）は、二〇二三年の就役予定だ。

なお都合八九隻という大戦後最大の建造数となった、アーレイ・バーク級駆逐艦の後継計画が動き出している。これが次世代駆逐艦ＤＤＧ（Ｘ）構想で、船体規模はズムウォルト級とアーレイ・バーク級の中間サイズとなる大型艦のようである。満載排水量は、およそ一万二七〇〇トンで、統合電気推進（ＩＥＰ）により大量の所要電力を賄う方式となる。核となる防空ミサイル防衛用のセンサーは、ＳＰＹ‐６の最も強力な対空レーダー型が採用される。これは、直径五・四九ｍの平面アンテナにＲＭＡ小型レーダーを六九個配列したもので、上部構造物の四面に設置。探知距離はフライトⅢが積むＳＰＹ‐６（Ｖ）１の二倍、二〇〇〇㎞以上に達する。搭載するミサイルは、防空ミサイル防衛用のＳＭ‐３／ＳＭ‐６対空ミサイル、対地長距離打撃用の極超音速ミサイルなどで、フライトⅢより大量に搭載されよう。ちなみにフライトⅢのＤＤＧ建造費は約二〇億ドル、二〇二八年から建造予定のＤＤＧ（Ｘ）は倍増の約四〇億ドルとも見込まれている。

第8章

英海軍発明の『世界初空母&ハリアー空母』

軽空母アーク・ロイヤル艦隊。他に揚陸艦ブルワーク、駆逐艦グロスター、フリゲート・サマセットが見える(写真:Royal.Navy)

英国海軍は空母開発の始祖

今では『航空母艦（Aircraft Carrier）』と言えば、まず、最初に思い浮かぶのは、米海軍が一〇隻現用する巨大なニミッツ級原子力空母、あるいは新興中国海軍が新造中の空母「福建」の存在であろうか。しかしながら空母という最大級のゲームチェンジャー兵器を生み出し、現代の最新原子力空母にまで繋がる革新的基盤技術を発明したのは、次に示すように米海軍でなく、英国海軍であった。

[英海軍の空母技術・功績例]

●世界初の全通飛行甲板式空母のアーガス建造（就役一九一八年）
●ジェット母艦機運用技術：斜め飛行甲板
●ジェット母艦機運用技術：蒸気カタパルト
●ジェット母艦機運用技術：ミラー式光学着艦支援装置
●世界初のＳＴＯＶＬ空母のインビンシブル級建造（就役一九八〇年）

このほか今でも飛行甲板の右舷側に設置されている空母独特のアイランド艦橋、装甲飛行甲板を持つ空母の建造など、英国海軍は、空母という兵器の発展に関して最大の貢献者であったのは疑いの余地がない。他の軍種の兵器開発についても同様ながら、英国軍は、新たな兵器や軍事技術を発明し、パートナー同盟国の米国が、無尽蔵の資金と生産資源により兵器の大量生産を請け負うという独特な兵器開発・生産の分担業態を確立し踏襲していたのである。

ともあれ、英国海軍は、空母の誕生時点から、その開発・運用に関して世界の中心に位置していたと言えよう。世界最初の空母アーガスが就役したのが一九一八年。そして、ちょうど百年後の二〇一七年に、英国海軍最新鋭の大型空母クイーン・エリザベスが就役しているのである。空母造りに関して英国海軍は一〇〇年を超える歴史を有することになり、無論、世界最長だ。英国海軍の空母について、初代空母アーガスからフォークランド戦争（一九八二年）で功名を挙げたインビンシブル級ＳＴＯＶＬ軽空母まで、その存在価値に着目して見ていきたい。

世界最初の全通飛行甲板空母アーガス

英国海軍の一〇〇年を超える空母建造を概観するならば、各空母の艦種や性能の差異ではなく、その建造開始時期（起工）に基づいておよそ次の五つの建造期に区分できよう。

[英海軍空母の五つの建造期]

第一期一九一〇〜二〇年代（第一次大戦期）：空母黎明期の

『空母アーガス』全通飛行甲板を備えた世界最初の航空母艦

■1942年，大戦中の全通飛行甲板をもつ世界最初の英国海軍空母アーガス

●飛行甲板前部に設けた昇降する小型の隠見式操舵艦橋

◆右：1918年竣工時の空母アーガス
◆左：1942年，アーガスの格納庫に搭載されたシーファイアー戦闘機

■第2次大戦時の英海軍主力艦隊空母イラストリアス級2番艦のビクトリアス（R38）。写真は1941年竣工時のものだが，最大の特長は1000ポンド爆弾に耐える重装甲飛行甲板だ

◆1942年9月，空母ビクトリアス上で試験中のスーパーマリーン・シーファイアー艦上戦闘機

◆イギリス製の艦上複座戦闘機フェアリー・ファイアフライ（1944年，空母インプラカブル）

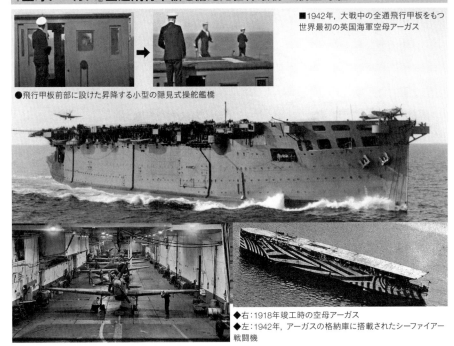

◆42型ミサイル駆逐艦の最初のバッチ3である11番艦のマンチェスターで1982年12月に就役。バッチ2より船体が大型化したためシー・ダートSAMを15発多い37発搭載した

■下:42型の最終14番艦のヨーク(バッチ3)

■シー・ダートSAMを発射する13番艦のエディンバラ(バッチ3)

■シー・ダートSAM:重量550kg，全長4.4m，直径0.42m，射程74km，セミアクティブ・レーダー誘導式

戦争で2隻撃沈された『シェフィールド級42型ミサイル駆逐艦』

◆STOVL軽空母アーク・ロイヤルを警護する42型ミサイル駆逐艦9番艦（バッチ2）のリバプール（D92）。艦隊防空用の主武器としてGWS30シー・ダート2連装艦対空ミサイル発射機を搭載した

[フォークランド戦争（1982年）：2隻が空爆で撃沈されたがシー・ダートSAMで敵機7機を撃墜]

■シー・ダートで撃墜されたアルゼンチン軍キャンベラ爆撃機

■エグゾセの命中で炎上し沈没した1番艦のシェフィールド（D80）

●カーディフが装備したシー・ダート艦対空ミサイル（1982年）

■5番艦のカーディフは1982年6月13日にシー・ダートSAMによりキャンベラ爆撃機を撃墜

アーガス、グローリアス級二隻、ハーミーズなど空母六隻
第二期一九三〇年代（戦間期）：初代アーク・ロイヤル、イラストリアス級三隻、インプラカブル級二隻など空母八隻
第三期一九四〇年代前半（第二次大戦期）：コロッサス級一〇隻、マジェスティック級五隻、セントー級四隻など空母二一隻
第四期一九七〇年代（冷戦期）：インビンシブル級STOVL軽空母三隻
第五期二〇一〇年代（新冷戦期）：クイーン・エリザベス級STOVL大型空母二隻

このように英国海軍は、米海軍貸与の護衛空母等を除き、一〇〇年間に計四〇隻の正規空母を建造している。建造時期は、記したように一九一〇年代の空母黎明期を含む五期に分かれているが、三五隻、実に全体の八八％の空母は、一九四〇年代前半までに設計・起工された古い空母で占められていたのだ。戦後初めて英国海軍が建造した近代的な空母は、一九七三年に起工されたSTOVL軽空母のインビンシブルであった。同空母は、およそ三〇年ぶりの新型空母なのである。このように英海軍空母の建造が停滞した理由は明確そのもの。「金がない（緊縮軍事予算）」の一言であった。

それでも英国海軍が世界最初の空母アーガスの建造に着手できたのは、海軍の金庫にまだ予算が残っていた、一九一〇年代だからであった。同年代に勃発した第一次大戦（一九一四年七月～一八年一一月）では、陸上戦の戦車、航空戦の航空機、海上戦の潜水艦のようなゲームチェンジャー級の新兵器が一気に発明され戦況を大きく左右した。空母も、英国海軍が第一次大戦中に発明した新兵器の一つであったが、ドイツ潜水艦Uボートのような海軍の枢要兵器の完成度には至っていなかった。

これは、既に主力兵器の段階に達していた潜水艦とはまさに対照的。空母はまだ運用法も手探りという未成熟な兵器の段階にあったのだ。なにより空母は、同じく開発段階にある艦上型航空機を飛行隊単位で一括搭載して航空作戦運用するという、極めて複雑な大型兵器システムであるため、第一次大戦中に空母の姿のみ出現しただけで、とても大戦中に兵器システムとして完成に至ることはなかった。実際、空母の運用法が確立したのは、後の第二次大戦であった。特に日本海軍の空母機動部隊による衝撃的な真珠湾攻撃の成功以降のことなのである。

ともあれ、英国海軍は、水上機母艦や巡洋戦艦改造空母（特に艦前部に大型の飛行甲板を備えたフューリアス）などの建造経験を踏まえた上で、新たにフロートを履いた鈍足な水上機ではなく、車輪付きの高性能な陸上機をフラット・トップ（全通飛行甲板）を備えた大型母艦に搭載するという、独自の

本格的空母案を構想する。同海軍が、本案に至った背景には、第一次大戦後半にドイツ軍が盛んに実施した、ツェッペリン飛行船やゴータ爆撃機による激しい英本土戦略爆撃の影響があったという。つまり、ドイツ機の戦略爆撃を阻止するため、その航空基地を空襲して破壊する方策の一つとして、陸上機編隊を搭載できる本格的空母の建造が強く要望されたというのである。

一九一六年九月、英国海軍は、本格的な空母を列国海軍に先駆けて建造するため、英国の造船所で建造中（進水前）であったイタリアの大型客船を買収。一九一八年九月には、世界初の全通飛行甲板を備えた満載一・五八万トンの完全な空母形態を持つ、空母アーガスとして完成、就役している。速力は二〇ノット（蒸気タービンで二万馬力）と低速であったが、搭載する母艦機は軽量かつ高揚力の複葉機であったため運用できたのであろう。重油二〇〇〇トンを搭載し、一〇ノットの巡航速力で六七〇〇㎞の航続距離があった。乗員は四九五人。

船体の構造は、全長一七二・五ｍの船体上に、大きな航空機用格納庫（一〇七ｍ×二一ｍ、高さ六・一ｍ）を設け、ほぼ船体と同形状の真っ平らな飛行甲板を被せている。ただ艦首近くの甲板は先に向かって幅が大きく狭まっており、離着艦に使える飛行甲板のサイズは全長より短い（一四三・三ｍ×二五・九ｍ）。また着艦拘束（制動）装置は甲板に二種類取り付けられていた。一つが、摩擦を利用する制動能力の低い鋼索縦張り式装置（後に米海軍が完成させた安全な鋼索横張り式装置に換装）。一つが、両舷に設けられた落下防止ネットであった。

重要な航空機用エレベーターは、電動式で、飛行甲板の中心線上に形状の異なる二基が設けられていた。前部のものは、正方形で（一一ｍ×九ｍ）、母艦機の主翼を折り畳まず伸ばしたまま搭載できる大きさが特長であった。面白いのは、本艦のアイランド艦橋で、小さな四角い操舵艦橋が前部甲板中央に設けられていた。このままでは母艦機の離着艦の邪魔になるが、この操舵艦橋は隠見式（昇降）で、母艦機の運用時には船内に降ろされ、甲板を真っ平らにすることができた。

このほかアーガスには、当初から敵機による攻撃を阻止する自衛用の対空火器が搭載されていた。それは、六門の四五口径一〇㎝高角砲で、船体の前後左右に配置することにより、全方位に対して射撃が可能であった。

空母として一番大事なアーガスの母艦機搭載能力は二〇機ほどあった。実際、一九二一年には、一三機の複葉レシプロ単発艦上機からなる海軍飛行隊のグループが搭載されている。内訳は、一〇機がパーナル・パンサー艦上観測機、三機がフェアリーⅢ偵察機で、偵察飛行隊と言えた。特にパンサーは

●1953年就役の空母セントー（R06）：4隻建造されたセントー級軽空母（満載2.7万トン,全長225m）

●1955年就役の空母アーク・ロイヤル（R09）：二代目アーク・ロイヤルでイーグル級2番艦（満載5.3万トン,全長245m）

●1938年就役の空母アーク・ロイヤル（91）：初代アーク・ロイヤルで1941年に戦没（満載2.77万トン,全長243.8m）

●1985年就役の三代目空母アーク・ロイヤル（R07）：インビンシブル級STOVL軽空母（満載2万トン,全長210m）

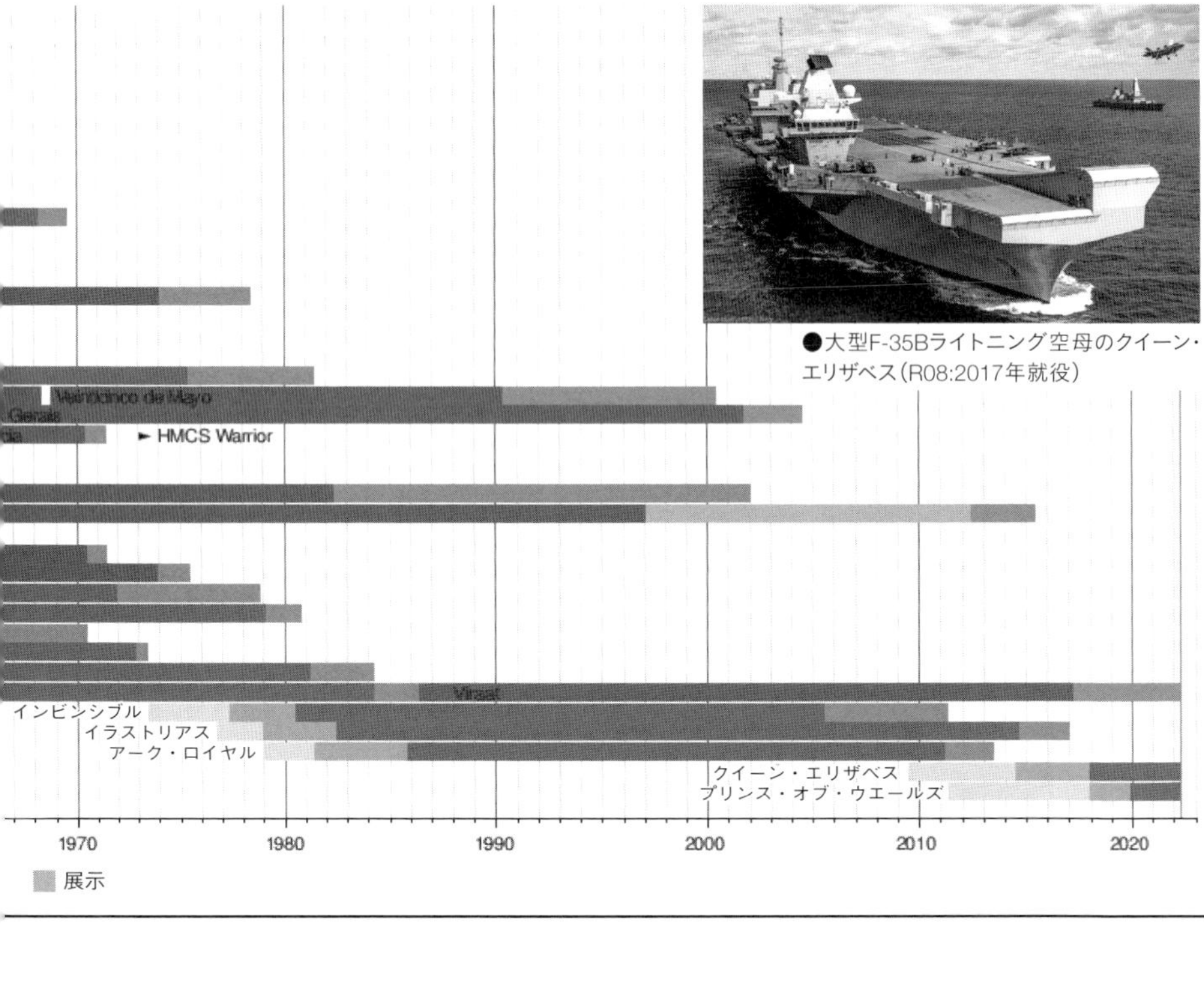

英国海軍空母発達図:アーガスからクイーン・エリザベス(1914年~2022年)

●1918年就役の空母アーガス(I49):世界最初の航空母艦(満載1.58万トン,全長172.5m)

●1945年就役の空母インプラカブル(R86):大戦中に完成した艦隊正規空母(満載3.3万トン,全長234m)

●1930年就役の空母グローリアス(77):巡洋戦艦を改造した空母(満載2.65万トン,全長240m)

●1946年就役の空母シーシュース(R64):10隻建造されたコロッサス級軽空母(排水量1.36万トン,全長212m)

〈英国海軍の艦隊正規空母・軽空母の歴史:アーガス~プリンス・オブ・ウエールズ(wikipedia)〉

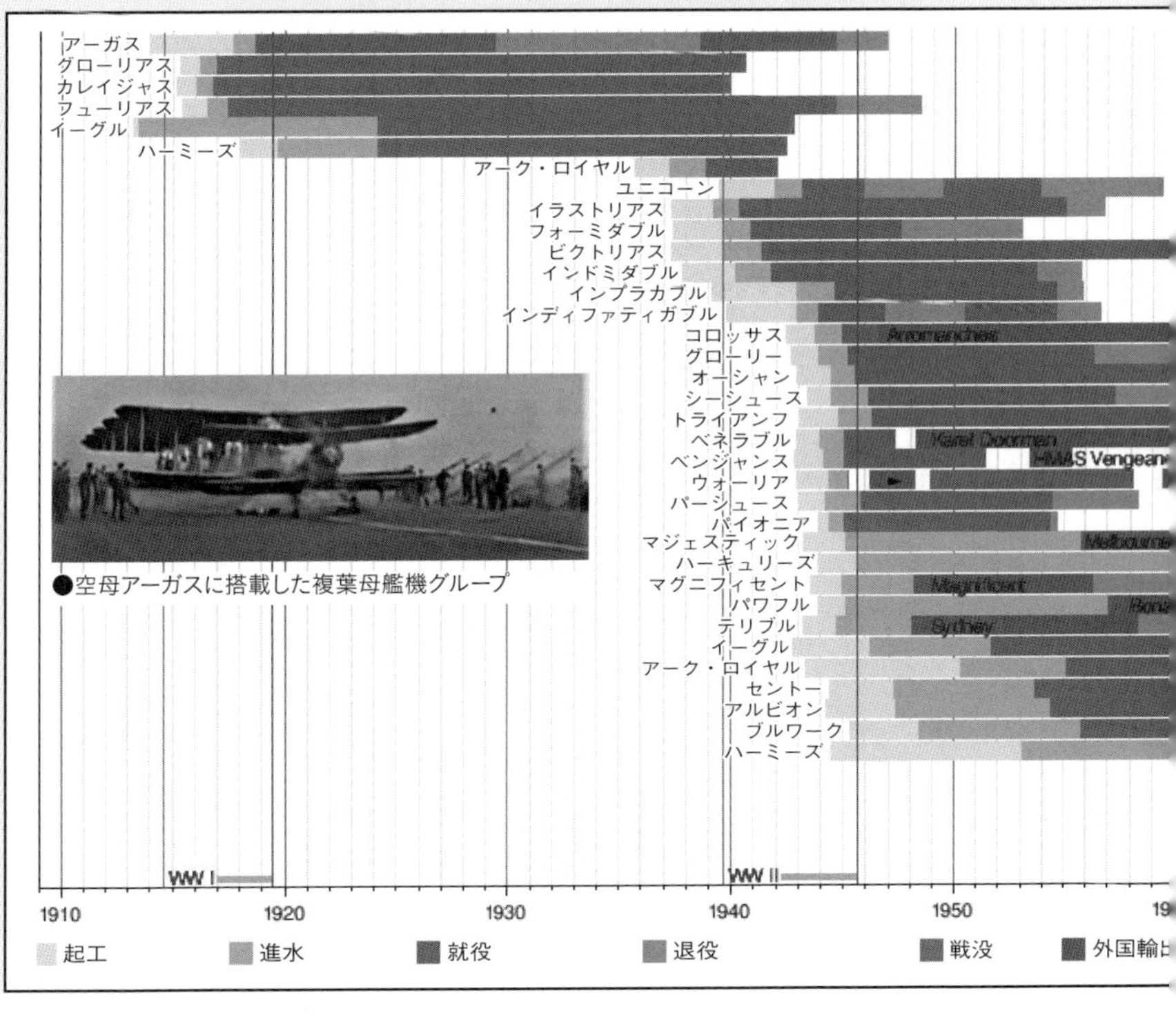

●空母アーガスに搭載した複葉母艦機グループ

※この見開きのカラー版を本書6~7ページに掲載。

艦船から運用する複座の偵察機として設計されていた。たとえば、パンサーの胴体は、船体に格納するため折り曲げが可能で、着艦に適した優れた視界を確保できる操縦席を備えていた。

記したように完成した世界初の空母アーガスは、全通飛行甲板以外にも近代的な空母が備えるべき基幹要件をほぼ完備していたのが分かる。一九一九年一月には日本海軍関係者がアーガスを視察していたという。その優秀性は、アーガスが第二次大戦前に近代化改修され、大戦中には航空機輸送だけでなく、実戦（北極海や北アフリカでの上陸作戦）にも参戦している事実からも実証されている。

世界初の専用設計空母 ハーミーズ

空母アーガスが就役した一九一八年一月には、当初から完全形態（全通飛行甲板）の空母として設計された世界初の空母ハーミーズが起工している。空母の黎明期に造られた空母はいずれも既存艦の改造型であった。アーガスは客船、グローリアス級三隻は巡洋戦艦、イーグルは戦艦からの改造空母なのである。

ハーミーズの外観で目立つのは、全通飛行甲板の右舷やや前方にそそり立つ、三脚型マストと煙突を一体化した大型アイランド（島型艦橋構造物）の存在感であろう。しかし母艦機の着艦には邪魔なだけでなく、危険なほどの大きさであった。

初めて右舷側にアイランドを設置したのは空母イーグル（進水一九一八年、就役二四年）であったが、なぜアイランドは飛行甲板の右舷側に据え置かれたのか。現代の空母に至るもアイランドの位置は右舷側のままだ。その理由は、空母フューリアス（改装就役一九一七年）の艦長W・Sニコルソンと航空隊指揮官クラーク・ホール大佐の意見具申によるものだという。空母運用の先駆者たちによれば、「母艦機の操縦士が着艦時にミスをする場合、左舷に外す傾向がある」というので、飛行甲板の左舷からすべての障害物を撤去することになったと言うのである。

満載一・二七万トンの船体上に被せられた全通飛行甲板は、アーガスのように艦首近くまで先細り密閉する形状（エンクローズド・バウ）で、きっちり船体の全長にわたっている。エレベーターは前後に二基設置。この構造により、ハーミーズは小振りの船体にもかかわらず、飛行甲板は全長一八二・三m、幅二七・四mと大きい。搭載する母艦機は、小型艦のため複葉艦上機が二〇機と少ない。

ただ載せられる母艦機は少なかったが、搭載する火砲は不釣り合いに強力であった。これは、同空母が黎明期の建造で

『二代の空母ハーミーズ』世界初の専用設計空母&STOVL改造空母

■二代目の空母ハーミーズ（R12）：1959年に就役した英海軍最後の従来型空母（CATOBAR）だが小型のためファントム重戦闘機の運用ができず,1981年にシー・ハリアー艦上戦闘機用のSTOVL空母に改造された

◆1982年4月, フォークランド戦争中の空母ハーミーズと22型フリゲートのブロードスウォード

◆1981年,近代化でスキージャンプ台を設置したハーミーズ

◆インドに売却されたハーミーズ（インド名はビラート）

[初代ハーミーズ:空母として設計され1918年1月に起工された世界最初の全通飛行甲板空母]

◆1924年, ハワイ・オアフ島に停泊するハーミーズ

◆1942年4月9日,南雲機動部隊の空襲で撃沈されるハーミーズ

あるため、空母には不要な射程一四・六kmの四五口径一四cm速射砲を両舷側に各三門ずつ搭載していたのである。しかも海面からの高さが三五mになる三脚型マスト上には砲撃用の測距儀までも載せていた。当時は、空母も敵軽巡洋艦クラスとの洋上砲撃戦を想定していたのである。他にも不可欠な対空火器として一〇cm高角砲三門と、七六・二mm砲四門を搭載している。

ハーミーズの速力は二五ノット（四万馬力：タービン）で、専用設計の空母としては遅い。搭載するのが軽い複葉機であっても、発艦時には離陸を助ける母艦のスピード（向い風）が必要だからである。航続距離は巡航速度一八ノットで五四〇〇km（重油二〇〇〇トン）ほど。乗員は六六四人。

一九二四年二月、ようやくハーミーズは就役する。同空母は一九一九年九月に進水したにもかかわらず、大戦が前年に終結したこともあり、建造の進捗が遅くなっていた。結果、ハーミーズを参考にして一九一九年一二月から建造を初めていた、日本海軍の空母「鳳翔」が、同艦を追い抜かして一九二二年一二月に完成し就役してしまう。世界初の専用設計空母として完成したのは、「鳳翔」となったのである。周知のように、このハーミーズは、第二次大戦中に英国海軍の東洋艦隊に配属され、一九四二年四月九日のセイロン沖海戦において南雲機動部隊母艦機に因る急降下爆撃により撃沈されている。

戦間期の傑作『初代アーク・ロイヤル』

一九二二年にワシントン海軍軍縮条約が締結され、英国海軍は、空母について基準排水量換算で一三・五万トンの建造枠を獲得する。同海軍は、条約の制限枠により廃棄が決まった二隻のカレイジャス級巡洋戦艦（グローリアスとカレイジャス）を、改造空母として保有することにした。結果、一九三〇年には、英国海軍が保有する空母戦力は六隻に増勢した。これは、米海軍（空母三隻）と日本海軍（空母三隻）の空母保有数を倍ほど上回る。当時、英国海軍は、世界最大の空母勢力を保有していたのである。

ただ、英国海軍には、後に出現する日本海軍の南雲機動部隊のように、六隻の艦隊正規空母を同一艦隊に集めて集団運用する考え方はなかった（その能力もなかったが）。性能の異なる各空母は、当然のように各地の英国海軍方面艦隊にバラバラに配備されていた。たとえば記したハーミーズは、香港を母港とする中国艦隊に配備され、一九二八年には中国近海に出撃して、その母艦機が海賊退治に活躍したという。当時、英海軍空母に求められた主要任務は次の三つであった。

［英海軍空母の主要任務］

●艦隊上空の制空（防空）

『22型フリゲート』は英海軍空母機動部隊の汎用護衛艦だ

◆リーフ級給油艦ベイリーフ(A109)から給油を受ける22型フリゲートのカンバーランド(バッチ3)。主兵装は114mm砲とハープーン対艦ミサイル

●上:GWS25シー・ウルフ短SAM6連装発射機(射程6.5km)

●下:ゴールキーパー30mmCIWS(有効射程2km)

◆艦首には主砲でなくエグゾセ対艦ミサイル4発を搭載した5番艦のボクサー(バッチ2)

■11番艦のコーンウォール(バッチ3)

●航空雷爆撃による敵主力艦攻撃

●英国海上通商路の保護

一九三四年、英国海軍は同年度計画において基準排水量二一・二万トン級の新型空母アーク・ロイヤルの建造を決める。これは、一九一八年に起工したハーミーズ以来、一四年振りとなる新型空母の建造であった。英国海軍は、当時六隻の空母を保有していたが三隻は旧式艦であり、軍縮条約の制限枠には約二万トンの建造枠を残していたのだ。

一九三八年一一月、初代空母アーク・ロイヤルは、これまで培ってきた英国空母の技術の粋を集めた、近代的な中型艦隊正規空母として完成する。本空母の一番の印象は、制限枠の都合から短くて太い形状となった船体上に、最大限サイズの長方型飛行甲板を被せたというもの。特に後部の飛行甲板は艦尾から大きく後ろにはみ出していた。

結果、飛行甲板は、全長二四三・八m（船体の水線長は二〇八・八m）、幅二九mという一応満足できる大きさを確保していた。ちなみに米海軍が一九三七年に完成した空母ヨークタウン（満載二・五五万トン）の飛行甲板の大きさは、二四四・六m（船体の全長は二五一m）×二六・二mであった。

飛行甲板の先端は、艦首と一体化するエンクローズド・バウ構造で、耐波性に優れていた。エレベーターは甲板中央付近に三基をまとめて配置。これは母艦機の収容を迅速に実施するためと見られている。飛行甲板の前部には二基の油圧カタパルトを備えた。これは重量五・四トンの機体を四〇秒間隔で持続発艦する高い能力があったという。後部甲板には実用性のある着艦拘束装置（制動索八本）を搭載した。甲板下には二段式の格納庫があり、六〇機（最大七二機ほど）を完全に収容できた。甲板の右舷側には、英海軍開発のやや小ぶりなアイランドを載せている。

本空母の特長の一つが強力な対空火器であった。弾幕射撃用の主砲は、砲塔式の四五口径一一四㎜連装高角砲（一二発／分）で、八基を両舷に各四基ずつ配置。しかも広い射界の砲座を確保するため、飛行甲板端の一部は切り欠かれていた。このほか近接防御用としてビッカーズ四〇㎜ポンポン砲（八連装）六基と、一二・七㎜機銃（四連装）八基を搭載している。さらに弾幕が突破され被弾した場合の防護能力もある程度手当てされていた。舷側の水線部には一一四㎜の装甲帯、下部格納庫甲板に八九㎜の装甲板である。

アーク・ロイヤルの速力は三一ノット（一〇・二万馬力：タービン）で、艦隊正規空母として十分な速力を実現していた。航続距離は巡航速度一六ノットで一・二万㎞（重油四六五〇トン）ほど。実用上、問題のない性能であるが、艦隊正規空母としての機動性能は、ヨークタウン級（速力三四ノットで、

英海軍最後の4.7万トン艦隊空母イーグル級とジェット艦上戦闘機

■1965年頃,イーグル級空母1番艦のイーグル(R05)。1954年の近代化改造によりジェット機用の斜め飛行甲板となる。甲板上にはガネットAEW,シミターF1戦闘攻撃機(空中給油),シー・ビクセン戦闘機,ウエセックスHAS救難ヘリが見える

photo: Royal Navy/MOD

[イーグル級空母が搭載した空母航空群の主力ジェット艦上戦闘機・母艦機]

●ブラックバーン・バッカニア艦上攻撃機(1971年,空母イーグルへの着艦)

●デ・ハビランド製シー・ビクセンFAW2全天候艦上戦闘機(2017年:Wallycacsabre)

●フェアリー・ガネットAEWレーダー早期警戒機(1970年代,第849海軍航空隊所属)

●マクドネル・ダグラス製ファントムFG1艦上戦闘機(1972年,空母アーク・ロイヤル搭載機)

艦名(級名)	ミサイル駆逐艦ブリストル (D23:82型駆逐艦)	ミサイル駆逐艦ヨーク (D98:42型駆逐艦)	STOVL空母インビンシブル (R06:インビンシブル級)
満載排水量(基準) 全長×最大幅	7700トン(6150トン) 154.5m×16.8m	5350トン(3600トン) 141.1m×14.9m	2.2万トン(1.6万トン) 209m×36m
速力(出力) 航続距離	30ノット(3.7万馬力) 0.9万km(18ノット)	30ノット(5万馬力) 0.9万km(18ノット)	28ノット(10万馬力) 1.3万km(18ノット)
兵　装 (対空火器／ 搭載機)	55口径114mm単装砲×1 30mm連装砲×2 20mm機銃×4 シー・ダートSAM連装発射機×1	55口径114mm単装砲×1 20mmCIWS×2 20mm機銃×2 シー・ダートSAM連装発射機×1 リンクス哨戒ヘリ×1機	30mmCIWS×3 20mm機銃×2 搭載機:24機(ハリアー戦闘機×16,艦載ヘリ×8)
乗　員	397人	312人	1500人
クラス総建造数	1隻	14隻	3隻

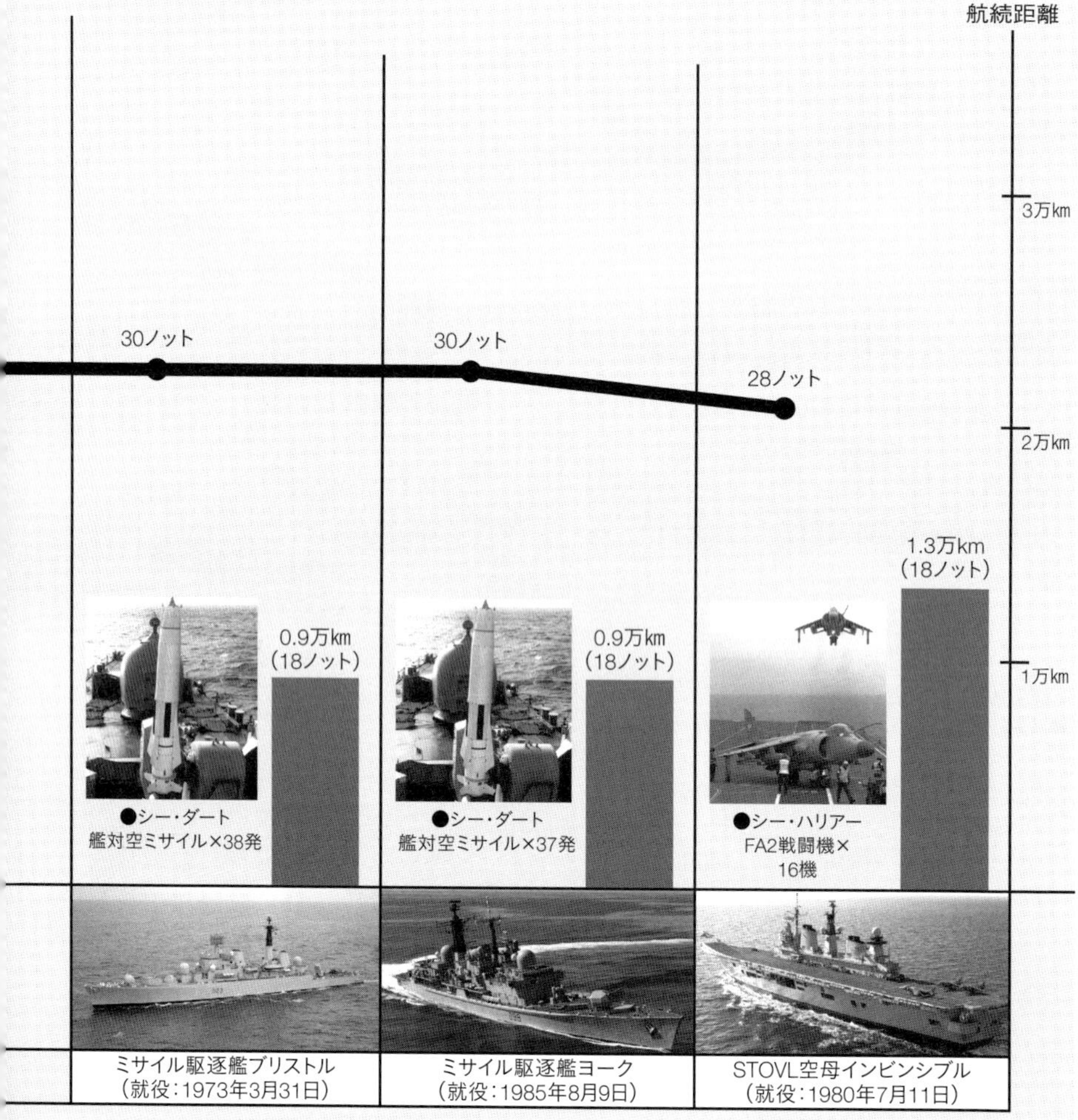

1980年代のSTOVL空母機動部隊主力艦の艦種別性能比較:機動力と兵装

艦名(級名)	補給艦フォート・ロザリー(A385:フォート・ロザリー級)	攻撃原潜タービュレント(S87:トラファルガー級)	フリゲート:コンウォール(F99:22型フリゲート)
満載排水量(基準) 全長×最大幅	2.3万トン(1.6万トン) 183.8m×24.1m	5200トン(水上4800トン) 85.4m×9.8m	5300トン(4280トン) 148.1m×14.8m
速力(出力) 航続距離	20ノット(2.3万馬力) 1.9万km(20ノット)	水中29ノット(1.5万馬力) 無制限	30ノット(4.8万馬力) 1.3万km(18ノット)
兵　装 (対空火器/ 搭載機)	弾薬・物資:3500トン 20mmCIWS×2 20mm機銃×2 シー・キング汎用ヘリ×2機	ハープーン対艦ミサイル トマホーク巡航ミサイル 53cm魚雷発射管×5	55口径114mm単装砲×1 30mmCIWS×1 20mm機銃×2 シーウルフ短SAM(6連装)×2 ハープーン4連装発射機×2 シー・キング汎用ヘリ×1機
乗　員	195人	130人	250人
クラス総建造数	2隻	7隻	14隻

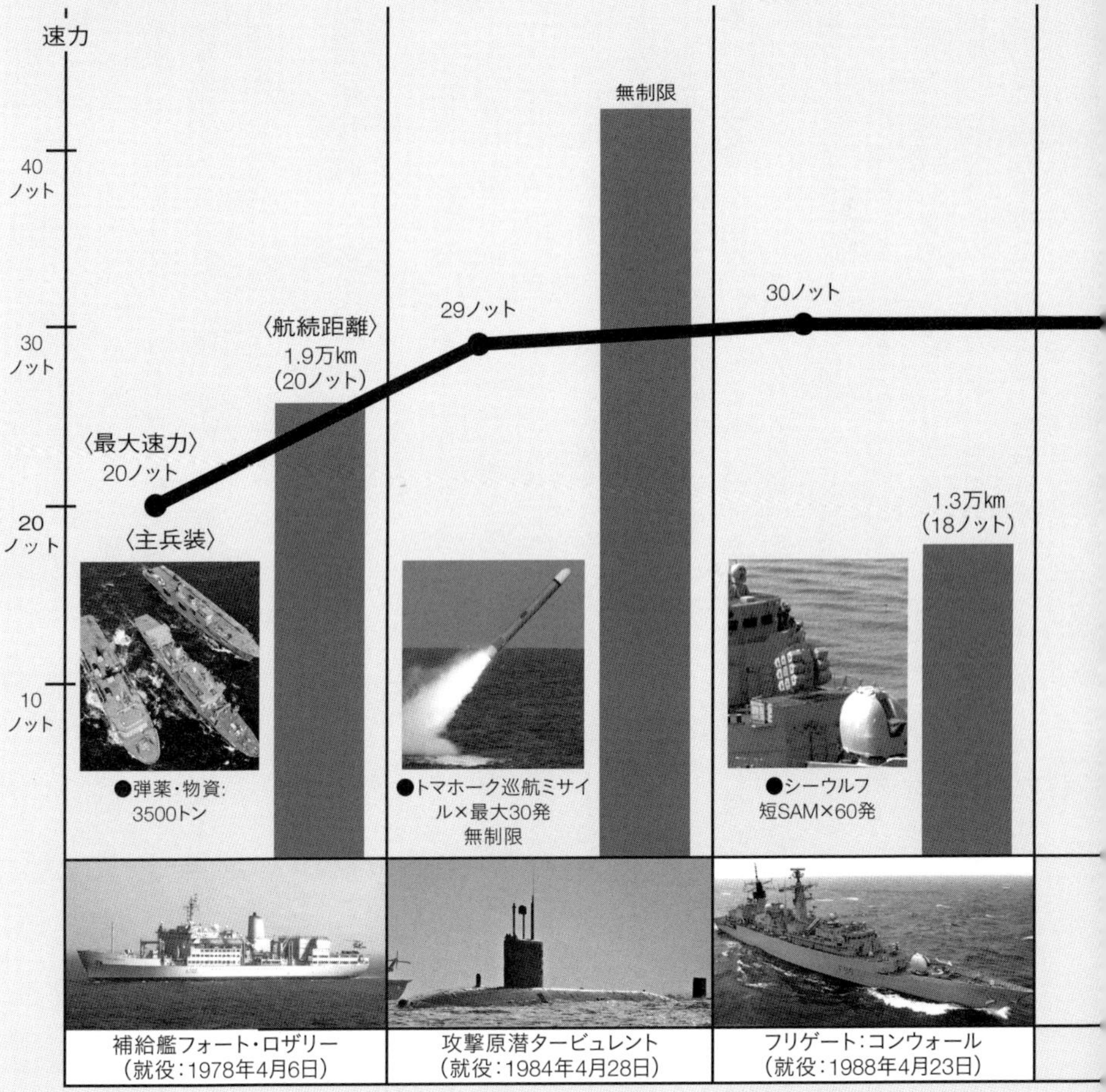

二・三万㎞の航続性能）の方が優秀と言えた。乗員は一五七五人。

総じてアーク・ロイヤルは優秀な空母であることは明らか。しかしながら空母の戦闘能力は、偏に搭載する航空機部隊の能力に左右される。問題は、搭載する英海軍航空隊の母艦機の旧式化と言えた。

大戦中の主力：イラストリアス級装甲空母

英国海軍は、一九三七年から三九年にかけて同系の新型空母を六隻建造する。これがアーク・ロイヤルの飛行甲板を重装甲化した独自仕様のイラストリアス級で、装甲空母（Armoured Carrier）とも形容されている。ただ、同級も基準排水量が条約により二・三万トン（満載二・八九万トン）に制限されていたため、排水量がアーク・ロイヤルと大差ないにもかかわらず、重装甲を施した分だけ船体を小型化せざるを得なくなった。

実際、飛行甲板は、幅こそ同じながら全長は、アーク・ロイヤルの二四三・八ｍから二二九ｍに短くされている。約一五ｍも短い。と同時に船内の格納庫も二段式から一段式に減らされ（高い重心を下げる必要もあり）、格納庫内に収容できる母艦機の数は六〇機から三六機に激減している（飛行甲板上には一八機ほど駐機が可能）。

主な装甲板の厚さは、飛行甲板が七六㎜、格納庫側壁が一一四㎜、格納庫の前後隔壁が六四㎜、格納庫甲板が七六㎜ほど。使用された鋼鉄材は一五〇〇トンとも言われている。つまり船内の母艦機は装甲板の箱の中で守られていたことになろう。

ところでなにゆえに英国海軍は、イラストリアス級を装甲空母に変身させたのか。ほぼ同時期に建造された米海軍のヨークタウン級や日本海軍の翔鶴型などは、無装甲の飛行甲板のままなのである。最大の理由は、欧州のスペイン内戦（一九三六年〜三九年）で絶大な破壊力を見せつけた、ドイツとイタリア空軍の爆撃機に対する深刻な脅威であった。水平爆撃や急降下爆撃により正確に投下される一〇〇〇ポンド爆弾に対する備えとして、空母の重装甲化を最優先で計画したと言われている。

ともあれ、イラストリアス級は、最初の三隻（イラストリアス、ビクトリアス、フォーミダブル）と、母艦機の搭載数を増やした改良型の三隻（インドミタブル、インプラカブル級二隻）、計六隻が建造される。大戦では、ハーミーズとアーク・ロイヤルが早々と戦没したため、英国海軍の主力空母となったのはこのイラストリアス級の六隻であった。大戦末期には、同級五隻が太平洋方面で戦い、数多くの日本軍特攻機の体当たりに見舞われたが、その頑強な装甲飛行甲板により見事に跳ね返し、ほぼ無傷であったという。対照的なのは米海軍の空母で、甲板が無装甲なため特攻機の突入により大損害を生じている。

第二次大戦に突入すると、当然ながら英国海軍は、空母三一隻という大増産計画を進める。大戦が一九四五年八月に終結したため、大戦中に就役できた空母はわずかであった。その多くが戦後の完成となったが、それでも次に記す四艦種の二一隻が完成している。

［第二次大戦期に起工した空母二一隻］

●コロッサス級軽空母（一〇隻）
●マジェスティック級軽空母（五隻）
●セントー級軽空母（四隻）
●イーグル級艦隊正規空母（二隻）

コロッサス級軽空母は、戦時の空母増産を目的として、イラストリアス級を基に簡易設計した艦隊軽空母で、一〇隻が一九四四年～四六年に就役している。その特長は、装甲が施されていない代わりに、軽空母（基準排水量一・三六万トン、全長二一二m、油圧カタパルト一基）のサイズにもかかわらず、イラストリアス級より多い四八機もの母艦機の搭載が可能なこと。速力も二五ノットと優速であり、航続性能は艦隊正規空母レベルの二・二万km（一四ノット）もあった。事実、英国海軍は、一九五〇年に勃発した朝鮮戦争に際し、このコロッサス級軽空母延べ五隻を派遣しているのだ。

軽空母が搭載した母艦機は、レシプロ単発機のホーカー・シーフュアリー戦闘攻撃機とフェアリー・ファイアフライ攻撃機で、地上攻撃に投入された。またマジェスティック級軽空母（満載一・八万トン）は、コロッサス級の設計変更型で五隻建造されたのだが、すべて売却された（オーストラリアやカナダやインドなど）。

セントー級軽空母（満載二・七万トン、全長二二五m、搭載機約三〇機、速力二八ノット）は、コロッサス級の発展型として企画された軽空母である。四隻（セントー、アルビオン、ブルワーク、二代目のハーミーズ）を戦中に起工したが、終戦に伴い完成は一九五三年から五九年にずれ込んでいる。この遅れが幸いし、同級空母には近代化を施すことができた。それは、英国海軍が開発した面積を広げる斜め飛行甲板や強力な蒸気カタパルトやミラー式着艦光学支援装置などで、これにより大戦後実用化した新型ジェット艦上戦闘機の搭載が可能となったのである。

イーグル級は、当初、オーディシャス級と呼ばれて大戦中に四隻の建造を計画し、二隻（二代目のイーグル、二代目のアーク・ロイヤル）が建造に着手された。本空母は、海軍待望の大型艦隊正規空母で、インプラカブル級の拡大型であっ

◆空母イラストリアス（R06）の勾配角13度のスキージャンプ台と艦首のゴールキーパー30㎜CIWS

●インビンシブル級軽空母アーク・ロイヤル（満載2.2万トン,全長209m）はシー・ハリアー等24機の母艦機を運用可能

◆1998年，米原子力空母ステニスに並ぶSTOVL軽空母イラストリアス。大きさが大人と子供ほど違う

●シー・ハリアーを搭載し昇降する前後2基あるエレベーター（全長16.7m，幅9.7m：イラストリアス）

◆2014年，建造中のクイーン・エリザベスと軽空母イラストリアス。両者ともにSTOVL型空母だ

●シー・ハリアーを収容した格納庫甲板（全長152m，幅22.6m，全高6.1m：イラストリアス）

■勾配角12度のスキージャンプ台を艦首に備えたインビンシブル級軽空母。大型アイランド艦橋の前後辺りの飛行甲板中央に2基の母艦機用エレベーターが見える

フォークランド戦争を勝利に導いたハリアー空母のインビンシブル級軽空母

◆1982年のフォークランド戦争に勝利し英国に凱旋したハリアー空母のインビンシブル(R05)

[世界初の実用型STOVL(短距離離陸・垂直着陸)艦上戦闘機BAe製シー・ハリアー]

◆空母アーク・ロイヤルから短距離離陸するハリアー戦闘機

〈シー・ハリアーFA2戦闘機の航空作戦能力〉

任務	戦闘攻撃半径	兵装	発艦距離
戦闘空中哨戒(CAP)	185km(1時間30分滞空)	AMRAAM×4(空対空ミサイル)	137m
偵察	972km	30mm砲ポッド 228ガロン増槽×2	107m
対艦攻撃	370km	シー・イーグル×2(対艦ミサイル) 30mm砲ポッド	91m
迎撃	215km	AMRAAM×2(空対空ミサイル)	目標探知から2分以内出撃

※迎撃はマッハ0.9目標を距離426kmでレーダー探知

◆胴体下に2発のAMRAAM空対空ミサイルを搭載したシー・ハリアーFA2

た。一番艦のイーグルは、戦後に建造を再開し、一九五一年に就役した後、五四年にジェット機を通常運用するための近代化改修を受けている。斜め飛行甲板を備えた船体は、満載五・三万トン（基準四・三万トン）、全長二四七・四m、幅五二mと大きい。本空母は、甲板装備の蒸気カタパルトにより重いジェット母艦機を射出・発艦させ、ワイヤ索着艦装置（アレスティング・ギア）で機体を制動（拘束）するCATOBAR（Catapult Assisted Take Off But Arrested Recovery）方式の本格空母であった。飛行甲板と格納庫には、伝統を継承して装甲（二五～一〇二㎜）が施されている。格納庫には、当初六〇機（レシプロ機）、ジェット母艦機では四五機を収容できた。

自衛火器は、近代化により、一一四㎜連装両用砲四基に加え、シーキャットSAM四連装発射機を六基搭載した。速力は三一ノット（蒸気タービンで一五・二万馬力）、航続距離は一・三万㎞（一八ノット）で、艦隊正規空母としての作戦能力を保有していた。乗員は航空要員を含み二七五〇人と多め。

空母イーグルは一九七二年一月に退役するが、最後に搭載した空母航空群は三九機の母艦機であった。攻撃任務のブラックバーン・バッカニアS2艦上攻撃機（双発複座、最大速度が時速一〇七〇㎞、爆弾搭載量五・四トン）が一四機。艦隊防空任務のデ・ハビランド製シー・ビクセンFAW2全天候艦上戦闘機（双発双胴複座、最大速度が時速一一一〇㎞、空対空ミサイル四発搭載）が一二機。早期警戒任務のフェアリー・ガネットAEW早期警戒機が四機。対潜戦任務のシー・キング哨戒ヘリが六機。捜索救難任務のウエセックス捜索ヘリが二機。母艦配送任務のガネット輸送機が一機である。

実戦で存在価値を証明したインビンシブル級STOVL軽空母

以上のように英国海軍は第二次大戦期に起工・計画した空母二一隻を建造し、これら空母を大戦後の主力として運用してきた。しかしながら戦後生まれの新型空母は皆無で、空母イーグルも一九七二年に退役するなど、空母戦力の老朽化が深刻となっていた。

ちなみに一九七二年時に現役空母として使われていたのは三隻のみ。イーグル級のアーク・ロイヤル、セントー級軽空母のアルビオンとハーミーズの二隻である。その後、アルビオンが退役し、一九七八年には米製ファントムFG1戦闘機を搭載する改装を施したアーク・ロイヤルまでも、経費削減のため退役に追い込まれてしまう。この時点で英国海軍の空母戦力は、遂にハーミーズ（一九八〇年にSTOVL短距離離陸・垂直着陸方式に改装、一九八四年に退役）軽空母一隻となったのである。

苦しい台所事情とは言え、英国海軍当局も手をこまねいていただけではない。一九七三年七月に『ハリアー空母』とも呼ばれる、世界初の画期的なＳＴＯＶＬ（Short Take-Off Vertical Landing）軽空母インビンシブル級の一番艦が起工し、一九八〇年七月に就役している。同級の建造数は三隻（他に二代目のイラストリアス、三代目のアーク・ロイヤル）。言うまでもなく、本級空母の実用化を可能にしたのは、英空軍のハリアーＳＴＯＶＬジェット戦闘機を艦載型に改装した、ＢＡｅ製シー・ハリアー（初飛行一九七八年）の製造であった。

そして、同機を最大限有効使用するため、艦首左舷の飛行甲板上に勾配角一二度／一三度（当初七度）の鋼製スキージャンプ台を取り付け、爆装したシー・ハリアーの短距離離陸を可能としたのである。

確かにインビンシブルは、軽空母（満載二・二万トン、全長二〇九ｍ、幅三六ｍ、速力二八ノット、航続距離一・三万㎞）であったが、立派な大型アイランドを右舷に据えた飛行甲板には二基のエレベーターがあり、船体内の格納庫には母艦機二四機を収容するスペースを確保していた。

搭載する航空群の例としては、一九九〇年代においては、主力のシー・ハリアーＦＡ２艦上戦闘機が一六機、支援のシー・キングＡＥＷ早期警戒ヘリ三機とシー・キングＨＡＳ６哨戒ヘリ五機、計二四機という航空戦力構成であった。

ともあれ、出現時には存在価値を疑問視されたインビンシブル級ＳＴＯＶＬ軽空母であったが、その空母としての有効性は、一九八二年四月に勃発したフォークランド戦争において実証し、自らＳＴＯＶＬ軽空母の存在価値を不動のものとしたのである。同戦争の端緒は、アルゼンチン軍が英国領のフォークランド諸島を占領したこと。

直ちにサッチャー首相率いる英国は、一・五万㎞離れた同諸島を敵から奪還すべく、二隻のＳＴＯＶＬ軽空母（インビンシブルとハーミーズ）を主力とする空母機動部隊を派遣する。なお、当時、この二隻が、英国海軍の持つ空母のすべてであった。

同戦争では、両空母から運用されたシー・ハリアー戦闘機飛行隊が獅子奮迅の働きを繰り広げる。優勢なアルゼンチン軍機による機動部隊への航空攻撃を完ぺきではないが、阻止し、上陸作戦を成功させ、同島の奪還に成功したのである。シー・ハリアー戦闘機は、この戦争では、主に赤外線誘導式空対空ミサイルのＡＩＭ‐９Ｌサイドワインダーにより、仏製のマッハ二級戦闘機ミラージュⅢを含む敵機二三機を一方的に撃墜している（戦闘損失は対空火器による二機のみ）。

なお戦後に改良されたシー・ハリアーＦＡ２戦闘機は、よ

[シー・ハリアーFA2艦上戦闘機:STOVL軽空母インビンシブル級を成功に導いた画期的航空機]

〈BAeシー・ハリアーFA2艦上戦闘機の諸元:初飛行1978年8月20日,FA2は1988年9月19日〉
・乗員1人・機体重量6.37トン
・最大重量11.88トン・全長14.17m
・翼幅7.7m・翼面積18.67㎡
・エンジン:ペガサスMk106ターボファン(推力9.75トン)×1
・最大速度1145㎞/h(海面)/マッハ0.94・戦闘距離740㎞(3分間の空中戦)
・機内燃料2.35トン
・兵装:30㎜連装砲ポッド(胴体下),爆弾搭載量3.63トン

●短距離離陸・垂直着陸(STOVL)を可能としたRolls-Royceペガサス・ターボファン(推力偏向可能ノズル付)

英海軍STOVL軽空母インビンシブル空母機動部隊の基幹艦艇の主要データ

■22型ブロードソード級フリゲート(バッチ3)×2隻:満載0.53万トン,全長148.1m, 主兵装114㎜砲×1, ハープーン対艦ミサイル(8発), リンクス哨戒ヘリ×2機, 乗員250人。写真カンバーランド(バッチ3)

■42型シェフィールド級ミサイル駆逐艦(バッチ3)×2隻:満載0.54万トン,全長141.1m, 主兵装114㎜砲×1, シー・ダート艦対空ミサイル(37発), リンクス哨戒ヘリ×1機, 乗員312人。写真ノッティンガム(バッチ2)

■補給艦フォート・グランジ×1隻:満載2.3万トン, 弾薬・物資3500トン搭載, シー・キング汎用ヘリ×1機, 乗員195人

■トラファルガー級攻撃原潜×1隻:水中0.52万トン, 主兵装トマホーク巡航ミサイル, 乗員130人。写真タイアレス(S88)

世界初のハリアー母艦インビンシブル&英空母機動部隊

STOVL軽空母インビンシブルが搭載する航空群の編成例（計24機）

■シー・ハリアーFA2STOVL艦上戦闘機×16機（同機が2006年に退役後は英空軍のハリアーGR7/9戦闘機を搭載した：2010年まで）

■シー・キングAEW早期警戒ヘリ×3機

■シー・キングHAS6哨戒ヘリ×5機

◆インビンシブル級3番艦のアーク・ロイヤル（R07）。勾配角12度のスキージャンプ台から短距離離陸するハリアー戦闘機。艦の前後とアイランド後部右舷側に20mmファランクスCIWSを搭載した

■STOVL軽空母インビンシブル級×1隻：満載2.2万トン，全長209m，搭載機24機（ヘリ×8），乗員1500人	〈空母機動部隊の主戦力〉 ●艦艇総数：7隻 ●総排水量：7.16万トン ●総乗員数：2949人 ●艦上戦闘機数：16機 ●ヘリ搭載数：15機

り強力なレーダー誘導式ミサイルのＡＭＲＡＡＭ（射程五〇㎞超）を四発搭載し、空母機動部隊を守る戦闘空中哨戒（ＣＡＰ）任務の遂行が可能であった。インビンシブルのスキージャンプ台を一三七ｍの短距離離陸で舞い上がると、洋上を距離一八五㎞ほど進出し、一時間半の滞空哨戒を行なうのである。

ともあれ、英国海軍は、三隻のインビンシブル級ＳＴＯＶＬ軽空母（シー・ハリアー戦闘機を搭載）を中心とする、空母機動部隊を一九九〇年代から二〇〇〇年代まで運用する。この時、同級空母を護衛した機動部隊の艦艇は、基本的に対潜警戒・対水上戦を含む汎用任務を引き受けたフリゲート二隻と、艦隊防空を最大の使命としたミサイル駆逐艦二隻の計四隻であった（他に攻撃原潜と補給艦が支援）。

具体的には22型ブロードソード級フリゲートと、42型シェフィールド級ミサイル駆逐艦である。両艦は、共に一一四㎜主砲を搭載し、大きさも似通っていたが、任務の違いは主兵装により区別できた。22型フリゲートは、対潜警戒用のリンクス哨戒ヘリを二機（42型は一機）と、42型駆逐艦が積まない対水上戦用のハープーン対艦ミサイル発射機を搭載していた。いっぽう42型駆逐艦は、22型には積めない大型防空システムのシー・ダート艦対空ミサイル連装発射機（重量五五〇㎏、射程七四㎞のミサイルを三七発搭載）を搭載していたのである。

ところで、フォークランド戦争では、機動部隊の護衛艦艇は軽空母を守り抜くことができた。だが、護衛役の42型ミサイル駆逐艦二隻と21型フリゲート二隻を含む、六隻の機動部隊の艦艇を敵機の航空攻撃により撃沈されてしまった。最大の原因は、ＳＴＯＶＬ軽空母には、敵機の低空攻撃を遠方からレーダー探知できる早期警戒機を搭載できず、有効な迎撃体制が構築できなかったからだ。

第9章

大英帝国の『空母エリザベス級&F-35B』

空母クイーン・エリザベスのスキージャンプ台から発艦するF-35Bライトニング戦闘機（写真：Royal Navy, U.K.MoD）

ライトニング空母はゲームチェンジャー

二〇〇〇年代の前半、英海軍は、一九八〇年代に就役した三隻のインビンシブル級軽空母を保有していた。同級空母は、シーハリアー戦闘機を運用するSTOVL（短距離離陸・垂直着陸）型軽空母であったが、後継となる空母はなく、旧式化により二〇一四年には三番艦のイラストリアスが退役、遂に英海軍から空母の姿が消えてしまう。

当然ながら英海軍当局は、以前からインビンシブル級軽空母の後継となる新型空母の建造を模索していたのだが、資金難や度重なる計画変更あるいは戦闘機の機種選定問題（一時、F‐35BからF‐35C運用型空母に変更）などが重なり、建造が遅延して間に合わなかったのだ。それでも英海軍の空母空白期間は七年ほどで終わる。二〇一七年一二月に待望の新型空母が就役したのである。その期待度の大きさは、同空母が『クイーン・エリザベス（HMS Queen Elizabet：R08）』と命名されたことからも窺い知れよう。二番艦も『プリンス・オブ・ウエールズ（HMS Prince of Wales：R09）』と命名されている。一番艦のエリザベスは、二〇〇九年に起工し、約三〇億ポンド（四〇三〇億円）の巨費とほぼ九年の歳月が投じられ、英海軍史上最大の軍艦（満載排水量六・八万トン、全長二八四m）として完成したのである。

このエリザベス級空母が持つ最大の存在価値は、その巨体とともに飛行甲板のスキージャンプ台から離陸させる、ロッキード・マーチン製F‐35BライトニングⅡステルス戦闘機の運用能力および絶大な航空打撃力にあった。端的に言えば、エリザベス級が積む第五世代戦闘機であるF‐35Bの航空打撃力は、現用の米海軍ニミッツ級原子力空母が搭載する第四世代戦闘機のスーパー・ホーネット戦闘攻撃機よりもはるかに強力なのである。このエリザベス級空母が多数搭載するSTOVL専用機のF‐35Bは、空母に限らず、全通飛行甲板を備えた揚陸艦でも運用可能であることもあり、洋上戦略を左右するほど革新的な兵器システム、すなわちゲームチェンジャー（Gamechanger）とも呼ばれている。

なお英海軍ではライトニングの名称が三機種目（ライトニングⅢ）となるため、Ⅱが省かれ、F‐35Bライトニングと呼ぶ。

無論、ゲームチェンジャーとは、厳密には戦闘機のF‐35Bのみを指すものではない。F‐35Bだけでは作戦運用できないからである。ゲームチェンジャーとは、F‐35Bを専用に運用するSTOVL空母のエリザベス級を中核とする空母機動部隊全体を指している。このような事情からエリザベス級空母は、インビンシブル級軽空母が『ハリアー空母』と呼ばれたように、同空母は『ライトニング空母』とも呼ばれている。しかしながら同様な文脈からハリアー空母がハリアーSTOVL戦闘機の存在無くして成立しないように、ライトニング空母もF-35Bライトニング戦闘機の完成無くして成り立つことはない。まずF-35Bから記していきたい。

史上最強・唯一のステルス艦上戦闘機F-35B

知られているようにF-35は、経費削減を図るため、米三軍向け三つのタイプが同時に開発された極めて珍しい戦闘機であった。空軍向けの通常離陸型（CTOL）のF-35A、海兵隊向けのSTOVL型のF-35B、海軍向けの艦載型（CV）のF-35Cである。そしてF-35Bは、二〇一二年に、三機種の中で一番早く実戦飛行隊が編成され、式典が催されている。この時、スピーチ台に立った時の海兵隊総司令官ジェームス・F・エイモス大将は、この次世代戦闘機の革新性について そつなく語っている。

「F-35BライトニングⅡは、最も破壊力のある戦闘機としての特質、超音速スピード、レーダー回避ステルス（radar-evading stealth）、驚異の俊敏性、STOVL能力、そして二一世紀の航空兵器の搭載力を一つの機体に盛り込んだ航空機史上初めての戦闘機である」

やはり最大の特質は、F-35Bが唯一無二の第五世代戦闘機であるという位置付け。第五世代にあって第四世代戦闘機にないものは、第一にステルス性能。なおかつB型ライトニングにはSTOVLという独自の能力を、世界で同機だけが実現していることがなにより際立っていた。そのステルス性能のレベルは、対空レーダーに対する超低観測性（VLO：Very Low Observable）の実現と言えよう。F-35のRCS（レーダー反射断面積）は〇・〇〇一三㎡ほど。これは、米空軍大学のマシューズ・H・モロー大佐の形容表現によれば、レーダーが戦闘機を真正面から探知した時の大きさは、F-22（全幅一三・六m、全長一八・九m）がビー玉程度の大きさに過ぎず、F-35（全幅一〇・七m、全長一五・六m）でもゴルフ・ボールほどだという。今のところ超低観測性レベルの第五世代ステルス戦闘機は、F-35と同僚のF-22の二機種のみと言われている。

次にF-35Bの大きな特質は、機体に様々な攻防両用の統合型先進センサーを備えていること。機首部には、主に攻撃機能面で使うセンサーを積む。電波系の火器管制装置としてAN／APG-81AESA（アクティブ電子走査アレイ）レーダーと、赤外線系センサーのAN／AAQ-40電子光学目標捕捉システム（EOTOS）である。長距離センサーのAPG-81レーダーは、ステルス性に優れた上向き固定アン

◆空母クイーン・エリザベスに垂直着艦する英空軍F-35Bライトニング戦闘機。リフトファン用の吸気ダクトの扉が開けられ、下方に曲げた排気口からジェット噴流を真下に噴出している(2019年10月)

■APG-81AESAレーダー:9秒で敵機23機を捕捉。探知距離370km

〈F-35BのSTOVL(エンジン/リフトファン)メカニズム〉

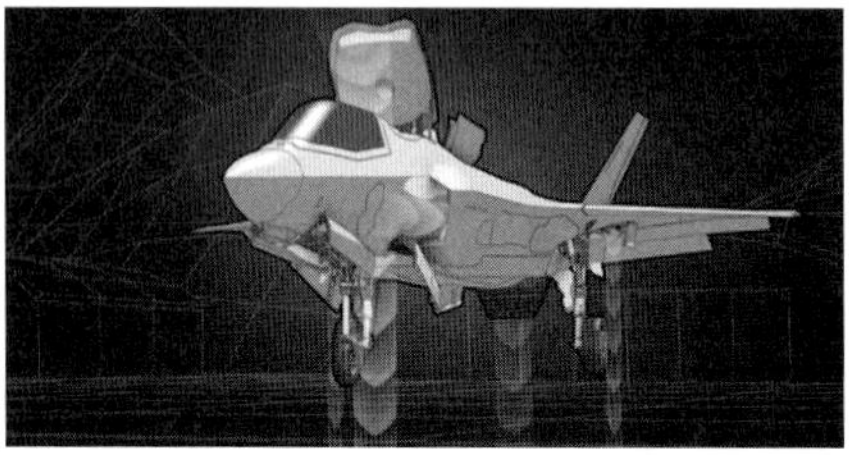

◆F-35Bはエンジン排気口の向きをベアリングで真後ろから真下に変える推力偏向式を採用している

◆F-35Bのジェット・エンジン排気口は3ベアリングの回転式推力偏向機構により真横から真下まで可動

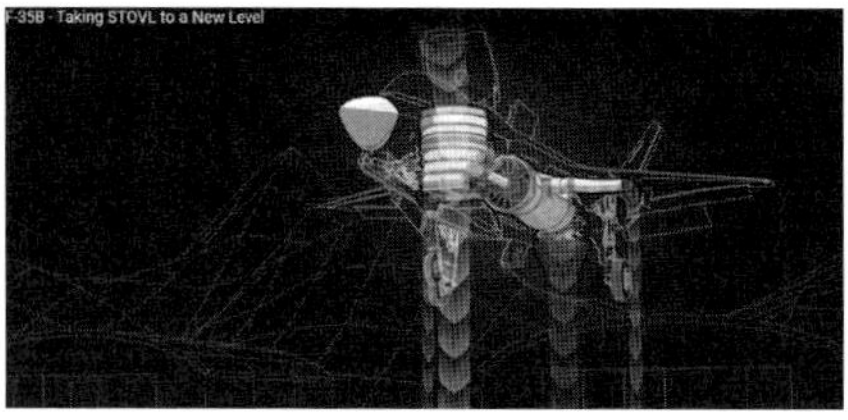

◆ホバリングは下向きの高熱ジェット排気(赤)とコクピット背後のリフトファンの低温空気噴流(青)、両翼下の姿勢制御用ロールポストからの噴流により可能となった

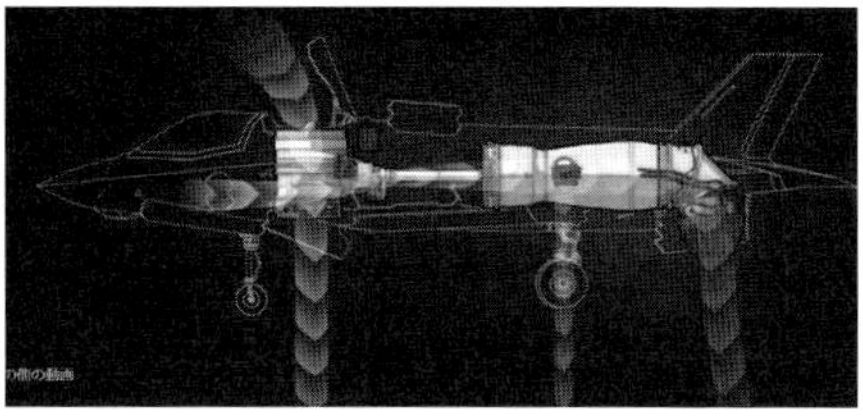

◆リフトファンはエンジン・シャフトにより駆動され、2つのロールポストは圧縮機から空気を抽出し下向きに噴射(Lockheed Martin)

史上最強のステルス艦上戦闘機F-35Bライトニング:STOVLメカニズム

■F-35Bのグラス・コクピットは大画面の最新タッチ式一枚パネル。画像はF-35B用のシミュレーター(BAEsystems)

搭載位置	11	10	9	8	7	6	5	4	3	2	1
兵器	A/A	A/A, A/S	A/A, A/S	A/A, A/S	A/A	Gun	A/A	A/A, A/S	A/A, A/S	A/A, A/S	A/A
F-35A/C	300	2,500	5,000	2,500	350	1,000	350	2,500	5,000	2,500	300
F-35B	300	1,500	5,000	1,500	350	1,000	350	1,500	5,000	1,500	300

[F-35兵器ステーション11か所の搭載能力(兵器と重量:ポンド)]

■F-35Bの胴体内兵装搭載量は1.6トン:A/Aは空対空、A/Sは空対地・艦兵器

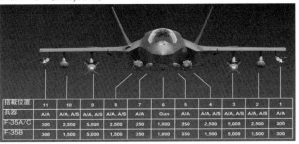

〈F-35Bの諸元〉

最大離陸重量:27.2トン
機体重量:14.65トン
全長:15.61m
翼幅:10.67m
全高:4.36m
エンジン:F135-PW-600ターボファン(A/B時推力18.1トン)
機内燃料:6.12トン
最大速度:マッハ1.6
戦闘行動半径:833km
最大兵装搭載量:6.8トン
乗員:1人

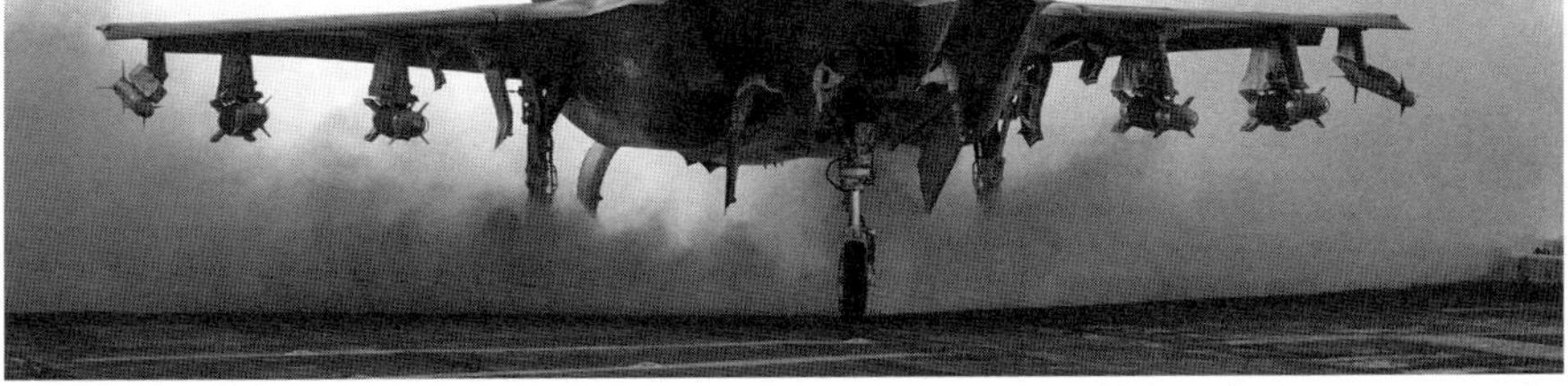

◆兵器を機外に満載したF-35Bステルス戦闘機。両翼端にAIM-9XサイドワインダーAAM(射程40km)と4発のGBU-12レーザー誘導爆弾(射程14.8km、重量230kg)を搭載する非ステルス形態である

艦名（級名）	フリゲート:ウエストミンスター（F237:23型フリゲート）	ミサイル駆逐艦ダンカン（D37:45型駆逐艦）	空母クイーン・エリザベス（R08:クイーン・エリザベス級）
満載排水量（基準） 全長×最大幅	4900トン（3600トン） 133m×16.1m	8500トン（5800トン） 152.4m×21.2m	6.8万トン（4.5万トン） 284m×73m
速力（出力） 航続距離	28ノット（5.23万馬力） 1.4万km（15ノット）	32ノット（5.4万馬力） 1.3万km（18ノット）	27ノット＋（10.7万馬力） 1.9万km（推定18ノット）
兵　装 （対空火器／ 搭載機）	55口径114mm単装砲×1 30mm砲×2 シーウルフ短SAM（32セル） ハープーン4連装発射機×2 マーリン哨戒ヘリ×1機	55口径114mm単装砲×1 30mm砲×2 20mmCIWS×2 シルバーVLS（48セル：SAM用） ハープーン4連装発射機×2 マーリン哨戒ヘリ×1機	30mmCIWS×3 30mm砲×4 搭載機：48機（F-35B戦闘機×36,艦載ヘリ×12）
乗　員	185人	191人	約1600人（操艦乗員679人）
クラス総建造数	16隻	6隻	2隻

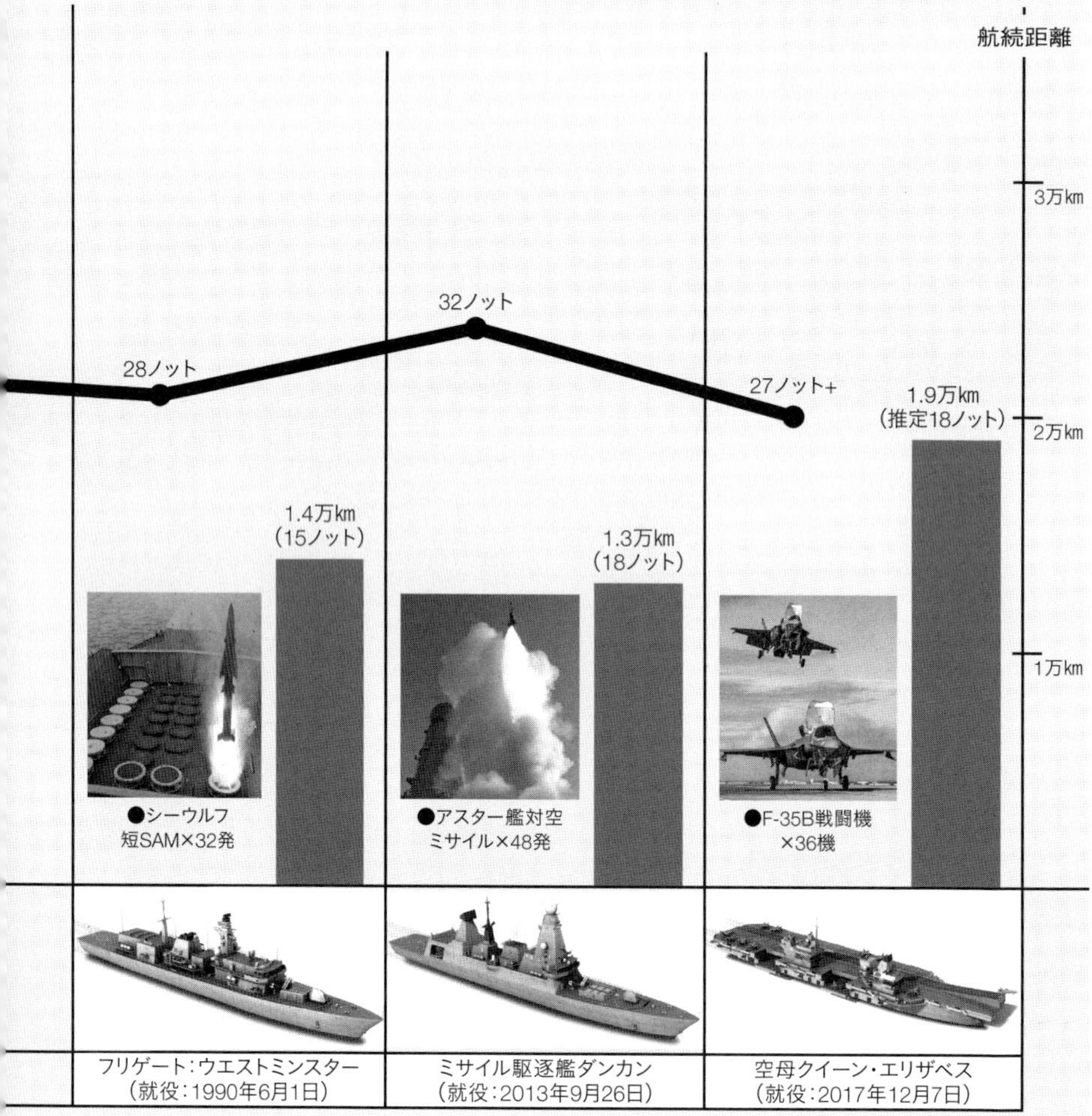

エリザベス級空母打撃群主力艦の艦種別性能比較:機動力と兵装

艦名(級名)	給油艦タイドフォース (A139:タイド級)	補給艦フォート・ビクトリア (A387:フォート・ビクトリア級)	攻撃原潜アスチュート (S119:アスチュート級)
満載排水量(基準) 全長×最大幅	3.9万トン(満載) 200.9m×28.6m	3.66万トン(2.88万トン) 204m×30m	7800トン(水上7000トン) 97m×11.3m
速力(出力) 航続距離	27ノット(CODELOD) 3.37万km(20ノット)	20ノット(2.5万馬力) 推定2万km(20ノット)	水中30ノット(PWR2原子炉) 無制限
兵　装 (対空火器/ 搭載機)	燃料:1万9000㎥ 飲料水:1万4000㎥ 30mm砲×2 マーリン汎用ヘリ×1機	弾薬・物資:6000トン ディーゼル燃料:1.2万トン 航空燃料:1000トン 20mmCIWS×2 30mm砲×2 マーリン汎用ヘリ×3機	ハープーン対艦ミサイル トマホーク巡航ミサイル 53cm魚雷発射管×6 ※ミサイルと重魚雷の合計数: 38発
乗　員	109人	288人	110人
クラス総建造数	4隻	2隻	4隻(計画7隻)

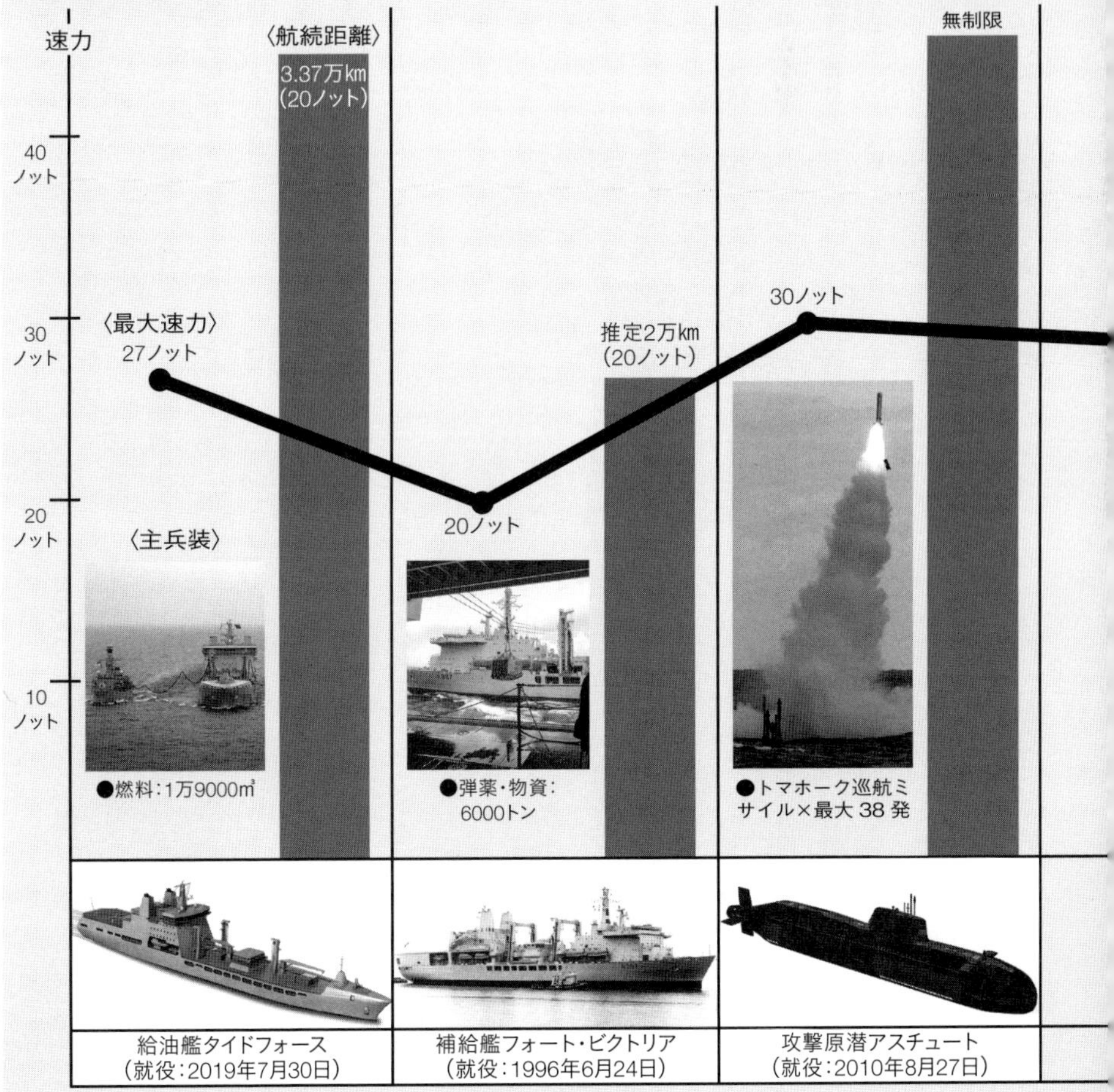

テナ方式の多機能レーダーで、超小型レーダー機能を備えた送受信モジュールを一六七六個もアンテナに組み込み、広範囲の空域に対する同時捜索能力および多彩な機能を実現している。機能のモードとしては、空対空モードと空対地モードに加え、従来のレーダーにはなかった電子戦モード（電子攻撃、電子妨害）や航法支援モード（気象モード、航法アップデート）、さらに自動目標指示機能も有する。

空対空モードでは、アンテナ径が小さいため最大探知距離は約三七〇km級と見られるが、同時対処能力はＡＥＳＡレーダーらしく優れている。試験では、相手にレーダー波をほとんど逆探知されることなく、九秒ほどでレーダー覆域内の二三目標を探知・追尾することができるという。ステルス機では、とりわけ自機のレーダー照射波を敵機に逆探知され難くする、低迎撃可能性（ＬＰＩ：Low Probability of Intercept）機能は極めて重要と言えよう。ＡＰＧ‐81は、毎秒一〇〇〇回を超える周波数変換により迎撃可能性を低減させている。仮にＲＣＳ値が〇・一㎡の第四・五世代機であれば、距離一三〇kmで探知（および照準攻撃）が可能とみられている。

ＥＯＴＳは、パッシブ型の複合目標捜索照準センサーで、赤外線とレーザーを利用する。したがってレーダー波のように敵機に捜索を逆探知される恐れがまったくない。その赤外線機能では、空対空の赤外線捜索追跡（ＩＲＳＴ）、空対地の前方監視赤外線（ＦＬＩＲ）追跡をおこなう。ＩＲＳＴ機能を使った空対空モードでの最大探知距離は、約二〇〇kmとされる。まさにレーダー並みの性能であり、ステルス隠密飛行中の戦闘機用センサーとしては、最高のシステムに違いない。またレーザー機能は、レーザー目標指示およびレーザー・スポット追跡（友軍が目標に照射するレーザーの輻射の受信能力）、測距機能で、いずれもレーザー誘導爆弾による攻撃用途に用いる。やや精度の甘いＪＤＡＭ衛星誘導爆弾の照準補正も可能だという。また機体の全周方向を検知カバーできる、防御用ＤＡＳ赤外線画像センサー（最大探知距離一三〇〇km以上）も積む。

さらに最近、Ｆ‐35Ｂステルス戦闘機が搭載する広域レーダー（や赤外線画像）の索敵能力が大きく評価されている。索敵任務では、複数のＦ‐35Ｂが広い範囲に飛行し、探知・収集した膨大なレーダー情報等はセンサー融合され、機体に積む多機能先進データリンクＭＡＤＬやリンク16等により、連接する情報ネットワークに伝送され情報共有されるのである。これは、言わばＥ‐２Ｄホークアイ早期警戒機の代役を果たす、Ｆ‐35Ｂの早期警戒能力と言えよう。なおかつＦ‐35Ｂはステルス戦闘機であるため、プロペラ機のＥ‐２Ｄよりははるかに安全かつ発見されることなく、敵領域に接近することができるのである（無論、Ｅ‐２Ｄが持つような指揮統制能力はない）。

画期的なＳＴＯＶＬ離着艦メカニズムとステルス形態

先代のハリアーは、確かに唯一のＳＴＯＶＬ艦上戦闘機であった。しかし戦闘機としては、兵装が貧弱な亜音速機で航続性能も低く、とても第一線の超音速戦闘機と真正面から交戦できる能力は持ち合わせていなかった。これに対して後輩となるＦ‐35Ｂは、実用的な超音速スピード（マッハ一・六）を備えているだけでなく、唯一のＳＴＯＶＬ機能を完備している。

こうした運動性能を獲得するため、Ｆ‐35Ｂには、最強クラスのＰ&Ｗ製Ｆ１３５‐ＰＷ‐６００ターボファン・エンジンが採用されている。これは直径一・三ｍの二軸ターボファンで、ＳＴＯＶＬ用に二段の低圧タービン（タービンからの延長シャフトによりリフトファンを駆動）を組み込んでいるのが特徴。最大推力は、アフター・バーナー使用（Ａ／Ｂ時）で一八・一トンを発生する。機体を空中に浮遊させるＳＴＯＶＬ機能は、次に記す下向きの強力な推力を発生させる三つの機構の組合せにより生み出す。

［三つのＳＴＯＶＬ機能］

●一つ目は、排気口を真下まで可動させられる3ベアリングの回転式推力偏向機構（推力：八・一六トン）

●二つ目は、コクピット背後に組み込まれたリフトファンで、エンジンから延長されたクラッチ付きの駆動シャフトにより二段ファンを回し、下向きの推力八・五七トンを発生させる

●三つ目は、両翼下部にあるロールポスト。これは、エンジンの圧縮機から空気を抽出して噴射し、機体の姿勢を制御するロールポストで、これも二つ合わせて推力一・六八トンを生む

このようにＦ‐35Ｂが機体をホバリングして垂直に着陸する、あるいは短距離離陸する際に使われる下向き推力は、計一八・四トンにもなるのだ。アフター・バーナー使用時よりも強力なパワーである。今に至るも大きな問題がなく、慣熟した世界初のＳＴＯＶＬ機構と言えよう。

Ｆ‐35Ｂの攻撃力を示す兵装搭載能力は、最大六八〇〇kgほど（ＳＴＯＶＬ機構を持たないＦ‐35Ａ／Ｃは八一六〇kgと多い）。兵器ステーションは、胴体内兵器倉に四か所と、両主翼下に各三か所、胴体下に付ける機関砲ポッドを入れて計一一か所となる。旧式のホーネットよりも多い。ただ高脅威環境での任務においては、機外に搭載品を積むことができない（クリーン状態）。これがステルス形態であり、兵器の搭載

■F-35B戦闘機やマーリン艦載ヘリを収容する広大なエリザベス級の格納庫

■F-35Bを2機搭載可能な舷側エレベーター

■船体内(比較的安全な)に設置されたエリザベス級の戦闘情報センター

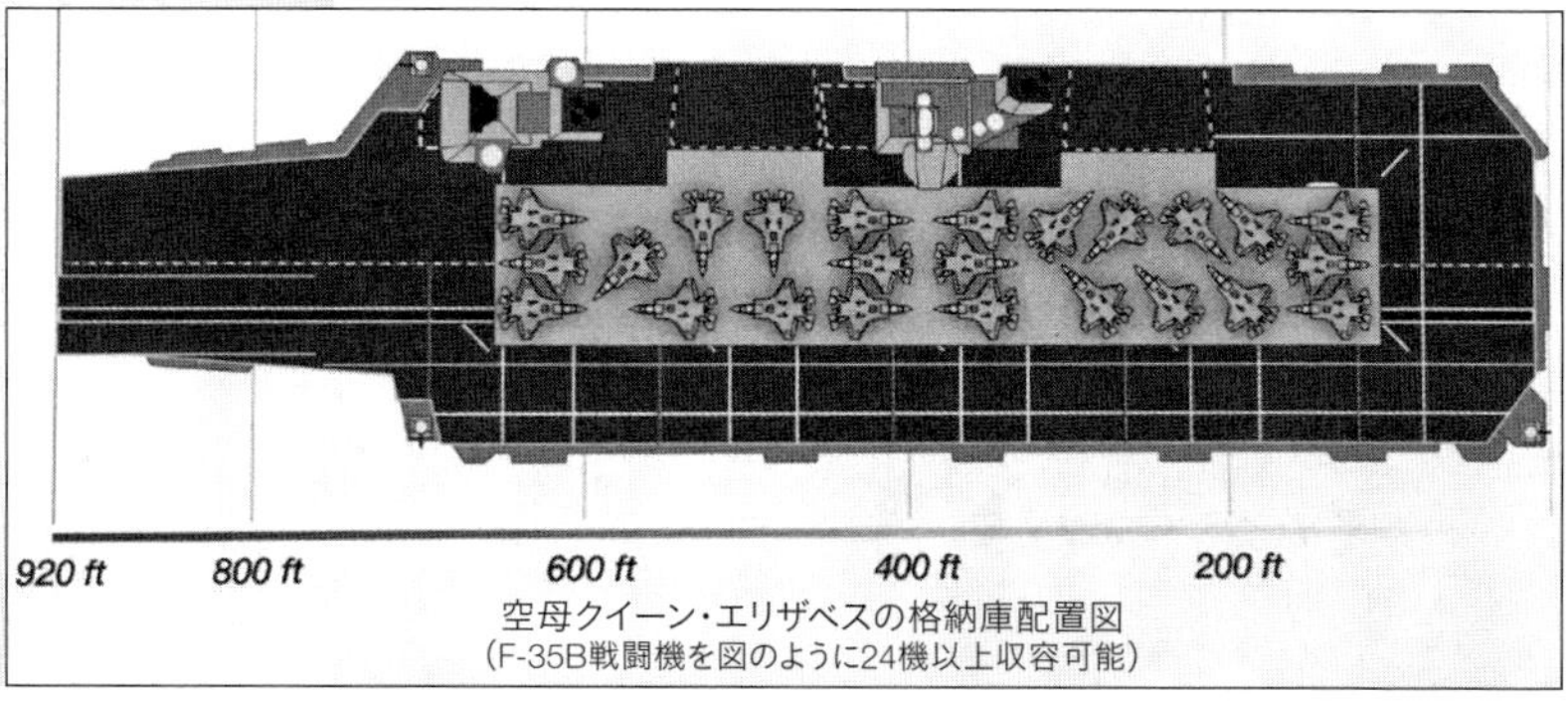

空母クイーン・エリザベスの格納庫配置図
(F-35B戦闘機を図のように24機以上収容可能)

世界初のツイン・アイランド空母『クイーン・エリザベス』級の構造図

◆満載6.8万トンの大型STOVL空母クイーン・エリザベス級は1番艦が2017年12月、2番館のプリンス・オブ・ウエールズが2019年12月に就役している

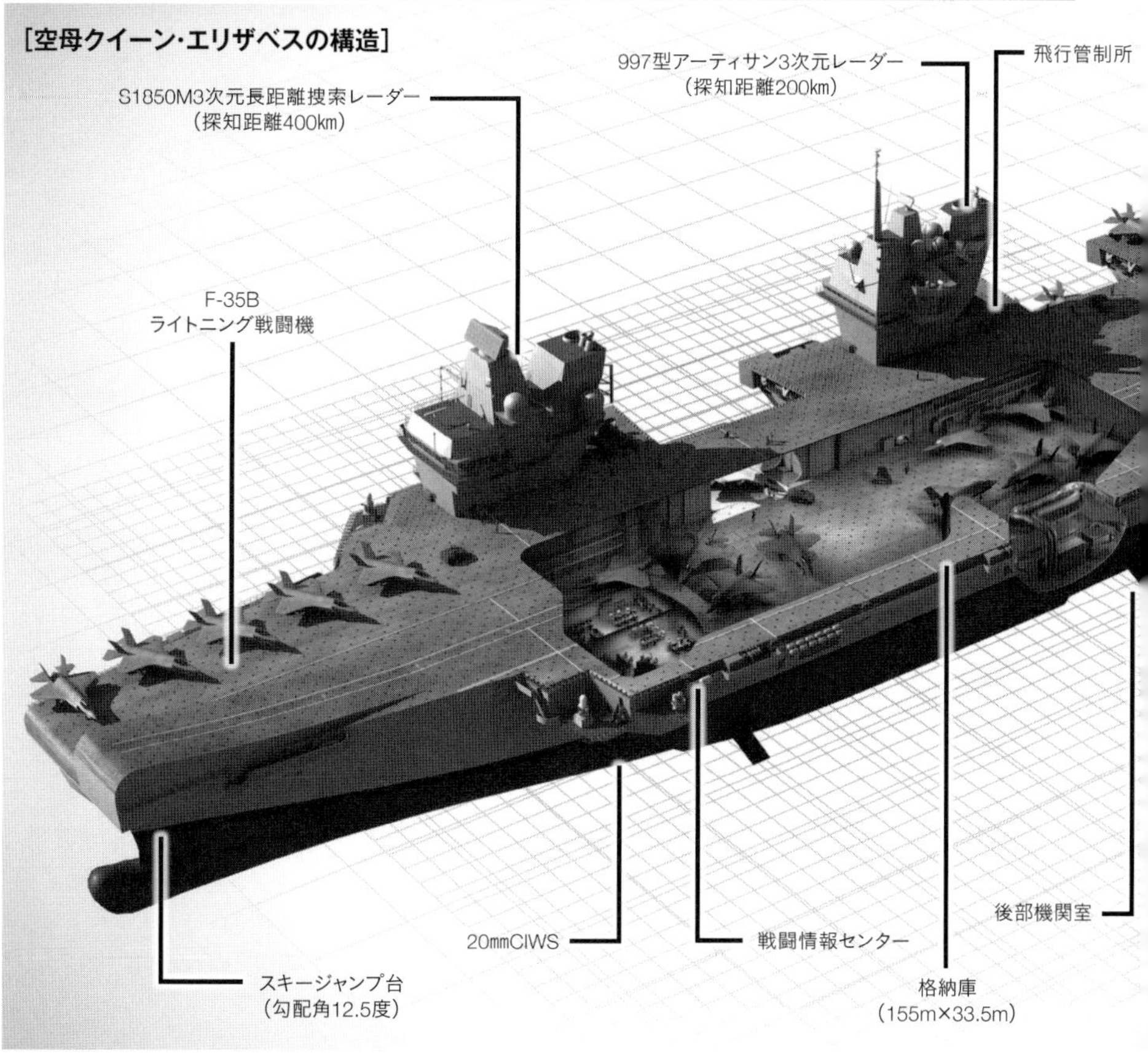

は胴体内兵器倉のみとなる。現状、兵器倉に格納できる基本的な兵器は、ＡＩＭ‐１２０ＡＭＲＡＡＭ空対空ミサイルが二発と、ＧＢＵ‐32ＪＤＡＭ一〇〇〇ポンド衛星誘導爆弾が二発の計四発ほど。ちなみに兵器倉の最大搭載量は一六〇〇kgほど。対航空機任務では、機内に四発のアクティブ・レーダー誘導ＡＭＲＡＡＭを積むことができる。英海軍においては、独自にＦ‐35Ｂの兵器倉に収容可能なＭＢＤＡ製ミーティア空対空ミサイル（射程一〇〇km超、四発搭載）や、ＳＰＥＡＲ小型空対地ミサイル（射程一四〇km、八発搭載）の開発がなされている。

この翼下に兵器を積まないステルス形態であれば、Ｆ‐35Ｂは、最大速度マッハ一・六の超音速で飛ぶことができる。アフター・バーナーを使わない経済的な巡航速度はマッハ〇・九四ほど。戦闘行動半径は八三三km（Ｆ‐35Ａ／Ｃは一一〇〇km）を超す。これは約七四〇kmのＦ／Ａ‐18Ｃホーネット戦闘機よりも長い。またハリアー戦闘機の戦闘行動半径は四三〇kmほどであったから、Ｆ‐35Ｂの航続力は、爆弾搭載量と同様に二倍近く向上していることになろう。

ところでエリザベス級空母に搭載するＦ‐35Ｂ戦闘機の調達数は、現状、一三八機（計画では一八六機以上）とされているが、経費削減のため、大半が空軍飛行隊の所属となる。これは三五三機配備予定の米海兵隊に次ぐ規模であった。

世界初のツイン・アイランドを載せた大型ライトニング空母

今でこそエリザベス級空母は、数十機ものＦ‐35Ｂライトニング戦闘機を運用するライトニング空母の代名詞ともなっているが、計画段階では、Ｆ‐35Ｂ開発遅延のためＦ‐35Ｃ運用空母への設計変更も進められていた。つまりそもそもエリザベス級空母は、通常の艦載型Ｆ‐35ＣやＦ／Ａ‐18スーパー・ホーネットを運用可能な、ＣＡＴＯＢＡＲ（カタパルト発艦拘束着艦）型艦隊正規空母のスケールを有する大型空母であったのだ。実際のところ、船体にはカタパルトや着艦拘束装置を後に艤装できる設計が施されているとも言われている（設計寿命五〇年の中で改装される可能性もある）。

ともあれ、エリザベス級空母は、先代のインビンシブル級ハリアー空母の特長を継承する、ＳＴＯＶＬ型のライトニング空母として完成。そのようなわけで、エリザベス級において一番の特徴的なデザインは、世界で初めて採用されたツイン・アイランド（Twin-Island）に違いない。前方アイランドは、艦の航海操艦・司令機能。後方アイランドは、航空管制用とされている。アイランドを二分した主な狙いは、艦の生残性向上とステルス性の確保にあった。特に前者の狙いは重要で、アイランドは機能別に二分されているが、仮に前後アイランドの片方が破損しても、もう片方で任務を代行する補助機能が組み込まれているという。

前方アイランド上には、板状のS1850M三次元長距離捜索レーダーが搭載されている。これはパッシブ電子走査アレイ（PESA）対空レーダーで、探知距離は四kmから四八〇km、探知高度は三〇kmほど。空中目標一〇〇〇個を探知・追尾できる。後方アイランド上には、対空／対水上捜索用の997型アーティサン三次元レーダーを積む。こちらは、小型飛翔体に対する識別精度が高いアクティブ電子走査アレイ（AESA）レーダーで、探知距離は二〇〇km、九〇〇個の目標を追尾できる。

本艦のもう一つの特長は、主機に45型ミサイル駆逐艦が採用した統合電気推進を採用したこと。要は、MT30ガスタービン発電機二基とディーゼル補助発電機四基により、四基の推進用モーターを回し、二軸シャフトに取り付けた重量三三トンのプロペラを回転して航行する方式である。利点は、発電機やモーターや制御装置等の構成品の分散配置が可能で、生残性の向上や重量軽減に適していること。そして将来的に増大する電気需要に対応可能なことが挙げられよう。総出力は八〇MW（一〇・七万馬力）ほど。これは五〇本の特急列車と同じ出力だという。この主機により本艦は、二七ノットの速力と一万海里の航続距離を実現している。このスピードは艦隊正規空母にしてはやや遅い。だだ、必要時には電力を集中して三二ノットまで増速できる。

世界最大サイズのスキージャンプ台を持つSTOVL空母

エリザベス級空母の大きな飛行甲板（全長二七七m、幅七三m）には、長方形の広い甲板の左舷前方に、長さ六〇mで勾配角一二・五度のスキージャンプ台（Ski Jamp Ramp）が設置されている。左舷側は幅広の形状で、ニミッツ級のような斜め飛行甲板は持たないが改装は可能とみられる。飛行甲板の有効面積は、一・三万㎡あり、これはテニスコート四九面分、四七〇台のロンドン・バスを駐車させられる広さだという。対してニミッツ級の飛行甲板の面積は、一・八万㎡あり、三八％ほど広い。

この飛行甲板にはF‐35B用の発着スポット五か所とヘリ専用のスポット一か所が設定されている。着艦甲板部は、飛行甲板後方の二〇〇〇㎡の区域とされ、識別のため「Q」とペイントされている（二番艦は「P」）。識別するのは、F‐35Bが着艦時に下向きに噴射する高温排気熱に耐えうる、耐熱コーティングを施した甲板部であることを示すためだ。こ

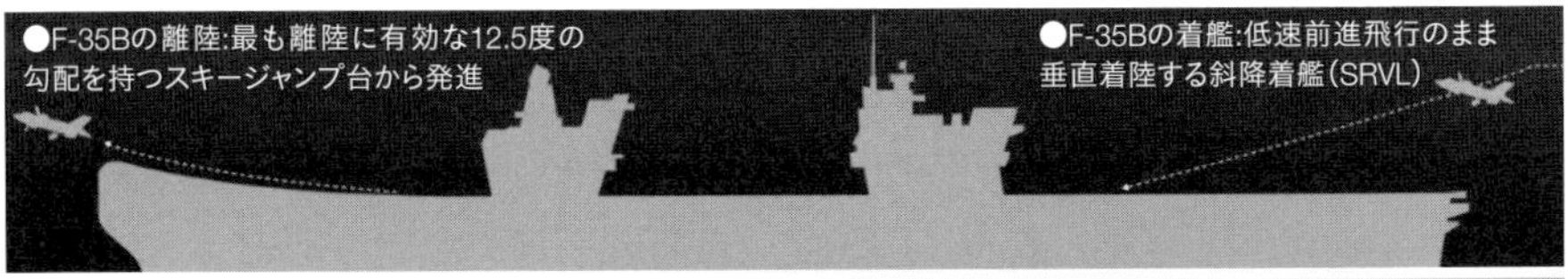
●F-35Bの離陸:最も離陸に有効な12.5度の
勾配を持つスキージャンプ台から発進
●F-35Bの着艦:低速前進飛行のまま
垂直着陸する斜降着艦(SRVL)

■勾配角12.5度のスキージャンプ台からリフトファンやジェット噴流推力を混合利用して空母クイーン・エリザベスから短距離離陸するF-35Bライトニング戦闘機

■広い後部甲板に英海軍独自開発の斜降着艦(SRVL)する英軍F-35Bステルス戦闘機

◆2021年5月、艦隊航行するエリザベス級空母。
手前が2番艦のプリンス・オブ・ウエールズ(R09)、
奥が1番艦のクイーン・エリザベス(R08)

巨大STOVL空母エリザベス級:最大40機のF-35B戦闘機を搭載

◆空母クイーン・エリザベス艦上のF-35Bと女王

◆上下:空母クイーン・エリザベスに洋上給油する給油艦タイドスプリング

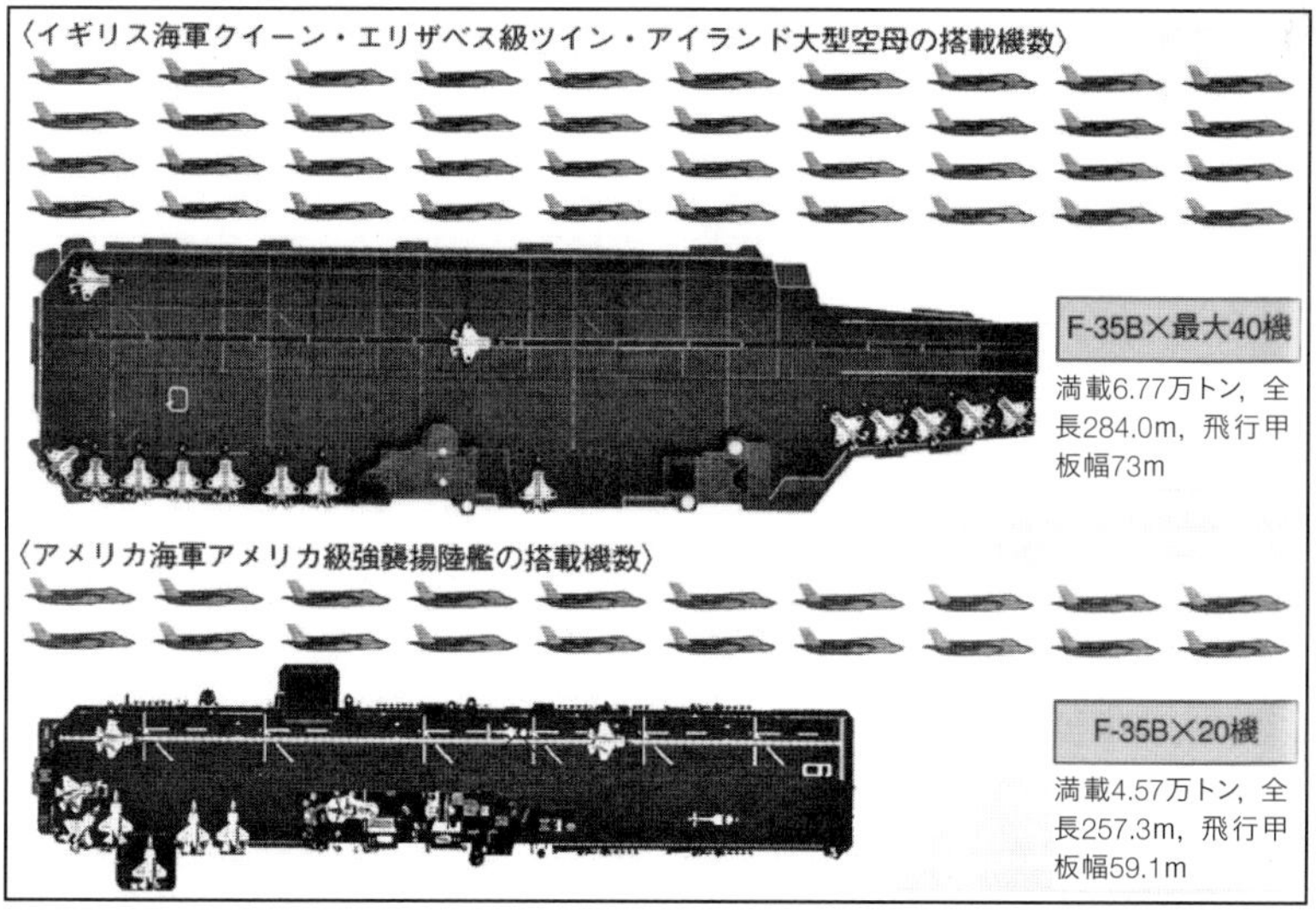

こにはアルミとチタンの粉末を混合したコーティングが施され、一五〇〇度の高温ジェット噴流でも溶けないという。

ここでエリザベス級空母が飛行甲板で見せるF‐35Bの離着艦運用を見ておきたい。まず、F‐35Bの発艦は、ジャンプ台から一六〇m後方あたりから自走により滑走をスタート。推力全開でジャンプ台から短距離離陸する。任務完了後の通常の着艦方法は、艦後部の広い着艦スペースに、F‐35B独自の垂直着陸（VL：Vertical Landing）をおこなう。艦の真横の上空で前進を止め、ヘリのようにホバリングしながら甲板上空までにじり寄り、下向きの熱噴流を甲板に吹き付けてゆっくりと舞い降りるのである。一連の垂直着陸は、搭載する先進飛行制御システムがコントロールするため、パイロットのワークロードは極めて小さい。最近の乗用車が採用している自動車庫入れ・縦列駐車システムの戦闘機版と言えようか。これがニミッツ級空母のスーパー・ホーネットであったならば、パイロットは、甲板上に張られた制動ワイヤにテイル・フックを引っ掛けて拘束させねばならず、着艦は極めて危険かつ高度な熟練が求められてしまう。

確かにF‐35Bの垂直着陸は、安全で易しい方法なのだが、燃料を食い、しかも機体を軽くする必要から未使用のミサイル類は投棄しなければならなかった。そこで英海軍は、新たに後部甲板上を低速浮揚で前進しながら垂直着艦する斜降着艦（SRVL：Shipborne Rolling VL）なる着艦方法を編み出した。要は、垂直着陸モードで、約六〇ノットの微速飛行を続けながら傾斜角六度のまま斜め降りて着艦し、車輪ブレーキで停止するのである（雨天時には使えない）。このSRVL着艦により、F‐35Bが持ち帰り可能な兵器の重量は数千ポンド増えるという。ただSRVL着艦は飛行甲板の大きなエリザベス級空母でこそ可能であり、強襲揚陸艦では安全上無理だという。

航空機用エレベーターの配置は、右舷側に二基あり、それぞれ一度に二機のF‐35Bを搭載し、格納庫と飛行甲板を一分で移動する。運用重量は、艦の乗員六七九人を全員載せられるほどだという。甲板下に広がる格納庫は、長さ一五五m、幅三三・五m、高さは六・七〜一〇mほど。二四機以上のF‐35Bの収容が可能な広さを確保している。

F‐35Bは中露の空母戦闘機をアウトレンジで全滅する

では、この飛行甲板によりSTOVL戦闘機F‐35Bは、作戦一日当たり延べ何機ほど出撃させられるのであろうか。エリザベス級は七二機ほどだという。対してニミッツ級空母は一二〇機と多い。約八〇機の母艦機を搭載するニミッツ級空母は、広い飛行甲板と四基の蒸気カタパルトを使い、エリザベス級の一・七倍の艦載機を出撃させられるのである。ただし、エリザベス級の出撃機数の想定は、F-35Bを二個飛行隊／二四機とマーリン艦載ヘリ一四機、計三八機を搭載した場合で、標準編成より少ない想定となっている。

仮にF-35Bが計画通り配備されたならば、標準編成では、エリザベス級空母にはF-35B三六機（最大四〇機ほど）を含む四八機の空母航空団が搭載される。支援する艦載ヘリは、今のところマーリンAEW早期警戒ヘリ（ASaC5）三機と、マーリンHM2哨戒ヘリ九機の一二機である。この航空団の攻撃力は、三六機のF-35BがステルスI形態でGBU-32JDAM誘導爆弾を二発ずつ搭載した場合、一度の隠密航空攻撃により計七二発のJDAMを目標に対して投下可能となる。翼下にもJADAM四発を満載した通常航空攻撃の形態では、各機六発の爆装が可能となるので、計二一六発ものJDAMを投下できる。

この航空団の編成において最大の問題点は、フォークランド戦争の教訓でもある早期警戒機の不在であった。マーリンAEWヘリ（クロウズネスト早期警戒レーダー：探知距離三七〇km）を配備したとしても、ターボプロップ双発のE-2Dに比べ、ヘリの飛行能力（速度時速三〇九km、航続距離八三三km）は劣り、なにより監視飛翔高度が二四〇〇mとかなり低いため、E-2Dのような高高度から見晴らす広域捜索が望めない。ちなみにE-2Dの飛行能力は、速度時速六〇二km、航続距離二七〇八kmで、高度一万mから探知距離六四八kmのAPY-9レーダーで広大な空域を捜索可能なのである。そこで、記したように複数のF-35Bによる広域レーダー索敵網が、有力な支援策として検討されている。

さてエリザベス級空母が積むF-35Bのライバルとなる現用の艦上戦闘機は、事実上、二機種に絞られる。中国海軍空母が搭載するJ-15戦闘機（重量三三トン、全長二一・九m）と、ロシア海軍空母クズネツォフが搭載するMiG-29KR戦闘機（重量二四・五トン、全長一七・三m）である。中国のJ-15は、もともとスホーイSu-33をベースに国産化し近代化を施した第四世代艦上戦闘機だが、ステルス戦闘機ではない。作戦時には、強力な兵器や増槽を機外に満載した形態となろう。その場合、RCS値は第三世代機や中型攻撃機並みの一〇㎡台に悪化してしまう。結果、J-15の編隊は、F-35B編隊のAPG-81レーダーにより、距離三〇〇km以遠で早くも全機探知されてしまう。性能上J-15のレーダーがF-35Bを捕捉するには、距離四〇km以内に接近しなければならない。

仮にJ-15の編隊が一二機（一個飛行隊）であったとするならば、これを迎え撃つのは三機のF-35Bでよい。無論、各

23型デューク級フリゲート:空母打撃群の汎用護衛艦

■右は23型フリゲートの後継として新規建造中の26型フリゲート1番艦のグラスゴー(F88:満載8000トン)

■対潜任務のため哨戒ヘリ(リンクスまたはマーリン)×1機を搭載した23型フリゲート

■対潜用兵器のスティングレイ短魚雷

■23型9番艦のノーサンバーランド(F238)が搭載する114㎜単装砲の発射(発射速度:25発/分)

〈個艦防空ミサイルのシー・ウルフ短SAMの発射〉
23型フリゲートのVLS（垂直発射機）には32発のシー・ウルフ短SAMが装填されている（射程6.5km）

■2021年、シー・ウルフ短SAMに替えシー・セプター（射程25km）を搭載した改修型のランカスター（F229）

◆16隻建造された23型フリゲートの3番艦ランカスター（F229）。マスト上に搭載する3次元捜索レーダー996型は精度に難があり997型への換装が進められている

■最新の997型アーティサン3次元レーダー（探知距離200km）に換装した23型2番艦のアーガイル（F231）

Ｆ‐35Ｂは射程一五〇㎞級のＡＩＭ‐１２０Ｄ空対空ミサイル四発を機内に搭載するステルス形態である。Ｆ‐35Ｂは、ヘッドオンで向かってくる一二機のＪ‐15を距離一五〇㎞から一斉に攻撃し、全一二機をことごとく撃墜してしまう可能性が高い。これは相手がロシア海軍の最新Ｍｉ Ｇ‐29ＫＲ（ＲＣＳ値一㎡）であっても同様の運命を辿ることになろう。なにしろＪ‐15にはＦ‐35Ｂの姿が見えないからだ。

実際の作戦では、おそらく前衛となる四機編隊のＪ‐15が未確認の敵機から一方的に撃墜された段階で、あるいは後続編隊までも全滅させられた段階で、中国海軍の空母機動部隊は引き上げるに違いない。この段階で艦隊の防空網が無力化されたのも同然であり、次は艦隊がＦ‐35Ｂによる対艦攻撃に晒されるのは必定だからである。

二〇二〇年代のエリザベス級空母打撃群：二種類の護衛艦

二〇二一年、英海軍は、空母機動部隊存在の神髄を世界に見せつけるインド太平洋地域への大航海を実施した（同年五月から一二月、九月に横須賀寄港）。艦隊は、空母打撃群21（ＣＳＧ21）と命名され、旗艦の空母クイーン・エリザベスを中心として、護衛艦が45型ミサイル駆逐艦二隻と23型フリゲート二隻、米イージス駆逐艦とオランダ海軍のフリゲート各一隻、そしてアスチュート級攻撃原潜一隻が水中から警護していた。これに大航海を物資輸送・給油面で支える支援艦艇の給油艦と補給艦が加わり、エリザベス空母打撃群は計一〇隻の構成であった。同空母打撃群による大航海の狙いは、次に示す三点とされている。

［空母打撃群大航海の狙い］
●西太平洋への進出を図る中国に対する牽制・抑止
●米国・日本等の同盟国との相互運用性の進展や友好国との関係強化
●インド太平洋地域での経済的影響力・貿易関係の強化

これらの三点は、いずれも戦略的ポイントであり、絶大なプレゼンスを備えたエリザベス空母打撃群でなければ不可能な平時での外圧と言えたであろう。同打撃群による大航海の総航程は四・八万㎞にも及んだ。現状、エリザベス級空母打撃群の艦艇構成は、基本的にこの時の英海軍艦艇の構成と変わらない。遠方域に対する航空打撃・制空戦力を提供するエリザベス級空母（航空団）、艦隊防空戦力のミサイル駆逐艦二隻、対潜・汎用戦力のフリゲート二隻、対潜・対水上戦の攻撃原潜、洋上補給の補給艦という組み合わせである。

エリザベス級空母打撃群の最も重要な艦隊防空を担うのは、

42型の後継として二〇〇九年から就役を始めた六隻の45型デアリング級ミサイル駆逐艦である。防空の中核センサーとなる捜索レーダーは、最新AESA型のSAMPSON多機能三次元レーダーを搭載する。Sバンドのアンテナは、二面を背中合わせにしたものを球形レドームに格納し、背の高いステルス形状マスト頂の回転台座に設置している。性能は、探知距離が四一八km、一〇〇〇個の目標を同時に追尾でき、その中の最大一二個の目標に対してアスター15／30艦対空ミサイルで迎撃することができた。特にレーダーの精度性能が高く、J-20クラスのステルス機でも距離一〇五km以遠で捕捉可能らしい。

アスター対空ミサイルは最新のアクティブ・レーダー誘導式で、様々な航空攻撃に備えて、前甲板にあるシルバーVLSに長短二種類組み合わせて四八発装填されている。アスター15は個艦防空用で、射程一・七〜三〇km（射高一〇km）ほど。アスター30（重量四五〇kg、全長五・二m）は艦隊防空用で、速度がマッハ四・五と速く、射程が三〜一二〇km（射高二〇km）であった。ちなみに英海軍の初代ミサイル駆逐艦カウンティ級には精度の悪いシースラグ（射程三〇km）、先代の42型駆逐艦にはシー・ダート対空ミサイル（射程七四km）が搭載されていた。

このように45型ミサイル駆逐艦は、先進のSAMPSONレーダーによって、強力なアスター対空ミサイルを精密に射撃管制できたので、近距離から遠方まで極めて有効な対空防御ができた（近代化改修によりアスター30四八発、シー・セプター新型SAM二四発の搭載に強化される予定）。また45型の特長として、エリザベス級空母に先立ち、画期的な統合電気推進機関を搭載している。

艦隊の対潜・汎用任務を担うのが、主力護衛艦として一九九〇年から一六隻就役した、23型デューク級フリゲートである。同艦の対潜システムは、センサーとして外洋域で最新型の敵潜水艦を探知するため、曳航式の可変深度ソナーを積む。建造後に取り付けられた2087型低周波ソナーである。敵潜が攻撃する位置より遠方での探知が可能だという。捕捉した敵潜を沈めるのは、大きな機体に四発のスティングレイ短魚雷を積めるマーリン哨戒ヘリで一機を搭載。別に船体にも連装短魚雷発射管を二基備える。

他に23型フリゲートは、対艦用のハープーン発射機、個艦防空用のシー・ウルフ短SAM（射程六・五km、速射性に優れたVLSに三二発）を搭載する。対空レーダーは、エリザベス級空母にも使われている、AESA型の997型アーティサン三次元レーダーである。この高性能レーダーの能力を生かすべく、古い短SAMを射程二五kmのシー・セプターに換装する近代化が行われている。

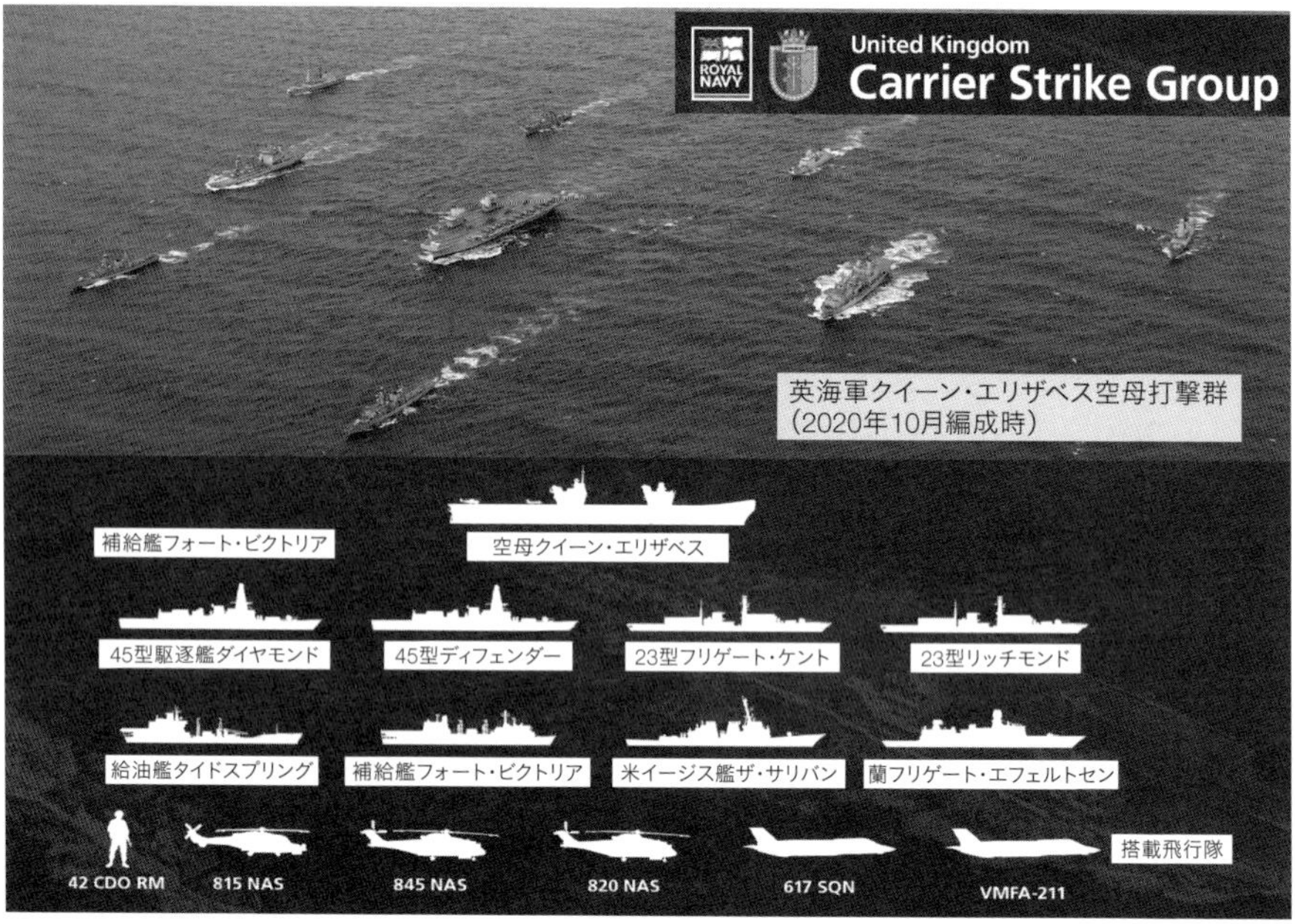

英海軍大型STOVL空母クイーン・エリザベス打撃群を構成する基幹艦艇の主要データ

■45型デアリング級ミサイル駆逐艦×2隻:満載0.85万トン,全長152.4m,主兵装114㎜砲×1,アスター15/30艦対空ミサイル(48発),哨戒ヘリ×1機,乗員191人。写真ディフェンダー

■23型デューク級フリゲート×2隻:満載0.49万トン,全長133m,主兵装114㎜砲×1,シー・ウルフ艦対空ミサイル(32発),ハープーン対艦ミサイル(8発),マーリン哨戒ヘリ×1機,乗員185人。写真ウエストミンスター

■補給艦フォート・ビクトリア×1隻:満載3.66万トン,弾薬・物資6000トン搭載,マーリン汎用ヘリ×3機,乗員288人

■アスチュート級攻撃原潜×1隻:水中0.78万トン,主兵装トマホーク巡航ミサイル,乗員110人。写真アスチュート

大型ライトニング空母『クイーン・エリザベス』&英空母打撃群の編成

大型STOVL空母クイーン・エリザベスが搭載する航空団の編成例（計48機）

■F-35Bライトニング艦上戦闘機×36機

■マーリンAEW早期警戒ヘリ×3機

■マーリンHM2哨戒ヘリ×9機

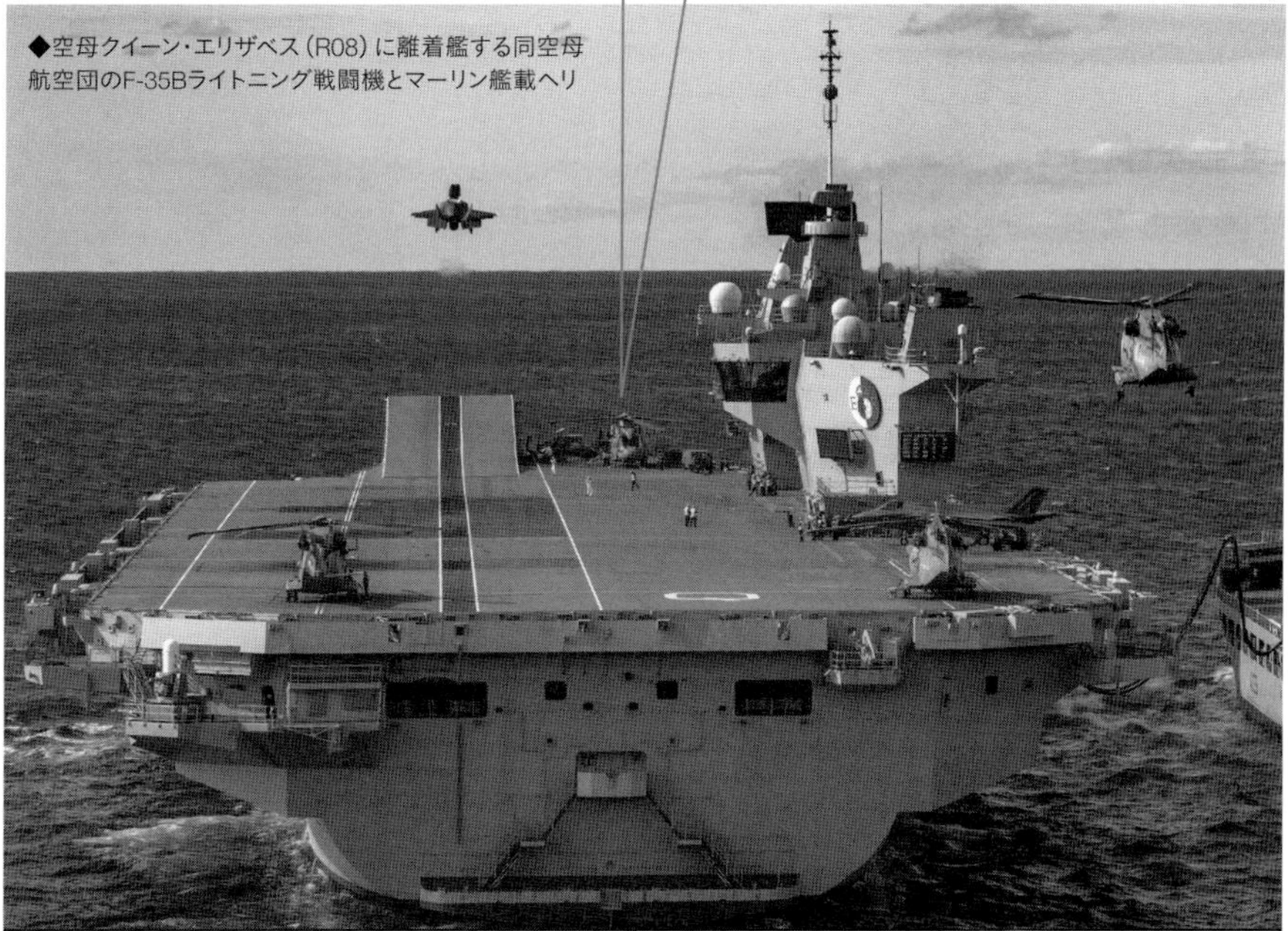

◆空母クイーン・エリザベス（R08）に離着艦する同空母航空団のF-35Bライトニング戦闘機とマーリン艦載ヘリ

■大型STOVL空母クイーン・エリザベス級×1隻：満載6.8万トン，全長284m，搭載機48機（艦載ヘリ×12），乗員約1600人

〈空母打撃群の主戦力〉
- ●艦艇総数:7隻
- ●総排水量:13.9万トン
- ●総乗員数:2750人
- ●艦上戦闘機数:36機
- ●ヘリ搭載数:19機

■デアリング（D32）の対空戦闘等を統制するためデジタル化（レーダー表示等）された作戦室

■シルバーA50VLS（48セル）からの個艦防空用アスター15対空ミサイル（射程30km）の発射。上は艦隊防空用のアスター30の発射

◆45型の6番艦ダンカン（D37）はA50VLS（垂直発射機）の後ろにハープーン対艦ミサイル4連装発射機2基を搭載している。右は55口径114mm単装砲Mk8（射程27.5km）の射撃

45型ミサイル駆逐艦:エリザベス級空母を守護する主力防空艦

❹45型デアリング級×6隻（就役2009～2013年）:アスター30対空ミサイル;射程120km,アクティブ・レーダー誘導式

■右は2門搭載する75口径30mm自動砲

〈歴代の英海軍ミサイル駆逐艦〉

❶カウンティ級×8隻（就役1962～70年）:シースラグMk1対空ミサイル;射程30km,ビーム・ライディング誘導式

❷82型ブリストル×1隻（就役1973年）:シー・ダート対空ミサイル;射程74km,セミアクティブ・レーダー誘導式

❸42型シェフィールド級×14隻（就役1975～85年）:シー・ダート対空ミサイル;射程74km,セミアクティブ・レーダー誘導式

それでも23型は建造から三〇年を超えるため、次世代艦の26型シティ級フリゲートの建造が二〇一七年から始められた。26型は、なにより満載八〇〇〇トン（23型は四九〇〇トン）、全長一五〇m（同一三三m）と言う大きな船体規模で、23型よりかなり重武装となる。シー・セプター短SAM四八発に加え、Mk41VLSにはトマホーク巡航ミサイルあるいは次世代対艦ミサイルを二四発も搭載するという。しかも哨戒ヘリは倍の二機を積む。配備されたならば、23型よりはるかに多彩かつ強力な火力支援が、エリザベス級空母に対し可能となろう。

海中には、アスチュート級攻撃原潜が潜み、空母打撃群を敵潜の襲撃から防護している。同攻撃原潜は、三八発の兵装を搭載でき、任務に合わせて対地攻撃用のトマホーク巡航ミサイル、対水上艦用のハープーン対艦ミサイル、対潜・対艦両用の重魚雷が使い分けられる。アスチュート級攻撃原潜（水中七八〇〇トン、速力三〇ノット）は、一番艦が二〇一〇年に就役した最新鋭艦であり、七隻の建造が予定されている。このほかエリザベス級空母打撃群には、物資輸送・給油任務の支援艦艇が随伴する。それは現状、三万トン級の補給艦フォート・ビクトリア級や給油艦タイド級である。

ともあれ、今次、エリザベス級空母を中核として編成された英海軍の空母打撃群は、その威容と存在価値を二〇二一年に完遂した四・八万kmの大航海の成功により世界に見せつけている。同空母打撃群の主役は、ゲームチェンジャーと呼ばれる、F-35Bライトニング戦闘機を搭載したライトニング空母エリザベス級であるのは言うまでもない。

［参考資料］
1. ライトニング空母について：軍事研究連載の「F-35Bステルス戦闘機とライトニング母艦」二〇一七年八月号、「超重爆撃機に化けるF-35B＆巨大母艦エリザベス」二〇一七年九月号

第**10**章

仏海軍独自の『原子力空母ドゴール』

手前が空母ドゴール、奥が護衛艦のアキテーヌ級フリゲートのプロバンス（写真：Marine Nationale）

ドゴール空母打撃群の対ロシア抑止作戦

あまりに米海軍原子力空母の存在感が強烈なため、仏海軍が、米空母以外で唯一の原子力空母を保有している事実が霞んでしまった感がある。言うまでもなく二〇〇一年に就役した原子力空母シャルル・ドゴールである。同空母は、価格が三〇億ユーロと極めて高額なため、建造数は一隻のみ。空母はこの一隻だけであるから、同空母がドック入りする定期整備時や近代化改修時には、長期間にわたり仏海軍から空母がいなくなってしまう。仏海軍には、全通飛行甲板を備えた二一・一万トン級のミストラル級強襲揚陸艦が三隻ほど在籍するが、STOVL型の米製F-35B戦闘機を保有していないので(非ライトニング空母)、艦隊空母の代役はできない。搭載するのはNH90等の中型輸送ヘリが一六機ほどである。

とは言え、仏海軍は、この莫大な年間維持経費を費やす原子力空母シャルル・ドゴールを二〇三〇年代末まで運用し続けるという。大国を自負するフランス共和国には、世界に対して絶大なプレゼンスを期待できる原子力空母という存在は、決して手放せないということだ。

実際、ウクライナ戦争が二月に勃発した二〇二二年にも、仏海軍はシャルル・ドゴールを中心とした空母打撃群を編成し、同盟軍艦隊と共に地中海に作戦展開している。作戦展開名はクレマンソー22(Clemenceau22)と称した。今回が一四度目となる作戦展開と言うことで、仏海軍は、第473任務部隊を編成し、二〇二二年二月一日から四月七日にかけて実戦態勢による洋上任務を完遂している。当初は、東地中海に展開して対IS掃討作戦を実施していたが、ロシアによるウクライナ侵攻後、中央地中海に再配置されている。同空母打撃群は、この任務変更に対応し、新たな任務を実施する。同年三月には、米海軍のトルーマン空母打撃群やイタリア海軍の空母カブールなどとNATO軍による洋上共同作戦演練を行ないつつ、対ロシア抑止作戦を実施したのである。本作戦の最大の目的が、動揺する東ヨーロッパの同盟国の領土保全および同地域の空域・海域の支配であったのは言うまでもない。

この仏海軍の第473任務部隊の主力こそが、原子力空母シャルル・ドゴール(R91)を中心とした空母打撃群であった。ドゴール空母打撃群を構成した護衛艦は、フォルバン級防空駆逐艦のフォルバン(D620)、アキテーヌ級対空フリゲートのアルザス(D656)、アキテーヌ級対潜フリゲートのノルマンディー(D651)、リュビ級攻撃原潜一隻、デュランス級補給艦マルヌ(A630)の五隻であった。作戦期間中には、同盟国の艦艇四隻がドゴール空母打撃群に加わっていたという。まさに仏海軍は、欧州の有事に際し、ドゴー

仏空母打撃群の主力護衛艦『フォルバン級&アキテーヌ級』

■護衛艦の主力であるフォルバン級防空駆逐艦1番艦のフォルバン：艦首のシルバーA50VLSにはアスター15／30艦対空ミサイルを48発搭載する

■シルバーA50VLSから垂直発射されるアスター30艦対空ミサイル：射程3〜120km,速度マッハ4.5

■アキテーヌ級1番艦のアキテーヌ（D650）：2015年に就役した対潜フリゲートで射程250km以上の対地攻撃用MdCN巡航ミサイルを搭載

■アキテーヌ級（D651ノルマンディー）の格納庫内に収容した主力対潜兵器のNH90ケイモン哨戒ヘリ（魚雷・対艦ミサイル搭載）

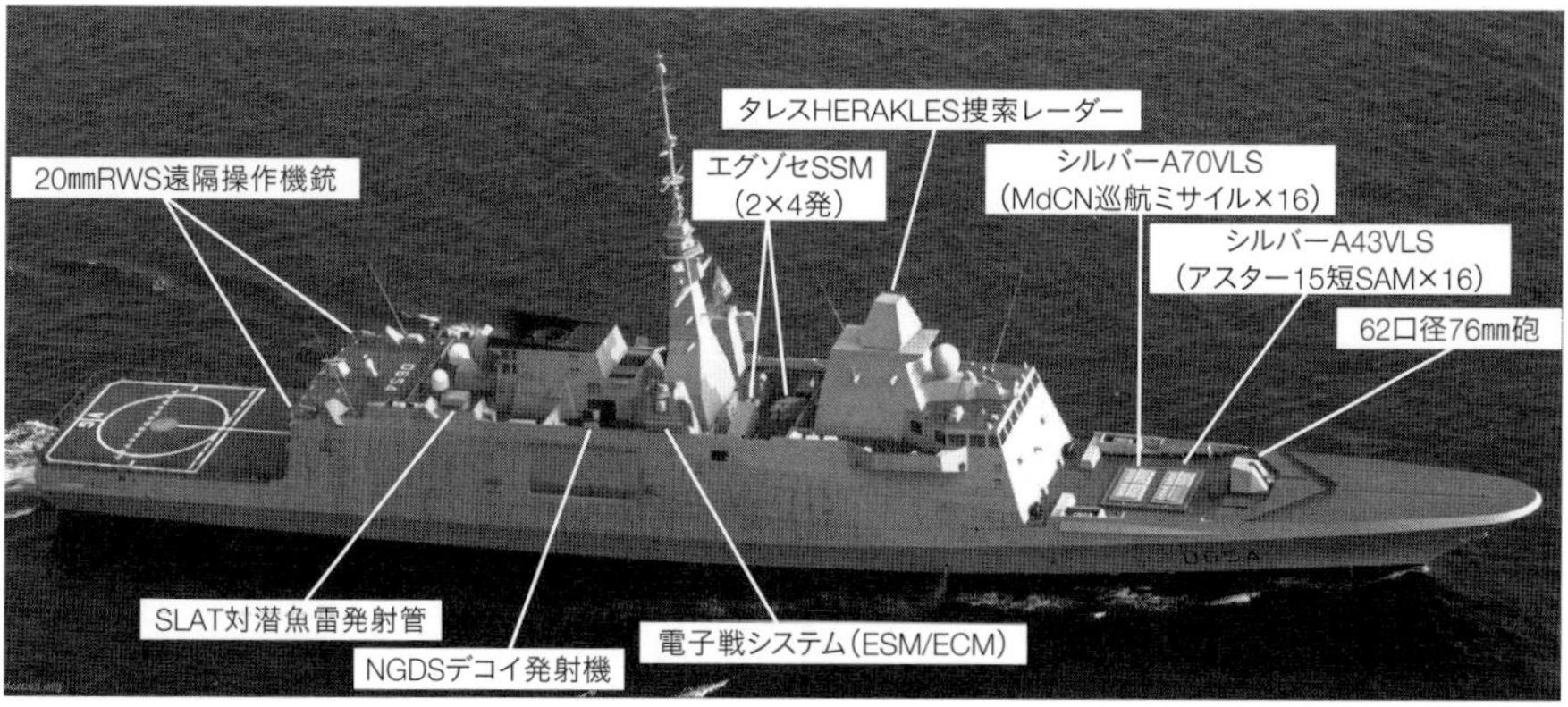

■アキテーヌ級対潜フリゲート（D654オーベルニュ）の兵装配置図：Seaforces.org

ル空母打撃群を地中海に作戦展開することができ、対ロシア抑止作戦を超大国の米海軍空母打撃群と肩を並べて完遂できたのである。これこそが空母打撃群が固有するプレゼンス能力の真骨頂と言えようか。

四段階の仏海軍空母発達史

そもそも仏海軍は、空母黎明期から日米英海軍に伍し、空母の建造に取り組んでいた。本格化したのは、他の列強海軍と同様に、一九二二年に締結されたワシントン海軍軍縮条約の影響であった。具体的には、当時、海軍の主力艦であった戦艦の保有量枠が厳しく制限される一方で、新たに空母の保有枠が設定されたことに因る。要するに列国海軍は、条約の保有枠を超えた戦艦を廃棄する無駄を回避するため、未完成の戦艦等を改造して初期の艦隊正規空母として保有したのである。列国海軍に割り当てられた空母の保有枠（基準排水量換算）は、米英海軍が一三・五万トンと最大で、次に日本海軍が八・一万トン、仏伊海軍が六万トンと続いていた。こうして一九二〇年代末には、列国海軍が互いに対抗し、相次いで戦艦改造型の艦隊正規空母を建造することになる。それは次の通りであった。

［一九二〇年代末の戦艦改造型空母］

●日本海軍：四万トン級正規空母の赤城（就役一九二七年）と加賀（一九二八年）
●米海軍：四万トン級正規空母のレキシントン（一九二七年）とサラトガ（一九二七年）
●英海軍：二・七万トン級正規空母のカレイジャス（一九二八年）とグローリアス（一九三〇年）、二・七万トン級正規空母のイーグル（一九二四年）
●仏海軍：二・八万トン級正規空母のベアルン（一九二七年）

初の仏海軍空母となるベアルンは、第一次世界大戦中に建造中止となっていたノルマンディー級戦艦を基に、一九二三年、建造に着手している。空母黎明期の当時、空母の標準完成形は未だ現れていなかったが、仏海軍技術陣は、列国海軍の空母を参考にしつつ独自の構想も取り入れ、最初の空母とは思えない近代的かつ実用的な設計の空母を建造している。特長は、厚さ二五㎜の装甲を施した全通飛行甲板、煙突と一体化した大型のアイランド（島型艦橋構造物）を母艦機の運用を邪魔しないよう右舷中央に外側へ張り出すように設置、仏海軍独自の鋼線横張り式着艦拘束装置（英米の縦張り式より優秀で世界標準となる）を採用、当初から三基のエレベーターを甲板の中心線上に並べて配置し高い母艦機の運用効率を実現していた。面白いことにこのエレベーター板が甲板の開口部を塞ぐのではなく、垂直に開閉する別な跳ね扉板が開

射程1000㎞巡航ミサイルを搭載するシュフラン級新攻撃原潜

■1番艦シュフラン（S635）が2022年6月3日に就役。リュビ級新攻撃原潜の後継となる新攻撃原潜だ

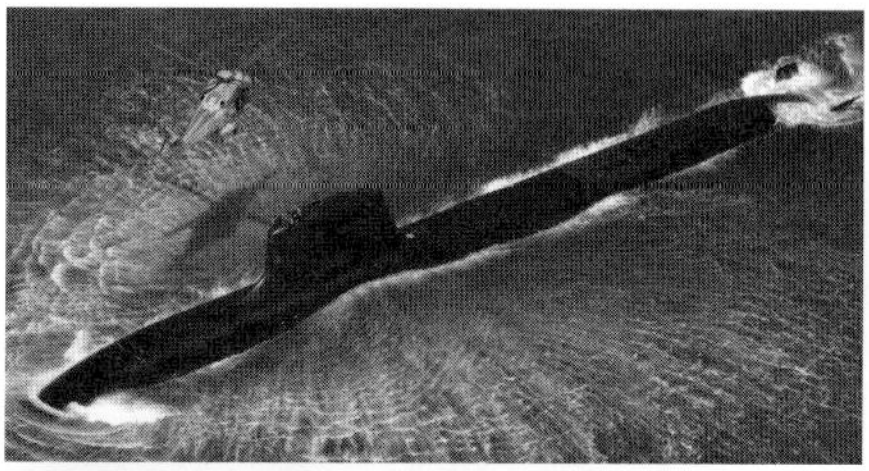

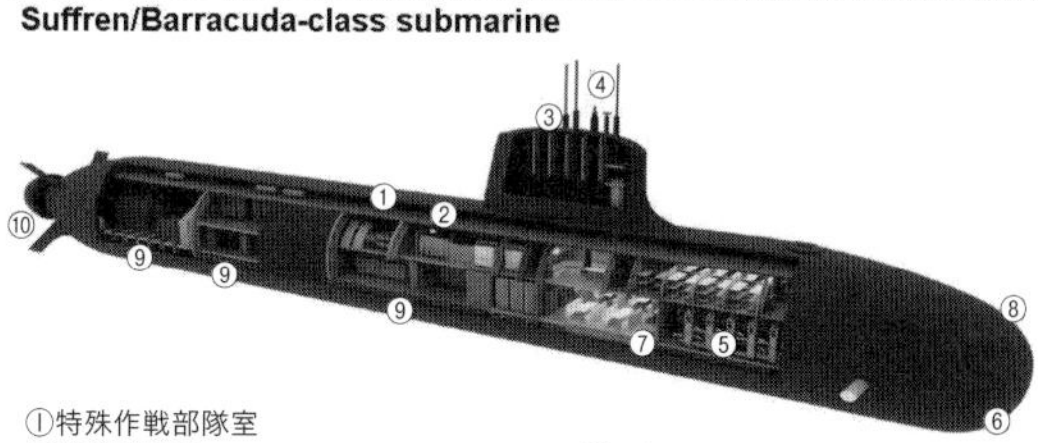

①特殊作戦部隊室
②作戦統制室
③衛星通信マスト
④光学系マスト
⑤兵器搭載・発射システム：魚雷・エグゾセ・スカルプ巡航ミサイルなど計20発
⑥ソナー・システム
⑦乗員区画
⑧流体力学的形状
⑨吊り下げクレイドル
⑩ポンプ・ジェット推進器

■シュフラン級はK15加圧水型原子炉1基を備えた攻撃原潜で速力25ノット、潜航深度350m以上、90日超の自律作戦能力、年270日の作戦実施能力（Naval Group）

［2020年シュフランから水中試射されたスカルプ巡航ミサイル（重量1.4トン、射程1000㎞）］

◆2012年のMBDAのスカルプ発射・着弾試験

〈初空母ベアルンから国産原子力空母ドゴール誕生〉

空母名（搭載機数）	就役〜退役	満載量	全長／幅	速力／出力
ベアルン（40機）	1927〜48年	2.8万トン	182.6m 35.2m	21.5ノット 3.75万馬力
アローマンシュ（48機）	1946〜74年	1.8万トン	211m 24.4m	25ノット 4.2万馬力
クレマンソー（40機）	1961〜97年	3.3万トン	265m 51.2m	32ノット 12.6万馬力
シャルル・ドゴール（40機）	2001年〜	4.3万トン	261.5m 64.4m	27ノット 8.3万馬力

◆仏海軍が迎撃戦闘機として採用したボートF-8E(FN)クルセイダー

◆1970年代、クレマンソー級空母甲板上に並ぶ米製F-8E(FN)クルセイダー戦闘機とダッソー・エタンダールⅣ攻撃機（右）

仏海軍初の国産新造空母クレマンソー級

AM39エグゾセ対艦ミサイル搭載

●ジェット艦上攻撃機「シュペル・エタンダール（1978年配備）」

●護衛艦「シュフラン級防空フリゲート（1976年就役）」

■クレマンソー級2番艦「フォッシュ（1963年就役）」

仏海軍初の原子力空母シャルル・ドゴール

●超音速艦上戦闘機「ラファールM（2000年配備）」

●護衛艦「ラファイエット級フリゲート（1996年就役）」

■唯一の原子力空母「シャルル・ドゴール（2001年就役）」

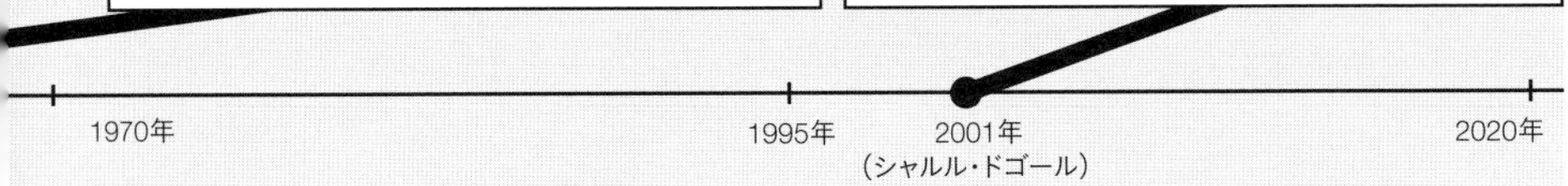

仏海軍空母（母艦機・護衛艦）の4段階の発達史（1927～2020年代）

〈主力母艦機の50年の発達（複葉から超音速）〉

母艦機名	初飛行	最大重量	武装（爆弾）	最大速度（エンジン推力）
米カーチスSBC-4	1935年	3.2トン	7.62mm×2 454kg×1	381km/h （950馬力）
米カーチスSB2C-5	1940年	7.6トン	20mm×2等 907kg	480km/h （1900馬力）
ダッソー・ブレゲーS・エタンダール	1974年	12トン	30mm×2 2.1トン	1180km/h （5トン×1）
ダッソー・ラファールM	1986年	24.5トン	30mm×1 9.5トン	1912km/h （7.6トン×2）

◆1953年、アローマンシュに着艦する米F6F-5艦上戦闘機

仏海軍初の航空母艦ベアルン（戦艦改造）

仏空母用のSBC-4

●複葉艦上爆撃機「米SBC-4ヘルダイバー（1939年）」

2番艦ル・トリオンファン

●護衛艦「ル・ファンタスク級大型駆逐艦（1941年）」

1927年時のベアルン

■戦艦改造正規空母「ベアルン（1927年就役）」

英国から購入した軽空母アローマンシュ（旧コロッサス）

1953年のインドシナ戦争時のSB2C-5

●レシプロ艦上攻撃機「米SB2C-5ヘルダイバー（1953年）」

戦後初の国産駆逐艦シュルクーフ

●護衛艦「シュルクーフ級駆逐艦（1955年就役）」

1953年（ベトナム沖）、着艦する米F6F-5ヘルキャット

■戦後活躍した軽空母「アローマンシュ（1946年就役）」

1920年　1927年（ベアルン）　1945年　1946年（アローマンシュ）　1963年（フォッシュ）

※この見開きのカラー版を本書436～437ページに掲載。

口部をカバーしていたという。

このように仏軍の兵器類は、ほぼどれも外国の模倣を避けつつ、仏独自の感覚と先端技術を取り入れて造られており、しかも一定水準の実戦力を備えていた。

ベアルンの大きさは、満載二・八四万トン、全長一八三mの船体上に飛行甲板（一七七m×二一・四m）を載せていた。甲板下の格納庫には、常用として複葉の偵察機五機、雷撃機五機、戦闘機七機、計一七機を収容し、別途、二三機を分解して格納していたという。速力は二一ノット（三・七五万馬力）で、航空機を発艦させる空母としては、当時でも遅かったと言えよう。この速度では複葉機の発艦には支障なかったが、大戦期に登場する大型母艦機の運用は困難であった。航続距離は八三〇〇km（一八ノット）ほど。ちなみに帝国海軍の赤城は速力三一・二ノットで、航続距離は一・五万km（一六ノット）。米海軍のレキシントンは三三ノットと速く、航続距離も一・八万km（一五ノット）とかなり長い。

また空母にとって重要な母艦機の数は、ベアルンでは四〇機ほど。巨体のレキシントン級は、一〇〇機以上の搭載が可能であった。ただ実際上、ベアルンにおいて最大の問題は、空母の大きさや能力ではなかった。そもそも当時、仏海軍が保有する艦上母艦機の開発・製造能力は、日米英海軍に比べ大きく立ち遅れていたのである。結局のところ、仏海軍航空部隊は、第二次世界大戦時までに近代的な国産母艦機を配備することなどできなかった。そればかりでなく、戦雲急となった欧州において一九三九年時に主力母艦機として採用したのは、米カーチス製のSBCヘルダイバー複葉艦上攻撃機と、米グラマン製のF４Fワイルドキャット艦上戦闘機であったのだ。しかもナチスドイツの仏本土への電撃侵攻により、仏海軍は戦力を喪失。ベアルンは、空母として戦うことはなく、大戦中は自由仏海軍の手により、航空機の輸送任務に利用されたという。

ともあれ、大戦前の仏海軍には、ベアルンに次ぐ空母を建造する余力はなかった。しかしながら一九三六年にドイツがグラーフ・ツェッペリン級空母二隻の建造に着手したため、対抗上、後追いで新型空母二隻の建造を決定する。これが一九三八年に建造を始めたジョッフル級空母（基準排水量一・八万トン、全長二三六m、幅二八m、速力三三ノット：二番艦はパンルベ）であったが、ドイツの侵攻により完成することはなかった。

大戦後、復活した仏海軍は、大国としても復活するため、仏海軍最初の空母ベアルンに次ぐ、第二段階の空母を再び求めた。しかしながら新造する余力はなく、米英海軍から大戦期の護衛空母や軽空母を貸与あるいは購入している。たとえば米海軍からはインディペンデンス級軽空母のボア・ベロー（旧

1961年に就役した仏海軍初の国産新造空母クレマンソー級

◆クレマンソー級に搭載された英国製アキロン艦上戦闘機

◆1983年、航行する空母フォッシュの前甲板上には仏ダッソー製のシュペル・エタンダールやエタンダール、後甲板上にはアリゼ対潜哨戒機が見える(クロタル短SAM未搭載)。同空母の大きさは満載3.3万トン、全長265m、幅51.2m

■クレマンソー級空母の主力戦闘機として1966年から搭載した米国製のF-8E(FN)クルセイダー戦闘機編隊

◆1997年に退役した空母クレマンソー(R98)。甲板上にはF-8E(FN)戦闘機やシュペル・エタンダール攻撃機が見える

●空母の右舷前方と左舷後方に設置。全周防空カバーするクロタル短SAM8連装発射機:射程16km、セミアクティブ・レーダー誘導式対空ミサイル

◆1992年、2番艦のフォッシュ(R99)。退役は2000年

■1983年、空母フォッシュ甲板上の主力母艦機:シュペル・エタンダール攻撃機が6機とエタンダール偵察機が2機

ベロー・ウッド）と、ラファイエット（旧ラングレー）が貸与された。英海軍からはアベンジャー級護衛空母のディクスミュード（旧バイター）と、コロッサス級軽空母アローマンシュ（旧コロッサス）を購入している。当然ながら仏海軍には、これら空母に搭載できる母艦機などないため、英国製シーファイアー戦闘機や、米製戦闘機のF4Uコルセア、F6Fヘルキャット、SB2Cヘルダイバー艦上爆撃機などの大戦機が搭載されていた。

そして、これら外国製空母は、一九四〇年代末から五〇年代かけて、仏海軍の主力空母機動部隊としてインドシナ戦争に投入されたのである。このように大戦期の外国製空母が、仏海軍にとって第二段階の空母であった。次に仏海軍は、繋ぎ役の大戦期空母を十数年運用した経験を踏まえ、いよいよ待望の国産空母の開発に舵を切る。

これが第三段階の空母として一九六一年に就役した、クレマンソー級空母である。言うまでもなく、同空母が仏海軍にとって初めての国産新造空母であった。次いで第四段階の空母が、冒頭で記した二〇〇一年に就役した、仏海軍初の原子力空母シャルル・ドゴールである。両空母には、主力母艦機として国産のシュペル・エタンダール攻撃機と、ラファールM戦闘機がそれぞれ搭載されていた。

一九六一年登場の初の国産新造空母クレマンソー

一九五五年、仏海軍は、満を持して初の国産新造空母クレマンソー級二隻の建造に着手する。同空母には、運よく大戦後に発明されたジェット母艦機を運用するための新技術を装備することができた。運よくとは、当初一九四七年から始まった新造空母計画が大きく遅延したことで、斜め飛行甲板や蒸機カタパルトを最初から採用できたということだ。

クレマンソーの大きさは、満載排水量三・二八万トン（基準二・二万トン）、全長二六五m、幅五一・二mほど。ちょうど大戦中の米海軍エセックス級空母（満載三・六万トン、全長二七一m）の大きさに近い。乗員数は一九二〇人ほど。装甲化（四五㎜）された飛行甲板の左舷側に設けられた斜め飛行甲板は、角度八度、長さ一六五・五m、幅二九・五mの大きさがあり、前方に全長五二mの英国ミッチェル・ブラウン製BS5蒸機カタパルトが、艦首部と合わせて二基設置されている。その能力は最大重量二〇トンの機体を時速二〇四㎞で射出できるというもの。エレベーターは二基で、アイランド前方と、右舷舷側にそれぞれ設置されていた。格納庫は、一五二m×二四m、高さ七mあり、四〇機ほどの母艦機を収容できた。

自衛用の対空火器は、両舷張り出し部に各四門の一〇〇㎜単装砲を搭載していた。これは一九八〇年代に防空能力を改善するため、両舷から各二門の砲を外し、それぞれ一基のクロタル短SAM八連装発射機に換装している。クロタル対空ミサイルはセミアクティブ・レーダー誘導式で、迎撃高度九〇〇〇m、射程は最大一六㎞ほど。各発射機には二六発のミサイルが搭載されていた。また近接対空用として、サドラル六連装発射機（ミストラル）二基も追加搭載している。

クレマンソー級の航行速度は、ジェット母艦機を運用するためもあり、ベアルンに比べ高速であった。強力な六基の蒸気タービン（一二・六万馬力）と、二軸推進により、速力は三二ノットを発揮できたのである。航続性能も、艦隊正規空母として優秀であった。速度一八ノットでは航続距離が一・四万㎞。二三ノットの速力でも〇・九万㎞を航行できたのである。

一九六三年にはクレマンソー級の二番艦フォッシュ（R99）も就役する。ここに仏海軍は、初の国産新造空母を見事に完成させたのである。自前の艦隊正規空母二隻が揃ったことで、仏海軍は、米軍から借りていた二隻のインディペンデンス級軽空母を返還し、アローマンシュを作戦任務から外し輸送空母に変更している。

しかしながら仏海軍にとって最大の課題は、先代空母の建造時と同様に搭載する空母航空団の造成であった。一九六〇年代に搭載した主力母艦機は、ジェット艦上戦闘機のアキロン（英国製シー・ベノムのライセンス生産型）と、国産ダッソー製エタンダールⅣM艦上戦闘攻撃機であった。

この組み合わせは、一九六六年になると艦上戦闘機が、アキロン（最大速度：時速九六一㎞）よりもスピードが速く、高性能な超音速艦上戦闘機に交代する。当時、強力な米海軍のF4ファントム戦闘機が配備されていたが、大き過ぎてクレマンソーでは使えなかった。そこで米国製ボートF-8E（FN）クルセイダーが採用された。クルセイダーは最大速度がマッハ一・八五の超音速艦上戦闘機で、優秀な迎撃機であった。それでも同機を導入時、仏海軍は、米大型空母よりずっと小型のクレマンソー級の飛行甲板でも離発着できるよう、クルセイダーのフラップや垂直尾翼等を改修している。また迎撃任務専用の同機の主武器は、赤外線誘導空対空ミサイルのサイドワインダー四発であったが、F-8E（FN：仏海軍型）には、仏製R550マジック空対空ミサイル（射程一五㎞）も搭載できるよう改修している。製造数は、四二機であった。ただ仏海軍には国産の艦上戦闘機を開発する余力はなく、外国製戦闘機の導入を選択するほかなかったのである。

いっぽう攻撃機については、一九七〇年代以降も引き続き国産機を搭載している。一九七八年には、先代のエタンダー

艦名（級名）	対空フリゲート:アルザス（D656:アキテーヌ級）	防空駆逐艦シバリエ・ポール（D621:フォルバン級）	原子力空母シャルル・ドゴール（R91:シャルル・ドゴール級））
満載排水量（基準） 全長×最大幅	6100トン（5200トン） 142m×20m	7163トン（5791トン） 153m×20.3m	4.3万トン（3.8万トン） 261.5m×64.4m
速力（出力） 航続距離	27ノット（4.4万馬力） 1.1万km（15ノット）	31ノット（6.3万馬力） 1.3万km（18ノット）	27ノット（8.3万馬力） 無制限（燃料交換15年）
兵　装 （対空火器／ 搭載機）	62口径76mm単装砲×1 20mm機銃×2 アスター30SAM（32セル） エグゾセ対艦ミサイル（8セル） NH90哨戒ヘリ×1機	62口径76mm単装砲×2 20mm機銃×2 アスター15/30SAM（48セル） エグゾセ対艦ミサイル（8発） NH90哨戒ヘリ×1機	20mm機銃×8 アスター15短SAM（32セル） ミストラル近SAM（6連装）×2 搭載機：36機（ラファールM戦闘機×30,E-2C×2,艦載ヘリ×4）
乗　員	145人	195人	1922人
クラス総建造数	2隻	2隻	1隻

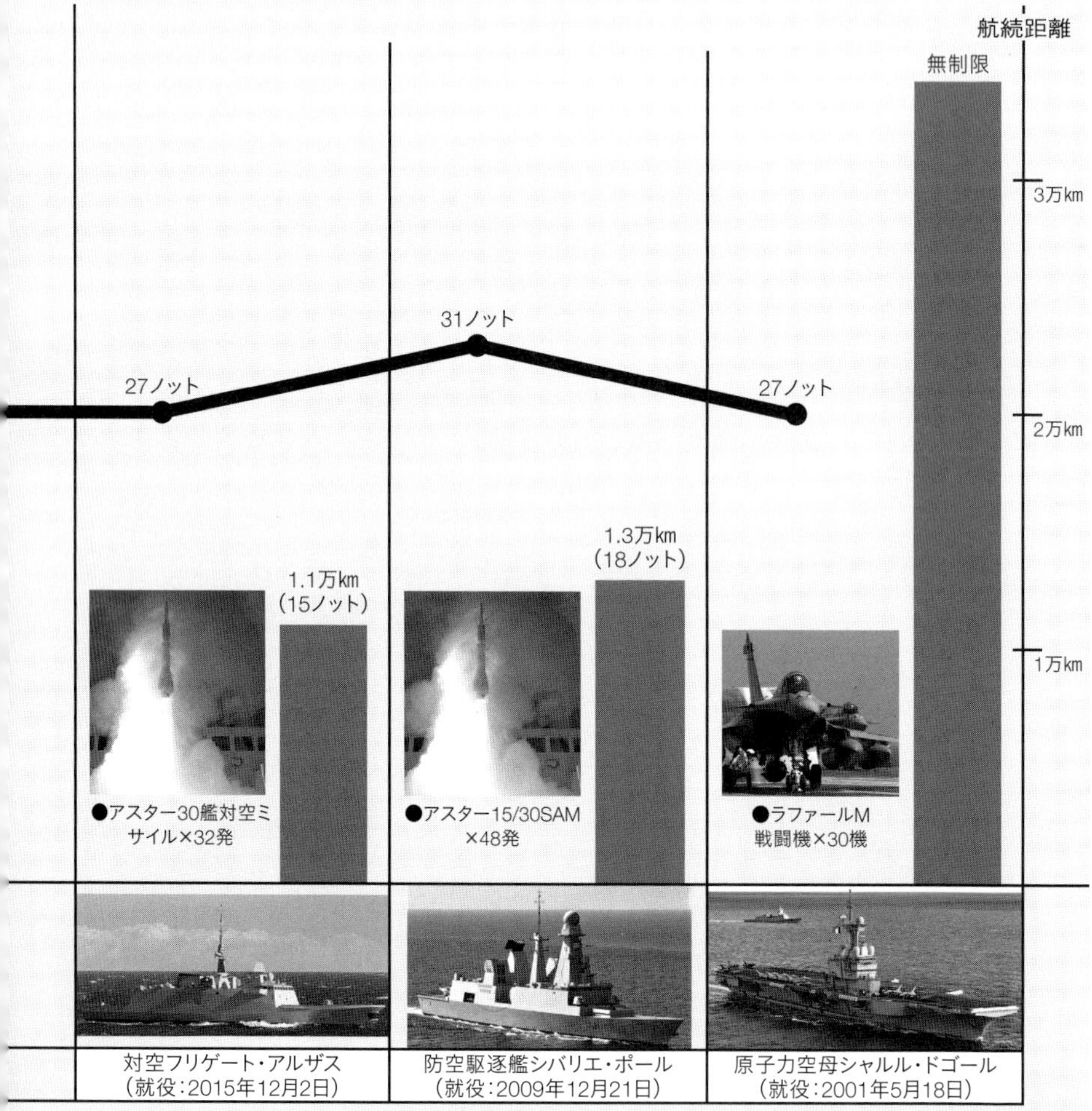

シャルル・ドゴール空母打撃群主力艦の艦種別性能比較：機動力と兵装

艦名（級名）	補給艦ソンム（A631:デュランス級）	攻撃原潜シュフラン（S635:シュフラン級）	対潜フリゲート・プロバンス（D652:アキテーヌ級）
満載排水量（基準） 全長×最大幅	1.78万トン（0.76万トン） 157.2m×21.2m	5300トン（水上4765トン） 99.5m×8.8m	6100トン（5200トン） 142m×20m
速力（出力） 航続距離	20ノット（2万馬力） 1.7万km（15ノット）	水中25ノット＋（1.3万馬力） 無制限（燃料交換10年）	27ノット（4.4万馬力） 1.1万km（15ノット）
兵　装 （対空火器／ 搭載機）	各種燃料：1万トン 弾薬・物資：600トン 40mm砲×1 ミストラル近SAM（連装）×3 リンクス艦載ヘリ×1機	スカルプ巡航ミサイル エグゾセ対艦ミサイル アルテミス21重魚雷 ※計20発搭載 53cm魚雷発射管×4	62口径76mm単装砲×1 20mm機銃×2 アスター15短SAM（16セル） MdCN巡航ミサイル（16セル） エグゾセ対艦ミサイル（8発） NH90 哨戒ヘリ×1機
乗　員	162人	60人	145人
クラス総建造数	5隻	6隻（予定）	6隻

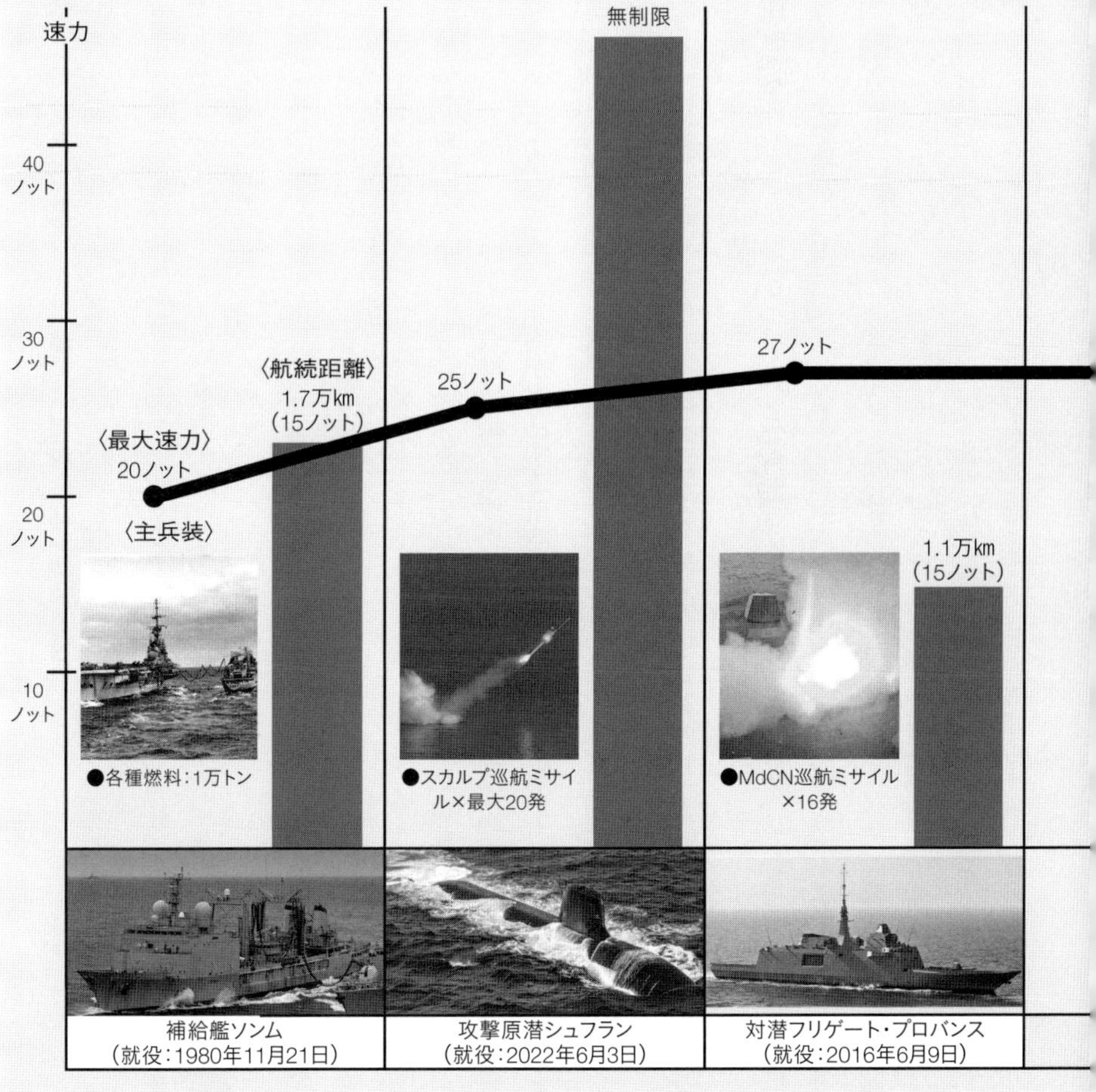

ルを近代化改良した、ダッソー製のシュペル・エタンダール攻撃機（全長一四・三m、機体重量六・五トン、最大重量一二トン）を主力母艦機として採用したのである。仏海軍では、新顔として、艦載型のジャギュアM攻撃機を開発していたのだが、これが上手くいかなかったためということだ。シュペル・エタンダール攻撃機は、三〇mm連装砲を固定搭載し、爆弾搭載量が二・一トンあり、主翼下に四か所の兵器ステーションを持つ。仮にAM39エグゾセ空対艦ミサイル一発と増槽一本を翼下に搭載した形態の場合、八五〇km遠方の目標を攻撃して母艦に帰還できた。高空ではマッハ一の超音速飛行も可能とされている。配備数は七一機。

なお知られているようにシュペル・エタンダール攻撃機は、アルゼンチン海軍にも一四機が輸出され、一九八二年のフォークランド戦争では、搭載するエグゾセ空対艦ミサイルにより、英海軍駆逐艦シェフィールドと、コンテナ艦アトランティック・コンベアを撃沈する大戦果を挙げている（英空母艦隊には早期警戒機がなく侵入機に対する早期のレーダー探知ができなかった）。このシュペル・エタンダール攻撃機を主力とする、典型的な空母航空団の編成は次の通り。

［クレマンソー級の航空団編成例（四〇機）］
●シュペル・エタンダール艦上攻撃機×一六機
●エタンダール偵察機ⅣP偵察機×三機
●F－8E（FN）クルセイダー艦上戦闘機×一〇機
●アリゼ対潜哨戒機×七機
●艦載ヘリ（捜索救難）×四機

記したようにクレマンソー級の空母航空団は、各種母艦機四〇機の編成となっている。航空団の最大の航空攻撃力は、見ての通り、一六機のシュペル・エタンダール攻撃機である。一定の洋上航空打撃力が見込まれよう。艦隊防空の役目は迎撃専門のクルセイダーの役目。対潜任務はアリゼ哨戒機。しかしながら同航空団には、米空母が積むE－2C早期警戒機の役目を果たす広域レーダー捜索・管制機能が欠如していた。これでは敵の航空奇襲攻撃を未然に防ぐのが難しく、また母艦機が実施する航空攻勢作戦の指揮管制もできなかった。大きな弱点と言えたであろう。

米空母以外で初の原子力空母シャルル・ドゴール

一九六〇年代に完成した国産空母クレマンソー級二隻の後継となる新造国産空母には、革新的な原子力空母二隻を建造するという決定が、一九八〇年という早い時期に政府で承認されていた。完成すれば米海軍以外で、世界初の原子力空母の誕生であった。しかしながら建造計画は莫大な経費と予算難から大きく遅延する。しかも建造するのは二隻ではなく、一番艦のシャルル・ドゴールのみとなったのである。

ともあれ、シャルル・ドゴールは一九八九年に起工し、二〇〇一年に就役する。建造決定から二〇年後である。同空母は、斜め飛行甲板を備えた正統なCATOBAR（カタパルト発艦拘束着艦）型の艦隊正規空母であるだけでなく、繰り返すが、米空母以外で唯一の原子力空母であった。独創性・感性を重視する仏国のモノ造りを代表するかのように、このシャルル・ドゴールは、同じ原子力空母である米国のニミッツ級原子力空母とは技術的にも異なる偉容の空母となっている。

ごく簡単に、シャルル・ドゴールとニミッツ級の大きさ感を比較してみたい。ドゴールは満載四・三万トン（ニミッツ級一〇・二万トン）、全長二六一・五m（同三三三m）。ドゴールの排水量はニミッツ級の四二％、全長はニミッツ級の七九％ほどの大きさである。空母の重要な搭載装備で両空母を比較するならば、ドゴールのエレベーターは二基（ニミッツ級四基）、蒸機カタパルトはドゴールが二基（同四基）、空母に搭載する母艦機はドゴールが約四〇機（同約八〇機）となっている。以上のデータからも、ドゴールは、ニミッツ級の半分程度の中型原子力空母と言えるであろうか。

このほかドゴールには、ニミッツ級に比べ異様に右舷の前方に据えられたアイランド艦橋（小さめの甲板により多くの母艦機を駐機させるため）など独自の特長も多い。第一の特長が、世界で初めて空母に採用した、対レーダー・ステルス設計であろう。知られているように、革新的なステルス兵器の登場は、一九九一年の湾岸戦争に米空軍が投入したF‐117ステルス攻撃機であった。そのステルス技術の最大の特長は、機体外板を傾斜した平面で構成することにより、レーダー輻射を正面に返さない設計である。ドゴールの場合、建造時期の遅延により、ちょうどこのステルス技術を取り入れることができたのであろう。もちろん仏海軍は、F‐117の技術を用いたのではない。既に仏海軍は、一九九〇年に建造を開始したラファイエット級フリゲートに大胆なステルス設計を施していたからだ。外観を一瞥すれば理解できるように、ステルス艦のラファイエット級は、レーダー反射断面積（RCS）を低減するため、上部構造物と船体の壁面を可能な限り、一〇度の傾斜角を施した平面で構成していたのである。

船体の大きなドゴールにおいてもRCS値を低減するため、上部構造物と船体の壁面には大胆な傾斜角が施されている。船体の傾斜壁は船体から大きく張り出す飛行甲板に覆われ見えにくいが、甲板上に聳えるアイランド艦橋のステルス設計の程はわかりやすい。アイランド艦橋の壁面は平面構成であり、下方向（海面側）に狭まる傾斜角が施されている。レーダー輻射波を海面に落とす仕様だ。アイランド艦橋上に据え

◆シャルル・ドゴールは全長の54％の全長を持つ格納庫を備えている（Global Security）

◆2001年に就役した仏海軍初の4.3万トン級原子力空母シャルル・ドゴール（R91）は世界で唯一洋上核攻撃能力を有する（ラファールM戦闘機は射程500kmの核巡航ミサイルASMP-Aを搭載）

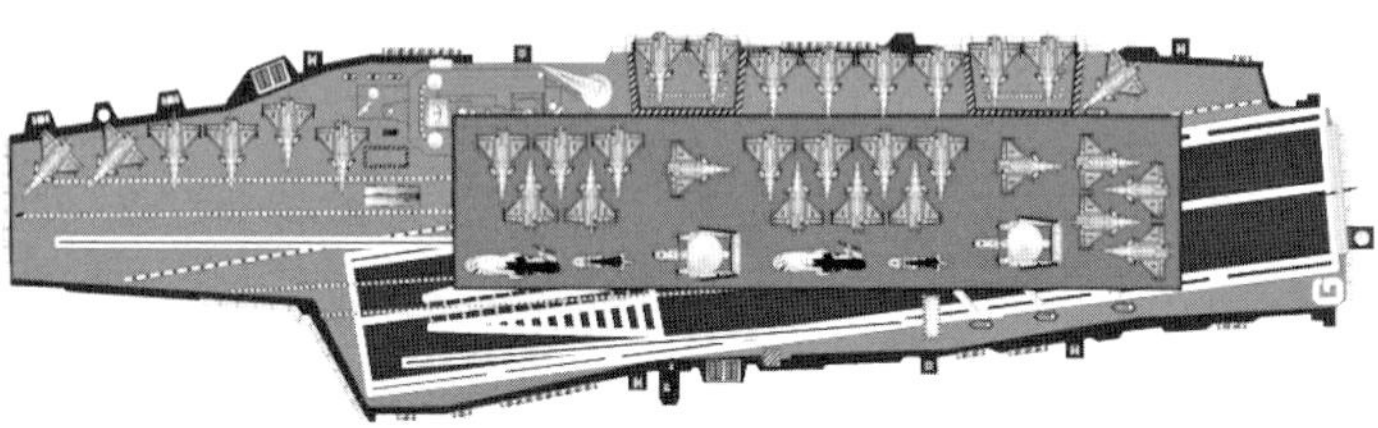

■格納庫内の母艦機収容例：ラファールM×18、E-2C×2、ヘリ×4、計24機（Global Security）

■8.5度の角度を持つ斜め飛行甲板を備えた全通飛行甲板（261.5m×64.4m）：写真ではラファールM×30、E-2C×2、ヘリ×2、計34機が搭載されている

世界で唯一核抑止力を備えた『原子力空母シャルル・ドゴール』

■自艦防衛用のアスター15短SAMの垂直発射：アクティブ・レーダー誘導式で射程1.7～30㎞

◆対レーダー・ステルス設計されたアイランドに設けられた航海艦橋

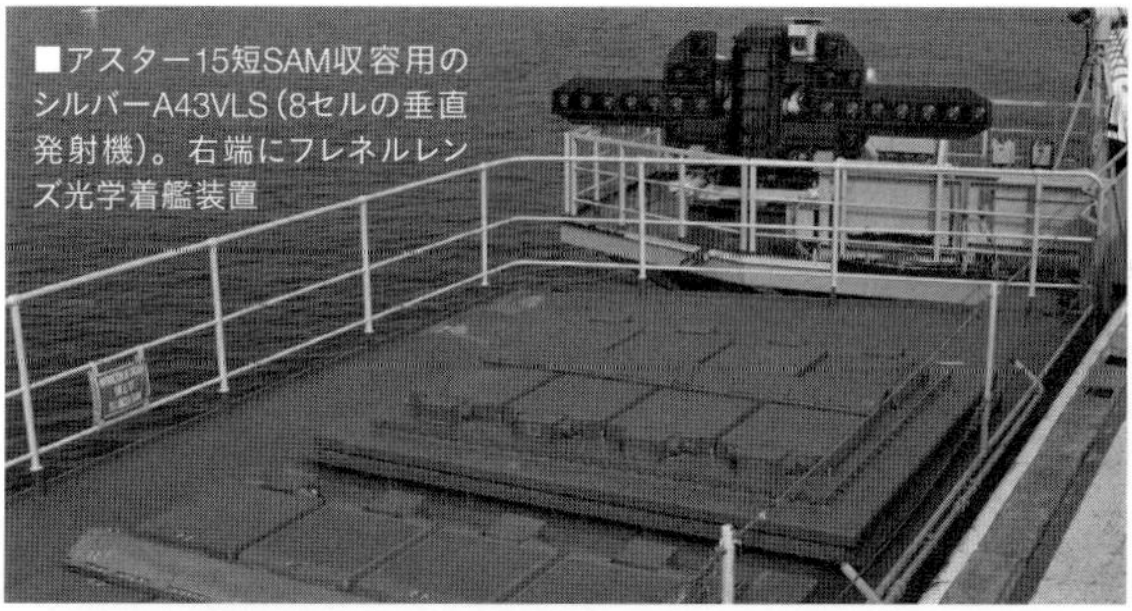

■アスター15短SAM収容用のシルバーA43VLS（8セルの垂直発射機）。右端にフレネルレンズ光学着艦装置

■格納庫：138.5m×29.4mで高さ6.1m、4600㎡の面積。写真はシュペル・エタンダール攻撃機

■米製の着艦拘束装置Mk7（3索型）を搭載

〈主機の原子力蒸気タービン図〉

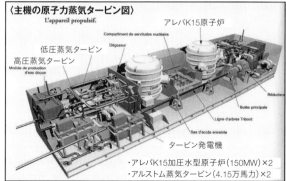

・アレバK15加圧水型原子炉（150MW）×2
・アルストム蒸気タービン（4.15万馬力）×2

■米製の蒸気カタパルトC13-3（長さ75m）を艦首と斜め飛行甲板に設置（射出力25トン級）

られた大型マストも塔状に成形され、ＲＣＳ値の低減に貢献している。この他にも放熱や水中雑音や消磁等の電波以外のステルス対策も施されているという。

第二の特長は、小型船体でも荒海において母艦機を安全に離着艦させられる船体安定化機能の採用がある。本機能などは巨体のニミッツ級空母には不要な仕組みと言えよう。これは、ＳＡＴＲＡＰ自動制御動揺軽減システムと呼ばれ、二組のフィン・スタビライザー、二枚の舵、ＣＯＧＩＴＥ動揺軽減装置からなり、加速度センサーとコンピューターにより波の揺れを打ち消すよう自動制御される画期的な機能であった。特に飛行甲板中央下に設置されたＣＯＧＩＴＥは、二本の軌条上にそれぞれ可動式の鉛錘（二二トン）一二個を置き、強い波に適応して左右に自動移動し船体の揺れを抑制する仕組なのである。その威力は、シー・ステート６の大荒れの波でも横揺れを三度に抑え、重量二〇トンのジェット母艦機を離着艦することができた。対して先代のクレマンソー級空母では、シー・ステート３の弱めの波でも離着艦できたのは、重量一三トンのジェット母艦機であったという。

第三の特長は、米海軍艦艇や原潜以外では極めて稀な核動力の採用だ。ドゴールは、加圧水型原子炉Ｋ15（熱出力一五〇ＭＷ）を二基積み、二軸スクリューに連結する蒸気タービンを回している。このＫ15は戦略原潜ル・トリオンファンに搭載されていた原子炉であり、蒸気タービンで発生する高圧水蒸気はタービン発電機と蒸気カタパルトにも供給される。推進馬力は八・三万馬力。速力は二七ノットを発生する。航続距離は核動力なのでほぼ無制限であるが、核燃料の寿命は一五年ほど。ちなみにニミッツ級の核燃料寿命は二五年ほど、最新のフォード級の燃料寿命は五〇年先まで交換不要とされている。

以上の三点ほどの特長ではないが、四・三万トン級のドゴールは、ニミッツ級の四割程度の排水量ながら有力な作戦航空機の運用能力を獲得している。たとえば飛行甲板の面積は一・二三㎡ほどあり、六・八万トン級のクイーン・エリザベスの甲板面積（一・三万㎡）とほぼ同じなのである。ニミッツ級の甲板は一・八万㎡で、六七％に相当するのだ。この飛行甲板に二基積むＣ13-3蒸気カタパルトと、Ｍｋ７着艦拘束装置は、ニミッツ級のものと同系の輸入品であった。これらは、たった一隻の空母のためだけに国産化するには、予算上、あまりにも不合理な高級専用機材ということである。格納庫（一三八・五ｍ×二九・四ｍ、高さ六・一ｍ）には固定翼機二〇機とヘリ四機の収容が可能であった。またドゴールの個艦防空能力は非常に強力で、シルバーＶＬＳ（射程三〇㎞のアスター15短ＳＡＭを八発装填）を四基搭載していた。ニミッツ級を上回る対空能力であろう。

世界唯一の洋上核攻撃能力『ラファールM艦上戦闘機』

◆両翼端にMICA-IR(赤外線誘導)、翼下にMICA-EM(レーダー誘導)空対空ミサイルを搭載した防空戦闘形態で飛行するラファールM艦上戦闘機

●上左:2基搭載するスネクマM88-2ターボファン・エンジン。推力は7.7トン(A/B時)、最大速度はマッハ1.8

●上右:機首に装備する最新のタレスRBE2アクティブ電子走査アレイ(AESA)レーダーのアンテナ部。上面にはOSF電子光学センサーも装備する

◆胴体下に搭載したASMP-A超音速核ミサイル(射程500km、弾頭100〜300キロトン級)

◆レーザー誘導爆弾4発と増槽2本、目標捕捉ポッドを搭載した対地攻撃形態により原子力空母シャルル・ドゴールを発艦するラファールM艦上戦闘機

◆艦隊の広域捜索の要となるE-2Cホークアイ

◆空母打撃群の長期行動を支えるデュランス級補給艦マルヌ（左）。シャルル・ドゴール（右）は原子力蒸気タービンであるため燃料補給の必要はなく速力27ノットで航走できる

原子力空母シャルル・ドゴール空母打撃群を構成する基幹艦艇の主要データ

■フォルバン級防空駆逐艦×2隻：満載0.72万トン,全長153m,主兵装76mm砲×2,アスター15／30艦対空ミサイル（48発）,エグゾセ艦対艦ミサイル（8発）,哨戒ヘリ×1機,乗員195人。写真シバリエ・ポール

◆2021年、作戦中の空母ドゴールとその前方には護衛役の新型攻撃原潜シュフラン（S635）が行く

■アキテーヌ級対潜フリゲート×1隻：満載0.61万トン,全長142m,主兵装76mm砲×1,ヘリ×1機,乗員145人

■アキテーヌ級対空フリゲート×1隻：主兵装アスター30艦対空ミサイル（32発）,ヘリ×1機,乗員145人

■シュフラン級攻撃原潜×1隻：水中0.53万トン,主兵装スカルプ巡航ミサイル,乗員60人。写真シュフラン

■デュランス級補給艦×1隻：満載1.78万トン,各種燃料1万トン搭載,ヘリ×1機,乗員162人

原子力空母『シャルル・ドゴール』&仏空母打撃群の編成

原子力空母シャルル・ドゴールが搭載する航空団の母艦機編成例（計36機）

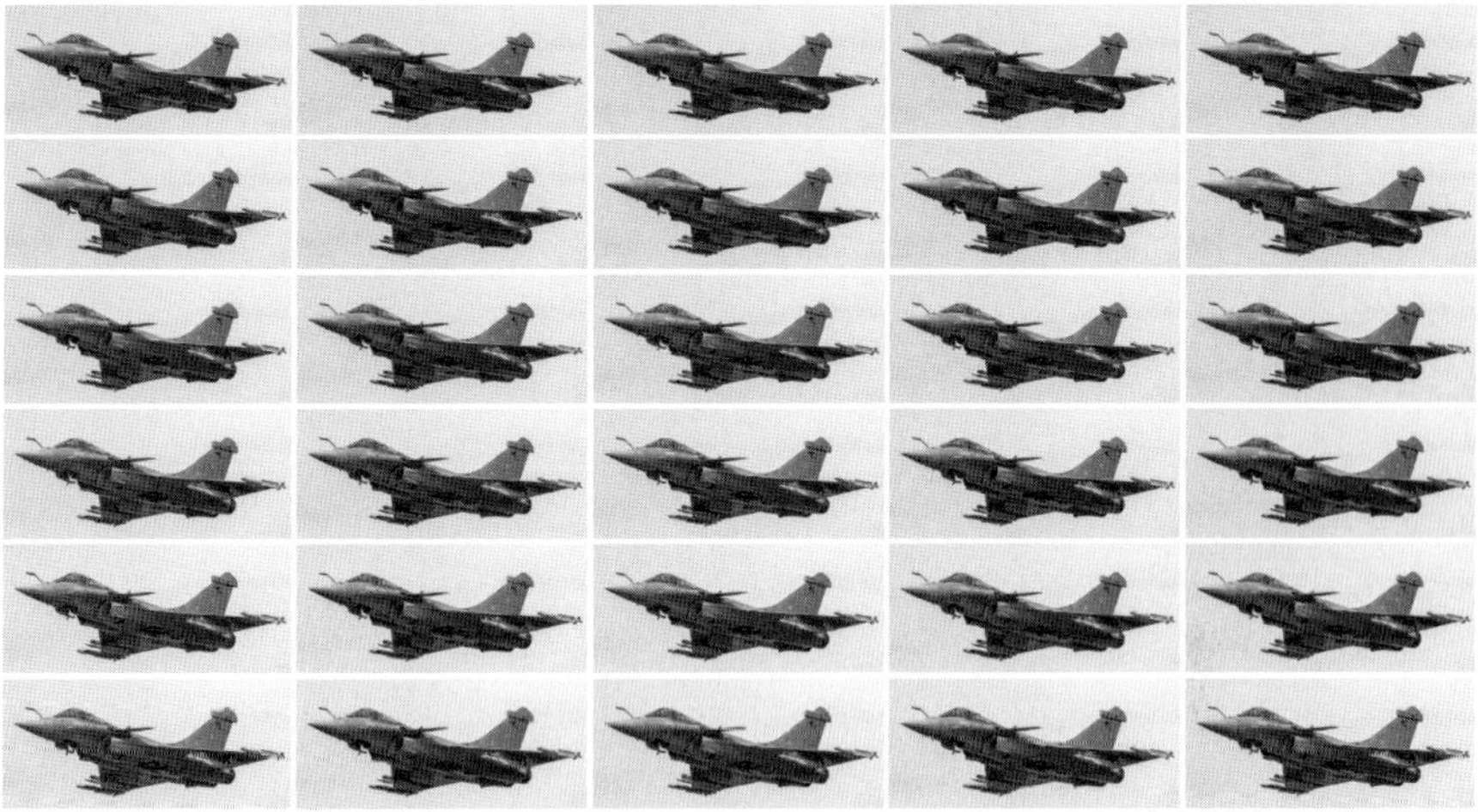

■ラファールM艦上戦闘機×30機

■E-2C早期警戒機×2機

■EC225スーパー・ピューマ汎用ヘリ×2機

■NH90ケイモン哨戒ヘリ×2機

◆仏海軍の唯一無二の原子力空母シャルル・ドゴールは満載4.3万トンの中型空母で2017年に近代化改装を実施。2030年代末の退役を予定

■原子力空母シャルル・ドゴール級×1隻：満載4.3万トン、全長261.5m、幅64.4m、搭載機36機、乗員1922人

〈空母打撃群の主戦力〉
●艦艇総数：7隻
●総排水量：9.27万トン
●総乗員数：2824人
●艦上戦闘機数：30機
●ヘリ搭載数：11機

■次世代原子力空母PANG空母打撃群図（Rama）：新型補給艦ジャック・シュバリエがPANGと新中型フリゲートのアミナル・ロナルク級に洋上給油。右後方に防空駆逐艦フォルバン級とロナルク級が続く

◆2023年就役予定のシュバリエは満載3.1万トン級でデュランス級の2倍の補給品を搭載する

〈2024年就役予定のアミナル･ロナルク級中型フリゲート:Naval Group〉

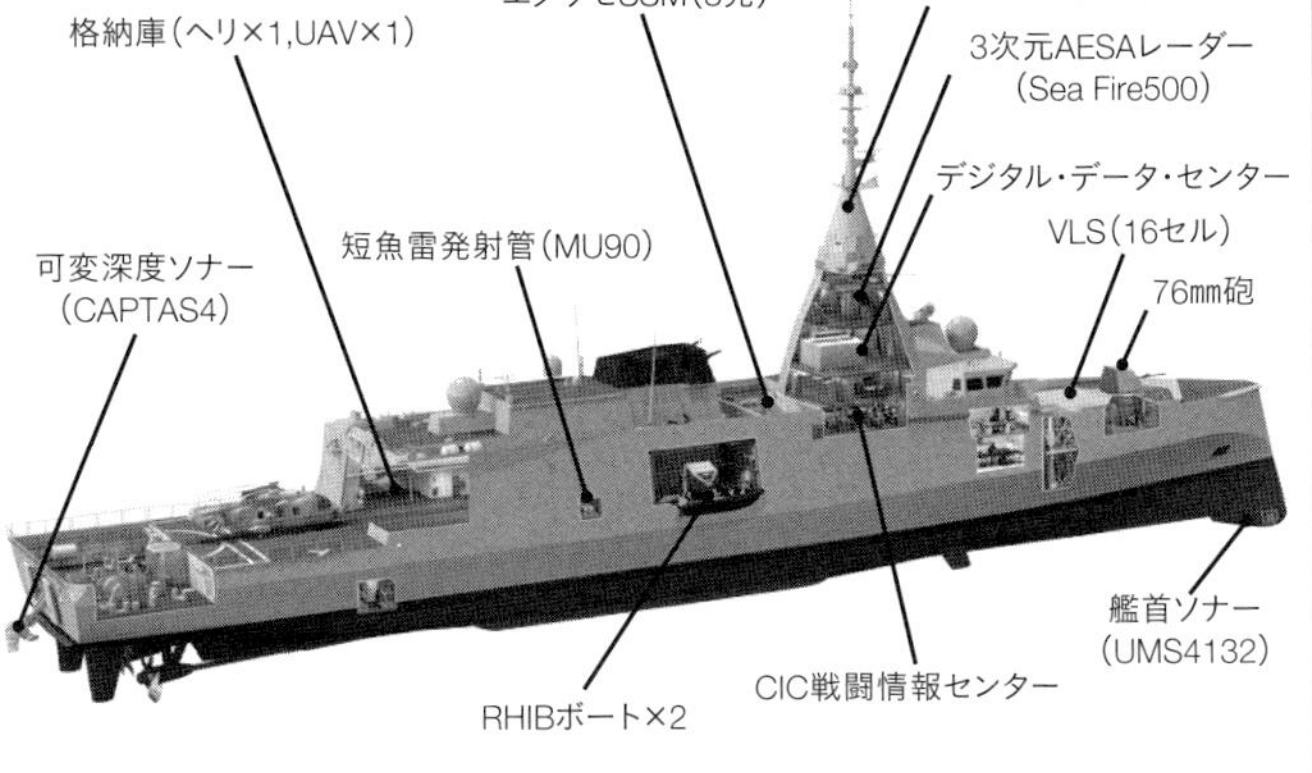

■アミナル・ロナルク級防衛・介入フリゲート（FDI）：
満載4460トン,全長122m,速力27ノット,5隻建造予定

2030年代末に実現する『次世代原子力空母PANG』空母打撃群の編成

◆2038年就役予定の仏海軍次世代原子力空母PANG案（仏国防省）。満載7.5万トン、全長300m級の大型艦隊正規空母でシャルル・ドゴールの後継となる

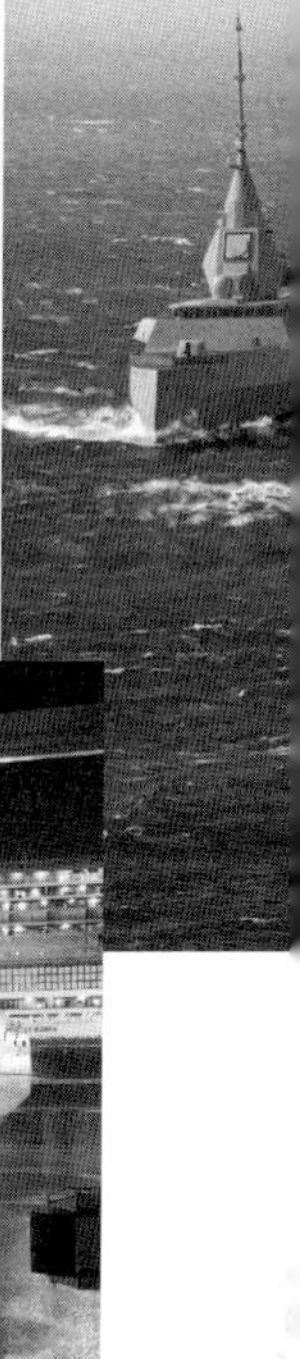

◆仏独共同開発のFCAS第6世代戦闘機の艦上戦闘機型案（Rama）

◆建造中の新型補給艦ジャック・シュバリエ（2022年Naval Group）

〈2016年の対IS作戦時のドゴール空母打撃群：艦艇と航空機〉

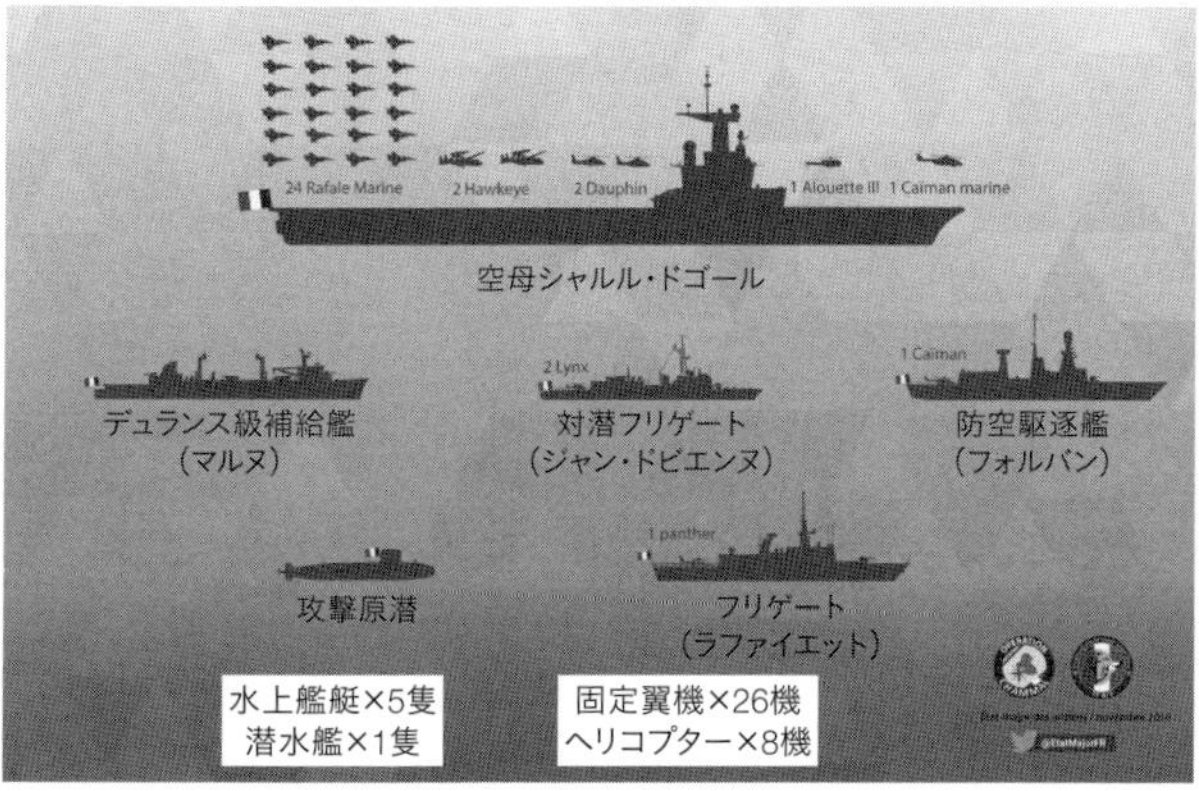

◆次世代原子力空母PANG案（Rama）。甲板上にはラファールM後継の第6世代ステルス艦上戦闘機FCASが並ぶ

核攻撃力を持つラファールM艦上戦闘機

満を持して完成させたドゴールには、クレマンソー級空母の航空団では配備することができなかった母艦機を揃えることができた。それは二機種だ。一つは、自前の艦上戦闘機。もう一つが現代の艦隊防空・航空作戦の要として不可欠な、艦載型の高性能早期警戒機である。前者は、空軍用の最新戦闘機ダッソー製ラファールを母艦機に改修した、派生型のラファールM（Marine：海軍型）を製造。後者は、米国からE‐2Cホークアイ早期警戒機を三機ほど輸入している。同機種を国産ではなく、輸入とした理由は、もちろん費用対効果の観点に基づくもの。

標準的な航空団の編成は、ラファールM艦上戦闘機が三〇機（最大三六機）、E‐2C早期警戒機が二機、艦載ヘリが四機（NH90哨戒ヘリやEC225／AS365救難ヘリ等）、計三六機。

なんと言ってもドゴール空母航空団の攻防両面の主役は、戦闘爆撃能力を兼備する第四・五世代戦闘機のラファールMであり、空母ドゴールの就役に合わせて二〇〇〇年に配備を始めている。製造数は六〇機ほど。第五世代機のF‐22ラプターとの違いは、ほぼステルス性能（超低観測性）の有無だ。大きさは機体重量一〇・六トン、最大重量二四・五トン、全長一五・三m、翼幅一〇・九m。機体重量一五・八トンの米海軍F‐35Cよりも小型の艦上戦闘機であった。機体の外観は、印象的な後退角四五度の無尾翼デルタ翼を中翼配置している。このデルタ翼は、高速飛行に優れているが、着艦速度が速くなる特性（着艦距離が長くなる）を持つため、ラファールMではカナード翼（ステルス面では不利）とフライ・バイ・ワイヤによるコンピューター飛行制御により補正に成功している。特に機首のカナード翼は着艦時に立てて空気ブレーキの働きをするという。

この小さなデルタ翼機には、右主翼付け根部にGIAT三〇㎜機関砲を固定装備するほか、一三か所もの兵器ステーションが設けられていた。最大搭載量は軽い機体のため九・五トンと大きい（F‐35Cは八・二トン）。搭載できる主な視程外交戦用レーダー誘導空対空ミサイルは、MBDA製のMICA‐EM（射程五〇㎞）と最新のミーティア（射程一〇〇㎞以上でマッハ四＋）。主な空対地兵器は、米製の各種GBU系誘導爆弾、MBDA製の長射程巡航ミサイル（ストームシャドー、スカルプEG）、あるいはタレス製AREOS偵察ポッド（毎時一・二万㎢を撮影）を任務に合わせて搭載できた。まさに偵察機の役割も可能なマルチロール戦闘機の能力と言えよう。戦闘を支える主力センサーは、機首に装備する最新のタレスRBE2‐AAアクティブ電子走査アレイ（AESA）レーダーと、OSF電子光学センサー（赤外線／TV／レーザー）である。レーダーの対空性能は、二・八㎡の小目標を距離一三九㎞で探知でき、同時に四〇目標を追尾し、八目標を同時に攻撃できるという。

飛行性能は、双発ターボファン・エンジン（推力七・七トンのスネクマM88‐4）により、最大速度マッハ一・八ほど。しかしながら機動性に秀でたラファールMは、アフターバーナーを焚くことなく、ラプター張りにマッハ一・四の超音速飛行が可能だという。航続性能も爆装して一八五〇㎞ほどある。なによりラファールMは、世界で唯一、洋上から核攻撃できる艦上戦闘機であった（射程五〇〇㎞のASMP‐A超音速核巡航ミサイルを搭載）。仏軍の核抑止力の一翼を担っているのである。

ドゴール空母打撃群と次世代原子力空母PANG

これまでラファールMを搭載するシャルル・ドゴールの空母打撃群は、二〇〇一年の対アフガニスタン作戦から二〇二二年のクレマンソー22作戦展開まで数々の作戦を行ってきた。たとえば二〇一一年の対リビア軍事作戦（Harmattan）では、ドゴール空母機動部隊（第473任務部隊）が派遣され、爆装したラファールM戦闘機が対地攻撃任務を遂行している。

空母機動部隊の陣容は、空母ドゴール（ラファールM一〇機、シュペル・エタンダール攻撃機六機、E‐2C二機、ヘリ五機）に、護衛艦の防空駆逐艦フォルバン、対潜フリゲートのデュプレックス、ステルス・フリゲートのアコニット、リュビ級攻撃原潜のアメジスト、補給艦ムーズの六隻であった。母艦機飛行隊は、作戦期間中（一二〇日）にドゴールで二三八〇回もの離着艦を行なっている。そして、この間に戦闘機と攻撃機は八四〇回の対地攻撃と二四〇回の空中給油を実施し、他に三九〇回の偵察（ラファールM）、一二〇回の空中警戒（E‐2C）を遂行したという。

ともあれ、二〇二〇年代になり、仏海軍の戦略部隊であるドゴール空母打撃群は、その基幹護衛艦として、フォルバン級防空駆逐艦（EMPAR多機能レーダーとS1850M長距離捜索レーダーおよび射程一二〇㎞のアスター30対空ミサイルを搭載）一隻あるいは二隻、アキテーヌ級対空型フリゲート一隻、アキテーヌ級対潜型フリゲート一隻、シュフラン級攻撃原潜（射程一〇〇〇㎞のスカルプ巡航ミサイル搭載）一隻、デュランス級補給艦一隻を標準編成としている。また空母ドゴールには上陸部隊八〇〇人の収容能力があり、ニミッツ級にはない独自の紛争対処能力を持つ。これも同空母の今日的な特長の一つと言えよう。

　まだまだ現役のドゴールであるが、仏国防省から次世代原子力空母ＰＡＮＧ一隻の建造が公表されている。ただ同空母の建造により、空母二隻体制とはならない。ＰＡＮＧが就役する二〇三八年にはドゴールが姿を消すからだ。その代わり艦の規模は、満載七・五万トン、全長三〇〇ｍ級、飛行甲板の面積一・六万㎡と拡張される。艦には新しい国産Ｋ22加圧水型原子炉（二二〇ＭＷ）二基を積み、二七ノットの航行速度を保持する。カタパルトには米海軍のフォード級が搭載するＥＭＡＬＳ電磁カタパルトを採用。航空団にはラファールＭ後継として仏独共同で開発する、ＦＣＡＳの派生型第六世代艦上戦闘機三二機を積む。空母が大型化するのは新戦闘機ＦＣＡＳが大型機となるためだ。また米製Ｅ－２Ｄ先進早期警戒機二機～三機、そして無人作戦機も新たに搭載するという。

　このほか空母打撃群の護衛艦にもアミナル・ロナルク級中型フリゲートや、新型補給艦ジャック・シュバリエなどの次世代艦が加わる。

　このように見てくると仏海軍の重要な空母戦力は、ほぼどれも外国の模倣を避けつつ、仏独自の感覚と先端技術を取り入れ造られていることが分かる。ただしすべてを国産で造り上げることは資金上無理なので、外からは目立たないが、開発が難しいシステム（カタパルトや早期警戒機）に限り、躊躇うことなく外国から導入しているのだ。

第11章

地中海防衛! 伊海軍の『多目的空母カブール』

2022年3月に地中海に集結した空母3隻。伊カブール、米トルーマン、仏ドゴール(写真:Marine Nationale)

カブール空母打撃群のNATO作戦

イタリアは、欧州列国の中で、最も地中海域の防衛を重視している。これは歴史的な説明をするまでもない。地図を眺めれば一目瞭然、イタリアは地中海に突き出た長靴のような半島であり、シチリア島、サルディーニャ島など約九〇の島々を持つ島嶼国家でもあるからだ。国土が大西洋に面する英仏独とは違うのだ。伊海軍は、国土の島嶼防衛あるいは地中海域の権益を守るため、護衛艦だけでなく揚陸艦艇の増強に努めてきた。

一九九〇年代には、サン・ジョルジョ級強襲揚陸艦三隻と、軽空母ジュゼッペ・ガリバルディを擁する強力な両用戦能力を整備している。ガリバルディが積む亜音速の米製AV-8BハリアーII戦闘機には、敵の第一線戦闘機との交戦能力はなかったが、揚陸作戦を支援する十分な対地攻撃能力を備えていた。さらに二〇二一年には伊海軍最新の空母カブールが、米製STOVL（短距離離陸・垂直着陸）型戦闘機のF-35BライトニングIIを搭載。F-35Bは、高度な対地精密攻撃能力に加え、敵の最新鋭戦闘機を空中戦により葬る制空戦闘能力を備えた先進ステルス戦闘機であった。後述するように空母カブールは、このF-35Bの運用能力の獲得により、艦隊正規空母並みの海外遠征作戦が可能な、ゲームチェンジャーとも呼ばれるライトニング空母の一員となったのである。

実際、伊海軍の空母カブールは、二〇二二年の年頭からライトニング空母としてのプレゼンスを米・NATO主導の共同海軍作戦において、その主戦力を提供する形で披露していた。作戦名は、「ネプチューン・ストライク二〇二二（Neptune Strike 2022）」。本作戦は、米海軍の第6艦隊とNATO海軍打撃支援軍（STRIKFORNATO）の共同作戦であり、地中海域のアドリア海において二つの空母打撃群（CSG）を中核とする艦隊が、洋上警戒作戦を二〇二二年一月二四日から二月四日に実施したのである。二つの空母打撃群とは、米第6艦隊のトルーマン空母打撃群と、もう一つが地中海域の守護を使命とする伊海軍のカブール空母打撃群であった。NATO海軍打撃支援軍は、二隻の空母、一五隻の護衛艦、約九〇機の航空機から構成された艦隊を率いていたのである。そして、このネプチューン・ストライク洋上警戒作戦の真の狙いが、当時、ウクライナ侵攻を企てつつあったロシアに対する抑止圧力であったのは言うまでもない。

しかしながら二〇二二年二月二四日にはロシア軍がウクライナに全面侵攻。同年三月一七日、ロシア軍を牽制するため、NATOの安全保障作戦を支援する名目で、再び三か国の空母打撃群が動く。東地中海域のイオニア海に米海軍のトルーマンCSG、仏海軍のドゴールCSG、伊海軍のカブールCSGの三つで、「三隻の空母作戦（tri-carrier operations）」と呼ばれたという。

さらに同年五月一七日から三一日には、NATO軍の結束力をロシアに誇示するため、大規模な洋上警戒作戦の「ネプチューン・シールド二〇二二（Neptune Shield 2022）」を地中海全域で実施している。投入された空母打撃群は、トルーマンとカブールの二つであったが、他に強力な上陸作戦の実施部隊も新たに艦隊に加えていた。米海軍の強襲揚陸艦キアサージ（F-35B搭載）を旗艦とする揚陸即応群（第22海兵遠征隊）と、スペイン海軍の強襲揚陸艦フアン・カルロス一世（AV-8B搭載）の艦艇である。

諸国艦隊を合同したこのNATOの遠征部隊は、艦艇三〇隻以上、艦載機一六〇機、要員一・一万人の戦力からなり、NATO海軍打撃支援軍が率いていた。期間中には、空母の母艦機が二〇〇回以上の出撃、護衛艦艇が八〇回以上の警戒行動を実施している。また伊海軍の空母カブールは、新型戦闘機のF-35Bと古いAV-8Bを混載していたが、より緊密かつ実戦的な統合作戦能力を実現するため、空母打撃群の指揮統制権を初めてNATO海軍に移管していたという。

出発点は六〇年代のヘリ巡洋艦

ともあれ、伊海軍のカブール空母打撃群は、記したように自国の権益が大きい地中海域の安全保障作戦では、米海軍の空母打撃群に伍してNATOの海軍作戦に参加しているのである。まさに空母打撃群によるプレゼンスの発揮と言えよう。

しかしながら伊海軍が空母を手にするのは列国海軍に比べ遅かった。伊海軍は、一九二二年のワシントン海軍軍縮条約において、六万トンもの空母の保有枠が割り当てられていた。これは仏海軍と同じ保有枠である。ところが、イタリア軍独自の事情により、航空機を積む空母の建造はできなかった。独自の事情とは、不思議にも一九二三年から全ての航空機の保有は伊空軍のみに限定され、高性能航空機が生産されるようになった一九三七年に至っても、伊海軍には固定翼機の保有が空軍法により禁じられていたのだという。地中海の作戦海域であっても、本土と北アフリカにある航空基地から運用する空軍陸上機だけで、十分なエアカバーを艦隊に提供できると考えられていたのである。大戦に突入すると、伊海軍は空母の保有を痛感するが、すでに遅かった。

大戦後になり、伊海軍は再建されたが空母は持てなかった。冷戦期に至ると、NATOの一員として地中海域での友軍艦

艦名(級名)	汎用型フリゲート「A・マルチェリア」(F597:ベルガミーニ級)	ミサイル駆逐艦アンドレア・ドリア(D553:アンドレア・ドリア級)	STOVL空母カブール(C550:カブール級)
満載排水量(基準) 全長×最大幅	6700トン(5500トン) 144.6m×19.7m	7050トン(5800トン) 153m×20.3m	2.7万トン(2.2万トン) 244m×39m
速力(出力) 航続距離	27ノット(4.35万馬力) 1.1万km(15ノット)	29ノット(5.6万馬力) 1.3万km(18ノット)	28ノット(11.8万馬力) 1.3万km(16ノット)
兵　装 (対空火器／搭載機)	64口径127mm単装砲×1 62口径76mm単装砲×1 25mm砲×2 アスター15／30SAM(16セル) テセオSSM(8発) AW101汎用ヘリ×2機	62口径76mm単装砲×3 25mm砲×2 アスター15/30SAM(48セル) テセオSSM(8発) AW101汎用ヘリ×1機	62口径76mm単装砲×2 25mm砲×3 アスター15短SAM(32セル) 搭載機:20機(F-35Bステルス戦闘機×12,艦載ヘリ×8)
乗　員	145人	230人	794人
クラス総建造数	4隻	2隻	1隻

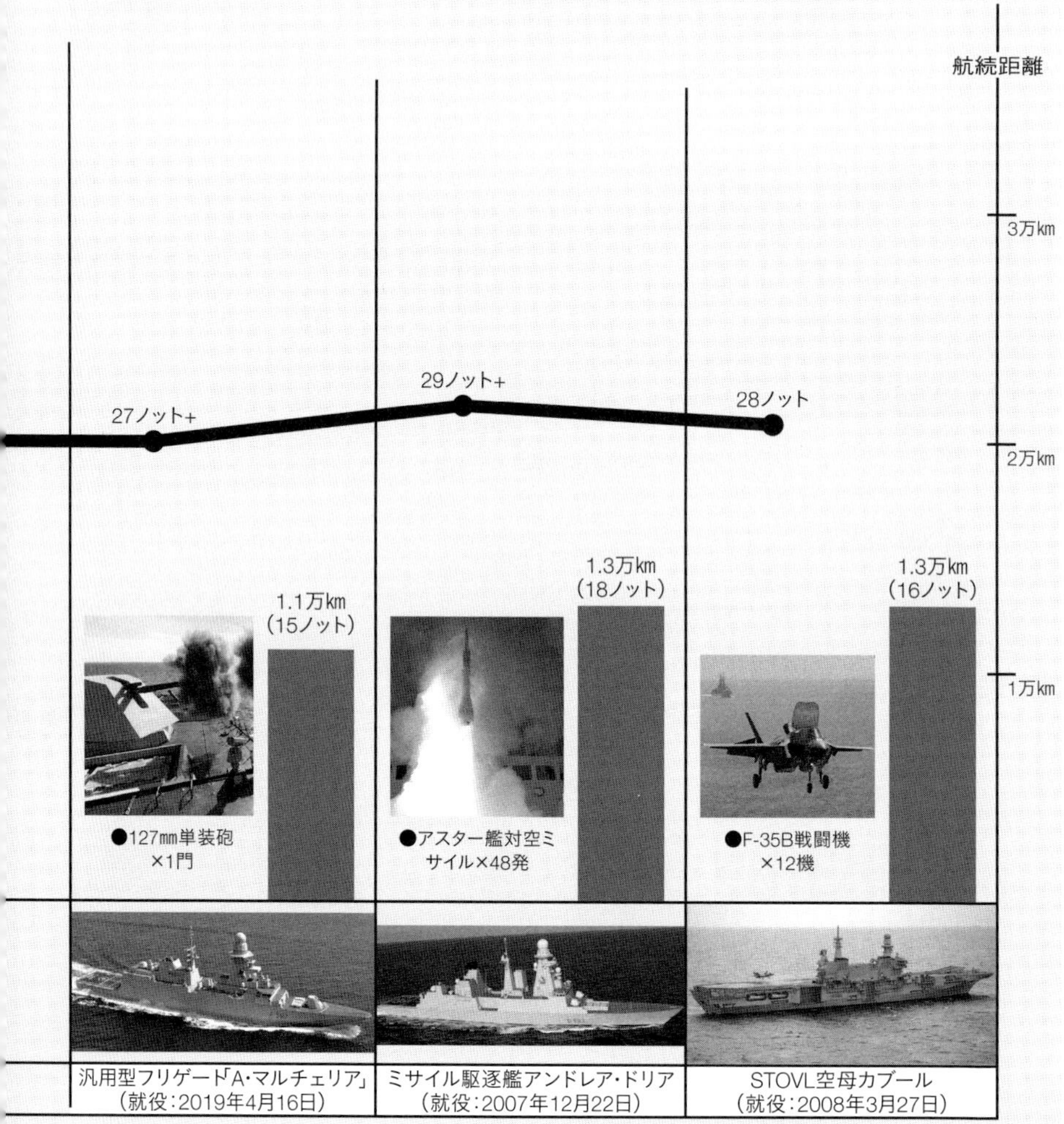

カブール空母打撃群主力艦の艦種別性能比較:機動力と兵装

艦名(級名)	兵站支援艦ボルケーノ(A5335:ボルケーノ級)	潜水艦ピエトロ・ベヌーテ(S528:トーダロ級/212A型)	対潜フリゲート「アルピーノ」(F594:ベルガミーニ級)
満載排水量(基準) 全長×最大幅	2万7200トン 193m×27.2m	1830トン(水上1450トン) 57m×7m	6700トン(5500トン) 144.6m×19.7m
速力(出力) 航続距離	20ノット(6.4万馬力) 1.3万km(16ノット)	水中20ノット(3.12MW/AIP) 1.5万km(8ノット)	27ノット(4.35万馬力) 1.1万km(15ノット)
兵　装 (対空火器/搭載機)	搭載貨物量:1.55万トン(ディーゼル燃料7655トン、航空燃料3240トンなど) 62口径76mm単装砲×1 25mm砲×2 AW101汎用ヘリ×2機	53cm魚雷発射管×6 ※ブラック・シャーク重魚雷13発搭載	62口径76mm単装砲×2 25mm砲×2 アスター15/30SAM(16セル) テセオSSM(4発) ミラス対潜ミサイル(4発) AW101汎用ヘリ×2機
乗　員	235人	27人	145人
クラス総建造数	2隻	4隻(+2隻計画)	4隻

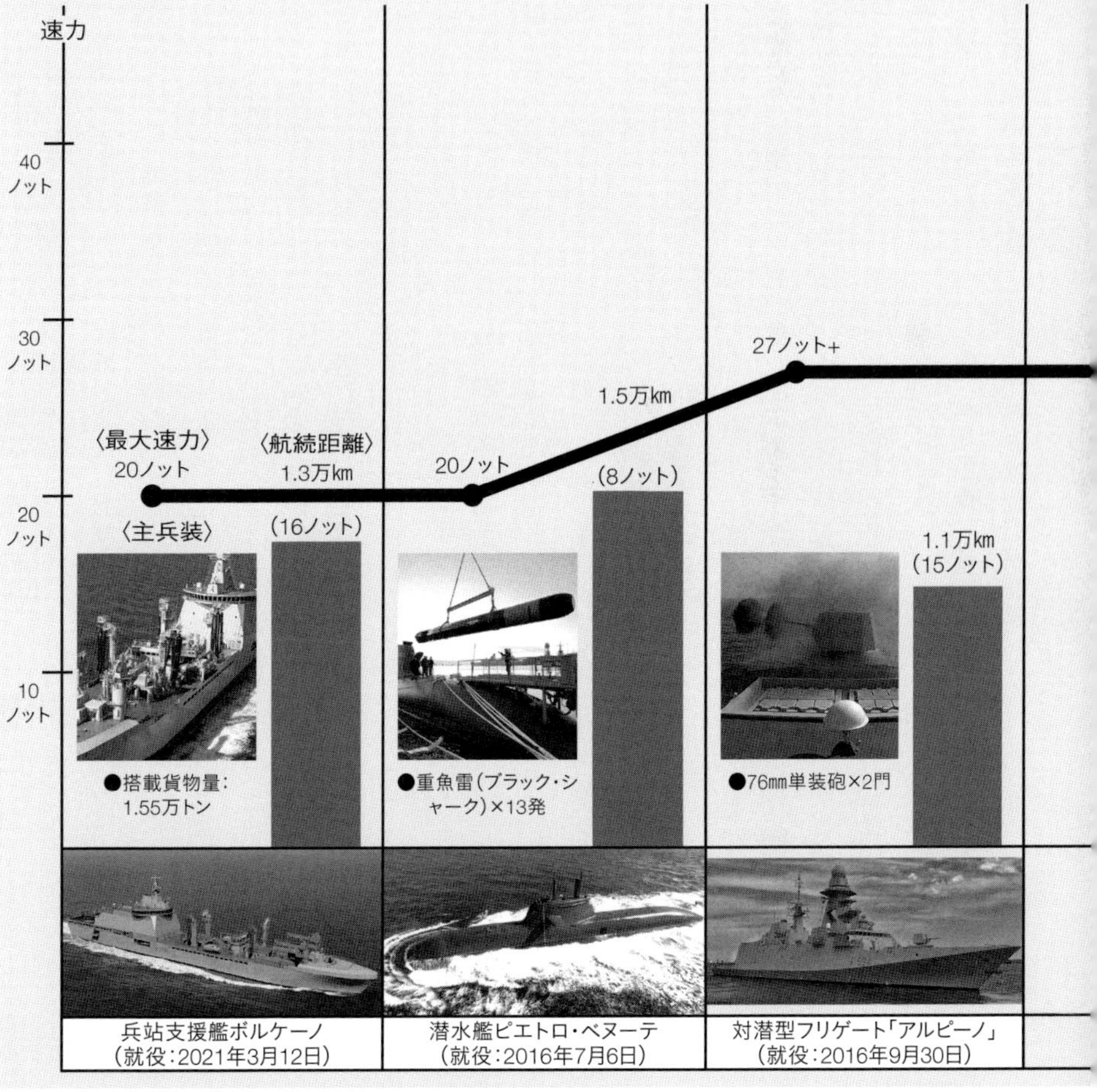

隊や商船団を守るためのミサイル巡洋艦が計画された。特に航空攻撃を阻止する艦隊防空と、敵潜水艦を撃沈する対潜防御の二つの邀撃任務が重視され、一九六〇年代に二隻のアンドレア・ドリア級ヘリコプター巡洋艦（満載七三〇〇トン、全長一四九m、速力三〇ノット）が建造され、一九六四年に就役する。防空艦としての主武器は、米製のテリア艦隊防空ミサイル（射程七四㎞）で、艦首にMk10ミサイル連装発射機（四〇発）を装備。別に近距離対空砲としてレーダー照準の七六㎜砲を八門も搭載していた。

ただドリア級最大の特長は、対潜戦のための対潜兵装で、その狙いはソ連海軍の原潜を駆逐するために他ならなかった。対潜兵装の主役は対潜ヘリであり、船体後部の半分近くが対潜ヘリ運用のため使われていた。大型のヘリ格納庫とヘリ甲板（三〇m×一六m）を甲板上に設置したのである。ここに搭載可能な機体は、AB212哨戒ヘリが四機で、これは計画より少なかった（搭載面積の不足）。

続いて、艦の大型化でヘリ運用能力を高めた発展型のビットリオ・ベネト級ヘリコプター巡洋艦（満載九五五〇トン、全長一八〇m、速力三二ノット）が二隻計画された。同級の一番艦は一九六九年に就役するが、二番艦の「イタリア」は予算上の制約から建造が取り止めとなってしまう。ベネト級の積む主防空兵器はドリア級と同じであったが、テセオ艦対艦ミサイル発射機が四基追加搭載され、対水上戦能力も具備していた。問題の対潜ヘリ搭載能力は、大きく拡大されていた。ベネト級は、ドリア級と同じく艦後部に、より大きなヘリ甲板（四八m×一八・五m）を設置していたが、格納庫（二七・七m×一五・三m）は甲板上ではなく船体内に設けられていた。ここに搭載できる対潜用の哨戒ヘリは、九機のAB212、あるいは大型機のSH-3シーキング哨戒ヘリが六機であった。対潜兵器としては、さらにMk10ミサイル連装発射機からテリアSAM（四〇発）の他に、アスロック艦対潜ミサイル（SUM：二〇発）を撃つことができた。まさにヘリコプター巡洋艦の名に恥じない重武装、かつ絶大な哨戒ヘリの運用能力を備えた軍艦と言えたであろう。

この一九六〇年代には欧州列国海軍において、ベネト級のような対潜用ヘリコプター巡洋艦が相次いで就役していた。代表的な艦艇は次の通りである。

[六〇年代のヘリコプター巡洋艦]

●英海軍のタイガー級（二隻・防空巡洋艦の改造）：満載一・二万トン、全長一六九m、ヘリ甲板（三五・七m×一七・一m）、SH-3シーキング哨戒ヘリ×四機搭載

●仏海軍のジャンヌダルク：満載一・三万トン、全長一八一m、ヘリ甲板（六二m×二一m）、各種ヘリ（シュペルピューマなど）×八機搭載

伊海軍初の空母ガリバルディと60年代のヘリコプター巡洋艦

◆AV-8BハリアーII戦闘機11機を飛行甲板上に並べた伊海軍初の空母ジュゼッペ・ガリバルディ。スキージャンプ台の勾配角は6.5度

〈空母ガリバルディ〉
●満載排水量:1.385万トン
●基準排水量:1万トン
●全長:180m
●幅:33.4m
●速力:30ノット(8.1万馬力)
●航続距離:1.3万km(20ノット)
●兵装:40mm連装砲×3,アルバトロス短SAM8連装発射機×2
●搭載機:AV-8B戦闘機(各種艦載ヘリ)×16機
●乗員:830人

[ヘリコプター巡洋艦3隻建造からSTOVL軽空母2隻の建造に発展した伊海軍空母]

④上が1985年就役の空母ジュゼッペ・ガリバルディ(C551)

⑤下が2008年就役の空母カブール(C550)

①1964年就役のアンドレア・ドリア級ヘリコプター巡洋艦1番艦(C553)

■ヘリコプター巡洋艦ビットリオ・ベネトは後部飛行甲板を備え76mm砲8門,Mk10ミサイル連装発射機(テリアSAM×40発,アスロックSUM×20発)、AB212ヘリ9機を積む重武装艦

②ドリア級2番艦カイオ・ドゥリオ(C554):4機のAB212哨戒ヘリ搭載

③1969年就役のビットリオ・ベネト(C550):満載9550トン,全長180m

●ソ連海軍のモスクワ級（二隻）：満載一・七五万トン、全長一八九m、ヘリ甲板（六七m×二五m）、Ka-25哨戒ヘリ×一八機搭載

伊海軍初の空母ガリバルディ

記したヘリコプター巡洋艦は、いずれも艦の後部に大型のヘリ甲板や格納庫を設けた対潜巡洋艦であったが、さらに航空機の運用能力を高めるには全通飛行甲板を搭載する必要があった。要は揚陸・対潜任務兼用のヘリ空母の建造である。

一九七八年、満を持して伊海軍は、同海軍史上初となる全通飛行甲板を持つ軽空母の建造を発注する。しかしながら摩訶不思議にも古の空軍法の効力が未だ生きており、海軍の空母には固定翼機を搭載できなかった。結果、初の空母ジュゼッペ・ガリバルディ（C551）は、ヘリ空母として発注されたのである。その設計は、近い将来の固定翼艦載機の運用を見越して飛行甲板前端部には、傾斜六・五度のスキージャンプ勾配が施されていた。

ただし、空軍法が改正され、実際にSTOVL戦闘機の米製AV-8BハリアーⅡが空母ガリバルディに配備されたのは一九九四年のことだ。ガリバルディの建造を発注してから、なんと一六年後なのである。想像以上に伊空軍の既得権益（固定翼機はすべて空軍が保有する）死守の抵抗が激しかったのであろう。

ともあれ、一九八五年九月、伊海軍待望のSTOVL軽空母ガリバルディが就役する。ガリバルディの大きさは、満載排水量一・四万トン（基準一万トン）、全長一八〇m、幅三三mほど。サイズは、大戦中の満載一・五万トン、全長一八九・九mの米海軍インディペンデンス級軽空母に近い。飛行甲板には能力一五トンのエレベーターが二基設置され、甲板下にある格納庫（一一〇m×一五m）には、一〇機のAV-8B戦闘機、あるいは一二機のシーキング哨戒ヘリを収容できた。ここに収容できない機体は甲板上に露天係止された。露天係止できるのは航空機一二機ほどで、任務に合わせて搭載機種が組み合わせられていたが、当初積まれていた母艦機は、対潜任務のSH-3Dシーキング哨戒ヘリ一六機であった。その後、一六機のAV-8Bと艦載ヘリが混載されている。

自衛兵装は強力で、防空用としてアルバトロス短SAM八連装発射機二基、レーダー照準の四〇㎜連装砲三基を搭載。さらにテセオ艦対艦ミサイル四基も搭載していたという。重武装は、伝統的に伊海軍戦闘艦艇全体の特長と言え、その狙いの一つは揚陸作戦の支援火力の確保であった。

ガリバルディの航行速度は、GE製LM2500ガスタービン四基（計八・一万馬力：COGAG）の二軸推進により、

三〇ノットほどで優速である。航続距離も二〇ノットで一・三万㎞と長い。

一九九五年以降にＡＶ‐８Ｂ戦闘機を配備された空母ガリバルディと護衛艦は、有効な作戦能力を獲得し、何度も実戦に派遣され戦闘作戦を経験している。一九九九年には東欧のコソボでＮＡＴＯが実施した「アライド・フォース（Allied Force）作戦」に加わり、空母ガリバルディからＡＶ‐８Ｂ戦闘機が六〇回ほど出撃。搭載するＧＢＵ‐16レーザー誘導爆弾やマベリック対戦車ミサイルを発射し、ユーゴ軍部隊を精密攻撃したという。また二〇一一年に実施されたＮＡＴＯの対リビア（カダフィ政権）攻撃「ユニファイド・プロテクター（Unified Protector）作戦」にも伊海軍の空母ガリバルディ（護衛艦としてフリゲート一隻、補給艦エトナ）が参戦。空母からは搭載する八機のＡＶ‐８Ｂが航空攻撃任務に就き、一六〇発の誘導爆弾を敵軍に投下している（他に哨戒ヘリのＡＷ１０１四機とＡＢ２１２二機を搭載）。

地中海域作戦に適応した多目的空母カブール

伊海軍の二隻目の空母となるカブール（Ｃ５５２）の建造は、初代のガリバルディが小型で能力不足であったことから、一九八〇年代半ばには計画に着手していた。当初の計画では、船体内に舟艇用のウエルデッキを備えた米海軍のタラワ級を小振りにしたような強襲揚陸艦タイプであった。しかしながら二〇〇〇年にフィンカンティエリ造船所に発注した時には、ウエルデッキを省いた優速な軽空母に変更されていた。ただガリバルディ同様に、単なる軽空母ではなく、地中海域作戦に適応する揚陸機能等を付与した多目的母艦となっていた。

そもそもカブールが、スキージャンプ台を持つＳＴＯＶＬ空母に変更された大きな理由の一つは、おそらくＳＴＯＶＬ型のＦ‐35ＢライトニングⅡステルス戦闘機の実用化があったと思われる。Ｆ‐35Ｂは、その概念実証機（Ｘ‐35）が二〇〇〇年に初飛行した米製の次世代機で、以前からイタリアが英国などと共に国際パートナーとしてＦ‐35の開発計画に参画していたからだ。記したようにハリアー戦闘機と違いＦ‐35Ｂは、敵の最新鋭戦闘機を圧倒可能な第五世代機であり、同機飛行隊を搭載する空母は、ライトニング空母として艦隊正規空母に比肩できる大きな航空打撃能力を獲得できたのである。カブールにはＦ‐35Ｂによる航空作戦を主にして、次に示す多目的任務が求められていた。

[カブールの多目的任務]

●艦隊防空：母艦機による水平線外海域を含む早期警戒、および空母打撃群の随伴護衛艦（ミサイル駆逐艦やフリゲート）と統合した防空任務

◆イタリア軍が購入した米国製F-35Bステルス艦上戦闘機

■カブールのアイランド艦橋

■カブールの格納庫（134m×21m）。写真はAV-8BハリアーⅡ戦闘機

■シルバーVLSからのアスター15短SAMの発射

■62口径76㎜砲（発射速度120発／分）。艦首と艦尾右舷に搭載

■右舷前方と艦尾左舷に装備されているシルバーVLS（A43:8セル×2）

■近接防御用に使用される25㎜機関砲（3門搭載）

『多目的ライトニング空母カブール』はアリエテ戦車24両を搭載

◆空母カブール（2008年就役）の最大の特長はF-35Bステルス戦闘機飛行隊の運用能力であり、艦首左舷には勾配角12度のスキージャンプ台を設置している

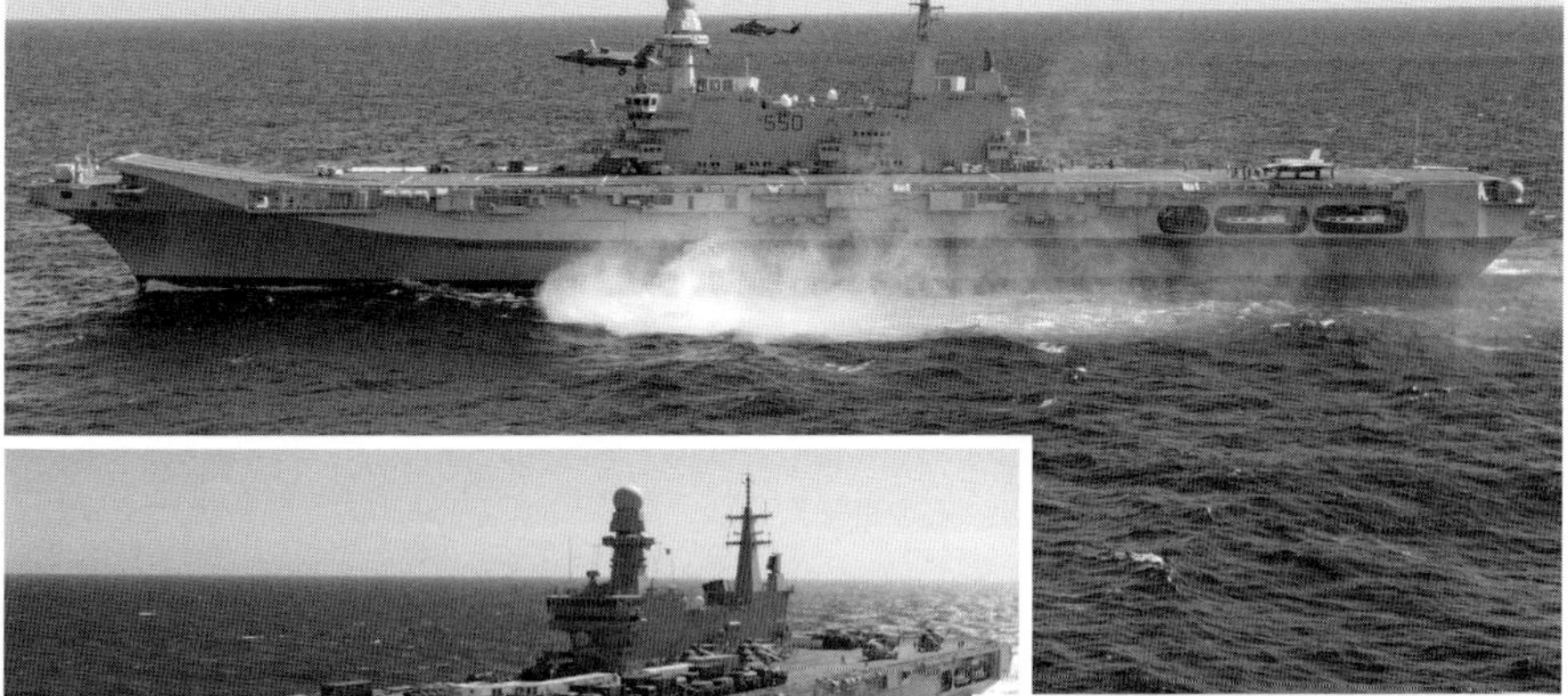

◆カブールは災害支援・揚陸作戦時には強襲揚陸艦として物資・兵員の揚陸を遂行

■伊陸軍の120㎜砲戦車アリエテ

■イベコLMV軽装甲車（6.5トン）であれば100両以上搭載可能。伊海兵隊（写真右）は325人を収容できる

■航空機用格納庫には24両のアリエテ戦車（120㎜主砲,重量54トン,全長9.7m,幅3.6m）を収容）

◆ステルス設計を取り入れた最新の兵站支援艦のボルケーノは伊空母打撃群の作戦を補給面で支える

◆2021年7月、空母カブール艦上に並ぶ新旧艦上戦闘機。共に米国製のF-35B(前)とAV-8B(奥)というSTOVL戦闘機である

カブール空母打撃群を構成する基幹艦艇の主要データ

■アンドレア・ドリア級ミサイル駆逐艦×2隻:満載0.7万トン,全長153m,主兵装76mm砲×3,アスター15/30艦対空ミサイル(48発),テセオ艦対艦ミサイル(8発),汎用ヘリ×1機,主機LM2500ガスタービン×2+ディーゼル×2,乗員230人。写真右アンドリア・ドリア,左イオ・ドゥリオ

■ベルガミーニ級汎用型フリゲート×1隻:満載0.67万トン,全長144.6m,主兵装127mm砲×1,76mm砲×1,汎用ヘリ×2機,主機LM2500ガスタービン×1,乗員145人。写真アントニオ・マルチェリア

■ベルガミーニ級対潜型フリゲート×1隻:満載0.67万トン,全長144.6m,主兵装76mm砲×2,アスター15/30艦対空ミサイル(16発),汎用ヘリ×2機,乗員145人。写真ビルジニオ・ファサン

■トーダロ級潜水艦×1隻:水中0.18万トン,全長57m,主兵装(重魚雷),AIP(燃料電池)搭載,乗員27人。写真サルバトーレ・トーダロ

■ボルケーノ級兵站支援艦(写真1番艦)×1:満載2.7万トン,全長193m,貨物1.55万トン搭載,ヘリ×2機,乗員235人。

ライトニング空母カブール&伊海軍空母打撃群の編成

STOVL空母カブールが搭載する航空団の母艦機編成例（計20機）

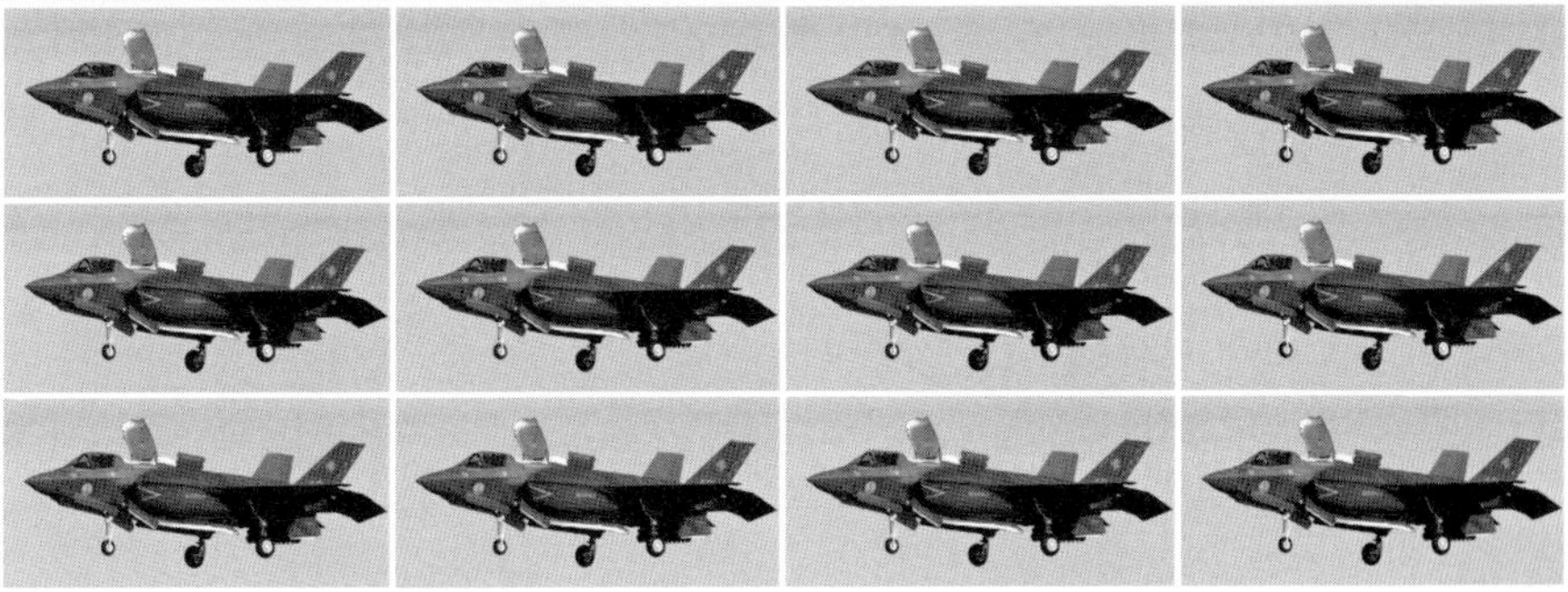

■F-35BライトニングⅡステルスSTOVL戦闘機×12機

■AW101マーリン汎用ヘリ×4機

■NH90 哨戒ヘリ×4機

◆艦首甲板にレーダー照準76㎜砲（ステルス砲塔）を防空用に搭載した空母カブール。飛行甲板上にはAV-8BハリアーⅡ戦闘機と艦載ヘリ（AB212,AW101）が並ぶ

■STOVL空母カブール級×1隻：満載2.7万トン,全長244m,幅39m,速力28ノット（LM2500ガスタービン×4基・2軸推進）,搭載機20機,乗員794人

〈空母打撃群の主戦力〉
●艦艇総数:7隻
●総排水量:8.32万トン
●総乗員数:1806人
●艦上戦闘機数:12機
●ヘリ搭載数:16機

●指揮管制：搭載するC4I機能により伊海軍およびNATO主導の作戦行動を指揮管制する司令部任務
●戦力投入：強襲揚陸作戦の支援、あるいは母艦機による陸上作戦への航空支援の提供
●制海権確保：母艦機による対潜任務、あるいは母艦機と随伴護衛艦による対水上戦
●国際協力・民間支援：平和維持支援、あるいは大規模災害派遣時の人道支援

ともあれ、空母カブールは二〇〇八年三月に就役する。大きさは、満載排水量二・七万トン（基準二・二万トン）、全長二四四m、幅三九mほど。排水量は空母ガリバルディの二倍近く、全長も一・三六倍ほど大きくなっている。飛行甲板は全長二二〇m、幅三四mほど。その左舷前端に勾配角一二度のスキージャンプ台が設置され、その後方に広がる長さ一八四m、幅一四mの甲板部がSTOVL母艦機の滑走用として利用可能で、ここに六か所のヘリ発着スポット（給油設備も併設）が設定されていた。また飛行甲板の右舷側スペースには、八機の航空機を駐機させられた。航空機エレベーターは艦前部と艦後部の右舷側部に各一基（能力三〇トン）。弾薬用エレベーターが四基（能力七トン／一五トン）。

全通飛行甲板は、FE510D高張力鋼製で、その下は九層の甲板で、真下の第1甲板が司令部区画、戦闘情報センター、居住区画とされていた。その下には三層の甲板にわたり、大きな格納庫が設置されている。格納庫（一三四m×二一m）の面積はガリバルディの一・七倍も広い。高さは、ほぼ七・二mだが、整備区域の天井は一一mと高くなっている。収容能力は、一〇機のF-35B戦闘機、あるいは一二機のAW101マーリン哨戒ヘリであった。ちなみにアグスタウエストランド製AW101は、三発タービンの大型汎用ヘリ（全長二二・八m、胴体長一九・五m、最大重量一五・六トン、積載量五・四トン、巡航速度時速二七八km、航続距離一三七〇km）で、各派生型が対潜・輸送・早期警戒任務に使われている。飛行甲板や格納庫の設計は、F-35B戦闘機の搭載を見越したものと言われており、就役後に飛行甲板の耐熱性工事が施されている。言うまでもなく、STOVL時の下方へのジェット噴射熱に備えたものだ。

カブールの航空団が揃える搭載母艦機の一例は、F-35Bが一二機、AW101汎用ヘリ（早期警戒型）が四機、NH90哨戒ヘリが四機の計二〇機である。ただし問題は調達されるF-35Bの数が少ないこと。資金難のため、伊海軍の割り当て数が一五機（当初二二機）と最小限なのである。また伊空軍が、別途、一五機のF-35Bを調達するが、この辺りは固定翼機独占の伝統が生きている証なのか。

記したようにカブールは、専用のウエルデッキこそ持たな

かったが、多目的空母として揚陸作戦機能を兼備していた。まず格納庫は、重車両の積載が可能な車両甲板となっており、重量五四トンのアリエテ戦車を二四両も積むことができた。LMV軽装甲車であれば一〇〇両以上も積載できたのである。これらの車両の積み降ろしは、右舷中央部と艦尾に設けた二つの開閉式車両ランプ（能力六〇トン）により、各車両が自走で乗り降りできるという（RORO機能）。さらに伊海軍サン・マルコ海兵旅団の海兵隊員三二五人を居住区画に収容できた。揚陸方法としては、艦載ヘリによる空輸と艦尾両舷に積む四隻のLCVP小型揚陸艇による陸揚げを選択できた。戦車等の陸揚げは、それらでは無理なので車両ランプを使うしかない。そのほか手術室を持つ充実した医療設備（四三〇㎡）を備えていた。

個艦防空兵装はさらに強力化されている。主兵装は、射程三〇㎞のアスター15短SAMを八発装填するシルバーA43垂直発射機（VLS）が四基（計三二発）。その対空射撃管制には、護衛艦も搭載する高性能なEMPAR多機能レーダーをアイランド艦橋上のマストに搭載する。そして伊海軍の軍艦ではお馴染みのレーダー照準六二口径七六㎜単装砲(OtoMelara)を艦の前後に搭載している。同砲は、高い精度と共に対空射撃に有効な最大発射速度一二〇発／分の速射力を有し、併せて対地・対艦射撃に有効な水平最大射程二〇㎞の砲撃力も具備していた。他の空母には見られない重火力である。

カブールの主機は、LM2500ガスタービン四基（計一一・八万馬力：COGAG式）で二軸推進である。速力は三〇ノット台を切る二八ノットほど。さらにカブールは空母には珍しい、船体を安定化させ航空機の離発着を補助する機構としてフィン・スタビライザー、揚陸時の洋上操船を助ける二基の電動サイドスラスターを艦の前後下部に取り付けている。航続距離は、一・六ノットで一・三万㎞（約一八日）ほど。

空母打撃群の主力は欧州共同開発の護衛艦

記したようにカブール空母打撃群は、既にNATOの洋上作戦に伊海軍の主力艦隊として投入されている。打撃群を構成する最新の基幹護衛艦は、次の五艦種となろう。

[カブール空母打撃群の基幹護衛艦]
●アンドレア・ドリア級ミサイル駆逐艦×一隻～二隻
●ベルガミーニ級汎用型フリゲート×一隻
●ベルガミーニ級対潜型フリゲート×一隻
●トーダロ級潜水艦×一隻
●ボルケーノ級兵站支援艦×一隻

空母打撃群の艦隊防空の要を担うのは、二〇〇〇年代に二

■3次元多機能レーダーEMPAR：
・Cバンドのパッシブ・フェーズド・アレイ式
・アンテナ一面回転式で重量二・五トン
・同時に三〇〇目標追尾し二四目標に対して対空ミサイル攻撃可能
・探知距離一〇〇km（RCS値二㎡の目標）

■アンドレア・ドリア船体内のCIC（戦闘情報センター）

■ステルス塔型マストの頂部に巨大なEMPAR用レドーム搭載

[ホライズン共同開発艦計画で建造された英仏伊海軍の次期防空艦の比較]

ミサイル駆逐艦名	**英海軍:45型デアリング級**	**仏海軍:フォルバン級**	**伊海軍:アンドレアドリア級**
満載排水量 基準排水量 全長×最大幅	8500トン 5800トン 152.4m×21.2m	7163トン 5791トン 153m×20.3m	7050トン 5800トン 153m×20.3m
主機方式 出　力 速　度 航続距離	IEP（統合電気推進） 5.4万馬力 32ノット 1.3万km（18ノット）	※CODOG 6.3万馬力 31ノット 1.3万km（18ノット）	※CODOG 5.6万馬力 29ノット＋ 1.3万km（18ノット）
主　砲 機関砲 艦対空ミサイル 艦対艦ミサイル	55口径114mm単装砲×1 30mm砲×2,20mmCIWS×2 アスター15/30SAM×48発 ハープーンSSM×8発	62口径76mm砲×2 20mm機銃×2 アスター15/30SAM×48発 エグゾセSSM×8発	62口径76mm砲×3 25mm砲×3 アスター15/30SAM×48発 テセオSSM×8発
多機能レーダー 長距離捜索レーダー	SAMPSON S1850M	EMPAR S1850M	EMPAR S1850M
艦載ヘリ	AW101哨戒ヘリ×1機	NH90哨戒ヘリ×1機	AW101哨戒ヘリ×1機
乗　員	191人	195人	230人
建造数	6隻	2隻	2隻
就役年	2009年〜2013年	2010年〜2011年	2007年〜2009年

※CODOG:ディーゼルとガスタービン・エンジンの切替え推進方式

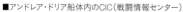

護衛艦の中核『ミサイル駆逐艦ドリア級』＆ホライズン共同開発艦

◆タラント軍港に停泊するミサイル駆逐艦アンドレア・ドリア（2007年就役）

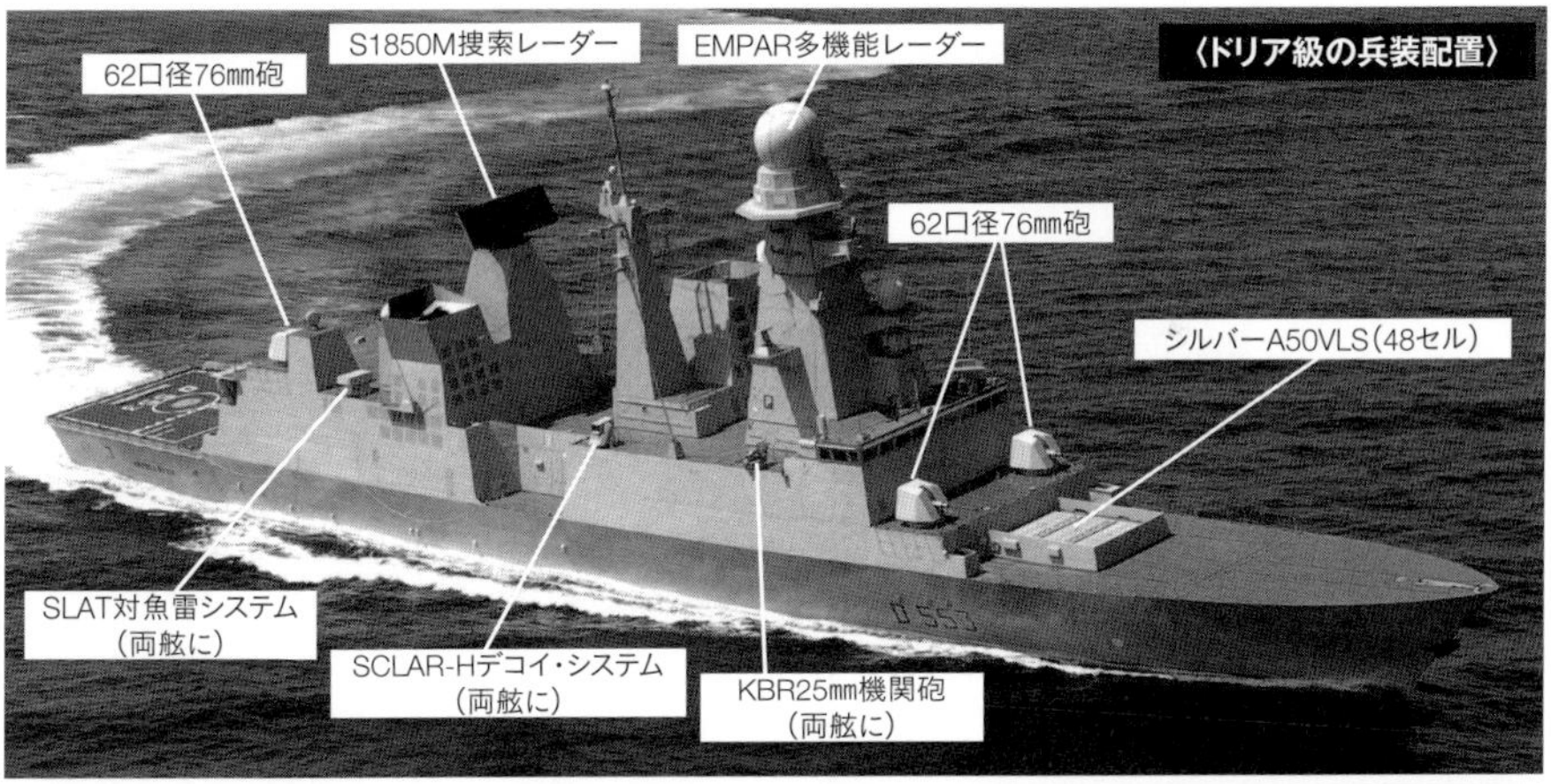

◆76mm砲を速射するドリア級

◆空母カブールから見た護衛艦の機動。左2隻がベルガミーニ級、右がドリア

米海軍も採用した高性能な新多任務フリゲート『ベルガミーニ級（汎用・対潜型）』

◆大きな64口径127㎜砲が特長となっているベルガミーニ級（汎用型）の1番艦カルロ・ベルガミーニ（F590）。右はベルガミーニ級をベースに新開発された米海軍のコンステレーション級フリゲート画

［仏伊FREMM多任務フリゲート計画艦&米新フリゲートの比較］

フリゲート名	**仏海軍:アキテーヌ級 （対空型）**	**伊海軍:ベルガミーニ級 （汎用型）**	**米海軍:コンステレーション級 （多目的）**
満載排水量 基準排水量 全長×最大幅	6100トン 5200トン 142m×20m	6700トン 5500トン 144.6m×19.7m	7291トン 6016トン 151.1m×19.8m
主機方式 出　力 速　度 航続距離	※CODLAG 4.4万馬力 27ノット 1.1万㎞（15ノット）	※CODLOG 4.35万馬力 27ノット 1.1万㎞（15ノット）	※CODLOG 4万馬力 26ノット 1.1万㎞（16ノット）
主　砲 機関砲 艦対空ミサイル 艦対艦ミサイル	62口径76㎜単装砲×1 20㎜機銃×2 アスター30SAM×32発 エグゾセSSM×8発	64口径127㎜単装砲×1 25㎜砲×2 アスター15/30SAM×16発 テセオSSM×8発	70口径57㎜砲×1 各種SAM（SM-2/SM-6）×32発 NSMミサイル×16発
多機能レーダー	ヘラクレス	EMPAR	AN/SPY-6（V）3
艦載ヘリ	NH90哨戒ヘリ×1機	AW101哨戒ヘリ×2機	※MH-60哨戒ヘリ×1機
乗　員	145人	145人	200人
建造数	2隻	4隻	20隻予定
就役年	2021年〜2022年	2013年〜2019年	2026年〜予定

※CODLAG:電気推進とガスタービン・エンジンの併用推進方式。CODLOG:電気推進とガスタービンの切替え推進方式　※コンステレーションはMH-60×1機の他にMQ-8C無人ヘリ×1機を搭載する

◆カブール空母打撃群の護衛艦ベルガミーニ級フリゲート。後方が対潜型のビルジニオ・ファサン、前が汎用型のルイージ・リッツオ

◆ベルガミーニ級（対潜型）の76mm砲（×2）を主砲とするビルジニオ・ファサン(F591)

◆汎用型の主砲64口径127mm砲

〈ベルガミーニ級（対潜型）の兵装配置〉

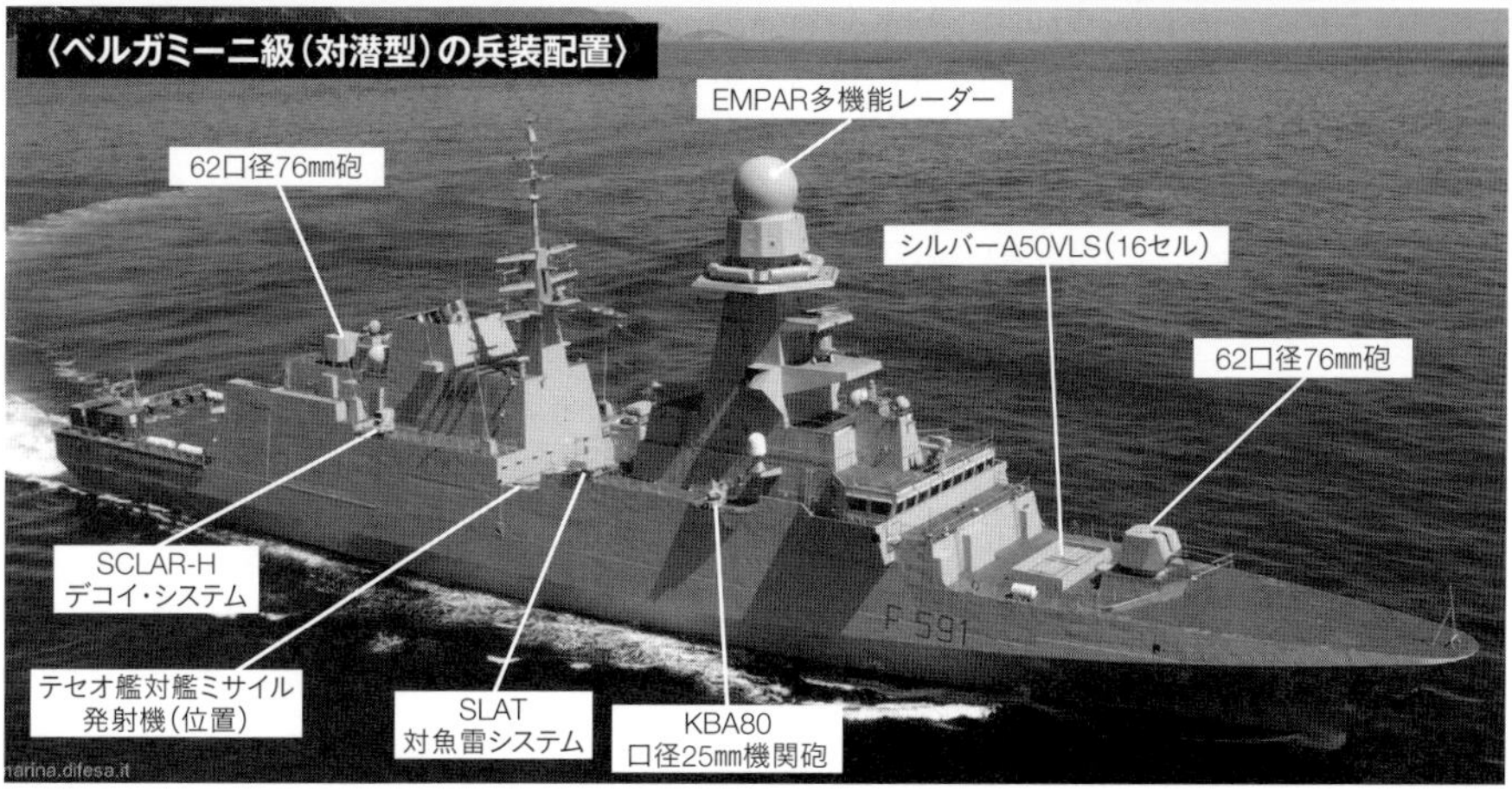

集建造されたアンドレア・ドリア級ミサイル駆逐艦（満載〇・七万トン、全長一五三m、速力二九ノット＋）である。ミサイル駆逐艦にとって一番大切な艦隊防空システムが、新規開発のＰＡＡＭＳ（最重要対空ミサイル・システム：Principal Anti-Air Missile System）であった。ＰＡＡＭＳを構成する中枢センサーが、パッシブ電子走査アレイ（ＰＥＳＡ）式のＥＭＰＡＲ（ＳＰＹ‐７９０）三次元多機能レーダーである。一面旋回式のアンテナは重量二・五トンと重く、大きな球形ドームに収容され、絶景視界のステルス形状マスト上に設置されていた。探知性能は、小型機（ＲＣＳ値二㎡）を距離一〇〇㎞で探知。同時に三〇〇目標を追尾し、二四目標に対して艦対空ミサイルによる攻撃が可能とされている。この艦対空ミサイルが、自衛用のアスター15と、艦隊防空用の長射程アスター30（射程一二〇㎞）の二種類であった。ミサイルは、艦首に設置されたシルバーＡ50ＶＬＳ（四八セル）に装填されているが、その標準的な内訳は、アスター15が一六発、主役のアスター30が三二発だという。

このほか対空・対地射撃用火器として三門の七六㎜単装砲を搭載。二門が艦首、一門が後部に据えられている。米海軍アーレイ・バーク級駆逐艦は五インチ砲一門であり、他国の同型艦よりかなり重火力と言えよう。七六㎜砲は対水上戦にも使えるが、ドリア級は、射程一八〇㎞のテセオ艦対艦ミサイルを八発搭載している。対潜用にはＡＷ１０１哨戒ヘリ一機を搭載する。

ドリア級は、三次元の長距離捜索レーダーとして空母エリザベス級も積むＳ１８５０Ｍ（探知距離四〇〇㎞で一〇〇〇個の目標追尾可能）を採用しており、非常にバランスのとれた最新ミサイル駆逐艦と言えたであろう。なお主機は、ディーゼル（二基：一・二万馬力）とＬＭ２５００ガスタービン（二基：六・三万馬力）の切り替え推進方式ＣＯＤＯＧを採用している。

このドリア級は、そもそも伊海軍が、英海軍、仏海軍と共にホライズン共同開発計画（次期防空艦）により建造したものである。同計画をベースに誕生したのが、英海軍（途中計画から離脱）の45型デアリング級ミサイル駆逐艦と、仏海軍のフォルバン級防空駆逐艦であった。したがってドリア級は、仏海軍のフォルバン級と外観が似ているだけでなく、七六㎜砲、レーダー（ＥＭＰＡＲとＳ１８５０Ｍ）、シルバーＶＬＳ装填アスター艦対空ミサイル、主機までも共通していた。デアリング級も船体デザインはよく似ているが、共通しているのは、ＰＡＡＭＳの一部（シルバーＶＬＳ装填のアスター艦対空ミサイルとＳ１８５０Ｍレーダー）で、多機能レーダーは、より高性能なアクティブ型のＡＥＳＡ式レーダーＳＡＭＰＳＯＮを搭載していた。

次に二〇一三年から就役が始まった最新多任務フリゲートのカルロ・ベルガミーニ級（満載〇・六七万トン、全長一四四・六m、速力二七ノット）は、汎用型四隻と対潜型四隻が建造されている。見ての通り、このベルガミーニ級の船体とマストを含む上部構造物は、形状が傾斜角を施した平面で構成されるステルス設計となっていた。共通する船体を持つ汎用型と対潜型に共通している兵装類は、アスター対空ミサイルを装填したシルバーA50VLS（一六セル）、背の高いステルス形状の塔型マストの上に据えたEMPAR多機能レーダー、強力な対潜兵器となるAW101哨戒ヘリ二機の搭載能力と言えよう。特に汎用型のポイントは重火力にあった。ミサイル駆逐艦も積んでいない六四口径一二七㎜砲を主砲に据え、さらに七六㎜砲を一門搭載し、テセオ対艦ミサイルも八発積む。いっぽう対潜型は、七六㎜砲が二門で、ミラス対潜ミサイルを四発ほど積んでいる。

このベルガミーニ級も仏海軍とのFREMM（多任務フリゲート）共同開発計画に基づき建造されたもの。仏海軍が建造したFREMMは、アキテーヌ級フリゲートである。アキテーヌ級は、艦橋の低い位置に小さな台形状のヘラクレス多機能レーダーを搭載していることもあり、ベルガミーニ級と似ている点は少ない。米海軍が近年になり、新型のコンステレーション級フリゲートを開発しているが、同艦はベルガミーニ級をベースに拡大発展させた強力なミサイル・フリゲートである。

潜水艦は空母を敵潜水艦の襲撃から守るのが一番の役割。伊海軍では、ブランド性の高い独製U212A潜水艦をベースとする、トーダロ級潜水艦（水中一八三〇トン、全長五七m、水中速力二〇ノット）が四隻配備されている。一番艦サルバトーレ・トーダロ（S526）の就役は二〇〇六年。武器はブラック・シャーク重魚雷が一三発。最大の特長は、AIP（非大気依存推進）で、ジーメンス製PEM（燃料電池：二七〇kW）を採用している。モーター推進により数週間の潜水行動が可能だという。

艦隊行動に欠かせない補給艦は、古いエトナ級補給艦（満載一・三四万トン、全長一四六・五m）の後継艦二隻の建造が進められている。これが、エトナ級を二倍ほど大型化した、より新しいボルケーノ級兵站支援艦で、汎用性に富んでいた。一番艦ボルケーノ（A5335：満載二・七万トン、全長一九三m、速力二〇ノット）は、二〇二一年から就役している。

搭載できる貨物量は、一・五五万トンほど。特に燃料については、艦艇用のディーゼル燃料が七六五五トンと航空燃料が三二四〇トン。また真水八三〇トンや弾薬二二〇トン、二八トン型コンテナ八個等の補給品や、必要に応じて多数の医療モジュールも積載できた。船体が大きいため、空中輸送用と

[新型の外洋哨戒艦パオロ・タオン・デ・レベル]

◆独特な艦首構造のレベル級哨戒艦

■2017年に建造開始した1番艦のレベル:満載6270トン,全長143m,速力31.6ノット,VLS(16セル),AESAレーダー

[伊海軍のドリア級後継となる新型1万トン級次期ミサイル駆逐艦DDX]

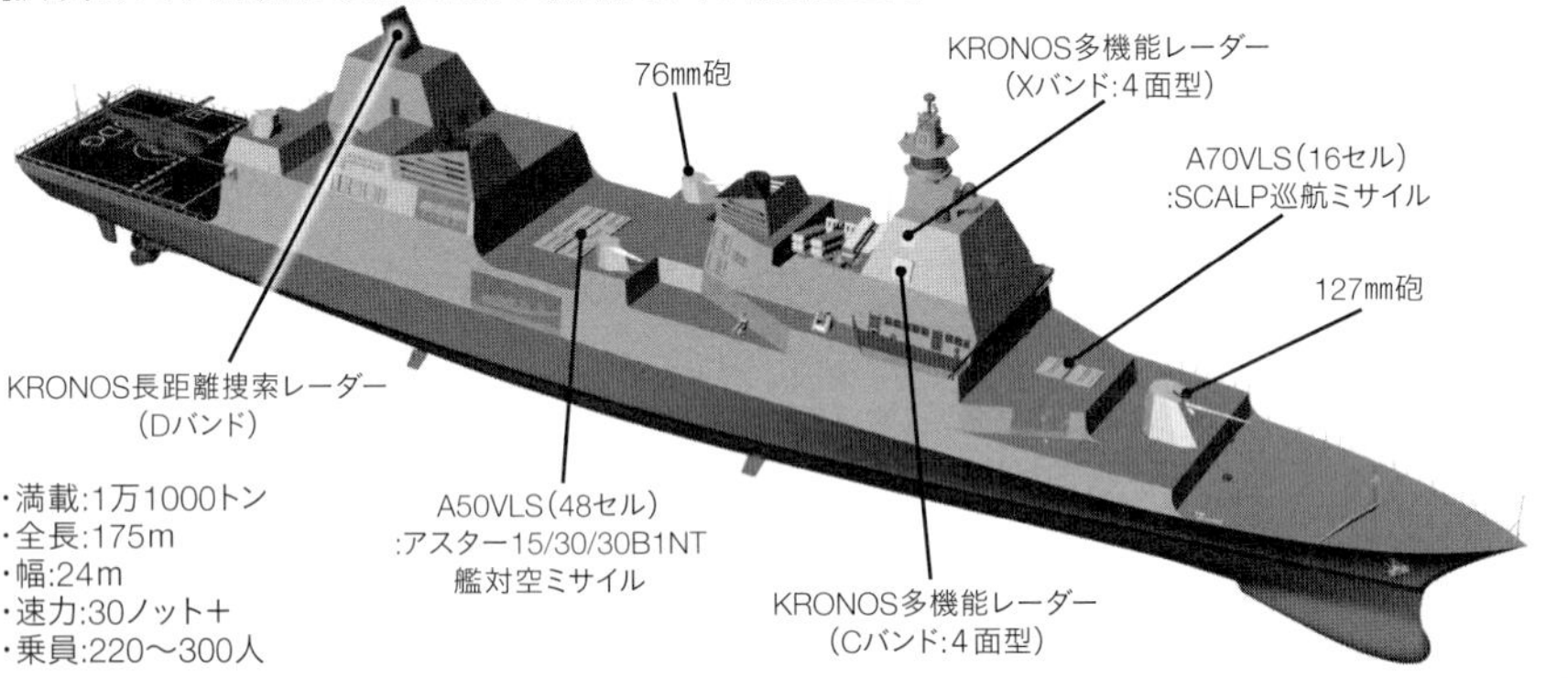

・満載:1万1000トン
・全長:175m
・幅:24m
・速力:30ノット+
・乗員:220〜300人

●海中から上空の敵哨戒ヘリを撃墜する
U212A潜水艦用のIDASミサイル・システム
(HDW)

2020年に出現! 伊海軍空母打撃群の次世代護衛艦

[トーダロ級近代化型のU212NFS(近将来潜水艦):FINCANTIERI]

◆トーダロ級潜水艦の艦内とセイル(右)

◆潜水艦の主兵器53cmブラック・シャーク重魚雷

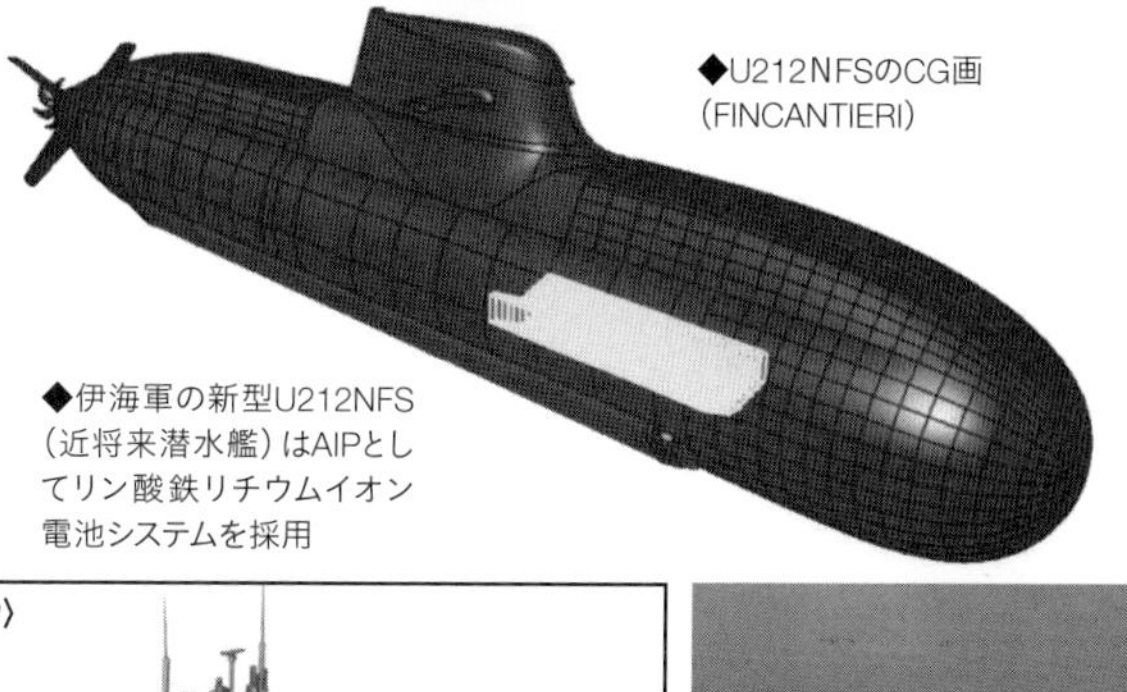

◆U212NFSのCG画(FINCANTIERI)

◆伊海軍の新型U212NFS(近将来潜水艦)はAIPとしてリン酸鉄リチウムイオン電池システムを採用

〈トーダロ級(独製U212A)の燃料電池AIP〉

◆AIP(非大気依存推進)はジーメンス製PEM燃料電池で出力270kW

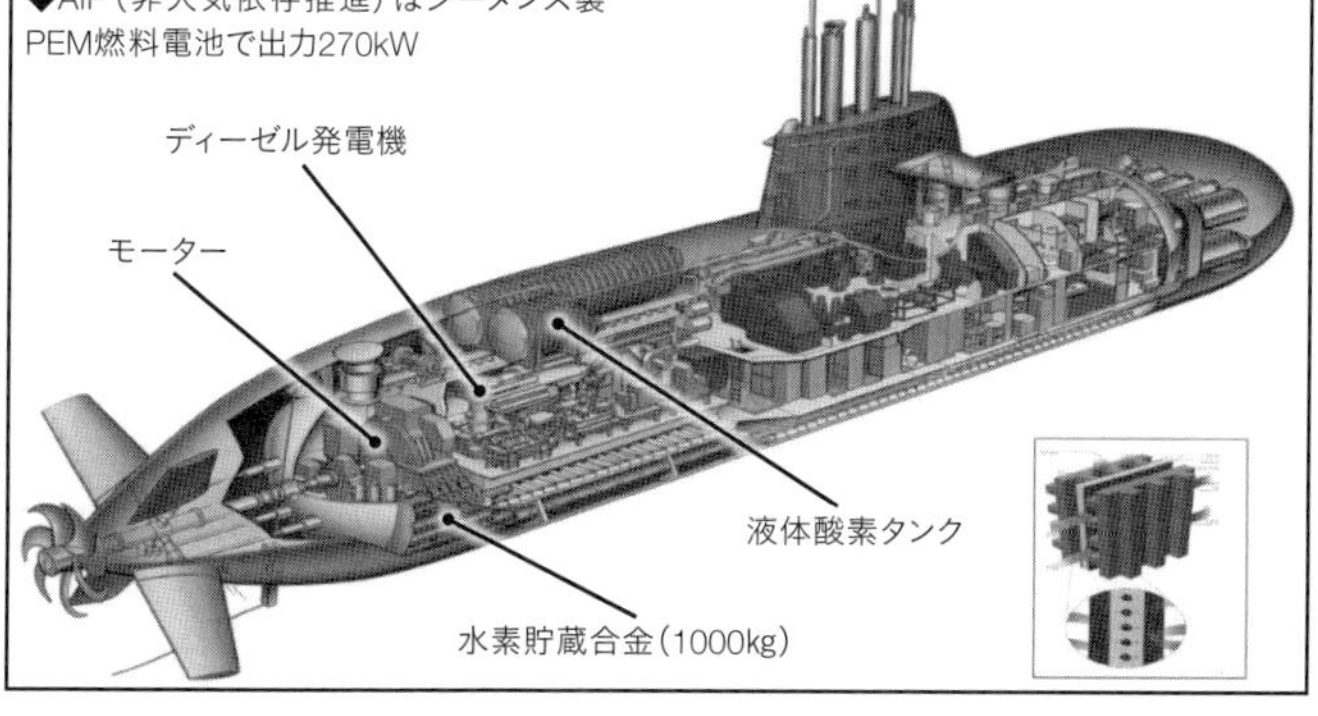

してエトナ級の倍にあたる二機のAW101汎用ヘリを搭載した。対空・対水上用の自衛火器は、二五㎜自動砲二門と七六㎜単装砲一門（予定）を積む。やはり重火力である。艦首や上部構造の一部デザインにはステルス形状が施され、電波輻射しやすいマストも四角錐の塔型マストが据えられている。

二〇二〇年代に出現！CSGの次世代護衛艦

予算難に喘ぐ伊海軍であったが、二〇二〇年代にはカブール空母打撃群を強化する次世代護衛艦が新たに配備される。その一番手が、多用途外洋哨戒艦（PPA）と呼ばれるパオロ・タオン・デ・レベル級で、兵装等の異なる三タイプ、計一六隻の建造が予定され、二〇二一年に最初の二隻が就役している。

一番艦レベル（P430）は、哨戒艦と区別されているが、サイズは満載六二七〇トン、全長一四三mあり、ベルガミーニ級フリゲートと大差ない。兵装も各一門の一二七㎜砲と七六㎜砲、シルバーA70VLS（一六セル）にCAMM-ER（射程四五㎞）新型艦対空ミサイルを三二発、あるいは一六発のSCALP巡航ミサイルを搭載できた。三次元対空レーダーも最新のレオナルド製AESAレーダーを装備していた。さらに水上戦用のテセオ艦対艦ミサイル（八発）、対潜用のAW101哨戒ヘリ一機およびVDSソナーを積むなど重武装で強力な汎用戦闘能力を具備していた。また哨戒艦と呼ばれるが、速力はフリゲートより速い三二・六ノットを発揮でき、航続距離も九三〇〇㎞（一五ノット）とフリゲートと大差ないのである。

さらに伊海軍は現用のドリア級ミサイル駆逐艦の後継となる、次期ミサイル駆逐艦DDXの開発が進行しており、二〇二八年の就役が予定されているという。DDXは多彩な新型兵装を十分に搭載するべく大型化される（満載一・一万トン、全長一七五m）。やはり重火力で、一二七㎜砲一門と七六㎜砲三門を積み、巡航ミサイル（一六発）と艦対艦ミサイル（八発）も積む。肝心な艦対空ミサイルは現用のアスター15／30（四八発）であるが、新たにアスター30ブロック1NTも搭載される。これは一〇〇〇㎞級弾道ミサイルを迎撃可能なミサイル防衛用対空ミサイルである。当然ながらレーダーも古いアンテナ旋回型のパッシブ走査アレイ式EMPARは、より探知能力の優れた新型に更新される。これがアクティブ走査アレイ式AESAレーダーのクロノス（KRONOS）多機能レーダーで、二周波数（X／Cバンド）の平面アンテナが、三六〇度の全周を捜索カバーするため、塔型ステルス上部構造物の四壁面に設置されるという。

潜水艦も現用のトーダロ級の近代化型が二隻ほど建造され

伊海軍最大3.8万トン級のF-35Bを積む『新強襲揚陸艦トリエステ』

◆2023年就役予定のトリエステ(全長245m,幅47m)は空母カブールと同じSTOVL戦闘機F-35Bを運用可能だ

◆左舷前方にF-35B用のスキージャンプ台を設置したトリエステ(2020年、艤装工事中:wikipedia)

■トリエステ搭載用のLC23(LCM揚陸艇):速力22ノット,70トンの搭載能力,乗員4人

◆トリエステに搭載するイタリア海兵隊のAAV-7水陸両用強襲車

〈トリエステの構造:FINCANTIERI〉

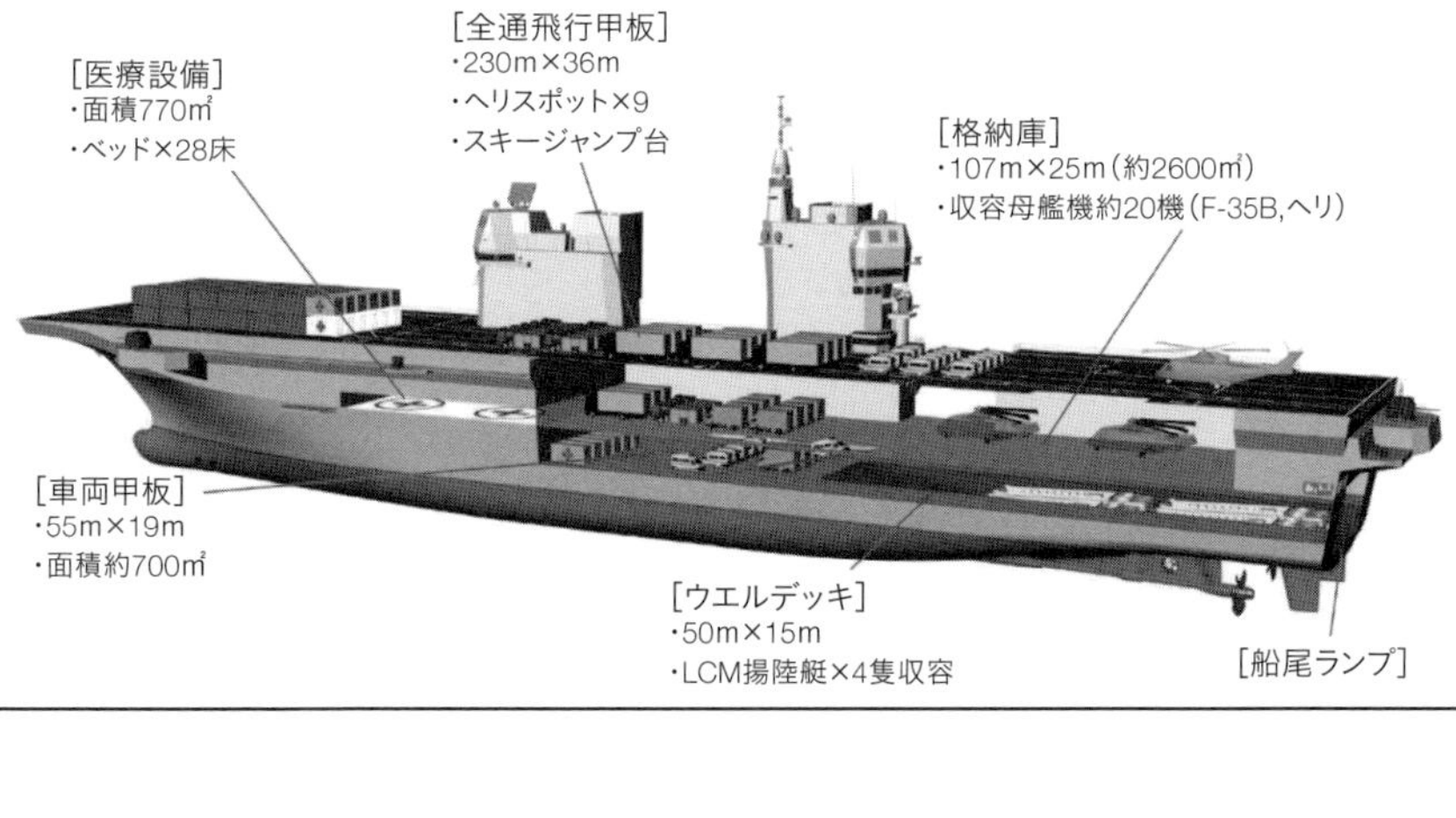

る（一番艦は二〇二七年の就役予定）。これがU212NFS（近将来潜水艦）である。要は、長時間潜航向きの燃料電池AIPに加えて、新たにリン酸鉄リチウムイオン蓄電池システムを搭載することで、水中高速機動力のパワーアップを図っている。兵装には重魚雷に加え、巡航ミサイル、あるいは海中から上空の敵対潜ヘリの撃墜を狙うIDASミサイルの搭載も有りうる。

最後に伊海軍の空母戦力は、軽空母ガリバルディが空母カブールの就役後にヘリコプター揚陸艦へと改修されたため、カブール一隻のままである。ただ二〇一五年にはこのガリバルディの後継として、全通飛行甲板を備えた強襲揚陸艦トリエステ（満載三・八万トン、全長二四五m、搭載航空機約二〇機、速力二五ノット）が発注されている（就役は二〇二三年）。トリエステは、伊海軍にとって戦後最大の軍艦で、船体には揚陸作戦用のLCM揚陸艇四隻を収容するウエルデッキ、航空機用格納庫、車両甲板、艦尾ランプを備え、火力として七六㎜砲三門を搭載していた。

航空機については、新たに飛行甲板の左舷前端にF‐35B用のスキージャンプ台を設置したため、ライトニング空母としての運用が可能となった。

ともあれ、伊海軍が調達するF‐35Bは一五機に過ぎないので、トリエステを同時に空母として運用するには空軍所有のF‐35Bを搭載することになろう。その暁には伊海軍の空母戦力は、米中英海軍に次ぐ世界第四番目となるのだ。

第12章

実戦突入。露海軍の『クズネツォフ空母機動部隊』

2011年、米艦の監視を受けて航行する空母クズネツォフ（写真：DoD）

※本章の他の写真の出典はロシア国防省

黒海艦隊のミサイル戦争と極超音速ミサイル

ウクライナ戦争渦中の二〇二二年五月二八日、ロシア国防省は、バレンツ海において開発中の次世代兵器、ツィルコン極超音速対艦巡航ミサイルの試験発射に成功したと、ビデオ映像付きで公表した。発射艦は、北方艦隊配備の新鋭22350型フリゲート「アドミナル・ゴルシコフ」で、一〇〇〇㎞遠方の海上目標に着弾したという。なお同艦のイゴール・クロクマル艦長は、ツィルコンの最大射程を一五〇〇㎞と明言している。

未だ正確な情報はないのだが、この3M22ツィルコン(Zircon)は、大きさが全長九m・直径〇・六mほどで、三〇〇kg榴弾あるいは二〇〇キロトンの核弾頭を積む。ロケット・ブースターの噴射で発射・加速し、従来の弾道飛翔ではなく、高度二八㎞を巡航飛翔する。スピードは、スクラムジェットによりマッハ九の極超音速を出す。目標に接近すると、さらに軌道変更を繰り返しながら洋上目標に命中するのだという。この軌道変更と極超音速のスピードにより、ツィルコンは、西側の最新ミサイル防衛システムによる高度な迎撃網を回避できるとしている。もちろんツィルコンが最大の攻撃目標としているのは、米海軍の空母打撃群、とりわけ巨大で狙いやすいニミッツ級原子力空母であった。

いっぽう同年五月には、戦争中の黒海艦隊の新鋭フリゲートが、ウクライナ領土に対してカリブルNK巡航ミサイルによる精密攻撃を実行していた。カリブル(重量一・八トン、全長六・二m)は、早期探知の難しい高度一〇〇〇m以下の低空を巡航飛翔し、射程が一五〇〇㎞以上(改良型の射程は二五〇〇㎞の説もある)あった。このカリブルを装備するロシア海軍の黒海艦隊は、ウクライナ戦争における対地ミサイル攻撃(カリブル巡航ミサイル)の主役として参戦していたのである。そもそも黒海艦隊(二〇二二年五月時点)は、揚陸艦艇を含む約五一隻の戦闘艦艇を有する艦隊で、カリブル巡航ミサイルを搭載する新鋭フリゲート、改良キロ級潜水艦、ミサイル・コルベットを多数擁していた。カリブルを搭載する艦艇とミサイルの搭載数は次の通り。

[黒海艦隊のカリブル搭載艦艇]

- グリゴロビッチ級フリゲート×三隻:各艦が八発、計二四発
- 改良キロ級潜水艦×六隻:各艦が一八発(最大)、計一〇八発(最大)
- ブーヤンM/カラクルト型コルベット×五隻:各艦が八発、計四〇発

以上のように黒海艦隊には、一四隻もの艦艇が、当初、最大で一七二発ものカリブル巡航ミサイルを搭載可能であった

ことが分かる。ロシア国防省が公表したビデオ映像では、同艦隊の主力艦たるアドミラル・グリゴロビッチ級フリゲートによる、カリブル巡航ミサイルの連続発射の映像が流されていた。

実は、この黒海艦隊は、カリブル攻撃作戦にかけては、ロシア海軍随一の実戦経験豊富なベテラン艦隊であった。と言うのもプーチン大統領は、過去に同盟国シリアを軍事支援するため、シリアの反体制派勢力やＩＳ（イスラム国）を殲滅する攻撃作戦に黒海艦隊を投入していたのである。実際、二〇一五年から二〇一七年にかけて、黒海艦隊のグリゴロビッチ級フリゲート二隻（一番艦のグリゴロビッチ、二番艦のエセン）と、改良キロ級潜水艦（ロストフ、クラスノダール、ノブゴロド、コルピノなど）が、水上および海中からカリブル巡航ミサイルによる精密攻撃を繰り返していたのだ。その規模は、判明しているだけで一三回ほど。延べ二〇隻が五八発のカリブル巡航ミサイルを地中海からシリアのＩＳに向け発射している。

記したように黒海艦隊には三隻のグリゴロビッチ級フリゲートが配備されているが、その三番艦マカロフは、二〇二二年五月に黒海艦隊の旗艦に指名された。理由は広く知られていよう。同年四月一四日、それまで艦隊旗艦を任されていたスラバ級ミサイル巡洋艦モスクワ（満載一・一万トン、全長一八六ｍ）が、ウクライナ軍の対艦ミサイル攻撃により、黒海で撃沈されたからだ。同艦は、一三〇㎜連装砲と射程七〇〇㎞のバルカン艦対艦ミサイル一六発を積む堂々たる偉容の重武装巡洋艦で、黒海艦隊を象徴するにふさわしい軍艦であった。しかしながらウクライナ軍は、このモスクワに対し、国産開発した射程二八〇㎞のネプチューン対艦ミサイル（重量八七〇kg、全長五ｍ）二発を命中させ撃沈したのである。他にもネプチューンやバイラクタル無人機の攻撃により、艦隊の揚陸艦艇やフリゲートにも被害が生じ、艦隊が後退しているとの報道もある。

ともあれ、黒海艦隊によるミサイル攻撃は、そのルーツがシリア作戦にあった。シリア作戦では、記したように米軍のトマホーク巡航ミサイルに匹敵する、カリブルＮＫ巡航ミサイルが初めて実戦使用されたのである。カリブルの第一回攻撃は、二〇一五年一〇月七日にロシア海軍カスピ小艦隊配備の１１６１Ｋ型フリゲート（満載一九〇〇トン）が撃ったもの。さらにシリア作戦においては、ロシア海軍にとって史上初の洋上作戦も実行されている。二〇一六年一〇月、ロシア海軍のクズネツォフ空母機動部隊が初めて編成され、米空母打撃群に対抗するべく、実戦作戦を遂行したのである。この作戦や空母に関しては後述する。まずはソ連海軍による空母開発から見ていきたい。

■アドミラル・グリゴロビッチ級フリゲート（満載4035トン）。写真右は3番艦マカロフ（就役:2017年）。左はグリゴロビッチ（就役:2016年）のVLS（12セル）から発射したシチーリ1艦対空ミサイル。中央は2番艦エセン（就役:2016年）

■2008年から就役がスタートしたステレグシチー級フリゲート（満載2200トン）。写真左は1番艦ステレグシチー。右は同級改良型のグレミシチー（満載2500トン、就役2022年）でカリブル巡航ミサイルを搭載する

[ウクライナ軍のネプチューン対艦ミサイルにより撃沈されたロシア海軍の巡洋艦モスクワ（スラバ級）]

◆2012年、在りし日のスラバ級巡洋艦モスクワ（満載1.2万トン）

●ウクライナ軍開発のネプチューン対艦ミサイル（重量870kg、全長5m、射程280km:MoD）

◆2022年4月14日、黒海艦隊旗艦のモスクワはウクライナ軍のネプチューン対艦ミサイル2発が命中し撃沈された

ロシア海軍の次世代フリゲート&新兵器ツィルコン極超音速ミサイル

■2000年代ロシア海軍の新規設計フリゲートであるアドミラル・ゴルシコフ級フリゲート。写真はネームシップの1番艦ゴルシコフ（満載5400トン:2008年）で主兵器の巡航ミサイル32発（カリブル、ツィルコン）を搭載する

[最新のロシア海軍戦闘艦が搭載する新兵器ツィルコン極超音速巡航ミサイルとカリブルの比較]

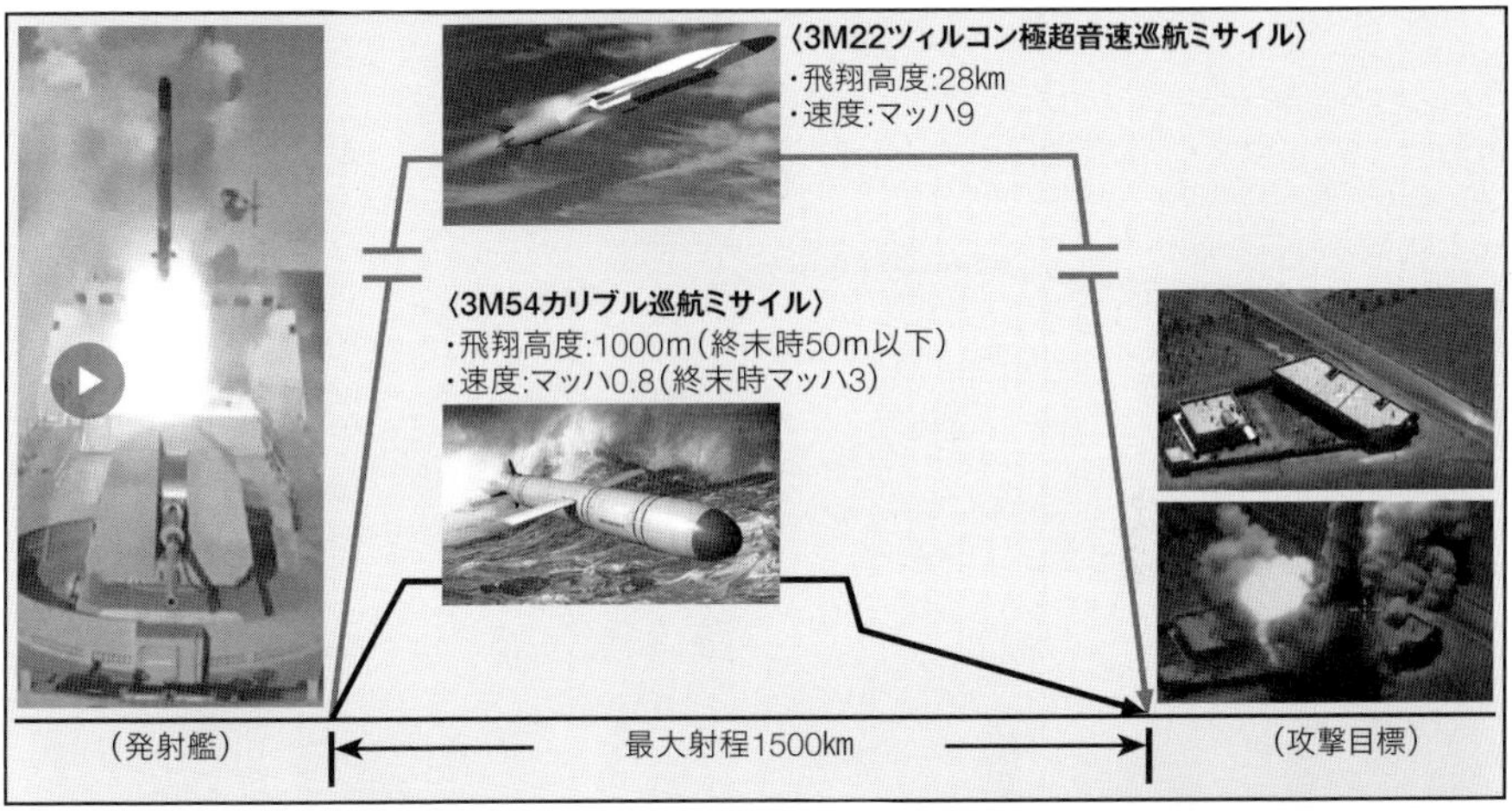

■2022年5月、主力フリゲートのゴルシコフ（艦番号417から454に）から試験発射されるツィルコン極超音速巡航ミサイル

■2022年5月、ウクライナに向け黒海からカリブル巡航ミサイルを連射するグリゴロビッチ級フリゲート

艦名(級名)	対潜駆逐艦クラコフ (626:ウダロイ級)	原子力ミサイル巡洋艦P・ベリキー (099:キーロフ級)	STOBAR空母A・クズネツォフ (063:クズネツォフ級)
満載排水量(基準) 全長×最大幅	8500トン(6700トン) 163.5m×19.3m	2.8万トン(2.43万トン) 252m×28.5m	5.9万トン(4.7万トン) 305m×72m
速力(出力) 航続距離	30ノット(12.2万馬力) 1万km(14ノット)	32ノット(14万馬力) 無制限(20ノット以下)	30ノット(20万馬力) 1.6万km(18ノット)
兵　装 (対空火器／ 搭載機)	100mm単装砲×2 SS-N-14対潜ミサイル(8発) SA-N-9短SAM(8セル)×2 RBU-6000対潜弾発射機×2 Ka-27哨戒ヘリ×2機	130mm連装砲×1 SS-N-19SSM(20発) SA-N-20SAM(96発) SA-N-9短SAM(8セル)×8 KA-27哨戒ヘリ×3機	SS-N-19SSM(12発) SA-N-9短SAM(8セル)×24 CADS-N-1防空システム×8 搭載機:41機(戦闘機Su-33×18, MiG-29×6, 艦載ヘリ×17)
乗　員	249人	744人	2626人
クラス総建造数	13隻	4隻	1隻

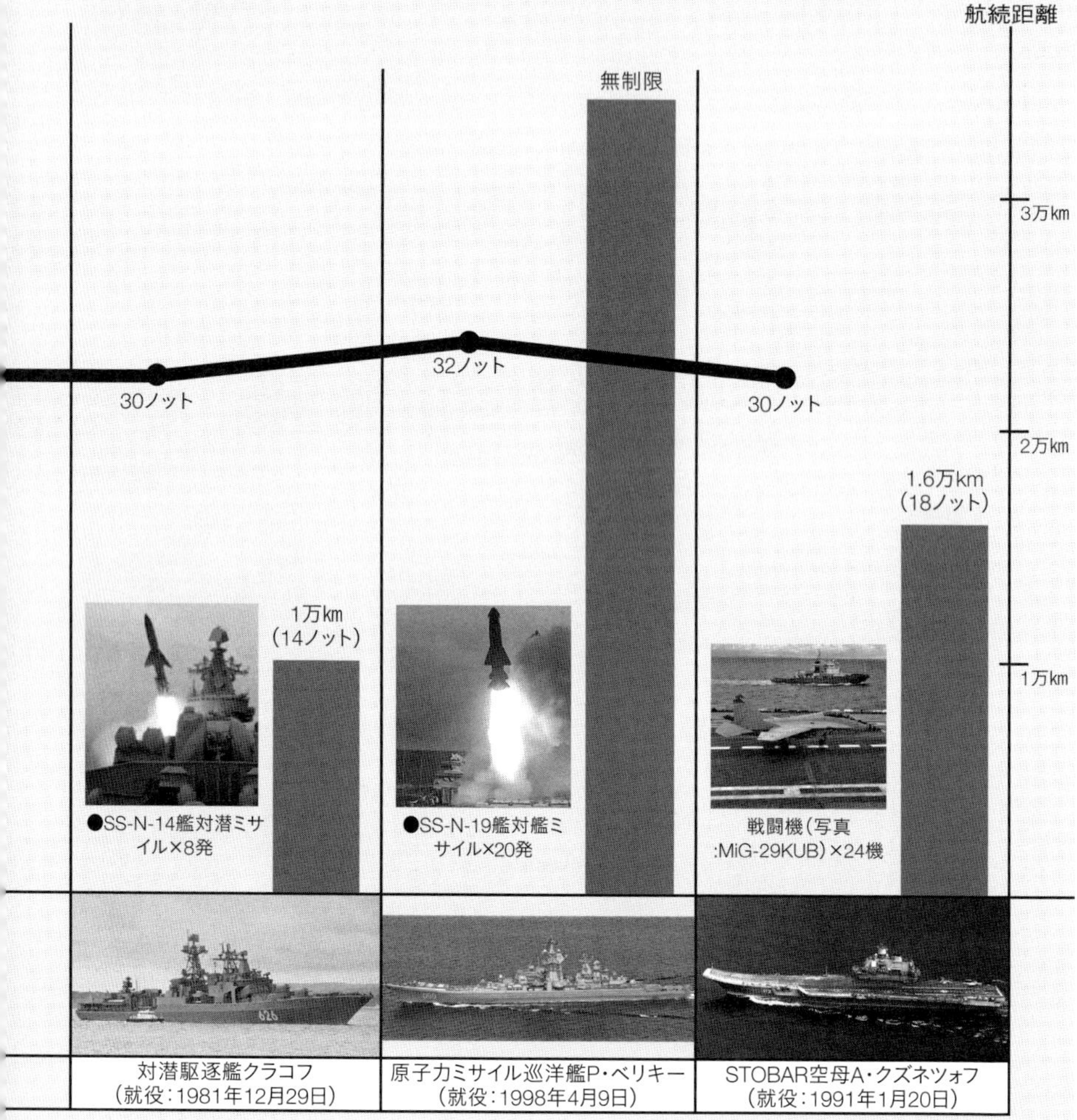

クズネツォフ空母機動部隊主力艦の艦種別性能比較:機動力と兵装

艦名(級名)	補給艦ペチェンガ(244:ドゥブナ級)	攻撃原潜セベロドビンスク(K560:885ヤーセン型)	フリゲート「A・ゴルシコフ」(417:アドミナル・ゴルシコフ級)
満載排水量(基準) 全長×最大幅	1.3万トン(6022トン) 130m×20m	1.38万トン(水上8600トン) 139m×13m	5400トン(4500トン) 135m×16m
速力(出力) 航続距離	16ノット(6000馬力) 1.5万km(12ノット)	水中35ノット(4.3万馬力) 無制限	30ノット(6.5万馬力) 9000km(14ノット)
兵　装 (対空火器／ 搭載機)	燃料:7000トン 飲料水:3000トン 補給品:1500トン	53cm魚雷発射管×10 ミサイルVLS(8セル) ※重魚雷×30発、カリブル巡航ミサイル×40発	70口径130mm単装砲×1 リードSAM(16セル) カリブル巡航ミサイル(32セル) Ka-27哨戒ヘリ×1機
乗　員	62人	85人	210人
クラス総建造数	4隻	11隻(計画)	15隻(計画)

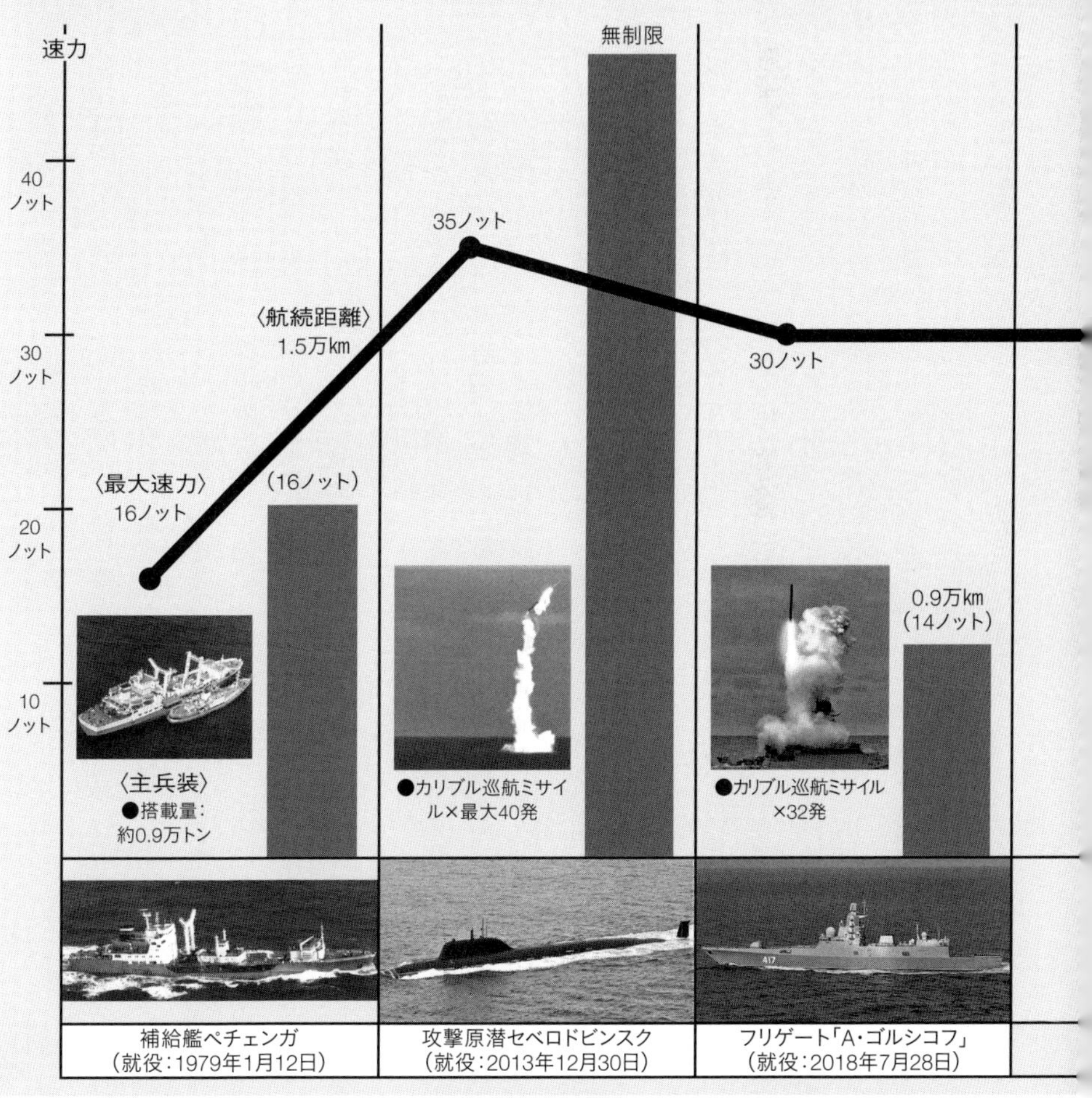

一九六〇年代：米戦略原潜を狙うモスクワ級ヘリ巡洋艦

大戦後、ソ連海軍の元帥ニコライ・クズネツォフ海軍総司令官は、初の空母建造をめざしたが、時の政権は核戦力（戦略原潜）の増強を優先したため実現しなかった。いっぽう米海軍は超大型空母の整備と並行して、ポラリス核弾道ミサイル戦略原潜の配備を推し進め、地中海においても戦略核パトロールを開始。この状況は、ソ連当局に、米戦略原潜による一方的な奇襲核ミサイル攻撃という、極めて深刻な脅威を抱かせた。

一九五九年、対抗策が模索され、時の海軍総司令官セルゲイ・ゴルシコフは、対潜水艦戦（ASW）の旗艦として運用すべく、「対潜巡洋艦」と呼ぶヘリコプター巡洋艦の建造を命じている。要は、多数の対潜ヘリを集中運用できる対潜巡洋艦により、米戦略原潜の奔放な作戦行動を封じようとしたのである。ただ事情は当時の西側海軍も同じであった。急速に増強されるソ連海軍戦略原潜を制圧するため、一九六〇年代には、彼らも多数の対潜ヘリを搭載可能な大型のヘリ巡洋艦を建造しているのである。

たとえば英海軍のタイガー級（満載一・二万トン、搭載ヘリ四機）、伊海軍のビットリオ・ベネト（一万トン、ヘリ九機）、仏海軍のジャンヌダルク（一・三万トン、ヘリ八機）である。これらのヘリ巡洋艦の基本構造はいずれも共通していた。艦の前部甲板に通常の巡洋艦らしい強力な主砲や対潜・対空のミサイル発射機を搭載し、艦中央に艦橋等の上部構造物、後部甲板に多数の艦載ヘリを運用するための広いヘリ甲板や格納庫を配置していたのである。問題は、極めて大きな甲板スペースを必要とするヘリ運用施設と、巡洋艦らしい兵装や乗員区画の搭載割り振りであった。

一九六七年一二月、モスクワ級ヘリ巡洋艦（1123型対潜巡洋艦）の一番艦モスクワが就役する。ロシア海軍初のヘリ母艦の誕生であったため、建造には時間を要した。また二番艦レニングラードの就役は一九六九年六月。こちらは一番艦の経験を生かして改修し順調に建造できたという。モスクワの大きさは、満載一・七五万トン（基準一・二万トン）、全長一八九m、幅三四m。肝心なヘリ甲板は、全長八一m×幅三四mと広く、本格的な格納庫が空母のようにヘリ甲板の下に造られていた（六七m×二五m）。また構造物後部にも格納庫が設けられており、一八機の哨戒ヘリの搭載・運用が可能とされていた。世界最大級のヘリ巡洋艦と言えよう。

同級の最大の兵器は、前部甲板の前方に搭載されたRPK-1ビフリ（Vikhr）大型対潜ミサイルの連装発射機であった。

モスクワ級はソ連海軍初の重武装ヘリコプター巡洋艦（対潜巡洋艦）だ

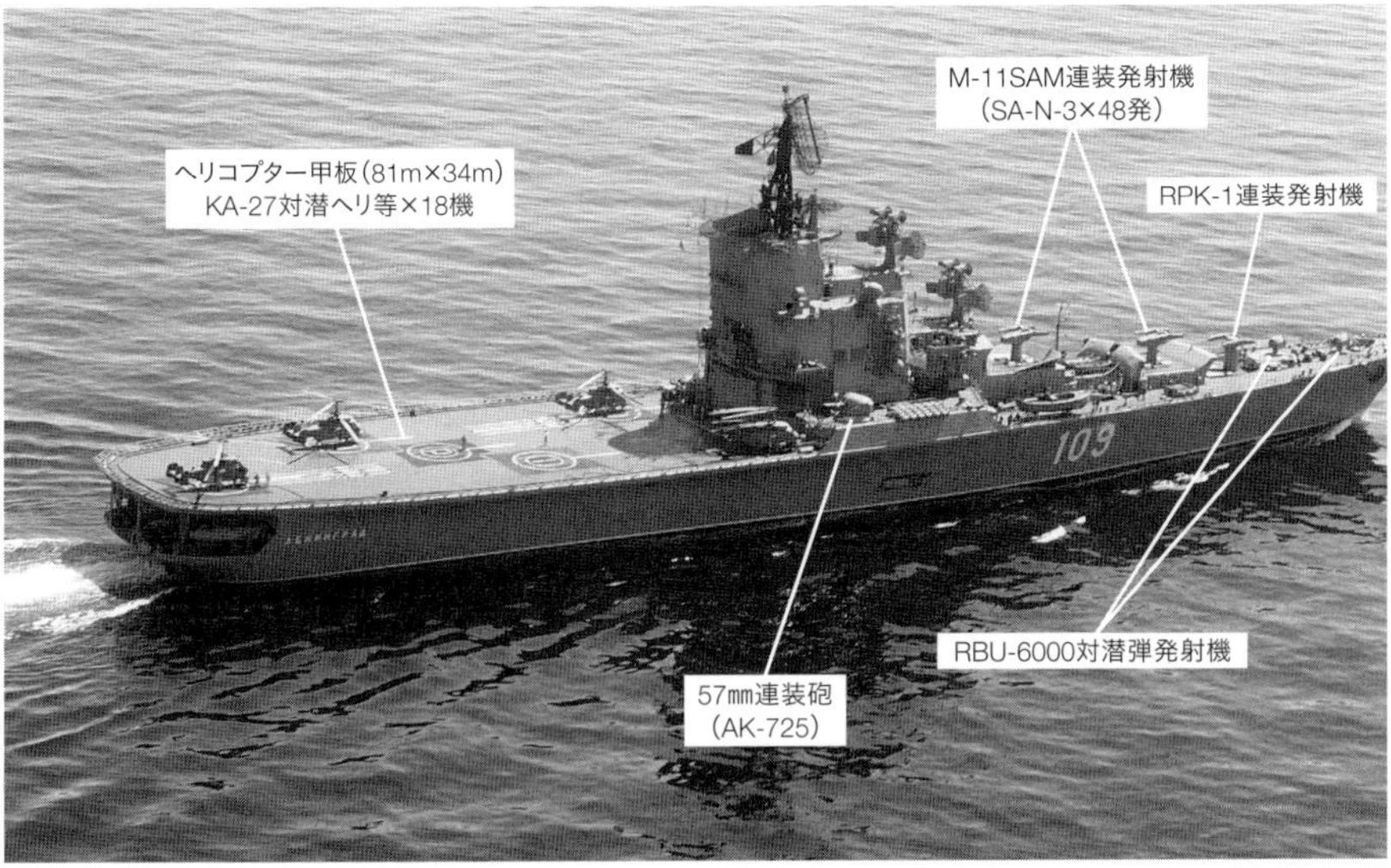

■モスクワ級ヘリコプター巡洋艦:満載1.75万トン（基準1.2万トン），全長189m，幅34?，速力28.5ノット（9万馬力），航続距離1.67万km（15ノット），乗員804人（航空要員104人），写真1990年のレニングラード

■モスクワ級1番艦のモスクワ：就役1967年12月、退役1996年11月（1970年:DoD）

■モスクワ級が搭載したRPK-1対潜ミサイル（20キロトン核弾頭）の連装発射機：(Lukacs)

■モスクワ建造の経験によりスムーズに完成した2番艦レニングラード（DoD）

■モスクワ級2番艦のレニングラード：就役1969年6月、退役1991年6月（1988年:DoD）

ＲＰＫ‐1ミサイルは、重量一・八トン、全長六ｍ、直径〇・五四ｍの大型ロケットで、速度マッハ一・八。対潜ヘリやモスクワが探知した海中の敵原潜に対して撃ち込む。射程は、距離一〇㎞から二四㎞遠方の海域。ただしこのミサイルは無誘導で、アスロックのようなロケット投射型魚雷ではなかった。実は、一般には知られていないが、ＲＰＫ‐1ミサイルは、核弾頭（一〇キロトン級）を備えた戦術核ミサイルで、海中に潜む敵戦略原潜の破壊を最大の目的とした最終対潜兵器なのである。ミサイルの搭載数は八発。米海軍のサブロック（Subroc）と同系の核兵器と言えよう。

ではＲＰＫ‐1ミサイルの威力はどれほどであろうか。ミサイルの核弾頭（一〇キロトン級）は、目標が深度二〇〇ｍの深海に潜んでいた場合、その破壊力は少なくとも半径一・二㎞内の原潜を破壊できるとされている。確かにＲＰＫ‐1は核ミサイルであるが、標的の原潜は海中深くに潜航しているため、核爆発による市民への直接的な影響は微弱と考えられよう。比較的使いやすい戦術核兵器の一つと言えようか。

他に通常対潜兵器として、ＲＢＵ‐６０００対潜弾発射機を二基搭載する。発射機は一二連装で、射程六〇〇〇ｍのＲＧＢ‐60爆雷（一一〇kg）を六〇〇〇ｍ遠方に連続投射し、敵潜を沈めるのである。さらに前甲板には、艦対空ミサイルの連装発射機が二基（ＳＡ‐Ｎ‐3が四八発）。上部構造物の側面に五七㎜連装砲を各一門搭載する。以上のようにモスクワ級は、巡洋艦クラスに相応しい重武装艦であったが、特に対潜核ミサイルを含めて対潜用の兵器は強力であった。

記したようにモスクワ級は、固定兵装とは別に、対潜水艦戦の主役として最新のKa‐25対潜ヘリ（初飛行一九六三年）を一八機も搭載できた。独特な同軸二重反転ローターを持つカモフ製Ka‐25双発ヘリは、一・九トンという十分な兵装搭載量を有し、最新鋭の対潜兵装を搭載していた。具体的には、最も重要な敵潜を狩りだす三種類の捜索センサーの標準装備である。三種類とは、電波探査するレーダー、音響探査する吊下げソナー、磁気探査する曳航式のＭＡＤ磁気探知機である。まさに当時最先端の複合対潜探知システムと言えた。併せて探知した敵潜水艦を破壊する兵器として航空魚雷、爆雷を積んでいた。

このようにモスクワ級ヘリ巡洋艦は、対潜核ミサイルを含む強力な艦載対潜兵器の保有に加え、Ka‐25対潜ヘリ一八機を搭載できるなど、当時、まさに世界最強の対潜母艦の一つであったと言えよう。実際、ソ連海軍は、モスクワ級ヘリ巡洋艦と、数隻の対潜型駆逐艦により機動部隊を編成し、非常に広域かつ効果的な対潜作戦を世界の海洋で実施できたという。

米空母に対抗：戦闘機を積むキエフ級重航空巡洋艦

一九六八年、ゴルシコフ元帥は、優秀な対潜能力を証明したモスクワ級ヘリ巡洋艦の拡大発展型となる、キエフ級（1143型）重航空巡洋艦の建造を命じる。キエフという名称は、もともと建造予定であったモスクワ級三番艦キエフを継承した名称だという。ただ新造艦のキエフは、単純にモスクワ級ヘリ巡洋艦を拡大したのではない。

元帥は、二つの指示を出している。一つ目の指示が一番重要なもので、キエフ級を当時ヤコブレフ設計局が開発した、画期的な艦上攻撃機「Yak-38フォージャー垂直離着陸機（VTOL機）」の運用母艦とすることであった。つまりキエフ級はソ連海軍初のジェット機飛行隊を積む空母になるということ。二つ目が、より強力な超音速対艦ミサイル（射程五五〇kmのP-500バザルト）の搭載。

ここで疑問なのは、このような艦上攻撃機を積む重武装空母建造の意図がどこにあったのかだ。少なくともYak-38には対潜攻撃能力はない。主な任務は対地攻撃と限定的な艦隊防空であろう。キエフ級は大型艦であるので、同機の他に二〇機ものKa-25哨戒ヘリを搭載できるため、モスクワ級を超える大きな対潜戦能力を保持しているのは疑いない。新たに採用する攻撃機Yak-38と長射程対艦ミサイルP-500（SS-N-12）の役割は、明らかに対潜戦ではなく、強力な米空母に対抗するためである。

もちろん米空母に対して真正面から戦いを挑めばアウトレンジ攻撃で返り討ちに合い、まったく敵わない。それはソ連海軍にも自明のこと。大型空母を建造できない当時のソ連海軍とすれば、キエフ級に下手に近づくと痛い目に合うぞとの脅しに近いものであったと言えようか。

ところでなぜソ連海軍は空母のキエフ級を重航空巡洋艦と独自の呼び名で区分しているのであろう。通説では、その理由は二つ。一つ目は、空母のボスポラス海峡通過（黒海から地中海に抜ける）を禁じたモントルー条約の制限を回避するための呼び名というもの。ソ連海軍の大型艦は黒海造船所で建造されるため、外洋に出るにはボスポラス海峡を通過しなければならなかったのだ。二つ目は、ソ連当局が、空母は帝国主義の攻撃兵器の象徴としてイデオロギー的に嫌っていたというもの。

一九七〇年七月、ソ連海軍は、独自のデザインを施したキエフ級空母の一番艦キエフを、黒海沿岸にあるチェルノモルスク造船所（黒海造船所）で起工し、一九七五年一二月に就役させる。世界初のVTOL空母の誕生であった。同級は四

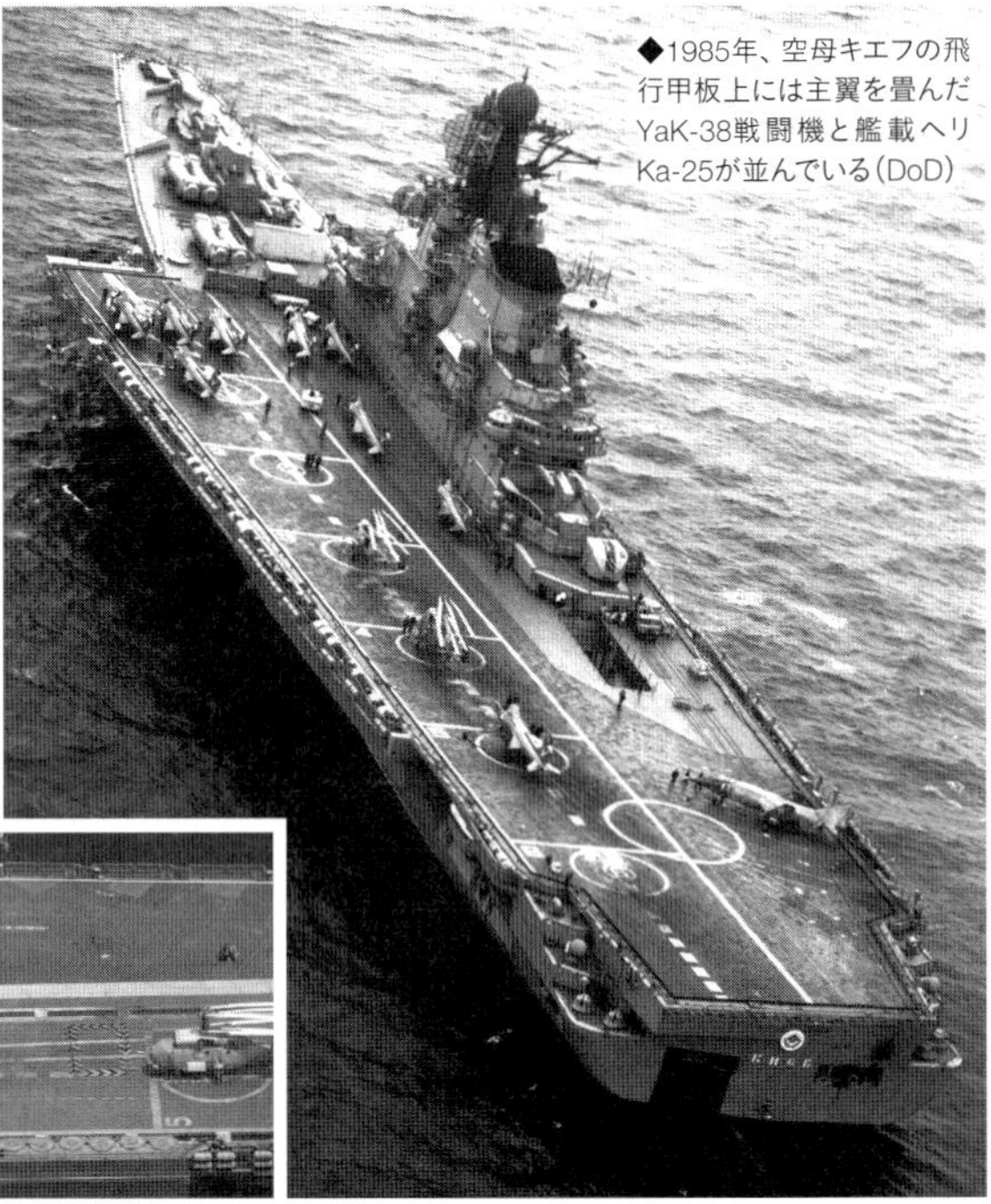

◆1985年、空母キエフの飛行甲板上には主翼を畳んだYaK-38戦闘機と艦載ヘリKa-25が並んでいる(DoD)

■写真上:空母バクーの飛行甲板の各舷側には防空用のキンジャールSAM(VLS:8セル)が各6基配置されている

[モスクワ級ヘリ巡洋艦を大型・重武装化した4隻のキエフ級空母(就役年と退役年)]

①1番艦キエフ:就役1975～1993年

②2番艦ミンスク:就役1978～1993年

④4番艦バクー:就役1987～1995年

③3番艦ノボロシスク:就役1982～1993年

◆バクーは2005年にインド海軍に売却。2013年に空母ビクラマディティアとして改修・引渡し

1970年代に建造されたソ連海軍の重航空巡洋艦『キエフ級空母』

■キエフ級4番艦バクー（1988年:DoD）：満載4.5万トン、全長273m、幅53m、速力32.5ノット（20万馬力）、乗員1615人

■1988年、南イタリア沖を航行する空母バクー（DoD）。射程550kmの超音速対艦ミサイルP-500と戦闘機を混載するソ連独自の重航空巡洋艦

空母機能（STOVL戦闘機運用力）

●YaK-38フォージャーSTOVL戦闘機×16機。他に艦載ヘリ（Ka-25/27）×20機

巡洋艦機能（対艦／対空ミサイル打撃力）

●P-500バザルトSSM（SA-N-12）連装発射機×6基、キンジャールSAM（8セル）×24基:空母バクー

●P-500SSM（SA-N-12）連装発射機×4基、シュトルムSAM連装発射機×2基:空母キエフ等

隻建造されているが、最後に就役した四番艦のバクーの就役は一九八七年一二月と遅い。なんと一二年後である。結果、バクーは、より高性能なＹａｋ‐１４１戦闘機（開発中止）を搭載するため、大型化され兵装も強化されている。

キエフの大きさは、満載四・一万トン（基準三万トン）、全長二七三ｍ、幅四九ｍ。モスクワ級より二倍以上も大きい。なにより奇抜なデザインの空母である。デザインの主眼は、ジェット攻撃機に必要な長い飛行甲板と、重武装巡洋艦に必要な広い兵器甲板を兼備するというもの。この矛盾する要望を両立させるため、ソ連海軍は、斬新にも左舷側に四・五度開いた斜め飛行甲板を船体に取り付けた。飛行甲板は全長一九〇ｍ、幅二〇ｍほど。艦の右舷寄りの後部甲板は駐機甲板で、航空機の運用のために確保した甲板総面積は約五六〇〇㎡だという。

キエフ級は、搭載機がＶＴＯＬ機とヘリであるため、キエフ級には空母でお馴染みのカタパルトやスキージャンプ台や着艦拘束装置などの専用艤装がない。格納庫は飛行甲板の下で、全長一三〇ｍ、幅二二・五ｍ、高さ六・六ｍほど。エレベーターはアイランド付近に二基設置。このようにキエフ級には軽空母クラスの航空機用スペースが確保されていた。言わば、キエフ級の空母機能（ＶＴＯＬ機運用力）である。

次に艦の中央右舷側には、大きな艦橋構造物が配置され、前部甲板全体には重火力兵装が搭載されていた。言わば、キエフ級の巡洋艦機能（対艦／対空／対潜ミサイル戦力）である。

具体的な主力兵器は、対艦兵器が円柱型のＰ‐５００対艦ミサイル連装発射機四基（予備弾八発）。対空兵器が射程五五㎞のＭ‐11シュトルム（ＳＡ‐Ｎ‐３）対空ミサイル連装発射機二基（各三六発）。対潜兵器が核兵器のＲＰＫ‐1大型対潜ミサイルの連装発射機一基である。さらに同級は、自衛用の射程一〇㎞の４Ｋ33オサＭ対空ミサイル連装発射機二基（各二〇発）、七六㎜連装砲二基、三〇㎜ＣＩＷＳ八基、ＲＢＵ‐６０００対潜弾発射機二基、五三㎝魚雷発射管一〇基を搭載していた。まさに重巡洋艦が持つ多用途な重兵器と言えよう。なお記した兵装は艦により相違があり、特に船体の大きなバクーはより重火力で、Ｐ‐５００連装発射機六基、一〇〇㎜単装砲二基、射程一二㎞の３Ｋ95キンジャール対空ミサイル発射機（八セル）二四基（一九二発）を搭載していた。

最も重要な母艦機の搭載能力であるが、バクーは、Ｙａｋ‐38攻撃機一六機、カモフ製Ka‐27ＰＬヘリックス対潜ヘリ一四機、Ka‐27ＰＳ救難ヘリ二機、Ka‐27ＲＬＤ洋上監視ヘリ四機、計三六機を搭載したという。

主役であるＹａｋ‐38艦上攻撃機は、垂直離着陸（ＶＴＯＬ）機能により、キエフ級の甲板にヘリのように離着陸できる、世界初のジェットＶＴＯＬ機であった。同機のＶＴＯＬ機能は、飛行用エンジンとは別に離着専用エンジン二基の搭載により実現していたが、この離着用エンジンは高速飛行中には大きなお荷物になった。当然ながら同型機に比べ搭載量と航続距離は極端に悪くなるのだ。当初、同機は、兵器〇・七五トンを搭載した場合、航続距離はわずか一八五kmに過ぎなかったという。電気自動車以下であり、攻撃機としてはとても実戦で使えない代物であったと言えよう。

そこで後に二種類のエンジンを自動的に協調する装置を開発し、一番燃料を消耗する垂直離陸（ＶＴＯ）を止め、高燃費な短距離離陸（ＳＴＯ）を可能にしたのである。現代では一般化しているＳＴＯＶＬ（短距離離陸・垂直着陸）方式である。このＳＴＯＶＬ運用により、Ｙａｋ‐38の航続距離は兵器一トンを積み、実用的なレベルの六〇〇kmの飛行ができるまで延伸したという。なお艦上攻撃機として開発されたＹａｋ‐38は、最大重量一二トン、速度が亜音速の時速一〇五〇km、主翼下に四か所の兵装ステーションがあり、最大二トンほど積めた。ミサイルとしては、Kh‐23グロム空対地ミサイル（重量二八七kg、射程一〇km）や、Ｒ‐60赤外線誘導空対空ミサイル（重量四四kg、射程八km）を積んだ。

記したようにＹａｋ‐38の戦闘機としての能力は低く、とても西側の第一線級戦闘機に歯向かえるものでなかった。しかしながら同機は、ソ連艦隊に付きまとう西側の長距離哨戒機を空から追い払い、海域の味方原潜や艦隊を敵哨戒機の航空攻撃（対潜魚雷や対艦ミサイル）から守ることができた。また、たとえ米空母であっても、多数のジェット艦上攻撃機と長射程の超音速対艦ミサイルを満載した、ロシア海軍のキエフ級空母には迂闊に近づけなかったであろう。

ともあれ、このソ連海軍が重航空巡洋艦と呼ぶキエフ級空母は、低性能なＹａｋ‐38攻撃機を搭載していたにもかかわらず、それを大きく上回る複合的な長距離打撃力という幻想的な存在価値を具備していたのは疑いないところだ。幻想的とは、ソ連製の長射程ミサイルは、その命中精度が低いことは分かっているのだが、ただ、スピードが超音速と速く、万が一にも原子力空母に当たったならば、致命傷を被るという恐怖イメージである。そして、この長射程対艦ミサイルが持つ幻想的な打撃力を提供したのは、重航空巡洋艦だけではなかった。米空母攻撃の主役は、むしろ共同作戦を行なう攻撃原潜や長距離爆撃機であった。

世界初のＳＴＯＢＡＲ式空母クズネツォフ

このようにソ連海軍は、米空母に対抗して敢えて巡洋艦と呼ぶ、独自の航空機母艦を建造してきた。真相は、歴史的に大型空母の建造技術を持てなかったからで、わざわざ独自路

左:空母に8基装備されているCADS-N-1防空システム:30mm砲×2門とコールチク短SAM×32発を混載

◆14度の勾配角を付けられたスキージャンプ台。手前は艦上練習・基地間連絡用のスホーイSu-25UTG艦上練習機

■甲板に設置されたP-700(SS-N-19:射程600km)対艦ミサイルのVLS(12セル)垂直発射機(Twitter)

◆格納庫内のカモフKa-27対潜・救難ヘリと視察中のメドベージェフ大統領

[2016年10月、初の実戦シリア爆撃作戦に投入されたクズネツォフ空母機動部隊の艦艇]

◆クズネツォフには地上戦支援のためカモフKa-52K艦上攻撃ヘリの試作機が搭載されていた(MoD)

●航洋救難曳船×2隻

●給油(補給)艦×3隻

●原子力ミサイル巡洋艦 ピョートル・ベルキー

●ウダロイ級対潜駆逐艦 セベロモルスク

●ウダロイ級対潜駆逐艦 クラコフ

超音速対艦ミサイルで重武装した世界初のSTOBAR式空母『クズネツォフ』

◆ソ連海軍では重航空巡洋艦と称したロシア海軍唯一の空母アドミラル・クズネツォフ。1990年12月に就役した世界初のSTOBAR（短距離離陸・拘束着艦）方式の空母。戦闘機はスキージャンプ台により短い距離で発艦しワイヤにより制動着艦するのだ（2012年:DoD）

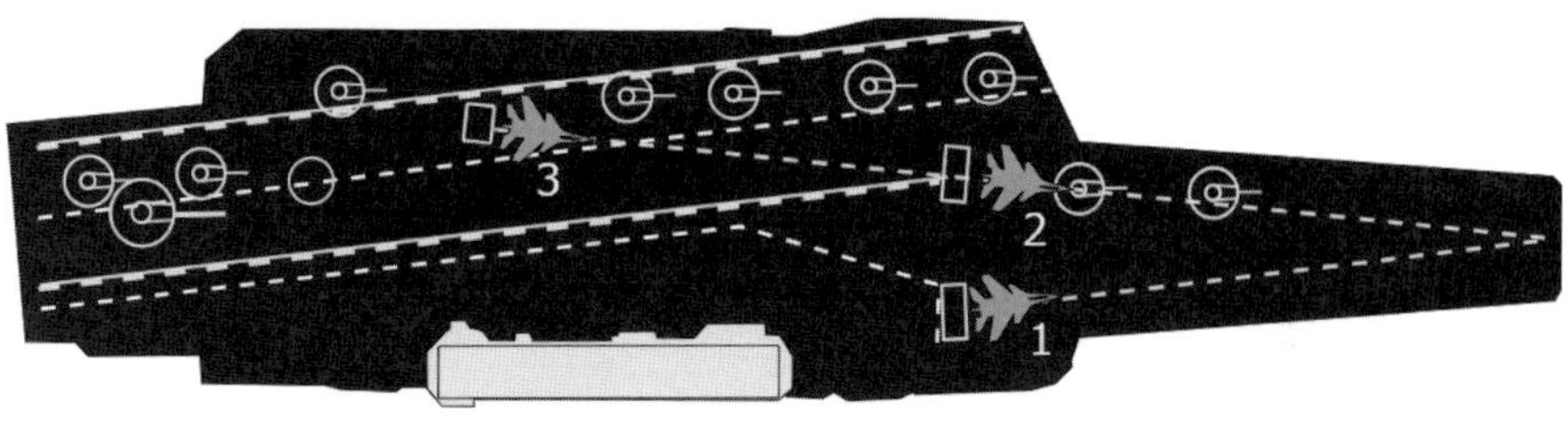

空母クズネツォフの飛行甲板レイアウト図：発艦レーン×3、ヘリスポット×10（wikipedia Anynobody）

◆ロシア海軍唯一の空母クズネツォフ（左2017年、右2016年）だが、2018年以降は事故・火災等によりドック内修理中のまま

◆2011年、ロシア海軍クズネツォフを警戒する英海軍の42型ミサイル駆逐艦リバプール(MoD)

アドミラル・クズネツォフ空母機動部隊を構成する基幹艦艇の主要データ

■キーロフ級原子力ミサイル巡洋艦×1隻:満載2.8万トン, 全長252m, 主兵装SS-N-19SSM(20発), ヘリ×3機, 乗員744人

■スラバ級ミサイル巡洋艦×1隻:満載1.2万トン, 全長186m, 主兵装SA-N-20SAM(64発), ヘリ×1機, 乗員476人

■ウダロイ級対潜駆逐艦×1隻:満載0.85万トン, 全長163.5m, 主兵装SS-N-14対潜ミサイル(8発), ヘリ×2機, 乗員249人

■ゴルシコフ級フリゲート×1隻:満載0.54万トン, 全長135m, 主兵装カリブル巡航ミサイル(32セル), ヘリ×1機, 乗員210人

■グリゴロビッチ級フリゲート×1隻:満載0.4万トン, 全長125m, 主兵装カリブル巡航ミサイル(8セル), ヘリ×1機, 乗員180人

■グレミシチー級フリゲート×1隻:満載0.25万トン, 全長106m, カリブル巡航ミサイル(8セル), ヘリ×1機, 乗員100人

■885ヤーセン型攻撃原潜×1隻:水中1.38万トン, 全長139m, 主兵装カリブル巡航ミサイル(40発), 乗員85人

■ボリス・チリキン級補給艦×1隻:満載2.2万トン, 全長162m, 燃料1.1万トン搭載, ヘリ×1機, 乗員93人

ロシア海軍のアドミラル・クズネツォフ空母機動部隊の編成

空母アドミラル・クズネツォフが搭載する航空団の母艦機編成例（計41機）

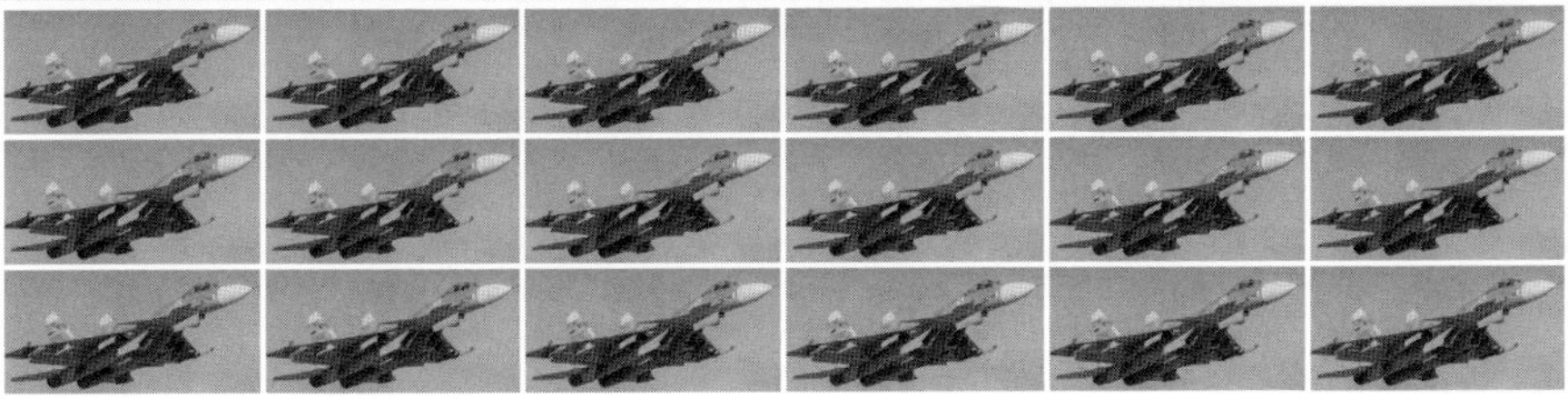

■スホーイSu-33艦上戦闘機×18機

■ミグMiG-29K／KUB艦上戦闘機×6機

■艦載ヘリ×17機：Ka-27対潜・救難ヘリ（左）、Ka-31早期警戒ヘリ（右）

◆2008年、発艦するスホーイSu-33戦闘機

◆主力母艦機のSu-33戦闘機とKa-27対潜ヘリを甲板上に並べたロシア海軍の空母クズネツォフ（2013年:MoD）

■空母アドミラル・クズネツォフ×1隻：満載5.9万トン、全長305m、速力30ノット（蒸気タービン4基）、搭載機41機（ヘリ17機）、乗員2626人

〈空母機動部隊の主戦力〉
●艦艇総数:9隻
●総排水量:15.5万トン
●総乗員数:4763人
●艦上戦闘機数:24機
●ヘリ搭載数:27機

線を歩もうとしたわけではない。それでも一九九一年一月には地道な建造経験を経て、世界初のSTOBAR（短距離離陸・拘束着艦）式全通飛行甲板空母のアドミラル・クズネツォフを就役させている。11435型重航空巡洋艦である。

ちなみにSTOBAR（Short Take Off But Arrested Recovery）式空母とは、半端なVTOL機ではなく、第一線級ジェット戦闘機を自力発艦するためのスキージャンプ台と、着艦制動用のワイヤ式着艦拘束装置を備えた空母のことである。この方式は、発艦に複雑かつ大規模な蒸気カタパルトを使わないので、安価で管理要員も少なくて済む。半面、カタパルトによる射出パワーがないため、母艦機の離陸距離は長くなる。なにより、ジェット戦闘機の推力だけでは、進空に欠かせない揚力が不足するため、搭載する燃料や兵装を大幅に減らして軽量化する必要があった。実際、同級空母に搭載するスホーイSu‐33艦上戦闘機は、航空基地からの運用では最大重量が三三トンなのだが、クズネツォフ級空母に搭載する時には、最大重量を二六トンに減らさねばならなかった。七トン分の燃料や兵装が積めないということだ。これは戦闘機にとって大きな制約と言えよう。

クズネツォフの大きさは、満載五・九万トン（基準四・七万トン）、全長三〇五m、幅七二m。ちょうど建造時（一九四五年）の米空母ミッドウェー（満載六万トン、全長二九五m）と同じサイズと言えよう。外観も、カタパルトを備えたCATOBAR式の米空母によく似ており、左舷に五・五度開いた斜め飛行甲板を備えた大型空母であった。明らかに異なるのは、艦首に一四度の強い勾配角をつけたスキージャンプ台を備えていたこと。発艦レーンはジャンプ台に向け三本あり、二本が一〇五m、一本が一九五mと長い。艦尾には制動用ワイヤ四本を張った着艦拘束装置があった。当然ながらジェット戦闘機を積む同空母の飛行甲板の大きさは、歴代艦に比べ次のように飛躍的に拡大していた。

●ヘリコプター巡洋艦モスクワ級：飛行甲板全長八一m、面積約二七〇〇㎡

●STOVL空母キエフ級：飛行甲板全長一九〇m、面積約五六〇〇㎡

●STOBAR空母クズネツォフ級：飛行甲板全長三〇五m、面積一万四七〇〇㎡

クズネツォフ級の飛行甲板は、モスクワ級と比べた場合、全長が三・八倍、面積が五・四倍に拡張されているのが分かる。全ては第一線級戦闘機を運用するために他ならない。甲板下の格納庫は、全長一八三m、幅二九・四m、高さ七・五mほど。エレベーターはアイランドの前後に二基設置。

標準的な搭載機は、戦闘機二四機と、Ka‐27系艦載ヘリ一七機（対潜・救難型の他にKa‐31早期警戒ヘリ含む）の計四一

空母クズネツォフ運用のロシア製艦上戦闘機『Su-33とMiG-29』

◆主力艦上戦闘機のスホーイSu-33フランカーD（シーフランカー）。同機は6.5トンの兵装搭載能力（空母運用時）を有するが、精密攻撃機能不足のため、主任務は対空ミサイルによる防空・制空任務である（Terekhov）

◆クズネツォフ甲板上のSu-33戦闘機（2008年：MoD）

◆クズネツォフ甲板上のMiG-29KUB戦闘機（MiG）

◆着艦するMiG-29KUB複座型戦闘機（MiG）。兵装搭載量は4.5トンだが、最新誘導兵器（Kh-31対艦ミサイルや誘導爆弾）の運用が可能なマルチロール艦上戦闘機である

機ほど。戦闘機は最大三六機ほど搭載可能としている。最も重要な主力戦闘機は、マッハ二・二級の超音速艦上戦闘機スホーイSu‐33フランカーの配備であった。本機は、ソ連空軍の双発大型制空戦闘機Su‐27を艦上機に改修した機体で、二六機が製造されたという。主な改修点は、折畳み翼やカナード遊動翼の追加、着艦フック等の装備である。航続距離は三〇〇〇㎞と長い。機体下の一二か所には最大八トンの兵装を装着できるが、クズネツォフ級からの運用時には六・五トンに制限された。ただし精密攻撃兵器の運用は基本不能で、使えるのは自由落下爆弾のみ。本機は防空・制空任務用であり、各種空対空ミサイル（セミアクティブ・レーダー誘導のR‐27や赤外線誘導のR‐73）が主兵装だ。

そこで空戦専用のSu‐33を補完すべく、二〇一三年からミグMiG‐29K／KUB（複座型）マルチロール艦上戦闘機が導入された。同機は、スホーイより小型のマッハ二級双発戦闘機で、機体下の九か所には四・五トン分の兵装を搭載できた。なにより火器管制システムには、誘導兵器を運用するための対地攻撃モードが組み込まれていた。これによりKh‐35対艦ミサイル（射程一三〇㎞）四発、あるいはKAB‐500（五〇〇㎏）誘導爆弾四発を積み出撃可能であった。欠点は、航続距離が短いこと。標準編成ではSu‐33一八機とMiG‐29K／KUB六機を搭載していたが、Su‐33の老朽化もあり、より新しいマルチロール艦上戦闘機のMiG‐29の搭載数が増える見込みだ。

クズネツォフ級は、米空母と違い、対空ミサイルやCIWSのような自衛用武器だけでなく、唯一無二とも言える強力無類な対艦ミサイルを搭載している。これはソ連海軍独自の対米空母打撃戦略に則るもので、まさにクズネツォフ級が重航空巡洋艦と呼称される所以でもあった。なんと前部飛行甲板の下にP‐700（SS‐N‐19）グラニト超音速対艦ミサイル一二発を装填した、大規模なVLS（垂直発射機）区画が構築されていたのである。巨大なP‐700（重量七トン、全長一〇m、速度マッハ二・五）は、射程六〇〇㎞の長距離超音速対艦ミサイルで、中間誘導をレゲンダ情報指揮システム（偵察衛星等）の指令を利用し、終末センサー（レーダー／赤外線）により空母を捕捉したのである。ただ近年になり、レゲンダが機能を喪失したことで、P‐700の長距離打撃力も有効性を大きく減じてしまったという。

防空兵装は、八セルVLS二四基（一九二発）に搭載した射程一二㎞の3K95（SA‐N‐9）キンジャール短SAM、CADS‐N‐1複合防空システム八基、三〇㎜CIWS六基を備えていた。多彩で有効な個艦防空火力と言えよう。これら防空火器を支援するため、巨大なアイランドには、四面にアンテナが固定されたパッシブ型フェーズド・アレイ式レーダーを装備していた。またRBU－1200対潜弾発射機二基も積む。

当初、原子力機関も検討されたクズネツォフ級であったが、高価なため従来型の蒸気タービンを主機としている。ボイラー八缶・蒸気タービン四基を搭載し二〇万馬力を生む。これで四軸スクリューを回し、空母として十分な三〇ノットの速力を出す。航続距離は一八ノットで一・六万㎞ほど。

クズネツォフ級は、二番艦ワリヤーグが一九八八年に進水したものの、ソ連邦の崩壊（一九九一年一二月）により九二年に建造は中止となった。その後、同艦は、中国に売却され、同国海軍第一号空母の「遼寧」として完成する。

シリア作戦と二〇二〇年代空母機動部隊

二〇一六年一〇月一五日、ロシア海軍の北洋艦隊は、クズネツォフを旗艦とする空母機動部隊を東地中海に向け出撃させた。機動部隊を構成する護衛艦は、キーロフ級重原子力ロケット巡洋艦ピョートル・ベルキーとウダロイ級対潜駆逐艦二隻を五隻の支援艦（給油艦三隻、航洋救難曳船二隻）が援護。また複数の攻撃原潜も海中から空母機動部隊を掩護していた模様である。特に満載二・八万トンのベルキーは、クズネツォフと同じP－700対艦ミサイル二〇発を積むだけでなく、艦隊防空用として最新の射程二〇〇㎞級S－300FM（SA－N－20）対空ミサイル九六発を搭載していた。

このクズネツォフ空母機動部隊の行動に対し、NATO海軍は多数の艦艇等を派遣して牽制する。実際、同機動部隊を追跡していたオランダ海軍ワルラス級潜水艦（二六五〇トン）は、護衛役の対潜駆逐艦二隻からソナー音響捜索により追い立てられたという。

同年一一月一五日、シリア沖からロシア海軍の空母機動部隊は、史上初の実戦作戦を開始する。機動部隊に合流したフリゲートのグリゴロビッチが、巡航ミサイル（カリブルNK）を発射。合わせて五〇〇kg爆弾を搭載したSu－33戦闘機が航空攻撃を行なったのである。以後、空母搭載航空団は、二〇一七年一月初頭まで航空作戦を続けている。

ロシア海軍（参謀部アンドレイ・ボロジンスキー中将）によれば、戦闘機を事故で失いながらも、戦闘機飛行隊は、四二〇回の作戦出撃を実施したという。結果、反体制派・ISの約一三〇〇個の標的を破壊したと語っている。また二機種の戦闘機は、使い分けられていた。足の長いSu－33はダマスカスのような空母から半径三〇〇㎞以遠の地点にある目標の攻撃に投入され、足の短いMiG－29はアレッポのような半径三〇〇㎞以内の攻撃任務に投入されたのである。

ともあれ、ロシア海軍唯一のクズネツォフ空母機動部隊は、

■ソ連海軍が4隻建造したキーロフ級重原子力ロケット巡洋艦

〈キーロフの前甲板の主力兵器配置図(1985年:DoD)〉

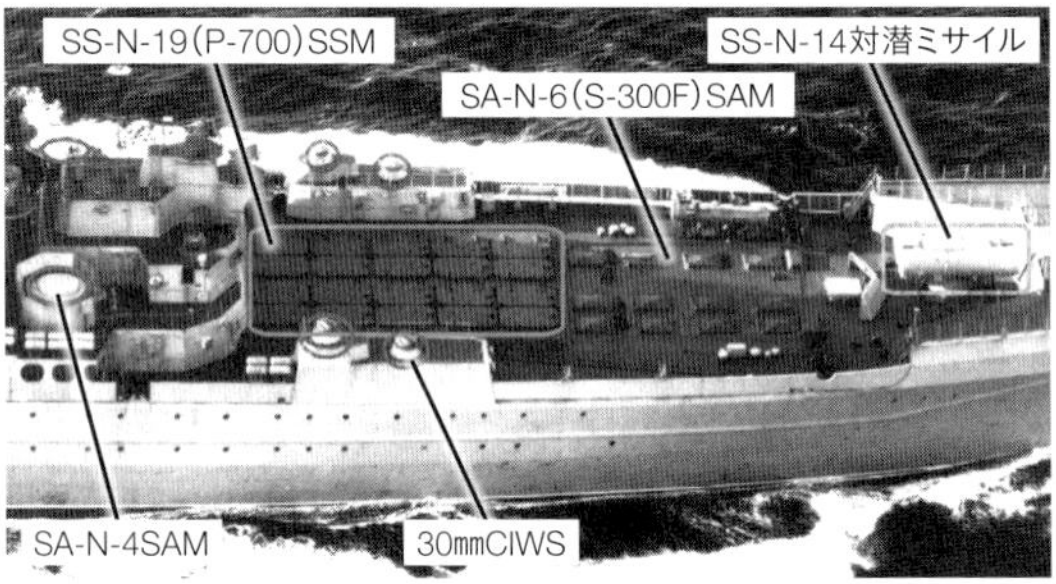

キーロフ級の前甲板に埋め込まれた2種類のVLS図:前方が対空ミサイルS-300F用×12セル。後方が対艦ミサイルP-700用×20セル(DoD)

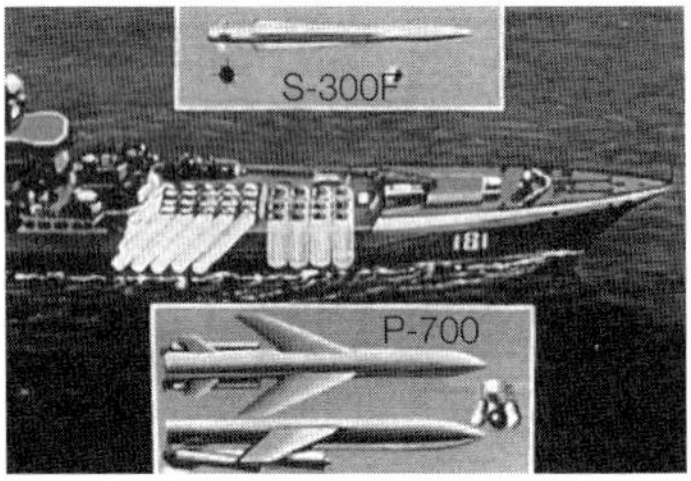

[VLSに20発搭載するP-700グラニト超音速対艦ミサイル(SS-N-19)のベリキーからの発射]

③巨大なミサイルが上昇(ブースター噴射)

●P-700(重量7トン、全長10m、射程600km)の装填

2隻現存する2.8万トンの『キーロフ級重原子力ロケット巡洋艦』

◆1992年、停泊中の巨大なキーロフ級（1番艦）とスラバ級ミサイル巡洋艦ウスチノフ（右）:DoD

◆2014年、英海軍の45型ミサイル駆逐艦ドラゴーンがロシア海軍のキーロフ級原子力ミサイル巡洋艦4番艦のピョートル・ベルキーを監視している（MoD）

①P-700の発射準備（ベリキーの前甲板ハッチ開く）

②P-700ミサイルの発射

シリア作戦時に臨時編成され、搭載する母艦戦闘機部隊や艦載ヘリにより、初めて実戦能力を披露できたのである。ソ連邦崩壊以降、凋落の一途をたどっていたロシア海軍であったが、この空母機動部隊の存在によって、ロシアの戦時における洋上プレゼンスを何とか示すことができたと言えようか。

しかしながらプーチンが起こしたウクライナ戦争により、二〇二〇年代のロシア海軍空母機動部隊には将来発展の芽が完全に摘み取られてしまった。金がないのだ。とてもクズネツォフ後継の次世代原子力空母シトルムや、キーロフ級後継のリデル級大型駆逐艦の建造など夢の話だ。では二〇年代の機動部隊はどうなるのか。空母クズネツォフや現用のキーロフ級二隻は近代化改修し延命するしかない。また新型艦上戦闘機の計画はない。

それに比べて護衛艦は、ロシア海軍が二〇〇〇年代に新規開発した次世代型（ステルス設計）のミサイル・フリゲートを増勢、改良することができよう。一番手は、ゴルシコフ級（満載五四〇〇トン）で、発展型の八〇〇〇トン級22350M型を含む一五隻の建造を予定している。発展型はスーパー・ゴルシコフ級とも呼ばれ、巡航ミサイル用の六四セル型VLSを持つという。その他、やや小型のグリゴロビッチ級やグレミシチー級も建造される。新型艦には、打撃力を近代化するため、新兵器のツィルコン極超音速ミサイルが搭載されるという。ただ空母機動部隊の外征を支えるための、退役した艦隊補給艦ベレジナ（二一ノット、満載二・五万トン、五七㎜連装砲、対空ミサイル、ヘリ二機搭載）のような優速の重武装補給艦の建造計画などはない。

第13章

対中国脅威。
印海軍の『国産空母ビクラント』

試験航行中のインド海軍空母ビクラント（写真：Indian Navy）

インド洋進出の中国に対抗：国産空母の就役

二〇二二年九月二日、インドのナレンドラ・モディ首相は、同国南部にあるコーチン造船所で建造した、初の国産空母ビクラントの就役式に出席し、次のように式辞を述べた。

「ビクラントにより、インドは自国の技術で巨大な空母を建造できる国家の仲間入りをしました。ビクラントは二一世紀におけるインドの努力と才能、影響力の証しであり、我が国を新たな自信で満たしています。まさに国産空母はインドがめざす自立した防衛体制を象徴するものです。インド太平洋は、長年にわたり安全保障上の脅威に晒されてきましたが、強力になった海軍で対峙することができるようになります。強いインドが平和で安全な世界への道をひらきます」

このように首相の式辞には、初の国産空母誕生の喜びと同時に強いインドへの自信が満ちていた。なにしろビクラントが国内の造船所で起工したのは二〇〇九年二月のことだが、就役したのは二〇二二年九月と長い時間がかかったからである。インドの兵器開発では計画の遅延は珍しくないとはいえ、実に一三年の建造期間を要したことになる（国産戦車アージュンは完成までに二六年）。対して米海軍の大型原子力空母ニミッツ級の場合、起工から就役までに要する時間は五年ほど。ビクラントの半分以下の期間で完成させている。同じように空母ビクラントとタイプがよく似た中国海軍初の国産空母「山東」の建造期間は、起工から就役まで六年ほどと早かったのである。ビクラントの半分ほどの建造期間である。

ところで、モディ首相が上記の最後に述べている「長年にわたり安全保障上の脅威に晒されてきた」とはいったい何のことか。インド（ヒンズー教）の隣国で、天敵のパキスタン（イスラム教）のことではない。中国である。特に中国は、二〇一〇年代からインド洋方面への海洋進出（巨大経済圏構想の「一帯一路」を掲げ）を強引に図っており、その増大する差し迫った脅威を指してのものだ。

実際、中国は、インドが自国の核心的地域としているインド洋域において、その沿岸国への中国製潜水艦の輸出、あるいは艦隊の寄港、海洋データの収集等を進めていた。二〇一三年以降、中国は、インド洋の三つの沿岸国に対し、「明級」「元級」という中国製潜水艦を販売していた。沿岸国とはバングラデシュ、パキスタン、タイのこと。これにより三か国の海軍は、長期的に中国からの潜水艦への運用支援が不可欠となってしまったのである。さらにインド洋方面においては、中国海軍潜水艦の行動が目に見える形で活発化していた。

言うまでもなく、潜水艦は極めて影響力の大きな洋上の戦略兵器である。潜水艦の基本行動は、隠密作戦（潜水航行）

主力潜水艦カルバリ級:最大の武器はエグゾセ対艦ミサイル

■2020年、航行する1番艦カルバリ。同級は6隻の建造予定。左下はDRDO(非大気依存推進:AIP)

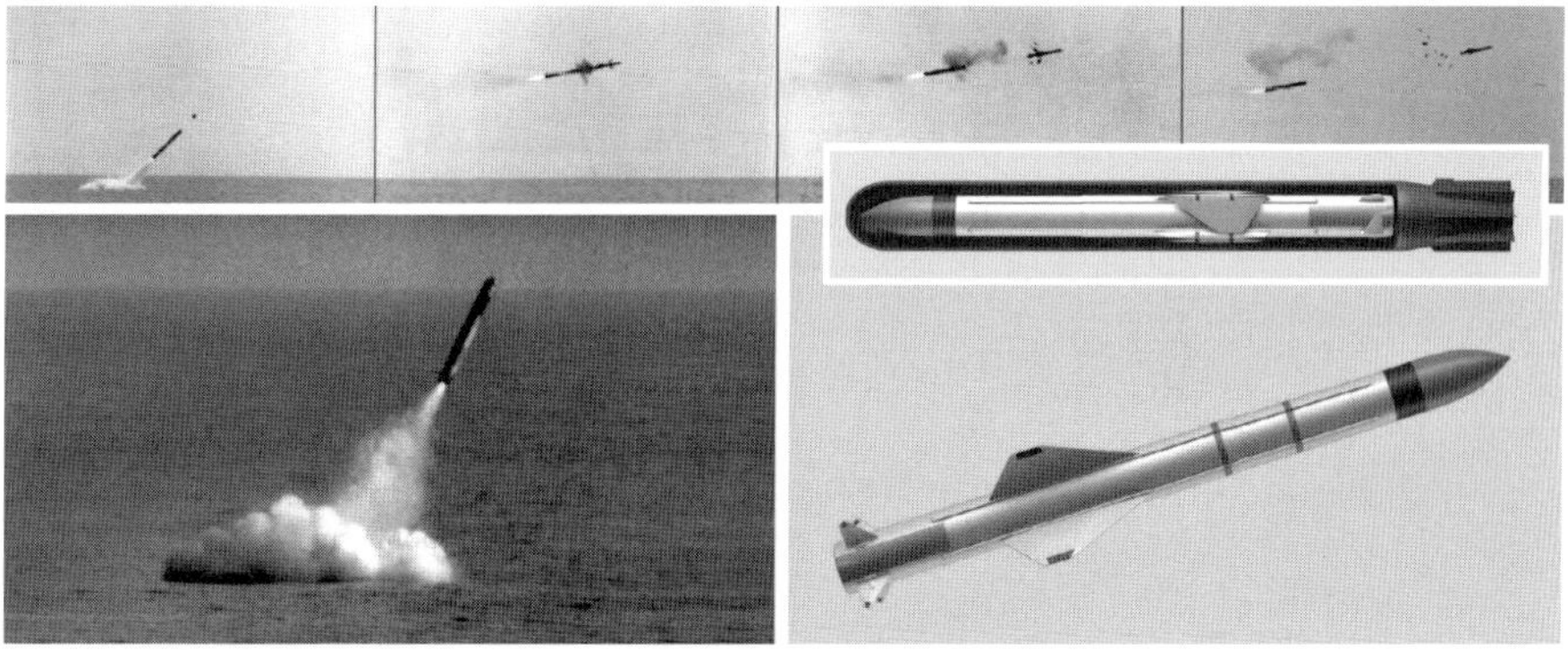

■SM39エグゾセ潜水艦発射対艦ミサイルの水中発射からカプセル分離・飛翔のプロセス図:エグゾセの重量655kg, 全長4.69m, 直径0.35m, 速度:高亜音速, 2段固体燃料ロケット推進式(MBDA)

■インド海軍の古い露製アクラ級原潜(1隻)とキロ級潜水艦

■2022年4月に進水したカルバリ級6番艦Vagsheer

艦名（級名）	ミサイル駆逐艦ビシャーカパトナム（D66:ビシャーカパトナム級）	ミサイル駆逐艦コチ（D64:コルカタ級）	STOBAR空母ビクラント（R11:ビクラント級）
満載排水量（基準） 全長×最大幅	8100トン（7300トン） 163m×17.4m	7400トン（満載） 163m×17.4m	4.5万トン（3.9万トン） 262.5m×62m
速力（出力） 航続距離	30ノット＋（6.1万馬力） 7400km（18ノット）	32ノット（8万馬力） 1.5万km（18ノット）	28ノット（12万馬力） 1.5万km（18ノット）
兵　装 （対空火器／ 搭載機）	62口径76mm単装砲×1 AK-630CIWS（30mm）×4 バラク8対空ミサイル（32セル） ブラモス対艦ミサイル（16セル） 哨戒ヘリ×2機	62口径76mm単装砲×1 AK-630CIWS（30mm）×4 バラク8対空ミサイル（32セル） ブラモス対艦ミサイル（16セル） 哨戒ヘリ×2機	バラク8対空ミサイル（32セル） AK-630CIWS（30mm）×4 搭載機：34機（戦闘機×24, 艦載ヘリ×10）
乗　員	300人	300人	約1700人
クラス総建造数	4隻（計画）	3隻	1隻

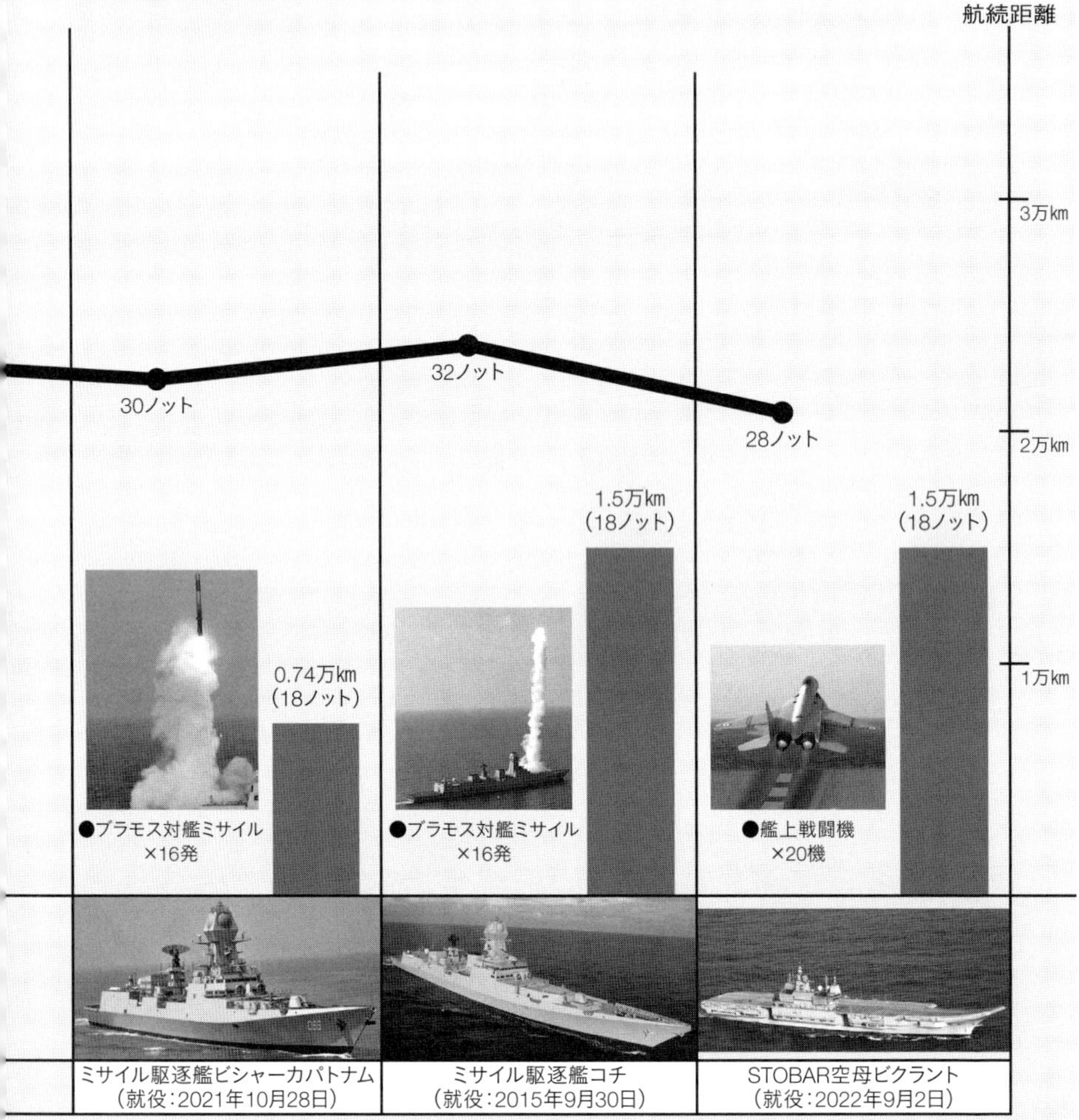

ビクラント空母戦闘群主力艦の艦種別性能比較:機動力と兵装

艦名(級名)	補給艦シャクティ (A57:ディーパク級)	潜水艦カンダリ (S22:カルバリ級)	フリゲート「サトプラ」 (F48:シバリク級)
満載排水量(基準) 全長×最大幅	2.8万トン(1.9万トン) 175m×25m	1775トン(水上1615トン) 67.5m×6.2m	6200トン(5200トン) 144m×16.9m
速力(出力) 航続距離	20ノット(2.7万馬力) 1.9万km(16ノット)	水中20ノット(3808馬力) 1.2万km(水上8ノット)	32ノット(6.72万馬力) 9000km(18ノット)
兵　装 (対空火器/ 搭載機)	燃料:1.55万トン 貨物:500トン 汎用ヘリ×1機	53cm魚雷発射管×6 ※SUT重魚雷あるいはSM39エグゾセ対艦ミサイル×18発	62口径76mm単装砲×1 AK-630CIWS(30mm)×2 Shil-1対空ミサイル(24発) バラク1対空ミサイル(32セル) ブラモス対艦ミサイル(8セル) 哨戒ヘリ×2機
乗　員	248人	43人	257人
クラス総建造数	2隻	6隻(計画)	3隻

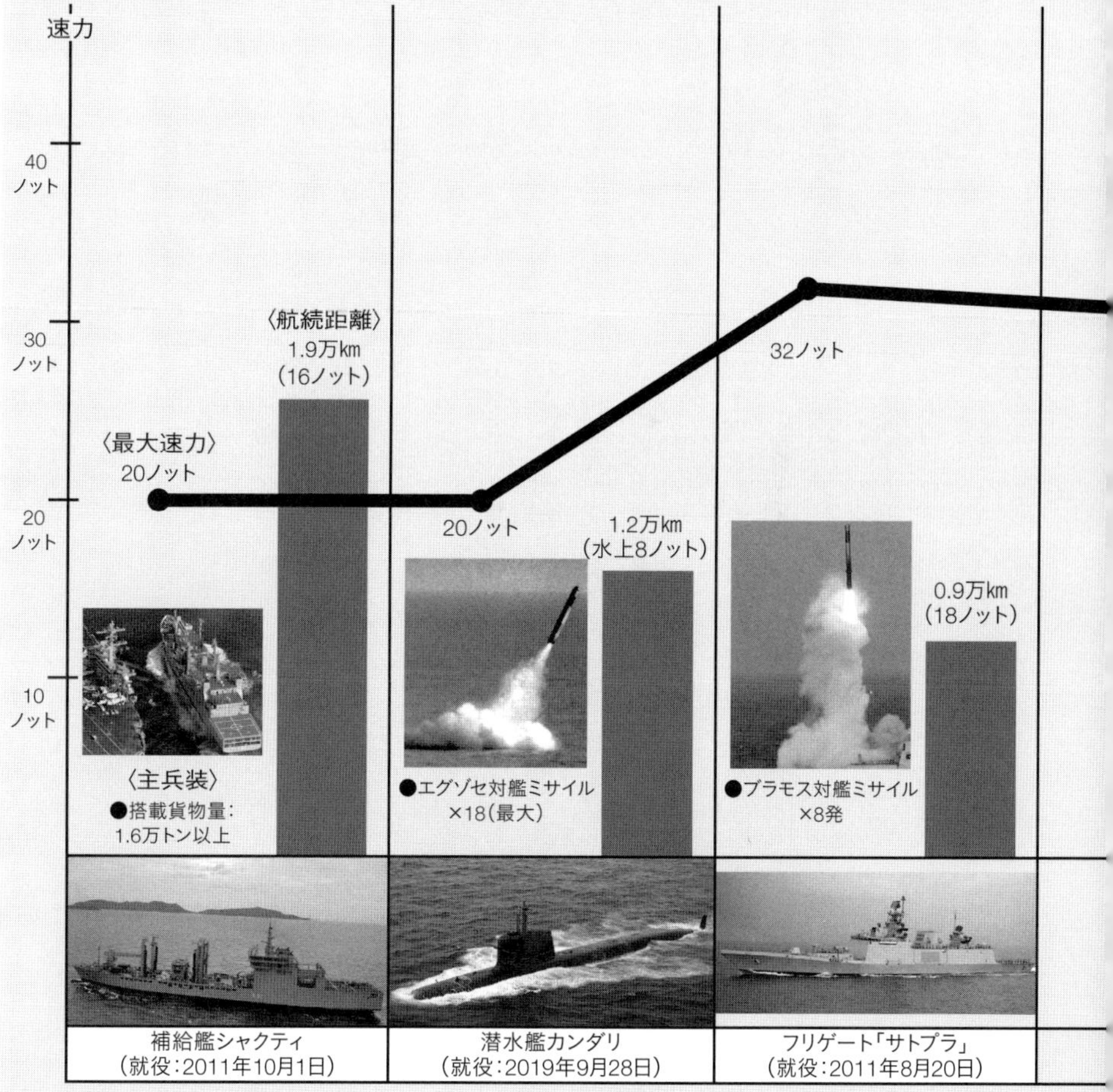

補給艦シャクティ
(就役:2011年10月1日)

潜水艦カンダリ
(就役:2019年9月28日)

フリゲート「サトプラ」
(就役:2011年8月20日)

なのだが、中国潜水艦は、各国軍港への寄港が相次いで確認されていた。たとえばスリランカのコロンボ、パキスタンのカラチ、マレーシアのコタキナバルへの潜水艦の寄港である。二〇二〇年一月には、アラビア海北部において実施されたパキスタン海軍との共同演習では、中国海軍は潜水艦も派遣していたという。

このように中国の海軍戦力は、近年、南シナ海や黄海という近海域を超え、太平洋やインド洋などのより遠方の海域に進出して作戦遂行する「遠海防衛」戦略に強くシフトしており、これがインド洋域の盟主を自負するインドにとって安全保障上の大きな脅威と化していたのである。なおかつ、中国海軍は既に二隻の空母を艦隊に配備し、かつ三隻目となる大型艦隊空母の「福建」も国産建造していた。こうしたインド洋域の厳しい軍事状況に際し、初の国産空母ビクラントの就役は、インドのモディ首相にとって極めて喜ばしく、かつ自信を漲らせてくれる存在であったのだ。

印パ戦争の勝利に貢献した初空母ビクラント

そもそもインド海軍は、インドが大戦後に独立を達成し、一九四七年に創設された。この年には早速、パキスタンとの間で第一次印パ戦争が勃発している。原因は、カシミール地方の領有問題であった。インド洋域の盟主を自負するインドは、軍事力の増強に邁進し、一九六一年三月にはインド海軍初の空母が早々と就役している。無論、国産品ではない。旧宗主国の英国海軍から余剰となった旧式空母を購入したのである。

これが初代の空母ビクラント（Vikrant：勇ましい）である。同空母は、英海軍が大戦中の一九四三年に起工したマジェスティック級軽空母二番艦のハーキュリーズで、大戦終結に伴い建造を中断し未完成状態で係留されていた代物であった。一九五七年、同艦をインドが買い取り、英国の造船所において近代化改装を施した上で引き渡されたというわけだ。ちなみに近代化とは、斜め飛行甲板や蒸気カタパルトやミラー式着艦光学支援装置の採用、アイランドのマスト部改修等で、主にジェット艦上戦闘機や大型機を運用するための艤装であった。

ビクラントの大きさは、満載一・九五万トン（基準一・五七万トン）、全長二一三m、幅三九m。船体は英海軍のインビンシブル級STOVL軽空母より若干大きい。なおビクラントは一九八九年に母艦機の運用性能を向上するため、勾配角九・七五度のスキージャンプ台を設置する改装を行っている。自衛用火器としては、ボフォース四〇㎜対空砲一六門を飛行甲板の周囲に搭載していた。

艦の速力は、蒸気タービン二基（計四万馬力）の二軸推進により二三ノットほど。大型のジェット戦闘機を運用する空母としては鈍足である。航続距離は一四ノットの巡航により二・二万kmほどで、こちらは十分な値と言える。乗員は一〇七五人。

搭載した母艦機は、当然ながら主に英国製であった。主力ジェット艦上戦闘機としては、ホーカー製シー・ホークを最初に積んだ。同機は、一九四七年初飛行の機体であるためもあり、その外観は、大戦中の双発軽爆撃機のようであった。主翼は、一二mの全長とほぼ同じ一一・九mの長さを持つ直線翼が、葉巻のような太い胴体に取り付けてある。インテークは主翼の左右根本に二つ設けられていたが、単発エンジンの単座戦闘機であった。積んでいたのは、ロールス・ロイス製MK103ターボジェット（推力二・四トン）。最大重量七・三トン。最大速度は時速九六四kmの亜音速。ただ航続距離は七七〇kmと短かった。固定武装は二〇mm機関砲四門。また航空爆撃任務のため、翼下には五〇〇ポンド爆弾（二二七kg）を四発、あるいはロケット弾を用途に合わせて搭載できた。

この他の母艦機としては、仏ブレゲー製Br1050アリゼ対潜哨戒機、シー・キングMk42艦載ヘリなどを搭載した。アリゼはターボプロップ単発・三座のプロペラ大型機で、対潜哨戒任務を果たすため、水上捜索レーダーと胴体内爆弾倉に潜水艦攻撃用のMk46航空魚雷一発を収容できた。ただ機体は最大重量一一・七トン、全長一三・九m、翼幅一五・六mとシー・ホークよりも大型機であるため、空母からの武装発艦には蒸気カタパルトの使用が不可欠であった。最大速度は、ジェット戦闘機ではないので、時速五二〇kmと鈍足だが、航続距離はターボプロップの哨戒機らしく二五〇〇kmと長い。

これらの母艦機を積むビクラントの総搭載機数は二一機ほど。機体は、シー・ホーク戦闘機を中核にして任務や機体の配備状況に合わせて各機を混載していた。

空母ビクラントは、就役から十年後の一九七一年一二月、最初の本格的な実戦任務に投入された。第三次印パ戦争である。ビクラントには一八機のシー・ホーク戦闘機とアリゼ対潜哨戒機や艦載ヘリからなる航空団が搭載されていた。一二月四日、インド海軍の東部方面艦隊に配属された旗艦の空母ビクラントは、護衛艦のフリゲート四隻と潜水艦一隻を率いてベンガル湾の北部に進出。随伴する護衛艦は敵潜水艦の出現を警戒していた。

一二月四日午前一〇時、空母甲板には一四機のシー・ホークが爆装して整列し、四機が敵戦闘機の出現に備え邀撃のため即応待機していた。八機からなる第一次攻撃隊は、それぞれ二〇発のロケット弾で武装し、東パキスタンの軍港コックス・バザールを航空爆撃した。洋上の空母からの攻撃距離は

〈輸入空母ビクラントから国産空母ビクラント〉

空母名（搭載機数）	就役～退役	満載量	全長／幅	速力／出力
ビクラント（21機）	1961年	1.95万トン	213m 39m	23ノット（4万馬力）
ビラート（26機）	1987年	2.87万トン	227m 49m	28ノット（7.6万馬力）
ビクラマディティヤ（34機）	2013年	4.6万トン	284m 51m	30ノット（18万馬力）
ビクラント（34機）	2022年	4.5万トン	262.5m 62m	28ノット（12万馬力）

◆2019年ビクラマディティヤに着艦したMiG-29K単座戦闘機

ロシアから購入した空母ビクラマディティヤ

●超音速艦上戦闘機MiG-29K/KUB

露空母アドミラル・ゴルシコフ（キエフ級）

■3代目空母「ビクラマディティヤ（就役2013年～）」

インド海軍初の国産空母ビクラント

●最新鋭マルチロール戦闘機F/A-18E/F（BlockⅢ）
※選定競争には仏ラファールM戦闘機も参加

インド海軍初の空母：
設計はインド海軍設計局（伊フィンカンティエリ社が協力）によるスキージャンプ台を備えたSTOBAR式空母である

■4代目国産空母「ビクラント（就役2022年～）」

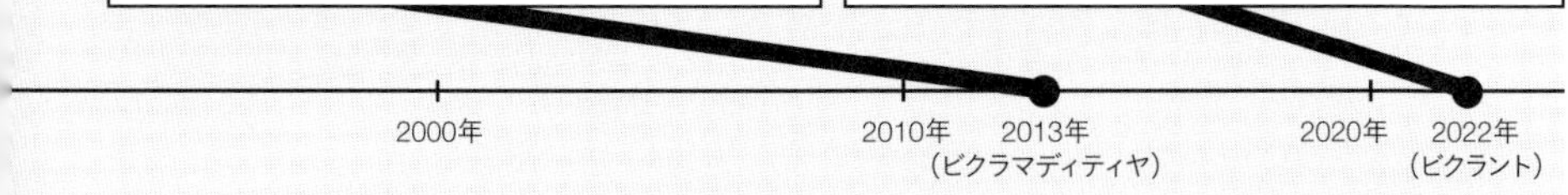

インド海軍空母発達史（ビクラント国産建造まで）：1961〜2022年

〈主力ジェット艦上戦闘機の60年の変遷〉

母艦機名	初飛行	最大重量	武装（爆弾）	最大速度（エンジン推力）
英：ホーカー・シー・ホーク	1947年	7.3トン	20mm×4（227kg×4）	964km/h（2.4トン×1）
英：BAe シー・ハリアー	1978年	12トン	30mm×2（3.63トン）	マッハ0.94（9.75トン×1）
露：ミグ MiG-29K	1988年	24.5トン	30mm×1（4.5トン）	マッハ2＋（9トン×2）
米：Boeing F/A-18E/F	2020年	30トン	20mm×1（8トン）	マッハ1.8（10トン×2）

※選定中のF/A-18E/Fスーパー・ホーネットはブロックⅢ

◆2016年シー・ハリアーとシー・キングを搭載したビラート

インド海軍初の空母ビクラント（英から購入）

●単発単座ジェット艦上戦闘機シー・ホーク

英空母ハーキュリーズ（マジェスティック級）

■初代空母「ビクラント（就役1961〜1997年）」

インド海軍2隻目の空母ビラート（英から購入）

●STOVL艦上戦闘機シー・ハリアー

英空母ハーミーズ（セントー級）

■2代目空母「ビラート（就役1987〜2017年）」

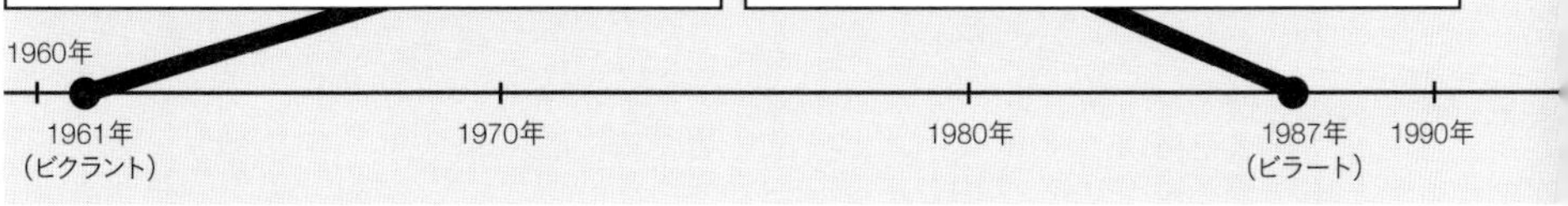

約一六〇㎞で、敵基地の早期警戒レーダーの探知を回避するため、シー・ホーク攻撃隊は洋上を超低空で飛行したという。午後三時、第二次攻撃を六機のシー・ホーク編隊が距離九六㎞から行い、二隻の砲艇と川船を沈めている。第三次攻撃には四機のシー・ホーク編隊が五〇〇ポンド爆弾を搭載して出撃、チッタゴン市の港湾施設に対して爆撃を加えた。八発の爆弾が目標に命中し、倉庫施設一棟と三隻の商船が炎上、立ち上る黒煙は三日間消えなかったという。その後も河川沿いの港を次々と爆撃。チッタゴンにある大きなビルを四機編隊のシー・ホーク（五〇〇ポンド爆弾を二発搭載）が攻撃。同市にあるパキスタン軍の兵舎も爆撃により破壊したという。

またビクラントに積んでいたアリゼ対潜哨戒機は、三隻の砲艇を撃沈している。武器はロケット弾であろうか。アリゼのそもそもの任務は、空母の護衛艦とともにパキスタン海軍が派遣した潜水艦ガーズィの行動を封ずることにあった。いっぽう、潜水艦ガーズィに与えられた任務は、空母ビクラントの撃沈ただ一つであったという（ガーズィは作戦中に敷設機雷で沈没）。

こうして戦争中に空母ビクラントは、パキスタン軍に対して一〇日間の航空作戦を実施し、搭載する母艦機たちは三〇〇回の攻撃出撃を完遂することができた。結果、空母ビクラントは、ベンガル湾と東パキスタン上空の航空優勢、さらに海上封鎖（西パキスタンからの船舶輸送による支援を断ち切る）の確立に絶大な貢献を果たしたと評価されたのである。空母の活躍もあり、インドは、第三次印パ戦争に勝利。東パキスタンは、パキスタンからの独立を果たし、バングラデシュが誕生することになった。

シー・ハリアーを積む二代目空母ビラート

一九八〇年代になると、インド海軍は、ビクラントの老朽化もあり、二隻目の空母の導入を決めた。国産建造はとても無理なため、再び英海軍の中古空母を安価に購入することになった。インド海軍が目を付けたのは、当時、最新機軸のスキージャンプ台を備えたＳＴＯＶＬ軽空母ハーミーズである。知られているように同空母は、一九八二年のフォークランド戦争においてシー・ハリアー戦闘機を駆使して活躍し、英国に勝利をもたらした武勲艦で、一九八四年に退役したばかりの代物であった。そもそも同空母は、大戦中に起工し、一九五九年に就役したセントー級軽空母の四番艦なのである。

同空母をインド海軍は、一九八六年に購入し、近代化改装して一九八七年五月にビラート（Viraat：巨人）と命名し、海軍二隻目の空母として就役させたのである。

ビラートの大きさは、満載二・八七万トン（基準二・四万トン）、全長二一七m、幅四九m。サイズは、空母ビクラントより一回り拡大している。特長的なスキージャンプ台は、シー・ハリアー戦闘機を短距離離陸（STO）させるため、ビクラントより強い勾配角一二度の傾斜がつけられていた。自衛用火器は強力で、近接防空用としてボフォース四〇㎜対空砲二門と三〇㎜CIWS二基を積み、個艦防空ミサイルとしてイスラエルIAI製バラクI艦対空ミサイルを就役後（二〇〇一年）に搭載していた。バラクIは、射撃レーダーによる指令誘導方式で、有効射程は五〇〇m～一〇㎞ほど。八セル式の垂直発射機（VLS）二基に一六発を連続速射できるよう装填していた。

艦の速力は、蒸気タービン二基（ボイラー四缶：計七・六万馬力）の二軸推進により二八ノットを出した。ビクラントより五ノットほど優速である。航続距離は一四ノットの巡航により一・二万㎞。こちらはビクラントより一万㎞も短いが、インド洋域の作戦航海であれば大きな問題ではなかろう。乗員は一三五〇人。

主力の艦上戦闘機は、ハーミーズも積んでいた英国BAe製STOVL戦闘機のシー・ハリアーであった。このインド海軍が特注した単発単座のシー・ハリアーFRS51は、一九八二年八月に初飛行し、翌八三年から初代艦上戦闘機シー・ホークの後継として初代空母のビクラントに搭載された。FRS51の調達数は二三機で、別に練習用の複座型T60を六機購入したという。

シー・ハリアーFRS51は、最大速度が時速一一八六㎞、航続距離は一四八〇㎞ほど。兵装搭載量は三・六トンあり、同機は防空任務には、仏マトラ製マジック2赤外線誘導空対空ミサイル（射程一五㎞）を搭載した。米製傑作対空ミサイルのサイドワインダーを積まなかったのは、兵器輸入を一国だけに偏らない（頼らない）という、インド独自の政治的な思惑からであった。対艦攻撃任務には、米製ハープーンではなく、英国製のレーダー誘導シー・イーグル空対艦ミサイル（重量六〇〇kg、射程一一〇㎞以上）を二発搭載している。また同機は、近代化改修の際、新たに高性能なイスラエルのエルタ製火器管制パルスドップラー・レーダーEL／M‐2032（探知距離一五〇㎞）を装備し、ラファエル製デルバイ中射程空対空ミサイル（Derby：射程五〇㎞）を射撃管制できたのである。インド海軍は、このようなシー・ハリアーFRS51を、インド洋で最良の防空用艦上戦闘機と称したという。

ビラートが搭載した母艦機は、標準的に二六機ほどであった。一例を次に示しておく。

［ビラートの母艦機・海軍飛行隊］

●シー・ハリアー戦闘機×一六機：第300飛行隊、第552飛行隊

[空母自衛用バラク艦対空ミサイル:写真はアイランド後方VLS(8セル)からの垂直発射(Twitter)]

ビクラマディティヤ空母戦闘群を構成する基幹艦艇の主要データ

■コルカタ級ミサイル駆逐艦×1隻:満載0.74万トン, 全長163m, 主兵装ブラモスSSM(16セル), ヘリ×2機, 乗員300人

■ビシャーカパトナム級ミサイル駆逐艦×1隻:満載0.81万トン, 全長163m, 主兵装ブラモスSSM(16セル), ヘリ×2機, 乗員300人

■タルワー級フリゲート×1隻:満載0.4万トン, 全長125m, 主兵装ブラモスSSM(8セル), ヘリ×1機, 乗員180人

■シバリク級フリゲート×1隻:満載0.62万トン, 全長144m, 主兵装ブラモスSSM(8セル), ヘリ×2機, 乗員257人

■カルバリ級潜水艦×1隻:水中1775トン, 全長67.5m, 主兵装エグゾセUSM(18発), 乗員43人

■ディーパク級補給艦×1隻:満載2.8万トン, 全長175m, 貨物等1.6万トン搭載, ヘリ×1機, 乗員248人

インド海軍のビクラマディティヤ空母戦闘群の編成

空母ビクラマディティヤが搭載する航空団の母艦機編成例（計34機）

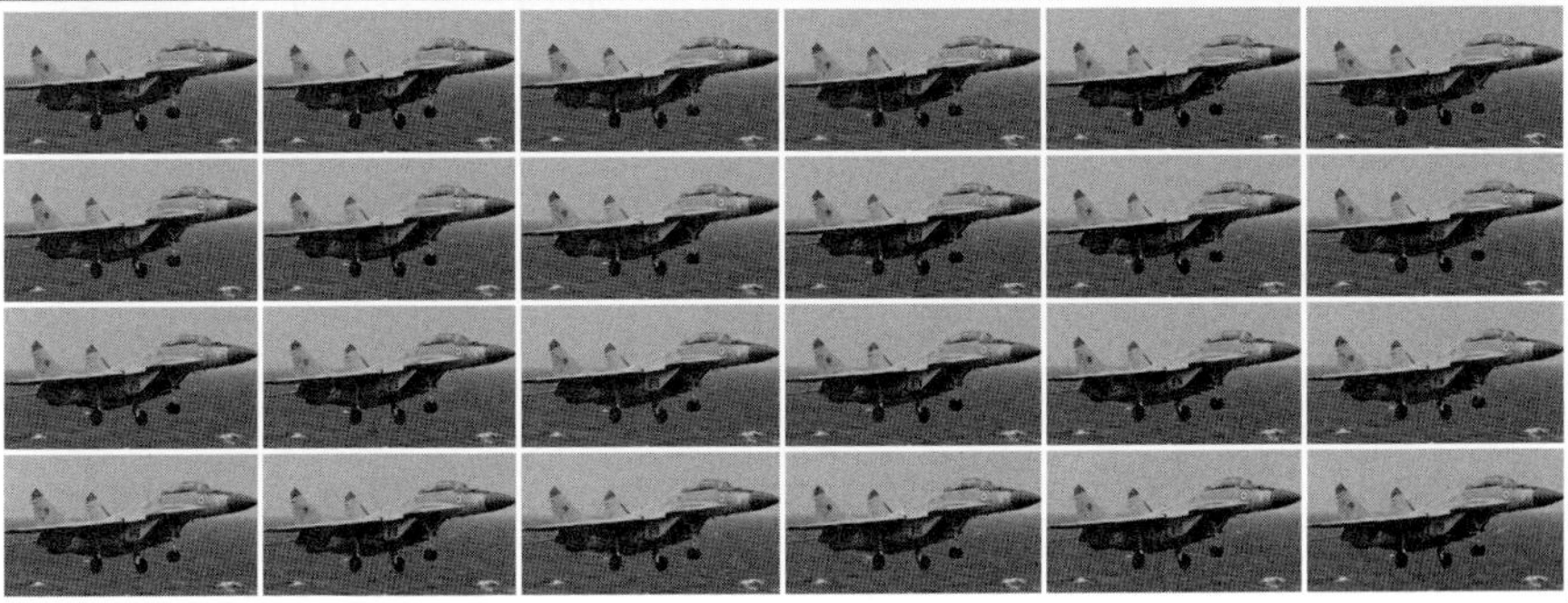

■ミグMiG-29K/KUB艦上戦闘機×24機

■艦載ヘリ×10機：シーキングMk42（左），Ka-31（中），HAL ドゥルーブ（右）

■空母ビクラマディティヤ×1隻：満載4.6万トン，全長284m，速力30ノット（蒸気タービン4基），搭載機34機（ヘリ10機），乗員1326人

〈空母戦闘群の主戦力〉
●艦艇総数：7隻
●総排水量：10.1万トン
●総乗員数：2654人
●艦上戦闘機：24機
●ヘリ搭載数：18機

●シー・キング対潜ヘリ×四機：第330飛行隊
●アルエットⅢ軽汎用ヘリ×四機：第321飛行隊
●HALチャタク軽汎用ヘリ×二機：第321飛行隊

記したように戦闘機は、英国製のシー・ハリアーが一六機で、残る機体は艦載ヘリである。艦載ヘリは、英国製のシー・キング対潜ヘリ、仏製のSA316（SA319）アルエットⅢ軽汎用ヘリ、そしてインドHALチャタク軽汎用ヘリの一〇機である。ただチャタクは国産ヘリではない。同ヘリは、仏製アルエットⅢ（SA319）のライセンス生産型であった。

露キエフ級を大改装した三代目空母ビクラマディティヤ

記したビラートは、就役が一九八七年と言っても、そもそも進水（英空母ハーミーズとして）したのは一九五三年という超老齢艦であった。したがってインド海軍当局は、ビラートの退役を二〇一二年に予定していた。就役から二五年目となるが、進水してからは実に六〇年目に当たるのだ。インド海軍は、常に空母一隻を作戦展開できる体制を維持するため、最小限でもビクラントとビラートのような空母二隻の戦力保持を求めていた。インド海軍は、外国メーカーの技術支援により、二・五万トン級の国産空母の建造を計画したのだが、予算難から打ち切りとなっていた。一九九七年には経費削減のためもあり、老朽化したビクラントが退役。空母一隻体制となってしまう。

インド海軍は、新たな中古空母を捜す。英国海軍には、もはや販売できるような大戦期の中古空母は残っていなかった。保有艦は、現用するインビンシブル級軽空母が三隻のみ。インド海軍は世界を見渡したが、戦力になるような中古空母を手元に残しているのはロシア海軍だけであった。同海軍は、一九八七年に就役し一九九五年七月に退役していた、キエフ級四番艦アドミラル・ゴルシコフ（旧バクー）の売却をインドに提案してきた。二〇〇〇年、両国は、近代化改装した上でインド側に引き渡すことに合意する。ただ工事は金銭問題等（最終の売却額二三・五億ドル）もあり、大幅に遅延する。就役は二〇一三年一一月まで遅れたのである。

ともあれ、旧ロシア空母は、インド海軍に引き渡され、第三番目の空母としてビクラマディティヤ（Vikramaditya：王の尊称）と命名された。ここに再び空母二隻体制が復活する。近代化改装とあっさり記したが、本空母が長期にわたって現役を続行できるように、母艦機の運用能力を飛躍させための大改造が施され、その外観は一変していた。改装前のキエフ級ゴルシコフは、重航空巡洋艦と呼ばれていたように、前甲板は重巡洋艦らしい各種の大型対艦・対空ミサイル発射機や主砲で埋め尽くされ、肝心の飛行甲板は艦後部と左舷の斜め飛行甲板に限られていた（右舷側中央に大きな上部構造物）。したがって搭載運用できる戦闘機は、特殊なＹａｋ‐38垂直離着陸（ＶＴＯＬ）機だけであった。

このロシア流重航空巡洋艦の前甲板にある重兵装を撤去し、船体の拡張を含むインド海軍仕様の大改装を実施することによって、スキージャンプ台を備えた全通飛行甲板のＳＴＯＢＡＲ（ストーバー：短距離離陸・拘束着艦）式空母に変身させたのである。母艦機をスキージャンプ台で短距離離陸させ、着艦拘束装置の数索のワイヤで機体のフックを引っ掛けさせ制動する方式である。要はこれにより、戦闘飛行能力の低いシー・ハリアーではなく、甲板に滑走して離着陸する通常離着陸機（ＣＴＯＬ）を運用可能としたのである。ようやくインド海軍に本格的な艦隊空母が誕生したとも言えよう。

ビクラマディティヤの大きさは、満載四・六万トン（基準三・四万トン）、全長二八四ｍ、幅五一ｍ。その大きさは、空母ビラートに比べて満載排水量で一六〇％（一・七万トン増）、全長で一二五％（五七ｍ増）も大型化していた。前方にやや細く突き出たスキージャンプ台は、ＣＴＯＬ機を短距離離陸（ＳＴＯ）させるため、ビラートより強い勾配角一四・三度の傾斜がつけられていた。戦闘機の発艦レーンの長さは、斜め飛行甲板の真ん中付近にある発進ポイントからスキージャンプ台にかけて一九五ｍもあった。着艦レーンは、全長一九八ｍの斜め飛行甲板で、その後部甲板に三索の制動ワイヤが張られていた。大型のアイランド構造物は、飛行甲板の右舷側中央に据えられ、二〇トン級エレベーターがアイランドの横、三〇トン級エレベーターがアイランドの後方に設置されていた。

飛行甲板の下には居住デッキ、その下に全長一三〇ｍ、幅二三ｍ、高さ六・六ｍの格納庫を設置した。ここにはＭｉＧ‐29Ｋ戦闘機であれば二一機、艦載ヘリが一三機、計三四機ほど収容するスペースがあった。

自衛用火器は就役後の改修時に逐次搭載された。近接防空用は三〇㎜ＣＩＷＳ（ＡＫ‐630）が四基。防空ミサイルとしては、インドとイスラエルが共同開発した最新のバラク8艦対空ミサイルを垂直発射機に四八発装填している。発射機はアイランド構造物にある。レーダー誘導式のバラク8は、有効射程が五〇〇ｍ〜一〇〇㎞もあった。これは、個艦防空用（初期型バラク‐Ｉ）ではなく、広域の艦隊防空が可能な長射程艦対空ミサイルに進化していた。

艦の速力は、蒸気タービン四基（ボイラー八缶：計一八万馬力）の四軸推進により三〇ノットの高速航行が可能となった。ビラートより二ノットほど優速である。航続距離は一八

空母ビクラントが搭載する航空団の母艦機編成予想例（計34機）

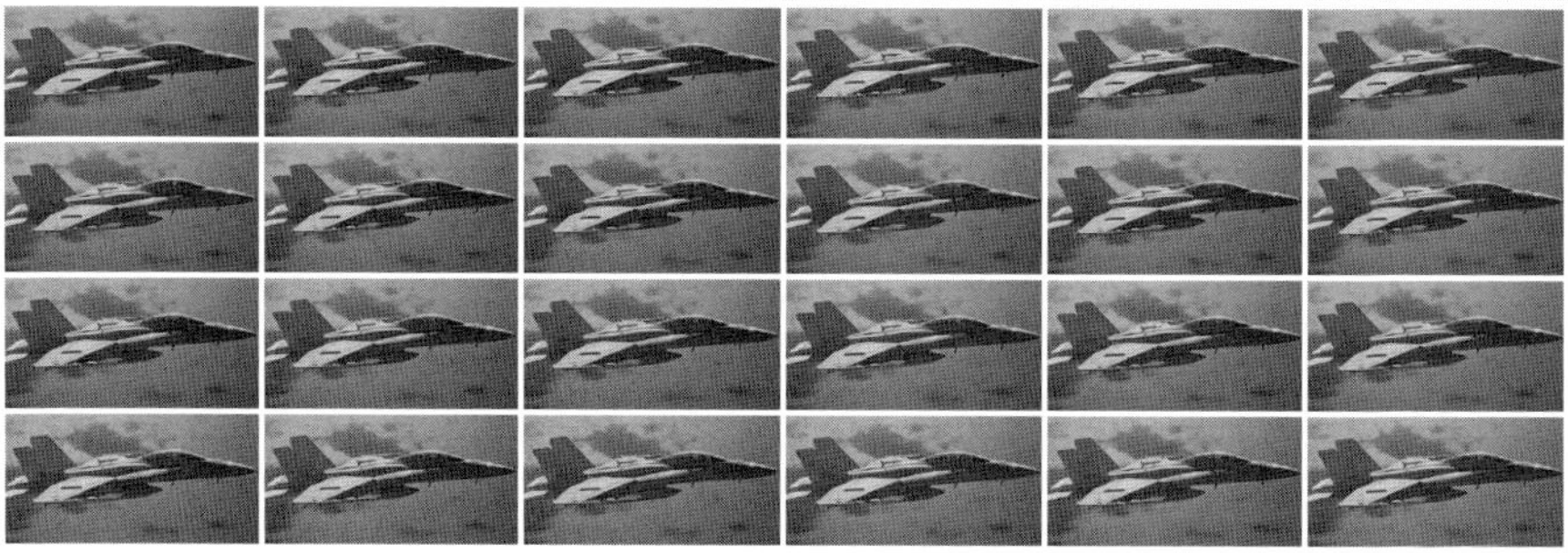

■新艦上戦闘機×24機（画像はボーイングF/A-18FブロックⅢスーパー・ホーネット）

■艦載ヘリ×10機：米製MH-60R（左）, 露製Ka-31AEW（中：Aeroprints）, 印製HAL ドゥルーブ（右）

◆2022年、試験航行する新空母ビクラント（R11）と護衛艦のミサイル駆逐艦コルカタ（D63）

就役したインド海軍初の国産STOBAR空母ビクラント

■2022年6月ミサイル駆逐艦コルカタの随伴により航行する空母ビクラント

■空母ビクラント艦内にあるガスタービン主機をコントロールする機関室（Indian Navy）

■現在の主力艦上戦闘機であるMiG-29Kを収容した空母ビクラントの格納庫（Indian Navy）

ノットの巡航により二・五万km。こちらはビラートの二倍を超える。インド太平洋地域への作戦航海が可能な性能と言えた。乗員は一三二六人。

最大の課題である主力の艦上戦闘機は、ロシア海軍の空母クズネツォフ級が積む重戦闘機のスホーイSu‐33ではなく、小型で使いやすいマルチロール艦上戦闘機のミグＭｉＧ‐29Ｋ／ＫＵＢ（複座）が選定された。Su‐33は大型過ぎるだけでなく、煩雑な整備の手間が嫌われたようだ。同機の購入数は四五機ほど。標準的に二個飛行隊のＭｉＧ‐29、計二四機が空母に搭載されている。他に艦載ヘリ一〇機を積む。顔ぶれはシー・キング対潜ヘリ、カモフKa‐31早期警戒ヘリ、国産のＨＡＬドゥルーブ汎用ヘリなど。

初の国産空母ビクラント

インド海軍は、現役期間が四〇年と言われる空母ビクラマディティヤが就役し、再び空母二隻体制となった。これでしばらく安泰というわけにはいかなかった。二〇一七年に老朽化したビラートが退役したからだ。無論、インド海軍当局は、以前から後釜の建造に着手していた。これが冒頭で記した初の国産空母、二代目ビクラントであり、当初の計画では空母二隻体制を存続するため、二〇一四年の就役を予定していたのだ。

ともあれ、国産空母ビクラントは二〇二二年に就役し、空母ビクラマディティヤとともに空母二隻体制を復活させた。

これまでインド海軍が保有してきた三隻の空母は、いずれも外国からの購入品であった。さすがに純国産化は無理なため、経験豊かな伊フィンカンティエリ社と仏ＤＣＮＳ社の技術支援を受け、インド海軍設計局が空母の設計を主導したという。また建造に使われた材料の七六％はインド国内からの調達であった。特に鋼材は初めてインド国産鋼のみが使われていた。建造に関わったインド人労働者は、約四万二〇〇〇人。総経費は当初五億ドルの予定であったが、三五億ドルまで高騰している。

ビクラントの空母方式は、運用中のビクラマディティヤを踏襲していた。カタパルトのないスキージャンプ台と、斜め飛行甲板を備えたＳＴＯＢＡＲ式空母である。船体は、甲板が艦橋までに一四層で、二三〇〇個の区画を有した。右舷側にあるアイランド構造物は、長方形型で、伊海軍の空母カブールの構造物によく似ている。マストに搭載する対空レーダーは、ロシア製ではなく、イスラエル製ＥＬ／Ｍ‐２２４８多機能レーダーと、イタリア製ＲＡＮ‐40Ｌ三次元対空レーダー（捜索距離四〇〇km）であった。

ビクラントの大きさは、満載四・五万トン（基準三・九万トン）、全長二六二・五ｍ、幅六二ｍ。ほぼビクラマディティヤと同規模と言えよう。スキージャンプ台の勾配角は一四度。飛行甲板の面積は一・二五万㎡。アイランドの左右には、舷側エレベーター（一〇×一四ｍ）を二基取り付けている。三索の制動ワイヤを持つ着艦拘束装置はロシア製で、着艦スピード時速二四〇㎞の母艦機を一〇五ｍまでの距離で制動する。またスキージャンプ台からの短距離離陸では一四五ｍの距離を必要とした。

空母の主機は、ロシア製の古い蒸気タービンから新しい米製ＬＭ２５００＋ガスタービン・エンジン四基（計一二万馬力）に変えられた。これは空母カブールと同じエンジンであり、製造はインド側がライセンス生産したものを搭載している。二軸推進により、艦の速力は二八ノット（三〇ノット説あり）ほど。航続距離は一八ノットの巡航により一・四万㎞。機動性能は通常動力空母として平均的な値であろうか。乗員は約一七〇〇人。

就役時の自衛用火器は、ビクラマディティヤに準じている。近接防空用の三〇㎜ＣＩＷＳ（ＡＫ‐６３０）が四基。広域防空用のミサイルとして、バラク８艦対空ミサイルを一六セル式垂直発射機二基（三二発）に搭載している。

ビクラントに搭載する艦上戦闘機は、当初、ロシア製ＭｉＧ‐29Ｋと国産の空軍戦闘機ＨＡＬテジャスの艦載機型を積む予定であった。しかしながらテジャスは重量超過や開発難航により不採用となり、ＭｉＧ‐29も故障の多発や整備性の低下が著しかった。そこで新たにより先進的な西側の双発マルチロール艦上戦闘機の導入選定が進められていた。最有力候補は、米ボーイング製Ｆ／Ａ‐18Ｅ／Ｆスーパー・ホーネットの最新ブロックⅢと、仏ダッソー製ラファールＭの二機種である。

両機体は、既にゴアにあるインド海軍の試験施設に送られ、空母の飛行甲板を模したスキージャンプ台による短距離離陸（ＳＴＯ）試験、あるいは拘束着艦（ＢＡＲ）試験が繰り返されている。前者は実績豊富かつステルス機に次ぐ最強最新の艦上戦闘機。対して後者は三六機のラファール戦闘機がインド空軍に販売済みという強みがあった。これら輸入機の導入とは別に、インド海軍では、将来に向け、ＨＡＬ製の双発艦上戦闘機（ＴＥＤＢＦ）の国内開発計画も進めている。

母艦機の搭載数は、空母のサイズがほぼ同じなので、ビクラマディティヤと変わらない。三四機ほどである。艦上戦闘機は二個飛行隊の二四機であり、艦載ヘリが一〇機となる。ただ艦載ヘリも旧式機を更新する計画で、既に高級な米シコルスキー製ＭＨ‐60Ｒ多用途ヘリの導入が進んでいる。

このように国産空母ビクラントを見てくると、他の輸入した三隻の空母に比べて東西両陣営の技術・製品が適材適所に

■Boeing社がインド海軍に新マルチロール双発艦上戦闘機として提案しているF/A-18E/Fスーパー・ホーネット（ブロックⅢ）戦闘機

◆2022年、インドのゴアにある海軍試験施設（SBTF INS Hansa）を使いスキージャンプ台から短距離発進のテストを繰り返すボーイングF/A-18E/Fスーパー・ホーネット艦上戦闘機（Boeing）

◆F/A-18のコクピットから見たスキージャンプ台

◆発進したF/A-18Eは飛行後にSBTF施設内にある模擬空母飛行甲板の着艦拘束装置にある2索のワイヤにフックを引っ掛け着艦（制動）した

『米F/A-18vs仏ラファールM』インド海軍が選定中の新双発艦上戦闘機

■インド空軍が新マルチロール双発戦闘機として36機調達した仏ダッソー製ラファール戦闘機（陸上機）

■2022年スキージャンプ台で発艦試験をする仏製ラファールM艦上戦闘機（Twitter）

■洋上の空母に着艦する仏海軍のラファールM艦上戦闘機（MoD）

■インド海軍の空母搭載用の主力艦上戦闘機MiG-29K

■インド海軍が国産空母用として計画中のHAL製TEDBF双発艦上戦闘機（Josh097）

■2014年、インド海軍のSBTF施設（ゴア）のスキージャンプ台で発艦試験するインド国産HAL製テジャス試作戦闘機（NP-1艦載型）。本機の開発は2020年中止となり外国機の導入となった

使われているのが分かる。顕著なのはロシア製機材の大幅な減少と言えよう。使われているのは離着艦装置とＣＩＷＳくらいなのである。高性能な捜索・対空レーダー、艦対空ミサイル、主機などは西側諸国の製品が採用されているのだ。

インド空母戦闘群の国産艦隊化

二〇二二年も、対中国を念頭に置いた日米豪印の四か国海軍による、マラバール合同演習が実施された。インド海軍はシバリク級フリゲートなど二隻の戦闘艦の参加であったが、マラバール２０２０演習では、インド海軍が公式に「空母戦闘群（Carrier Battle Group）」と呼ぶ、豪華な空母機動部隊が参加していた。その編成は、空母ビクラマディティヤを旗艦として、護衛艦のミサイル駆逐艦コルカタ、チェンナイ、フリゲート「タルワー」、潜水艦カンデリ、補給艦ディーパクの計六隻という顔ぶれであった。

護衛艦の中核をなすミサイル駆逐艦は、二〇一〇年代に就役した新鋭のコルカタ級（15Ａ型）三隻である。同級は、対艦・対空ミサイルを共に艦内ＶＬＳに格納し、傾斜平面からなる上部構造物や塔型マストを採用するなど西側流のステルス設計を取り入れ、併せて古いソ連製艦載システムからの脱却を図っていた。主武器の対艦ミサイルは、ロシアと共同開発したブラモス超音速巡航ミサイル（最大射程三〇〇～六〇〇km）を一六発積む。対空ミサイルは、イスラエルと共同開発したバラク８艦隊防空ミサイルを三二発積む。

特にバラク８は空母を守る主武器であり、高性能なイスラエル製ＥＬ／Ｍ－２２４８多機能レーダーに射撃管制を任せている。さらに艦隊防空効力を拡大するため同級には、ＣＥＣ（共同交戦能力）ネットワークが装備されている。実験では、遠方目標に対し、他艦が探知した射撃データを受信して自艦のバラク８で撃墜するのに成功したという。また長距離捜索レーダーも、ロシア製ではなく、オランダのタレス製ＬＷ－08を採用。こちらは小型目標（ＲＣＳが二㎡）を距離二六〇kmで探知でき、六四個の目標を追尾できた。

さらに同級を改良したビシャーカパトナム級（１５Ｂ型）の一番艦が二〇二一年に就役し、三隻の建造が進んでいる。ステルス性の向上が図られ、射程一五〇kmに延伸したバラク８ＥＲ対空ミサイルの搭載が予定されている。

フリゲートは、ロシアで設計され、一〇〇mm砲など主にロシア製武器を搭載したタルワー級六隻と、二〇一〇年代に三隻就役した国産のシバリク級（17型）フリゲートが主力である。シバリク級は、よりステルス設計が進み、ブラモスやバラク等の国産ミサイルや二機の艦載ヘリが搭載されている。最新のフリゲートとしては、シバリク級を発展したニルギリ

大型化・ステルス化するフリゲート『タルワー級からニルギリ級へ』

◆タルワー級フリゲートからのRBU-6000対潜弾発射機（射程6km）の射撃（左）。下は同級1番艦タルワー（満載4100トン、全長125m）

■タルワー級フリゲート4番艦ティグ（2022年）。右上は前甲板にあるShil-1 対空ミサイルの単装発射機 3S-90

◆シバリク級改良型の最新ニルギリ級フリゲート（GRSE）

◆2022年9月、ニルギリ級3番艦タラギルの進水式

■シバリク級フリゲート（満載6200トン、全長144m）3番艦シャドリは2012年の就役。左が補給艦シャクティ、右が海自ヘリ搭載護衛艦「ひゅうが」（DoD）

◆2020年、大きな4面固定アンテナをマスト壁面に装備したインド海軍最新のコルカタ級ミサイル駆逐艦1番艦。アンテナを使う捜索レーダーのM-2248MF-STARは対空ミサイルの射撃誘導もする多機能型で、高空の航空機を距離450km、低空の対艦ミサイルを距離25kmで探知・識別できる

■左上:2017年TROPEX演習で対艦用ブラモスを垂直発射したコルカタ級3番艦のチェンナイ。同艦は前甲板にあるVLS(8セル)2基に16発のブラモスを搭載

■右上:ブラモス超音速巡航ミサイル:重量3トン, 全長8.4m, 直径0.6m, 速度マッハ3, 射程600km

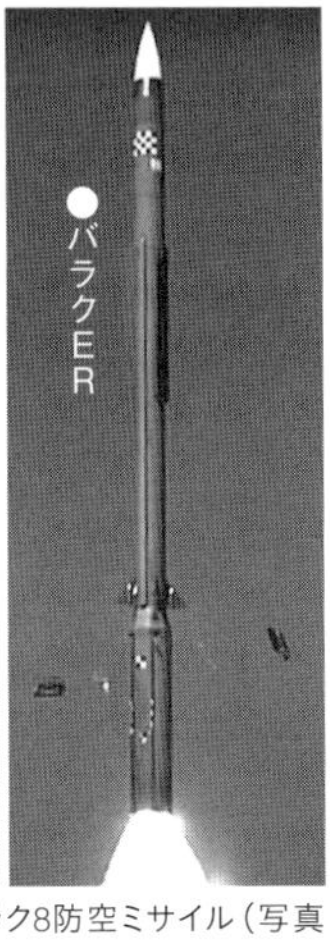

■コルカタ級搭載の射程100kmのバラク8防空ミサイル(写真右はバラクER)

■2019年、バラク8SAMを垂直発射するコルカタ級2番艦コチ

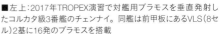

インド海軍の主力ミサイル駆逐艦コルカタ級:ブラモスSSM&バラクSAM

■JIMEX2020演習に参加したコルカタ級ミサイル駆逐艦チェンナイと
海自ヘリ搭載護衛艦「かが」

■洋上合同演習中のミサイル駆逐艦コルカタと
英海軍45型ミサイル駆逐艦ディフェンダー（左）

◆潜水艦発射型のブラモス

■2021年、試験航行する最新ビシャーカパトナム級ミサイル駆逐艦。
同級はコルカタ級の発展型である

■2022年2月、ブラモスを発射するビシャーカパトナム

■ビシャーカパトナム級が搭載するIAI製M-2248AESA
多機能レーダー（4面固定アンテナ）

級（17Ａ型）フリゲート（満載六六七〇トン、全長一四九ｍ）も二〇一九年に一番艦が進水し、七隻の建造が予定されている。ステルス船体も大型化され駆逐艦並みの国産兵装が特長だ。

空母戦闘群を海中から護衛する主力の潜水艦は、六隻計画されている最新のカルバリ級だ。二〇一七年に一番艦が就役し五隻まで完成している。同艦はスコルペヌ級（仏・スペイン）をインドで改装建造したディーゼル電気推進式潜水艦で、静粛隠密性に優れ、仏製ＳＭ39エグゾセ対艦ミサイルの攻撃力を有した。なお潜水航行能力を高めるため、国産開発中のＤＲＤＯ製ＡＩＰ（非大気依存推進）機関を追加装備する計画となっている。また空母戦闘群の外洋展開能力を兵站面で支えるため、二〇二一年に満載二・八万トンの大型補給艦ディーパク級を二隻建造している。同艦は一・六万トンもの燃料を搭載する。ちなみに空母ビクラマディティヤが搭載する燃料は七〇〇〇トンだという。つまり補給艦は空母二隻を満タンにできる量の燃料を積んでいると言うことだ。

ともあれ、空母戦闘群は、第三次印パ戦争の勝利以降、インド海軍にとって最大の戦力投射（Force Projection）手段となっていた。インド海軍参謀総長（当時）のカランビル・シン提督は、中国海軍を念頭に置き「海軍作戦には、二つの実動する空母戦闘群を当てなければならないので、空母は三隻必要だ」と記者会見で述べている。三隻目の空母とは、六・五万トン級の電磁カタパルトを持つ新国産空母ビシャル（Vishal）のこと。ただ戦略原潜の建造が優先されるとの説もある。

第**14**章

中国海軍の悲願『国産空母戦闘群』

進水した003型空母「福建」PLA（写真：PLA/中国国防省）

中国空母の父「劉華清」

二〇二二年六月一七日、中国海軍三隻目の空母となる新空母が、上海の江南造船所で進水、003型「福建」と命名された。姿を現した純国産空母である福建については、いくつもの特記すべき事象が頭に思いついた。

一つは、見た目からして、米海軍の原子力空母に伍す巨体であった。推定八万トン超級の満載排水量を持ち、全長が三二〇mほどで、米空母との差はわずか一〇mである。

二つ目は、斜め飛行甲板を持つ飛行甲板には、中国海軍の最初のSTOBAR式空母「遼寧」にあったスキージャンプ台が外され、真っ平らの全通甲板で、ジェット艦上戦闘機を発艦させるためのカタパルトを三基搭載していたこと。しかもそれは旧来型の油圧や蒸気カタパルトではなかった。米海軍の最新鋭原子力空母フォード級が初めて実用化した、いわくつきの次世代型電磁カタパルトを、建造経験の浅い中国海軍が国産開発して備えているという。いわくつきとは、フォード級の配備が、この電磁カタパルトの長期間にわたる不具合により、大きく遅延していたからだ。要するに福建が搭載した中国製の電磁カタパルトは、本当に使い物になるのかという疑問が付き纏っているのである。

三つ目は、技術面の不思議ではない。その名前である。「福建」とは福建省からとられたもの。ただ初の純国産空母の名前が「福建」では、かなり地味過ぎではないか。しかし福建省は、習近平主席（国家／軍事委員会）が福建省長を務めた地であり、なにより台湾の真正面に位置していた。間違いなく台湾は、中国共産党にとって軍事戦略上の最大の核心課題であり、この課題解決の切り札（中核兵器）としての空母「福建」と言う位置付けなのであろう。

ともあれ、中国海軍は、二〇一〇年代に入り、著しく発展する経済と莫大な資金を背景に、三隻の空母を矢継ぎ早に建造している。二〇一二年九月に就役した中国海軍初の空母001型「遼寧」は、ソ連製の未完成STOBAR式空母ワリヤーグを改造再生した代物。二〇一九年一二月に就役した002型「山東」は、遼寧の改良発展型として建造した中国海軍初の国産空母であった。記したように三隻目の空母が、純国産空母の「福建」と言うわけであり、さらに米海軍に対抗すべく国産原子力空母の建造計画を推し進めている。

確かに中国海軍が空母を手に入れたのは、二〇一〇年代であったが、同海軍が空母計画を最初に立案したのは、はるか昔の一九七〇年と古い。共産党中央が一・四万トン級の軽空母の建造を指示したという。しかし当時、陸軍が主役の人民解放軍PLAにあって、PLA海軍は、小型艦艇主体の沿岸防

『舟山級(054A型)フリゲート』空母戦闘群の対潜・多用途艦

◆舟山(054A型)は32隻が就役。なおも建造が続く同級は高い信頼性の高性能艦だ

●対潜ミサイルのYU-8(射程50㎞)はVLS(32セル)から発射する

●主砲の60口径76㎜単装砲

御レベルの海軍に過ぎなかったのである。中国海軍が力を得たのは、一九八二年に、鄧小平が海軍司令員の劉華清に海軍の近代化を命じてからであった。

劉華清（一九八九年～九七年：中央軍事委員会副主席）は、中国海軍近代化の目標として、有名な第一列島線（域内の制海権を確保する近海防御）と第二列島線（域内の制海権を確保する遠海防御）からなる外洋進出戦略を打ち立て、これを実現するには空母の建造が不可欠と主張したのである。ちなみに第一列島線は、九州、沖縄、台湾、フィリピン、ボルネオ島を結ぶ近海ライン。第二列島線は、伊豆諸島、小笠原諸島、グアム・サイパン、パプアニューギニアを結ぶ遠海ラインを指すもの。

この二つの列島線を確保するために、劉華清提督は、米海軍の超大型空母を念頭に「中国海軍は近代的な空母艦隊を持たねばならない」と繰り返し述べている。仮に、今後、保有する三隻の空母を列島線の防御担当に当てはめるならば、遼寧と山東は第一列島線向け、第二列島線の担当は福建となろう。それ以東のハワイまでの太平洋は、計画中の原子力空母が担当するという算段である。中国海軍は、今や進水した福建を含む空母が三隻、弾道ミサイル原潜八隻、攻撃原潜一二隻、駆逐艦五〇隻、フリゲート四三隻を擁する世界第二位の海軍強国に成長できたのである。このような中国海軍の劇的な近代化発展は、四〇年前に劉華清提督が構想した計画を忠実に実現したものとも言えよう。

そして、劉華清提督は、「中国近代海軍の父」、「中国空母の父」と呼ばれ尊敬されている。

日本近海を跋扈する「遼寧」空母戦闘群

実際、今では、空母を手にした中国海軍は、劉華清提督の指示に従い、第一列島線を確保するかのように空母「遼寧」を核として編成した空母戦闘群を日本近海まで繰り返し遠征させている。なお中国海軍は、空母「遼寧」艦隊のことを空母「遼寧」戦闘群（The aircraft carrier Liaoning battle group）と呼称している。これは、米海軍の空母打撃群に対し、中国海軍の空母戦闘群が、海上戦闘により対抗する構想を示す呼称だとも言われている。

劉華清提督が提唱した海外進出戦略は、空母戦闘群の建造により、さらに拡大強化される。二〇一五年に発表された国防白書『中国の軍事戦略』では、「近海防御型から、近海防御型と遠海護衛型の結合への発展を一歩一歩実現する」と記されているのである。

実際、中国が求める空母戦闘群は、遠海護衛（シーレーン防衛等）を可能とするためのシステムに他ならなかった。

最初に中国海軍の北海艦隊（山東省青島）に所属する「遼寧」空母戦闘群が姿を現したのは、二〇一六年一二月二四日であった。海上自衛隊の護衛艦「とね」が、東シナ海中部の海域において、同空母戦闘群を初めて確認したのである。合わせて初めての事項は、同空母戦闘群による西太平洋への進出と、八隻からなる空母戦闘群の艦艇編成を確認することができたこと。その後、遼寧と護衛艦からなる空母戦闘群は、以下に示すように翌二〇一七年を除いて毎年定期的に沖縄諸島の宮古海峡を通過し、まるで自国の演習海域で訓練をするかのように西太平洋に進出する行動を繰り返すようになる。

[遼寧空母戦闘群の海峡通過・編成]

●二〇一六年一二月二四日（八隻）：空母「遼寧」、052D型駆逐艦×一（173）、052C型駆逐艦×二（151、171）、054A型フリゲート×二（538、547）、056型コルベット×一（594）、903型総合補給艦×一（966）

●二〇一八年四月二〇日（七隻）：空母「遼寧」、052D型駆逐艦×一（154）、052C型駆逐艦×三（150、151、152）、054A型フリゲート×二（538、547）

●二〇一九年六月一〇日（六隻）：空母「遼寧」、052D型駆逐艦×一（117）、051C型駆逐艦×一（116）、054A型フリゲート×二（576、598）、901型総合補給艦×一（965）

●二〇二〇年四月一〇日（六隻）：空母「遼寧」、052D型駆逐艦×二（117、119）、901型総合補給艦×一、054A型フリゲート×二（542、598）、901型総合補給艦×一（965）

●二〇二一年四月三日（六隻）：空母「遼寧」、055型駆逐艦×一（101）、052D型駆逐艦×二（120、131）、054A型フリゲート×一（577）、901型総合補給艦×一（965）

●二〇二一年一二月一九日（六隻）：空母「遼寧」、055型駆逐艦×一（101）、052D型駆逐艦×一（154）、054A型フリゲート×二（598等）、901型総合補給艦×一（901）

●二〇二二年五月二日（七隻）：空母「遼寧」、055型駆逐艦×一（101）、052D型駆逐艦×三（117、118、120）、054A型フリゲート×一（531）、901型総合補給艦×一（901）

このように空母遼寧は、その時々の最新鋭護衛艦を戦闘群に加えて宮古海峡を通過している。二〇二二年に実施した艦隊行動時の編成が、最新の空母戦闘群の構成であろう。その主な役割は、一・三万トン級の最新大型ミサイル駆逐艦055型が、広範なミサイル戦闘（長距離対空・対艦・対地攻撃）

[統合幕僚監部が公表した中国海軍の「遼寧」空母戦闘群の行動・護衛艦編成]

ジャンカイⅡ級フリーゲート(531)

レンハイ級ミサイル駆逐艦(101)

クズネツホフ級空母「遼寧」(16)

ルーヤンⅢ級ミサイル駆逐艦(117)

ルーヤンⅢ級ミサイル駆逐艦(118)

ルーヤンⅢ級ミサイル駆逐艦(120)

フユ級高速戦闘支援艦(901)

■7隻の艦艇で編成された遼寧空母戦闘群：写真は2022年5月21日、海自が宮古島の東約170kmの海域を北西進する中国海軍の空母戦闘群を確認したもの。艦艇の呼び名はNATO名で、レンハイ級(055型)、ルーヤン級(052D型)、ジャンカイⅡ級(054A型)、フユ級(901型)である

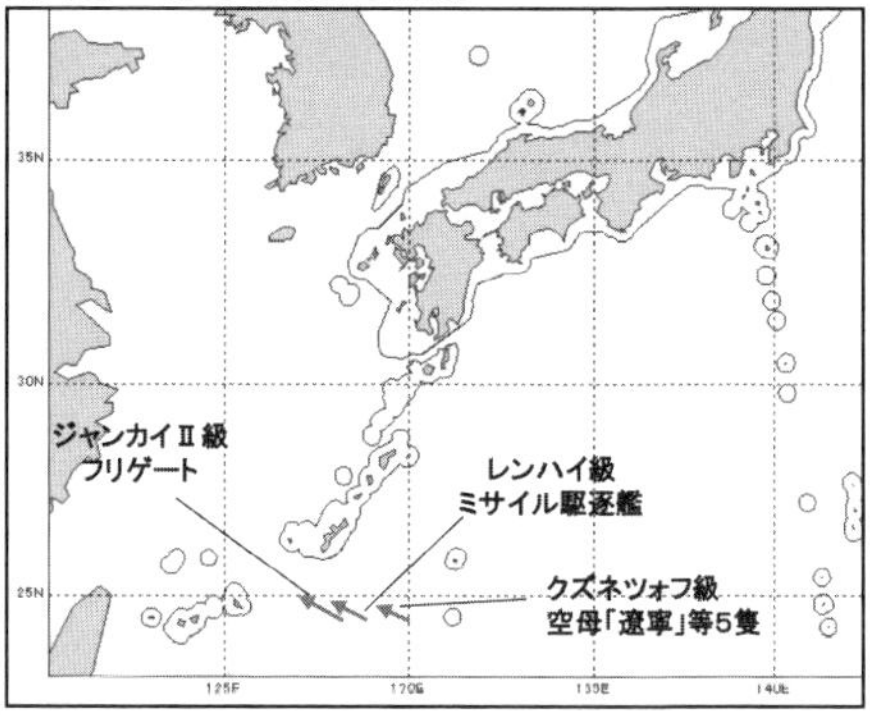

◆2022年5月21日、フリゲートと055型駆逐艦を先鋒として西進する空母戦闘群

◆沖縄の南方海域でJ-15戦闘機の離着艦訓練を繰り返す空母「遼寧」と母艦機

◆5月11日、石垣島の南約160kmで遼寧に着艦するZ-18汎用ヘリ

◆2018年2月、遼寧の飛行甲板(乗員によるゴミ確認作業)

「遼寧」空母戦闘群:太平洋で活発な示威訓練発動

◆2018年4月、中国海軍初の空母「遼寧」を中心とする空母戦闘群。輪形陣を組む護衛艦は中華イージスとも呼ばれる052C/D型ミサイル駆逐艦と054A型フリゲートと見られる。なお遼寧はソ連空母ワリヤーグを再生改造した代物で、就役は2012年9月である

◆手前の護衛艦は052D型「厦門」、奥が052C型「済南」駆逐艦

◆遼寧の甲板下にある格納庫。主役は24機積めるJ-15戦闘機

■米フォード級	■中国「遼寧」	■露クズネツォフ	■英エリザベス級	■印ビクラマディティヤ	■仏ドゴール
満載:10.2万トン 全長:333m 搭載機:80機	満載:5.9万トン 全長:305m 搭載機:36機	満載:5.9万トン 全長:305m 搭載機:41機	満載:6.8万トン 全長:284m 搭載機:48機	満載:4.6万トン 全長:284m 搭載機:34機	満載:4.3万トン 全長:261.5m 搭載機:36機

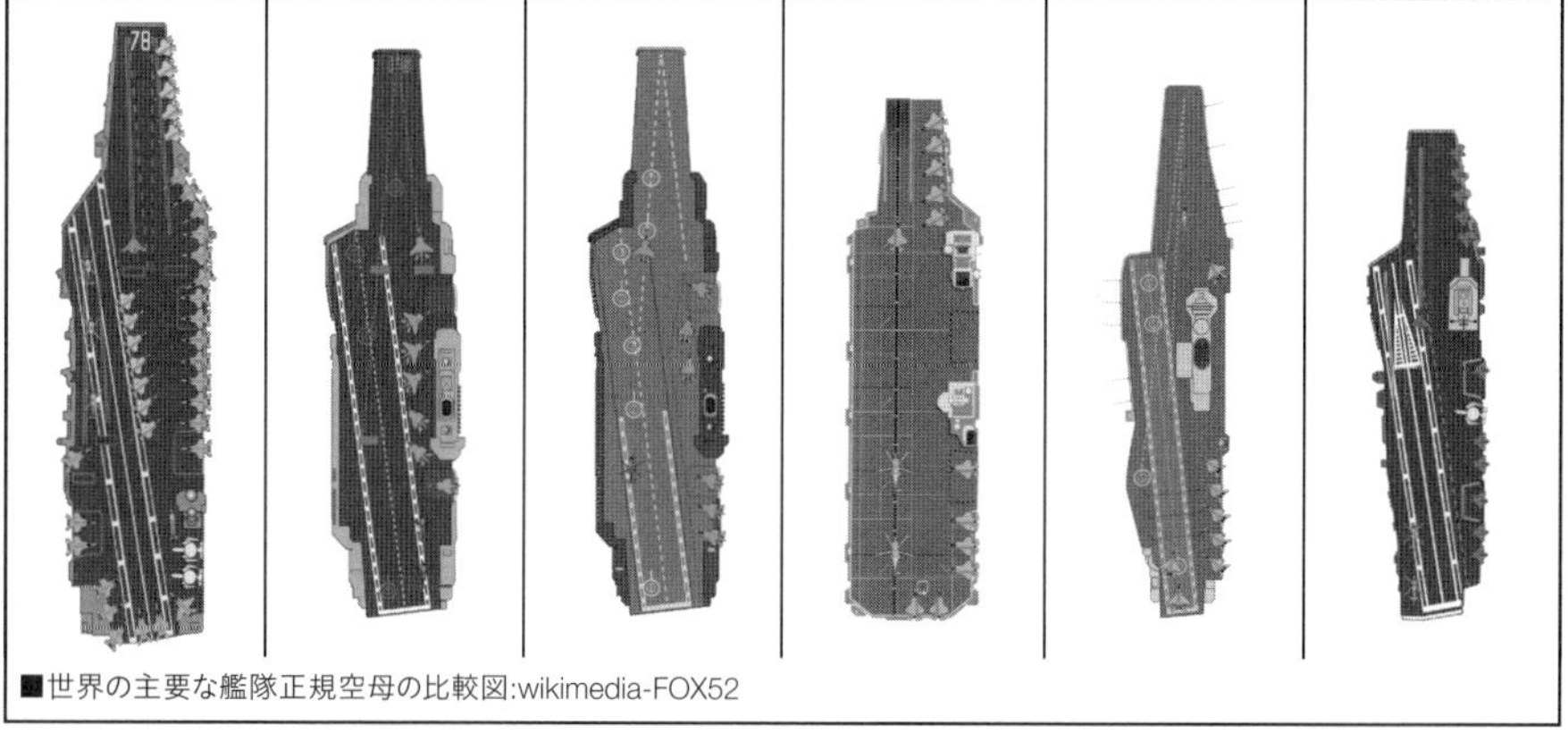

■世界の主要な艦隊正規空母の比較図:wikimedia-FOX52

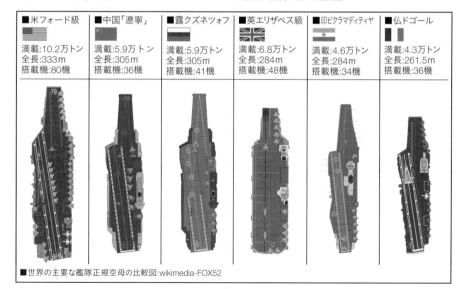

および防空戦闘指揮を担う。三隻を擁する052D型駆逐艦はミサイル戦闘の主力艦となる。054A型フリゲートは対潜任務を補完する。そして船体の大きな四・八万トンの901型総合補給艦が、空母戦闘群への随伴補給・洋上給油を行うのである。

海自は公表していないが、おそらく空母戦闘群には不可欠な護衛艦として、093型攻撃原潜が加わっていよう。空母遼寧にとって最も恐ろしい海の敵は、行く手を阻む米海軍の攻撃原潜の存在であり、これを早期発見し、撃退するには水中護衛艦たる友軍攻撃原潜の加勢が空母戦闘群には無くてはならないからである。可能ならば二隻が警備に当たろう。

記したように遼寧空母戦闘群は、二〇一六年以来、都合七回、太平洋への艦隊行動を実施している。未成空母を改装した遼寧は、当初、中国海軍初の空母と言うこともあり、西側当局は、艦隊配備の作戦空母ではなく練習空母と軽く見ていた。しかしながら遼寧空母戦闘群の一連の艦隊行動力は、遼寧が、当初言われたような練習空母ではないことを証明している。実際、遼寧は、艦隊配備の作戦空母として長く機能するため、二〇一八年八月から五か月をかけて大規模な延命のための近代化改修を施し、試験航海を経て二〇一九年三月に母港の青島に帰港しているのだ。二〇年間の現役続行が可能になったともいう。

第一歩は露空母を中国の手で改装した「遼寧」

そもそも中国海軍が目に見える形で空母保有に向けた動きを見せた事件は一九八五年に起こった。中国がオーストラリアから退役した空母メルボルン(旧英空母マジェスティック)を購入。これを解体して空母研究（蒸気カタパルトや着艦拘束装置等）に供したと言われている。

次なる事件は、一九九六年に勃発した第三次台湾海峡危機で、中国が弾道ミサイルの連射演習により台湾を恫喝。対して台湾に組みする米国は、米海軍の原子力空母ニミッツと空母インディペンデンスからなる二個の空母戦闘群を海域に派遣する示威行動を展開し、中国に弾道ミサイル発射を中止させたのである。中国には米空母戦闘群の強大な戦力に対抗する術がなかったのである。大きな衝撃を受けた中国は、軍事資源を海軍戦力の近代化に集中するよう舵を切る。とりわけ空母戦闘群の造成計画に邁進する。合わせてこれまでの列島線戦略を発展させた、接近阻止・領域拒否（A2／AD）が策定された。

海峡危機の翌年一九九七年には、一九九三年に退役したソ連製のキエフ級空母の二番艦ミンスク(満載四・一万トン)を購入している。二〇〇〇年には一番艦の空母キエフも購入す

空母戦闘群の主力護衛艦『昆明級(052D型)ミサイル駆逐艦』

◆052D型ミサイル駆逐艦が搭載する130mm砲(右上)と近接防空火器30mmCIWS(1130型)の実弾射撃

■34隻建造される主力ミサイル駆逐艦052D型(昆明級)。052C型との違いは前後部VLS(各32セル)の存在

■6隻建造されたミサイル駆逐艦052C型(蘭州級)。前甲板だけに筒型VLS(48セル)を搭載する

艦名(級名)	ミサイル駆逐艦「長沙」(173:052D型「昆明」級)	大型ミサイル駆逐艦「南昌」(101:055型「南昌」級)	STOBAR空母「山東」(17:002型)
満載排水量(基準) 全長×最大幅	7500トン(後期艦7650トン) 157m(161m)×17.4m	1.3万トン(1.1万トン) 180m×20m	6.7万トン(5.6万トン) 315m×75.5m
速力(出力) 航続距離	30ノット(7.6万馬力) 0.83万km(15ノット)	32ノット(15万馬力) 0.93万km(推定15ノット)	31ノット(20万馬力) 1.57万km(18ノット)
兵　装 (対空火器／搭載機)	70口径130mm単装砲×1 30mmCIWS(730/1130型)×1 64セルVLS(HHQ-9B,YJ-18,CJ-10,YU-8) HHQ-10近SAM(24発)×1 Z-9C哨戒ヘリ×1機	70口径130mm単装砲×1 30mmCIWS(1130型)×1 HHQ-10近SAM(24発)×1 112セルVLS(HHQ-9B,HHQ-16,YJ-18,YJ-21,CJ-10,YU-8) Z-18汎用ヘリ×2機	30mmCIWS(1130型)×3 HHQ-10近SAM(18発)×3 RBU-6000対潜弾発射機×2 搭載機:44機(J-15戦闘機×32,艦載ヘリ×12)
乗　員	280人	280人	2500人
クラス総建造数	34隻(就役25隻)	8隻(就役7隻)	1隻

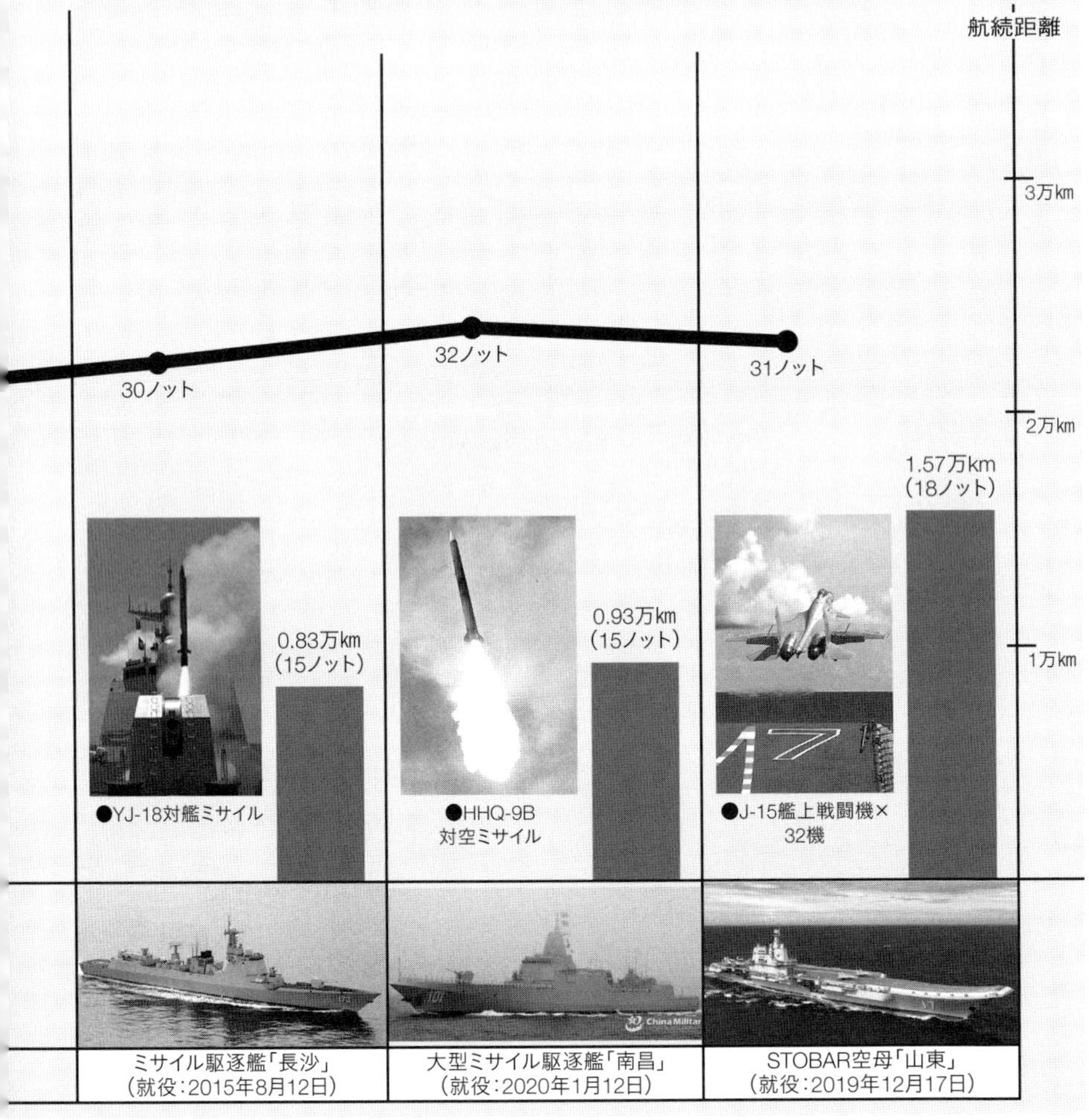

「山東」空母戦闘群主力艦の艦種別性能比較:機動力と兵装

艦名(級名)	総合補給艦「査干湖」 (905:901型「呼倫湖」級)	攻撃原潜「長征07」 (407:093型)	フリゲート「運城」 (571:054型「舟山」級)
満載排水量(基準) 全長×最大幅	4.8万トン(1.7万トン) 241m×32m	6096トン(水中) 106m×11.5m	4050トン(3450トン) 134m×16m
速力(出力) 航続距離	25ノット(15万馬力) 推定1.85万km(15ノット)	30ノット(水中) 無制限(原子力)	27ノット(2.8万馬力) 0.7万km(18ノット)
兵　装 (対空火器／ 搭載機)	燃料:2.5万トン 真水:1500トン 弾薬:1800トン 貨物:650トン 30mmCIWS×4 汎用ヘリ×2機	53cm魚雷発射管×6 ※YJ-18,YJ-82潜水艦発射対艦ミサイル	60口径76mm単装砲×1 30mmCIWS(730型)×2 32セルVLS(垂直発射機:HHQ-16SAM,YU-8SUM) YJ-83SSM(16発) Z-9C哨戒ヘリ×1機
乗　員	300人以上	100人	190人
クラス総建造数	2隻	8隻	32隻

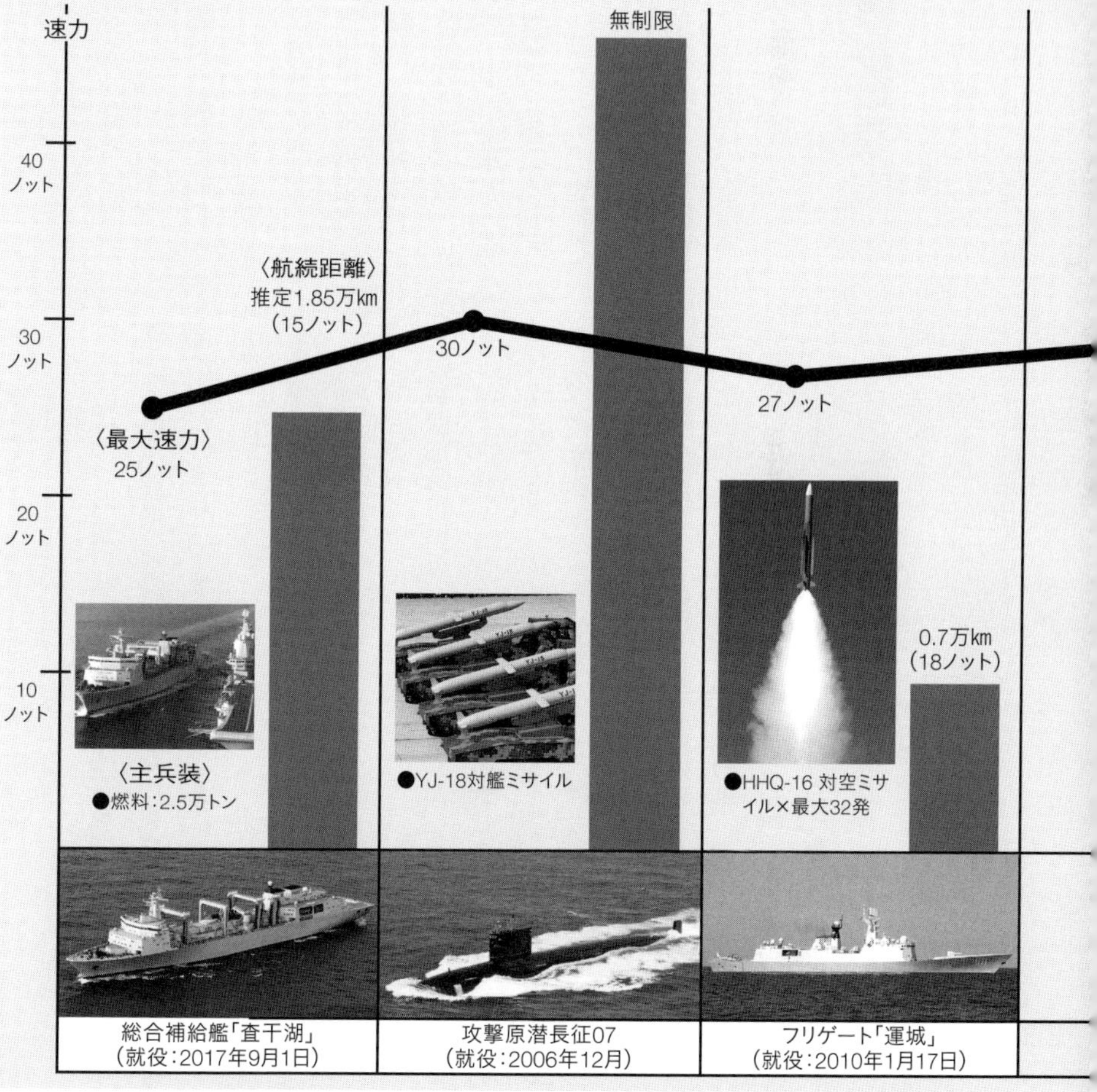

総合補給艦「査干湖」(就役:2017年9月1日)
攻撃原潜長征07(就役:2006年12月)
フリゲート「運城」(就役:2010年1月17日)

る。面白いことに同じ二〇〇〇年には、ロシアは、インドに対しキエフ級四番艦のゴルシコフをスキージャンプ台装備の全通飛行甲板空母に大改装して売却する契約を結んでいる。後の空母ビクラマディティヤである。

ともあれ、このような経緯を経て中国は、一九九八年、未完成（完成度六八％）のまま放置されていた、旧ソ連海軍のクズネツォフ級空母の二番艦ワリヤーグ（満載五・九万トン）をウクライナからテーマパーク等に平和利用するとの条件で購入する。しかしながら二〇〇五年、中国は、同艦を大連にある造船所の乾ドックに搬入して全面的な再生工事に着手する。二〇一二年九月二五日、ワリヤーグは、中国海軍初の艦隊正規空母「遼寧」として就役するのである。結果的に中国は、インドのようにロシアに対して空母の建造（ワリヤーグの再生工事）を依頼しなかったのであるが、これは中国とインドでは、ロシアとの関係（軍事上の依存度）が大きく異なることの証左と言えよう。またこのころには中国は、空母造船面での技術的蓄積もでき、自信もあったのであろう。

外国製品を模倣した空母と母艦機の開発

ＳＴＯＢＡＲ式空母である遼寧の大きさは、満載五・九万トン（基準四・七万トン）、全長三〇五ｍ、幅七二ｍ。艦首には、通常離着陸型のＣＴＯＬ機を短距離離陸（ＳＴＯ）させるため、勾配角一四度の勾配角がつけられている。斜め飛行甲板の後部には、四索の制動ワイヤが張られている。大型のアイランド構造物は、飛行甲板の右舷側中央に据えられ、その前後に二基のエレベーターがあった。アイランドの四面には、アンテナ固定型の国産３４６型フェーズド・アレイ・レーダーを装備していた。

遼寧では、目には見えないが、飛行甲板の下にある格納庫がクズネツォフ級よりも拡張されていた。これはクズネツォフ級が前部飛行甲板下に設置していた、Ｐ‐７００対艦ミサイルの大きなＶＬＳ（一二発）を撤去したからである。床面積はクズネツォフの四五〇〇㎡から五四〇〇㎡に増加している。一・二倍である。格納庫には二四機の戦闘機を収容することができた。

自衛用火器は、近接防空用として三〇㎜ＣＩＷＳ（１１３０型）を三基積む。設置場所は右舷前部、後部左右舷に各一基である。これはタレス製の七砲身三〇㎜ＣＩＷＳゴールキーパーに酷似した高射火器で、中国製の代物は、束ねた砲身が四つ多い一一砲身であった。その分だけ毎分当たりの機関砲弾の発射速度は高く、毎分一万発を撃つという。有効射程は約三㎞。個艦防空用にはＨＨＱ‐10近距離対空ミサイルの一八連装発射機ＦＬ３０００Ｌを四基積む。設置場所は前部左右舷および後部左右舷に各一基である。こちらは、米海軍のRAM近距離対空ミサイルの二一連装発射機に酷似していた。射程は一〇kmほど。この二種類の防空火器により、空母の三六〇度・全周をカバーする個艦防空能力を備えていると言えよう。他にもRBU-6000対潜弾発射機（一二連装）二基、対艦ミサイルの誘導欺瞞兵器として二四連装のチャフ/デコイ発射機を四基備えていた。

艦の速力は、蒸気タービン四基（ボイラー八缶：計二〇万馬力）の四軸推進により三〇ノットの高速航行が可能であった。空母として十分な速力である。航続距離は一八ノットの巡航により一・六万kmほど。記したように遼寧は、改修の成果もあり、空母戦闘群を率いて毎年太平洋に進出しており、その長距離航洋能力は信頼性とともに実証されている。乗員は二〇〇〇人（航空要員六二六人）。

次なる難問は、搭載する主力艦上戦闘機の整備。同型空母を持つロシア海軍の空母クズネツォフ級は、一線級の重双発艦上戦闘機スホーイSu-33フランカーDを搭載していた。インド海軍は軽くて扱いやすく安価なミグMiG-29戦闘機を選んだが、中国海軍はより強力なフランカーを選択する。ただしこちらは輸入ではなく国産化を図っている。要は、瀋陽J-11B（Su-27の国産化型）戦闘機をベースにして、ウクライナから入手したSu-33の試作機T-10K-7の技術を取り入れ改設計したのである。こうして完成したのがマルチロール型の瀋陽製J-15フライング・シャーク艦上戦闘機であった。本機は、中国初の空母遼寧に搭載するため、二〇〇一年に開発に着手し、二〇〇九年に初飛行に成功している。

遼寧が搭載する標準的な航空団の母艦機戦力は三六機ほどで、主力の艦上戦闘機J-15を二個飛行隊の二四機ほど搭載する。残る一二機が汎用の艦載ヘリで、ハルビン製Z-9汎用ヘリが二機と、昌河製Z-18汎用ヘリが一〇機である。Z-18は、用途別にZ-18輸送ヘリ二機、Z-18F対潜ヘリ六機、Z-18J早期警戒ヘリ四機、Z-18S捜索救難ヘリ二機の組合せとなっている。

初の国産空母「山東」

中国海軍は、初の空母遼寧が就役した翌年の二〇一三年一一月一九日、早くも初の国産空母002型を大連の造船所で起工する。これほど短時間に国産空母を生み出せたのは、002型が遼寧に酷似した発展型のSTOBAR式空母であったからだ。造船所は構造を熟知し、海軍側も完成した遼寧を運用して見つかった不満点を改善することができたのである。価格は三〇〇億人民元（四四億米ドル：二〇一二年時）ほど。決して安くない。と言うのもニミッツ級原子力空母の

◆世界一流海軍をめざす中国にとって
初の国産空母「山東」はその第一歩

◆山東空母戦闘群の要、055型ミサイル駆逐艦の
延安(106)と総合補給艦の査干湖(905)

◆最大で36機のJ-15戦闘機を収容する山東の格納庫

◆山東を対艦ミサイルから自衛するデコイ発射機(24連装)

「山東」空母戦闘群を構成する基幹艦艇の主要データ

■055型ミサイル駆逐艦×1隻:満載1.3万トン,全長180m,
主兵装VLS(112セル),ヘリ×2機,乗員280人

■052D型ミサイル駆逐艦×1隻:満載0.75万トン,全長157m,
主兵装VLS(64セル),ヘリ×1機,乗員280人

■052C型ミサイル駆逐艦×1隻:満載0.7万トン,全長154m,
主兵装VLS(48セル),ヘリ×1機,乗員220人

■054A型フリゲート×1隻:満載0.4万トン,全長134m,
主兵装VLS(32セル),ヘリ×1機,乗員190人

■093型攻撃原潜×1隻:水中0.6万トン,全長106m,
主兵装YJ-18,乗員100人(Facebook)

■901型総合補給艦×1隻:満載4.8万トン,全長241m,
燃料2.5万トン搭載,ヘリ2機,乗員300人

中国海軍の『山東（002型）』空母戦闘群の編成戦力図

空母「山東」が搭載する航空団の母艦機編成例（計44機）

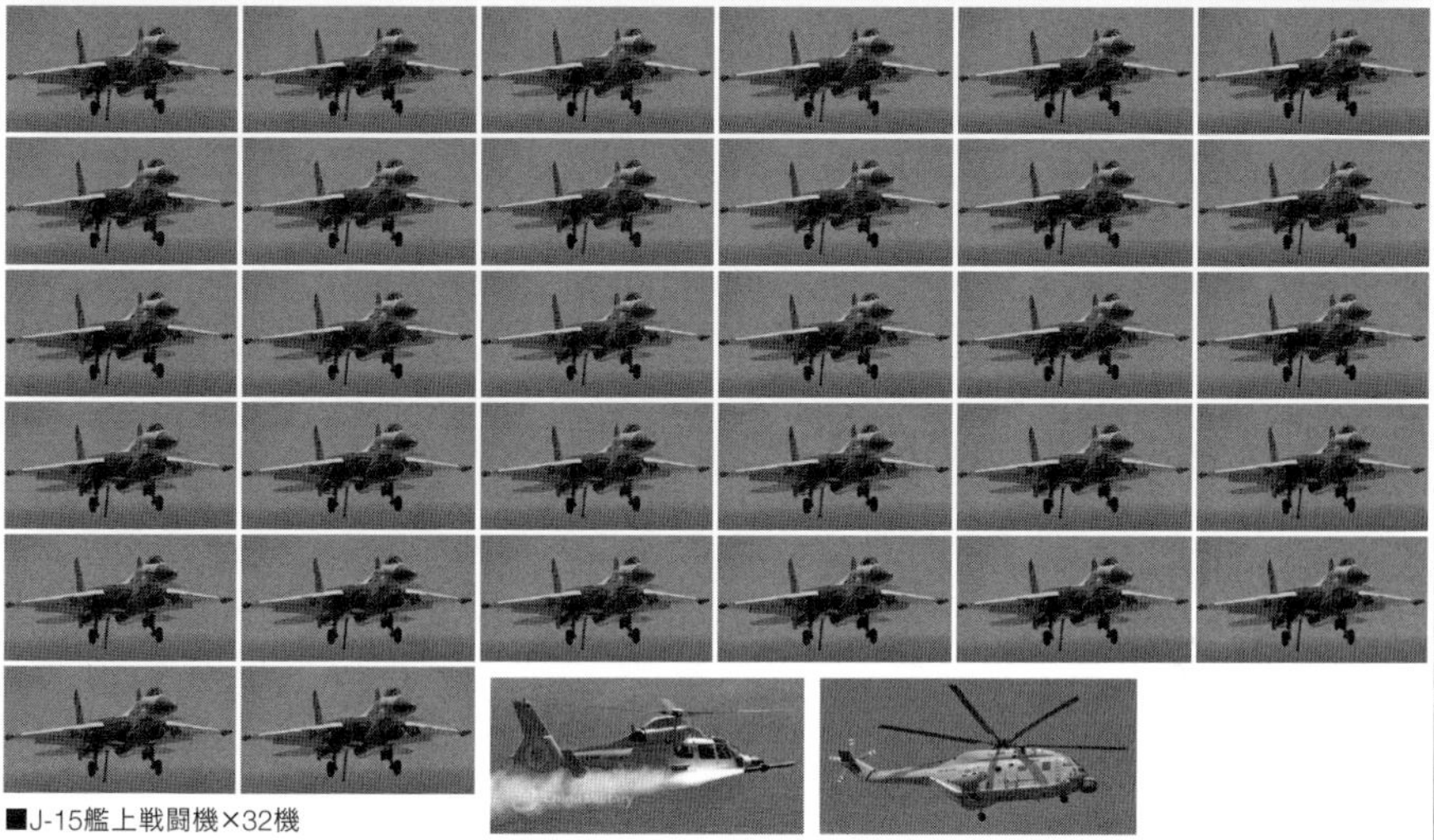

■J-15艦上戦闘機×32機

■艦載ヘリ×12機：Z-9哨戒ヘリ（左）×2, Z-18汎用ヘリ（右：AEW等）×10

◆2022年、055型ミサイル駆逐艦や054A型フリゲート、総合補給艦を従えた中国海軍初の国産空母「山東」の空母戦闘群

◆勾配角12度のスキージャンプ台からSTO発艦するJ-15戦闘機

■空母「山東」×1隻：満載6.7万トン、全長315m、速力31ノット（蒸気タービン4基）、搭載機44機（ヘリ12機）、乗員2500人

〈空母戦闘群の主戦力〉
●艦艇総数：7隻
●総排水量：15.25万トン
●総乗員数：3870人
●艦上戦闘機：32機
●ヘリ搭載数：19機

機種 諸元	中国海軍 J-15	米海軍 F/A-18E/F
機体重量 最大重量 全長 翼幅 翼面積 乗員数	17.5トン 32.5トン 22.3m 15m 67.8㎡ 1/2人	14.3トン 30.2トン 18.3m 13.6m 46.5㎡ 1/2人
エンジン (推力) 最大速度 航続距離	AL-31F (12.5トン×2) マッハ2.4 3000㎞	F414-GE-400 (9.9トン×2) マッハ1.8 2936㎞
レーダー	1493型	APG-79
武装 ※主要な搭載 可能ミサイル数 (搭載量)	●30㎜砲×1 ●AAM×12: PL8, PL10, PL-12, PL-15, YJ-83K, YJ-91, KD-88 (6.5トン)	●20㎜砲×1 ●AAM×14: AIM-9, AIM-120, AGM-84, AGM- 158LRASM, GBU-32 (8トン)
生産数	100機以上	608機

〈中国海軍J-15vs米海軍F/A-18E/F〉

瀋陽J-15艦上戦闘機

ボーイングF/A-18E/F戦闘攻撃機

2025年代に装備される次世代の戦闘機・支援母艦機

瀋陽開発のFC-31ステルス戦闘機(DannyYu)

FC-31ベースの空母搭載型試作機J-35
(Twitter Rupprecht)

現用の早期警戒(AEW)ヘリZ-18J

開発中のKJ-600艦上早期警戒機(Twitter asagumo)

現用の中型汎用ヘリのZ-18

新汎用ヘリ(対潜)のハルビン製Z-20(internet)

重艦上戦闘機J-15の改良&ステルス戦闘機J-35開発

◆2018年、空母「遼寧」に搭載された空母航空団の主力艦上戦闘機J-15フライング・シャーク

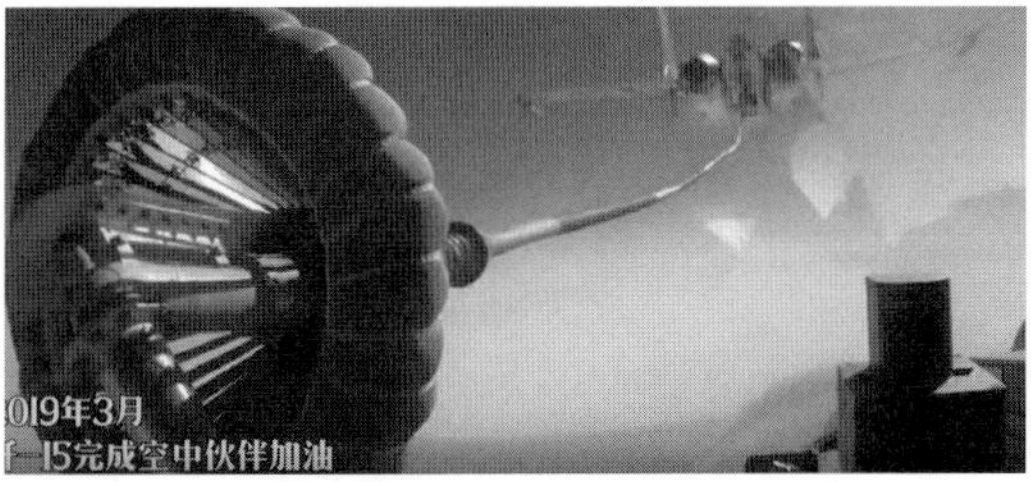

◆専用機が無いため空中給油はJ-15の給油ポッドによるバディ給油だ

●カタパルト運用改修されたJ-15T戦闘機(internet)

●空母山東に搭載された試作中の電子攻撃型J-15D戦闘機

●2022年、国産ターボファン・エンジンWS10Hを搭載したJ-15

トルーマン（一九九八年就役）の調達価格は、遼寧とほぼ同価格の四五億米ドルなのである。二〇一九年一二月一七日、初の国産空母は、002型山東（艦名は山東省から）と命名されて就役する。山東が配備されたのは、南海艦隊（広東省湛江）で、母港は大型支援設備の整った三亜（海南省）の海軍総合基地であった。

山東の大きさは、満載六・七万トン（基準五・六万トン）、全長三一五m、幅七五・五m。船体は遼寧に比べて一回りほど大きい。艦首に設けたスキージャンプ台より二度低い。飛行甲板は勾配角一二度で、遼寧のジャンプ台より二度低い。飛行甲板が遼寧より大きいため、離陸距離を確保できるからであろう。斜め飛行甲板の後部には、四索の制動ワイヤが張られている。飛行甲板の右舷側中央に据えられたアイランドは、遼寧のものより前後が短くされているが、高さは高く、より塔型のアイランドに成形されている。アイランドの艦橋が二層（上が航海用、下が司令部用）なのである。アイランドの四面には、改良したアンテナ固定型の国産346A型フェーズド・アレイ・レーダーを装備していた。エレベーターは二基。

山東では、遼寧と異なり、飛行甲板下の格納庫を航空機用として初めから設計できたため、遼寧より大きくなっている。最大で三六機のJ-15戦闘機を収容可能だという。

自衛用火器は、近接防空用の三〇㎜CIWS（1130型）が三基、個艦防空用のHHQ-10近距離対空ミサイルの一八連装発射機FL3000Lを三基積む。

艦の速力は、遼寧と同じように蒸気タービン四基（ボイラー八缶：計二〇万馬力）の四軸推進により、三一ノットの高速航行が可能である。航続距離は一八ノットの巡航により一・六万㎞ほど。二九ノットの高速航行でも七五〇〇㎞の航行が可能だという。乗員は二五〇〇人。

山東に標準搭載できる航空団は、母艦機が四四機ほど。内訳はJ-15艦上戦闘機が三二機、艦載ヘリが一二機（Z-9二機と、Z-18一〇機）である。遼寧よりも強力な航空団を運用できると言うことだ。山東は、南海艦隊の所属なので、今のところ北海艦隊の遼寧空母戦闘群のように日本近海にその姿を現していない。確認されているのは台湾海峡の通過や中国近海での搭載機の離着艦訓練などであった。

米空母に対抗する国産空母「福建」

中国海軍が長年培った技術の粋を集めた003型「福建」は、大きさが推定八万トン超級、全長三二〇m、幅七六mほどあり、まさに米空母に比肩できる巨艦であった。見た目の通り、船体甲板は、スキージャンプ台のないCATOBAR（カタパルト発艦拘束着艦）式全通飛行甲板であった。しかも重いジェット艦上戦闘機をアシスト発艦するため、次世代型の電磁カタパルト（ＥＭＡＬＳ）を三基搭載していた。カタパルトの配置は主甲板に二基、斜め飛行甲板に一基である。仮にシステムが初期調整を終え、順調に稼働する状態に達したならば、空母福建は電磁カタパルトを備えたＣＡＴＯＢＡＲ式空母の恩恵を受けることができよう。

享受できる最大の恩恵は、二つ（母艦機側と空母側に各一つ）あった。母艦機側については、搭載する母艦機がその能力を最大限に発揮可能になること。また遼寧や山東では発艦不能であった大型機を運用できるようになることである。具体的には、カタパルトのない遼寧では、重いＪ‐15戦闘機は、兵装を満載した場合、スピード不足で離陸できなかった。仕方なくＪ‐15は、本来、八トンの爆弾搭載量があるにもかかわらず、積む兵器を六・五トンに減らして出撃しなければならなかったのである（あるいは燃料を減らす）。それが福建では八トンの兵器を満載しても出撃できるのだ。

また現用の早期警戒ＡＥＷ機は、Ｚ‐18Ｊヘリであったが、ヘリに積む小型レーダーでは捜索能力が低すぎた。福建では、新たにターボプロップ双発機の西安製ＫＪ‐６００艦上早期警戒機が開発され、搭載されるという。同機は二〇二〇年八月に初飛行しているが、画像を見ればわかるように、これまた米海軍のＥ‐２Ｃ／Ｄ早期警戒機に酷似した双発ＡＥＷ機である。同機は、少なくとも速度と航続距離の面で、ヘリＡＥＷ機の二倍以上の性能があり、ヘリにはとても載せられない大きな高性能ＡＥＳＡレーダー・アンテナを背部の皿型ロトドームに搭載している。これはＣＥＴＣ製Ｄバンドの ＫＬＣ‐7捜索レーダーで、探知距離が四五〇㎞以上、三六〇度の全周を監視できるという。

二つ目の恩恵は、空母側に対するもの。旧来型の蒸気カタパルトは、駆動力に高圧蒸気を利用するため、複雑なパイプや蓄圧タンクやピストン等を甲板下に巡らす必要があり、船体内に大きな容積を占有してしまう。対して先進の電磁カタパルトは蒸気カタパルトの半分の容積と重量で済むという。また整備・補修の手間は劇的に少なくて済み、当該人員の省人化も進められるのである。

一説では、福建の電磁カタパルトの性能は、満載した重量三二トンのＪ‐15を四分以内に一六機を発艦する能力を有するという。対して山東は、そのスキージャンプ台で一六機を発艦するには二〇分かかってしまう（世界の艦船二〇二二年一一月号）。四倍の時間である。しかも山東が積むＪ‐15は兵装を満載して離陸できないため、両空母の航空打撃パワーには大きな違いが発生してしまう。ただ福建の電磁カタパルトには技術上の不安だけでなく、必要とする膨大な電力確保への懸念もある。福建は、フォード級のように発電が原子力

空中早期警戒区域（290～800km）

■KJ-600艦上早期警戒機

広域防空区域（70～290km）

■055型大型ミサイル駆逐艦
（防空戦闘指揮／
長距離対空・対艦・対地攻撃）

■054A型フリゲート（対潜・多用途）

■093型攻撃原潜
（索敵／対潜・対水上艦攻撃）

■J-15B艦上戦闘機

空中哨戒区域（200km）

艦隊防空区域（10～70km）

■093型攻撃原潜
（索敵／対潜・対水上艦攻撃）

■J-35ステルス艦上戦闘機

■054A型フリゲート（対潜・多用途）

■055型大型ミサイル駆逐艦
（防空戦闘指揮／長距離対空・対艦・対地攻撃）

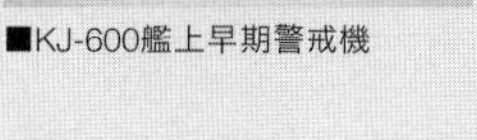

■KJ-600艦上早期警戒機

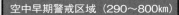

2025年代『福建』空母戦闘群の輪形陣&防御区域図

空母戦闘群の戦力(10隻):空母福建, 055型駆逐艦×2,052D型駆逐艦×2,054A型フリゲート×2,093型攻撃原潜×2,901型総合補給艦×1

画像:PLA,防衛省,weibo

中国海軍軍艦旗

■052D型ミサイル駆逐艦
(長距離対空・対艦・対地攻撃)

〈護衛艦の対空ミサイル(SAM)戦力〉

艦種(VLSセル数)	055型(112セル)	052D型(64セル)	054A型(32セル)	福建
HHQ-9B 射程250km 射高50km	●	●	／	／
HHQ-16 射程60km 射高21km	●	／	●	／
HHQ-10 射程10km 射高6km	●	●	／	●

空母個艦防空区域(3〜10km)

■空母「福建」／空母航空団〔母艦機52〜60機〕
(制空／制海／陸地への戦力投射)

■901型総合補給艦
(弾薬・貨物の補給／洋上給油)

〈護衛艦の対艦／対潜ミサイル戦力〉

艦種(VLSセル数)	055型(112セル)	052D型(64セル)	054A型(32セル)
CJ-10LACM 射程2000km 速度マッハ0.67	●	●	／
YJ-21ASBM 射程1000km 速度マッハ10	●	／	／
YJ-18SSM 射程540km 速度マッハ0.8	●	●	／
YJ-83SSM 射程180km 速度マッハ0.9	／	／	●
YU-8SUM 射程50km 速度マッハ0.95	●	●	●

■052D型ミサイル駆逐艦
(長距離対空・対艦・対地攻撃)

※この見開きのカラー版を本書438〜439ページに掲載。

主機でなく、ディーゼル発電機に頼っているからだ。

福建は、右舷中央にステルス化設計された塔型のアイランドが据えられ、その前後に舷側エレベーターを備えていた。エレベーターには二機のJ-15戦闘機を載せることができた。

自衛用火器は、近接防空用の三〇㎜CIWS（1130型）が四基、個艦防空用のHHQ-10近距離対空ミサイルの発射機が四基と見られる。ただ1130型CIWSの照準レーダが皿型から四角型に換装されており、改良型のCIWSと見られる。

艦の速力は、山東と同じように蒸気タービン四基（ボイラー八缶：計二二万馬力）の四軸推進により、三〇ノットの高速航行が可能であろう。

CATOBAR式空母の福建に標準搭載できる航空団は、山東より規模が大きくなり、母艦機が五二機から六〇機ほど。内訳の一例としてはJ-15艦上戦闘機が三六機、KJ-600早期警戒機が四機、艦載ヘリが一二機ほど（Z-9、Z-18あるいは米海軍のブラックホークに酷似した新型のハルビン製Z-20）。

ステルス戦闘機J-35と国産護衛艦

仮に二〇二五年に福建が就役し、南海艦隊に配属されたとしても、搭載する主力戦闘機は現用のJ-15に違いない。噂のステルス艦上戦闘機J-35の実用化にはまだ時間が必要であるからだ。ただし改良型や派生型のJ-15は積まれよう。

そもそも瀋陽製のJ-15艦上戦闘機は、改良型の1493型パルスドップラー・レーダーを装備したことで、露製Su-33が持たない空対空／空対地のマルチ戦闘能力を備えていた。つまりPL-12空対空ミサイル（射程七〇㎞）に加え、YJ-83K空対艦ミサイル（射程二五〇㎞）やKD-88空対地ミサイル（射程二〇〇㎞）やYJ-91対レーダー・ミサイル（射程一一〇㎞）を搭載できたのである。

また開発中の改良型J-15Bでは、福建のカタパルトから発艦できる改修、国産WS-10HターボファンやAESAレーダーへの換装、アビオニクスの近代化が施されているという。この他に現代の航空作戦に不可欠な複座型の電子攻撃機J-15Dも開発されている。少なくとも速度マッハ二・四、航続距離三〇〇〇㎞のJ-15は、米海軍のスーパー・ホーネットより飛行性能では上であった。しかしながら改良型のJ-15Bであっても、原子力空母への配備が始まった、米海軍のF-35Cステルス艦上戦闘機には対抗できない。そこで瀋陽製FC-31を艦載化したJ-35ステルス艦上戦闘機が開発されている。J-35の見た目は、米軍の単発機F-35を双発機にしたものと見間違う酷似デザインだが、いずれにせよ中国海軍の空母航空団が機能するには、第五世代ステルス戦闘機J‐35の配備が不可欠と言えよう。

二〇二二年に進水した福建を加えて中国海軍の空母は三隻だが、将来的には国産の原子力空母も建造されよう。記したように空母遼寧は、毎年のように随伴する水上護衛艦六隻ほどからなる空母戦闘群を編成し、東シナ海から宮古海峡を通過して西太平洋に進出している。空母福建が就役したならば、この重要な戦略システムを防護するため、最新強力な護衛艦たちが空母を中心にした輪形陣を組むことになろう。

一例としては、空母の両側に054A型フリゲート、前方に二隻の055型大型ミサイル駆逐艦、後方に二隻の052D型ミサイル駆逐艦。空母の後方に901型総合補給艦が随伴する。空母にとって大きな脅威となる敵の航空攻撃を阻止するため、空母戦闘群の護衛艦たちは、艦隊防空区域（空母から七〇kmの範囲）、広域防空区域（同、二九〇km）を輪形陣により形成している。空母からは、約二機のKJ‐600早期警戒機が発艦し、輪形陣の外周にレーダーによる空中早期警戒区域（同、八〇〇km）を張り巡らす。合わせて敵機の奇襲を予防するため、複数の艦上戦闘機（J‐15やJ‐35）のチームが、警戒区域内を空中パトロールする。その監視範囲は空中哨戒区域（二〇〇km）と呼ばれる。さらに空母戦闘群の前方水中海域には、二隻の093型攻撃原潜が潜没・展開し、敵潜水艦に対する索敵、対潜水艦戦を行うことになっている。ただその存在は極秘扱いである。

仮に福建空母戦闘群が記した水上護衛艦六隻を随伴する場合、護衛艦がVLS垂直発射機に搭載できる主要ミサイルの総数は、四一六発にもなる。ちなみに主要なミサイルとは、対空ミサイルがHHQ‐9B（射程二五〇km）、HHQ‐16（六〇km）。対艦ミサイルが極超音速対艦弾道ミサイルのYJ‐21（一〇〇〇km）、対艦巡航ミサイルのYJ‐18（五四〇km）。対地攻撃巡航ミサイルがCJ‐10（二〇〇〇km）。対潜ミサイルがYU‐8（五〇km）。御覧のように、搭載するミサイルの射程や威力を勘案するならば、この空母戦闘群の護衛艦たちは、とりわけ長距離対艦・対地攻撃能力に優れていることが認識できる。これは空母に積む航空団を補完するための長距離攻撃力とも言えよう。航空団の戦闘機は、防空能力に関して性能が期待できるが、対艦・対地攻撃力に不安が残るのである。

今後、中国海軍は、A2／AD戦略を完成するべく、南シナ海や西太平洋において米海軍の空母打撃群を迎え撃つ戦力を整備するため、空母戦闘群のさらなる増勢を実行しよう。当然ながら空母を守るミサイル駆逐艦等も増産・強化しなければならない。実際、中国海軍は、一九九〇年代半ばから西側海軍の技術を大胆に採り入れ、空母を護衛するのに最適なミ

◆後甲板のVLS（48セル）から
発射されたHHQ-9B

クズネツホフ級空母「遼寧」（16）

レンハイ級ミサイル駆逐艦（103）

レンハイ級ミサイル駆逐艦（104）

■2022年12月16日、6隻からなる遼寧空母戦闘群（001型、055型２隻、052D型、054A型、901型）が同年２度目の宮古海峡から太平洋への進出を実行。初めて２隻の055型（レンハイ）大型ミサイル駆逐艦が戦闘群に加わった（防衛省）

◆055型の2番艦「拉薩」。就役は2021年3月

◆055型の延安に着艦する
Z-9C哨戒ヘリ

4基搭載するGT-25000ガスタービン

巨大な南昌級(055型)ミサイル駆逐艦:ステルスと強大な打撃力

◆前甲板のVLS(64セル)から発射されたHHQ-9B防空ミサイル(射程は250km)

◆055型1.3万トン級ミサイル駆逐艦1番艦の南昌。就役は2020年1月12日

■055型が搭載するSSM:①極超音速の対艦弾道ミサイルYJ-21、②射程2000km級のCJ-10対地攻撃巡航ミサイル、③超音速対艦巡航ミサイルYJ-18

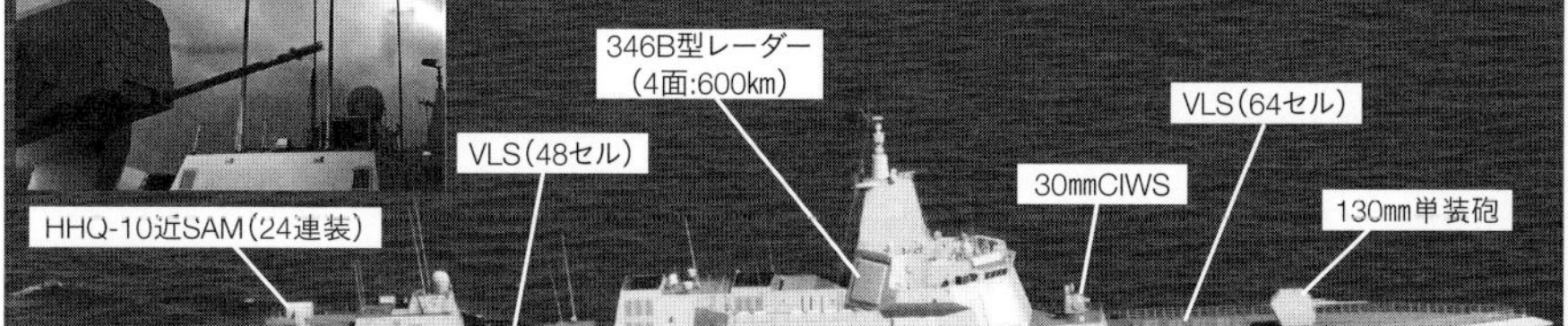

サイル駆逐艦を矢継ぎ早に試作建造していた。その種類は五艦種（０５１Ｂ型、０５１Ｃ型、０５２型、０５２Ｂ型、０５２Ｃ型）と異様に多かった。

ともあれ、ミサイル駆逐艦の防空能力は大きく向上し、二〇一四年三月、０５２Ｄ型「昆明級」ミサイル駆逐艦の一番艦が就役する。同艦は、米海軍のイージス駆逐艦に相当する主力防空ミサイル駆逐艦（六四セルのＶＬＳ発射機）で、チャイニーズ・イージス（中華神盾）艦とも呼ばれていた。０５２Ｄ型は、米イージス駆逐艦の数ほどではないが、量産が行われ、既に二五隻が就役、さらに九隻が計画中で、配備総数は三四隻にもなる。

二〇二〇年一月には、０５２Ｄ型を拡大強化した満載一・三万トンの０５５型「南昌級」ミサイル駆逐艦が就役する。同艦は、艦橋構造物の四面に固定アンテナを設置した、国産３４６Ｂ型ＡＥＳＡ多機能レーダー（探知距離六〇〇㎞）を備え、一一二セルのＶＬＳミサイル発射機を搭載していた。その重要な役割の一つは、台湾侵攻時に外国の軍事介入を抑止することとされ、そのために広範な長距離ミサイル攻撃力と防空戦闘指揮能力を具備していた。０５５型は八隻建造されるが、建造費は六〇億元と高額で、これは０５２Ｄ型の二倍の価格であった。にもかかわらず、より高価な改良型の０５５Ａ型がさらに建造されるという。金はかかるが国産原子力空母を守るには欠かせないのであろう。暁には母艦機を含めて国産化された空母戦闘群が完成するに違いない。

第15章

日本の海自「いずも」型空母機動部隊

並走する空母型護衛艦「かが(DDH-184)」と汎用護衛艦の「むらさめ(DD-101)」「しらぬい(DD-120)」(写真:海上自衛隊)

太平洋で角逐した日中海軍の空母

海上自衛隊は、二〇二二年一二月一六日、中国海軍の空母など複数の艦艇が、沖縄本島と宮古島との間の宮古海峡を通過して太平洋に進出したことを確認した。この中国艦隊は、空母「遼寧」を中心に最新の055型ミサイル駆逐艦二隻や901型総合補給艦など六隻の艦艇からなる空母戦闘群であり、同年五月にも宮古海峡を通過して太平洋に進出し数々の演習を行なっていた。今回の行動においても、同空母戦闘群は、一二月一七日から同月三一日までに遼寧の母艦機（二〇機前後積むJ-15艦上戦闘機やZ-18艦載ヘリ等）が、日本の周辺海域において、計三二〇回ほどの発着艦を繰り返す訓練を実施している。その後、遼寧空母戦闘群は、二〇二三年一月一日、再び、宮古海峡を北上して東シナ海へ向けて航行していったという。

毎年繰り返されるこのような中国艦隊の海峡通過行動は、一義的には日米に対する示威行動に他ならない。いっぽうで実務上の狙いは、同海軍が組織した初の空母戦闘群の核をなす空母の運用能力向上と、遠方の海空域における同戦闘群の作戦遂行能力の錬成であったと考えられる。

ところで面白いのは、中国海軍の遼寧空母戦闘群に対する一連の情報収集・警戒監視の主役を担っていた海自の艦艇が、全通飛行甲板を備えた海自初の空母型護衛艦「いずも」であったことだ。「いずも」は、海自の第1護衛隊群（横須賀）の所属艦であり、随伴には同護衛隊群の汎用護衛艦「ありあけ（むらさめ型）」もついていた。ちょうど日中両海軍の空母が相角逐した構図が現出したのであった。ただし、現時点において両空母には決定的な違いが存在した。遼寧の主力母艦機がJ-15戦闘機であるのに対して、「いずも」の甲板に戦闘機の姿はなく、SH-60J／K哨戒ヘリのみであること。

しかしながら、この時すでに「いずも」には艦上戦闘機を運用するための第一次改修が施されていた。それは、周知のようにSTOVL型のF-35Bステルス戦闘機を同艦に搭載するための改修（予算三一億円：二〇二〇年三月着手、二一年六月復帰）であり、飛行甲板後部の四番、五番ヘリスポットには耐熱処理コーティング塗装と、着艦誘導灯装置の搭載が行なわれていた。特に耐熱塗装は、F-35Bが垂直着艦（VL）する際に下向きに噴射するジェット噴流の高熱（一〇〇〇度以上）に耐えるための工事であった。また飛行甲板上の左舷よりには、艦首から艦尾に向けて黄色い滑走路表示線が一本引かれ、F-35Bはこの線を目安にして短距離離陸（STO）することになる。

そもそも空母型護衛艦の「いずも（DDH-183）」が、

新潜水艦『たいげい』型:リチウムイオン電池／長距離ミサイル搭載

◆2022年3月9日に就役した潜水艦「たいげい(SS-513)」。リチウムイオン電池により水中行動力が高い

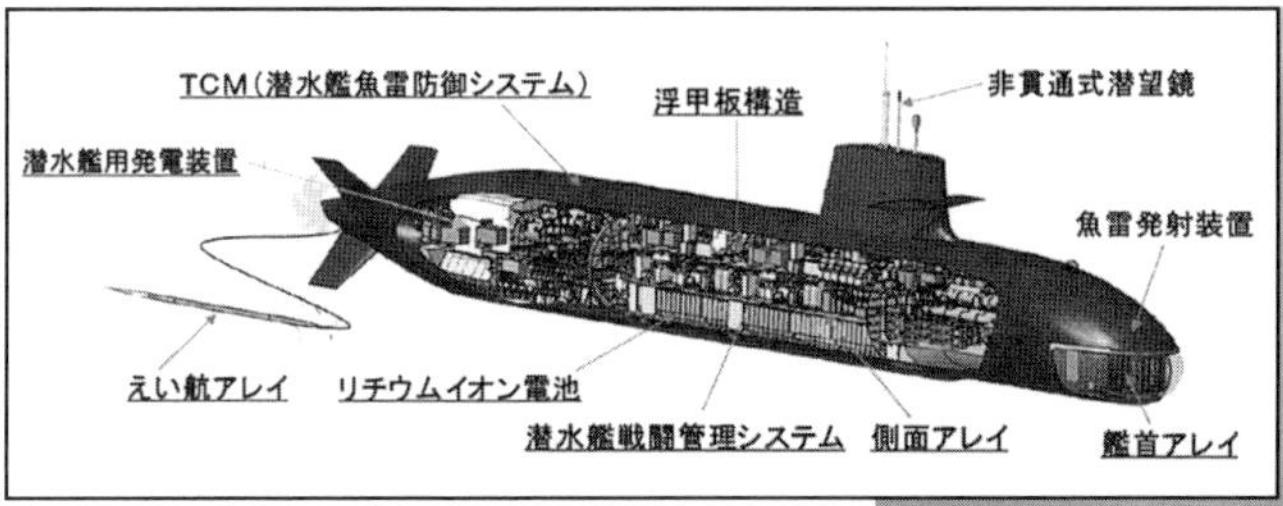

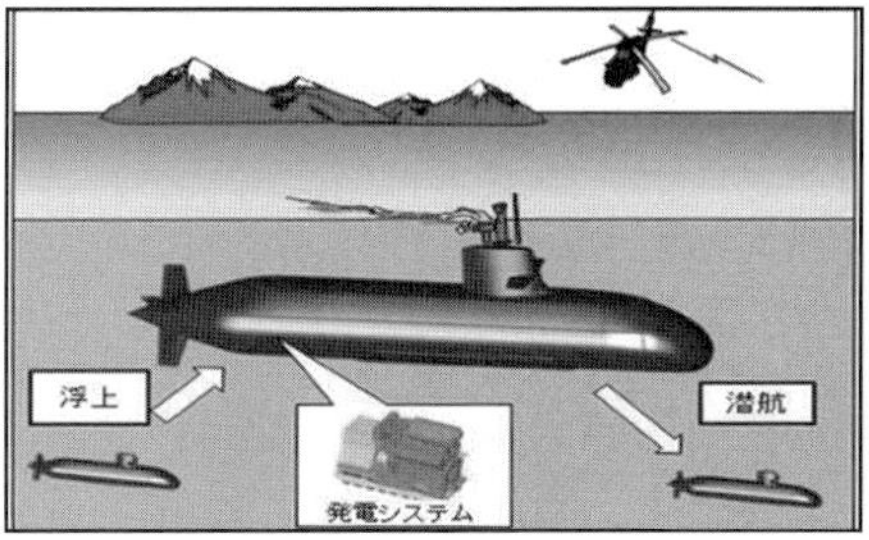

●高速充電のための新型スノーケル発電システム

●搭載が予定されている射程1000㎞超のトマホーク巡航ミサイル

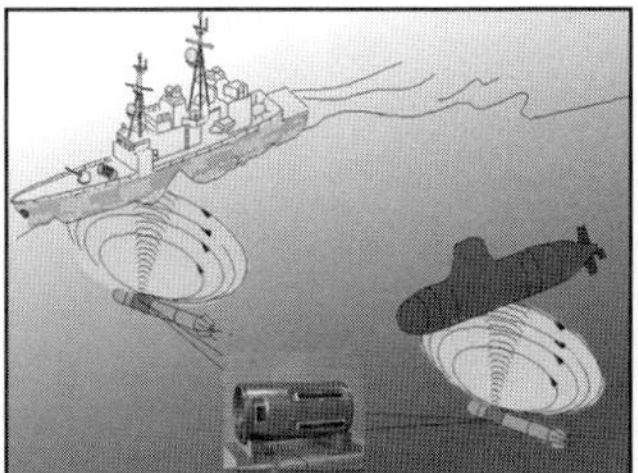

●主兵装の国産18式魚雷

●UGM-84L潜水艦発射型ハープーン対艦ミサイル

●開発中の長距離ミサイル(12式地対艦誘導弾能力向上型)

艦名(級名)	駆逐艦「てるづき」(DD-116:あきづき型)	イージス護衛艦「まや」(DDG-179:まや型)	空母型護衛艦「いずも」(DDH-183:いずも型)
満載排水量(基準) 全長×最大幅	6800トン(5100トン) 150.5m×18.3m	1万0250トン(8200トン) 170m×21m	2.6万トン(1.95万トン) 248m×38m
速力(出力) 航続距離	30ノット(6.4万馬力) 1.1万km(20ノット)	30ノット(6.9万馬力) 1.1万km以上(20ノット)	30ノット(11.2万馬力) 1.1万km(20ノット)
兵　装 (対空火器/ 搭載機)	62口径127mm単装砲×1 20mmCIWS×2 32セルVLS(ESSM短SAM,07式SUM) 90式対艦ミサイル(8発) SH-60K哨戒ヘリ×1機	62口径127mm単装砲×1 20mmCIWS×2 96セルVLS(SM-2,SM-3,SM-6,07式SUM) 17式対艦ミサイル(8発) SH-60K哨戒ヘリ×1機	20mmCIWS×2 シーRAM近SAM×2 搭載機:16機 (F-35B×10,艦載ヘリ×6) ※現用機:艦載ヘリ×9
乗　員	200人	300人	520人
クラス総建造数	4隻	2隻	2隻

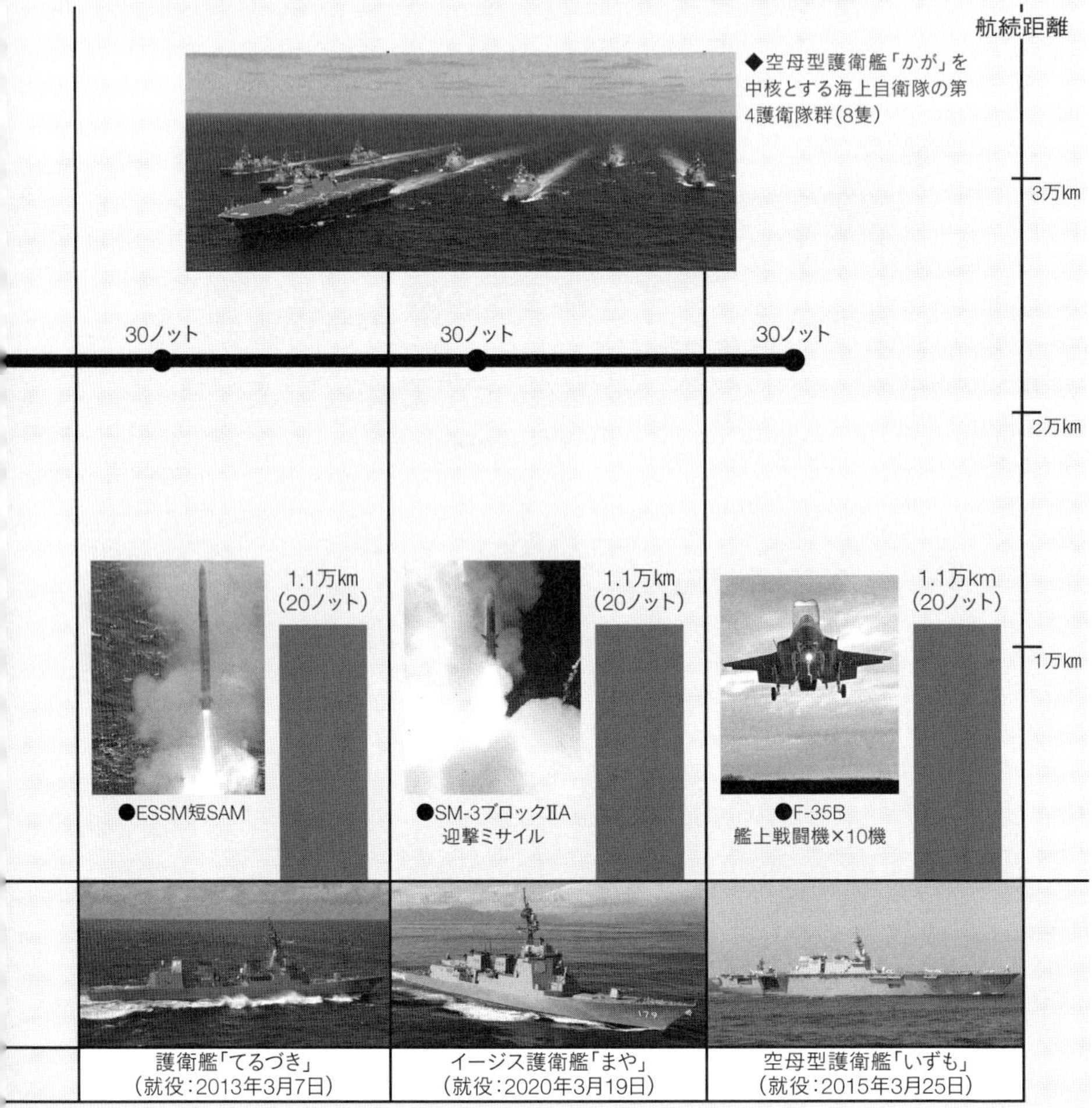

◆空母型護衛艦「かが」を中核とする海上自衛隊の第4護衛隊群(8隻)

「かが」空母機動部隊主力艦の艦種別性能比較:機動力と兵装

艦名(級名)	補給艦「おうみ」(AOE-426:ましゅう型)	潜水艦「たいげい」(SS-513:たいげい型)	護衛艦「しらぬい」(DD-120:あさひ型)
満載排水量(基準) 全長×最大幅	2.5万トン(1.35万トン) 221m×27m	水中4300トン(3000トン) 84m×9.1m	6800トン(5100トン) 151m×18.3m
速力(出力) 航続距離	24ノット(4万馬力) 1.76万km(20ノット)	水中20ノット(6000馬力) 推定8000km	30ノット(6.25万馬力) 1.1万km(20ノット)
兵　装 (対空火器/搭載機)	燃料:1万トン Mk137デコイ発射機(6連装)×4 ヘリ×1機搭載可能	53cm魚雷発射管×6 ※18式魚雷,ハープーン対艦ミサイル×20発以上,魚雷防禦システム(TCM)	62口径127mm単装砲×1 20mmCIWS×2 32セルVLS (ESSM短SAM,07式SUM) 90式対艦ミサイル(8発) SH-60K哨戒ヘリ×1機
乗　員	145人	65人	230人
クラス総建造数	2隻	6隻以上	2隻

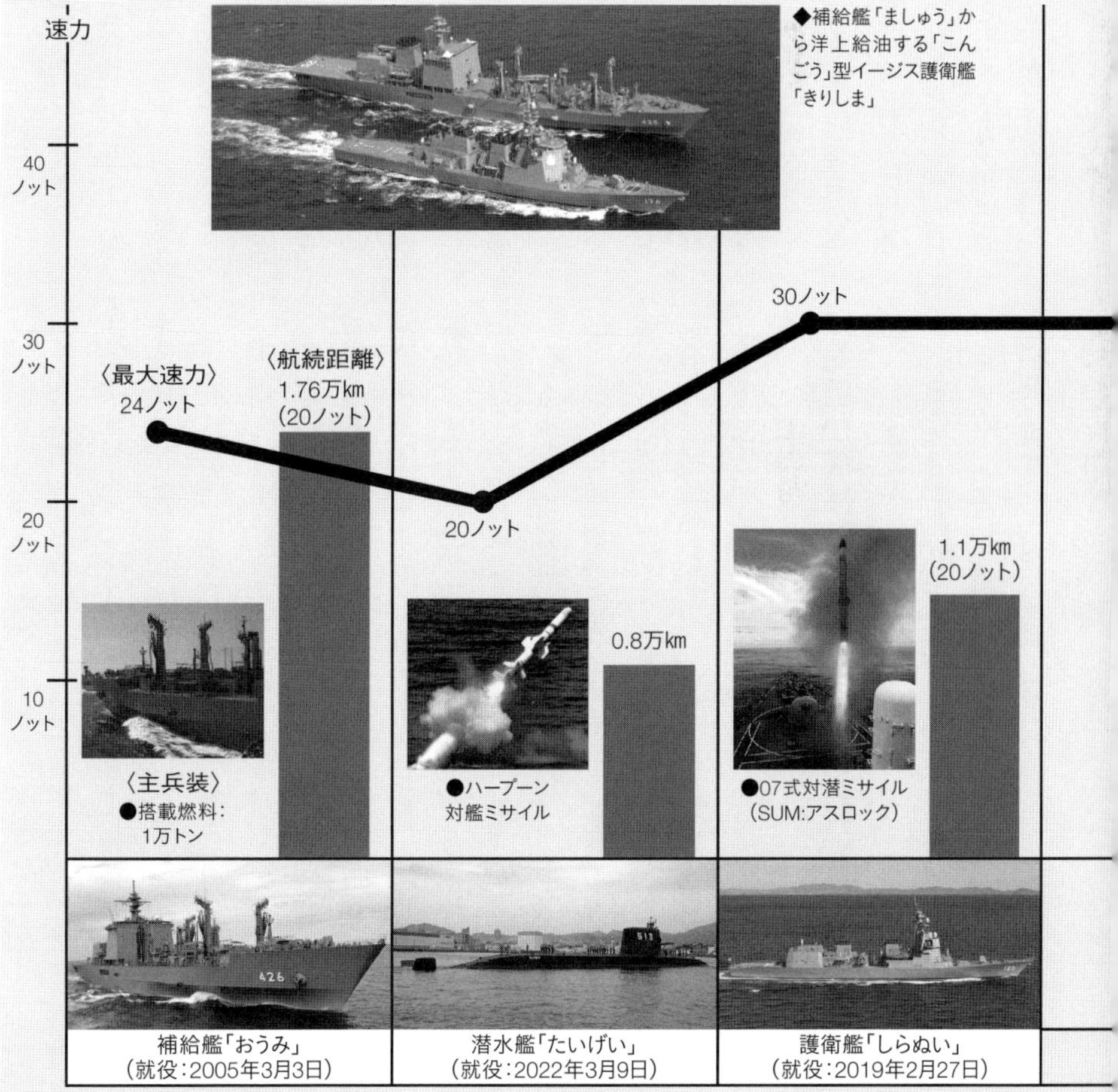

◆補給艦「ましゅう」から洋上給油する「こんごう」型イージス護衛艦「きりしま」

「しらね」型ヘリコプター搭載護衛艦（ＤＤＨ）の後継艦として就役したのは二〇一五年三月二五日だが、この時点での同艦の機能は海自伝統のＤＤＨの範疇に限定されており、少なくとも戦闘機の運用は不可能であった。ただし航空自衛隊が調達を始めたＦ‐35Ａ戦闘機の派生型として造られたＳＴＯＶＬ機のＦ‐35Ｂであれば、「いずも」型でも最小限の改修を施すだけで運用ができるとされていた。一番の障害は高価なＦ‐35Ｂの調達と言えた。

このような状況下にあって二〇一九年、狭い国土防衛作戦（少ない飛行場）において、戦闘機による航空優勢を断続的に確保するため、ＳＴＯＶＬ型の第五世代戦闘機Ｆ‐35Ｂの導入が決定する。自衛隊は、全国に四五か所の飛行場を持つが、空自戦闘機を運用するのに必要な二四〇〇ｍ以上の滑走路を備えた飛行場は二〇か所と少なかった。渦中にある南西諸島の島嶼海域では、沖縄本島の那覇基地だけである。とりわけ広大な太平洋上にある飛行場は、硫黄島の一か所にしか存在しなかった。

これでは太平洋域での戦闘機による防空任務は困難であり、航空優勢の獲得など極めて厳しい状況と言えた。自衛隊は、その解決策としてＳＴＯＶＬ型のＦ‐35Ｂの採用を決め、空自に四二機ほど配備することとしたのだ。これにより原則的には四五か所の自衛隊飛行場での戦闘機の運用が可能となった。

効果はそれだけではない。海自の「いずも」型にＦ‐35Ｂ飛行隊を搭載したならば、護衛艦を随伴する空母機動部隊の編成が実現でき、太平洋上において洋上機動航空作戦を実施できるようになるのである。

さらに二〇一七年に就役した「いずも」型二番艦の「かが（ＤＤＨ‐１８４）」も第一次改修を受けており、二〇二三年一月には、配備先の第4護衛隊群が、艦首甲板を先細りの台形から大型の四角形に改造した姿を公開している。「かが」の艦首甲板を米海軍のアメリカ級強襲揚陸艦のように改造した理由は、Ｆ‐35Ｂの安全確保（離陸時の乱気流対策や取り扱いスペースの拡大など）と言われている。

ともあれ、海自は、二〇二〇年代にＦ‐35Ｂ戦闘機を積む海自独自の空母型護衛艦「いずも」型を実現したのである。これは、一九四五年の太平洋戦争敗戦時に失った日本海軍の空母機動部隊以来となる、「いずも」型の空母機動部隊を七十数年ぶりに手にすることと言えよう。

海自が構想したヘリ空母ＣＶＨ案

これまで海自は節々で艦隊の主役となる空母の保有を企画していた。そもそも海上自衛隊は、朝鮮戦争後の一九五四年（昭和二九年）七月一日に、陸自・空自とともに発足する。当

多機能護衛艦:対空「あきづき」型／対潜「あさひ」型／対機雷「もがみ」型

■「あきづき」型（DD-115）汎用護衛艦。国産FCS-3多機能レーダーと対空ミサイルのESSM短SAMを主兵装とする艦隊防空任務艦である

■2022年4月28日に就役した新型多目的フリゲートの「もがみ」型（FFM-1）護衛艦で22隻の建造を予定。ステルス船体（満載5500トン）と対機雷戦能力が特長。VLS（16セル）に07式対潜ミサイルを搭載

■「あさひ」型（DD-119）汎用護衛艦の2番艦「しらぬい（DD-120）」。防空機能よりも対潜機能を重視。写真左上：搭載するSH-60K哨戒ヘリ

[3艦種／8隻からなる海自のイージス護衛艦:艦隊防空とミサイル防衛(MD)の中核艦]

●まや型護衛艦(満載1万トン、全長170m:2隻)

●こんごう型護衛艦(満載0.95万トン、全長161m:4隻)

●あたご型護衛艦(満載1万トン、全長165m:2隻)

[まや型イージス艦による弾道ミサイル(SM-3)／極超音速兵器(SM-6)迎撃のイメージ(防衛省)]

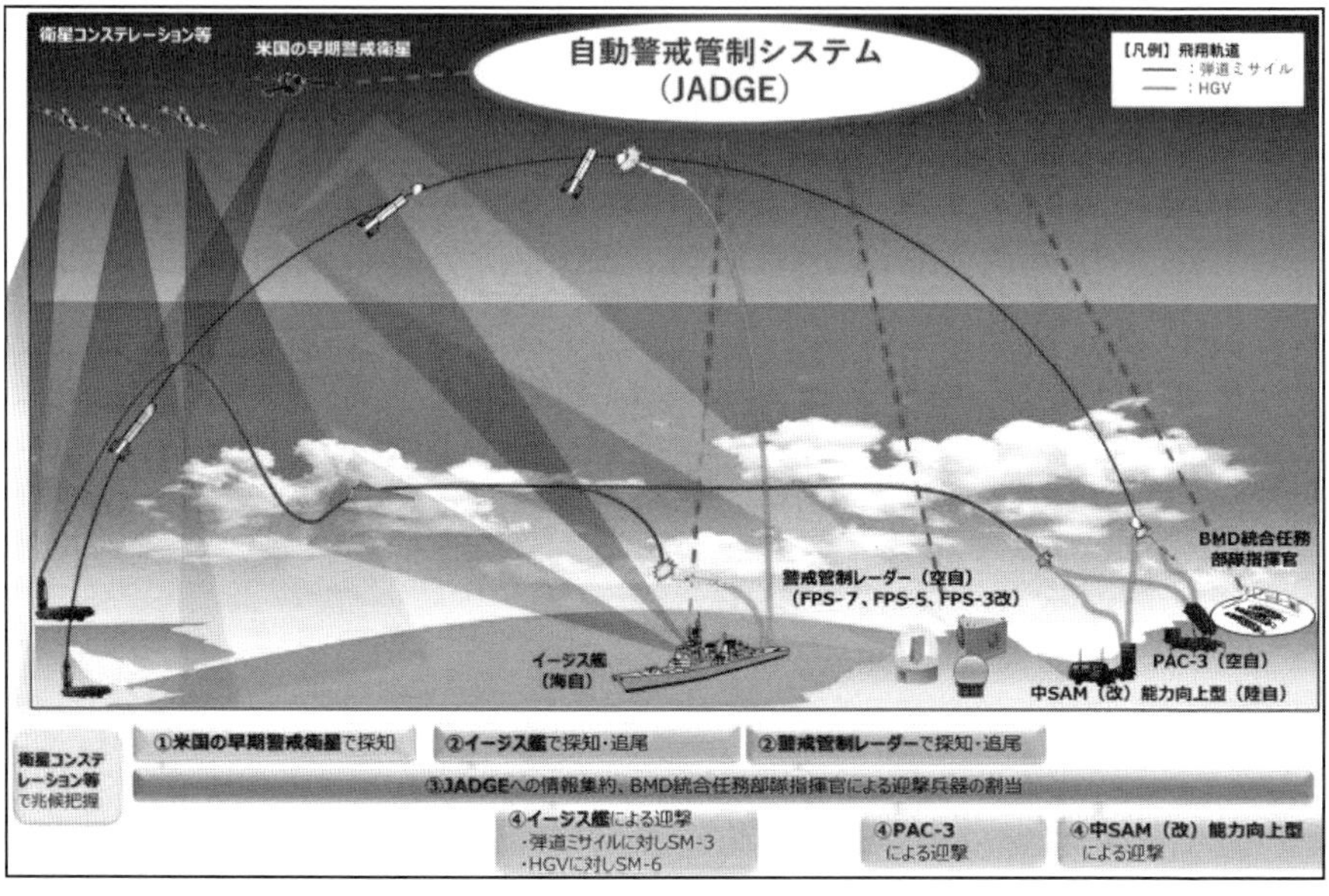

最精鋭『まや』型イージス護衛艦:艦隊防空(SM-6)とMD(SM-3)の主役

◆航行する最新鋭ミサイル護衛艦まや(DDG-179)。初めてSM-6防空ミサイルとCEC(共同交戦能力)を装備する

■左:まや型に搭載される最新防空ミサイルSM-6(アクティブ・レーダー誘導式)。射程は370kmあり、改良型は極超音速滑空兵器(HGV)の迎撃能力を持つ

■上:2022年11月16日、ハワイ沖でSM-3ブロックⅡA迎撃ミサイルを試験発射し命中に成功したイージス艦「まや」。同ミサイルの射高は1000km以上、射程1400km以上である

時の海自幹部によれば、この発足時点において、既に海自には、米軍からの供与により、一万トン級の対潜空母や護衛空母を備えた対潜掃討群を編成する考えがあったという。

次に空母の建造が企画されたのは、第二次防衛力整備計画(昭和三七〜四一年度)時であった。一九五九年(昭和三四年)に海幕内で「ヘリ空母CVH」建造が企画され、同年八月には技術研究本部によりヘリ空母CVHの草案図が作成されたという。当時、このようなヘリ空母CVHの建造が構想されたのは、ソ連海軍に配備され始めた原子力潜水艦に対し、高性能な哨戒ヘリの大量投入により対処しようとするものであったと思われる。

企画されたCVHの大きさは、満載一・四万トン(基準〇・八万トン)、全長一六六・五m、幅二六・五mほど。全長一五五mの全通飛行甲板には、二基のエレベーターがあり、その甲板の両舷側には、大戦時の空母のように、二基の七六㎜連装対空砲を搭載していた。艦の最大の攻撃兵器であるヘリは、高性能な双発大型哨戒ヘリのシコルスキーHSS-2(S-61あるいはSH-3シー・キング)を一八機搭載できるよう計画され、飛行甲板の下に大きなヘリ用格納庫(一一二・五m×二二m)を設けていた。艦は、六万馬力の蒸気タービンを積み、二九ノットの速力を発揮するというものであった。(『世界の艦船』一九九四年一二月号:岡田幸和「幻に終わった海上自衛隊のヘリ空母」)。

一九六〇年七月、この本格的な一・四万トン級ヘリ空母CVH案は、防衛庁の庁議で予算要求することが決められた。しかしながら当時は、激烈な六〇年安保闘争の渦中で政局が混迷し、防衛庁内においても財政当局の反対を受けるなどしたため、同空母の建造計画は、国防会議には上程されず、昭和三六年度の予算計上が時期尚早として見送られ、それっきりいつの間にか立ち消えてしまう。

画期的な初のヘリ搭載護衛艦

海自は、ソ連海軍原子力潜水艦の高まる脅威を受けて、新たに主力艦隊である各護衛隊群の戦力を「八艦六機体制」とすることを構想した。この「八艦六機体制」とは、自国の輸送船団(五〇隻)を敵潜から直衛するのに必要な護衛艦数が八隻、効果的な空中からの対潜攻撃を遂行するのに必要な艦搭載哨戒(対潜)ヘリの数が六機との研究見積もりから誕生したものだという。ちなみに六機という哨戒ヘリの数は、二機の予備機を含むもので、常時、ヘリ四機を一戦術単位として連続対潜攻撃に投入する必要から、稼動率を考慮して求められたヘリ戦力であった。

結果、海自当局はヘリ空母の建造を当面諦め、現実的な代案を構想する。それは、護衛隊群に必要な六機の哨戒ヘリを運用できる海自流のヘリコプター搭載護衛艦（ＤＤＨ）の建造であった。この海自独自のヘリ搭載護衛艦は、第三次防衛力整備計画（昭和四二〜四六年度）において要求されることとなった。当時、大型哨戒ヘリの運用は、広い飛行甲板を備えたヘリ空母での運用が前提で、荒波による船体の動揺が激しくなる小型護衛艦の狭い甲板では、離着艦運用が困難とされていた。しかし幸いにも二つの最新技術の完成により、五〇〇〇トン以下の小型護衛艦でも大型哨戒ヘリの搭載が可能となった。二つの技術とは、波による艦の揺れを抑える減揺装置フィン・スタビライザーと、ヘリの着艦拘束を可能とするベア・トラップ装置である。

こうして三機のＨＳＳ‐２大型哨戒ヘリを搭載する、四四〇〇トン級の「はるな」型ヘリ搭載護衛艦二隻が建造される。この二隻のＤＤＨを当面第１護衛隊群に配備することで、六機の哨戒ヘリを護衛隊群に提供しようとしたのである。一番艦「はるな（ＤＤＨ‐１４１）」は、一九七〇年に起工し、一九七三年二月二二日に就役している。二番艦「ひえい（ＤＤＨ‐１４２）」の就役は翌一九七四年であった。

見ての通りＤＤＨ「はるな」の外観配置は、従来型護衛艦とは異なっていた。三機の大型哨戒ヘリを運用するため、「はるな」では、船体全長のほぼ三分の一、約五〇ｍを後部飛行甲板に割り当て、すべての兵装を前部甲板に集めていたからである。類似艦には、イタリア海軍が一九六四年に就役させたアンドレア・ドリア級ヘリコプター巡洋艦があったが、飛行甲板は約三〇ｍと小さく、運用できるヘリは小型ヘリ四機と少なかった。まさに大型哨戒ヘリ三機を運用する「はるな」型ＤＤＨは、世界的にも画期的な対潜戦闘艦であったと言えよう。

ＤＤＨ「はるな」の大きさは、満載六八五〇トン（基準四九五〇トン）、全長一五三ｍ、幅一七・五ｍ。船体の中央部には揺れを抑えるため、二組のフィン・スタビライザーが装備されていた。ほぼ軽巡洋艦級の大きさがあり、当時、海自最大の護衛艦であった。

艦の中央には大きな上部構造物があり、その後部はヘリ用の格納庫となっている。前甲板に集中配置された兵器は、73式五四口径一二七㎜単装砲二基、74式アスロック対潜ミサイル（ＳＵＭ）八連装発射機一基の二種類であった。砲は対空／対艦戦用、アスロックは対潜戦用の兵器という用途の割り振り。ただ対空火力が砲だけでは、大戦期の艦載防空能力と変わらなかった。後に同艦は近代化改修（ＦＲＡＭ）され、戦術データリンク11に対応する戦術情報処理装置（ＴＤＰＳ）の装備と合わせて個艦防空能力が大きく強化された。特に両舷側に二〇㎜ＣＩＷＳ（近接防空火器）各一基と、格納庫上

〈空母・ヘリ搭載護衛艦の70年の変遷〉

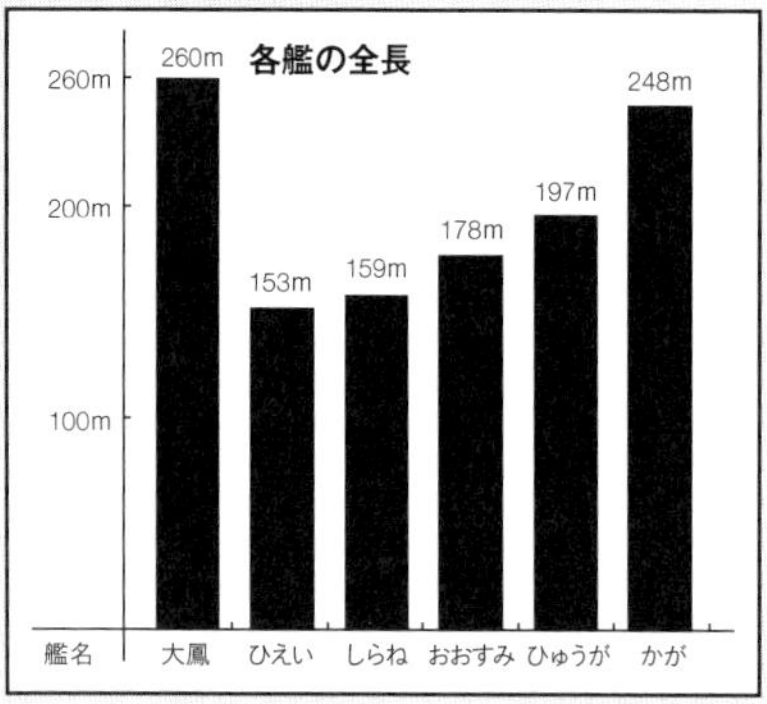

〈海自初のライトニング空母いずも型〉

●2017年就役の空母型護衛艦かが（搭載機約16機）：主力艦上戦闘機F-35B

〈海自初の全通飛行甲板型ヘリ搭載護衛艦ひゅうが型〉

●2009年就役のヘリ搭載護衛艦ひゅうが（搭載ヘリ10機）：主力哨戒ヘリSH-60K/L

〈海自初の全通甲板型輸送艦おおすみ型〉

●1988年就役の輸送艦おおすみ：陸自の新輸送機オスプレイの運用可能

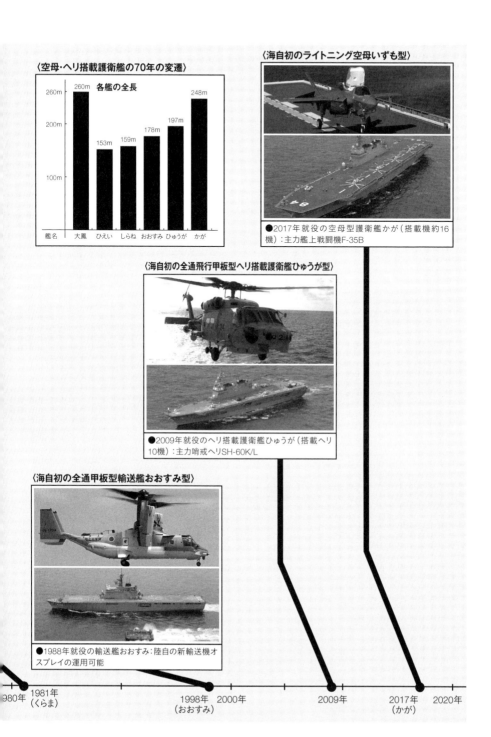

日本のヘリ搭載／空母型護衛艦発達史（空母大鳳から）:1944～2017年

〈空母・ヘリ搭載護衛艦の70年の変遷〉

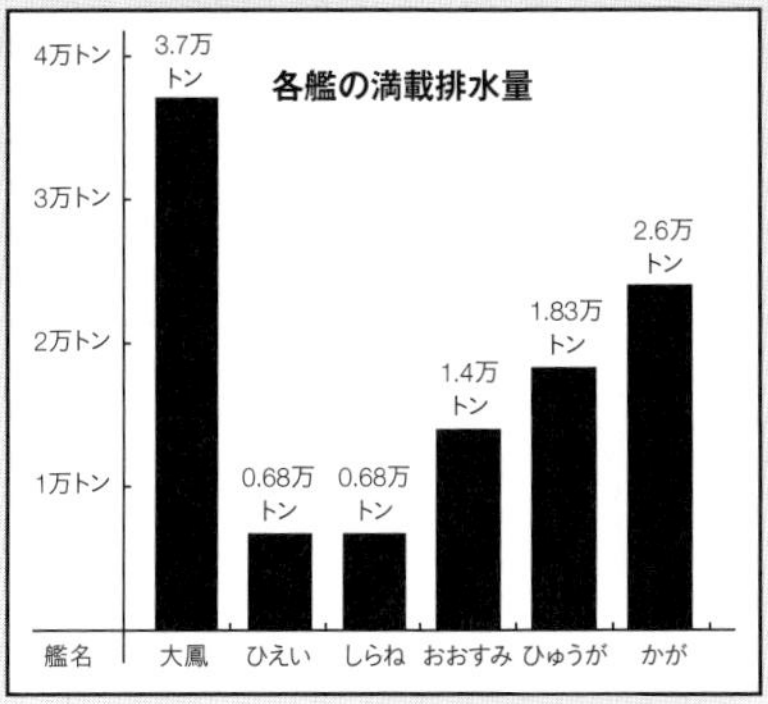

〈第2世代のヘリ搭載護衛艦しらね型〉

●1981年就役のヘリ搭載護衛艦くらま（搭載ヘリ3機）：主力哨戒ヘリSH-60J

〈海自初のヘリ搭載護衛艦はるな型〉

●1974年就役のヘリ搭載護衛艦ひえい（搭載ヘリ3機）：主力哨戒ヘリHSS-2B

〈日本海軍最後の新造艦隊正規空母〉

●1944年就役の空母「大鳳」（搭載機約60機）：主力艦上攻撃機「天山12型」

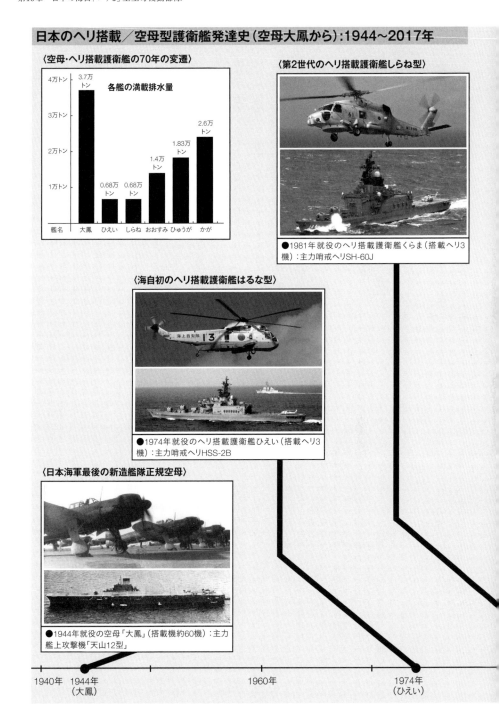

にシー・スパロー短SAM発射機（八連装）一基が追加搭載され、懸案の脆弱な防空能力の近代化を果たしている。なお改修工事は一九八六年から着手された。

艦の速力は、蒸気タービン二基（計七万馬力）の二軸推進により三一ノットの高速航行が可能であった。乗員は三七〇人。格納庫に搭載するヘリは、記したようにHSS‐2が三機である。同ヘリは、最大重量九・五トン（自重六・二トン）、胴体長一六・七mで、ローター直径が一八・九mもある大型双発ヘリであった。同ヘリを格納庫に収容する際には、邪魔なローターやテイル・ブームは折り畳まねばならなかった。機体には対潜用センサーとして吊下げソナー、磁気探知装置（MAD）を装備し、捕捉した探知データを母艦にも送信できた。対潜攻撃兵器としては短魚雷あるいは爆雷を四発搭載する。飛行甲板からの運用では、ヘリ一機を待機させた状態で、ヘリ一機の離着艦が可能であった。ただヘリ二機の同時離着艦は、スペース不足のため無理とされていた。

ヘリ空母諦め再びヘリ搭載護衛艦建造：八艦八機体制

続く第四次防衛力整備計画（昭和四七～五一年度）の策定に当たり、海自当局（海上幕僚監部）は、新たなDDH案を検討する。それは一個護衛隊群に求められる六機の哨戒ヘリを一艦に搭載する、全通飛行甲板を備えた八三〇〇トン級のヘリ搭載大型護衛艦（DLH）の建造であった。OR計算では、哨戒ヘリ三機を積むDDH二隻より、六機搭載の空母型DLH一隻のほうが費用対効果に優れていると判断されたのである。

しかしながら海自待望の大胆な空母型DLH建造案は、一九七三年の第一次オイルショックや、強い反対（時期尚早）もあり断念された。代わって「はるな」型をやや拡大し改良した、第二世代の五二〇〇トン級ヘリ搭載護衛艦「しらね」型二隻の建造が決まる。哨戒ヘリの搭載数は三機で、「はるな」型と変わらない。艦の見かけも「はるな」型のほぼ踏襲なのだが、近代化改良により「しらね」型は、海自初の「システム艦」に先進化されていた。システム艦とは、レーダー等のセンサーや砲・ミサイル等の兵器を機械的にではなく、コンピューターで連接し、鳥瞰的・統合的に指揮管制することが可能な艦を指す。「しらね」型には、一一台のコンピューター（大型二台、小型九台）を組込んだOYQ‐3戦術情報処理装置が搭載されていた。

一番艦の「しらね（DDH‐143）」は、一九七七年に起工し、一九八〇年三月一七日に就役している。二番艦「くらま（DDH‐144）」の就役は翌一九八一年であった。同艦の大きさは、満載六八〇〇トン、全長一五九m、幅一七・五m。全長は「はるな」型より六mほど延長されているが、艦の排水量は大差ない。兵装も改修後の「はるな」型と同じ。艦の主機は「はるな」型と同系のため、航行能力も同等であった。

しかし「くらま」型が就役した一九八〇年代になると、水中発射型の対艦ミサイルを積むソ連海軍原潜の脅威度が冷戦を背景にして増大し、従来のヘリ六機体制では対潜任務の戦術単位として能力不足になってきた。

たとえば『ミリタリー・バランス一九八四・八五』によれば、一九八四年七月時点において、ソ連海軍が保有した巡航ミサイル原潜（SSGN）は、チャーリー級やエコー級を主力艦として四九隻。攻撃原潜（SSN）は、ビクター級を主力艦として六五隻にも上っていたのである。他にもデルタ級を主力とする七九隻の弾道ミサイル原潜（SSBN）と、一三六隻のディーゼル推進潜水艦（SS）が稼働していたのである。潜水艦戦力は合わせて三二九隻にも達するという、まさに驚異（脅威）的戦力であった。

そこで、海自は護衛隊群を構成する護衛艦八隻の基本編成を次のように改変した。

［改変した護衛隊群の編成］
●対潜中枢艦（DDH）×一隻
●防空中枢艦（DDG）×二隻
●汎用護衛艦（基本構成艦DD）×五隻

次に護衛艦に搭載する哨戒（対潜）ヘリ戦力を強化する。DDHの搭載機は三機。そして、五隻の汎用護衛艦にも各一機の哨戒ヘリを搭載し、合わせて八機の哨戒ヘリを確保したのである。二隻のDDHが六機のヘリを専任的に搭載する八艦六機体制から、一隻のDDHと五隻のDDが八機のヘリを分散搭載する八艦八機体制への進化・強化と言えよう。その対潜戦法の一つは、吊下げソナーとソノブイおよび対潜兵器を装備した八機の哨戒ヘリが、敵原潜の潜む前方海域に進出してソノブイ・オペレーションを展開、敵潜の行動を制約しつつ先制探知・対潜攻撃を成功させるものであった。

記した護衛隊群の八艦六機体制を可能としたのは、DDHと並び、なんと言っても、HSS-2B哨戒ヘリ一機を搭載できるシステム艦の「はつゆき」型汎用護衛艦の建造と言えた。「はつゆき」型は、一番艦が一九八二年に就役を始めてから一二隻が建造され、八艦八機体制を支える第一世代のワークホースとなったのである。

全通飛行甲板を持つ「ひゅうが」型ヘリ搭載護衛艦

おそらく「ひゅうが」型の建造は、海自にとって最大級の

◆2隻建造された「ひゅうが」型ヘリ搭載護衛艦は特に強力な対潜戦能力を装備する。多数のSH-60哨戒ヘリの運用能力に加え、甲板VLSには12発の垂直発射アスロックVLAを搭載する

2番艦「いせ」

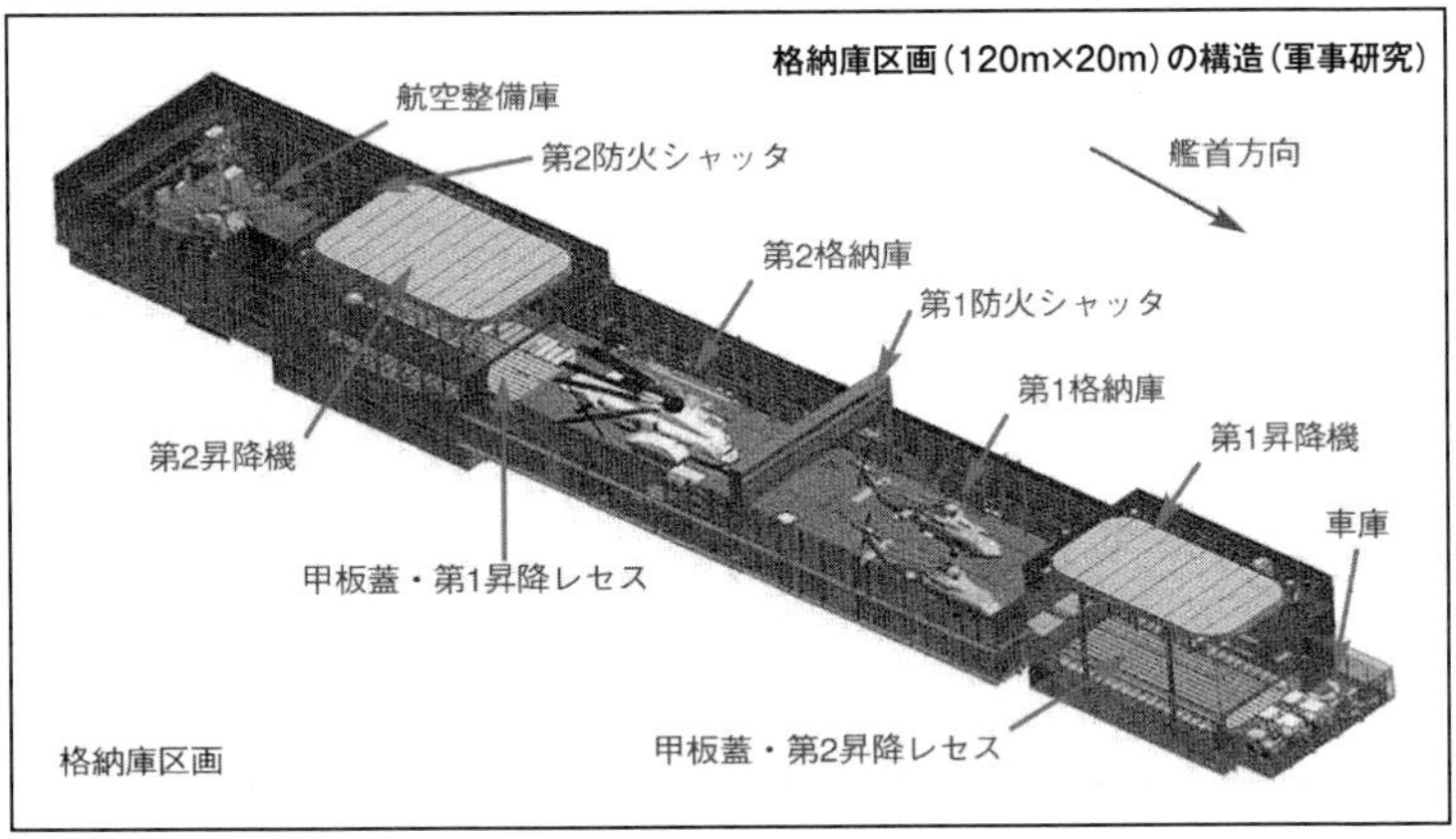

海自初の全通飛行甲板『ひゅうが』型ヘリ搭載護衛艦

◆「ひゅうが」に着艦するSH-60J哨戒ヘリ。10機以上のヘリを搭載可能

■初の全通飛行甲板型ヘリ搭載護衛艦の「ひゅうが」：全長197m、幅33m、満載1.83万トン

◆2番艦「いせ」に着艦する米海兵隊のMV-22オスプレイ。甲板は同時にヘリ3機の運用が可能

■後部第2エレベーターは全長20m、幅13m

■艦後部設置のVLS（16セル）からのESSM対空ミサイルの発射

1番艦「ひゅうが」

決断のひとつであろう。言うまでもなく、同艦は、これまで他国に脅威を与えるとして、その保有をタブー視してきた『空母』のような外観（全通飛行甲板）を備えたヘリ搭載護衛艦であったからだ。ただ「ひゅうが（ＤＤＨ-１８１）」の就役は、二〇〇九年三月一八日になってからである。海自当局が、空母型のヘリ搭載大型護衛艦（ＤＬＨ）を四次防計画時に提議してから約四〇年後の成就なのである。そして、「ひゅうが」型は、いきなり誕生した訳でもなかった。少なくとも「しらね」型ＤＤＨ建造後において、二つの前提的な段階を経ていた。二つとは、一つ目が航空機搭載護衛艦（ＤＤＶ）構想。二つ目が「おおすみ」型輸送艦の建造である。

まず一つ目のＤＤＶ構想とは何か。冷戦末期にあたる一九八〇年代後半において、ソ連海軍の最大の脅威は、従来から継続する原潜脅威以上に、バックファイア爆撃機四機編隊の波状攻撃において発射される、大量の超音速大型空対艦ミサイル（ＡＳＭ）による同時飽和攻撃であった。深刻な経空脅威と言えたであろう。防衛庁は、昭和六一／六二年度に「洋上防空体制研究会（洋防研）」を行ない、ここで海幕が対処策として防空中枢艦たる、イージス護衛艦と航空機搭載護衛艦（ＤＤＶ）の取得構想を提案したのである。

周知のようにイージス護衛艦は、その後、「こんごう」型など八隻も調達される。確かにイージス護衛艦は、多数の対艦ミサイルをＳＭ-２対空ミサイルにより迎撃できた。しかしながら数百㎞遠方を飛行する爆撃機に対しては、撃墜不能であり、無傷な爆撃機は繰り返しスタンドオフ攻撃を護衛隊群や船団に対して加えることが可能であった。そこで、全通飛行甲板を持つ航空機搭載護衛艦（ＤＤＶ：一・五～二万トン級）を建造し、シーハリアーのようなＳＴＯＶＬ要撃戦闘機を約一〇機と数機の早期警戒機を搭載して爆撃機を洋上で邀撃しようとしたのである。ＤＤＶとは要撃機母艦の仮称であった。空母保有に対する反対もあったが、海自当局は、高価なイージス護衛艦（一番艦こんごう：一九八八年発注、建造費一二二三億円）の導入をまず優先したため、ＤＤＶ構想は実現できなかったという。

二つ目は、海自初となる、まるで空母のような全通飛行甲板船型を採用した「おおすみ」型輸送艦（満載一・四万トン、全長一七八ｍ）の建造である。三隻の同型艦は、一九九八年～二〇〇三年に就役している。なお海自によれば、「おおすみ」型が全通飛行甲板を採用した最大の理由は、同艦を一番利用する陸自への配慮だという。つまり、狭い艦上甲板での離着艦に不慣れな陸自ヘリ乗員の安全を図るため、見通しの良い全通飛行甲板を採用したというのである。納得の理由だが、副次的な効果として、「おおすみ」型の登場以後、全通飛行甲板型空母に対する抵抗感が薄れたのも事実であった。

ともあれ、二〇〇六年、第一世代DDHの「はるな」型二隻の後継として、海自初の全通飛行甲板ヘリ搭載護衛艦「ひゅうが」が起工し、二〇〇九年に就役する。二番艦「いせ（DDH-182）」も二〇一一年に就役。

ではなぜ「ひゅうが」型は空母船型を採用していたのであろうか。その答えは、近年の対潜戦闘では多数目標に対して複数の哨戒ヘリで、迅速かつ同時対処する必要があること。大規模災害や水陸両用作戦に投入された場合には、哨戒ヘリだけでなく、大型輸送ヘリ等を集中運用しなければならない事態となるため、この要求に応ずるにはヘリ三機搭載の従来型DDHでは対処不可能なためと説明されている。なにしろ「はるな」型や「しらね」型では、甲板に出した二機のヘリを順番に発艦できたが、三機目は爾後、格納庫から引き出すのである。しかも折り畳んでいたローターを開くというひと手間をかけた後、離陸させなければならなかったのだ。

「ひゅうが」型に求められた機能は次の三点であった（平成一六年版防衛白書）。

●護衛隊群等の指揮中枢艦（統合運用時の司令部）や大災害時の洋上本部としての機能

●哨戒ヘリや大型輸送ヘリ等を安全かつ効率的に同時運用する機能

●遠方での長期作戦時に自ら洋上輸送・ヘリ整備機能を具備して対応できる機能

つまり「ひゅうが」型は、当初の閣議決定通り「指揮通信機能およびヘリ運用能力等の充実を図ったDDH後継艦」であった。かつての航空機搭載護衛艦（DDV）と違い、「ひゅうが」型は、まったくSTOVL要撃戦闘機の搭載を想定していないのである。

「ひゅうが」の大きさは、満載一・八三万トン（基準一・三九五万トン）、全長一九七m、幅三三m。速力は、LM2500ガスタービン四基・二軸推進により、三〇ノットであった。乗員は約三四〇人だが、司令部要員や搭乗員等の便乗員を含めると五〇〇人を超えた。

船型は、記したように多数のヘリを安全・効率的に運用する観点から二基のエレベーターを備えた全通飛行甲板が採用されており、甲板の右舷側にアイランドを配置した空母型船型である。アイランドは、艦橋・上部構造物に煙突・煙路が取り込まれた一体構造となっており、飛行甲板の三分の一を超える長さを占めていた。また、主船体およびアイランドは、ステルス化の観点から傾斜し、装備品を極力艦内に取り込むなど直線・平板が目立つ独特な外観デザインとなっている。

飛行甲板は、バレーボールのコート三四面分の面積があり、ここに四か所の発着艦スポットが設置されており、搭載が想定されている哨戒ヘリ三機と、輸送ヘリ一機の同時運用を可

◆「いずも」の甲板から短距離離陸（STO）するF-35B戦闘機

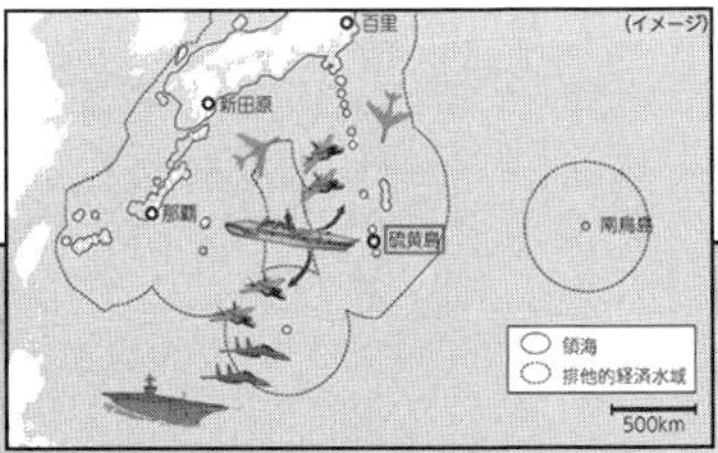

◆F-35Bを運用可能な「いずも」型は太平洋上での防空作戦能力を大きく拡張する（令和元年版防衛白書）

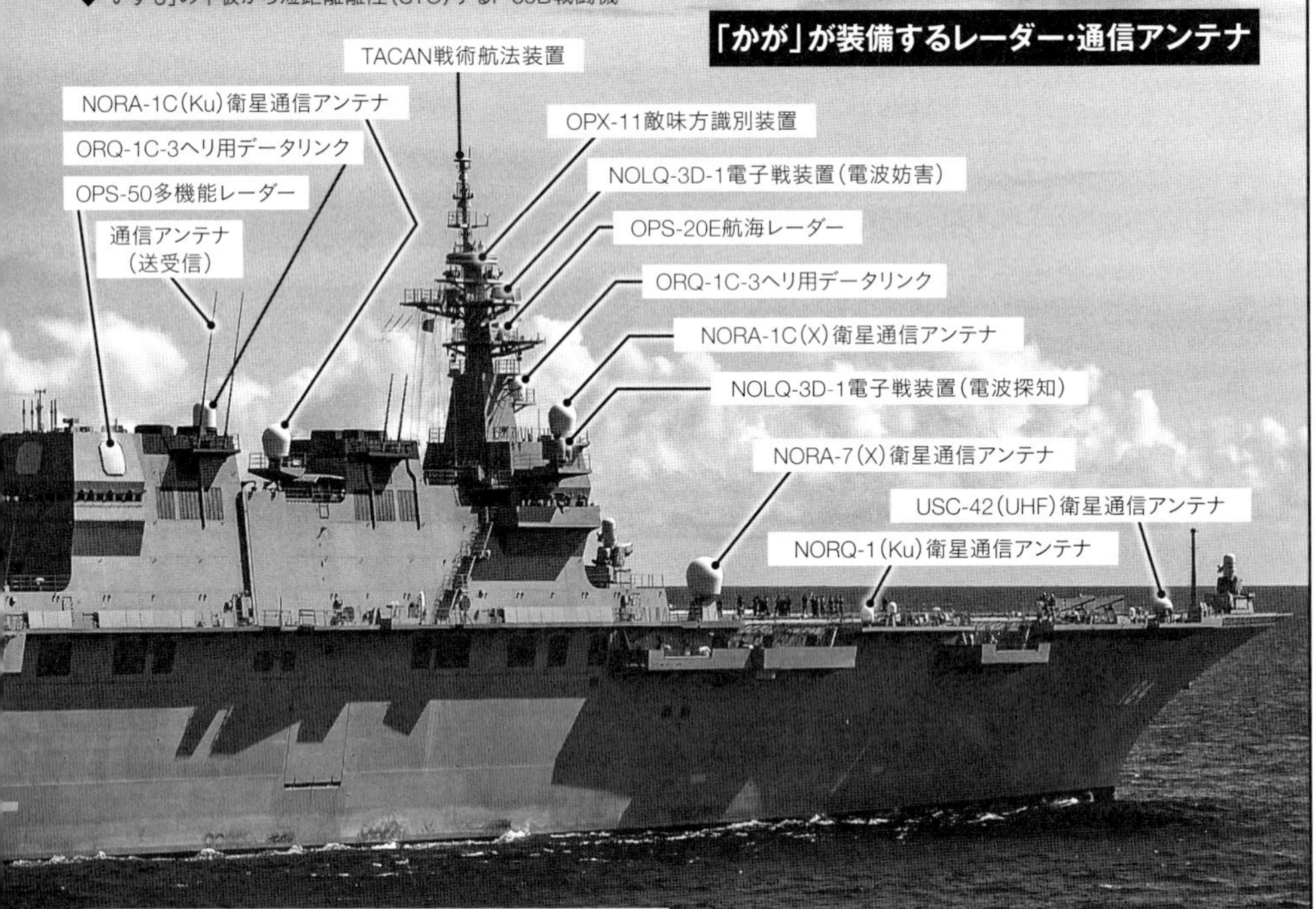

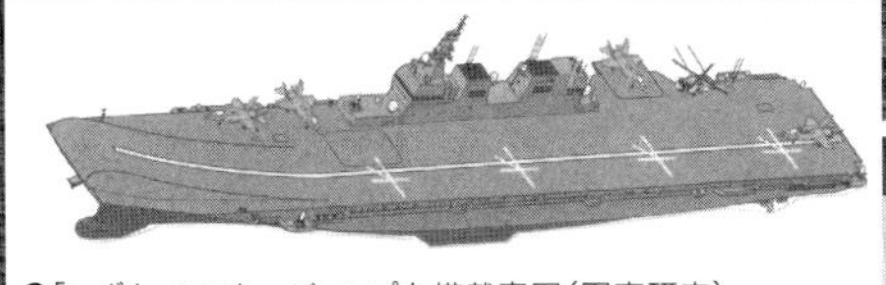

●「いずも」のスキージャンプ台搭載案図（軍事研究）

●1960年、2次防で建造が決められた海自のヘリ空母CVH案（1.4万トン級）

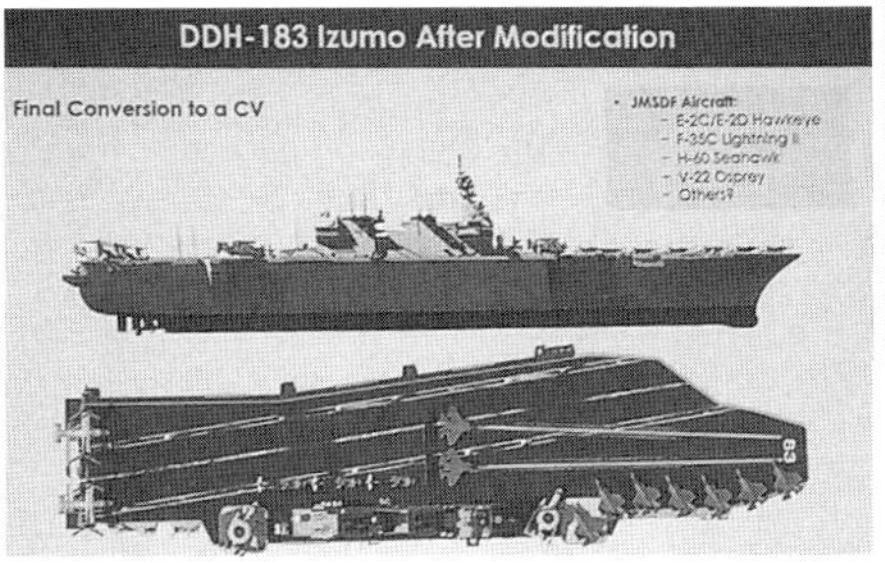

●米GeneralAtomics社が構想した電磁カタパルトを搭載する「いずも」改造案

ライトニング空母化する海自の空母型護衛艦「いずも」型

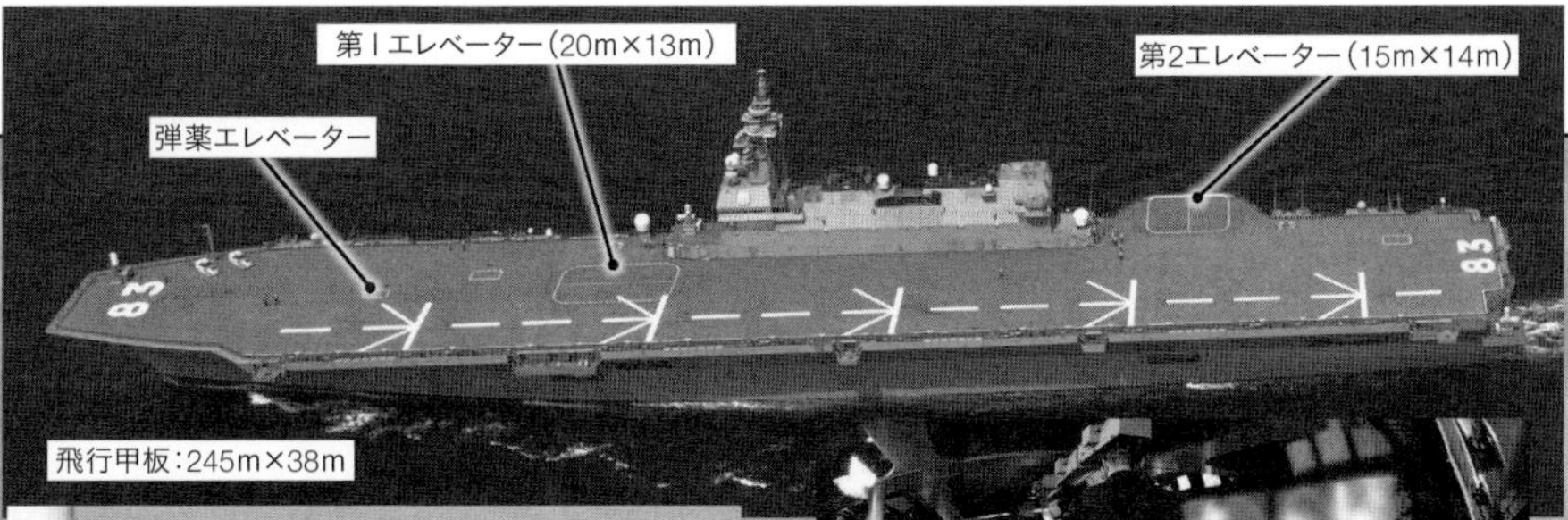

◆2021年10月3日「いずも」に着艦する米海兵隊のF-35B戦闘機

◆「いずも」艦内にあるCIC戦闘情報センター

◆「いずも」の巨大な格納庫。全長150m、幅20m、高さ7mほど

◆2022年12月27日、F-35B運用のため艦首甲板を四角に改造した2番艦「かが」(第4護衛隊群)

能としている。甲板下には全長約一二〇mの整備・格納庫スペースがあり、少なくとも一〇機前後のヘリの収容が可能であろう。特長的なのは普通の空母には見られない強力な武装であった。二〇㎜CIWS二基の他に、艦尾甲板下にMk41一六セル型VLS発射機が埋め込まれていたのだ。ここに対潜ミサイルのアスロックが一二発と、射程五〇㎞の艦対空ミサイルESSMが一六発搭載されている。ESSM短SAMの対空誘導は、アイランドの四壁面に各二基のアンテナを配置した、国産FCS‐3多機能レーダー（対空捜索・射撃管制）であった。また対潜用武器として三連装短魚雷発射管も二基積む。

「いずも」型ライトニング空母機動部隊

見かけ上、空母型護衛艦の「いずも」型は、「ひゅうが」型を大型化して航空運用機能や多機能性を強化した多用途母艦であったが、明らかにSTOVL戦闘機F‐35Bライトニング㈼の運用を想定して設計開発されていた。たとえば本格的な航空機専用空母とするため、「いずも」型が艦尾甲板に埋め込んでいたVLSミサイル発射機は航空機の運用に邪魔（不要）として取り除かれている。また二基ある甲板のエレベーター（前部真中、後部右舷側）は、搭載量三〇トンで、大きさ共にF‐35Bの運用を前提としていた。ただしF‐35Bの短距離離陸をアシストする専用のスキージャンプ台は、改修計画でも搭載を予定していない。これは海自当局がヘリによる対潜戦を重視しているためだ。スキージャンプ台の設置により、ヘリの発着艦スポットが減るのを嫌ったのである。

記したように「いずも」型は、数度にわたり行なうF‐35Bの運用改修に既に着手しており、米軍のF‐35Bによる離着艦試験も実施済みで、立派なライトニング空母と化している。

ここで世界のF‐35Bを運用する空母、別名ライトニング空母の類別（スキージャンプ台とウエルデッキという二つの専用設備別に）をしてみたい。

［世界のライトニング空母の類別］

●A型：スキージャンプ台（F‐35B用）とウエルデッキ（揚陸艇の運用ドック）兼備
●B型：スキージャンプ台のみ装備
●C型：ウエルデッキのみ装備
●D型：専用設備の装備なし（全通飛行甲板のみ）

以上のようにライトニング空母には、専用設備別に四種類があった。A型にあたるライトニング空母には、伊海軍の新強襲揚陸艦トリエステがある。これは、本格的な空母（スキージャンプ台）としても運用可能な強襲揚陸艦と言えよう。B型にあたるのは英海軍の空母クイーン・エリザベス級、伊海軍の空母カブール。空母専用艦である。C型にあたるのは米海軍の強襲揚陸艦ワスプ級および強襲揚陸艦アメリカ級（フライトI）。ヘリ母艦運用を重視した強襲揚陸艦である。そして、D型にあたるのは、米海軍の強襲揚陸艦アメリカ級（フライト0：ウエルデッキを廃しF-35B運用に特化）と、海上自衛隊の「いずも」型である。こちらは航空機運用を主眼とする多用途母艦と言えようか。

「いずも」の大きさは、満載二・六万トン（基準一・九五万トン）、全長二四八m、幅三八m。全長は「ひゅうが」より五一mも長いが、日本海軍最後の新造艦隊正規空母「大鳳（満載三・七万トン、全長二六〇m）」よりも小振りであった。速力は、LM2500ガスタービン四基・二軸推進（一一・二万馬力）により、三〇ノットほど。乗員は約五二〇人。

全長二四五mの飛行甲板にはヘリ用発着艦スポットが五か所設けられており、ヘリ搭載数は最大一四機ほどとされている。甲板下には大きな格納庫区画があり、その構成は前部エレベーター区画、第1／第2格納庫（各六機のヘリを収容可能。間に水平に閉まる防火シャッター）、整備区画である。その全長は一五〇m（エレベーター区画を除くと一二五m）、幅二〇m、高さ七mほど。格納庫と整備区画にはヘリ計一四機を収容できる。

船体内には、戦闘情報センター（CIC）、医療区画（手術室、三五床の病室等）、多目的区画があるほか、多彩な区画を使い任務に応じて陸自の人員四〇〇人やトラック五〇両（サイドランプから自走搭載する）の輸送も可能であった。自衛用の対空火器は、シーRAM（一一連装、射程一五㎞の近距離対空ミサイル）発射機二基、二〇㎜CIWS二基を積む。主センサーは、アイランドの壁面に四面アンテナを備えた、国産のOPS-50多機能レーダーで、対空ミサイル誘導機能を省き、対空捜索・航空管制用に特化されていた。

ともあれ、空母型護衛艦「いずも」型がF-35Bの第二次運用改修を終えるのは、「いずも」が二〇二六年度、「かが」が二〇二七年度を予定しているという。その暁には、有事対応として、空自F-35B艦上戦闘機一〇機、艦載ヘリ六機（SH-60K／L哨戒ヘリ、MCH-101輸送救難ヘリ）の計一六機からなる艦載航空団を編成し搭載することも可能であろう。

その際に大きな課題となるのが、現代作戦に不可欠なレーダー早期警戒機の確保である。作戦海域が日本周辺であれば、空自のE-767AWACS機の空中支援が期待できよう。ただ大規模な戦争事態の発生の場合、空自は本土防空作戦のため数に限りのあるE-767やE-2C／Dをフル回転する必要が生じ、とても海自の空母機動部隊による洋上作戦のために同機を派遣するのは難しい。やはり自前の艦載AWA

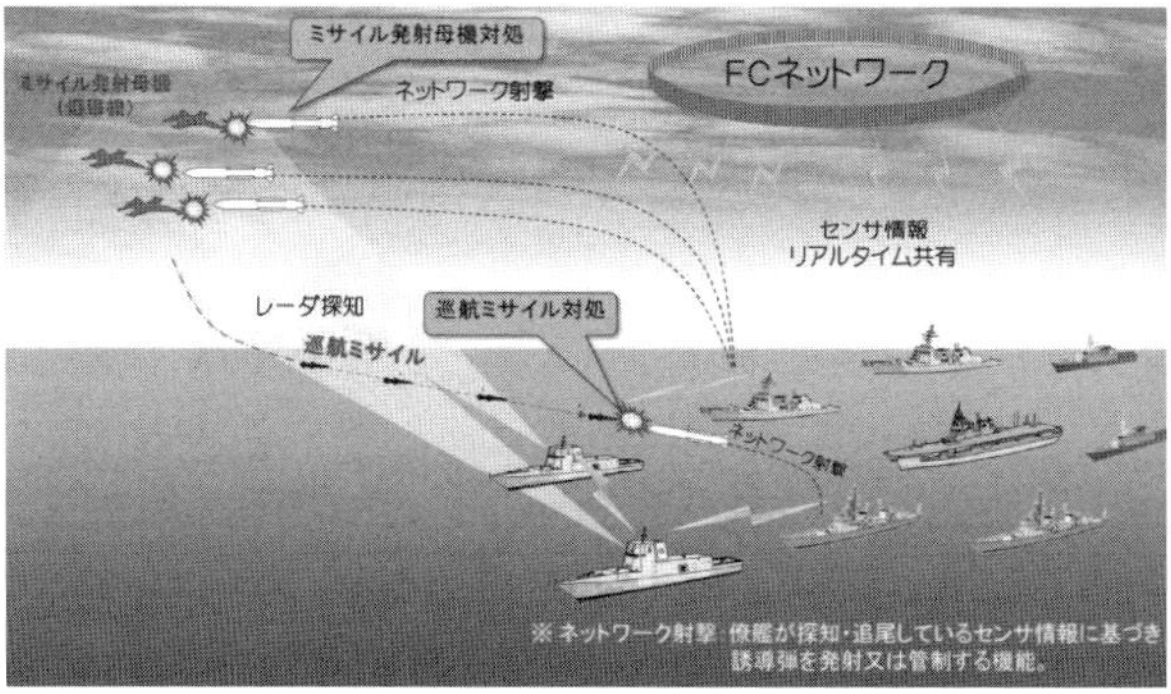

◆空母機動部隊の艦隊防空能力はFCネットワークにより大きく向上する（防衛省）

◆最強迎撃ミサイルSM-3の発射（まや）

◆補給艦から洋上給油を受ける空母型護衛艦「かが」と汎用護衛艦「いかずち（むらさめ型）」

◆「かが」空母機動部隊の護衛艦。前方が潜水艦しょうりゅう（そうりゅう型）、後方が「いかずち」

「いずも」空母機動部隊を構成する基幹艦艇の主要データ

■まや型イージス護衛艦×1隻：満載1万トン,全長170m,主兵装VLS（96セル）,ヘリ×1機,乗員300人

■あたご型イージス護衛艦×1隻：満載1万トン,全長165m,主兵装VLS（96セル）,ヘリ×1機,乗員300人

■あきづき型汎用護衛艦×1隻：満載0.68万トン,全長150.5m,主兵装VLS（32セル）,ヘリ×1機,乗員200人

■あさひ型汎用護衛艦×1隻：満載0.68万トン,全長151m,主兵装VLS（32セル）,ヘリ×1機,乗員200人

■たいげい型潜水艦×1隻：水中0.43万トン,全長84m,主兵装18式魚雷,乗員65人

■ましゅう型補給艦×1隻：満載2.5万トン,全長221m,燃料1万トン搭載,乗員145人

海上自衛隊の『いずも』型空母機動部隊の編成・戦力図

空母「いずも」が搭載する航空団の母艦機編成例（計16機）

■F-35Bステルス艦上戦闘機×10機

■艦載ヘリ×6機：
主力哨戒ヘリSH-60J/K
※写真は最新改良型のSH-60L試作機

※MCH-101輸送救難ヘリ。レーダー装備によりAEW早期警戒ヘリ化も可能だ

◆当面、空母機動部隊の早期警戒任務は空自のE-767AWACSが代行する

◆英空母が搭載するCrowsnestレーダー装備のマーリンAEWヘリ

◆耐熱コーティングを施した飛行甲板から発艦するF-35B戦闘機（空母型護衛艦いずも）

■空母いずも×1隻：満載2.6万トン，全長248m，速力30ノット（ガスタービン4基），搭載機16機（ヘリ6機），乗員600人以上（F-35B搭載時の推定）

〈空母機動部隊の主戦力〉
●艦艇総数：7隻
●総排水量：8.9万トン
●総乗員数：1810人
●艦上戦闘機：10機
●ヘリ搭載数：10機

ＣＳ機は必要である。参考としては、英海軍のマーリンＡＥＷヘリであろう。実際、マーリンと同系のＭＣＨ‐１０１に捜索レーダーを組込むＡＥＷヘリの整備は検討された実績もある。

海自も「いずも」型により、念願の艦上戦闘機飛行隊を運用できる空母型護衛艦を手に入れたが、その次の段階は、米海軍の空母打撃群や中国海軍の空母戦闘群に対抗できる空母機動部隊の編成である。おそらく八艦八機体制の各護衛隊群を中核にして有事対応の「いずも」型空母機動部隊が編組されよう。機動打撃中枢艦（いずも型ＤＤＨ）×一隻、防空中枢艦（イージスＤＤＧ）×二隻、汎用護衛艦（ＤＤ：あきづき、あさひ、もがみ各型）×二～五隻、潜水艦（たいげい型）×一隻、補給艦×一隻、計七～一〇隻である。

護衛艦の主役は、海自が八隻持つイージス艦で、特に最精鋭の「まや」型である。「まや」は、二〇二二年に、搭載するＳＭ‐３ブロックⅡＡ迎撃ミサイル（射程一四〇〇㎞以上）により、弾道ミサイルの撃墜試験に成功した防空中枢艦で、他艦等の探知情報に基づき視程外のミサイル攻撃が可能なＣＥＣ（共同交戦能力）を備えていた。九六セルのＶＬＳ発射機には、極超音速兵器の迎撃も可能なＳＭ‐６が搭載できるだけでなく、射程千㎞超級のトマホーク巡航ミサイルや長距離攻撃用の国産ミサイル（12式地対艦誘導弾能力向上型）の搭載も検討されている。「まや」型は反撃能力も具備することになるのだ。

［参考資料］

●軍事研究二〇一〇年一月号別冊「海上自衛隊の空母型護衛艦」

第16章

スペイン海軍の「カルロス級強襲揚陸艦」＆無人機空母

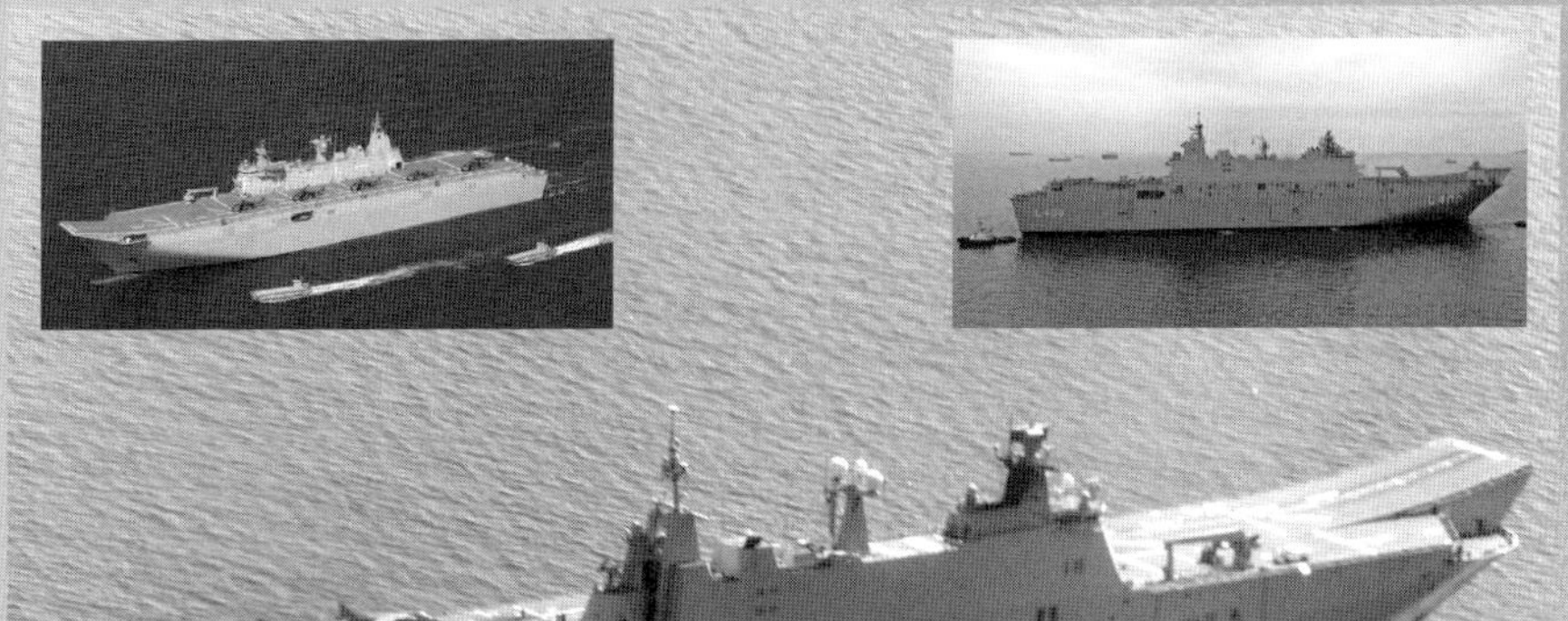

スペイン海軍の空母型強襲揚陸艦ファン・カルロスI。左上は姉妹艦の豪海軍キャンベラ、右上も姉妹艦のトルコ海軍アナドル
（写真：スペイン海軍、トルコ海軍、オーストラリア海軍）

スキージャンプ台を設置した空母型強襲揚陸艦の価値

マルマラ海は、トルコのアジア側とヨーロッパ側の間にある風光明媚な内海だが、トルコ海軍は、ここで二〇二三年一月二日、新造された満載二・七万トン級・全長二三二mの強襲揚陸艦アナドル（TCG Anadolu）に対し、就役前の海上試験航行の一環として、国軍首脳の立ち合いの下で包括的な査察を挙行したという。このアナドルは、二〇一六年にイスタンブールのセデフ造船所が起工した空母型船型の強襲揚陸艦で、トルコ海軍の栄えある旗艦として二〇二三年に就役する予定であった。二番艦の「トラキア」の建造も予定していた。

ただし本艦はトルコの国産品ではなかった。その設計・開発は、二〇一〇年に就役したスペイン海軍のナバンティア社が建造した、強襲揚陸艦ファン・カルロスI（一世：LHD Juan Carlos I）をベースにしていたのである。アナドルは、ファン・カルロスIの準同型艦に当たるのである。同様にオーストラリア海軍のキャンベラ（LHD-1 Canberra）級強襲揚陸艦二隻も、ファン・カルロスIの姉妹艦であった。当然ながらこれら三か国海軍の強襲揚陸艦の外観は、ベース艦たるファン・カルロスIと瓜二つである。

これら強襲揚陸艦たちの船体は、いずれも舷側面が高く切り立った壁面からなる箱型であり、甲板は艦首にスキージャンプ台を載せた全通飛行甲板を持つ空母型で、船体内には広い航空機用の格納庫、車両甲板、そして上陸用舟艇を搭載・発進・運用するための大きなドック方式のウエルデッキを備えていたのである。これら代表的な設備の中で、空母型船体特有の全通飛行甲板は、大小多数のヘリを用いた空輸・揚陸作戦を実施する強襲揚陸艦として不可欠な設備である。車両甲板やウエルデッキも同様な理由から不可欠な設備と言えよう。

しかしながらスキージャンプ台は、強襲揚陸艦にとって欠くべからざる設備ではない。むしろ特殊な設備とも言える。実際、米海軍の全通飛行甲板を持つ空母型の強襲揚陸艦（ワスプ級、アメリカ級など約一〇隻）は、すべてスキージャンプ台を取り付けていない。ではなぜ、ファン・カルロスIおよびその準同型の強襲揚陸艦たちはスキージャンプ台を設置しているのか。そもそもスキージャンプ台の設置には余分な予算が必要なだけでなく、ヘリの離発着スポットを甲板上から減らすことになってしまう。

このマイナス点を差し引いても、スキージャンプ台を設置する理由は一つだけだ。それは搭載する固定翼戦闘機、具体的にはAV－8BハリアーⅡやF－35BライトニングⅡのようなSTOVLジェット戦闘機の機能を有効発揮させるために他ならない。有効発揮させるとは、スキージャンプ台の短距離離陸支援機能により、戦闘機の搭載量や航続距離を伸ばす効果のことである。とりわけ二〇二〇年代の軽空母や強襲揚陸艦は、老朽化したAV‐8Bに代わる、極めて強力な第五世代ステルス戦闘機F‐35B（同機以外のSTOVL戦闘機は存在しないが）の搭載がトレンドと化しており、ゲームチェンジャー的な意味を含蓄して『ライトニング空母』とも呼ばれている。ただ海上自衛隊の空母型護衛艦「いずも」型や米海軍の強襲揚陸艦のように、スキージャンプ台を設置しない軽空母や強襲揚陸艦も見られる。

ともあれ、スペイン海軍のファン・カルロスIおよび二か国海軍の姉妹艦は、スキージャンプ台を備えている。ところが二〇二三年時点において三か国の強襲揚陸艦は、いずれもF‐35Bを搭載していない。それどころか唯一スキージャンプ台を利用するSTOVL戦闘機を搭載しているのは、今のところファン・カルロスIの一隻だけである。それも一三機まで数が減っている旧式のAV‐8Bマタドールを載せているのが現状だ。なおかつ、スペイン海軍とオーストラリア海軍は、F‐35Bの調達すら予定していない。トルコは、アナドル建造時に、少なくとも一〇〇機のF‐35Aと二〇機のF‐35Bの調達を計画していた。しかし周知のように、同国が意固地に進めたロシア製S‐400トライアンフ防空システム導入問題が拗れ、米国がF‐35の引き渡しを中止したままなのである。摩訶不思議な状況と言えよう。

[カルロスI系艦のスキージャンプ台運用状況]

●ファン・カルロスI（スペイン海軍）：旧式なSTOVL戦闘機AV‐8Bを搭載してスキージャンプ台を用いて運用。しかしF‐35Bの調達予定なし

●アナドル級（トルコ海軍）：現在、スキージャンプ台を使うSTOVL戦闘機は保有していない。F‐35Bの調達を計画したが失敗

●キャンベラ級（オーストラリア海軍）：スキージャンプ台を使うSTOVL戦闘機は保有していない。F‐35Bの調達予定はない。米海兵隊のF‐35Bを搭載し実戦運用か（クロス・デッキ）

世界初、トルコ海軍の無人機空母

ここでF‐35B戦闘機を搭載可能な現用および建造中のウエルデッキを持つ、空母型強襲揚陸艦について若干整理しておきたい。種類は、スキージャンプ台設置の有無により二種類に分けられよう。スキージャンプ台を設置した空母型強襲揚陸艦は、記した三か国海軍のファン・カルロスI系強襲揚

陸艦が計五隻（キャンベラ級二番艦アデレードとトラキア含む）。そしてイタリア海軍の三・八万トン級の新強襲揚陸艦トリエステである。いっぽうスキージャンプ台を持たない強襲揚陸艦は、記したように米海軍の強襲揚陸艦（アメリカ級フライト〇二隻を除く）が約八隻である。米海軍が強襲揚陸艦にスキージャンプ台を設置しないのは、広い飛行甲板を用いた多数のヘリ群による同時空中強襲・揚陸能力を重視しているからであった。

なにより気になるのは、スキージャンプ台設置の強襲揚陸艦五隻にはF‐35Bが一機も搭載されていないことだ。対してスキージャンプ台のない米海軍の強襲揚陸艦は、最新鋭のF‐35B飛行隊が搭載されている。もちろん将来的には未搭載艦（スペイン、オーストラリア、トルコ海軍の）にもF‐35Bが配備される可能性は残されているものの、何とも皮肉である。

ところで先に述べたように、トルコ海軍は、初の強襲揚陸艦アナドルの就役前査察を実施したが、その際、列席した首脳の筆頭にあたる国防大臣のフルシ・アカルは、艦上でのインタビューでアナドル級に関して次のように説明していた。

「この艦は長さ二三〇m、サッカー場二面ほどの長さがあります。これにより九四両の装甲車両を積む強襲揚陸艦の能力を持つことができ、強力なトルコ軍、強力なNATO、強力な同盟関係に寄与し、我々の関心を全世界に向けられるようになるのです。そして、アナドルは、最初の無人航空機空母（first uncrewed aerial vehicle carrier ship）になるのです。トルコ海軍で最大の軍艦です」

発言で一番注目されるのは、アカル大臣が言ったアナドル級は「世界初の無人機空母」になるとの発表であろう。いかなることなのか。

そもそもアナドル級は、トルコ海軍では、汎用揚陸艦（universal landing ship）と軽空母（light aircraft carrier）を兼ねる、ハイブリッド軍艦（hybrid warship）と呼ばれている。本艦は、ファン・カルロスIの準同型艦であるため、スキージャンプ台付き全通飛行甲板を備えているが、あくまで汎用揚陸艦としての運用が機軸であろう。船体後部底部にあるウエルデッキから続く重車両甲板（一四一〇㎡）には、最大で二七両のFNSS製ザハ（Zaha）海兵水陸両用強襲車と二九両の主力戦車（アルタイ、レオパルト2）を収容できる。このような重量六〇トン超の主力重戦車は、ウエルデッキ（一一六五㎡）からLCM上陸用舟艇四隻に積み込んで揚陸する。

また兵員は一個歩兵大隊の約九〇〇人を船体区画内に収容できる。こちらは、舟艇の他に、たとえば飛行甲板（五四四〇㎡）に待機する多数のヘリに載せ、空中から一気に海岸や内

世界初の無人機空母:トルコ海軍の『アナドル級強襲揚陸艦』

◆2022年にトルコ海軍が試験航行を実施中の2.7万トン級揚陸艦アナドル級は
スペインのファン・カルロスⅠをベースに建造された空母型強襲揚陸艦である

写真:SSB,Baykar Tech,twitter

◆2022年12月14日に初飛行したジェット無人攻撃機のBaykar製キジルエルマ

◆米製F-35A戦闘機のトルコへの導入は中止された(LM)

◆主力攻撃機として開発中の艦載型キジルエルマ無人攻撃機

◆主翼の折畳み機構を備えた艦載型バイラクタルTB3無人機

◆アナドル級は各種無人機(TB3を50機搭載)を満載する無人機空母となる構想だ(SSB)

陸地点に強襲輸送する。これは本艦をヘリ空母として運用する任務と言えよう。その際には二五機ほどのヘリが搭載されるが、その中にはT‐129攻撃ヘリ四機、AS532クーガーあるいはCH‐47Fチヌーク重輸送ヘリ八機が含まれるという。二五機もの各種ヘリは、格納庫（九〇〇㎡）のスペースではまったく収まらないので、その前方に続く二倍ほど広い軽車両甲板（一八八〇㎡）にも車両の代わりに収容することになる。

では軽空母としてアナドル級を運用する場合、どのような機体が運用される計画であったのか。当初構想では米国から購入するF‐35B戦闘機一〇機と中型ヘリ一二機、計二二機からなる航空団であった。任務の割り当ては、F‐35Bが航空打撃・艦隊防空の任務を果たし、ヘリ部隊が対潜・輸送・捜索救難任務を担当するというものであったろう。しかし肝心のF‐35Bの配備はなくなった。

そこでトルコは、入手不能となった米製F‐35B戦闘機に代わる次世代攻撃機として、国産の高性能中型無人攻撃機を多数搭載する方針に切り替えたという。これがアナドル級の無人機空母構想であり、先にアカル大臣が語った「最初の無人航空機空母」の言葉に結び付く。

これが実用の戦術無人機を持たない国の海軍が打ち上げた構想ならば、大半の人は、いつの間にか消えてしまう蜃気楼のような将来構想の一つと受け止めたに違いない。しかしながらトルコは戦術無人機製造の先進国であった。周知のようにウクライナ戦争では、ウクライナ軍が、購入した三〇機を超えるバイカル・テクノロジー社製バイラクタルTB2無人偵察攻撃機を駆使し、ロシア侵略軍（特に防護の脆弱な補給車両や地対空ミサイルや指揮所や陣地等を精密爆撃）に大きな損害を被らせていた。ちなみに遠隔操縦だけでなく自律飛行も可能なTB2の大きさは、最大重量〇・七トン、全長六・五m、翼幅一二mで、兵装等の搭載量は一五〇kgほどあった。巡航速度はプロペラ推進により時速一三〇kmほどで、二七時間の長時間滞空が可能だという。TB2は、既に二八か国に輸出されているベストセラー戦術無人機であった。

なおアナドル級に搭載する艦載型無人機の主力は、TB2を大型化して攻撃性能を高めた艦載型のTB3とされている。同機は、最大重量一・四五トン、全長八・三五m、翼幅一四mほどで、兵装等の搭載量は二八〇kgもあった。巡航速度は時速二三二kmに増速し、滞空時間は二四時間以上で、大きな翼は、多くの機体を空母に搭載するため、折り畳み翼にされている。それでも有人機のF‐35B（最大重量二七トン、全長一五・六m、主翼幅一〇・七m）よりかなり小型機である。機体がコンパクト化できるため、アナドル級を無人機空母として運用する際には、艦載ヘリに加えて三〇機から五〇機の

ＴＢ３が搭載可能だという。

ただプロペラ推進の鈍足な無人機では、ジェット戦闘機のような洋上打撃や防空任務は不可能である。そこでトルコのバイカル社は、ＴＢ２から艦載型のＴＢ３を開発したように、現在製造中の単発ジェット無人戦闘機キジルエルマ（Kizilelma-A）をベースにした、艦載型キジルエルマ（Kizilelma-B）を新たに開発し搭載するという。

既に公開された画像を見ればわかるように、キジルエルマは、中国空軍のＪ－20ステルス戦闘機に似た機体設計である。試作機は、二〇二二年一二月一四日、初飛行に成功している。大きさは、最大重量六トン、全長一四・七ｍ、翼幅一〇ｍで、最大速度はマッハ〇・九（時速一一〇〇km）、作戦高度一・一万ｍ、六時間の滞空性能があるという。機体には、最新の国産ＡＥＳＡ多機能レーダーを備え、レーダー誘導の空対空ミサイルや対地ミサイル、誘導爆弾の運用も可能で、有人戦闘機に伍す戦闘能力を具備することになるらしい。また艦載型のキジルエルマは、ＴＢ３のように折り畳み主翼を持ち、より強力なアフターバーナー付のＡＩ－３２２Ｆターボファン・エンジン（推力四・五トン）が搭載されるという。

米軍のリーパー無人攻撃機の戦場での活躍を見るまでもなく、今や戦術無人機の実戦運用は常態化している。ただ艦載型ジェット無人機の艦艇への搭載は皆無であった。この状況を変えたのは、米海軍が空母艦載機にジェット無人空中給油機ＭＱ－25スティングレーを採用してからであろう。そして、世界初の艦載型ジェット無人戦闘機として量産されるのは、記したトルコ製のキジルエルマであり、やはり世界初の無人機空母アナドル級にＴＢ３と組む無人機航空団の主力戦闘機として搭載されるのであろうか。

無敵艦隊の旗艦はファン・カルロスＩ

スペイン海軍と言えば、一六世紀のフェリペ二世が率いた戦艦一三〇隻からなる『無敵艦隊（Armada Invencible）』の印象が強い。合わせてこの無敵艦隊は、一五八八年、イングランドに遠征して「アルマダの海戦」で大敗、スペイン没落の先駆けとなる。ただ今なおスペイン海軍には、往時の誇りと幻影が残存しているようで、大戦後には大海軍の象徴として細々でも空母を保有してきた。

最初の空母は、一九六七年、米海軍が保管していた大戦期のインディペンデンス級軽空母カボット（満載一・六万トン、全長一九〇ｍ）を貸与・購入し、艦隊旗艦として就役させた軽空母デダロ（Ｒ－01）であった。搭載したのは、ＳＴＯＶＬ戦闘機のＡＶ－８Ａハリアー（スペイン名称、ＡＶ－８Ｓマタドール）で、一九七二年に世界で初めて空母甲板での離発

艦名（級名）	汎用フリゲート「ボニファス」 （F-111:F-110 型ボニファス級）	防空フリゲート「ボルボン」 （F-102:F-100型バサン級）	空母型揚陸艦ファン・カルロスI （L-61 :ファン・カルロスI級）
満載排水量（基準） 全長×最大幅	6170トン（満載） 146m×18.6m	6500トン（4600トン） 146.7m×18.6m	2.7万トン（1.9万トン） 230.8m×32m
速力（出力） 航続距離	26ノット＋（CODLAG方式） 0.83万km（15ノット）	28.5ノット（4.7万馬力） 0.93万km（18ノット）	21ノット（3.5万馬力） 1.67万km（15ノット）
兵　装 （対空火器／ 搭載機）	64口径127㎜単装砲×1 30㎜砲×2 16セルVLS（SM-2,ESSM） NSM対艦ミサイル（8発） SH-60哨戒ヘリ×1機	54口径127㎜単装砲×1 20㎜機銃×2 48セルVLS（SM-2,ESSM） ハープーンSSM（8発） SH-60哨戒ヘリ×1機	20㎜機銃×4 LCM-1E上陸用舟艇×4隻 搭載機：22機 （AV-8B×10,艦載ヘリ×12）
乗　員	150人	250人	518人
クラス総建造数	5隻（建造中）	5隻	1隻（他に同系艦3隻）

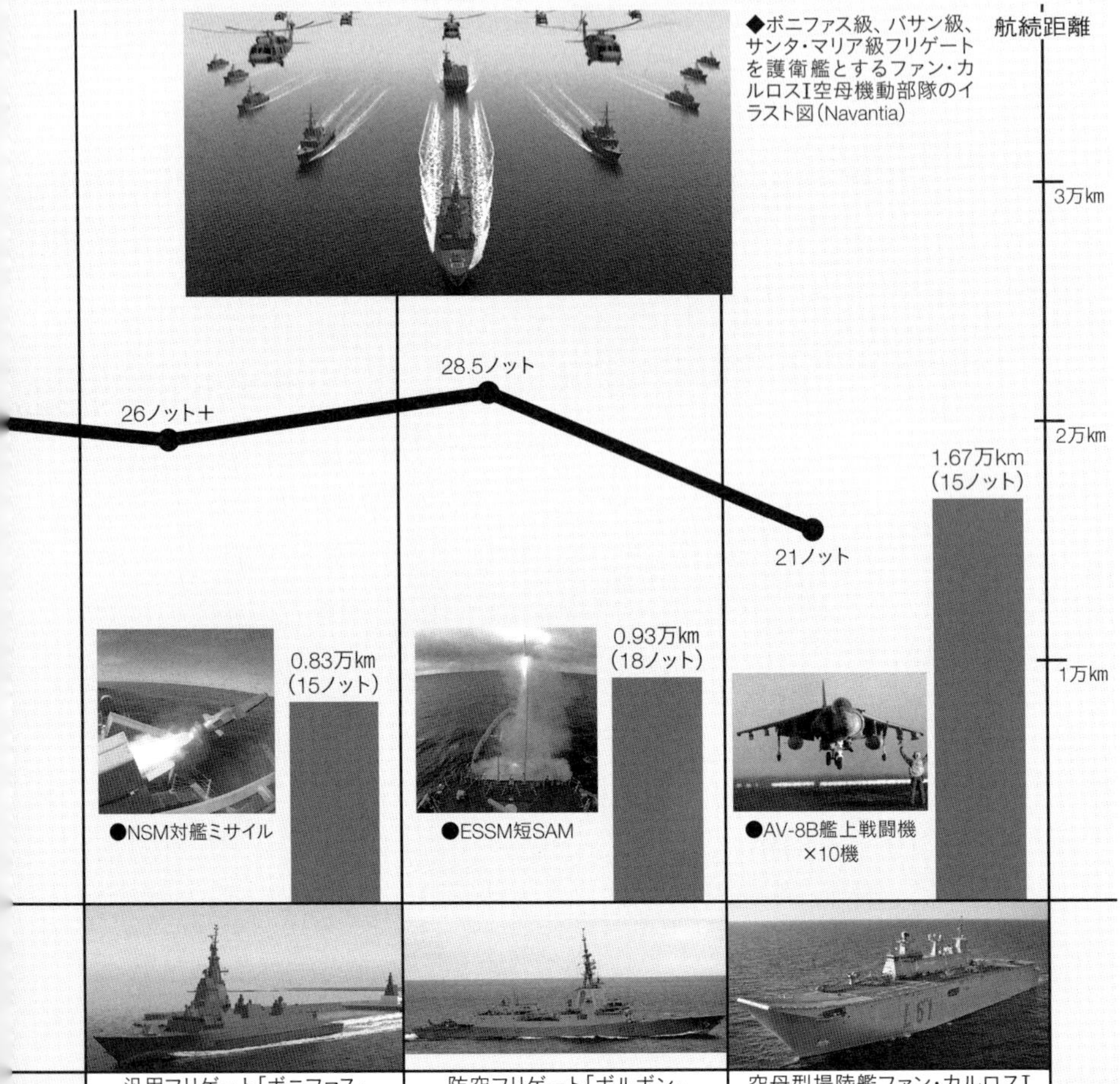

◆ボニファス級、バサン級、サンタ・マリア級フリゲートを護衛艦とするファン・カルロスI空母機動部隊のイラスト図（Navantia）

●NSM対艦ミサイル

●ESSM短SAM

●AV-8B艦上戦闘機
×10機

汎用フリゲート「ボニファス」
（就役：2025年予定）

防空フリゲート「ボルボン」
（就役：2003年12月3日）

空母型揚陸艦ファン・カルロスI
（就役：2010年9月30日）

ファン・カルロスI空母機動部隊の艦種別性能比較:機動力と兵装

艦名(級名)	補給艦カンタブリア (A15:カンタブリア級)	潜水艦アイザック・ペラル (S81:S-80型)	フリゲート「ヌマンシア」 (F-83:サンタ・マリア級)
満載排水量(基準) 全長×最大幅	1.96万トン(0.98万トン) 173.9m×23m	3700トン(3200トン) 81m×11.7m	4017トン(3610トン) 137.7m×14.3m
速力(出力) 航続距離	21ノット(2.9万馬力) 2.5万km(20ノット)	水中20ノット(水中:AIP) 0.8万km(3ノット:水上)	29ノット(4.1万馬力) 0.78万km(20ノット)
兵　装 (対空火器/ 搭載機)	燃料: 6700トン 真水: 180トン 弾薬: 255トン 25mm砲×2 20mmCIWS×2 汎用ヘリ×2機	53cm魚雷発射管×6 ※UGM-84ハープーン潜水艦発射対艦ミサイル	62口径76mm単装砲×1 20mmCIWS×1 Mk13ミサイル発射機×1 (SM-1MR,ハープーンSSM) SH-60B哨戒ヘリ×2機
乗　員	122人	45人	223人
クラス総建造数	2隻	4隻(計画)	6隻

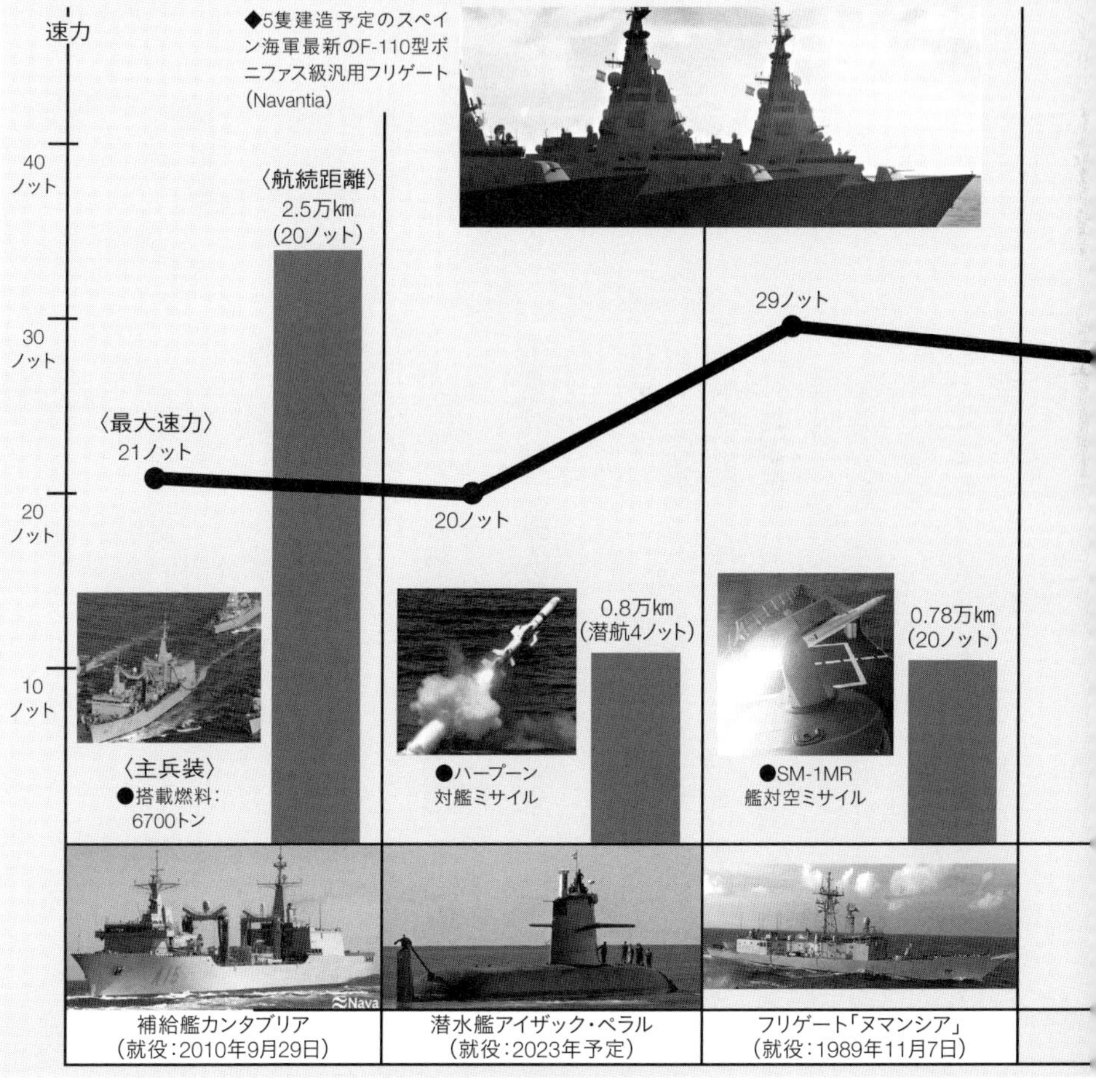

◆5隻建造予定のスペイン海軍最新のF-110型ボニファス級汎用フリゲート(Navantia)

着試験に成功したのだという。しかしながらデダロの老朽化は激しく、スペイン海軍は、デダロの後継艦を検討する。完全な純国産建造は難しいため、米海軍の技術支援（SCS制海艦の設計案）を受け、バサン社が国産軽空母のプリンシペ・デ・アストゥリアスを建造し、一九八八年五月に艦隊旗艦として就役している。

本空母は、当然ながら莫大な予算を必要とする、F－4ファントム級の双発重戦闘機をカタパルト発進するような大型空母ではない。またウエルデッキを持つ強襲揚陸艦でもなかった。アストゥリアスは、デダロと同じAV－8マタドールを搭載するSTOVL空母であった。ただし爆装したハリアー戦闘機の短距離離陸発進を支援するため、英空母のインビンシブル級に倣い、一二度の勾配角を持つ長さ四六・五mの大きなスキージャンプ台を艦首甲板に設置していた。本空母の大きさは、満載一・七万トン、全長一九五m、幅二四・四mで、インビンシブル級（満載二・二m、全長二〇九m、幅三六m）よりも小型の軽空母であった。速力二七ノット（四・六万馬力）、航続距離一・二万km（二〇ノット）で、空母として最低限の機動力を持っていた。乗員は約八〇〇人。搭載機は二〇機ほど。その機種の構成はAV－8マタドール戦闘機が一〇機と、艦載ヘリ一〇機（SH-3哨戒ヘリ七機、AB-212汎用ヘリ三機）を基本としていたようだ。

この軽空母アストゥリアス（R－11）は、二〇一三年二月、二五年間の軍務活動を終えて退役する。この時点でスペイン海軍に正式空母はいなくなった。ただしこれより三年前の二〇一〇年九月には、全通飛行甲板を持つ強襲揚陸艦ファン・カルロスI（L－61）が就役しており、AV－8Bマタドール飛行隊の運用は軽空母として引き継いでいた。それでも本艦は、空母を表すRの艦種記号が付されていない。艦種記号は、ガルシア級（L－51）ドック型揚陸艦と同系のLであり、艦種は揚陸艦なのである。さらにファン・カルロスIは、スペイン海軍初の強襲揚陸艦でもあった。

戦略的戦力投入艦の軽空母／水陸両用作戦能力

ともあれ、ファン・カルロスIは、高性能な多目的強襲揚陸艦として設計されていたのである。多目的とは、強力な航空作戦能力（軽空母任務）、多数のヘリによる空中強襲、水陸両用作戦、対潜作戦支援、海上輸送任務、人道支援業務などで、ミサイル防衛や掃海任務などを除く主要な海軍任務の大半を遂行できるのである。実際、開発段階では、本艦を『戦略的戦力投入艦（スペイン語でBPE：Buque de Proyeccion Estrategica・Strategic Projection Ship）』と呼称していた。

ファン・カルロスⅠの大きさは、満載二・七万トン（基準一・九万トン）、全長二三〇・八m、幅三二m。船体を上から見ていくならば、全通飛行甲板は、全長二〇二・三m、幅三二m、面積五四四〇㎡あり、艦首左舷に勾配角一二度のスキージャンプ台を備えている。先代より飛行甲板は二七m長い。また甲板にはNH90中型ヘリを六機同時に運用できるヘリ発着艦スポットがある。二基備えたエレベーターは、搭載量二七トンである。これは爆装したF-35Bを載せ、昇降できる能力に当たる。甲板下の格納庫（九九〇㎡）は、前方の軽車両甲板（一六トン以下の車両用：一八八〇㎡）とも連続しており、大きさは全長一三八・五m、幅二一・五mにもなる。ここにはCH-47重輸送ヘリなら一六機、AV-8B戦闘機で二〇機、あるいは中型ヘリ三〇機を収容できるという。

ちなみに標準的な航空団の編成は、第9航空飛行隊に所属するAV-8Bマタドール戦闘機が一〇機と、艦載ヘリ一二機の計二二機ほど。艦載ヘリには、対潜・汎用型（SH-60F、NH90）だけでなく、航空作戦に不可欠な捜索レーダーを備えたSH-3WサーチウォーターAEW早期警戒ヘリも加わる。記したようにスペイン海軍は、航空機の予算不足のため、垂涎のF-35Bの新規調達ができない。苦肉の策としてAV-8Bマタドールを改修延命し、とりあえず二〇二五年以降も使用する模様である。

格納庫の下層にある広大な甲板は、レオパルト2E戦車を並べる重車両甲板（一四〇〇㎡）と、これに続くウエルデッキ（六九・三m×一六・八m）である。ウエルデッキには四隻のLCM-1E上陸用舟艇（ほかに四隻の複合ゴムボート）を収容できる広さがあり、車両甲板から自走してくる重い戦車を各一両ずつ舟艇に搭載し、海岸まで揚陸することができるわけだ。満載での航行速力は九ノットほど。またウエルデッキの海水を排水すればここも重車両甲板に転用できる。その場合には最大で四六両の戦車を収容し運搬できるという。このほか本艦には水陸両用作戦に備えて、上陸部隊九〇〇人分の収容区画や、病床を含む医療区画が設けられていた。

ファン・カルロスⅠの航行能力は、速力が二一ノット、航続距離が一五ノット巡航により一・六七万㎞ほど。速力は、三〇ノット前後が当たり前の空母に比べて鈍足だが、揚陸艦としては標準的なスピードである。それよりも本艦では、先進的な推進機関が導入されているのが注目されよう。それは統合電気推進（IEP：Integrated Electric Propulsion）である。GE製LM-2500ガスタービン発電機（一・九七五万馬力）一基と、MAN製32/40V型一六気筒ディーゼル発電機（〇・七八六〇馬力）二基が生み出す電力で、二基備えたモーター駆動のプロペラにより推進するCODAGE方式を装備していた。電力は、艦の推進用途だけでなく、艦の搭載機

◆甲板上に並ぶSTOVL戦闘機のAV-8Bマタドール（ハリアー）

〈世界のヘリ母艦（F-35B運用含む）の比較（wikimedia-FOX52）〉

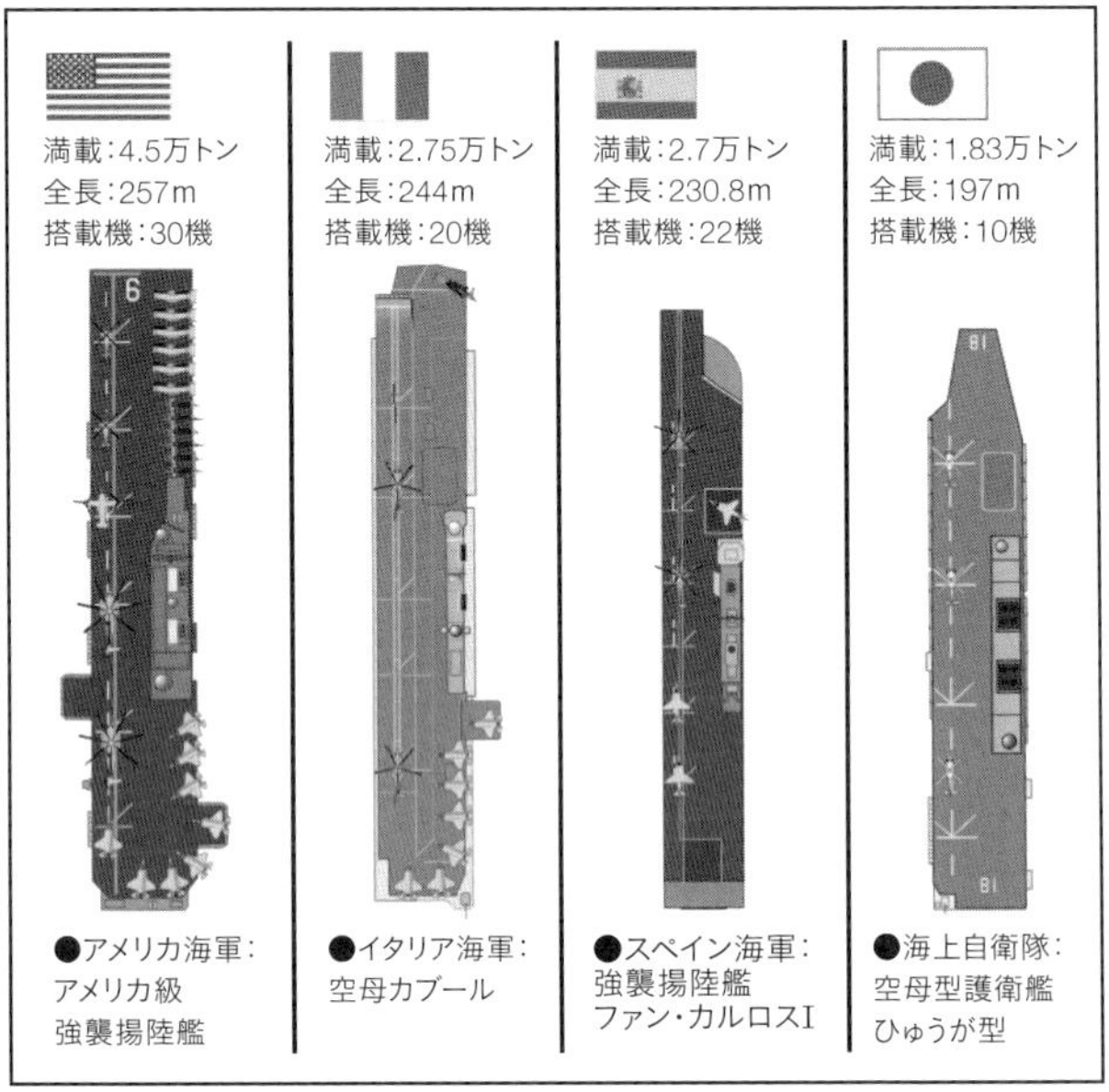

■左：ファン・カルロスIは左舷側に勾配角12度のスキージャンプ台設置
■右：先代の軽空母プリンシペ・デ・アストゥリアス（2013年に退役）

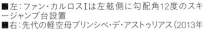

スペイン海軍の空母型強襲揚陸艦「ファン・カルロスI」：統合電気推進の採用

◆空母型強襲揚陸艦ファン・カルロスIの
アイランド前部の艦橋

〈ファン・カルロスIの統合電気推進（IEP）：ディーゼル／ガスタービン発電機〉

●ディーゼル発電機：
MAN製32／40V型16気筒（7860馬力）

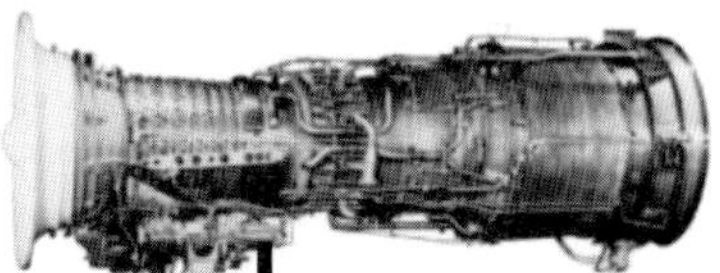

LM-2500

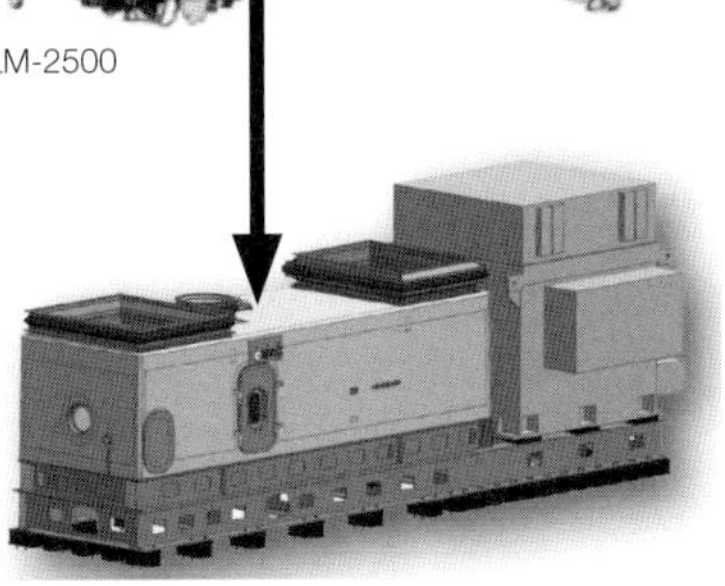

●ガスタービン発電機：GE製LM-2500ガスタービン（1.975万馬力）搭載

［統合電気推進（IEP）のシステム構成］

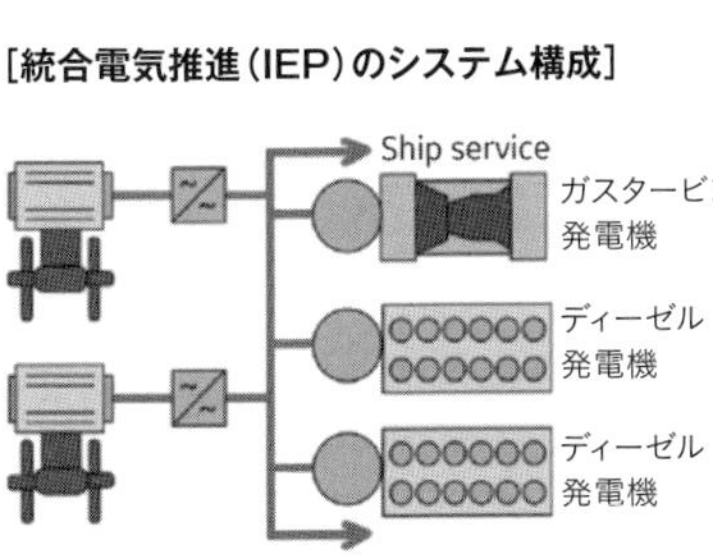

アジマス・ポッド（電動機）

※このIEPはスペイン海軍のファン・カルロスI級およびオーストラリア海軍のキャンベラ級空母型強襲揚陸艦が搭載している

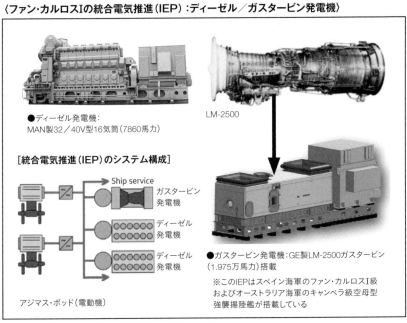

ファン・カルロスIの高度な強襲揚陸能力：全通甲板とウエルデッキ

■ウエルデッキも使えば40両以上のレオパルト2E戦車を搭載可能（右は海兵隊のAAV7水陸両用強襲車）

◆海水を排水した後のウエルデッキ

◆海水を満たしたウエルデッキに待機する2隻のLCM-1E舟艇

◆主力戦車レオパルト2Eを揚陸するLCM-1E

◆LCMに戦車を積み込んだLCM-1E上陸用舟艇

◆ファン・カルロスIはウエルデッキ内に4隻のLCM-1E上陸用舟艇（満載108トン、全長23.3m）を収容できる。舟艇は戦車1両あるいは兵員170人を揚陸可能だ

◆旧式なAV-8Bの後継主力戦闘機（F35B）の採用をスペイン海軍は決めていない

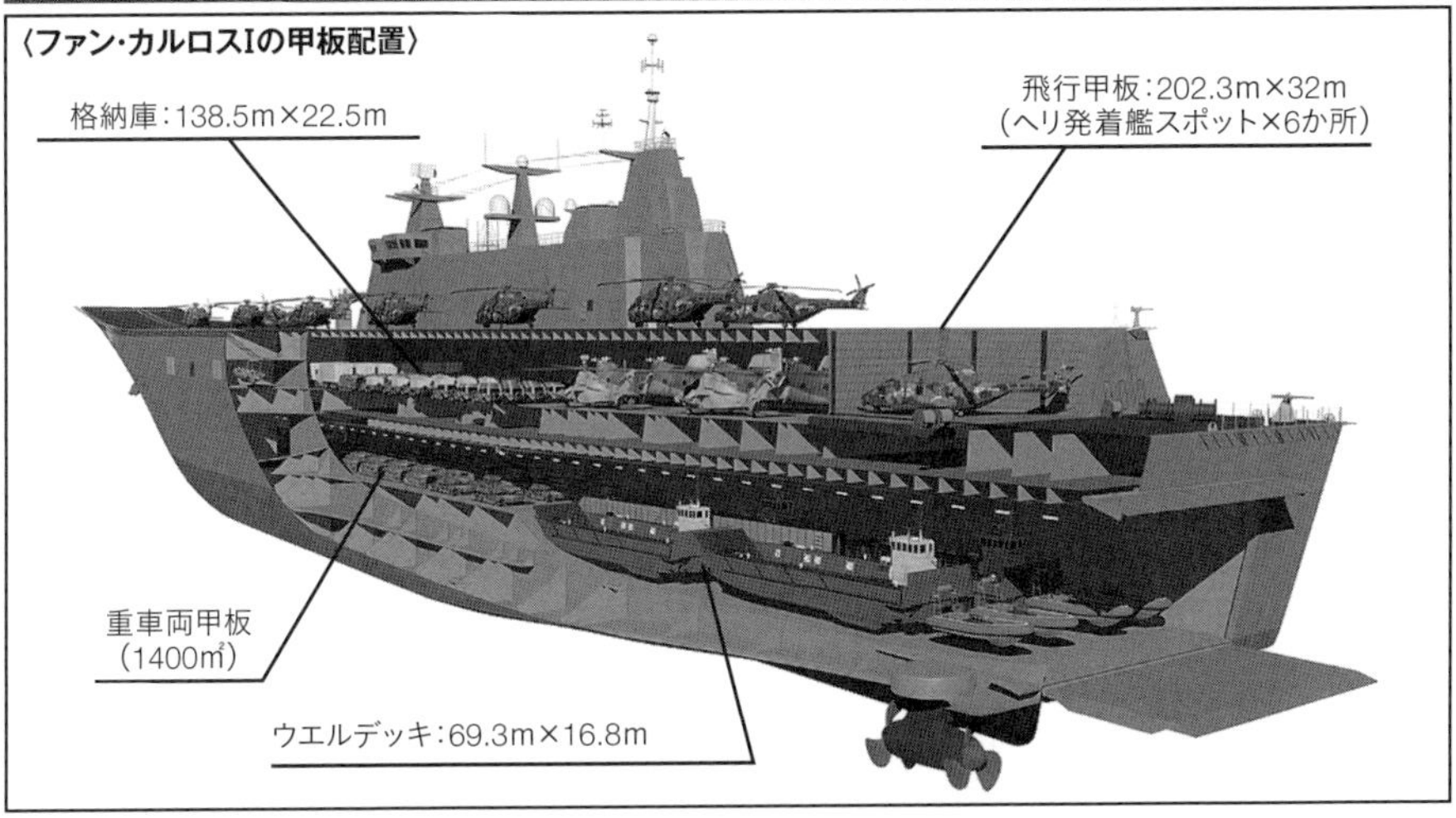

■格納庫に収容した主力艦上攻撃機として使われるAV-8Bマタドール

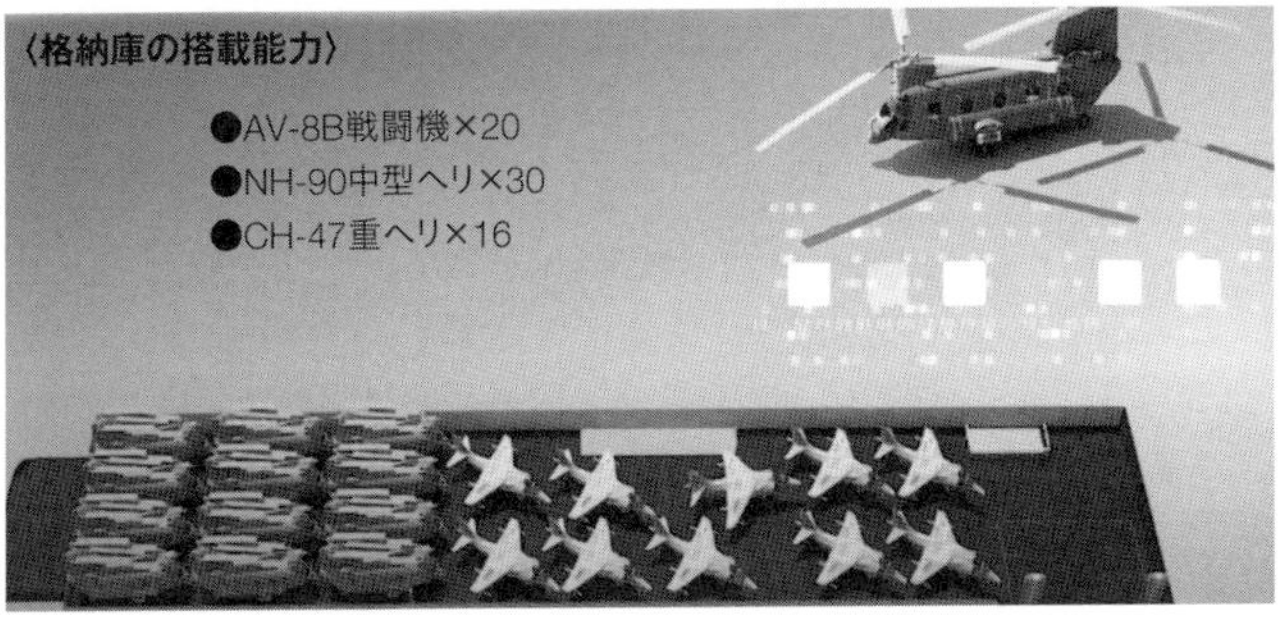

器等の電源としても利用されるため（艦の全動力源となる）、統合電気推進と呼ばれる。またプロペラは、二重三枚プロペラを持つ旋回式のアジマス・ポッド（一・三万馬力）が二基であるため、舵はない。ただ微妙な接岸操船用に使う電動のスラスターを艦首下に備えている。

このIEP推進機関はキャンベラ級にも同じものが搭載されている。アナドル級もIEP推進だが、ガスタービンを外して五基のMAN製ディーゼル発電機（一・一万馬力）を積んでいた。なおIEP推進機関の最大の利点は二つ。一つ目は、従来型機関では動力装置を艦後部に置き、プロペラ軸と直結させて駆動しなければならなかったが、本方式では発電機を船体のどこにでも設置することが可能であり、アジマス・ポッドも船外取付けなのである（結果、ウエルデッキや車両甲板を広く使い易くできる）。二つ目は、今後増加する電力需要に応じられること。たとえば強力なレーダーやレーザー兵器あるいは電子装備の追加搭載が簡単にできるのである。

気になるのは本艦の防空能力の弱さであろう。現在、積んでいるのは二〇㎜機銃が四門のみ。艦首右舷、スキージャンプ台の横には広い対空装備用の空きスペースが残されているが、資金不足のため武器は積まれていない。キャンベラ級も搭載する火器は二五㎜砲が四門である。対してアナドル級の防空システムは空母並みに強力だ。専用の二〇㎜CIWSが二基、遠隔操作式の二五㎜砲が五門、これに加えて二一連装RAM近距離防空システム一基を積む。RAM対空ミサイルは、射程一五㎞、画像赤外線誘導式の最新対空ミサイルである。ちなみに米海軍のアメリカ級強襲揚陸艦は、二〇㎜CIWS二基、ESSM対空ミサイルの八連装発射機二基、RAM二基を搭載する。自衛防空能力は十分であろう。

スペイン海軍の空母機動部隊

記したように強襲揚陸艦であるファン・カルロスIが自艦に備える防空能力は脆弱である。本艦を、マタドール戦闘機の航空団を積む軽空母任務（遠征作戦）で運用する際には、十分な防空護衛艦に守られた空母機動部隊を編成する必要がある。想定される機動部隊の基幹艦艇は、艦隊防空の主力艦となるアルバロ・デ・バサン級防空フリゲートが二隻、対潜・汎用用途のサンタ・マリア級フリゲートが二隻、対潜・索敵任務のアイザック・ペラル級潜水艦と遠洋兵站支援任務のカンタブリア級補給艦が各一隻となろう。

五隻建造されたF-100型バサン級は、ファン・カルロスIにとって最も頼もしい艦隊防空フリゲートに違いない。ちなみにアルバロ・デ・バサンとは、無敵艦隊の創設者の名前から採用されたもので、本艦には最強の米国製イージス兵器システムが装備されていた。そもそもバサン級は、当時現役であった軽空母プリンシペ・デ・アストゥリアスを航空脅威から護衛する必要から計画されたのであった。バサン級の最大の特長は、なんと言っても小振りな船体（満載六五〇〇トン、全長一四六・七ｍ）の上に聳える巨大な壁面を持つ塔形の上部構造物だが、その四方の壁面には、有名なイージス防空システムを象徴する、ＡＮ／ＳＰＹ‐１Ｄ三次元多機能レーダーの八角形平面アンテナが固定され組み込まれていた。大きな上部構造物は、この重くて大きなアンテナ構造物を格納する必要からであった。さらに本艦では、マストを含む上部構造物や船体側面を傾斜させているが、これはレーダー反射断面積ＲＣＳを低減する電波ステルス対策である。

ＳＰＹ‐１Ｄの能力は、概略、広域捜索時に高空目標であれば距離三二四㎞で探知できると言うもの。ただし巡航ミサイルのような超低空飛翔目標に対する探知距離は八三㎞まで低下する。続いて探知・追尾できる目標数はアンテナ一面あたり二〇〇個ほどで、四面では八〇〇個となる。目標を撃ち落とす主武器は、セミアクティブ・レーダー誘導式のＳＭ‐２ＭＲブロックⅢＡ艦隊防空用対空ミサイルで、射程は一六七㎞ほど。バサン級は、前甲板に垂直発射機のＭｋ41ＶＬＳ（四八セル）を備えており、ここに三二発のＳＭ‐２対空ミサイルを格納している。ＳＭ‐２は、ＳＰＹ‐１Ｄ等の管制・誘導により、同時に一〇個以上の目標に対して発射し迎撃することができるという。またＶＬＳの残る一六セルには、自衛用の短ＳＡＭとして各四発のＥＳＳＭミサイルが格納されている。短ＳＡＭと言ってもＥＳＳＭは、射程五〇㎞の強力な対空ミサイルである。

サンタ・マリア級フリゲートは、米海軍のＯ・Ｈペリー級をベースに六隻建造された対潜・汎用のフリゲートである。主兵装は、Ｍｋ13単装発射機から撃つＳＭ‐１ＭＲ対空ミサイル（射程四六㎞）だが、機動部隊が期待するのはバサン級にはない対潜能力であろう。船体には現代の対潜水艦作戦に欠かせない探知センサーのＳＱＲ‐19戦術曳航ソナー（ＴＡＣＴＡＳＳ）と、ＳＨ‐60Ｂ哨戒ヘリを二機も搭載していたのである。

ただ本級は老朽化しているため、後継艦としてＦ‐110型ボニファス級汎用フリゲート（満載六一七〇トン、全長一四六ｍ）を五隻の建造予定で開発している。本級は、経費削減のためバサン級を参考に開発が進められているが、主センサーには最先端のＡＥＳＡレーダーである、四面固定アンテナを使うＡＮ／ＳＰＹ‐７（Ｖ）２多機能レーダーをステルス設計の上部構造物に装備する。前部甲板にはＭｋ41ＶＬＳ（一六セル）を備え、ＳＭ‐２やＥＳＳＭ対空ミサイルを積む。発射機の規模はバサン級に比べ小さいが、レ

◆空中給油中のAV-8Bマタドール

◆4隻のバサン級防空フリゲートに厳重護衛されたファン・カルロスⅠ

◆米海兵隊のMV-22オスプレイがファン・カルロスⅠに着艦

■AV-8Bの多様な兵装:AIM-9L対空ミサイル、AGM-65対地ミサイル、JDAM誘導爆弾等

ファン・カルロスⅠ空母機動部隊を構成する基幹艦艇の主要データ

■アルバロ・デ・バサン級防空フリゲート×2隻:満載0.65万トン,全長146.7m,主兵装127㎜砲×1,SM-2艦対空ミサイル,ESSM短SAM,SPY-1D多機能レーダー(イージス),哨戒ヘリ×1機,乗員250人。写真バサン(F-101)

■サンタ・マリア級フリゲート×2隻:満載0.4万トン,全長137.7m,主兵装76㎜砲×1,SM-1MR艦対空ミサイル,ハープーンSSM,哨戒ヘリ×2機,乗員223人。写真カナリアス(F-86)

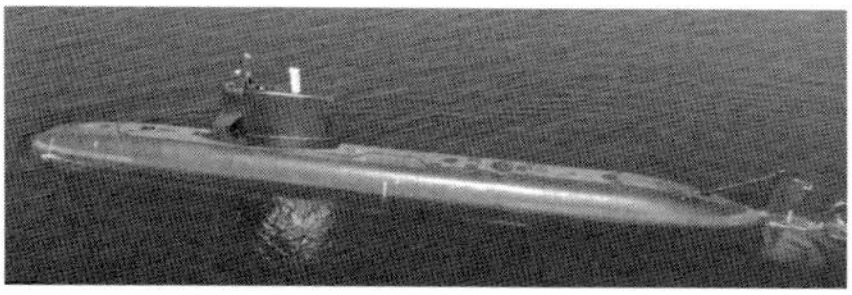

■アイザック・ペラル級潜水艦×1隻:水中3700トン,全長81m,主兵装ハープーン・重魚雷,AIP搭載,乗員45人

■カンタブリア級補給艦×1隻:満載1.96万トン,全長173.9m,燃料6700トン搭載,ヘリ×2機,乗員122人

スペイン海軍のファン・カルロスI空母機動部隊の編成・戦力図

ファン・カルロスIが搭載する航空団の母艦機編成例（計22機）

■AV-8B（ハリアーⅡプラス）マタドール艦上攻撃機×10機

■艦載ヘリ×12機：写真は最新のSH-60F哨戒ヘリ

◆SH-3Wサーチウォーター AEW早期警戒ヘリ

◆2010年に就役した空母型強襲揚陸艦ファン・カルロスI。甲板上には主力艦載ヘリのSH-3D対潜ヘリが見える

■空母型強襲揚陸艦ファン・カルロスI×1隻：満載2.7万トン，全長230.8m，速力21ノット（統合電気推進），搭載機22機（ヘリ12機），乗員518人	〈空母機動部隊の主戦力〉 ●艦艇総数：7隻 ●総排水量：7.13万トン	●総乗員数：1631人 ●艦上戦闘機：10機 ●ヘリ搭載数：20機

◆スペイン海軍機動部隊の主力護衛艦である
バサン級防空フリゲートの全5隻

◆バサン級4番艦のメンデス・ヌニェス（F-104）

〈ボニファス級の機関方式〉

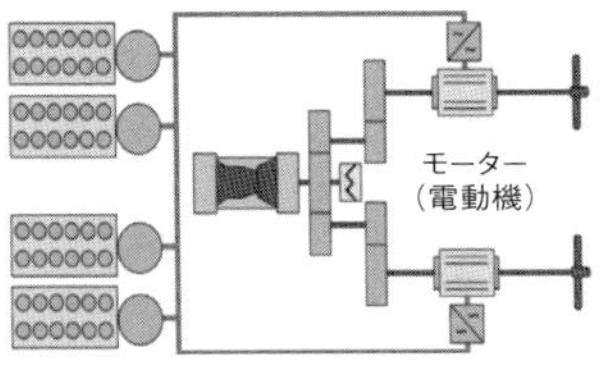

●CODLAG方式：巡航時にはディーゼル発電機×4基とモーターによる電気推進。高速時にはLM-2500ガスタービン×2基も併用する複合推進方式である

〈AESAレーダーのSPY-7を装備するF-110型ボニファス級汎用フリゲート〉

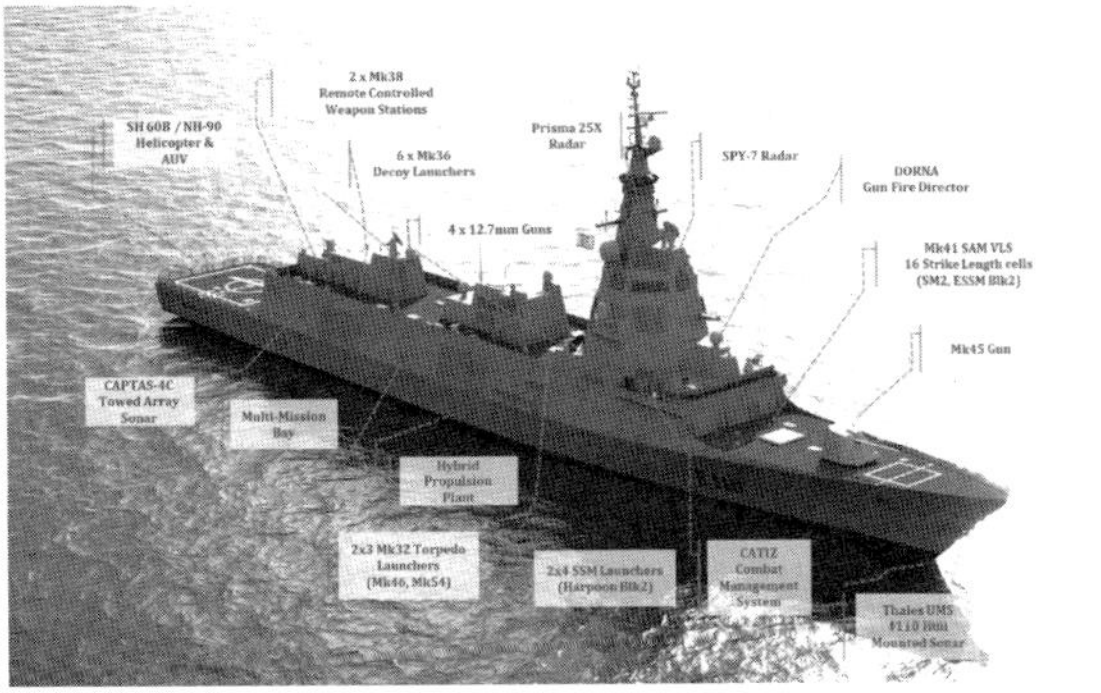

イージス防空フリゲートの『F-100型アルバロ・デ・バサン級』:安価で効果的

◆VLSからESSM短距離艦対空ミサイル（短SAM:射程50㎞）の発射

◆ロッキード・マーチン製のMk41VLS（48セル）を前甲板に搭載する

◆バサン級5番艦クリストバル・コロン（F-105）。四面アンテナのSPY-1D多機能レーダー（探知距離324㎞,同時目標探知数800個）を搭載するイージス艦である

〈バサン級の機関方式〉

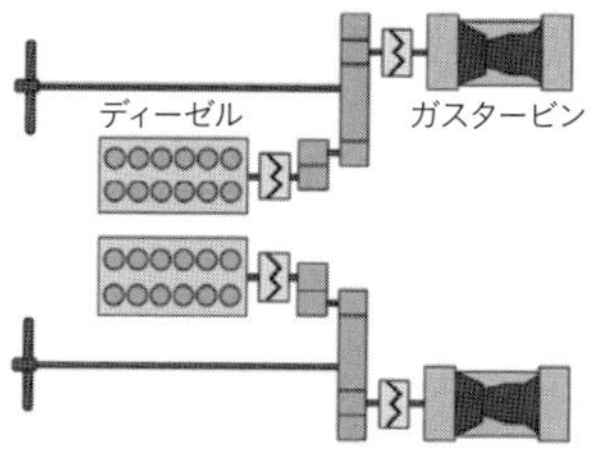

●CODOG方式：巡航用ディーゼル・エンジン（0.6万馬力）×2基と高速航行用のLM-2500ガスタービン（2.33万馬力）×2基の切替え機関方式である

◆F-100型防空フリゲートの1番艦アルバロ・デ・バサン。搭載ヘリはSH-60哨戒ヘリ。艦対空ミサイルとしてSM-2MRブロックⅢA（射程167㎞）×32発とESSM短SAM×64発（16セル）を搭載する

ーダー性能が優れており、確実に艦隊防空能力の向上が図られよう。また機関も先進的なＣＯＤＬＡＧ方式に変わる。こちらは巡航時にディーゼル発電機四基とモーターによる電気推進。高速航行時にはＬＭ‐２５００ガスタービン二基を併用してパワーアップする複合電気推進方式で、その利点は巡航時と高速航行の両面での高い効率発揮と言えよう。

　機動部隊に加わる潜水艦は、基本的に機動部隊の先駆けとして対潜・索敵任務を果たす。スペイン海軍ではこの任務に最新鋭のＳ‐80型アイザック・ペラル級潜水艦を使う。建造は技術的問題で長らく難航していたが、二〇二三年に一番艦ペラル（Ｓ‐81）が初配備される。建造予定は四隻。最大の特長はＡＩＰ（非大気依存推進：バイオエタノール利用の燃料電池）システムの搭載で、四ノットの速力で二一日を超える長期間の連続潜航作戦を可能としているという。兵器としては、独製ＤＭ２／Ａ４重魚雷のほかに米製ハープーン対艦ミサイルやトマホーク巡航ミサイルの搭載を予定している。強力な潜水艦である。

　打撃力は持たないが、機動部隊の長期遠洋作戦を可能にするのは、二〇一〇年九月に就役した満載二万トンのカンタブリア級補給艦である。本艦は、艦艇燃料六七〇〇トンや航空燃料一七〇〇トンなど約一万トンの補給品を搭載する。特長的なのは強力な装備品で、自衛用火器として二五㎜砲二門と二〇㎜ＣＩＷＳ二基を装備するだけでなく、中型ヘリを二機格納庫に収容できる。対空火器は強襲揚陸艦ファン・カルロスＩを超える質である。継戦能力を保持する意味でも、機動部隊の補給艦にはこれくらいの自衛用火器が望まれよう。

　最後にオーストラリア海軍は、キャンベラ級強襲揚陸艦二隻を保有するだけでなく、記したスペイン海軍の機動部隊並みの護衛艦隊を揃えている。キャンベラ級は、ファン・カルロスＩの準同型艦であるが、スキージャンプ台の勾配角はやや急な一三度に修正している。にもかかわらず同海軍は、今のところキャンベラ級の運用に関し、揚陸作戦を重視するとしてＦ‐35Ｂを調達していない（同空軍は七二機のＦ‐35Ａを調達）。ただ最大の障害は、コスト問題であるため、将来的に必要となれば（中国空母戦闘群の脅威増大など）、同海軍はＦ‐35Ｂの導入を即断するに違いない。実現すればキャンベラ級はヘリ空母型揚陸艦からライトニング空母に一気に格上げされよう。

　護衛艦隊の主力艦は、三隻建造されたホバート級防空フリゲートである。面白いことに、本艦もスペイン海軍のバサン級防空フリゲートをベースに改良したイージス艦であった。最新のＳＰＹ‐１Ｄ（Ｖ）多機能レーダーが搭載され、大きな角錐型の上部構造物の四つの壁面にはアンテナが固定されている。前部甲板には四八セルのＭｋ41ＶＬＳ発射機があり、

豪海軍の空母型強襲揚陸艦「キャンベラ機動部隊」の編成・戦力図

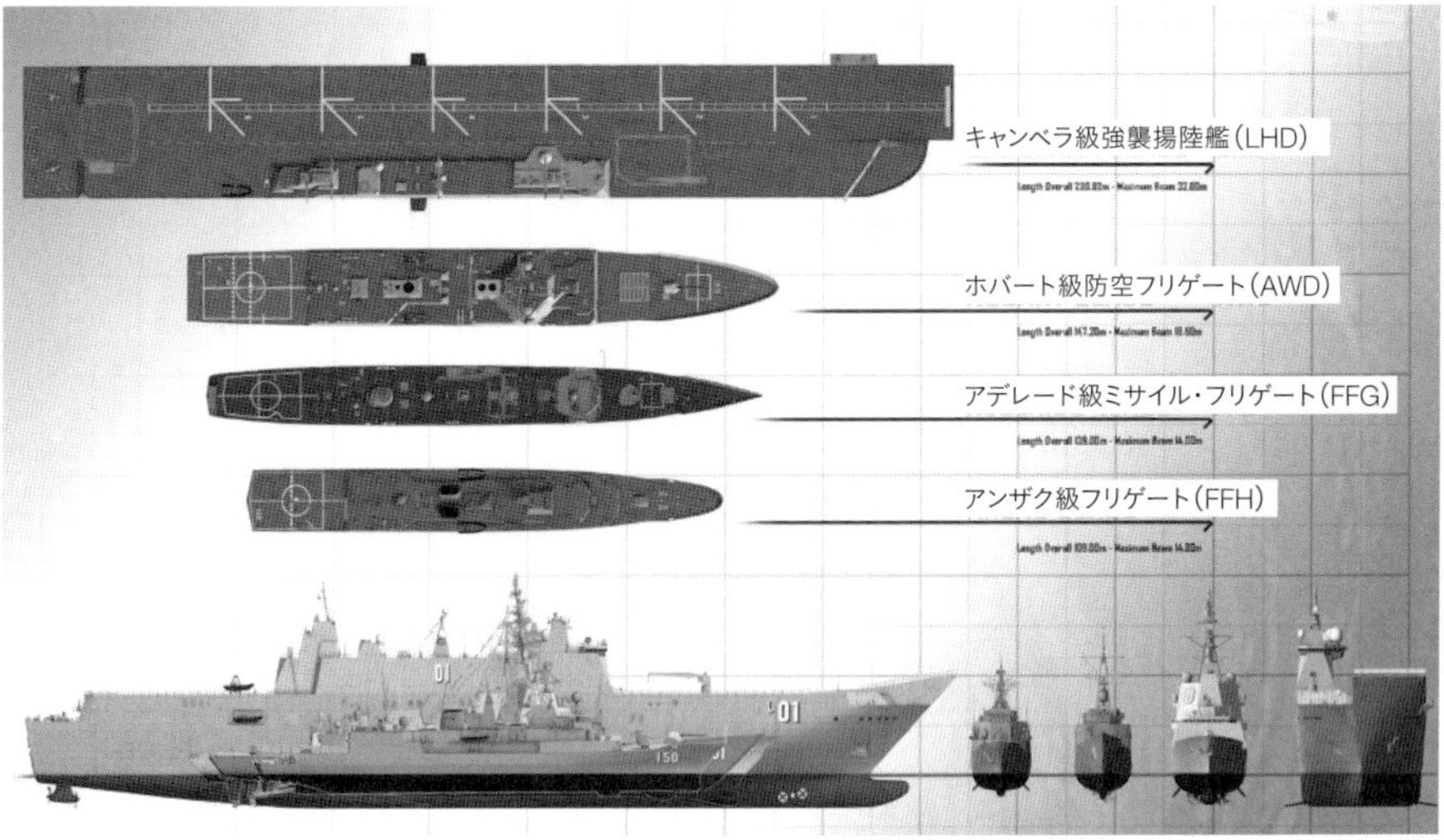

■キャンベラ級機動部隊主力艦の大きさ比較図（Royal Australian Navy）

[キャンベラ級強襲揚陸艦機動部隊を構成する基幹艦艇の主要データ]

■キャンベラ級強襲揚陸艦：満載2.78万トン，全長230.8m，速力20ノット，搭載機ヘリ18機，同級2隻

■ホバート級防空フリゲート：満載0.7万トン，全長147m，イージス用SPY-1Dレーダー，VLS（48セル），速力28ノット，同級3隻

■アンザス級フリゲート：満載0.36万トン，全長118m，VLS（8セル：ESSM32発），哨戒ヘリ1機，速力27ノット，同級8隻

■アデレード級ミサイル・フリゲート：満載0.42万トン，全長138m，VLS（8セル），速力29ノット，同級6隻（全艦退役）

■コリンズ級潜水艦：水中0.34万トン，全長77.4m，ハープーン／Mk48重魚雷22発，速力20ノット，同級6隻

■サプライ級補給艦：満載1.95万トン，全長173.9m，燃料8200㎥・弾薬270トン，20㎜CIWS×1，速力20ノット，同級2隻

◆キャンベラ級の全通飛行甲板は全長202.3m、幅32m、面積4750㎡あり6機の中型艦載ヘリの同時空輸運用が可能である

◆ウエルデッキ内：陸軍のM1A1戦車を搭載したLCM-1E上陸用舟艇

◆キャンベラ級は戦車も積めるLCM-1E上陸用舟艇4隻をウエルデッキから運用し上陸作戦を遂行する

オーストラリア海軍の空母型強襲揚陸艦キャンベラ級:千人の兵士とM1戦車搭載

◆オーストラリア軍は空軍用に72機のF-35Aステルス戦闘機を調達したが、海軍のキャンベラ級揚陸艦に搭載するSTOVL型F-35Bは不要としている

◆キャンベラに搭載された陸軍のティーガー攻撃ヘリ飛行隊

◆スペイン・ナバンティア社製ファン・カルロスIをベースとして建造されたオーストラリア海軍の空母型強襲揚陸艦HMASキャンベラ。スキージャンプ台の勾配角は13度である。写真は2021年演習時

キャンベラ（L02）:満載2.78万トン,全長230.8m,幅32m,速力20ノット,航続距離1.7万km（15ノット）,搭載ヘリ18機,搭載車両110両,乗員358人

◆ウエルデッキに海水を注水した2番艦のHMASアデレード（L01）。就役は2015年12月4日

◆上陸部隊として1046人の兵員を搭載できる

◆ランプから自走搭載される陸軍のASLAVオーストラリア軽装甲車

装備される先進的なＣＥＣ（共同交戦能力）を活かすため、ＳＭ‐２対空ミサイルに加えてＳＭ‐６防空ミサイルやトマホーク巡航ミサイルが搭載される。汎用フリゲートは八隻建造されたアンザク級フリゲート（独ＭＥＫＯ２００型ベース）である。また本艦は、汎用型として多彩な兵装を積む。対艦・対空両用の一二七㎜単装砲、対空用のＥＳＳＭ短ＳＡＭ三二発（八セルＶＬＳ）、対艦用のハープーン対艦ミサイル（八発）、対潜・索敵用のＳ‐70哨戒ヘリ一機である。

　潜水艦は六隻建造されたコリンズ級潜水艦である。兵装はＭｋ48重魚雷あるいはハープーン対艦ミサイルを二二発搭載する。周知のように、同海軍は、本艦の後継艦として通常動力型のアタック級を計画していたが、二〇二一年、米英の技術供与により、新たに攻撃型の原子力潜水艦を開発することに計画変更している。対中国戦略の一環である。また補給艦は、二隻の最新鋭艦を建造している。これが満載二万トン級のサプライ級補給艦である。面白いことに本艦もスペイン海軍のカンタブリア級補給艦をベースに建造された姉妹艦なのである。

　ともあれ、世界の空母機動部隊の中核たる空母は、米海軍の一〇万トン級原子力空母だけではない。近年、むしろ数を増やしているのは、軽空母や強襲揚陸艦などにＦ‐35Ｂを搭載するライトニング空母である。トルコ海軍では強襲揚陸艦に主力機として艦上無人攻撃機を搭載し、世界初の「無人機空母」の誕生を構想しているほどだ。

現用空母の図面集

図版:田村紀雄

アメリカ海軍　ジェラルド・R. フォード(CVN-78)

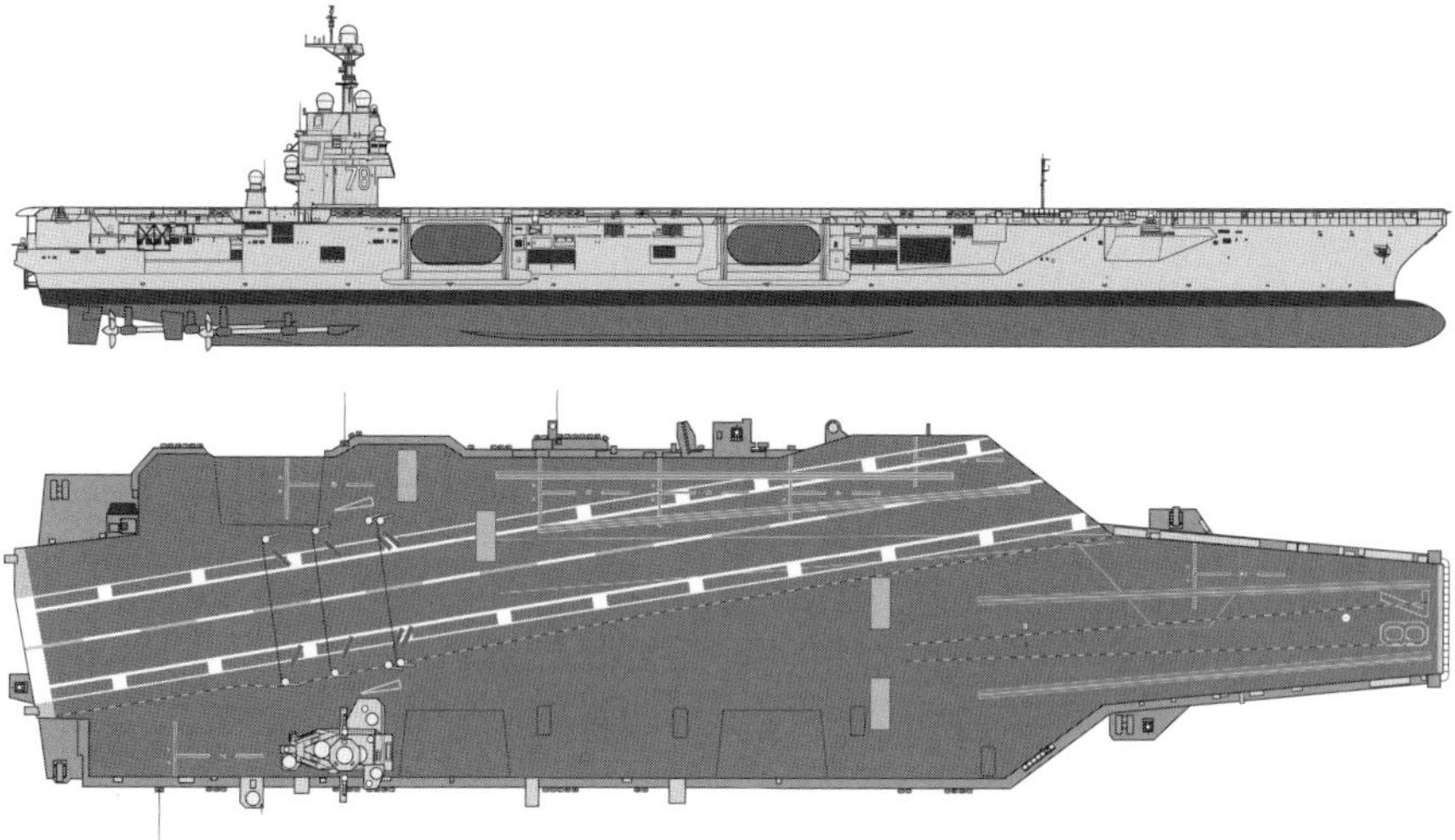

【主要データ】満載排水量 101,605トン／全長 332.8m／飛行甲板全幅 78.0m／水線幅 40.8m／吃水 12.4m／機関 A1B加圧水型原子炉2基、蒸気タービン4基・4軸／出力 280,000hp／最大速力 30ノット／搭載機 CTOL機＋ヘリコプター 75機／乗員 2,180名(＋航空要員2,480名)

イギリス海軍　クイーン・エリザベス(R08)

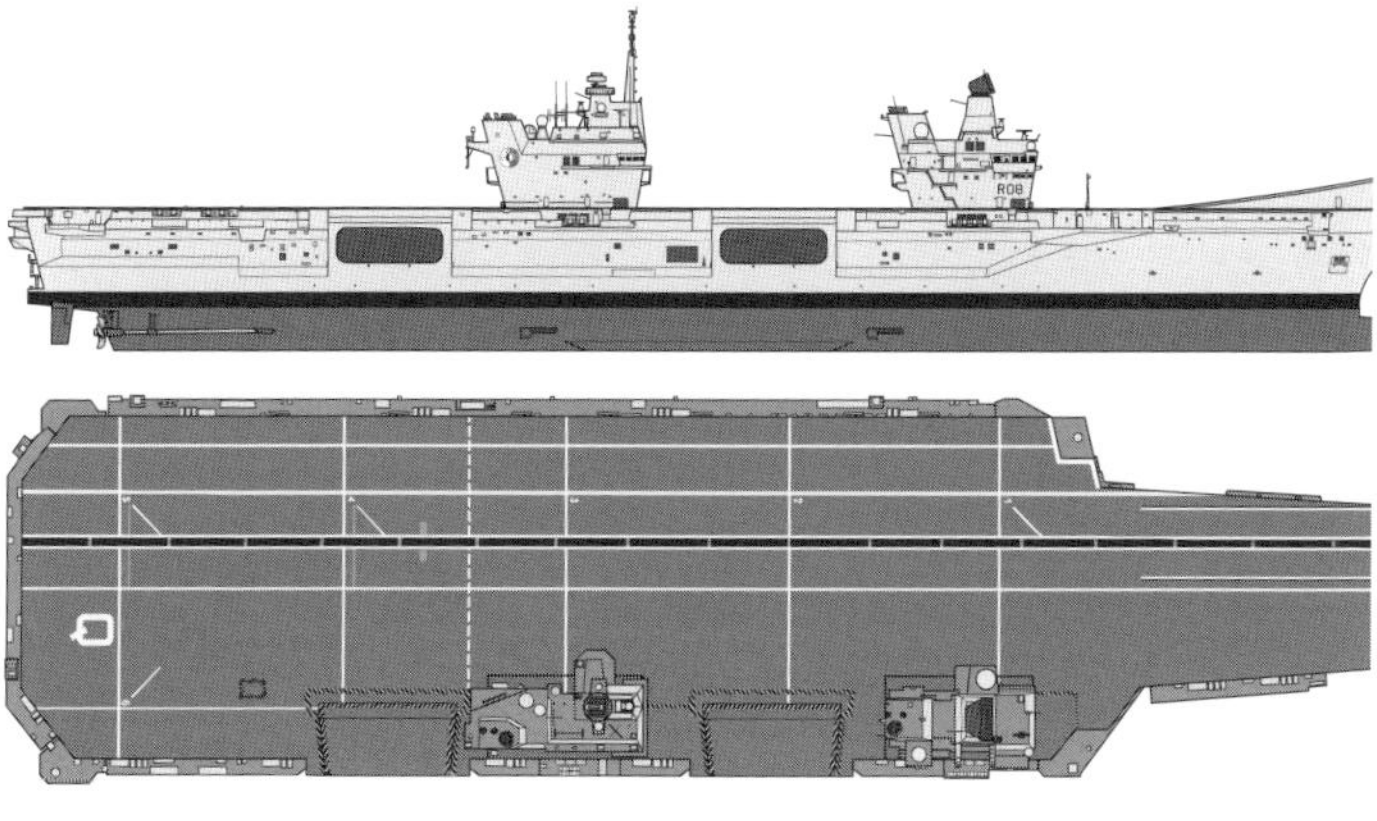

【主要データ】基準排水量 45,000トン／満載排水量 67,669トン／全長 283.9m／飛行甲板全幅 73m／水線幅 39m／吃水 11m／機関 統合電気推進ガスタービン2基、ディーゼル4基、推進電動機4基・2軸／出力 108,000hp／最大速力 25ノット／航続距離 10,000浬／搭載機 F-35B戦闘機24～36機、各種ヘリコプター14機／乗員 1,600名(航空要員610名を含む)

フランス海軍 シャルル・ドゴール（R91）

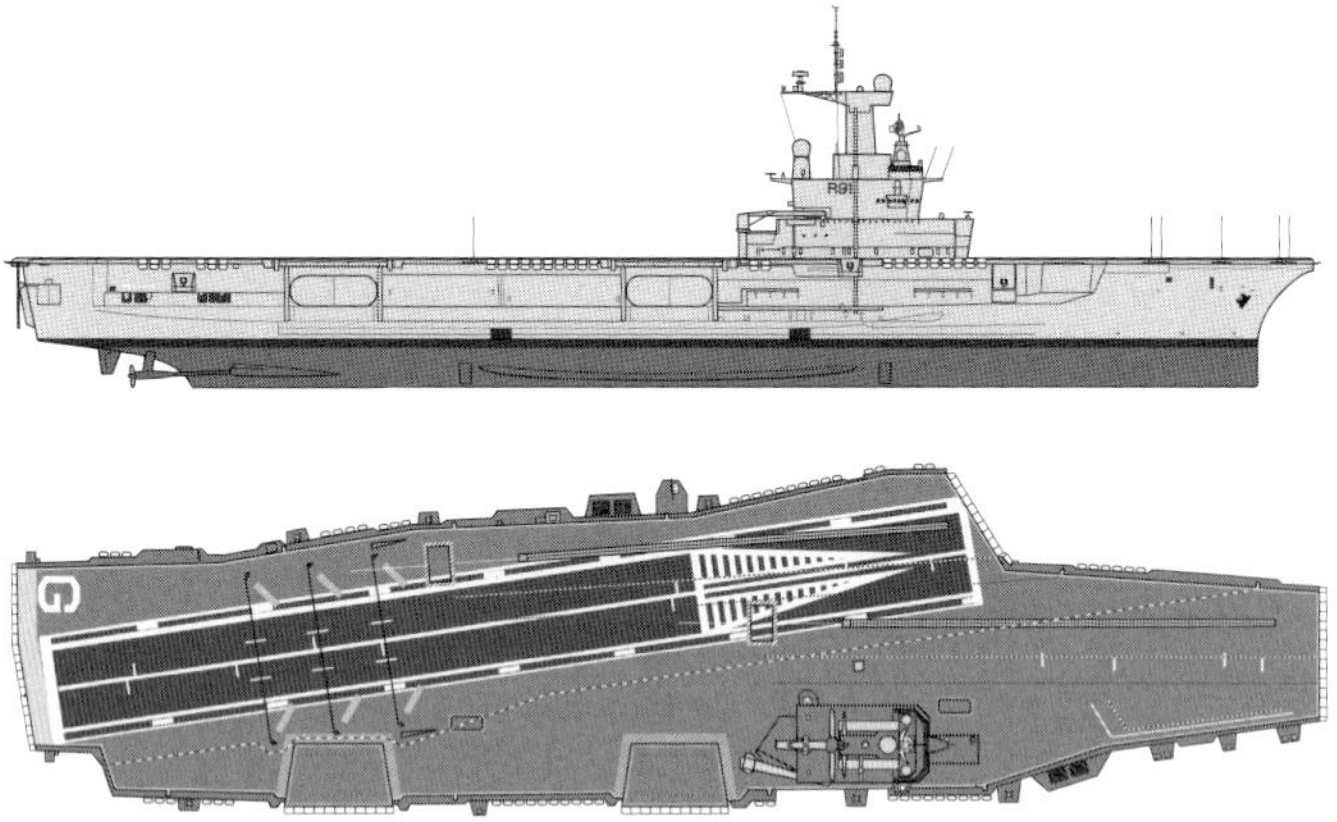

【主要データ】基準排水量 37,680トン／満載排水量 43,182トン／全長 261.5m／飛行甲板全幅 64.36m／水線幅 31.5m／吃水 9.4m／機関 原子炉2基、蒸気タービン2基・2軸／出力 83,000hp／最大速力 27ノット／搭載機 ラファールM戦闘機30機、E-2C早期警戒機2機、各種ヘリコプター4〜6機／乗員 1,862名（航空要員542名を含む）

ロシア海軍 アドミラル・クズネツォフ

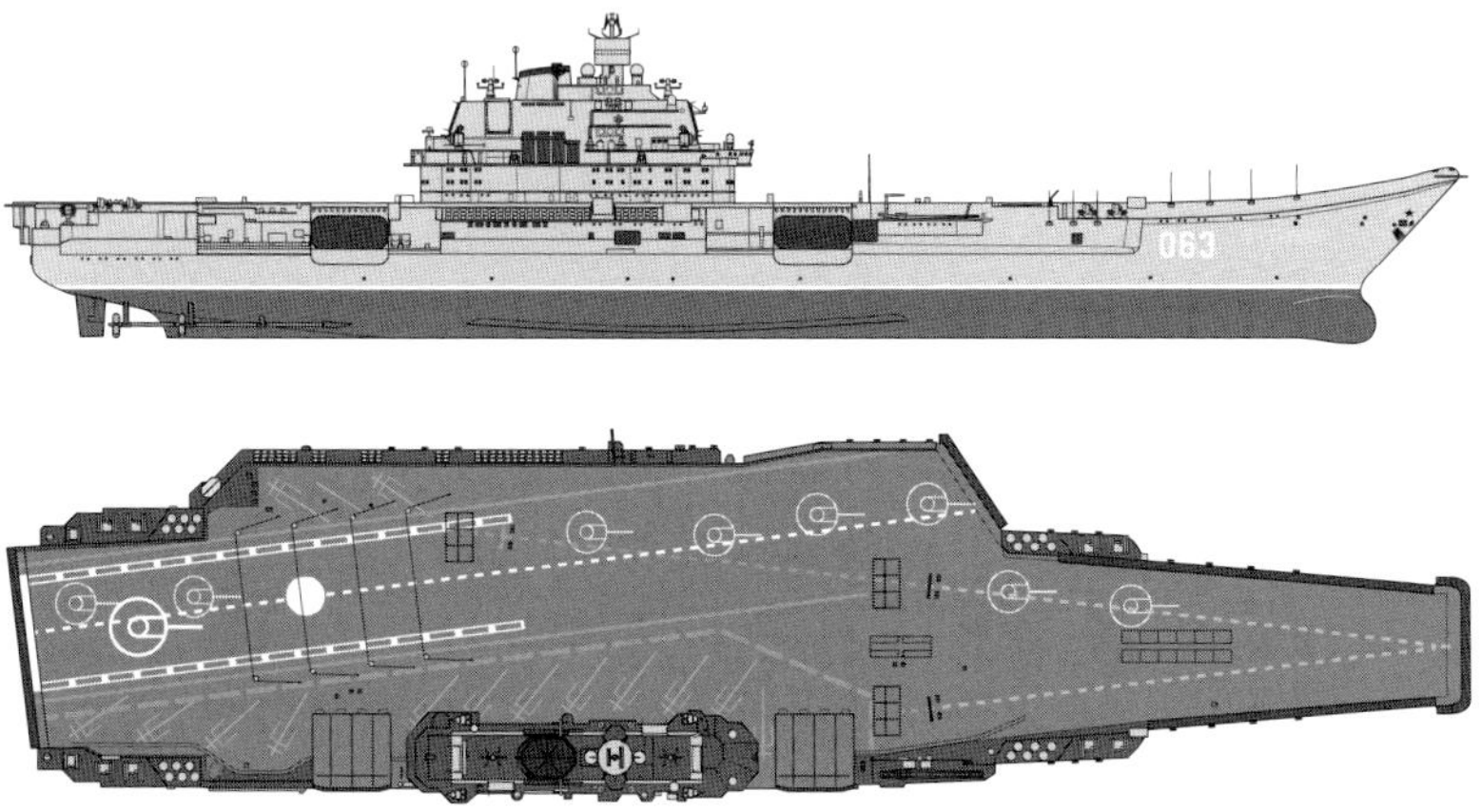

【主要データ】基準排水量 55,200トン／満載排水量 67,000トン／全長 306.45m／飛行甲板全幅 71.96m／水線幅 35m／吃水 10m／機関 TV12-4蒸気タービン4基・4軸／出力 200,000hp／最大速力 32ノット／航続距離 14ノットで8,400浬／搭載機 Su-33戦闘機12〜15機、Su-25UGT練習機3〜5機、各種ヘリコプター24機以上／乗員 1,533名（航空要員626名を含む）

写真解説／編集部

大西洋を航行する英海軍の空母「クイーン・エリザベス」(R08)。飛行甲板の前部左舷側にスキージャンプを設け、F-35Bを短距離離発艦させることができる（写真：Royal Navy, crown copyright）

斜め後方から見た仏海軍の空母「シャルル・ドゴール」(R91)。米海軍以外では唯一のカタパルト発艦が可能な原子力空母である。航空機はラファールM戦闘　機など最大40機を運用できる（写真：Marine Nationale）

イタリア海軍の軽空母「カブール」を中心とした艦隊。「カブール」はAV-8BハリアーII攻撃機（近い将来はF-35B）、EH-101汎用ヘリといった航空機の運用に加え、揚陸や輸送任務にも用いられる多目的STOVL空母である（写真：Marina Militare）

ロシア海軍の空母「アドミラル・クズネツォフ」。2000年代後半から数度にわたって地中海方面に展開し、2016年11月からの五度目の地中海展開の際にはシリア内戦に投入され、Su-33やMiG-29K、各種ヘリコプターによる航空作戦を実施した（写真：MoD of the Russian Federation）

インド海軍の空母「ビクラント」（二代目）。2022年9月に就役したばかりの新鋭空母で、インド初の国産空母である。飛行甲板前部にスキージャンプを備え、MiG-29Kや各種ヘリコプターなど30機以上の航空機を運用できる（写真：Indian Navy）

4機のSH-60K哨戒ヘリコプターを着艦スポットに載せた海上自衛隊の護衛艦DDH-184「かが」。いずも型の2番艦で他国の軽空母に匹敵するサイズの本艦は、将来的にヘリコプターのみならず固定翼機のF-35Bを運用できるように改修される（写真：海上自衛隊）

〈初空母ベアルンから国産原子力空母ドゴール誕生〉

空母名（搭載機数）	就役〜退役	満載量	全長／幅	速力／出力
ベアルン（40機）	1927〜48年	2.8万トン	182.6m 35.2m	21.5ノット 3.75万馬力
アローマンシュ（48機）	1946〜74年	1.8万トン	211m 24.4m	25ノット 4.2万馬力
クレマンソー（40機）	1961〜97年	3.3万トン	265m 51.2m	32ノット 12.6万馬力
シャルル・ドゴール（40機）	2001年〜	4.3万トン	261.5m 64.4m	27ノット 8.3万馬力

◆仏海軍が迎撃戦闘機として採用したボートF-8E(FN)クルセイダー

◆1970年代、クレマンソー級空母甲板上に並ぶ米製F-8E(FN)クルセイダー戦闘機とダッソー・エタンダールⅣ攻撃機（右）

仏海軍初の国産新造空母クレマンソー級

AM39エグゾセ対艦ミサイル搭載

●ジェット艦上攻撃機「シュペル・エタンダール（1978年配備）」

●護衛艦「シュフラン級防空フリゲート（1976年就役）」

■クレマンソー級2番艦「フォッシュ（1963年就役）」

仏海軍初の原子力空母シャルル・ドゴール

●超音速艦上戦闘機「ラファールM（2000年配備）」

●護衛艦「ラファイエット級フリゲート（1996年就役）」

■唯一の原子力空母「シャルル・ドゴール（2001年就役）」

1970年　1995年　2001年（シャルル・ドゴール）　2020年

仏海軍空母（母艦機・護衛艦）の4段階の発達史（1927～2020年代）

〈主力母艦機の50年の発達（複葉から超音速）〉

母艦機名	初飛行	最大重量	武装（爆弾）	最大速度（エンジン推力）
米カーチスSBC-4	1935年	3.2トン	7.62mm×2 454kg×1	381km/h （950馬力）
米カーチスSB2C-5	1940年	7.6トン	20mm×2等 907kg	480km/h （1900馬力）
ダッソー・ブレゲーS・エタンダール	1974年	12トン	30mm×2 2.1トン	1180km/h （5トン×1）
ダッソー・ラファールM	1986年	24.5トン	30mm×1 9.5トン	1912km/h （7.6トン×2）

◆1953年、アローマンシュに着艦する米F6F-5艦上戦闘機

仏海軍初の航空母艦ベアルン（戦艦改造）

●複葉艦上爆撃機「米SBC-4ヘルダイバー（1939年）」

●護衛艦「ル・ファンタス級大型駆逐艦（1941年）」

■戦艦改造正規空母「ベアルン（1927年就役）」

英国から購入した軽空母アローマンシュ（旧コロッサス）

●レシプロ艦上攻撃機「米SB2C-5ヘルダイバー（1953年）」

●護衛艦「シュルクーフ級駆逐艦（1955年就役）」

■戦後活躍した軽空母「アローマンシュ（1946年就役）」

空中早期警戒区域（290〜800㎞）

■KJ-600艦上早期警戒機

広域防空区域（70〜290㎞）

■055型大型ミサイル駆逐艦
（防空戦闘指揮／
長距離対空・対艦・対地攻撃）

■054A型フリゲート（対潜・多用途）

■093型攻撃原潜
（索敵／対潜・対水上艦攻撃）

■J-15B艦上戦闘機

空中哨戒区域（200㎞）

艦隊防空区域（10〜70㎞）

■093型攻撃原潜
（索敵／対潜・対水上艦攻撃）

■J-35ステルス艦上戦闘機

■054A型フリゲート（対潜・多用途）

■055型大型ミサイル駆逐艦
（防空戦闘指揮／長距離対空・対艦・対地攻撃）

■KJ-600艦上早期警戒機

2025年代『福建』空母戦闘群の輪形陣&防御区域図

空母戦闘群の戦力（10隻）：空母福建，055型駆逐艦×2,052D型駆逐艦×2,054A型フリゲート×2,093型攻撃原潜×2,901型総合補給艦×1

画像:PLA,防衛省,weibo

中国海軍軍艦旗

■052D型ミサイル駆逐艦
（長距離対空・対艦・対地攻撃）

〈護衛艦の対空ミサイル（SAM）戦力〉

艦種（VLSセル数）	055型（112セル）	052D型（64セル）	054A型（32セル）	福建
HHQ-9B 射程250km 射高50km	●	●	／	／
HHQ-16 射程60km 射高21km	●	／	●	／
HHQ-10 射程10km 射高6km	●	●	／	●

■901型総合補給艦
（弾薬・貨物の補給／洋上給油）

空母個艦防空区域（3～10km）

■空母「福建」／空母航空団〔母艦機52～60機〕
（制空／制海／陸地への戦力投射）

〈護衛艦の対艦／対潜ミサイル戦力〉

艦種（VLSセル数）	055型（112セル）	052D型（64セル）	054A型（32セル）
CJ-10LACM 射程2000km 速度マッハ0.67	●	●	／
YJ-21ASBM 射程1000km 速度マッハ10	●	／	／
YJ-18SSM 射程540km 速度マッハ0.8	●	●	／
YJ-83SSM 射程180km 速度マッハ0.9	／	／	●
YU-8SUM 射程50km 速度マッハ0.95	●	●	●

■052D型ミサイル駆逐艦
（長距離対空・対艦・対地攻撃）

本書は(株)ジャパン・ミリタリー・レビュー発行の
月刊『軍事研究』2022年1月号から2023年4月号
まで連載された「世界の空母機動部隊」を再編
集し、一部を訂正・加筆したものです。

世界の空母機動部隊

2023年10月30日発行

著　者 ——— 河津幸英

装丁・本文デザイン— 村上千津子（イカロス出版）

編集———— 野地信吉

発行人 ——— 山手章弘

発行所 ——— イカロス出版株式会社
〒101-0051
東京都千代田区神田神保町 1-105
［電話］出版営業部 03-6837-4661
［URL］http://www.ikaros.jp/co.jp

印刷所 ——— 図書印刷株式会社